含油气盆地露头储层沉积学研究方法与实践

——以塔西南白垩系、古近系为例

郭 峰 著

石油工业出版社

内 容 提 要

本书以塔西南昆仑山山前地区白垩系—古近系 9 条野外实测剖面为基础，并综合 25 条野外剖面和 11 口井的资料，全面、系统地介绍了以野外露头为基础的储层沉积学的研究方法和研究程序，以塔西南地区白垩系—古近系为例，介绍了其地层特征、沉积相特征、储层特征及烃源岩特征，并在此基础上开展了石油地质综合评价研究。

本书可作为高等院校地质类专业本科生、研究生的学习参考书，也可供从事油气田勘探开发的工程技术人员参考。

图书在版编目（CIP）数据

含油气盆地露头储层沉积学研究方法与实践：以塔西南白垩系、古近系为例 / 郭峰著 . —北京：石油工业出版社，2019.11
ISBN 978-7-5183-3505-3

Ⅰ . ①含… Ⅱ . ①郭… Ⅲ . ①含油气盆地 - 储集层 - 沉积学 - 研究 - 新疆 Ⅳ . ① P678.130.2

中国版本图书馆 CIP 数据核字（2019）第 145132 号

出版发行：石油工业出版社
　　　　　（北京市朝阳区安定门外安华里 2 区 1 号楼　100011）
　　　　　网　址：www.petropub.com
　　　　　编辑部：(010) 64251362　图书营销中心：(010) 64523633
经　　销：全国新华书店
排　　版：北京中石油彩色印刷有限责任公司
印　　刷：北京中石油彩色印刷有限责任公司

2019 年 11 月第 1 版　2019 年 11 月第 1 次印刷
787 毫米 ×1092 毫米　开本：1/16　印张：25.5
字数：653 千字

定价：118.00 元

前　言

钻井取心不连续，地震资料分辨率精度不够高，难以正确地揭示地下地质体的形态及内部的构成变化，这为依靠地下信息建立地质模型带来了难以克服的困难，而野外露头的直观性、可测性、完整性、精确性、可检验性以及便于大比例尺研究的特性为建立精确的地质模型提供了一条新的途径。随着油气勘探开发工作的深入，越来越多的石油工作者认为，野外地质工作不仅对初入石油地质行业的毕业生具有很好的指导作用，对油气勘探开发实践也具有重要的实用价值。

由于露头储层沉积学研究在储层精细描述中的重要性，近几十年来，欧美各国进行了大量的精细露头储层的研究工作，如美国得克萨斯州大学对亚利桑那州风成砂岩的调查、欧美联合调查团对美国大角盆地 Mesa verde 组砂体及西班牙古近系露头的研究，由英国 BP 公司赞助的昆士兰大学对澳大利亚 Bowen 盆地煤矿三角洲露头的研究等，这些露头研究工作都建立了高精度的含油层系规模的地质模型。与此同时，国内不少地质学家在野外储层沉积学方面也做了大量的研究工作，如在青海油沙山进行的辫状河三角洲和分流河道砂体露头调查，在鄂尔多斯盆地进行的曲流河、三角洲砂体露头调查，在阜新盆地进行的辫状河体系的研究，并取得了一定的成果。

从国内外的研究情况看，露头研究已逐渐向露头实验室方向发展，以露头为研究对象，进行全三维、大规模、高精度的露头描述、定量测量。为获取三维数据体，还需要用小型钻机，对露头进行钻井并取心（或钻定向井和定向取心），用测井仪在露头崖壁上或在钻井中开展测井工作，并进行岩心声波速度的测量；为获取三维资料，甚至可用探地雷达、地面三维地震及井间地震等手段（工作中可配合钻井进行）。近年来发展较快的直接方法也逐步展开，如野外渗透仪的测量和应用、露头伽马仪的直接测量、元素含量的直接测量等。

"宏观和微观相结合"是野外储层沉积学研究中应该遵循的准则，因此在以上研究手段及方法中，露头的选取是基础；露头实测、实地取样和剖面写实则是野外研究的常规内容，其中前两者侧重于微观及局部点的研究，后者则更侧重于宏观及观测面特点的研究；而在其研究意义较大且野外露头质量又较好的情况下，则应开展钻井、测井和地震等工作。目前，国内对获取野外露头三维数据体所开展的工作相对较少，所采用的高新技术和方法也不多，而在国外高新技术的应用则十分广泛，效果也非常好。可以预见，新技术和新方法的使用将成为国内地质学界野外地质研究的努力方向之一。

笔者从事野外地质工作研究近 20 年，结合教学经验与科研工作经验，在野外储层沉积学研究方面积累了不少心得体会，希望这些相关经验能为生产单位研究人员和高校师生所用，因此本书于数年前动笔。

本书共六章，第一章主要介绍野外露头研究的基本概念、方法和程序，对室内资料整理、图件的制作和报告的编写进行了详细的说明；第二章至第六章主要以塔西南白垩系—古近系储层沉积学研究为实例，分别详细介绍其地层特征、沉积特征、储层特征及烃源岩特征，在此基础上，对工区进行了石油地质综合评价。各章节撰写分工如下：前言、第三章、第四章、第五章由郭峰、郭岭撰写，第一章、第二章、第六章由郭峰、杨芝林撰写。

    本书相关野外工作的顺利完成与中国石油塔里木油田公司专家的指导、众多单位及个人的支持是分不开的。昆明海相石油地质科研咨询部钟端先生给予全书系统的指导。此外，张师本教授、邓胜徽博士给予了支持和帮助；新疆地矿局王宝瑜教授，中国石油化工集团公司西北石油局张希明教授、周棣康教授、熊剑飞教授等也给予了大量帮助；中国科学院南京地质古生物研究所李越教授和西南石油大学王振宏教授等提供了他们近期的研究成果；样品分析鉴定分别由塔里木油田公司实验中心、中国石油天然气股份有限公司华北油田分公司实验室、中国科学院南京地质古生物研究所等单位完成。西安石油大学庄红红、袁伟、王甲昌、周晓星、师学耀、杜芳鹏等参与了野外剖面实测工作。研究生孙遥、雷倩倩、薛蓓蓓、赵小萌等参与了书稿的核校工作。对于上述有关单位及个人的热情支持和帮助，笔者在此一并表示衷心感谢！

    野外地质工作虽然辛苦，但苦中有乐。野外露头储层沉积学的研究不断有创新，塔西南地区石油地质综合研究工作也仍在不断深入之中。拙作仓促完结，水平有限，如有谬误，望各位不吝指教。

郭　峰

2019 年 5 月

目　　录

第一章　野外地质工作程序和方法 ··· 1

第一节　相关基本概念、符号、代号 ·· 1

一、基本概念 ··· 1

二、常用符号、代号 ··· 2

第二节　野外石油天然气地质调查工作程序及内容 ······························· 2

一、资料收集与整理 ··· 4

二、踏勘 ··· 5

三、编制技术设计书 ··· 6

四、实测地层剖面 ··· 8

五、地质填图 ·· 17

六、标本和样品的采集 ·· 26

七、报告和图件 ·· 30

第二章　塔西南白垩系—古近系勘探现状及区域地质特征 ······················ 35

第一节　塔西南白垩系—古近系勘探概况 ·· 35

一、勘探历程 ·· 35

二、本次研究主要内容 ·· 38

三、技术思路 ·· 39

四、主要工作 ·· 40

五、主要成果和认识 ··· 41

第二节　区域地质特征 ·· 43

一、构造特征 ·· 43

二、白垩系—古近系沉积特征 ·· 49

三、构造单元划分及基本特征 ·· 50

第三章　塔西南白垩系—古近系地层特征 ·· 52

第一节　白垩系 ·· 52

一、概述 ··· 52

二、岩石地层划分 ··· 54

三、典型剖面分述 ··· 59

四、生物群及组合特征 ·· 99

五、地层划分对比 ·· 128

第二节　古近系 ··· 145

一、概述 ··· 145

二、岩石地层划分 ·· 145

三、典型剖面分述 ·· 151

　　四、生物群及组合特征 ··· 167

　　五、地层划分对比 ··· 200

第四章　塔西南白垩系—古近系沉积特征 ································· **218**

　第一节　沉积相标志 ··· 218

　　一、岩性相标志 ··· 218

　　二、颜色 ··· 224

　　三、沉积构造 ··· 226

　　四、生物化石 ··· 228

　第二节　沉积相类型 ··· 229

　　一、冲积扇—辫状河三角洲沉积体系 ··· 230

　　二、潮坪 ··· 234

　　三、碳酸盐岩台地 ··· 236

　　四、海湾 ··· 240

　第三节　沉积演化 ··· 241

　　一、单剖面（井）沉积相分析 ··· 241

　　二、连剖面（井）沉积相分析 ··· 262

　　三、古生物生态特征及沉积环境 ··· 268

　第四节　岩相古地理特征 ··· 278

　　一、物源分析 ··· 278

　　二、岩相古地理 ··· 282

第五章　塔西南白垩系—古近系储层特征 ································· **293**

　第一节　储层岩石学特征 ··· 293

　　一、储层岩石类型 ··· 293

　　二、储层岩石结构特征 ··· 298

　　三、填隙物组分特征 ··· 300

　第二节　储层微观孔隙结构及物性特征 ··· 302

　　一、碎屑岩孔隙和喉道类型 ··· 302

　　二、碳酸盐岩孔隙和喉道类型 ··· 309

　　三、孔隙组合类型 ··· 318

　　四、孔隙结构 ··· 319

　　五、储层物性特征 ··· 329

　　六、储层类别划分 ··· 332

　　七、储层物性时空分布特征 ··· 333

　第三节　储层成岩作用 ··· 334

　　一、成岩作用 ··· 334

　　二、成岩阶段划分 ··· 343

　第四节　储层主要控制因素 ··· 347

　　一、沉积岩石学特征 ··· 347

　　二、成岩压实 ··· 348

　　三、沉积基底、构造挤压 ··· 348

　第五节　储层分布预测 ·· 348

　　一、下白垩统克孜勒苏群碎屑岩储层 ·· 349

　　二、上白垩统库克拜组碎屑岩储层 ··· 352

　　三、上白垩统依格孜牙组碳酸盐岩储层 ··· 357

　　四、古近系卡拉塔尔组碳酸盐岩储层 ·· 359

第六章　塔西南白垩系—古近系石油地质特征 ···································· **366**

　第一节　烃源岩特征 ··· 366

　　一、烃源岩分布特征 ··· 366

　　二、烃源岩有机质丰度 ·· 369

　　三、烃源岩有机质类型 ·· 373

　　四、烃源岩有机质成熟度 ·· 374

　　五、主要烃源岩生烃史分析 ·· 376

　　六、油气资源量 ··· 377

　　七、烃源岩综合评价 ··· 378

　第二节　盖层特征及生储盖组合 ·· 380

　　一、膏岩类盖层 ··· 380

　　二、泥质岩盖层 ··· 380

　　三、致密岩类盖层 ·· 381

　　四、生储盖组合 ··· 381

　第三节　区带评价与目标优选 ··· 383

　　一、油气藏及油气显示 ·· 383

　　二、柯克亚油田成藏史分析 ·· 384

　　三、柯克亚油田成藏模式分析 ··· 386

　　四、区带评价与优选 ··· 387

参考文献 ·· **395**

附录　本书图例 ·· **400**

第一章　野外地质工作程序和方法

　　储层沉积学（Reservoir Sedimentology）是运用沉积学的理论和研究方法，以油气储层中沉积岩的物质组成、沉积与成岩作用研究为核心的地质科学分支，主要研究包括碎屑岩和碳酸盐岩储层的岩石学特征、地球化学特征、沉积环境与古地理重建、成岩作用演化与评价以及优质储层的综合预测，是基础沉积学与油气勘探开发实践相融合的交叉学科。

　　露头储层沉积学（Outcrops Reservoir Sedimentology）是以野外露头剖面为研究对象，以详细的野外露头剖面实测、观察、描述为基础，系统的样品分析为主要测试手段，结合现代数字露头模型技术（Digital Outcrop Model Technique，DOM），开展沉积岩石学及储层评价研究。

　　本书野外地质研究侧重于对石油天然气的勘探，尤其是以野外露头为基础的沉积岩石学、储层地质学的研究内容，相关基本概念主要引用了《野外石油天然气地质调查规范》（SY 5517—1992）及《陆地石油和天然气调查规范》（DZ/T 0259—2014），规定了野外石油天然气地质调查的阶段划分、工作程序、基本方法、技术要求、报告编制、验收制度及安全措施等。

第一节　相关基本概念、符号、代号

一、基本概念

　　（1）野外石油天然气地质调查：以寻找石油天然气为目的，对某一地区地面上的岩石、地层、构造、油气苗、水文地质、地貌等进行地质填图或专题研究。

　　（2）地质填图：将地面上各种地质体及有关地质现象按一定的比例尺填绘在地形底图上以构成地质图。地质填图一般分为概查、普查、详查和细测四种。

　　①概查：用小比例尺地形底图，对未做过石油天然气地质调查的大面积地区进行综合性的地质路线调查研究工作（成图比例尺 1 ：1000000 ～ 1 ：500000）。

　　②普查：用中等比例尺地形底图，对有石油天然气远景的地区进行综合性的地质填图和调查研究工作（成图比例尺 1 ：200000 ～ 1 ：100000）。

　　③详查：用较大比例尺地形底图，对油气藏分布的有利地区进行详细的地质填图和调查研究工作（成图比例尺 1 ：50000 ～ 1 ：25000）。

　　④细测：全面追踪有利储油气构造的岩层与编制构造图的工作（成图比例尺 1 ：10000 ～ 1 ：5000）。

　　（3）野外石油地质专题研究：为解决油气勘探中某些地质问题的野外详细观察和分析研究工作。

　　（4）踏勘：在野外石油天然气地质调查之前，到工区实地察看、访问、了解地质条件和工作条件（同义词：预勘）。

（5）地形底图：以较淡色调标出地理背景和地形等高线的地理底图。

（6）填图地质单位：地质填图时划分地质体和地质现象特征的基本组成单位，包括在图上宽度小于1mm或直径小于2mm，具有特殊意义的标志层、岩体、油气苗、沥青、地蜡和泉水等单元。

（7）地质观察路线：进行地质填图或专题研究时的野外工作路线。

（8）地质观察点：地质填图时，对能代表一定面积地质体和地质现象的部位或接触带、分界线等进行观察描述和取样的位置。

（9）地质点：观察和描述地质体和地质现象的观察点。

（10）构造点：定在标准层上，测定其位置、高程和产状的观察点。

（11）油气苗点：定在石油、天然气、沥青、地蜡出露地表的位置的观察点。

二、常用符号、代号

地质符号一般均有其特定的图形特征和表示意义，用以表达地质制图中所涉及的具体或抽象的地质对象。有助于地质资料的记录与解读（表1-1-1）。

表1-1-1　实测剖面常用地质符号

符号或代号	代表意义
α	地层倾角
σ	地层走向方位角
λ	地层倾向方位角
φ	地层剖面方向方位角
γ	地层走向与地层剖面丈量方向之间的夹角
β	沿地层剖面方向的地形坡角度，即导线坡角
L	岩层沿丈量方向的露头长度，即斜距
H	岩层真厚度
G	地质点
S	构造点
O	油气苗点
W	水文点

第二节　野外石油天然气地质调查工作程序及内容

野外石油天然气地质调查工作程序可以简略概括为：根据地质任务和研究目的，熟悉项目任务书及地质设计→野外工作人员组织、设备材料准备，技术交流→收集与项目有关的区域及矿区地质资料→收集、编制野外工作用图→野外踏勘（了解矿区大致情况）→编制野外地质工作方案→野外踏勘（熟悉矿区地形地质概况）→剖面实测→地质填图（结合探槽等）→填图工作总结→物化探（根据需要，也可安排在地质填图之前或和地质填图工作同时进行）→槽探（编录）→综合研究→坑探（编录）→综合研究→钻探（编录）→原始资料综合整理、综合研究→转入室内（图1-2-1）。

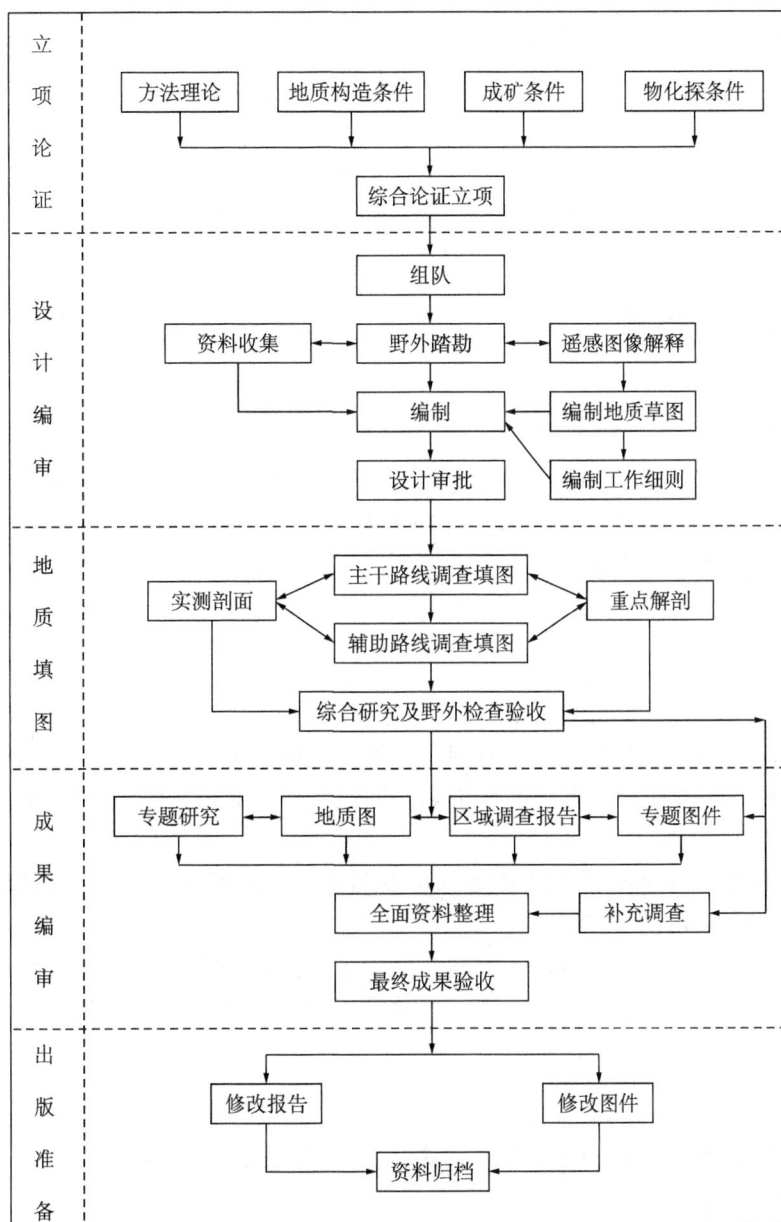

图 1-2-1 野外地质调查工作程序图

根据研究的目的和要求不同，以上程序可以简化一些步骤或者补充一些研究程序，可以大致总结为准备工作阶段、野外工作阶段以及室内整理阶段。

$$\text{准备工作阶段} \begin{cases} \text{资料收集} \\ \text{组织准备} \\ \text{踏勘} \\ \text{编制技术设计书} \end{cases}$$

$$\text{野外工作阶段} \begin{cases} \text{实测地层剖面} \\ \text{地质填图} \\ \text{采样} \\ \text{野外专题研究} \\ \text{资料初步整理} \\ \text{编写初步总结报告} \\ \text{野外验收} \end{cases}$$

$$\text{室内整理阶段} \begin{cases} \text{全面整理资料} \\ \text{编制正式图件与报告} \\ \text{报告评审与答辩} \end{cases}$$

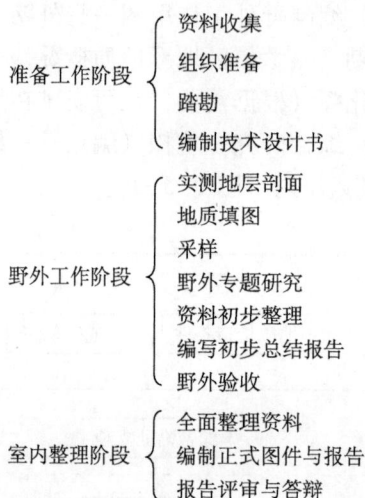

一、资料收集与整理

1. 资料收集的内容

资料收集内容一般包括：中比例尺或大比例尺的地质资料（区域调查报告及图件），地面物探（重力、磁力、电法、地震等）及油气普查、油气化探资料，重要钻井及测录井、水文地质和相关测试分析资料，工作区及邻区油气特殊测井、压裂试井、构造和沉积相资料等。实际研究中，根据研究区的研究程度、具体研究目的和研究内容，收集的资料应有所侧重。

1）地形图

收集最新出版的工区及邻区的地形图，地形图比例尺至少应比任务规定的成果图比例尺大一倍。不得收集和使用放大后的地形图。同时，应收集包括测量资料和地理资料的地质图件。

（1）测量资料，包括：工区及邻区三角点和图根点的编号、坐标及高程；特殊地物（钻孔、水井、泉等）的测量成果。

（2）地理资料，包括：自然地理资料，如山脉、河流、湖泊、海洋、植被、气象等资料；经济地理资料，如交通运输、工矿、农牧业、居民点分布、民族风俗习惯、物资供应等资料。

2）航测资料

航测资料包括航空相片、卫星照片、遥感和航空物探资料。

3）地质矿产资料

地质矿产资料包括：各种地质调查、油气勘探、矿产勘探资料；地面物探（重磁力、电法、放射性、地震等）、化探、钻探资料；水文地质资料；地质专题科研报告、论文、图件、照片；有关地质试验分析鉴定资料；有关单位对地质工作的要求和存在问题等。

2. 资料整理与编制图件

应对收集的全部资料进行分类整理，编制资料文献目录，建立资料档案；同时编制图件（地质调查程度图、综合地质草图、综合地层和岩相柱状图、构造纲要草图、含油气远景草图），作为指导野外踏勘、编制技术设计书、野外工作和资源评价的参考。

二、踏勘

1. 踏勘的任务

野外踏勘应在项目（课题）设计书编写前完成，为设计书的编写提供第一手实际资料。

（1）了解工区的地理、交通、住房、水源、食物供应条件，确定野外工作时间、交通工具、装备用品、基地和宿营地点等。

（2）了解工区的地质条件，包括：

①各类地质体的特征、分布与接触关系；

②主要地层单位的特征和填图单位的划分标志；

③地质构造的类型与复杂程度；

④岩层裸露程度，覆盖物的类型、分布面积和厚度；

⑤油气苗和有用矿产的种类和分布。

（3）检验已收集的资料，包括：

①航测相片的解译效果，落实与补充解译标志；

②测量标志的分布与保存情况；

③前人成果中存在的问题。

（4）了解工区的不安全因素和灾害防治办法，包括：

①洪水、山崩、滑坡、泥石流的发生地区、规模和规律；

②灾害性或恶劣天气的类型与出现规律；

③毒虫、毒蛇、猛兽的种类与防护办法；

④地震情况和其他不安全因素。

（5）确定劳保用品和安全措施。

2. 踏勘的方法

1）地面踏勘法

该方法分为概略性路线踏勘和专题性重点踏勘。

概略性路线踏勘用于研究程度较差的地区。其做法是：依据航测相片，对不同的构造类型、不同的地质体及自然景观区，进行穿越路线踏勘；重点调查典型的地层剖面、地质现象和油气苗。

专题性重点踏勘用于研究程度较高的地区。其工作内容是了解：标准地层剖面和有代表性的含油气岩系；典型的地质构造、地质体和地质现象；代表性的油气苗。

2）航空目测踏勘法

航空目测踏勘主要目的是：观察测区内地形地貌及新地层的覆盖情况；了解区域性大

断裂、岩层走向与可能见到的岩层接触关系，粗略划分岩性，对全区内构造获得概括性的认识；了解测区内交通、居民点、森林、沼泽等分布情况。

航空目测踏勘法主要用于通行及逾越条件困难的地区（冰雪高山区、戈壁沙漠区、森林区、荒无人烟的边远区），或只能用很短的时间来踏勘大面积的工区，具体做法如下。

（1）准备阶段：熟悉资料与地形图及航空照片的判读；选择路线，编制飞行图和观察计划。

（2）飞行记录阶段：航空目测应在有太阳曝晒的天气下进行，或虽有云，而云层甚薄且高，不影响对地面观察、记录与拍照。

（3）资料整理阶段：当天的记录最好当天整理，包括照片、录像和文字描述等。

三、编制技术设计书

技术设计书应依据项目（课题）的任务书（或合同书）和规范要求、资料收集和野外踏勘成果，结合调查区地质特征、主要目的层系分布特点和自然地理条件等情况编制。结合调查区的具体情况制定的技术设计书是进行野外油气地质调查、检查、验收、评价成果质量的主要依据。

1.技术设计书内容

技术设计书的主要内容包括项目概况、区域地质背景、以往工作程度及存在问题、目标任务与实物工作量、技术路线与工作方法、工作部署与进度安排、预期成果、组织机构与人员安排、经费预算及说明、质量保障与安全措施、附件与附图等。设计书的内容及编排顺序如下。

1）序言

（1）队号、队名、队别；

（2）目的和任务（调查比例尺、工区范围和面积等）；

（3）进行工作的依据；

（4）工区地理位置、行政区域位置；

（5）区域自然地理特征和野外工作条件。

2）前人研究情况

（1）按时间先后，列举工区以往的地质调查、物探、化探和钻探工作；

（2）以往工作的成果、解决的问题；

（3）存在问题。

3）区域地质特征

（1）地层特征。

①工区内地层的时代、分布、岩性、厚度、接触关系、所含化石及岩相变化；

②工区内地层主要组、段的对比；

③工区外围地层情况；

④工区内地层的特殊情况。

（2）构造特征。

①大地构造位置；

②构造单元性质；

③构造形式；

④断层分布与性质。

（3）油气水与其他矿产。

①油气苗与水泉分布；

②油气水层的层位与分布；

③水的性质与油气的关系；

④其他有用矿产情况。

4）工作任务与定额计算

（1）调查面积和路线长度；

（2）实测地层剖面和横剖面的数量、等级和长度；

（3）每平方千米观察点数量和各种观察点的总数；

（4）每月调查面积的定额（先根据工区等级指出，再根据工区露头情况、分层难易、地形起状和高程、气候、交通、宿营地远近等条件进行定额修正）；

（5）探坑和探槽的数量和工作量、手摇钻和浅井的井数和进尺。

5）工作方法

（1）完成任务的手段与方法；

（2）路线和剖面的工作顺序；

（3）探坑、探槽、手摇钻、浅井的设置与工作方法；

（4）与本工区其他勘探工种相互配合的方法。

6）标本样品采集计划

根据工作任务和工作方法，提出各种标本样品的采集数量和分月送样计划。样品分析项目包括油气水地球化学、岩石物性、粒度、轻重矿物、薄片、荧光、微量元素、古地磁、同位素年龄和古生物等。

7）工作时间计划及预计工作量

在上述工作基础上，根据任务要求，列出详细的工作计划（表1-2-1），给出预计工作量（表1-2-2）。

8）经费预算

根据任务书和经费实际，详细列出各项研究的经费预算明细及依据。

9）附图

常见的附图主要包括工区交通位置图、勘探程度图、地质图、综合地层柱状图（有条件时，图上应注明地震反射界面、高阻层顶面、重力密度界面等地球物理成果）、构造纲要图、油气苗分布图、野外工作规划图（图上应有设计路线、观察点、取样点等）、工作进程图。

表 1-2-1　野外地质调查工作计划

序号	项目	起始时间			完成时间			共计天数
		年	月	日	年	月	日	
1	收集资料与踏勘							
2	设计							
3	出发前的准备							
4	出发途中							
5	野外工作							
6	野外整理与验收							
7	返回途中							
8	室内工作与答辩							

表 1-2-2　工作量计划

序号	项目	单位	分月计划												合计	备注
			1	2	3	4	5	6	7	8	9	10	11	12		
1	调查面积	km^2														
2	路线长度	km														
3	柱状剖面测量长度	m														
4	横剖面测量长度	m														
5	坑探、槽探工作量	m^3														
6	手摇钻进尺	m														
7	浅井进尺	m														
8	采样	块														
9	相片	张														

2. 技术设计书的批准与修订

（1）技术设计书必须由野外地质队队长或技术负责人亲自主持编制。

（2）主管部门组织设计答辩会，设计人必须按照答辩会上明确的任务和确定的意见对设计进行修改与补充。

（3）设计完成后必须报上级主管部门审查批准。

（4）在野外工作过程中，发现地质情况有重大变化，影响计划不能完成时，应及时修订设计，并报上级主管部门核准备案。

四、实测地层剖面

在地质填图进行之前，一般要测制 1～3 条完整的地质剖面（其中至少要有一条包括测区比较完整的地层剖面），在地质条件很复杂的地区，要求实测 3～4 条。这是地质填图的基础工作。这种地质剖面习惯上称为实测剖面，实测剖面的目的是正确地划分地层，确定矿产的时代或层位，丈量厚度，研究岩石或地层的含矿性质、物质成分、结构、构造和相互间的关系。通过这种剖面的测绘，一般情形下，可基本上查明测区内的主要地质特征。根据剖面测量的结果，要编制代表测区地层特点的综合地层柱状图，以作为地区统一分层对比的依据（表1-2-3）。

表1-2-3 地质填图比例尺基本要求

地质填图比例尺	地质剖面采用的比例尺	基本要求
1：200000～1：100000	1：5000～1：2000	建立以统、组为单位的地层系统，局部必要时划分到阶。初步研究地层的岩相特征，查明岩体物质成分、结构、构造、接触关系，划分岩相，了解成岩作用与成矿关系
1：50000～1：25000	1：2000～1：200	地层划分到阶或带（或亚组，或段，或段下再分），研究重点层位的沉积旋回与成矿条件。查明岩体物质成分、结构、构造及成矿作用等特点
1：10000～1：1000	1：1000～1：100	按不同岩性分层，研究各不同岩相沿走向及倾向的变化规律，初步确定层位关系；研究各不同岩相的物质成分、岩矿特征、形成条件及与成矿的关系，初步研究沉积作用、变质作用、岩浆活动及成矿作用，划分出沉积亚旋回

实测剖面的测量应由主要技术负责人亲自主持，由全体填图人员参加（至少一条），以统一分层、统一野外岩石定名、统一技术要求、统一工作方法、统一图例，并对一些主要的地质现象取得初步一致的看法。同时采取系统标本，磨制薄片鉴定。

1. 几种实测剖面的工作目的

（1）层序剖面：为了解沉积序列的岩石组成、结构、划分地层和建立填图单位等，要求对其进行详细分层、描述，系统采取岩矿、古生物、岩石地球化学等样品，研究地层的接触关系及时代，必要时采集人工重砂样品进行重矿物组合特征研究，运用宏观与微观相结合的方法研究地层的各种地质特征、划分岩石地层单位，为路线地质调查、填图、多重地层划分和对比打下基础。实测沉积岩地层剖面一般在踏勘之后、野外地质填图之前进行。实测剖面应选择在地层出露较完整，接触关系与标志层、相带清晰，构造相对简单的地段测绘。测绘层序剖面的目的是通过研究岩石物质及矿物成分、结构构造、古生物特征及组合关系、含矿性、标准层、地层组合、变质程度等，建立地层层序，查清各地层的厚度及各地层的变化、接触关系，确定填图单位。

（2）构造剖面：着重研究区内地层及岩石在外力作用下产生的形变，如褶皱、断裂、节理、劈理、糜棱异常（韧剪带）的特征、类型、规模、产状、力学性质和序次组合及复合关系（对研究区域构造的剖面，要通过主干构造剖面研究）。

（3）第四系剖面：研究第四纪沉积物的特征、成因类型及含矿性、时代、地层厚度及变化特征、新构造运动及其表现形式。

（4）火山岩剖面：研究火山岩的岩性特征，与上、下地层的接触关系；火山岩中沉积夹层的建造、生物特征；火山岩的喷发旋回、喷发韵律；火山岩的原生构造和次生构造；确定火山岩的喷发形式、火山机构和构造。

（5）勘查线剖面：勘查线剖面分铅直剖面和水平剖面，此处仅指铅直剖面。在布设勘查剖面时，要照顾到整个矿床的各个地段，或兼顾相邻矿床。剖面线垂直矿体（床）

走向线，间距一般与勘查网度一致。勘查线剖面主要反映各种岩石之间的界线、各种构造界线、构造控制和构造破坏等。剖面上应标出探矿工程的种类、数量、位置、取样资料，从而可反映出勘查工作的工程控制程度、矿体圈定的合理程度、各地段的资源／储量类别。

2. 实测地层剖面的分类

实测地层剖面以查明地层层序、岩性组合、沉积相、储层、烃源岩及生储盖组合特征为目标，建立地层综合柱状剖面、烃源岩化学剖面图、沉积相剖面图、生储盖组合剖面，系统采集地层岩性、烃源岩、储层等样品，比例尺一般不小于 1 ： 2000。

（1）根据工作精度和描述项目的差异，或在地质填图中发挥作用程度上的差异，实测地层剖面可分为三类，即标准地层剖面、辅助地层剖面、地层厚度剖面。

（2）根据实测层段完整程度，实测地层剖面可分成两类：全层段地层剖面，其工作任务是对工区内出露的全部地层进行详细分层，研究岩层厚度、成分、结构、分层标志、含油气特征、地层层序、接触关系、时代归属等，系统采集岩样和古生物标本，建立地层剖面；重点层段地层剖面，其工作任务是对含油气岩系及其盖层进行研究，重点了解各填图单位的标志、厚度、岩性和岩相变化。

3. 实测地层剖面的位置选择

（1）应选择在能代表一个区域或一个小区的地层岩性和厚度特征的地方。

（2）应选择地层露头连续分布、完整清楚、化石丰富、横向上掩盖少的地段。

（3）尽量选择在构造简单的地段。在确认位置非常重要，但又无法避开断层或覆盖时，就近分段连接时必须用明显的标准层来连接剖面，标准层应相互重复一段。当无法满足上述要求时，应布置剥土、坑探和槽探工作。

（4）要求在地形上尽可能使剖面方向垂直于地层走向。

4. 实测地层剖面的精度要求

1）标准地层剖面的精度要求

（1）地层分层规定：分层时综合考虑岩石的颜色、成分、结构、构造等特征和矿物、化石、层间接触关系、沉积间断等因素，凡有明显变化处，应当分层；分层厚度大小根据成图比例尺决定，标准剖面的柱状剖面图比例尺一般规定为 1 ： 500；分层时应特别注意研究生、储、盖层，有特征意义的岩层和标准层，不论厚度大小均应单独分层，或单层厚度综合描述；对于特殊结构和特殊交互层、古生物夹层等，应辅以放大比例尺 1 ： 50 ～ 1 ： 10，甚至用放大倍数的素描图准确表达；地层分层应能与区域剖面对比。

（2）对地层间的接触关系，应在横向上追索，找到足够的证据。

（3）岩性描述要求真实全面，重点突出。

（4）进行系统采样：采样应有目的性和代表性；采样密度可按表 1-2-4 及实际情况决定；采集供陈列用的岩石标本尺寸为 3cm×8cm×10cm；采集化验样品的质量见"标本和样品的采集"规定。

（5）对于任何比例尺的地质填图，地层标准剖面两次丈量的总厚度相对误差不得大于2%，厚度单位为米，读数至小数点后 2 位。

（6）应附信手横剖面图、素描和照片，具体要求内容包括：信手横剖面图应反映地形起伏、岩层出露宽度和产状，图上要标明方向、比例尺、接触关系、层号、油气苗层位、产状和量取位置、化石产层及特殊夹层位置、素描和照相位置、样品标本的采集位置等；素描应画出岩层的特殊结构或沉积特征，标出方向、名称、比例尺，并作扼要说明；对有意义的地质现象进行照相和录像时，在景物旁放置参照物；照片应有编号、简要说明与记录。

表 1-2-4　样品采集的密度标准

岩层种类	单层厚度，m					
	1 ~ 5	5 ~ 10	10 ~ 20	20 ~ 50	50 ~ 100	> 100
	取样块数					
生油层	1	2	3	4	5 ~ 10	1 块 /15m
储层	1	1	2	3	4 ~ 5	1 块 /25m
一般层	1	1	1	2	3	1 块 /30m

2）辅助地层剖面的精度要求

辅助剖面可以细分层，用综合小结式进行描述；地层划分应能与区域地层剖面对比；柱状剖面图比例尺为 1 ∶ 2000 ~ 1 ∶ 1000。

3）厚度地层剖面的精度要求

除特殊层外，可大套分层，进行综合小结式描述；应控制岩相、厚度变化；露头应基本清晰，可以有部分覆盖，但应无断层，以不影响厚度和不遗漏主要层段为原则；应能与区域地层剖面对比；柱状剖面图比例尺为 1 ∶ 5000 ~ 1 ∶ 2000。

5. 实测地层剖面的程序和方法

1）剖面踏勘

在剖面线基本选定之后，应沿线进行踏勘，了解露头连续状况、构造形态、岩性特征、地层组合、侵入岩的分布、侵入岩的种类、岩性岩相变化、接触关系、不同构造部位的岩层对比关系。初步了解地层单元及填图单元的划分位置、化石层位、重要样品采集地点等。在此基础上确定总导线方位、剖面测制中导线通过的具体部位、需平移的地段和必须工程揭露的地区，以及工作中的驻地和各驻站的时间。

根据踏勘结果，应确定标准层、地层单位和填图单位的划分位置、分层编号，并设立标志，布置坑探、槽探工程。根据踏勘资料制定实施工作计划，计划内容包括比例尺、工作量、测量方法、实测顺序、组织分工、工作定额与工作进度计划。

2）剖面测制中人员分工

野外工作一般需要 8 ~ 10 人，见表 1-2-5。

人员充足时，记录和样品采集均可由专人负责。若测制古生物地层剖面，最好有古生物鉴定人员参加，以指导化石的采集工作。

表 1-2-5 实测地质剖面人员分工简表

职务	人数	主要工作任务
地质观察员	1～2	对地层进行详细观察、分层和描述，判断和确定构造形态、位置，测量各种产状要素，丈量分界点的斜距，协调全组工作，决定导线是否前进
前、后测手	2	选择导线测点，拉测绳或皮尺，测量导线的方位角、坡度角、导线斜距，将剖面起点、终点标定在地形图上
记录员	1	根据实测剖面厚度计算表（表1-2-6）所列内容，填写各种野外实测数据，进行地质描述
剖面草图绘制员	1	根据各种实测数据，现场绘制平面图、剖面图，注意标注各种数据和地形的细微变化及其标志物
标本采集员	1	负责采集各种岩矿、化石、地层和构造岩等的标本，记录采集位置，对标本进行编号、定名并打包
照相、素描员	1	根据研究目的需要，对各种典型地质现象拍照、素描
露头特征直测员	1～2	必要的情况下，开展地表GR测量、元素测量、孔隙度及渗透率测量等

3）剖面的具体施测

地形剖面线的测量有仪器法和半仪器法两种。仪器法由测量人员负责测制；半仪器法由地质人员测制，以罗盘测量导线方位和坡度，以皮尺或测绳丈量斜距。注意测量时将皮尺或测绳尽量拉紧。方向和坡角要用前、后测手测量的平均值，且要求两人测量数据差值不能过大。

测量及数据记录时，将测量数据和分层位置及时记入剖面记录表，并表示在平面图上，二者相互对照互相吻合。剖面记录表见表1-2-6。丈量地层应逐层自老到新，剖面方向应尽量垂直地层走向，即交角尽量为90°，若地形上有困难，只能与地层走向斜交时，交角不得小于60°。应按确定最佳方向进行丈量，若因地形或其他因素不得不适当改变方向时，应在记录备注栏说明原因。现场操作步骤和内容为：前后测手按导线方向，将相同长度（1.5m）的两根标杆分别准确地直立在分层界线上；瞄准两根标杆的延伸方向，测量导线方位角；以两根标杆的顶端为准，测量导线坡度角，后测手向前测手看（仰视坡度角为正值，俯视坡度角为负值）；将皮尺在两根标杆顶端间拉直，读取斜距；测量地层产状三要素；记录人将前后测手报出的各项数据整齐、清楚、准确地记入实测剖面厚度计算表（表1-2-6），并复述校核；按厚度计算公式 [式（1-2-1）]，计算地层厚度，并由第2人检查校核；检验计算厚度与实测地层厚度的符合程度，发现问题及时纠正或返工。

表 1-2-6 实测剖面厚度计算表

剖面名称

			野外记录资料								厚度计算公式						计算结果		
导线号	地层代号	分层号	岩性	岩层产状		导线			皮尺读数，m			$H=L$ $(\sin\alpha\cos\beta\sin\gamma \pm \cos\alpha\sin\beta)$						厚度，m		备注
				倾向 λ	倾角 α	方位角 φ	与走向夹角 γ	坡度角 β	前 L_2	后 L_1	斜距 L	$\sin\alpha$	$\cos\beta$	$\sin\gamma$	$\pm$	$\cos\alpha$	$\sin\beta$	分层 H_1	累计 ΣH_1	
0-1																				
1-2																				
2-3																				

野外记录资料												厚度计算公式 $H=L$（$sin\alpha cos\beta sin\gamma \pm cos\alpha sin\beta$）							计算结果		备注
导线号	地层代号	分层号	岩性	岩层产状		导线			皮尺读数，m			$sin\alpha$	$cos\beta$	$sin\gamma$	$\pm$	$cos\alpha$	$sin\beta$	厚度，m			
				倾向λ	倾角α	方位角φ	与走向夹角γ	坡度角β	前L_2	后L_1	斜距L							分层H_1	累计ΣH_1		
3—4																				
4—5																				

记录人　　　　　　　　　计算人：　　　　　　　　　　　　检查人　　　　　　　　年　月　日

$$H=L（sin\alpha cos\beta sin\gamma \pm cos\alpha sin\beta）\tag{1-2-1}$$

测量导线方位角及坡度角时，前后测手应相互对测，以便校正。量取地层产状时，应先统观所测岩层，在有代表性的部位量取倾向和倾角。各项丈量数据应准确无误，所有报记数据与记录应及时在现场复述一遍，进行核实。

根据剖面测制的目的，按需要配合以物探、化探工作。

剖面上样品的采集，应根据剖面研究的目的，系统采集岩石薄片样、各类标本、岩石地球化学样、人工重砂样、古生物样等。

沿剖面线用定地质点的方法控制剖面起点、终点、转折点、重要地质界线、接触关系、构造关键部位和矿化有利地段等。地质点和分层号、化石及主要样品应用红漆在实地标记，并准确标绘在图上。

居民点、河流、地形制高点、主要地物等，应标注于平面图和剖面图上。

在剖面通过部位，遇到有意义的地质现象应画素描图或拍摄照片，并记录地点、时间和要说明的内容。遇到构造特别是可说明大褶皱构造的次级褶皱构造时，应在小构造具体出现位置的剖面图上方，用特写方式附上小构造形态特征素描图（图1—2—2）。

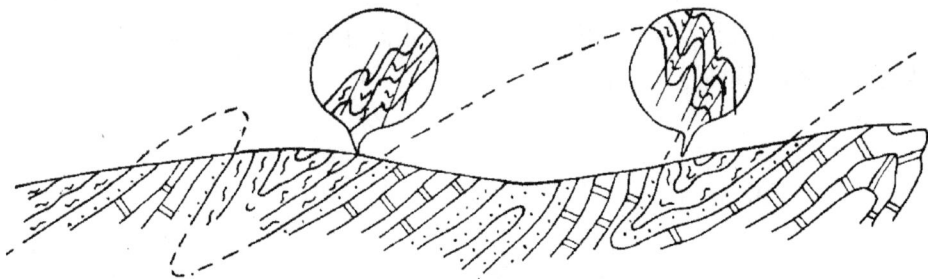

图1—2—2　小构造在剖面上的表示方法

剖面线测量的同时，进行实测地层剖面的观察和描述。详细描述各种地质现象，在专门的野外记录本中分层逐项描述、记录，画出沿线的信手剖面图。在地形底图和航空照片上准确标出剖面线起点、终点、剖面观察点的位置、岩层产状要素、地层分界线等。

4）剖面图的绘制

常用的剖面图绘制法有展开法和投影法两种，当导线方位比较稳定时多用展开法，当导线方位多变、转折较多时宜用投影法。

（1）展开法。

首先，绘制地形剖面线，一般只要根据导线斜距和坡角两个参数，画出各段导线的地形线，并把各导线的方位角标在地形线对应位置的上方，如果导线太密集或图件比例尺太小，可以选择方向变化较大的位置标出。这样画出来的地形轮廓线呈折线，应根据野外草图所反映的地形细节，将其勾绘成圆滑的曲线。

再绘制地质要素，多数情况下，导线不完全垂直岩层走向（图1-2-3），因此在绘制地质界线投影时，需要进行视倾角的换算。除导线方位与岩层走向夹角大于80°可视为近似地垂直外，凡其夹角小于80°时，均应按换算出来的视倾角绘制，但产状注记仍应标记真倾角（图1-2-4，图1-2-5）。采集的标本样品等应标注在剖面上方相应的位置。分层号、地层分界线及地层代号等标注在剖面的下方。还应有图例、比例尺等图外的说明。展开法绘制剖面图时，下方的导线平面图意义不大，成图时可以忽略不绘。

此方法的优点是作业流程简单，便于野外边测边绘，同时便于检查。其缺点是：将转折的导线展开便会夸大了地质体的实际宽度，地层厚度只能用公式计算求得；由于导线方位的改变引起了产状相同的岩层视倾角的数值不同，特别是在导线方位与岩层走向夹角较小时，按视倾角在剖面上画上的地层投影线常出现相交、突变等不协调现象，歪曲了实际地质现象。

（2）投影法。

此法是目前应用最广泛的一种（图1-2-6），其作图步骤如下：

第一步，作导线平面图（即相当于路线地质图）。作图前，首先要确定好总导线方位，即剖面起点、终点之连线方位，也就是剖面投影基准线方位。以方格纸的横坐标线作为预估的总导线方位，根据各导线的方位和其平距在方格纸上分别做出各段导线即形成导线平面图。另一办法是，在另一张纸上先作出导线平面图，然后量出（也可计算出）剖面线起点、终点连线的方位。以此方位为投影基准线，直接在方格纸上作出导线平面图。也可以在地形图（手图）上剖面起点、终点的连线方向为总导线方位。如果实测剖面时定点准确，一般不会有太大误差。确定导线平面图基线需遵循的原则是，凡总导线方位介于180°～360°区间者，剖面起点位于右侧，终点位于左侧。凡总导线方位介于0°～180°之间者，剖面起点位于左侧，终点位于右侧。再将岩层产状、分层界线及分层号、地层界线及地层代号、岩石标本及化石采集点标绘到导线上相应的位置即构成了路线地质图（导线平面图）。

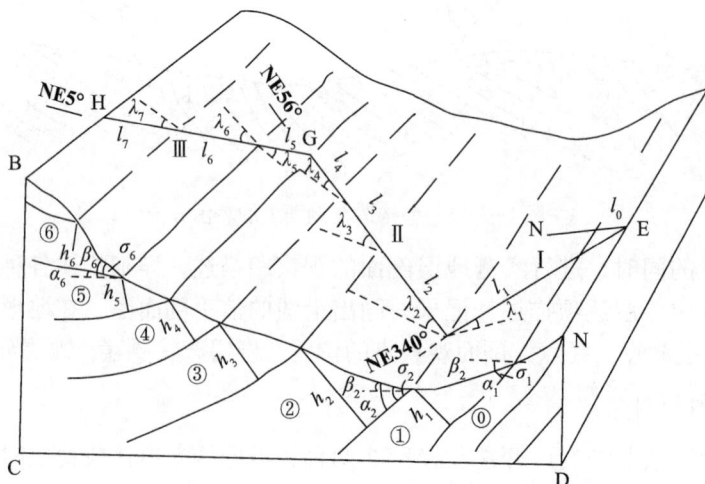

图1-2-3　地层产状、地形坡度与导线关系立体图

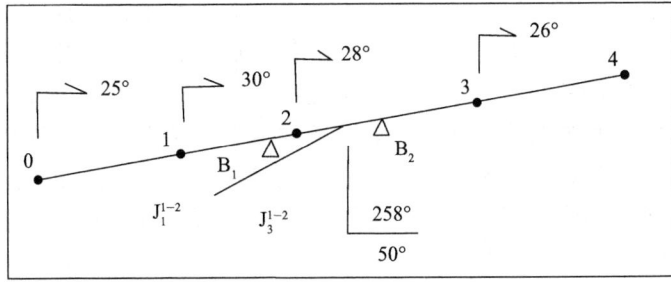

图 1-2-4 展开法实测剖面图

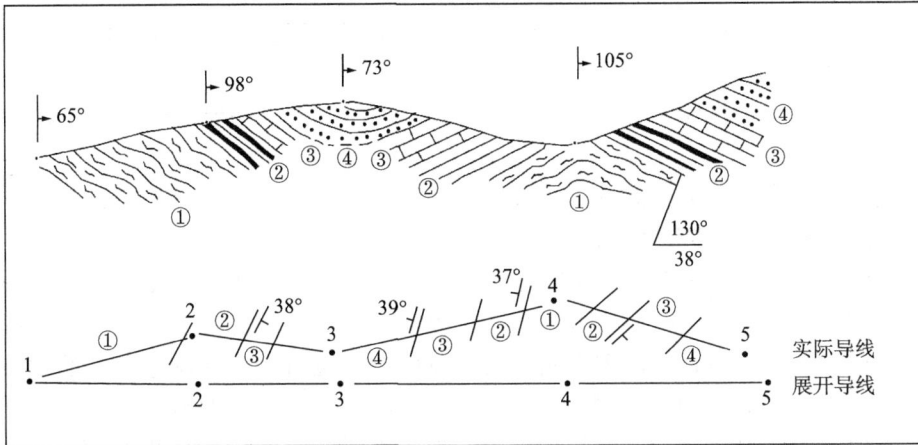

实际导线

展开导线

图 1-2-5 导线展开法剖面图

××地区××系××组实测地层剖面图

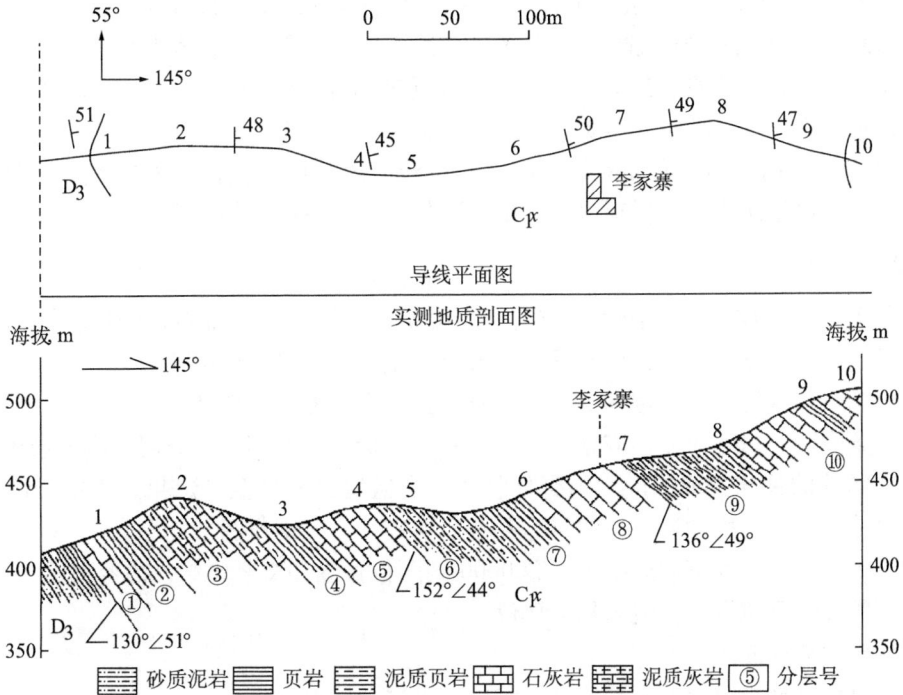

导线平面图

实测地质剖面图

砂质泥岩　页岩　泥质页岩　石灰岩　泥质灰岩　⑤分层号

图 1-2-6 导线投影剖面图

第二步，作地形剖面图。将导线各转折点垂直投影到其下方的投影基准线上，以投影基准线作为计算相对高程的"零点"，然后在方格纸的纵坐标上找出各段导线的累计高差点，用平滑的曲线勾绘这些点，即成地形剖面图。

第三步，在地形剖面图上绘制地质要素。将导线平面图上的分层界线、岩层产状、岩石标本采集点和化石采集点垂直投影到地形剖面上来。由于投影剖面线的方向基本上垂直于地层走向，所以除局部地层产状有变化的地段外，大都可直接根据真倾角绘出岩层倾斜线。如果投影剖面线方位与岩层倾向夹角大于 10°，就应该换算成视倾角，再绘出岩层视倾斜线，但在其下方标绘产状时，仍标绘真倾角。应该指出，一定要用投影基准线（即剖面起点、终点连线）方位与岩层走向之夹角来换算视倾角。

第四步，填绘岩性花纹。在地形剖面图的各分层中，按视倾角填绘岩性花纹，就获得带岩石花纹的剖面图。

最后，绘制图例及责任表。一张完整的实测地层剖面图，还要加绘上相关的图例和责任表。

实测剖面图上应有图名、图例、比例尺、剖面起点坐标、方位标准、垂直标尺、水平标尺、剖面图、平面图及责任签等。

剖面图的水平比例尺可以采用文字比例尺，也可以采用线性比例尺，垂直比例尺一般采用线性比例尺。此法的优点是：可以直接在图上丈量地层厚度；剖面上的构造要素基本符合实际情况，很少歪曲；剖面图控制的长度及地层单位出露宽度与地质平面图相符。此法的缺点是：地形轮廓线的坡角因侧方投影而受到歪曲，不便于野外验收检查。

注意事项：绘制剖面地质要素的顺序是，先投影断层、岩脉（如果剖面线经过断层或岩脉的话），然后投影分层界线、地层产状，最后根据岩性填绘不同的岩性花纹。若上、下地层间倾角相差较大，又非断层影响或角度不整合，画岩性花纹时将倾角差额平均分配，不能画成相交。图例应按照地层单位代号，由新到老排列：先沉积岩（或层状火山岩和变质岩），后侵入岩，然后列出构造要素花纹、岩层产状、层序号、标本及化石代号等。岩层分界线应画长一些，而岩性花纹要画短些，一般前者由地形线向下铅直长度画 1.5cm，后者画 1cm，以示区别。地层单位界线更应长些，按级别应有层次。

当天丈量工作结束后，必须对地层厚度作核定。对分层的数目和采样的层位做到野外原始记录本、厚度记录本、采样标签与清单、野外柱状草图的互相一致。

5）资料整理

（1）每天或每个组、段、带丈量完后，应编制出地层纵向特征对比的柱状草图。将岩性描述、厚度记录、化石记录、标本采样记录等原始记录汇总到柱状草图上。

（2）对化石、裂缝、岩石结构等原始资料，必须进行专门的统计。

（3）一条剖面丈量结束后，应系统地整理岩样分析、化石鉴定、分层厚度记录等资料。

（4）总结性的柱状剖面图应归纳野外收集和实验室分析的全部成果。为便于读图和使用，可将岩性、岩相、生油层、储油层等资料适当分开，分别作图。

（5）每一条实测标准剖面应附 1：200000 剖面位置图和文字小结，内容包括：

①剖面所处地理位置、构造名称与部位；

②区域岩性特征简述；

③地层时代划分与分层的主要依据，对目前沿用分层的意见；

④岩性主要特征描述；

⑤生储盖层及其组合特征；

⑥各项分析资料的质量与可靠程度；

⑦遗留问题及建议。

（6）专门收集和分析鉴定的原始资料，按柱状图自下而上地依次整理，完整成册。其中原始资料的层号与编号必须与柱状图一致。

五、地质填图

地质填图是地质工作最基本的工作手段之一。无论是区域地质调查还是矿产地质调查、水文地质调查、环境地质调查、灾害地质调查等，均离不开地质填图（调查），只是侧重面不同而已。区域地质填图也称区域地质调查。区域地质调查的比例尺一般有 1 ∶ 1000000、1 ∶ 500000、1 ∶ 250000、1 ∶ 200000、1 ∶ 50000、1 ∶ 10000、1 ∶ 5000、1 ∶ 2000 等，根据不同的比例尺，其工作方法略有差异。

1. 各调查阶段地质填图的基本任务

（1）概查：调查区内有无可能存在的生油层；指出可进行石油普查的远景区。

（2）普查：指出调查区内可能存在的生储盖组合；估算生烃量；对远景区进行初步评价；提出进一步详查的地区。

（3）详查：明确提出调查区的生储盖组合；指出有利构造及构造群的基本构造要素；预测储量；明确重点构造区，提供钻探或细测。

（4）细测：做出构造图；明确钻探目的层，提出初步钻探设计；预测储量。

2. 地质填图工作的基本要求

（1）一切地质现象都必须实地观察，实地定点，现场描述记录。严禁事后用标本、地形图等补作追忆式的定点与描述。

（2）一切能表示在地形图上的地质现象和地质体，如地质界线、褶皱轴线、断层线、超覆、尖灭、相变、火成岩和变质岩体、地貌分区线、油气苗、沥青和地蜡分布点、水泉、有用矿产、井坑位置等均应在现场用符号填绘在地形底图上。严禁事后在室内根据观察路线和观察点的描述来补绘。

（3）在地质填图过程中，如发现原定分层标准与实地情况不一致时，可以增加辅助界线。不得擅自变动或更改填图单位和统一的分层标准。

3. 地质填图的基本方法

地质填图的基本方法是选择一定的观察路线和观察点进行系统的野外观察、描述、定点、连线成图，以不同的观察路线和观察点的密度反映不同比例尺的调查精度要求。一般程序为收集资料—地质踏勘—剖面测量、正确划分填图单元—剖面地质小结—开展正式填图工作。

不同的基岩出露区，应选择不同的填图方法、侧重不同的内容。

1）沉积岩区

对沉积岩区，应采用多重地层单位划分岩石地层方法填图。其研究的主要内容是：

（1）查明岩石地层单位的岩性、主要物质成分和地球化学特征、基本层序、化石内容、沉积特征（结构、构造及组构特征）、厚度、产状、形态、成因、含矿性、接触关系、时空分布变化。

（2）正确建立地层层序，合理划分正式（即正式命名的）与非正式（即不必正式命名的）岩石地层单位，研究它们与生物地层单位、年代地层单位的关系，进行多重地层单位的划分和研究对比。

（3）进行沉积环境、沉积作用、沉积岩层形成和发展演化历史的研究。

2）侵入岩区

对侵入岩区，应采用岩石谱系单位的方法填图。但是，由于该方法还存在一定局限性，如对成矿方面的研究和成因联系上、在区域对比上还有些不成熟的地方，现在很多单位，还是采用传统的期、次、阶段等来划分侵入岩。但不论用那种方法填图，都必须研究以下内容：

（1）查明花岗岩类侵入体的形态与规模、矿物成分、岩石化学和地球化学特征、岩石类型、结构构造、组构特征（流动构造和变形构造）、包裹体特征（捕房体、残留体和深源暗色包裹体）、脉岩（派生脉岩和区域性脉岩）的规模、产状和组分等。

（2）查明岩体内外接触带的交代蚀变作用、同化混染作用以及分异作用的特征。

（3）研究花岗岩复式岩体内部的脉动、涌动和渐变过渡等接触关系；根据侵入体的相互接触关系和同位素年龄资料确定侵入体的侵入时代与侵入顺序，并讨论它们的时空分布规律。

（4）按花岗岩类的成分序列或结构序列的基本概念，划分侵入体，建立单元，归并超单元或序列（非正式单位），并探讨岩浆作用的演化历史，研究侵入体的就位机制以及侵入体（或单元）与矿产的关系。

（5）花岗岩类以外的其他侵入岩，原则上按（1）～（3）的要求进行填图，划分侵入体。有条件时建立单元，归并超单元或序列。必要时可根据侵入体或单元内部矿物成分的分带性以及变形特征的分带性划分岩石带。

3）火山岩区

对火山岩区，应采用火山地层—岩性（岩相）双重方法填图，其研究内容是：

（1）查明火山岩岩石的矿物成分、岩石化学和地球化学特征、岩石类型、结构构造、产状、厚度、接触关系、空间分布及其变化规律。

（2）在研究划分火山岩和沉积夹层（注意寻找化石）的基础上，结合火山地层的结构类型，划分岩石地层单位和火山喷发旋回、火山喷发韵律，建立地层层序，确定火山喷发的时代。

（3）依据岩石矿物特征、结构构造特征及火山地质体的产出形态与分布，划分火山岩相类别，研究各种火山岩相形成的地质环境。

（4）查明与火山活动有关的构造特征，结合火山岩性、岩相资料，研究古火山机构，探讨火山作用与区域构造及成矿的关系。

4）变质岩区

对变质岩区，应采用构造—地（岩）层法或构造—岩石法填图。

（1）浅变质的沉积岩和火山堆积岩原则上按沉积岩要求进行，注意研究变质—变形作用的特征及其相互关系；浅变质的侵入岩类岩体可参照花岗岩类的内容和要求开展工作。

（2）查明变质岩石（包括变质构造岩）的矿物成分、结构构造、岩石类型，以及主要变质岩的岩石化学、地球化学、变形特征。恢复原岩。

（3）查明不同类型岩石的空间分布以及它们之间的接触关系，并建立序次关系。

（4）查明变质变形作用特征类型、划分变质相带和相系，研究其期次、时代及其相互关系，探讨变质作用发生、发展的地质环境。

（5）研究变质岩的原岩建造类型，探讨其形成的大地构造环境，探讨变质作用和成矿作用的关系。

（6）根据变质作用、变形作用的特征及其复杂程度以及岩石类型，划分构造—地层单位、构造—岩层单位、构造—岩石单位，分别建立地层层序、变质岩层构造叠置序列，并研究其新老关系和岩石单位的热动力事件演化序列。

4. 观察路线

这一步的布置方法包括穿越法、追索法和全面踏勘法，其填图工作应遵循从已知到未知的原则。首先将实测剖面及确定的填图单元界线、断层线、侵入体界线、矿层顶底板界线、产状等的位置绘到信手剖面图上，再从实测地质剖面两侧逐渐展开。

1）观察路线的种类

（1）穿越法。

该方法的方向应基本上垂直于地层或构造线的走向。其特点是便于系统研究地层剖面的上下顺序、接触关系、岩相纵向变化以及其构造分布、构造形态特征。该方法一般在概查、普查中使用，也用于详查和细测中测绘横剖面。

野外工作中，要将沿观察路线上观察到的各种地质、矿产现象标绘到地形图上，对重要的地质现象如地质界线、矿化点和构造等，要进行定点观察。

穿越法的优点：工效高，能较快地查明工作区的地质构造或矿产情况，并能比较容易地查明地层层序、接触关系、岩相的纵向变化情况等，因而被广泛应用于 1：200000 和 1：50000 比例尺的地质填图中。穿越法的缺点：对路线间的小型地质体容易漏掉，对地层的岩相、厚度及地质构造的横向变化不能及时查明，填图比例尺越小，观察路线的间距越大，上述方法缺点越明显。所以，采用穿越法时，常需要绘制路线地质剖面图或信手剖面图，或者间距数条路线绘制，以便能直接地反映出观察路线中的各种地质现象，也便于路线间的相互对比，确保填图质量。

（2）追索法。

路线方向平行于地层或构造线的走向。其特点是用于沿一定的地层层位（化石层、含油层、标准层等）、接触界线或断层等追索重要岩系的横向变化、标准层的高程变化。该方法常用于礁的野外调查，多用于详查和细测。

工作中往往同时追索两条或几条地质界线，所以实际上其路线大致沿着地质界线呈

"S"形进行。这种方法常用在 1 ∶ 50000 或更大比例尺的地质填图中，往往用于追索一些重要的地质现象，如标志层、岩层接触界线、主要断层、构造转折端、岩体接触界线和含矿层等。

追索法的优点：勾绘的地质界线较准确，容易查明地质体沿走向的变化，特别是对确定岩层的接触关系、断层的性质和岩层的含矿特征等是一种有效的方法。追索法的缺点：工作量大，且不易查明地层在其垂直走向方向上地质构造及矿化体等的变化。

（3）全面踏勘法。

全面踏勘法是一种把穿越法和追索法结合起来的方法。其观察路线纵横交错，遍布整个填图区。在实际工作中，应对全区内每个重要露头进行观察研究，尽可能多地获取地质资料，这种方法较多地应用于大比例尺的矿区地质填图中。

2）观察路线的布置原则及方法的选择

全区均匀分布，重点地区或地质条件复杂地区加密布置；结合交通和地形条件，因地制宜，进行部署；布置每条路线时应能看到尽可能多的地质现象，尤其是重要的地质现象；松散沉积物覆盖较多地区应布置一定的路线，以便在路线上布置一定的探坑、探槽或浅井。

在实际工作中，上述三种观察路线的布置方法通常是结合使用。例如：在沿穿越路线进行观察时，为了解岩层的岩性或岩层间的接触关系在横向上（即沿其走向方向上）的变化情况，往往需要向路线的两侧一定范围内进行适当的追索观察。同样，在沿追索路线进行观察时，为了解地质体纵向上的（即沿其垂直走向方向上）的变化情况，往往也需要在路线两侧进行适当的穿越地质体走向的观察。在地质填图中，上述三种方法的选用及各种观察路线的布置密度等的确定，主要取决于地质填图的比例尺，同时还要考虑对填图区的地质构造、岩层、矿产等的不同研究要求，填图区地质构造、矿产的地质条件的复杂程度，对航空照片、遥感图片的解译程度，基岩的裸露情况及逾越、通行条件的好坏程度等诸多因素。

3）观察路线的密度（地质点的布置）

（1）地质点的主要分为基本点、加密点、岩性或产状点三类。

①基本点：为控制测区地质界线和基本构造形态布置的观察点。基本点应布置在测区填图单元的地质界线、断层面及褶皱轴、蚀变带界线、岩体界线、含矿层或矿体等对应的位置上。基本点要求作详细的文字记录（必要时作放大素描图）。

②加密点：为进一步控制地质界线和构造形态的变化，在满足基本点密度要求的前提下，在基本点之间沿地质界线加密布置的观察点。加密点只作简要的文字记录。

③岩性或产状点：为控制和了解地质界线之间岩层产状变化及岩性特征、满足基本点密度和数量要求而布置的观察点，岩性或产状点只需记录岩层产状和岩性特征。

遵循从已知到未知的原则，要充分利用前人工作成果。一般要求 1 ∶ 10000 地质填图每方格达 50 ~ 80 个点，1 ∶ 5000 地质填图每方格达 25 个点，1 ∶ 2000 地质填图每方格达 30 ~ 50 个点，依据具体情况可略做变动。野外手图、原始记录及素描当天整理。

地质点布置的密度及数量应根据填图比例尺大小、构造复杂程度、基岩出露情况、自然地理条件等因素确定，基本点数与加密点数之和，应大于地质点总数的 70%。简测的地质点密度及数量应为正测的 70%（草测为 50%）。

4）观察路线的工作程序

（1）将观察点标于地形底图上。

（2）在观察点上研究和描述地质体和地质现象，测量产状要素或构造要素，采集标本和样品。

（3）在两个观察点之间，应连续观察与记录沿途所见的地质要素（地层层序、岩性、产状要素、接触关系、厚度、地貌及第四系沉积物等）的变化情况，并测绘路线地质剖面图。

（4）一段或一条路线观察完，应及时小结。

5）路线观察的记录要求

（1）用 HB 铅笔清楚地记录在野外记录本上。

（2）在描述中不得使用"大概""可能"等词句表达数值。

（3）路线观察必须边观察、边测量、边记录，不得等完成一段或一条路线后才进行记录。

（4）文字难以表达的特殊地质现象，可作素描和照相。

（5）路线观察记录内容应包括：

①观察日期；

②观察路线编号；

③路线的起始位置、结束位置，路线所经地名与观察点号；

④地层岩性特征与产状；

⑤构造部位与构造特征；

⑥地貌、第四系和水文地质特征；

⑦化石、矿产、油气苗；

⑧标本样品编号；

⑨照片编号与照片内容；

⑩观察小组成员的姓名及分工等。

5. 观察点

1）观察点的分类

（1）地质点：主要观察和描述地层、岩石、构造、矿产、地貌和第四系沉积等特征。

（2）构造点：主要测定标准层或辅助标准层的位置、高程和产状，辅助测定标准层距标准层之间的厚度，同时描述该点的构造和地质特征。

（3）油气苗点：观察描述油气苗、沥青、地蜡的产状、产量与地质条件的关系并取样。

2）观察点的密度

（1）观察点密度应保证全面收集地质资料，正确解决地质问题，不得机械、片面地追求每平方千米的点数多少。

（2）地质构造复杂时应加密观察点。

（3）在平缓的构造上，为了正确控制轴线的位置和顶部的构造形态，应多定构造点，多测量岩层产状。

3）观察点的定点位置

（1）两组地层的分界线上；

（2）角度不整合和平行不整合面上；

（3）褶曲轴线、高点、倾伏处、转折端、断层线上；

（4）有代表性的节理发育处；

（5）火成岩、变质岩与沉积岩的接触线上；

（6）火成岩、变质岩分布区内部的分界线上；

（7）第四系沉积与老地层的交界线上；

（8）地貌单元分界线上；

（9）油气苗、矿产出露处。

4）构造点的定点位置

（1）构造点必须定在标准层和辅助标准层上。

（2）同一区域内，构造点定在标准层和辅助标准层上的位置（顶部或底部）必须一致。

（3）一个露头上有数个标准层，可都定点，露头长度在图上小于 0.5cm 时，只作为一个构造点，露头延伸长时，可定若干个构造点。

5）观察点上的操作项目（根据项目任务要求选择其中部分项目）

（1）选点与定点；

（2）插点（插旗、打桩、写号等）；

（3）指定剥土或探槽的位置、方向、形状、大小等；

（4）剥土或挖坑槽（小规模的浅槽）；

（5）观察地层岩性与地质现象；

（6）用盐酸试剂进行岩性试验；

（7）用四氯化碳或三氯甲烷试剂进行含油性试验；

（8）测量岩层的走向、倾向和倾角；

（9）向上、下、左、右追索岩层、断层、不整合面等的分布和变化；

（10）将地质界线填到地形底图上；

（11）测量主要岩层、含油气岩系、标准层的厚度；

（12）画实测剖面图；

（13）采集岩石、矿物、化石标本和样品，并登记、填写标签；

（14）观察油气苗产出层位、产状、流量与油气性质，并取样、登记、填写标签；

（15）观察地形特征，分析地形与岩性、构造的关系；

（16）观察露头附近植被特征；

（17）观察老矿洞、老矿坑、废矿堆或炼渣；

（18）画探槽剖面图；

（19）素描；

（20）照相与登记；

（21）录像与记录；

（22）其他有关操作。

6）观察点的测量

（1）应测量观察点的位置和高程。在概查和普查中，由地质人员用地质罗盘、气压高程计及地形图测定；在详查和细测中，由专门的测量人员用经纬仪测定。

（2）用经纬仪测量的工作步骤：

①野外观察点定点，应用红油漆（或者黄油漆）在岩层上或打入的木桩上写明该点的编号，并在该露头上插上一面红白旗，使测量人员易于找到；

②地质人员按日绘制观察点分布的路线草图，便于测量人员寻找；

③测量人员按日将测量结果与地质人员核对，以免发生错漏。

6. 标准层

1）标准层的条件

（1）在调查区分布广泛，易追踪，并且岩性和厚度变化较小，比较稳定；

（2）标准层的岩性有特殊标志，容易识别；

（3）各标准层彼此应有显著的区别；

（4）同一标准层在调查区内的各个剖面上的层位相同；

（5）制图时标准层要靠近背斜核部，能控制构造形态。

2）标准层的选择

（1）必须在踏勘阶段或地质填图、构造细测之前选择好标准层。

（2）符合标准层条件的单独一个或一组岩层，都可作为标准层。

（3）标准层不得选择在假整合面或不整合面上。

（4）对构造进行测量或制图时，以制图标准层的顶面或底面为准。

（5）一个地区或一个构造上，在几个标准层中应选出一个主要的标准层作为制图标准层，其余几个次要的标准层作为辅助标准层。制图标准层和辅助标准层都要填在图上。

7. 断层与节理裂缝

1）断层调查的内容

（1）断层的数量、分布特征、先后、主次；

（2）断层面的产状；

（3）断层的性质；

（4）断层两盘地层层位、产状变化和岩性特征；

（5）断距；

（6）断层线和断裂带的特征与变化；

（7）擦痕、滑动、断层泥、断层角砾等断层面的特征。

2）节理裂缝调查内容

（1）节理裂缝主要组系的延伸方位；

（2）节理裂缝的宽度；

（3）节理裂缝的延伸长度；

（4）节理裂缝的密度；

（5）各组节理裂缝的切割关系、形成先后；

（6）每组节理裂缝内的充填物、充填特征及穿层情况；

（7）节理统计及节理玫瑰图的编制。

8. 地貌调查

1）地貌调查的任务

在石油地质调查中，地貌调查的任务包括：观察地貌单元，研究地貌单元与地层岩性、构造、构造运动的关系，确定地貌单元的成因与形成史或形成时间；结合地貌所反映的地层岩性、构造特征，划分构造—岩相带或地质构造带，确定地质构造带的分界线。划分调查区的地貌类型，进行地貌分区，为评价含油气远景提供必要条件；从水系分析和地貌发展史上识别有无潜伏隆起或有利含油气地区。

2）地貌单元的划分与描述内容

（1）地貌单元根据高度变化可分为三类。
①小单元：高差小于 10m，如河漫滩。
②中单元：高差 10 ～ 100m，如沙丘。
③大单元：高差大于 100m，如山、谷。
（2）地貌单元的观察描述内容为：
①绝对高程和相对高程；
②几何形状；
③长度、高度和宽度；
④性质或物质组成；
⑤成因或与地质条件的关系；
⑥各不同地貌单元之间的关系；
⑦总的地貌特征。
应注意的是，地貌单元或地貌现象的观察点除文字描述外，应进行素描和照相。

9. 野外资料整理

野外资料整理的主要工作是编绘图件，所有野外工作成果都要表示在各种地质图件上。全部野外工作结束后，应对所有资料进行系统、综合的整理，全面检查各项原始资料和综合资料的完备程度、专项调查的初步成果质量和工作任务的完成情况。在此基础上，编制各类图件、表格和图幅野外工作总结，连同各类报表和原始资料目录，报请有关部门进行野外验收。

1）地质图的编绘

地质图的整理编绘可分为日整理、阶段整理、月整理和最后综合整理。每日工作结束后应对当日资料进行认真整理；每个片区的工作结束后，应系统整理所获资料，找出存在问题，及时进行补充修正；
（1）日整理编绘工作的内容。
①整理野外地质记录本，对野外记录的内容、数据、素描图、分层号、路线描述、标本样品等进行复查、修饰和着墨。
②将当天所定的点统一整理、编绘在野外原始地形地质图上，内容包括点位、点号、

地层产状、地质界线、构造轴线、断层线、地层剖面、横剖面位置等；

③修正、补充地形底图上地名、地物，划分新地物的概略位置；

④地质组之间的接图；

⑤对各项实物标本样品进行编号清理、包装，对野外照相进行编号、登记等；

⑥编写路线小结。

（2）阶段整理编绘，重点是整理实测剖面资料和野外原始地形地质图。

对于实测剖面资料、应做以下工作：

①系统校对野外记录、标本样品、各类附件。

②计算地层厚度等相关数据，绘制剖面图、柱状图初稿。

③进行地层初步划分，在对各项资料综合分析的基础上，找出存在问题，及时进行野外补充。

④剖面作图一般采用投影法，剖面图的左端应为西、北西、南西，地层真厚度计算公式为 $D=L$（$\sin\alpha\cos\beta\sin\gamma \pm \cos\alpha\sin\beta$）（式中 D 为真厚度；L 为斜距，α 为岩层真倾角；β 为地形坡度角；γ 为剖面线与地层走向夹角，坡向与倾向相反时用 $+$，相同时用 $-$）。

⑤剖面结束后应编写剖面小结，主要内容包括：测制目的；剖面位置、方向、起点坐标（经纬度）、长度、测制方法等；完成的主要实物工作量；主要地质成果；存在问题等。

对于地质填图资料，还应做以下工作：

①片区填图基本结束后，各填图小组应对所获资料进行系统整理，使野外记录、野外总图、路线信手剖面图、素描图、照片、事物标本各类样品等实际资料相互吻合，小组之间开展自检、互检、交换意见；

②编绘实际材料图，进行系统连图和接图，校正地质界线，清绘野外图件，对图面结构不合理、不美观的部位进行复查、补充、修正，使区域地质图分阶段逐渐形成；

③对野外样品进行精选和统一编号、登记，对所需送样鉴定的样品分别填写标签、送样单，按统一编号顺序包装、装箱。

（3）月整理编绘，即为编写月报做好原始资料的整理编绘工作，其内容为：

①阶段整理的工作内容；

②最后清绘一张平面地质图；

③根据工作进度情况修改计划。

（4）综合整理编绘，即全部野外工作结束后，进行一次全面系统的审查、整理，最后编绘一张完整的地形地质图，其内容为：

①上述各阶段工作内容；

②分幅复制地形图；

③将地质图上所有内容系统、完整、清洁、美观地清绘在复制好的地形图上；

④将图名、比例尺、图例、说明、编制单位、编制人、审核人、编制年月填写在地质图上规定的位置；

⑤最后进行一次全面审查，复制及上色。

2）横剖面图的编绘

（1）横剖面图的分类。

①实测横剖面图：利用野外实测横剖面线上各点的位置和高程做出的横剖面图；

②切制横剖面图：直接从地形地质图上切制的横剖面图。

（2）测制横剖面图要求。

①能反映测区构造特征；

②横剖面线应尽量垂直构造轴线布置；

③横剖面线上点的密度见表1-2-7规定；

④剖面线上所经各标准层均须布点，两翼的同一标准层必须布点；

⑤断层、轴线、褶曲等处均应有点控制；

⑥多高点的构造，各高点均应测制一条横剖面；

⑦一般或较简单的构造地区，在平面图上每隔10～15km布一条横剖面，复杂的构造地区应加密到每隔4km布一条横剖面。

（3）横剖面图采用同心圆法作图。

3）构造图的编绘

制作构造图的基本方法分为两种：①构造点换算法，用于倾角小于25°的平缓构造；②横剖面法，用于倾角大于25°的陡构造。

表1-2-7　地质填图时横剖面线密度要求

比例尺	点的密度
1：50000	1点/500m
1：25000	1点/250m
1：10000	1点/100m
遇构造骤然变化处，须加密布点	

六、标本和样品的采集

标本和样品的采集应遵循以下总体原则：

（1）对于成岩岩石，无论路线填图的观察点，还是剖面测量的每一层位，都需采集标本和薄片样（根据需要决定是否送样）。

（2）样品的采集应尽量选择具代表性的、新鲜的、未风化的或未矿化蚀变（矿产样品例外）的样品。

（3）对于组合样品，一般要求在一定面积范围内采集多个样点组合成一个单样，如薄片、化学分析、孔渗等。

（4）岩浆岩的每一个单元（侵入岩）或每一岩性（岩石）（火山岩）均要求采集一套完整样品，包括薄片、标本等，根据需要，有的还应采集同位素年龄，稳定同位素等。

（5）沉积岩（包括变质岩）的每一条剖面均应有一套完整的薄片、标本样品，根据需要还应采集化石或微古生物样品，对深变质岩，应根据需要采集同位素年龄样品。具体的采样密度要根据实际研究目的来定。

1. 标本

(1) 标本的种类和尺寸：岩石、地层标本的尺寸为 3cm×8cm×10cm；矿物、古生物及特殊标本的尺寸根据具体情况决定；原油标本用玻璃容器（体积 1 ~ 5L）采集。

(2) 标本采集后，立即在标本上涂白漆（面积 1cm×2cm），写上编号，同时填写标签和登记，在野外记录本上记明采集地点、层位、采集日期和编号。

(3) 有方位意义的标本，采集前必须在采集对象上量出方向；采集后，在标本上涂白漆（面积 1.5cm×1.5cm），注明标本方向和上下位置。

(4) 标本应附标签，内容见表 1-2-8 的规定。

表 1-2-8　样品标本签表

标本名称		编号	
采集地点			
构造名称及部位			
层位		附注	
采集日期			
采集人			

2. 样品

1) 样品的种类

(1) 油、气、水的样品；
(2) 生油样品；
(3) 岩矿样品；
(4) 古生物样品；
(5) 储层物性样品。

2) 取样基本要求

(1) 样品应有代表性、真实性和明确的目的性。
①岩石样品应在生根的岩层新鲜露头上采集，不得在风化壳上采集，不得采集滚石样品；
②化石样品要有明确的产层层位，不得沿途拣拾；
③流体样品应采集流动的、新鲜的。
(2) 采样应编号。
①按采样种类、日期、地点顺序排列编号，不得混乱；
②一个样品一个编号，不得重复；
③样品的编号应与标签、野外记录本、实际资料图相符。

3) 油样的取样要求

(1) 必须先将样品瓶和塞洗净，将瓶塞好。
(2) 取样时先用欲取的原油清洗样品瓶 3 次，然后再装油样，油样不得装得过满。
(3) 用于作生油指标分析的油样瓶必须用磨口玻璃瓶。

（4）每个油样取样 1 ~ 5L，不得少于 1L。

（5）每个油样填写两张标签，一张用绳系在瓶口上，另一张贴在瓶壁上。

4）气样的取样要求

（1）取样瓶容积不小于 1L。必须先将瓶和塞洗净。

（2）采用排水取气法取样。应以酸性饱和盐水为封液，若用河水或井水为封液，必须用天然气使水充分饱和，同时漏斗及橡皮管内的空气必须先由天然气排驱替换。

（3）取样到瓶口处还剩 50 ~ 100mL 封液时结束。瓶口始终不可向上，将瓶塞封好，在运输与保存期间，瓶身始终倒置，一直到送交实验室。

（4）加标签。

5）生油样品的取样要求

（1）应采集含有机质的岩石，如暗色泥质岩、粉砂岩、泥灰岩、石灰岩等。

（2）每个样品取样不得小于 500g。

（3）样品用锡箔纸或玻璃纸包装，不得用有机质材料包装及蜡封。

6）岩矿样品的取样要求

应系统地、有代表性地采取各种岩矿样品。岩矿观察样品应采取新鲜岩石，并适当保留一些风化面。古地磁样品凿离之前，必须先在样品的两壁标出水平线，在样品的顶面测量出磁北方向并画在岩样顶面上，然后凿离。样品采集后，立即涂白漆（面积 1cm×2cm），写上样品编号，填写标签和登记。系统采取的岩矿样品，应附有剖面图或柱状图。送出的岩矿样品必须留下存根和副样。

岩矿样品的体积或质量的规定如下：

（1）电镜、薄片样品不得小于 3cm×4cm×6cm；

（2）重矿物、光谱样品不得少于 200g；

（3）衍射样品 300 ~ 500g；

（4）可分散粒度样品 500 ~ 1000g；

（5）古地磁样品不得小于 8cm×10cm×10cm；

（6）同位素年龄样品，单块质量不得小于 500g。

岩矿样品的包装要求如下：

（1）样品和标签一起装在布制标本口袋内；

（2）特殊岩矿样品或易磨损的样品，先用棉花或软纸包好，再装入坚固的盒子内；

（3）易脱水、氧化或潮解的特殊样品，应密封包装或封蜡；

（4）古地磁样品必须用清洁坚固的纸包好，装在无磁化性能的盒子里；

（5）样品装箱时，附样品清单，并在样品登记本上记明样品箱的编号。

7）古生物样品取样要求

（1）古生物样品应分层采集、分层编录。

（2）应采集所有门类的化石，并力求化石完整。

（3）采集化石前应先录像、照相、素描、描述并逐块编号，然后采取。

（4）采掘化石应留围岩，不得在野外用地质锤和刀子剥离化石个体。

（5）采集化石时，注意观察和描述古生物在地层中的赋存状态、形态大小和数量，并绘制产地的地层剖面图。

（6）化石样品包装要求：每个化石样品用清洁坚实的包装纸包好，严防上下层位样品混杂。重要的样品和易碎的样品，要用棉花或软纸包装在盒子里再装箱。化石样品的填写标签要求见表1-2-9。

（7）填写标签的同时应编制标明取样点和编号的剖面图或柱状图。

表1-2-9　化石标签格式

化石名称			编　号	
产地				
化石层号和采样部位				
层位				
野外初定时代		附注		
采集日期				
采集人				

8）对特殊地层和哑层的取样要求

对于不含大古生物的哑层或特殊地层，要采取岩样作微古生物化石分析，如牙形石、介形虫、孢子花粉等。牙形石样品沿岩层层理面采集，采样单块体积为1cm×5cm×5cm，最小单块不得小于1cm³，每个样品质量为1000g。介形虫或鳞化石样品，采样单块体积为1cm×5cm×5cm。孢子花粉样品，应选择有利地层，按剖面顺序逐层采样（表1-2-10），包括：

（1）粉砂岩、页岩、碳酸盐岩和硅质岩等；

（2）各种黑色至暗灰色的岩石以及含有机质的岩石（必须采样）；

（3）暗灰色、灰绿色等夹层（在红色岩系中要着重采集）；

（4）砾岩中的胶结物；

（5）变质较轻的千枚岩和板岩。

表1-2-10　单一岩层中孢子花粉样品的取样数量规定

单一岩层厚度，m	孢子花粉取样数量，个				
	顶部	上部	中部	下部	底部
< 0.5	0	0	1	0	0
0.5 ~ 2	1	0	0	0	1
2 ~ 5	1	0	1	0	1
5 ~ 10	1	0 ~ 1	1	0 ~ 1	1
10 ~ 100	1	1 ~ 3	1 ~ 3	1 ~ 3	1
100 ~ 1000	1	间隔 3 ~ 5m　1个	间隔 10 ~ 30m　1个	间隔 3 ~ 5m　1个	1
> 1000	1	间隔 5 ~ 10m　1个	间隔 30 ~ 50m　1个	间隔 5 ~ 10m　1个	1

每个孢子花粉样品的质量规定为：

（1）页岩取300 ~ 400g；

（2）砂岩、硅质岩取 500 ～ 600g；

（3）碳酸盐岩取 1000g。

孢子花粉的取样技术要求如下：

（1）应避免在岩石的强烈风化、裂隙和节理发育处取样；

（2）岩层露头要剥除风化壳，在新鲜岩石中刻槽采样；

（3）采取孢粉样品时，应同时采集该层内的植物化石；

（4）各个孢粉样品保持纯洁，防止上下层位样品混杂；

（5）每个样品用清洁、结实的包装纸包好，详细填写标签。

9）储层物性分析样品的取样要求

（1）应采集具有储集油气性能的、孔隙度和渗透性比较均匀的岩石。

（2）作孔隙度、渗透率测定的岩石样品尺寸为 6cm×8cm×8cm。

（3）作渗透率测定的岩石样品上要标出在母岩上的水平线和上下方向。

（4）作孔隙度、渗透率分析的岩石样品同时供作粒度、分选性、压汞分析。

（5）含沥青的岩石样品，采样后必须用清洁、结实的纸包好，外面再用蜡密封。

（6）作饱和度分析的含油岩心，用塑料薄膜或透明纸包好，再用蜡密封，并及时送实验室分析。

在地质填图、实测剖面及样品采集过程中，项目组所有资料要指定专人保管，资料管理人员应对地形图、区域资料进行认真编目登记，资料管理员应随时掌握各项资料去向，切实做好安全保密工作。应当完成汇交的资料包括原始资料和野外成果。

原始资料：野外记录本；记录卡片；实测剖面登记计算表；野外信手剖面图；分析鉴定样品送样单；野外素描和摄影资料；各类实物标本及其他原始资料等。

野外成果：野外地质实际材料图；各类样品分析鉴定报告；实测剖面；野外工作年度总结等。

七、报告和图件

1. 初步总结报告

1）报告时间

初步总结报告必须在野外工作全部结束后一个月内完成，或在正式验收前完成。

2）初步总结报告的内容

（1）序言，包括组队情况，踏勘和工作条件，逐月、全年完成地质任务情况，执行技术设计、操作规程情况。

（2）工作方法、工作成果。

（3）下阶段工作安排的意见和建议。

（4）附图，一般为草图，但其实际资料、线条绘制必须正确清楚，图的种类随地质队性质而定，包括：

①工作区域概况图；

②实际资料图（反映资料收集的平面分布情况，含观察点、路线、横剖面、柱状剖面、

探坑、探槽、化石、标本、油气水样采集点等）；

②地形地质图；

④构造纲要图及构造等值线图；

⑤横剖面图；

⑥综合柱状剖面图；

⑦地层柱状对比图；

⑧油气显示产状与成因类型图；

⑨专题研究的各类研究性图件。

2. 正式总结报告

1）封面

（1）报告名称：×××盆地×××地区××××××报告。

（2）比例尺：1∶××××××。

（3）队长：×××。

（4）编制单位：×××队。

（5）编制时间：××××年××月。

2）各项文件

（1）任务书（或合同书）；

（2）中途修改设计的批准书；

（3）验收意见书；

（4）答辩记录摘要；

（5）评阅书。

3）目录

（1）报告各章、节的名称及对应页码；

（2）附图名称及数量；

（3）附件名称及数量。

4）序言

（1）本队的工作任务及完成情况，包括组队、设计、踏勘和结束野外工作的情况；

（2）执行技术设计书和技术规范情况；

（3）工作条件与安全生产情况；

（4）工作方法；

（5）调查史或研究史：简述前人在本区的工作及主要成果。

5）成果部分

在初步总结报告的基础上，将野外收集的实际资料结合试验分析各项资料进行、综合的归纳和研究，同时参考必要的文献资料，总结出符合客观规律的地质成果与认识，具体章节划分视工作性质和任务而定。

6）结论与建议

（1）以成果部分为依据，阐明本区工作所获主要成果的结论；

（2）提出含油气远景评价区，允许同时列举几种不同的认识或看法；

（3）提出进一步工作的建议。

7）参考文献

列出主要参考文献及其著者、著述日期。

3. 正式报告的附件

附件必须依次编辑成册、系统编号并归档，包括：

（1）各种野外记录；

（2）钻井、探坑、探槽剖面；

（3）油气苗的描述（登记表）；

（4）厚度丈量计算表；

（5）构造点换算本；

（6）各种采样登记本；

（7）化验分析的各种报表；

（8）各种统计资料本；

（9）各种正式成果图的透明底图；

（10）照相册、录像带（并附说明）。

4. 正式报告的附图

1）基础图件

（1）调查区交通位置图。

（2）实际资料图，其内容有：

①各种观察点位置及编号；

②地质点地层产状要素；

③调查路线及编号；

④横剖面位置及编号；

⑤地层柱状剖面位置及编号；

⑥浅井、探坑、探槽位置及编号；

⑦油气井、探井和有用矿产的位置及编号。

2）基本图件

（1）地形地质图，内容有：

①地层分层及露头界线；

②地层产状；

③褶皱轴线、断层；

④化石、油气苗、矿产等；

⑤标准层的位置（当制图标准层不在地层分界线上时）；

⑥其他有意义的地质现象；

⑦地层综合柱状剖面，横剖面位置与重要横剖面；

⑧拟定的探井井位。

（2）构造图：构造图说明部分的内容包括标准层的层位、等高线距（表1-2-11）、构造点数和横剖面数；若建议钻探井，则应附建议井位与通过井位的横剖面图。

表1-2-11　构造等高线距的规定

地层倾角	等高线距，m	作图方法
10°~25°	25	构造点换算法
25°~45°	50	横剖面法
>45°	100	横剖面法

（3）综合柱状剖面图：要求岩性和厚度必须有代表性，并简述一般变化情况；标准层和接触关系在剖面上应表达清楚，并在岩性描述中说明；图上要突出生储盖组合条件；必须包括岩性描述和综合描述两部分，结合试验分析资料进行全面综合，并突出其沉积特征和岩相特征。

（4）地层柱状对比图：图上必须选一个主要标准层作为对比基线；图旁应单列一个完整的柱状剖面图，若总的柱状剖面图太长，可分段绘制；图上应全面反映能对比的依据资料。

（5）横剖面图：图上应清楚地反映出构造形态特征及标准层，对于倾角平缓的构造，垂直比例尺应适当放大；有探井的横剖面，必须画出探井位置、井深、目的层；横剖面图内应注明剖面线长度和两端的坐标位置。

（6）地层等厚图：地层等厚图主要反映标准层间的厚度变化。应标明厚度数据及其来源、平面位置、等厚线距。

（7）野外实际描绘图：描绘图包括探坑、探槽柱状图和断层、不整合或地貌写实图；描绘图上应有方位、比例尺和表示描绘内容、详细地点的文字说明。

3）综合分析图件

（1）区域构造图或构造纲要图；

（2）古构造图；

（3）岩相横剖面图；

（4）岩相古地理图；

（5）栅状地层对比图；

（6）沉积相柱状剖面图；

（7）各种相关曲线图；

（8）勘探部署图；

（9）其他有关图幅。

4）图件上色要求

（1）地形地质图、综合柱状剖面图、横剖面图及柱状剖面对比图必须上色，同层位者必须颜色一致。

（2）主要标准层以鲜红色表示，辅助标准层以深蓝色表示。

（3）其他图件上色，应以能清楚反映地质特征和规律为原则。

5）图件的图头、图例和说明

（1）属于大面积系统成套的地质图、构造图类，必须专附图头，图头内容包括图名、图例、编制方法说明、简易柱状图、面地质简图。

（2）属于小面积局部的地质图、构造图、图例应尽可能安排在图内空白区。如空白区不够时，可按单幅图件的规定执行。

（3）地质图说明部分的内容为使用地形图的比例尺、地质界线划分、拼图、上色等特殊情况。

（4）构造图上要注记各构造的名称及其最高点、最低点的高程。

（5）横剖面图注记规定包括：在图名与地形线之间，应表示出剖面线所通过的主要地理位置的名称；剖面方向用方位角表示；横剖面图的右侧一律为东或北方，左侧一律为南或西方；编号用罗马数字，编号顺序排列由北向南，由东向西。

第二章 塔西南白垩系—古近系勘探现状及区域地质特征

鉴于露头沉积储层研究在储层精细描述中的重要性，近几十年来欧美各国花费巨资开展为油田开发服务的精细露头沉积储层研究工作（穆龙新等，2000）。一方面是为了建立含油层系规模的地质模型，另一方面是为了建立砂体规模的地质模型（王华等，2002）。本书以塔西南昆仑山山前地区白垩系—古近系为例，探讨露头储层沉积学研究方法与程序。

第一节 塔西南白垩系—古近系勘探概况

一、勘探历程

塔西南地区位于昆仑山山前，东南起克里阳，西北至膘尔托阔依，沿喀什—和田公路呈一狭长条带，东经74°30′—80°31′，横跨叶城凹陷、齐姆根凸起及喀什凹陷（图2-1-1）。地层为塔西南分区的喀什地层小区和叶城—和田地层小区，行政区划大部隶属新疆维吾尔自治区喀什地区泽普县、英吉沙县、疏附县、疏勒县、莎车县、叶城县，和田地区皮山县及克孜勒苏柯尔克孜自治州阿克陶县、乌恰县等。

区内交通相对便利，有314和315国道纵穿工区，也有自喀什至各市县的多条省、县、乡道。但到剖面多经乡间的便道、河流或荒山沟壑，通行较为困难，多条剖面只能步行达到。

区内地势西高东低，西南部最高海拔4621m，东部海拔1500～1800m。西部地区山势陡峻、切割强烈，高山区大部分终年积雪、气候较寒冷；东部为暖温干旱—暖温极干旱气候区，4月至5月多有沙尘暴，5月至8月多洪水。

塔西南经历了上百年的地质工作和数十年的油气勘探，大致可分为5个阶段。

1. 初始阶段（1873—1952年）

自1873年Stoliczka开始至1950年的70余年时间内，欧亚地质学家们先后对塔里木盆地进行过路线地质调查、矿点检查、油苗查看和地震研究，其中以苏联地质学家居多，工作主要集中在喀什、托云、和田、麻扎塔格等地。他们撰写的论文或考察报告直接或间接地涉及本区的地层古生物、矿物岩石、地质构造及矿产问题。但是，他们未做深入研究，也未形成系统的研究成果。

1952年，苏联第十三地质大队对塔里木盆地喀什及库车地区进行了1：20万的区域地质填图工作，编制了地质构造图，并将喀什以西地区的区域地质调查结果与苏联中亚费尔干纳盆地和塔吉克盆地相对比，初步建立了喀什以西地区海相白垩纪及古近纪的地层系统。

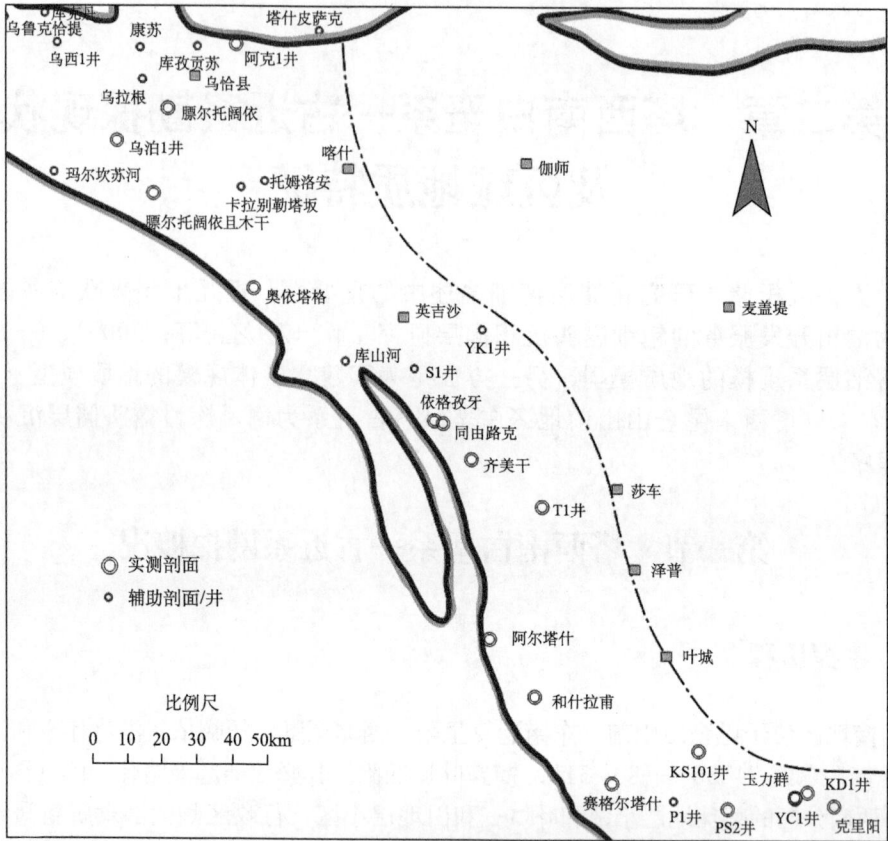

图 2-1-1　塔西南白垩系—古近系剖面位置图

2. 普查阶段（1953—1965 年）

1953 年新疆石油管理局对塔里木盆地西部进行了大规模的石油普查，先后在一些构造带上开展了地质填图、重力及磁力勘探、石油钻探和综合研究。后来，新疆地质局区域地质调查队、第二地质大队、第八地质大队又分别进行了区域地质测量及找钾普查；油气勘探主要在喀什凹陷及邻区，主要在克拉托、喀什背斜上钻探，共钻井 5 口；通过地面地质填图，发现了一批地面构造，如柯克亚等地面背斜，还获得了克拉托低产油流，对塔西南坳陷的地质结构也有一定程度的认识。

3. 勘探初期阶段（1966—1989 年）

1966—1977 年：在阿克苏—和田及巴楚地区开展了地震概查工作及地质调查，新发现了一批背斜及断裂；初步认识到塔西南坳陷由巴楚凸起、麦盖提斜坡及叶城—和田凹陷构造单元组成，这样的认识在现在看来也是正确的，对于其后的油气勘探有着明显的指导意义。这一期间还加大了山前带的勘探，钻了一些浅井，最终发现了柯克亚高产油气田，引发了南疆石油大会战。

1975—1976 年：新疆石油管理局和新疆地质局根据本区多年来积累的地层、古生物及沉积岩资料，组织地质人员编写了《新疆区域地层表》，这个地层表比较系统地反映了近 30 年来新疆地层研究的进展和成果。它对塔里木盆地西部白垩纪和古近纪海相地层也是一次较全面的总结。

1978—1989 年：由于柯克亚油气田的发现，原石油部及地矿部在塔西南地区开展了大规模的油气勘探工作。在喀什凹陷、叶城—泽普地区、棋北鼻状构造上进行地震勘探；这期间共钻各类探井 47 口，最深井固 2 井达 7002.41m（除柯克亚背斜上的井之外，其余井都是空井）。

在这一阶段的后期，加强了综合研究工作，如新疆石油管理局的《盆地西南缘、北缘震旦纪—二叠纪地层、沉积相与含油性综合研究》。1979 年 12 月至 1984 年 9 月，中国地质学会、中国石油学会和中国地球物理学会先后召开了三次"塔里木盆地石油资源座谈会"。新疆石油管理局南疆石油勘探指挥部、地质部西北石油地质局、地质部石油地质综合研究大队、中国科学院南京地质古生物研究所和兰州地质研究所各自都组织了科技队伍，开始对塔里木盆地西部白垩纪至古近纪海相地层古生物及沉积环境进行区域调查和系统研究。这期间有郝诒纯等以有孔虫化石为依据，论述了新疆喀什地区晚白垩世—古近纪地层划分及时代，并简略地讨论了沉积环境及古海湾的演化；丘东洲等的《塔里木地台中、新生代盆地沉积模式与油气》；唐天福等的《新疆塔里木盆地海相晚白垩世及古近纪地层学及沉积学研究进展》；张振春等的《塔里木盆地西部晚白垩世—古近纪岩相古地理与生油前景的研究》，陈刚的《塔里木盆地上白垩统有利储油相带的讨论》，雍天寿的《西塔里木盆地海相晚白垩世—古近纪地层》以及蓝琇、魏景明的《塔里木盆地晚白垩世—古近纪双壳类组合序列及其海侵》等。其中以雍天寿的报告最为详细，他在描述塔里木盆地白垩纪—古近纪海相地层标准剖面的基础上，着重探讨了标准层、构造运动与海侵旋回、海侵旋回与生物群落、地层划分与对比、古地理格局与演化。在地层划分方面，他基本上采用新疆区域地层表上的分层方案，对全区重要剖面类型做了统一划分与对比。1989 年，唐天福等完成了"新疆塔里木盆地白垩纪至古近纪含油海相地层古生物及沉积环境"研究，以《新疆地层古生物科学研究丛书》的专著形式出版（共分 9 册），系统建立了本区白垩纪至古近纪海相地层系统、生物序列和生物组合。

4. 整体勘探阶段（1990—2008 年）

1990—1994 年：自 1989 年成立塔里木石油勘探开发指挥部以来，塔东地区的油气勘探热潮也带动了塔西南地区油气勘探的步伐。这一期间石油物探局、新疆局地调处、四川石油局地调处、中日合作队等在该区开展了二维地震（26575.1km，多覆）、三维地震（381.5km²，单覆，主要在柯克亚与巴什托普地区），共钻探井 15 口，钻探目标遍布整个塔西南坳陷，发现了巴什托普油田、KS1 井古近系石灰岩高产油气流。这一阶段主要突破了古近系、石炭系的出油关，证实了长期以来从事这一地区的油气勘探家的想法，也找到了塔西南地区油气勘探的新领域。同时，随着"八五"科技攻关项目的开展，对该地区的综合性研究进一步加强，提出了上白垩统—古近系海相地层油气远景问题应是今后勘探的目标之一。

1995—1999 年：由于中国石油天然气总公司勘探工作的改革，在塔西南地区已有新疆石油管理局、塔里木石油勘探开发指挥部、胜利石油管理局等单位进行勘探。由于众多单位采取的勘探思路与勘探模式并不相同，拟突破的重点层系与目标也多种多样，这有利于促进塔西南地区的油气勘探与开发，发现了 S1 井下奥陶统工业气流与 K1 井石炭系油气显示等。这一期间在"九五"国家重点科技攻关项目研究中，塔里木油田分公司、中国科学院南京地质古生物研究所对塔里木盆地白垩系进行了比较系统的研究，建立了塔里木盆地覆盖区中生界、新生界的基准剖面。中国新星石油公司进行了新疆塔里木盆地中生代、新生代盆地演化序列及控油气作用的研究。1997年，中国石油天然气总公司勘探开发研究院塔里木分院何登发、李洪辉等完成了《塔里木盆地西南坳陷石油地质特征、油气资源综合评价和油气勘探方向》报告，对塔西南地区的构造演化与油气聚集做了系统的研究。

2000—2008年：2000—2001年，塔里木油田分公司组织了滇黔桂石油研究院、新疆工学院、新疆地矿局、杭州石油研究所对塔西南周边露头区进行研究，分别评价了喀什凹陷北部、喀什凹陷南部及昆仑山山前的生储盖组合，指出白垩系储盖组合是山前有利勘探目的层，并研究了已知油气藏的石油地质条件，初步总结了油气成藏条件、油气成藏规律。塔里木油田分公司2002年AK1井下白垩统克孜勒苏群发现工业气流，开拓了新的勘探领域，实现了塔西南油气勘探的又一重大突破。

中国科学院南京地质古生物研究所等2001年出版的《塔里木盆地各纪地层》一书中，由蓝琇等完成的海相白垩系和古近系、陈金华等完成的非海相白垩系，分别对塔里木盆地白垩系—古近系岩性分布、生物群特征、古地理、古气候等进行了阐述，并按地层、古生物分区进行了划分和对比。2005年，西南石油学院完成了塔西南卡拉塔尔组的专题研究。同期，南海海洋研究院沈建伟教授完成了古近系生物礁的研究工作。

5. 油气勘探展开阶段（2009年至今）

塔里木油田分公司经过多年的努力，随着综合研究的深入及物探的进步，2009年在KD1井上白垩统发现了工业油气流，又一次开拓了新的勘探领域，取得了历史性的重大突破，为塔西南坳陷油气勘探展开阶段拉开了序幕。

2018年，塔里木油田吹响塔西南勘探开发的"冲锋号"。在昆仑山山前，持续深化地质认识，围绕生烃凹陷，锁定柯克亚周缘、齐姆根凸起、喀什凹陷三大有利勘探领域，主攻白垩系、中新统构造—岩性复合圈闭。在麦盖提斜坡，加强盐下、盐上整体综合解剖，深化油气富集规律认识，探索麦盖提斜坡西段古油藏、奥陶系内幕串珠以及和田河周缘寒武系盐下勘探潜力。截至目前，已完成麦盖提斜坡西段群8H风险工艺井的研究工作，并积极准备玛南2、墨玉1等风险目标。

为加快塔西南地区的油气增产上产，塔西南地区物探解释技术攻关、和田河气田水治理与调整方案编制研究在大力开展——柯克亚、巴什托普、大宛齐等老油气田的综合治理与措施挖潜，卡拉塔尔组的滚动开发部署研究，实现卡拉塔尔组气藏滚动突破与效益建产，抓好博孜、阿克莫木等新气田上产。同时，对喀什凹陷、叶城—和田凹陷、塘古凹陷、麦盖提斜坡做更深入的资源评价，结合南天山喀什北缘和西昆仑山山前冲断带周缘新地震资料，对有利区带和构造单元进行重新评价，厘定出油气聚集区，开展风险勘探，以期取得重大突破。

二、本次研究主要内容

1. 实测剖面

实测9条地层、沉积及储层剖面（总厚11432.82m，比例尺1：500或1：1000）：

（1）皮山县克里阳白垩系—古近系剖面（厚 623.67m，1：500）；

（2）皮山县玉力群白垩系—古近系剖面（厚 247.18m，1：1000）；

（3）叶城县赛格尔塔什白垩系—古近系剖面（厚 1056.35m，1：1000）；

（4）莎车县和什拉甫白垩系—古近系剖面（厚 1161.97m，1：500）；

（5）莎车县阿尔塔什白垩系—古近系剖面（厚 1425.11m，1：1000）；

（6）阿克陶县奥依塔格白垩系—古近系剖面（厚 1844.21m，1：1000）；

（7）阿克陶县同由路克白垩系—古近系剖面（厚 2632.79m，1：500）；

（8）乌恰县膘尔托阔依且木干白垩系—古近系剖面（厚 2316.95m，1：500）；

（9）乌恰县膘尔托阔依河古近系剖面（厚 748.26m，1：1000）；

2. 建立 4 条主干剖面地面伽马曲线剖面（35000 个点）

（1）建立皮山县克里阳白垩系—古近系伽马地层剖面；

（2）建立莎车县和什拉甫白垩系—古近系伽马地层剖面；

（3）建立阿克陶县同由路克白垩系—古近系伽马地层剖面；

（4）建立乌恰县膘尔托阔依且木干白垩系—古近系伽马地层剖面。

3. 在上述基础上与邻井对比

在实测剖面基础上，与邻近井下地层对比，建立了露头—井下地层对比格架。

三、技术思路

1. 牢固树立为生产（钻井）服务是第一要务的观念

研究时结合野外露头剖面—重点井的对比，分别与 KD1 井及相关构造、KS1 井、PS 井、S2 井、W1 井有机结合进行研究。

（1）研究要紧贴生产（钻井），从生产（钻井）的成果中吸收营养，充实提高后又更好地为生产（钻井）服务：克里阳剖面要进行高精度储层研究，为 KD1 井储量计算提供资料；克里阳及玉力群剖面要为 KD1 井及相关构造建模研究服务，并加强对上白垩统 4 个组的划分工作。

（2）赛格尔塔什剖面、和什拉甫剖面要为 KS1 井及相关构造建模服务，尤其要加强白垩系储层评价及横向展布趋势的研究。

（3）同由路克剖面、阿尔塔什剖面要与 S2 井紧密相连，为 S2 井决策提供依据，既要从地层、沉积相展布的规律追踪克孜勒苏群的延伸情况，又要加强对卡拉塔尔组向地腹延伸有无礁滩相的可能的研究。

（4）膘尔托阔依且木干剖面、膘尔托阔依河剖面、奥依塔格剖面，可为即将开钻的 W1 井的研究与服务做好准备工作。

2. 夯实基础（9 条剖面），深化工区 K—E 地层、沉积、储层研究

（1）充分收集、消化、利用前人的资料，包括中石化系统的相关资料及成果，在前人工作的基础上夯实基础工作（露头剖面），深化前人研究成果。

（2）以多重地层划分的方法为指导，建立年代地层的框架及各相区基准剖面及露头（基准剖面）到覆盖区（井下基准剖面）的对比，最终完善盆山的统一划分和对比方案。

（3）用多重地层划分理论、深化工区克孜勒苏群、上白垩统和卡拉塔尔组储层的精细的划分，为全区（含地腹区）小层对比奠定基础，同时为分区建立储盖层基干柱子、加强与钻井资料对比提供依据，为进一步勘探做准备。

四、主要工作

1. 野外工作量

2010年4月，对工区的剖面进行了踏勘和剖面初步选定。自5月6日项目正式启动，在统一基本认识后，分组展开剖面测制工作。在进行了近6个月的野外工作后，做到剖面（点）选择合理、分层细致、移接层准确、观察全面、描述到位、资料收集丰富，多项新认识对塔西南油气勘探具有重要借鉴意义，圆满、超额完成了野外工作任务（表2-1-1）。

表2-1-1 野外工作量表

项目	任务内容	厚度（或块）	
		合同	完成
主干基准剖面（1：500）	皮山县克里阳白垩系—古近系地层、沉积及储层主干剖面	1000～11000m	11432.82m
	莎车县和什拉甫白垩系—古近系地层、沉积及储层主干剖面		
	阿克陶县同由路克白垩系—古近系地层、沉积及储层主干剖面		
	乌恰县朦尔托阔依且木干白垩系—古近系地层、沉积及储层主干剖面		
基准剖面（1：1000）	皮山县玉力群白垩系—古近系地层、沉积及储层剖面		
	叶城县赛格尔塔什白垩系—古近系地层、沉积及储层剖面		
	阿克陶县奥依塔格白垩系—古近系地层、沉积及储层剖面		
	阿克陶县阿尔塔什白垩系—古近系地层、沉积及储层剖面		
	乌恰县朦尔托阔依河古近系地层、沉积及储层主干剖面		
伽马地层剖面（4个/m）	皮山县克里阳白垩系—古近系剖面	30000个	31552个（6条剖面）
	莎车县和什拉甫白垩系—古近系剖面		
	阿克陶县同由路克白垩系—古近系剖面		
	乌恰县朦尔托阔依且木干白垩系—古近系剖面		
	叶城县乌鲁乌斯塘二叠系地层主干剖面		
标本采集，块（项）	薄片（633），铸体薄片（250），孔隙度（710），渗透率（710），粒度（201），重矿物（180），荧光薄片（166），压汞（79）扫描电镜（47），X射线衍射（47），大化石（98），孢粉（144），介形虫（126），颗石藻（114），有孔虫（98）	3000块以上	3640块（项）

2. 室内工作量

野外工作结束后，经过 6 个多月的室内资料整理及综合研究，编写综合报告 1 份，编制各类附图 70 份，编制附图册 1 份，整理原始资料一套（表 2-1-2）。在全面完成任务基础上，对塔西南地区白垩系—古近系古生物、沉积相、烃源岩、储集层、盖层的评价等方面均有一些新认识，为研究区油气勘探及综合研究提供了系统、扎实的资料。

表 2-1-2　室内工作量表

项目		合同规定	提交成果	完成比例
大项	小项			
基础图件45 张	柱状剖面图	总共 9 张，其中 1∶500 的 4 张，1∶1000 的 5 张	总共 36 张	400%
	储层评价图	总共 8 张，其中 1∶500 的 4 张，1∶1000 的 4 张	总共 12 张	150%
	地层沉积综合柱状图	总共 4 张	同左	100%
	储层综合评价剖面图	总共 4 张		
	对比图	总共 6 张		
	岩相古地理图	总共 9 张，1∶1000000		
	生储盖评价剖面图	总共 4 张		
	勘探方向图	1 张		
附图册		一份（10 套）		
原始资料		野外记录本 1 套；厚度记录册 1 套；野外照片 1 册		
文字报告		一份（10 套）		
样品分析（块）及鉴定报告		1 套，3450 项次	1 套（3640 项）	115%

五、主要成果和认识

1. 地层部分

（1）在工区系统测制了 9 条 K—E 基干剖面、1 条 P 剖面，观察了 2 条 K—E 剖面，在系统研究对比 25 条 K—E 露头剖面、10 口井的基础上，全面厘定了白垩系—古近系 11 个岩组（群）、15 个岩性段的岩石地层单位含义，与塔里木油田分公司一道调整了克孜勒苏群、库克拜组等岩石地层单位的划分，使各岩石地层单位的含义更加明确，划分更加合理、明晰，易于掌握和应用。

（2）首次系统地分 5 个小区（前人多为 2 个小区），建立 9 个门类生物组合带（累计 182 个，其中 4 个带为新建，35 个点为首次采获带化石），丰富和完善前人所建组合的内容及分布范围，为全区建立年代地层的框架及各相区基准剖面，建立露头（基准剖面）到覆盖区（井下基准剖面）对比，最终完善盆山的统一划分和对比奠定了扎实的基础。

（3）首次系统测制基准剖面伽马点 31552 个，建立了白垩系—古近系基准剖面自然伽马系列，分 4 个小区研究了白垩系—古近系地面剖面自然伽马特征，为与井下地层对比提供了依据。其中克里阳白垩系—古近系剖面自然伽马特征可与 KD1 井及 KD101 井进行良好的对比。

(4) 加强露头区与覆盖区对比，分 4 个小区进行研究。建立了克里阳小区白垩—古近系基准剖面与 KD1 井对比框架，和什拉甫小区白垩系—古近系基准剖面与柯深井对比框架及吾鲁吾斯河剖面与 Y1 井相当层位对比框架。齐姆根小区白垩系—古近系基准剖面与即将开钻的 S2 井对比，奥依塔克小区白垩系—古近系基准剖面为正钻的 W1 井的研究做好前期工作。

(5) 首次在和什拉甫剖面、赛格尔塔什剖面、克里阳剖面、玉力群剖面发现和明确吐依洛克组的存在；在赛格尔塔什剖面发现或明确乌依塔克组的存在。

2. 沉积部分

(1) 通过对研究区 25 条剖面和 10 口井的分析，露头（岩心）观察、描述以及对井下岩样分析资料和测井资料的收集，对各组段进行岩性、结构、颜色、原生沉积构造、古生物化石的综合研究，系统总结了昆仑山山前地区白垩系—古近系各组段的典型相标志。为此，在昆仑山山前地区白垩系—古近系的划分出 9 个大相、24 个亚相及 47 个微相。

(2) 通过分小区单剖面（井）相分析，塔西南白垩系—古近系纵向上沉积环境具有分段性：克孜勒苏群冲积扇—辫状河三角洲体系（海侵—海退）→库克拜组辫状河三角洲—潮坪（海侵）→乌依塔克组潮坪（海退）→依格孜牙组碳酸盐岩台地—台地边缘（海侵）→吐依洛克组潮坪（海退）→阿尔塔什组—齐姆根海湾潟湖—潮坪（海侵—海退）→卡拉塔尔—乌拉根—巴什布拉克碳酸盐岩台地—潮坪—三角洲（海侵—海退）。

通过 4 个小区连剖面（井）及全区连剖面（井）沉积相分析，工区白垩系—古近系平面上沉积环境上具有分区分带性：白垩纪沉积古地理格局为北以天山，西以昆仑，东以麦盖提剥蚀区向西北张口的一个狭长地带，沉积盆地为断陷盆地。古近纪西、南以天山、昆仑山为界，东边越过巴楚隆起，形成一个宽阔的向西北张口泛海断陷盆地。其间 4 个小区既有差异、也存在共性。

(3) 重矿物分析结论表明，高赤铁矿、磁铁矿及白钛石含量说明工区母岩成分以沉积岩、变质岩为主，其次为基性火山岩。稳定、中等稳定重矿物类型为主，说明母岩经过相对较长距离的搬运、古流方向以西北向东南或由南向北。白垩纪—新近纪有 5 次大规模的海侵海退，海侵方向主要来自西北的费尔干纳海湾和古塔吉克海。

(4) 在上述工作基础上，白垩系—古近系多数按段（前人基本上按组）进行岩相古地理特征的研究及制图，较好地提高了沉积相分析的精度。

(5) 由于丰富的资料和勘探的进展，相较前人，对几乎所有群组的岩相古地理特征的认识都有较大的进展（变化），其中克孜勒苏群、库克拜组、依格孜牙等组变化更大。

3. 储层部分

(1) 通过实测剖面样品铸体薄片、扫描电镜、压汞分析、孔渗数据等大量分析测试数据分析，结合前人研究成果，认为：塔西南白垩系砂岩储层以成分成熟度低的细粒岩屑砂岩、长石砂岩为主，储集空间类型主要为原生粒间孔隙型、原生粒间孔—裂缝孔隙型。碳酸盐岩储层主要为生物碎屑灰岩、白云质砂屑灰岩、鲕粒灰岩、生物格架礁灰岩、白云岩等，储集空间主要为粒间溶孔—粒内溶孔、晶间孔—晶间溶孔、生物体腔孔—粒间溶孔以及构造溶蚀缝。

（2）通过岩石薄片、铸体薄片、扫描电镜、X 射线衍射分析等，认为：塔西南碎屑岩成岩作用主要有压实压溶、胶结、溶蚀等作用，对其储层起控制作用的主要是压实作用和溶蚀作用；碳酸盐岩成岩作用主要有胶结、新生变形、溶蚀、压实压溶和白云岩化作用等，对其储层起主要影响作用的是胶结作用和溶蚀作用。白垩系砂岩储层以早成岩 B 阶段为主，七美干地区达到中成岩 A 阶段。

（3）明确了储层分布特征，此处分群、组描述。

克孜勒苏群：齐姆根凸起同由路克地区、叶城凹陷克里阳玉力群地区为有利储层发育区，对应储层属于Ⅰ—Ⅱ类低孔低渗储层；喀什凹陷膘尔托阔依且木干—奥依塔格地区、和什拉甫—赛格尔塔什地区对应储层为低孔低渗—特低孔特低渗Ⅱ—Ⅲ类储层。

库克拜组：膘尔托阔依且木干—奥依塔格地区、同由路克地区对应储层为Ⅰ—Ⅱ类低孔低渗储层；叶城凹陷克里阳—玉力群地区、和什拉甫—赛格尔塔什地区对应储层为低孔低渗Ⅱ—Ⅲ类储层。

依格孜牙组：齐姆根凸起和什拉甫—赛格尔塔什地区对应储层属Ⅱ—Ⅲ类储层。西部喀什凹陷膘尔托阔依且木干—奥依塔格地区有生物礁发育，对应储层为中等—较差Ⅱ—Ⅲ类储层，东部克里阳—玉力群地区储层物性较差、厚度较薄，对应储层属较差的致密碳酸盐岩储层。

卡拉塔尔组：同由路克地区、叶城凹陷东部克里阳—玉力群地区物性较好，对应储层为低孔低渗、中孔低渗较好Ⅰ—Ⅱ类储层；其次为喀什凹陷膘尔托阔依且木干—奥依塔格地区、叶城凹陷和什拉甫地区，对应储层属于低孔特低渗较有利Ⅱ—Ⅲ类储层。

4. 目标优选

依据最新研究的地层发育特征、沉积相、储层评价成果，结合各构造区带的构造条件、油气源条件、储盖组合，本次研究识别出四个有利区块，即膘尔托阔依且木干—奥依塔格地区、同由路克地区、和什拉甫—赛格尔塔什地区及克里阳—玉力群地区。

第二节 区域地质特征

一、构造特征

塔西南地区基底为前震旦系，新元古代青白口纪末发生的塔里木运动中，南天山洋消减、闭合，阿克苏群发生变质，标志着盆地基底的形成。工区是一个古生代海相沉积和中生代、新生代陆相沉积均发育的大型叠合沉积坳陷。经历了三个伸展聚敛旋回，即震旦纪—奥陶纪伸展、志留纪—早（或中）泥盆世聚敛旋回，晚（或中）泥盆世—早二叠世伸展、晚二叠世—三叠纪聚敛旋回，侏罗纪、白垩纪—始新世伸展，渐新世—第四纪聚敛旋回（表 2-2-1）。

1. 南华纪—早寒武世裂谷盆地

南华纪至早寒武世期间，塔西南地区以及整个塔里木盆地处于地壳伸展阶段（贾承造等，1995），自南华纪早期开始，统一的塔里木陆块开始裂解，在库鲁克塔格及满加尔一带为裂谷（许靖华等认为是岛弧，1998），有双峰式火山喷发作用。在西南缘虽未见到火山岩，但坳陷深度较大，南华系广泛出露于铁克里克地区，并保存有下统和上统地层。下统下部克里西组主要为深水浊积岩、硅质岩和泥岩，而上部恰克马克力克组的主体为一套冰海沉积与深水陆棚碎屑岩组合，总厚度达1500多米。震旦系为下部（深水外陆棚）向上（主要是由滨岸碎屑岩和潮坪沉积）总体变浅的沉积层序，工区由早期的盆地相向晚期潮坪相转化，显然，塔西南地区在南华纪—早寒武世属于大陆裂谷盆地。

下寒武统（以及整个早古生代地层）在塔西南铁克里克地区缺失，但地震剖面资料揭示在西南坳陷下古生界普遍存在。柯坪地区下寒武统的露头显示，其岩相主要为浅水台地碳酸盐岩，如深灰色石灰岩、泥灰岩、白云岩以及磷灰岩等。由于下寒武统在塔里木西部岩相变化不大（贾承造等，1992，1995），因此，柯坪地区的下寒武统可基本代表塔西南地区下寒武统的沉积特征。

2. 中寒武世—奥陶纪被动陆缘盆地

中寒武世至奥陶纪，由于南天山洋和北昆仑洋的形成，塔西南地区逐渐演化为被动大陆边缘型盆地。一般认为工区地腹有不完整的寒武系—奥陶系分布，特别是其北部的麦盖提斜坡的地震资料认为，中上奥陶统分布于东部，中西部缺失。东部局部高点有被剥蚀的现象，但因埋藏太深，许多钻井无法达到，区内仅MC1井钻遇上丘里塔格组的下部层位，钻厚479.5m（未钻穿），上部地层缺失并与巴楚组含砾砂岩段为不整合接触。

表2-2-1 塔西南地区构造演化简表（据何登发，1996；杭州所，2000，修改）

时代		板块构造背景	盆地演化阶段	盆地原型	沉积建造	盆地构造变形特征	构造运动	含油气性
Kz	Q	印度板块与欧亚板块碰撞，天山与昆仑山隆起，塔里木板块陆内俯冲大型走滑与挤出作用	压扭性前陆盆地	大陆内部造山带环绕的大型复合前陆盆地	砾、砂、泥及陆相杂色碎屑岩	山前逆冲带形成与基底走滑断裂活动，前陆盆地盖层的滑脱与双冲构造	喜马拉雅运动	工业油气流
	N		前陆盆地					
Mz	E	新特提斯洋在白垩纪—古新世向北俯冲	裂谷盆地	裂谷盆地	海相细碎屑岩及碳酸盐岩、蒸发岩	大型陆内坳陷的稳定沉降，南北向构造挤压形成的拱升	印支运动	工业油气流
	K				陆相红色碎屑岩			
	J$_{1-2}$	早侏罗世早期古特提斯洋完全封闭，羌南地块（藏北地体）拼贴到欧亚大陆的南缘	断陷盆地	伸展断陷盆地	陆相磨拉石夹含煤建造			
Pz	T	羌塘地块与塔里木板块碰撞、挤压	弧后前陆盆地阶段	弧后前陆盆地	零星河湖相含煤碎屑岩或火山岩，含煤碎屑岩沉积		海西晚期运动（新源运动）	
	P$_2$				杜瓦见有磨拉石性质碎屑岩沉积			
	P$_1$	康西瓦洋及古特提斯洋北缘开始向北俯冲	伸展陆内型盆地	伸展型陆内弧后盆地	浅海—深水湖、滨浅湖—三角洲相沉积	弧后拉张形成陆内弧后盆地	博罗霍洛运动	

时代		板块构造背景	盆地演化阶段	盆地原型	沉积建造	盆地构造变形特征	构造运动	含油气性
Pz	C	早古生代末，塔西南与中昆仑岛弧碰撞，塔西南地区处于剥蚀状态；早石炭世晚期，塔里木地块与中天山（哈萨克斯坦板块）发生碰撞	被动陆缘盆地	被动陆缘伸展型盆地	海相碳酸盐岩及碎屑岩	东西向基底走滑断裂活动控制的块断隆起，近东西向的台背斜、台向斜形成	博罗霍洛运动	
	D₃							
	D₁₋₂	志留纪开始，南天山洋壳开始向中天山地块之下俯冲，中昆仑岛弧与塔里木地块碰撞	前陆盆地	前陆盆地			艾比湖运动	
	S							
	O	中昆仑与塔里木之间的洋盆在中晚寒武—早奥陶世形成，中奥陶世开始向南俯冲	被动陆缘盆地	被动陆缘盆地	台地相碳酸盐岩及碎屑岩		塔里木运动	
	∈₂₋₃							
	∈₁	塔里木板块基底上的早期裂谷活动	裂谷盆地	大陆裂谷盆地	早期的盆地相向晚期潮坪相转化			
Pt	Z							
	Nh							
	AnZ	塔里木板块基底形成	基底形成阶段		基底变质岩系			

何登发等（1997）认为，对寒武—奥陶系岩相特征划分，应主要依据地质露头来确定，但铁克里克断隆上的下古生界保存极差，很难进行统和组的具体划分。寒武系在于田南部的柳什塔格一带命名为阿拉交依群，其平行不整合在震旦系冰碛层之上。整个寒武系厚1414m，底部具约1m厚的砾岩，总体为一套硅质碎屑岩组合，如粉砂岩、细砂岩、石英砂岩以及少量硅质岩等，向上逐渐相变为厚层白云岩和白云质灰岩（马宝林等，1991）。

由于奥陶纪末加里东运动造成铁克里克隆起和塔西南地区西南部抬升，使上述地区中晚奥陶统剥蚀殆尽。

3. 志留纪—中泥盆世前陆坳陷和前缘隆起带

志留纪至泥盆纪，由于中昆仑岛弧与塔里木地块的碰撞，塔西南地区整体处于前陆挤压构造环境。

地震资料表明，在叶城—和田地区覆盖区内均有巨厚的志留系—泥盆系地层，露头区志留系为浅—半深海相细碎屑岩沉积，岩性为绿泥石千枚岩、泥质粉砂岩、绿泥石片岩、钙质砂岩，视厚60～1159m。覆盖区仅见于MC1井，在井下4287.5m处岩性为千枚岩和石英岩。

研究区中泥盆统主要为深水浊流相—大陆架相陆源碎屑岩及碳酸盐岩沉积，分布在塔里木盆地边缘昆仑山山前一带，西起英吉沙南，东至南缘的民丰南柳什塔格，在西段呈NNW向延伸，在中段及东段呈近EW向展布。

4. 晚泥盆世—石炭纪被动陆缘盆地

晚泥盆世，塔西南沉积范围逐渐扩大，但主要发育在塔西南南部边缘的铁克里克地区，上泥盆统奇自拉夫组不整合覆于不同时代地层之上，并且下部岩相以紫红色砾岩、砂砾岩、粗砂岩等为主，相对下伏地层发生明显岩相变化。砾岩层厚0.3～3m，多为基质支撑并呈块状。砂砾岩和粗砂岩内部具平行层理和交错层理，底面多侵蚀性，砾石成分多为石英质。奇自拉夫组中部主要为紫红色砂岩及少量砾岩。砂岩内部具中大型槽状和板状交错层，并含有冲刷充填构造，层厚0.3～1.5m。奇自拉夫组上部逐渐相变为灰绿色细中粒薄层砂岩以及灰色钙质泥岩和泥灰岩。总之，上泥盆统奇自拉夫组表现为向上变细、水体变深的沉积层序。下部块状和厚层状砾岩为冲积扇沉积，而中部厚—中厚层紫红色砂岩相和相组合特征则代表辫状河流沉积。沉积物向上逐渐变细，钙质成分增加，出现泥灰岩层，并且颜色也由紫红色变为灰绿色。这种岩相变化反映沉积环境由陆相逐渐向海相转化。

石炭纪西部为塔西南坳陷的中心地带，石炭系发育齐全、层序清楚、化石丰富，包括有孔虫、蜓类、牙形类、藻类、珊瑚、腕足类、双壳类等，以大陆架浅海相碳酸盐岩为主，夹滨海相碎屑岩，与下伏上泥盆统和上覆下二叠统均为连续沉积；东部缺失下石炭统，上石炭统超覆于泥盆系或更老的地层之上，上石炭统至下二叠统与西部相似。

在铁克里克地区，其西部地层与毗邻的塔西南坳陷的东部相似，富含蜓类、牙形类、介形类、腕足类及珊瑚等；东部石炭系发育较为齐全，以陆缘裂陷带的海相碎屑岩为主，夹泥质及砂质灰岩，生物化石稀少，仅含少量腕足类、珊瑚、双壳类及腹足类，地层厚度巨大。

5. 早二叠世弧后伸展盆地

早二叠世，古特提斯洋北缘开始向北俯冲，塔西南及其邻区处于弧后伸展构造环境。

在塔西南地区，下二叠统下部克孜里奇曼组与上石炭统塔哈奇组的岩相基本一致，生物群面貌也十分相似。二叠系中、上部为棋盘组和达里约尔组/普司格组，地层虽与下伏岩层整合过渡，但岩相已逐渐转为碎屑沉积，如砂岩、粉砂岩和泥岩，仅夹少量泥灰岩。值得特别注意的是二叠系达里约尔组上部普遍出现厚达100余米的玄武岩层，指示一种区域性地壳伸展环境。

塔西南及邻区下二叠统沉积岩相组合综合分析显示，早二叠世早期的沉积环境基本与晚石炭世相同，仍处于广泛的海侵阶段，并以发育陆棚型碳酸盐台地为特征。然而，早二叠世中、晚期发生明显的海退或地壳抬升，岩相由碳酸盐岩逐渐转变为碎屑岩，表现为河流、湖泊以及冲积扇沉积组合。海退过程、岩相和沉积环境的变化在时间上与整个区域玄武岩浆活动同时发生，因此，地壳内部的热动力过程应是导致塔西南构造—沉积环境变迁的直接原因。

6. 晚二叠世—三叠纪弧后前陆盆地

晚二叠世至早三叠世，区内玄武岩浆活动停止，并且周缘地区抬升，塔西南盆地由弧后伸展型盆地演化为弧后前陆盆地。

晚二叠世末，塔里木绝大部盆地区呈剥蚀状态，塔西南零星见有磨拉石性质碎屑岩沉积，区域岩相组合和相序分析结果表明，粗粒沉积物组合代表在塔西南南部边缘发育的三角洲沉积体系，而细粒沉积物组合则指示相邻浅湖和滨岸沉积环境。岩相带的分布大致平行于盆地边界，但后期构造作用对近源沉积体系有明显的破坏或改造。由于上二叠统地层多保留的是残余厚度，所以难以恢复当时真正的沉积中心位置和迁移趋势。

三叠系在塔里木西部基本全部缺失。最近在塔西南杜瓦剖面的上二叠统上部层位发现有三叠纪的孢粉组合，从而确定存在早三叠世早期沉积。这一发现虽不能解决三叠纪时整体的沉积面貌和原始分布特征，但却指示这一地区三叠系与下伏二叠系为连续沉积过程。塔里木盆地内部，如满加尔凹陷，上二叠统与下三叠统为连续沉积或整合接触。

7. 早—中侏罗世断陷盆地

晚三叠世古特提斯洋已全面封闭，塔西南南侧的康西瓦洋完全消减闭合，并导致中昆仑岛弧与甜水海地体相互碰撞，伴生了中昆仑岩浆弧和甜水海前陆冲断带。西昆仑山山前同样受到了该时期变形的影响，发育了强烈的冲断构造。三叠系断层角度较大，水平位移量较小。冲断带后部发育基底卷入构造，前部发育叠瓦构造，叠瓦构造底部沿着下古生界内部滑脱。受冲断抬升作用的影响，上古生界受到不同程度剥蚀。在部分地区剥蚀不均，地形没有被完全夷平，凹凸不平，后期的早—中侏罗世地层充填其中。如在苏盖特、七美干等地其沉积分布受古地形控制，在古地形的高地没有该时期的沉积，而在洼地发育了一定厚度的沉积，说明该时期的沉积具有"填平补齐"的现象。

"填平补齐"的侏罗系主要发育在西南边缘，而其余大部分地区皆为隆起区。出露地层多为中下侏罗统，上侏罗统仅局部发育。塔里木西北部乌恰地区出露的侏罗系向北延伸到天山内部。整个侏罗系都为陆相地层，并呈角度不整合直接覆盖在前中生界不同地层之上，但一般缺失下统最早期沉积。下统由莎里塔什组和康苏组构成，中统为杨叶组和塔尔尕组，上统为库孜贡苏组（但发育差，许多地方缺失）。在塔西南英吉沙一带，侏罗系下—中统通称为叶尔羌群，岩相和相序与乌恰一带有较大的差别。

8. 白垩纪—始新世裂谷盆地

塔西南早白垩世的地壳伸展还伴随有岩浆活动，如托云地区114—104Ma玄武岩的发育（周清杰等，1990），其主要岩性为一套红色的砂砾岩夹少许灰绿色块状石英砂岩、石英质杂砂岩、粉砂岩、泥岩和砾岩，可分为上下两个亚旋回。在塔西南地区最大沉积厚度可达1600m，普遍不整合或平行不整合于侏罗系之上（周志毅等，1990），因此它是在侏罗系抬升后发生的断陷。白垩系与侏罗系这种不整合接触关系以及侏罗系地层的变形在阿富汗中、西部以及卡拉库姆地块南缘亦十分清楚（Boulin，1990，1991）。

晚白垩世，发生由西向东的海侵，下部发育了绿色钙质粉砂岩和砂岩（绿色层组），向上逐渐变为块状碳酸盐岩（块状石灰岩组）。和其他地区不同，晚白垩世末西昆仑山山前没有发生明显的变形。

古近纪，西昆仑山山前在晚白垩世海侵的基础上进一步发展，出现了大量膏岩，广泛发育碳酸盐岩、介壳层以及细粒硅质碎屑岩。古近纪到中新世，地层中的沉积物由海相沉积物逐渐转变为陆相碎屑沉积物。

9. 塔西南中新世前陆盆地

中新世以来，印度和欧亚板块沿印度—雅鲁藏布江缝合线的碰撞不仅导致喜马拉雅过渡带以及主中央断层强烈活动，而且直接影响到中亚内部地区，使早期构造重新活动，造成昆仑山和天山的强烈抬升以及边缘推覆构造的活动。

西昆仑造山带向北的逆冲、塔西南地区挠曲型沉降以及巴楚凸起的抬升，这三个相邻区域的运动学过程是受中新世构造作用所控制的，即它们在成因上密切相关。三个区域构造走向的一致性也进一步证明它们之间的相关性。因此，中新世北昆仑褶皱—断裂带、塔西南坳陷和巴楚凸起构成了一个完整的前陆盆地体系。

从沉积来看，西昆仑山山前近源沉积体向东，中新统不仅沉积厚度变小，而且主要为细粒沉积物。如在北部近源区 YK1 井，中新统厚 1500 余米，由此向北到 Q1 井，厚度减薄为 600m 左右，再向北到 B4 井，厚度则不到 100m。再如，位于中部近源区的和什拉甫剖面的中新统厚 4500m，向北到 QB1 井为 2200 余米，再向东北到 S1 井已减薄到 400m 左右。因此，塔西南中新统由西南向东北显示出一种明显的减薄趋势，再向北到巴楚凸起带，中新统多发生缺失。时空上中新统地层发育，厚度变化以及岩相和相序的演变显然与下伏白垩系—古近系的情况有很大的不同，指示了工区已由白垩纪—始新世裂谷盆地转化为前陆盆地。

10. 塔西南上新世压扭性前陆盆地

上新世开始青藏高原以及中亚地区以强烈挤压、地壳增厚和造山带抬升为主要特征，喀喇昆仑—西昆仑地体与塔里木地块之间的考库亚断裂也在此阶段开始发生右行走滑，并对塔西南盆地的发展造成明显影响，如齐姆根地区发生隆起及铁克里克地区的强烈抬升均发生在这一时期。

上新统在整个塔西南地区称为阿图什组，其基本组成为砾岩、砂岩、粉砂岩及粉砂质泥岩。从岩相组合和区域分布情况来看，砾岩相主要与砂岩相共生，并主要发育在铁克里克地区的前缘，即发育在阿尔塔什、甫沙、皮山与和田一带，而细砂岩、粉砂岩和泥岩等岩相组合则出现在更北地区。块状基质支撑砾岩是由重力流或泥石流沉积而成，而颗粒支撑砾岩、平行层状砾岩、板状交错层和平行层状砂岩、含砾砂岩则应代表近源辫状河水道纵向坝沉积。这种粗粒岩相组合发育在盆地的最边缘，构成了不同规模冲积扇近源相或扇首。

从上新统（阿图什组）沉积厚度的分布情况来看，叶城地区为一个相对独立的沉积和沉降中心，齐姆根凸起也已逐渐形成，而英吉沙以及其以北地区构成另一沉积中心，即喀什凹陷区。叶城凹陷位于铁克里克断隆前缘沉降带的西端与库斯拉甫逆冲走滑断裂带的东侧，所以它的沉降很可能是两种构造沉降过程叠加的结果，即由铁克里克断隆向北逆冲所导致的挠曲沉降过程和由库斯拉甫断裂走滑作用而造成的拉分断陷过程。喀什凹陷在空间上是一个典型的复合型前陆型盆地，因为它同时受到西昆仑和南天山造山带相对逆冲作用的影响，其挠曲沉降幅度也因此而大为增加，上新统沉积厚度可达 6km 以上。

受持续挤压的影响，西昆仑山山前先后发育了多排背斜。上新世早期，达木斯—甫沙—柯东—克里阳背斜带开始形成；上新世中晚期，柯克亚—齐姆根—苏盖特背斜带开始形成；更新世早中期，合什塔格—固满—棋北—英吉沙背斜带开始形成；更新世晚期，斯力克—捷得—阿克陶背斜带开始形成。

11. 第四纪盆地发展

第四纪塔西南坳陷仍属一种压扭性前陆盆地，基本继承了上新世的盆地样式，但其盆地边缘造山带的运动强度不断增加。前第四纪地层被不断卷入逆冲—褶皱带中，并以薄皮型推覆构造为主。铁克里克断隆则作为整个塔西南边缘推覆构造体系的根部带，逆冲推覆呈厚皮型，即大量的前寒武系基底变质岩系被卷入其中，逆冲断层也具较大的倾角。这种厚皮型逆冲构造的发生也可能与斜压或走滑作用有关。塔西南盆地第四系沉积明显向东迁移，而其西南侧的前第四系地层由于被卷入到褶断带中而不断抬升，并成为第四系沉积物源的一部分。

盆地边缘造山带强烈的挤压作用同时也造成盆地内部各种相关构造的发生，如英吉沙背斜的形成。英吉沙背斜的轴迹大致呈北西向延伸，与相邻的库斯拉甫断裂走向存在30°的交角，这种排列格局反映背斜是在压扭构造环境中形成的。另外，喀什南部平行与库斯拉甫断裂的羊大曼走滑断裂也应形成于第四纪，因为它明显切割了古近系和新近系地层，在剖面上呈花状构造。铁克里克北侧一系列轴向大致呈东西向延伸的背斜构造、南天山南边的喀什背斜和阿图什背斜等，由于古近系、新近系和第四系下部皆发生到变形，也是在第四纪以来的挤压推覆构造作用下形成的。

二、白垩系—古近系沉积特征

1. 白垩系

塔西南白垩系下统主要为一套陆相棕红色的砂砾岩夹少许灰绿色块状石英砂岩、石英质杂砂岩、粉砂岩、泥岩和砾岩，称克孜勒苏群，分上、下两个亚旋回段（或4段）。该群在各地的岩性、岩相有一定的差异，喀什凹陷南部西昆仑山山前为以河道沉积为主的棕红色碎屑岩，喀什凹陷北部古天山山前为山麓堆积和河流相的红色、灰绿色碎屑岩，上述两者之间较低洼处（乌鲁克恰提—乌恰东）为河湖相的棕红色、灰绿色细碎屑岩。

该群底部砾岩普遍不整合或假整合于中、下侏罗统或更老地层之上，厚度一般在300 ~ 1666m之间变化，在喀什凹陷一般1000m左右，向东南齐姆根凸起普遍缺失第1及2段，厚度变小为300 ~ 400m左右；在叶城凹陷西缘地层则更加残缺。

白垩系上统海相地层相对发育，统称英吉沙群，进一步分为库克拜组、乌依塔格组、依格孜牙组和吐依洛克组等四个组，其化石丰富，有双壳类、菊石、腹足类、有孔虫、棘皮类、沟鞭藻类、颗石藻类、钙藻类、介形类、孢粉、腕足类等。在南天山山前断续分布，在昆仑山山前西带向东南分布到叶尔羌河。叶尔羌河东南的东昆仑山山前带（叶城凹陷—乌恰东）晚白垩世地层为海陆交互相。

晚白垩世，中亚地区海水自西向东入侵工区，从乌恰县以西直至东部和田地区，形成浅海相、潟湖相为主的灰绿色泥岩、介壳灰岩与潟湖相的石膏与红色膏泥岩的沉积。英吉沙群多与下伏克孜勒苏群整合接触，与上覆古近系之间为不整合或假整合接触，一般厚150 ~ 736m。

在南天山山前带（喀什凹陷北缘—乌恰东），该群为一套浅海—海湾相沉积，岩性为一套正常海相灰绿色泥岩、介壳灰岩与潟湖相的石膏与红色膏泥岩，产丰富的双壳类、孢粉、介形类、有孔虫、腹足类及沟鞭藻等化石，一般厚200 ~ 400m。在西昆仑山山前带北段（喀什凹陷西缘—乌恰东），该群以碎屑岩、碳酸盐岩、石膏及膏泥岩为主，普遍与上覆阿尔塔什组假整合接触，本群化石丰富，从微体到大化石多可见，特别是双壳类固着蛤、牡蛎等常形成生物介壳灰岩层，多数化石组合可与标准地层剖面和中亚类似层位对比。一般厚300 ~ 500m。在西昆仑山山前带南段（齐姆根凸起—乌恰东）及东昆仑山山前带（叶城凹陷西缘—乌恰东），该群发育不全，海相地层逐渐减少，以粗碎屑岩、膏泥岩及石膏为主，仅在克里阳剖面见到一层碳酸盐岩，一般厚 100 ～ 200m。

2. 古近系

塔西南古近系海相地层统称喀什群，喀什群为一套浅海相—潟湖相沉积，在区内分布比上白垩统各组地层更为广泛，西起国境线，向东大致可延至和田河以东地区，地表露头多集中在天山山前和昆仑山山前地带。它的底部常为石膏层和泥岩层，中部多为石灰岩或生物灰岩，上部以碎屑岩为主，但常夹有膏泥岩。其中含有丰富的海相瓣鳃类、腹足类、海胆、有孔虫和介形类等化石。就其岩性和所含化石特点而言，喀什群在区内许多地区可明显地再分成阿尔塔什组、齐姆根组、卡拉塔尔组、乌拉根组和巴什布拉克组共五个岩组。除阿尔塔什组底与下伏吐依洛克组假整合接触外，其他各组之间均为整合接触。厚度因地而异，大致在数十米至上千米左右。

本群岩性变化较大：在南天山山前地带（喀什地区北缘），自西部斯木哈纳向东到库孜贡苏一带，地层发育齐全，化石最为丰富；沿西昆仑山西缘（喀什地区南部），受陆源碎屑的影响较大，粒度粗，厚度一般较大；和田地层小区古近系沿东昆仑山山前呈带状断续出露，岩性类似，但厚度减薄，在玉力群、克里阳等地仍可分为 5 个组，但向东在皮亚曼、阿其克、布雅等地，全部以潟湖相沉积为主，难以细分。

三、构造单元划分及基本特征

1. 构造单元划分

塔西南一般称为塔西南坳陷区，是在前古生代基底上发展起来的北西向展布的深坳陷，位于塔里木盆地西南部，北东与中央隆起带相接，西南为铁克里克隆起，北为柯坪隆起和天山褶皱系，东南与民丰断凸和于田坳陷相邻。

塔西南坳陷的基底深度在 9 ～ 16km。坳陷内存在一系列北西—近西向的基底断裂，由西向东可进一步分出喀什、叶城、和田多个沉积中心，基底深度 12 ～ 16km（丁道桂等，1996）。

根据研究区所处的大地构造位置，构造环境和沉积建造，变质和变形特征以及前人的划分模式，将研究区的构造单元划分为三个二级构造单元（表 2-2-2，图 2-2-1）。

2. 喀什凹陷

喀什凹陷位于塔西南坳陷西北部，面积 $2.44 \times 10^4 km^2$，夹持于南天山和北昆仑造山带之间，断裂和局部构造极为发育。区内发育喀什、阿图什、托帕、巴什布拉克及乌泊尔等 5 个构造带。

喀什凹陷内发育下古生界、上古生界、中生界—古近系、新近系—第四系四大构造层序，最大埋深可达 17000m，其中新近系—第四系厚度在 10000m 以上。凹陷发育 C—P、J_{1-2}、K—E 三套烃源岩及多套生储盖组合，其中，中下侏罗统暗色泥岩为烃源岩，下白垩统克孜勒苏群砂岩为储集岩，上白垩统库克拜组—古近系石膏、膏页岩为盖层，组成最好的生储盖组合。

表 2-2-2　构造单元划分表

一级构造单元	二级构造单元
塔西南坳陷	喀什凹陷
	齐姆根凸起
	叶城凹陷
	铁克里克隆起
西昆仑褶皱带	

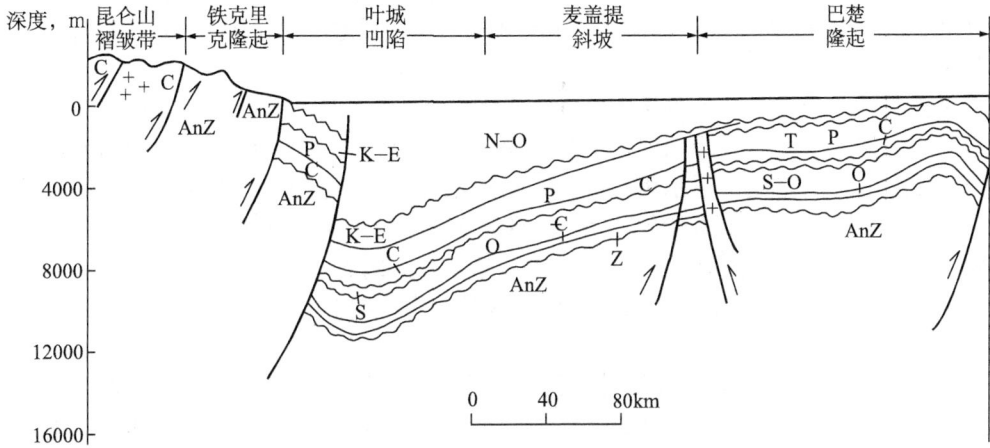

图 2-2-1　塔里木盆地西南部构造横剖面图（据丁道桂，汤良杰，1996）

3. 齐姆根凸起

齐姆根凸起位于喀什凹陷和叶城凹陷之间，是一个由西南向东北方向倾没的鼻状凸起，面积 8050km²。凸起上发育有苏盖特构造带、英吉沙构造带和棋北鼻状构造带。

齐姆根凸起在海西期形成雏形，上古生界受到一定剥蚀；侏罗纪—古近纪时与喀什、叶城地区一起发展为陆内断陷盆地；新近纪上新世由于铁克里克推覆体的强烈逆冲挤压，齐姆根凸起上隆，从而分隔喀什凹陷和叶城凹陷。凸起新近系出露厚度达 6000 ~ 7000m，白垩系沉积分布较少，古近系—新近系或白垩系直接覆盖在石炭系之上。

4. 叶城凹陷

叶城凹陷位于塔西南坳陷西南部北昆仑山山前。由于北昆仑造山带的强烈挤压，山前发育有成排成带的构造带，面积 3.39×10⁴km²，可划分出柯克亚、克里阳、甫沙及固满四个构造区带。

叶城凹陷是一个晚古生代以来持续发展的凹陷，叶城凹陷的沉积厚度可达 16000m，震旦—泥盆纪沉积厚度不大，石炭—二叠纪时期，该区成为沉降和沉积中心，叶城凹陷石炭—二叠系达 3600m 以上。石炭系是一海进序列，下石炭统下部为碳酸盐岩，中上部以页岩为主夹少量石灰岩，上部为海陆交互相砂岩、页岩及石灰岩互层，上统以页岩为主。早二叠世继承了石炭纪的沉积格局，以发育开阔台地相到潮坪相的碳酸盐岩为特征，上部夹砂泥岩。石炭系、二叠系和中下侏罗统发育多套烃源岩及生储盖组合。叶城凹陷二叠系烃源岩较喀什凹陷发育，已在 Y1 井二叠系普司格组发现了一套暗色泥岩，厚约 500m，为高丰度烃源岩，但该凹陷侏罗系烃源岩的厚度和分布范围远不及喀什凹陷。

第三章　塔西南白垩系—古近系地层特征

塔西南白垩系—古近系地层及其生物群主要出露于塔里木盆地西南缘，地层隶属于（塔里木盆地地层区）塔西南地层分区的喀什地层小区与叶城地层小区。这两个地层小区可统称为昆仑山山前带地区（构造上称塔西南坳陷区），进一步可分为西昆仑山山前带（包括西南坳陷区的喀什凹陷、齐姆根凸起西缘）和东昆仑山山前带（西南坳陷区的叶城凹陷西缘）。

本次测制的白垩系—古近系基干剖面分别位于西昆仑山山前带北段（喀什凹陷西缘—膘尔托阔依且木干、膘尔托阔依河、奥依塔格等 3 条基干剖面）、西昆仑山山前带南段（齐姆根凸起西缘—同由路克、阿尔塔什等 2 条基干剖面）、东昆仑山山前带北段（叶城凹陷北部西缘—和什拉甫、赛格尔塔什等 2 条基干剖面）、东昆仑山山前带南段（叶城凹陷南部西缘—克里阳、玉力群等 2 条基干剖面）等四个地段。这四者又分别与 WB1 井、S1 井、KS1 井及 KD1 井相对应，四者在白垩系—古近系地层、古生物方面可相互对比，但又存在一定的差异。

早在 1873 年，Stoliczka 已开始对塔西南进行过路线地质调查。1952 年，苏联第十三地质大队将费尔干纳盆地和塔吉克盆地的白垩系—古近系划分方案、地层名称全部引入到塔西南地区。1979 年，《新疆区域地层表》系统总结了新疆地层研究成果，提出了新的划分方案，是 20 世纪 80 年代之后近 20 年地层工作的指南。其后的主要工作成果有：1984 年雍天寿的《西塔里木盆地海相晚白垩世—古近纪地层》；1986 年，郝诒纯等完成《中国地层 12—中国的白垩系》；1989 年，唐天福等完成的专著《新疆塔里木盆地西部白垩纪至古近纪海相地层及含油性》；"九五"期间塔里木油田分公司、中国科学院南京地质古生物研究所建立了塔里木盆地覆盖区中生界、新生界的基准剖面；新星石油公司进行了"新疆塔里木盆地中、新生代盆地演化序列及控油气作用"的研究；2001 年，中国科学院南京地质古生物研究所出版《塔里木盆地各纪地层》；2000 年至 2001 年塔里木油田分公司组织了滇黔桂石油勘开发探研究院、新疆工学院及新疆地矿局、杭州石油地质研究所对塔西南坳陷周边露头区进行综合研究等。

在上述工作的基础上，于 2010 年至 2011 年在塔西南系统测制了 8 条 K—E 基干剖面并观察了 2 条 K—E 剖面，并且系统引用前人在塔西南地区的其他 K—E 剖面，尤其是南天山山前带（喀什凹陷北缘）和麦盖提斜坡的资料，共有较系统的 K—E 露头剖面 25 条。在此基础上，建立了塔西南五个区带（古近系为六个）基准剖面以及四个区带（昆仑山山前）的露头区与覆盖区对比方案，在地层划分和对比方面均取得一定的进展。

第一节　白垩系

一、概述

塔西南白垩系地层及其生物群出露于塔里木盆地西南缘，据塔里木盆地及周边地层的划分（贾承造、张师本，2004），地层隶属于（塔里木盆地地层区）塔西南地层分区的喀什地层小区与叶城—和田地层小区（图 3-1-1，表 3-1-1，表 3-1-2）。

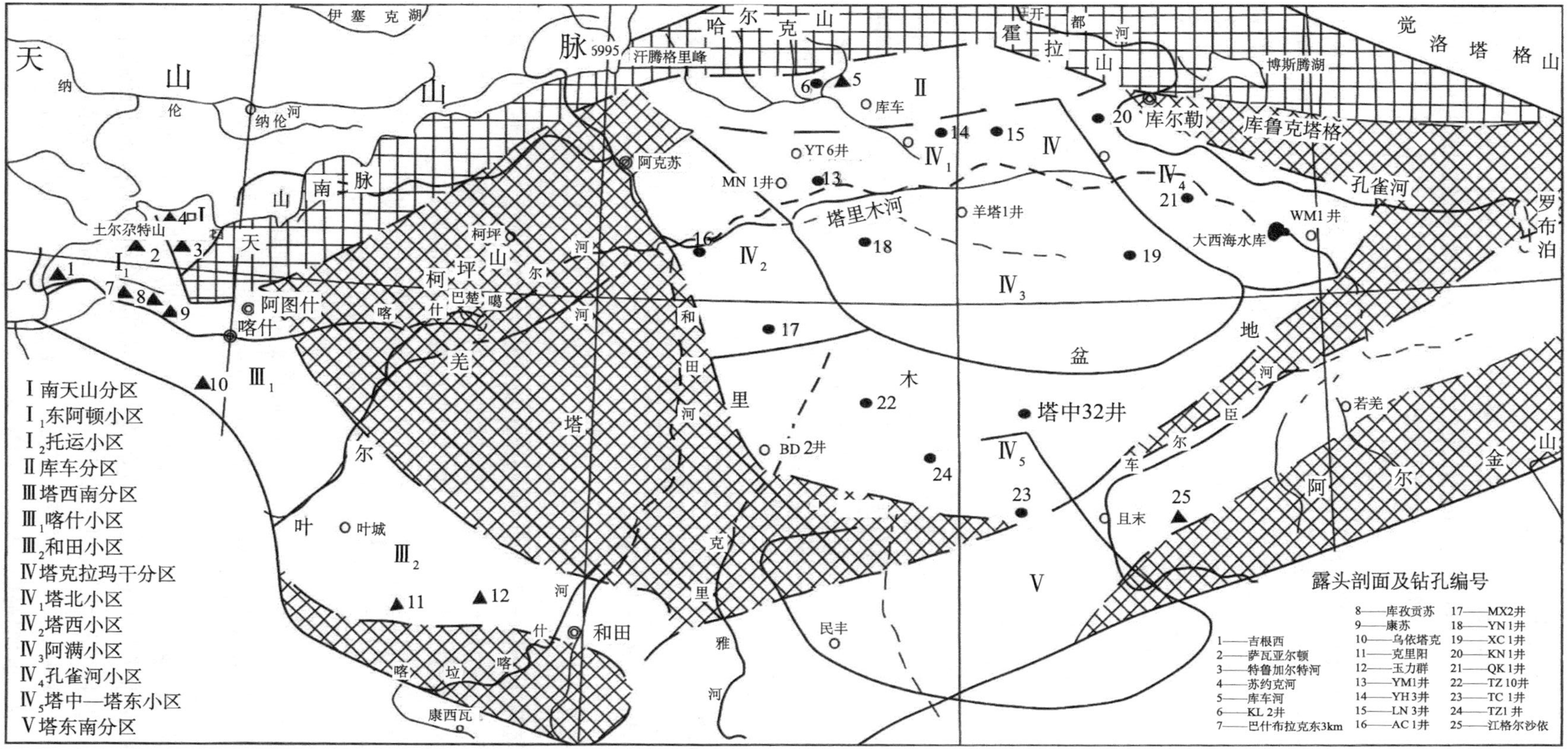
Ⅰ南天山分区
Ⅰ1东阿顿小区
Ⅰ2托运小区
Ⅱ库车分区
Ⅲ塔西南分区
Ⅲ1喀什小区
Ⅲ2和田小区
Ⅳ塔克拉玛干分区
Ⅳ1塔北小区
Ⅳ2塔西小区
Ⅳ3阿满小区
Ⅳ4孔雀河小区
Ⅳ5塔中—塔东小区
Ⅴ塔东南分区
露头剖面及钻孔编号
1——吉根西
2——萨瓦亚尔顿
3——特鲁加尔特河
4——苏约克河
5——库车河
6——KL 2井
7——巴什布拉克东3km
8——库孜贡苏
9——康苏
10——乌依塔克
11——克里阳
12——玉力群
13——YM1井
14——YH3井
15——LN 3井
16——AC 1井
17——MX2井
18——YN 1井
19——XC 1井
20——KN 1井
21——QK 1井
22——TZ 10井
23——TC 1井
24——TZ1 井
25——江格尔沙依
天山
哈尔克山
霍拉山
觉洛塔格山
南天山
柯坪山
汗腾格里峰
博斯腾湖
伊塞克湖
库鲁克塔格
孔雀河
塔里木河
罗布泊
阿克苏
阿图什
喀什
库车
库尔勒
和田
叶城
民丰
且末
若羌
塔中32井
大西海水库
塔里木盆地
金山

图3-1-1　塔里木盆地及周边白垩系分区图（据贾承造、张师本，2004）

塔西南白垩系下统主要是陆相地层，为一套棕红色的砂砾岩夹少许灰绿色块状石英砂岩、石英质杂砂岩、粉砂岩、泥岩和砾岩，称克孜勒苏群，分上、下两个亚旋回段（或4段），厚度一般在300～1666m之间变化。底部砾岩普遍不整合或假整合于中侏罗统、下侏罗统或更老地层之上。克孜勒苏群在南天山南麓地区分布较广泛，在昆仑山山前基本上呈狭长条带分布。

上白垩统海相地层相对发育，统称英吉沙群，进一步分为库克拜组、乌依塔格组、依格孜牙组和吐依洛克组等四个组，其化石丰富，有双壳类、菊石、腹足类、有孔虫、棘皮类、沟鞭藻类、颗石藻类、钙藻类、介形类、孢粉和腕足类等，在南天山山前断续分布；在西昆仑山山前带（喀什凹陷西缘及齐姆根凸起西缘），海相地层较发育，向东南分布到叶尔羌河。叶尔羌河东南的东昆仑山山前带（叶城凹陷西缘）晚白垩世地层为海陆交互相。上统多与下伏克孜勒苏群整合接触，与上覆古近系之间为不整合或假整合接触。一般厚150～736m。

现研究区白垩系的组名，均由新疆石油管理局地调处107—109/75队（1975年）所创，后随着油气勘探为主的研究的深入，专家学者相继提出多种地层时代及划分对比的方案（表3-1-1）。这些认识不同程度地涉及地层古生物及沉积环境方面的问题，但对一些地层时代及其划分与对比仍有分歧。笔者在前人研究和本轮8条基干剖面的精细测制及17条剖面资料收集的基础上（共计25条露头剖面），根据生物组合、沉积特征及沉积序列研究结果，并结合钻井资料，对塔西南白垩纪地层分区进行了精细的划分对比，现分喀什凹陷北缘（南天山山前带）、喀什凹陷西缘（西昆仑山山前带北段）、齐姆根凸起西缘（西昆仑山山前带南段）、叶城凹陷北部西缘（东昆仑山山前带北段）及叶城凹陷南部西缘（东昆仑山山前带南段—后同）等5个区带介绍。

二、岩石地层划分

白垩系地层划分方案见表3-1-2。

1. 下白垩统克孜勒苏群（K_1kz）

该群由新疆石油管理局地调处107—109/75队创名（1975年）。岩性为一套红色的砂砾岩夹少许灰绿色块状石英砂岩、石英质杂砂岩、粉砂岩、泥岩和砾岩。本群化石相对较少，下亚旋回下部含有轮藻、介形类，上亚旋回含孢粉、鹦鹉嘴龙，在乌恰县以西剖面见海相遗迹化石、海相双壳类及鱼碎片等。野外以一大套色泽较鲜艳的红色厚层块状砂、砾岩为特征。塔西南覆盖区有多口钻井（AK1井等）钻遇本组，在AK1井克孜勒苏群也是主力油气产层。

克孜勒苏群一般分为上下两个亚旋回，近年多细分为四段或五段。本书将克孜勒苏群划分为四段：第一段为冲积扇—辫状河三角洲砂砾岩段，第二段至第四段为辫状河三角洲砾岩、含砾砂岩、泥质粉砂岩段。

在喀什凹陷（北缘及西缘），该群岩性较为稳定，厚度多为1000m左右，但在喀什凹陷北缘（南天山山前带）的东端塔什皮萨克，西端斯木哈纳及乌拉根古凸起一带厚度变小（458～623m），并且前两者粒度变细，砾岩夹层较少，后者砾岩夹层增多。该群向东南的齐姆根凸起西部，普遍缺失第一段及第二段，厚度变小为300～400m左右；再向东南到叶城凹陷西缘，其地层更加残缺。

表3-1-1 塔西南分区白垩系划分沿革表

苏联地质矿产部第十三航测队 (1952)	110队 (1971)	郝诒纯等 (1979)	新疆地层表 (1981)	雍天寿 (1984)	唐天福、杨恒仁、蓝琇等 (1989)	叶得泉、钟筱春等 (1990)	周志毅、陈丕基 (1990)	杨潘、唐文松、魏景明等 (1994)	赵冶信、雍天寿等 (1997)	新疆岩石地层表 (1999)	中国石油杭州地质研究院等 (2001)	本书
布哈尔组 E_1	苏扎克组 E_{1-2} / 布哈尔组 E_1	阿尔塔什组	阿尔塔什组	齐姆根组 / 阿尔塔什组	阿尔塔什组（古新统 古近系 上统 白垩系）	吐依洛克组（上段／中、下段）	阿尔塔什组	阿尔塔什组 / 吐依洛克组	阿尔塔什组（古近系 英吉沙群）	齐姆根组 / 阿尔塔什组（古近系）	阿尔塔什组（古新统 喀什群）	阿尔塔什组（古新统 英吉沙群）
森诺—达特组 K_2^3	森诺—达特组 K_2^3	吐依洛克组	吐依洛克组	吐依洛克组	东巴组（上段／中段／下段）依格孜牙组（上段／中段／下段）	依格孜牙组	吐依洛克组 依格孜牙组	吐依洛克组 依格孜牙组	吐依洛克组 依格孜牙组（上段／中段／下段）	吐依洛克组 依格孜牙组	吐依洛克组（上段／中段／下段）依格孜牙组	吐依洛克组（上段／中段／下段）依格孜牙组
土仑组 K_2^2	土仑组 K_2^2	依格孜牙组 乌依塔克组	依格孜牙组 乌依塔克组	依格孜牙组 乌依塔克组	乌依塔克组	乌依塔克组	乌依塔克组	乌依塔克组	乌依塔克组（上段／中段／下段）库克拜组	乌依塔克组	乌依塔克组（上段／中段／下段）库克拜组	乌依塔克组（上段／中段／下段）库克拜组
赛诺曼组 K_2^1	赛诺曼组 K_2^1	库克拜组 克孜勒苏群 K_1	库克拜组 克孜勒苏群	库克拜组 克孜勒苏群	库克拜组（上段／中段／下段）克孜勒苏群	库克拜组 克孜勒苏群	库克拜组 克孜勒苏群（克孜勒苏上亚旋回群／下亚旋回群）	库克拜组 克孜勒苏群（克孜勒苏上亚旋回群／下亚旋回群）	克孜勒苏群	克孜勒苏群	库克拜组 克孜勒苏群（上亚旋回／下亚旋回 下统）	库克拜组 克孜勒苏群（4段／3段／2段／1段 下统）

表3-1-2　塔西南白垩系露头剖面组、段厚度统计表

单位：m

剖面分区：
- 喀什凹陷北缘（南天山山前带）：塔什皮萨克、库孜贡苏、康苏、乌拉根、库克拜、巴什布拉克、乌鲁克恰提、斯姆哈纳
- 喀什凹陷西缘（西昆仑山山前带北段）：玛尔坎苏、阿克彻依、日木干、奥依塔格、库山河、依格孜牙、同由路克
- 齐姆根凸起（西昆仑山山前带南段）：塔木河、七美干、干加特、阿尔塔什
- 叶城凹陷西缘（东昆仑山山前带）北部：和什拉甫、赛格尔塔格、玉力群；南部：克里阳、普司格、布雅杜瓦格西

地层	组/段	塔什皮萨克	库孜贡苏	康苏	乌拉根	库克拜	巴什布拉克	乌鲁克恰提	斯姆哈纳	玛尔坎苏	阿克彻依	日木干	奥依塔格	库山河	依格孜牙	同由路克	塔木河	七美干	干加特	阿尔塔什	和什拉甫	赛格尔塔格	玉力群	克里阳	普司格	布雅杜瓦格西
上白垩统	叶依洛克组 K_2t		88.66				44.18	37.37	0	3.18	>10.0	6.5	6.74	24.44	25.32	28.30	11.87	0.56	11.32	11.98	5.50	29.4	>7.1	7.50		
	依格孜牙组 K_2y		137.2				84.29	62.51	0	103.47	0	159.81	142.23	89.0	0	138.45	125.05	16.71	102.01	27.70	90.41	41.13	>8.9	4.20		
	乌依塔克组 K_2w		61.5			119.03	13.29	59.61	67	6.52	0	9.8	30.05	38.54	0	92.45	69.11	0.87	10.28	27.66	21.83	32.57		34.07		
	K_2k^3					16.55	42.42			12.45	23.0	157.89	135.99	184.32	16.0	163.56	121.86	71.25	119.0	93.61	65.10	378.86		20.58		
	K_2k^2					46.53	64.97			57.07	66.0	14.55	10.38	77.2	89.0	29.86		16.86	45.92	160.22	81.03	73.38		42.20		
	K_2k^1					69.02	49.99			119.87	55.0	87.76	56.42	322.6	39.0	176.68				204.49						
	组厚		114.7			132.1	157.38	129.6	225	189.41	144.0	260.2	202.79	584.09	144.0	370.1	251.78	88.11	164.92	458.32	146.13	452.24		62.78		
	K_2yj 总厚	0	402.06	0	0	251.13	299.14	289.09	292	302.58	154	436.31	381.81	736.07	169.32	629.3	457.81	106.25	288.53	525.66	263.87			108.55	58.92	
下白垩统	K_1kz^{4-1}			266.96	31.16	523.64				0		350.2	99.17	179.84		226.87	340.09	90.95	112.76		116.55	168.14		68.12		
	K_1kz^3			463.19	161.51	375.83				0		240.87	427.93	157.03		256.41	212.96	102.31	246.68		75.79	19.02				
	K_1kz^2			212.52	96.41	129.25				762.17		277.94	356.50	396.19		190.51	202.25	105.60	99.67				161		94.17	
	K_1kz^1			163.61	169.29	81.85		623.26		303.26		197.19	110.41	430.69		564	377.26									
	K_1kz 厚	546.72	1281.43	1106.29	458.37	1100.57		623.26		1065.43		1151.9	1116.74	1048.07	936.0	1237.79	1065.92	298.86	457.32	389.65	192.34	471.26	>177	250.16	94.17	
	白垩系总厚	546.72	1683.49	1106.29	458.37	1351.7	299.14	912.35	292	1368.01	154	1588.21	1498.55	1784.14	1105.32	1867.09	1523.73	405.11	745.85	915.31	456.21			358.71	153.09	43.16
	下伏地层	C_2—P_1	J_3k	J_2y	Pt	J_3k	J_3k	J_3k	$C?$	J_3k		J_3k	J_3k	J_3k	J_3k	J_3k	J	P	C	C	J_{1-2}	J_{1-2}		J	T	T

· 56 ·

本群一般不整合或平行不整合于侏罗系上，但在古凸起（乌拉根凸起及齐姆根凸西部）或凹陷边缘多与 C—P 或 Pt 等地层接触。

2. 上白垩统英吉沙群（K₂yj）

该群呈带状断续展布在昆仑山山前和南天山山前地带，由新疆石油管理局地调处107—109/75 队创名（1975 年）。其原定义是指上白垩统海相地层，自下而上共分为四个组，即库克拜组、乌依塔克组、依格孜牙组和吐依洛克组。与下伏下白垩统克孜勒苏群呈整合—平行不整合接触。

在喀什凹陷北缘（南天山山前带），该群为一套浅海—海湾相沉积，岩性为一套正常海灰绿色泥岩、介壳灰岩与潟湖相的石膏与红色膏泥岩，含有丰富的双壳类、腹足类、孢粉、介形类、有孔虫、颗石藻、沟鞭藻、绿藻、疑源类、海胆、苔藓虫及少量菊石等的化石，一般厚 250 ～ 400m。

在喀什凹陷西缘（西昆仑山山前带北段），以碎屑岩、碳酸盐岩、石膏及膏泥岩为主，普遍与上覆阿尔塔什组假整合接触。本群化石丰富，从微体到大化石多可见及，特别是双壳类的固着蛤、牡蛎等常形成生物介壳灰岩层，多数化石组合可与标准地层剖面和中亚类似层位对比。一般厚 300 ～ 500m 左右。

在齐姆根凸起（西昆仑山山前带南段）及叶城凹陷西缘（东昆仑山山前带），该群发育不全，海相地层逐渐减少，以粗碎屑岩、膏泥岩及石膏为主，仅在克里阳剖面见到一层碳酸盐岩，一般厚 60 ～ 200m 左右。

1）库克拜组（K₂k）

该组由新疆石油管理局地调处 107—109/75 队创名（1975 年），主要由深灰色、灰绿色的泥岩、膏泥岩，暗红色中细砂岩，砾岩组成，间夹薄层状石膏岩和泥灰岩。富含多种海相动物、藻类化石，有双壳类（牡蛎、海扇、固着蛤）、腹足类、菊石、海胆、有孔虫、介形类、苔藓虫、龙介虫、钙藻、颗石藻类、沟鞭藻、疑源类及孢粉的化石。一般厚100 ～ 200m 左右，局部厚度 400 ～ 500m。

库克拜组呈带状断续展布在昆仑山山前和南天山山前地带，标准剖面在喀什凹陷北缘（南天山山前带）乌恰县库克拜地区。其岩性主要为一套灰绿色、红色泥岩、膏泥岩夹石膏岩，下部夹粉砂岩及砂岩，中部为深色泥岩段，上部夹介壳灰岩、泥灰岩及白云岩，产丰富的古生物化石。底部有塔里木盆地晚白垩世的最早海侵层位的标志，即一层灰白色厚层状中细粒长石石英砂岩（1 ～ 2m），分布稳定，可作为地层对比的标志层。

在喀什凹陷西缘（西昆仑山山前带北段）和齐姆根凸起（西昆仑山山前带南段），多数也可分为三段，但整体白云岩及膏泥岩增多，并且下段较粗。底部标志层相变为砂质白云岩或砂、砾岩。而在叶城凹陷西缘（东昆仑山山前带），仅能划为上、下两段：下段主要由一套暗红色的含砾粗砂岩、中砾岩、含砾细砂岩组成；上段较细，由灰绿色的细砂岩、粉砂质泥岩等组成。

本组以出现灰白色钙质砂岩或砂质云灰岩（海侵开始）为底与克孜勒苏群陆相红色调砂、砾岩整合—平行不整合接触，但在叶城凹陷，该层灰白色钙质砂岩仅为2～3cm厚的条带。

2）乌依塔克组（K_2w）

该组由新疆石油管理局107—109/75队创名（1975年），分布范围同前组。喀什凹陷西缘（西昆仑山山前带）阿克陶县乌依塔克乡乌依塔克剖面是建组的标准地点（新疆维吾尔自治区区域地层表编写组，1981）。岩性以暗红色、红褐色（含膏）泥岩、泥质粉砂岩为主，夹砂岩。含有颗石藻、孢粉化石等，与下伏库克拜组整合接触。以岩层的颜色突变红色为界线，与下伏库克拜组灰绿色砂泥岩整合接触。该区带各地岩性较为稳定，但厚度变化极大（6～110m）。

在叶城凹陷西缘（东昆仑山山前带），岩性为暗红色泥岩夹薄层石膏及灰绿色泥岩条带，下部夹暗红色粉细砂岩。厚度9～37m，但克里阳以东缺失。在喀什凹陷北缘（南天山山前带），主要为暗红色泥岩夹灰绿色钙质砂岩、粉晶白云岩、泥灰岩，灰质增多，并含有丰富的海湾类型的沟鞭藻、疑源类化石，一般厚60～100m。

3）依格孜牙组（K_2y）

该组由新疆石油管理局地调处107—109/75队命名（1975年）。岩性以红灰色、灰红色、灰色块状石灰岩和白云质灰岩为主。富含多种海相动物及钙藻类化石，以含大量固着蛤生物灰岩最为特征，分布范围同前组。以碳酸盐岩类为主及高陡地貌为界线，与下伏乌依塔克组紫色砂泥岩整合接触，厚5.6～140m。

喀什凹陷西缘（西昆仑山山前带北段）是本组的标准岩相区，本组横向变化较大：到叶城凹陷西缘北部（东昆仑山山前带北段）的和什拉甫剖面和赛格尔塔什剖面，该组厚度减薄，分段较难；到叶城凹陷西缘南部（东昆仑山山前带南段）克里阳和玉力群一带，不仅厚度迅速变小，岩性特征也不一样，本组由暗红色砾屑灰岩和灰白色的石灰岩、粗砾屑灰岩组成（克里阳剖面厚约4m）；克里阳以东，普司格至皮亚曼则缺失本组。

在喀什凹陷北缘（南天山山前带），分布范围不及库克拜组和乌依塔克组广泛，仅在乌鲁克恰提一带和库孜贡苏河东岸见及，与塔西南地区以富产固着蛤的石灰岩为主的地层岩性有很大的区别，主要以杂色、灰绿色泥岩、粉砂质泥岩为主，夹少量白云岩、泥岩及骨屑灰岩。其泥质增多，化石相对稀少且多为碎片，厚62～137m。

4）吐依洛克组（K_2t）

该组由新疆石油管理局地调处107—109/75队命名（1975年），分布范围同前组。岩性主要由暗红色泥岩、红色膏泥岩组成，有时夹薄层白色石膏或暗红色泥质粉砂岩或粗砂岩和细砾岩。这些砂岩和砾岩中，富含固着蛤、苔藓虫、棘皮动物、腕足类、有孔虫及介形类等生物化石的砾屑及砂屑（方解石胶结），底与下伏依格孜牙组碳酸盐岩整合接触。红色泥岩是本组的最大特征。

从南天山山前带到西昆仑山山前带，本组虽横向有一定的变化，各地的岩性、岩相基本相同，但厚度有较大的变化：南天山山前带厚度一般为 37 ~ 89m；昆仑山山前带一般厚数米至 30m 左右。

3. 岩性特征地层划分标志

在前人研究的基础上，以建组剖面的岩石地层、生物地层为标志，以采集的古生物化石为基础，结合岩石颜色、沉积旋回特征、岩石标志层、间断面等特征，进行基本岩石地层单位（组）的划分和确立。

从区域上看，上白垩统依格孜牙组的灰白色、棕红色厚层—块状白云质灰岩及石灰岩，各地都能见到，是上白垩统划分的良好标志层；昆仑山山前西带库克拜组下段顶部的黄灰色、灰色白云岩化的骨屑泥晶灰岩或细晶白云岩，延伸比较稳定，可作为标志层；阿尔塔什组底部的石膏层是划分上白垩统和古近系的良好标志（表 3–1–3）。各组最典型的岩性特征如下：

（1）克孜勒苏群，暗红色砂砾岩、砂泥岩冲积扇—辫状河三角洲沉积组合。

（2）库克拜组，下段顶部的黄灰色、灰色白云岩化的骨屑泥晶灰岩或细晶白云岩，延伸稳定，可作为标志层。

（3）吐依洛克组及乌依塔克组，特征岩性为红色粉砂质泥岩、泥岩。

（4）依格孜牙组，"红灰岩" 碳酸盐岩特征地貌，是上白垩统划分的良好标志层。

三、典型剖面分述

典型剖面是指在某一等级地层或构造岩相带区域内，具有代表性的地质剖面。它必须具备岩石露头连续产状清楚，构造简单（或清楚），层序完整，分层标志明显易于识别，并有较丰富的古生物及其他确定时代（或年龄）的资料和划分岩相带的充分依据，与上、下地层接触关系清楚，在一定范围内具有较好的稳定性，并与邻区可以进行可靠对比的特征。

本轮测制的 9 条剖面分别位于喀什凹陷西缘（西昆仑山山前带北段的臕尔托阔依且木干、臕尔托阔依河和奥依塔格 3 条剖面）、齐姆根凸起西缘（西昆仑山山前带南段的阿尔塔什剖面、同由路克 2 条剖面）、叶城凹陷北部西缘（东昆仑山山前带北段的和什拉甫、赛格尔塔什 2 条剖面）、叶城凹陷南部西缘（东昆仑山山前带南段的克里阳、玉力群等 2 条剖面）等四个地段。此四者又分别与 WB1 井、S1 井、KS 井及 KD1 井相对应。此四者白垩系—古近系地层、古生物方面可相互对比，但又存在一定的差异，故将塔西南（上述）分四个地段分述。

另外，虽然喀什凹陷北缘白垩系剖面不在本轮任务范围内，但本书为了更全面地研究塔西南白垩系地层时空展布规律，也把其代表剖面放在后面作一简要介绍。

表 3-1-3 塔西南白垩系各组典型界面特征

组 \ 剖面	瞟尔托阔依目木干	奥依塔格	同由路克	克里阳	和什拉甫	阿尔塔什	桑格尔塔什	塔木河	七美干	干加特
K_2t/K_2y	岩性突变，由碳酸盐岩（K_2y）变为紫红色砂泥岩（K_2t）	岩性突变，由碳酸盐岩（K_2y）变为紫红色砂泥岩（K_2t）	岩性突变，由碳酸盐岩（K_2y）变为紫红色砂泥岩（K_2t）	岩性突变，由碳酸盐岩（K_2y）变为紫红色砂泥岩（K_2t）	岩性突变，由碳酸盐岩（K_2y）变为紫红色含膏泥岩（K_2t）	岩性突变，由碳酸盐岩（K_2y）变为紫红色含膏泥岩（K_2t）	岩性突变，由碳酸盐岩（K_2y）变为红色砂泥岩（K_2t）	岩性突变，由碳酸盐岩（K_2y）变为紫红色碎屑岩（K_2t）	岩性突变，由碳酸盐岩（K_2y）变为紫红色碎屑岩（K_2t）	岩性突变，由碳酸盐岩（K_2y）变为紫红色碎屑岩（K_2t）
K_2y/K_2w	以其特征的岩性（碳酸盐岩）和地貌为特征	以其特征的岩性（碳酸盐岩）和地貌为特征	以其特征的岩性（碳酸盐岩）和地貌为特征	以其特征的岩性（碳酸盐岩）和地貌为特征	以其特征的岩性（碳酸盐岩）和地貌为特征	以其特征的岩性（碳酸盐岩）和地貌为特征	以其特征的岩性（碳酸盐岩）和地貌为特征	以其特征的岩性（碳酸盐岩）和地貌为特征	以其特征的岩性（碳酸盐岩）和地貌为特征	以其特征的岩性（碳酸盐岩）和地貌为特征
K_2w/K_2k	岩层的颜色突变，由黄绿色介壳灰岩（K_2k）变为棕红色泥质粉砂岩（K_2w）	岩层的颜色突变，由黄绿色介壳灰岩（K_2k）变为棕红色粉砂岩（K_2w）	岩层的颜色突变，由黄绿色介壳灰岩（K_2k）变为棕红色泥质粉砂岩（K_2w）	岩层的颜色突变，由灰绿色泥质粉砂岩变为棕红色粉砂质泥岩（K_2w）	岩层的颜色突变，由灰绿色粉砂岩（K_2k）变为紫红色细砂岩（K_2w）	岩层的颜色突变，由黄绿色介壳灰岩（K_2k）变为棕红色泥质粉砂岩（K_2w）	黄绿色、灰绿色薄一纹层状泥岩变为褐灰色中层状砂砾岩（K_2w）	岩层的颜色突变，由灰绿色粉砂岩（K_2k）变为紫红色泥质砂岩（K_2w）	岩层的颜色突变，由黄灰色云质（K_2k）变为紫红色泥质粉砂岩（K_2w）	岩层的颜色突变，由灰绿色粉砂质泥岩（K_2k）变为紫红色粉砂质泥岩（K_2w）
K_2k/K_1z	以出现灰白色钙质砂岩或砂质云灰岩为特征	以出现灰白色钙质砂岩或砂质云灰岩为特征	以出现灰白色钙质砂岩或砂质云灰岩为特征	以出现灰白色钙质砂岩为特征	以出现灰白色钙质砂岩为特征	未见底	由砂砾岩变为泥质粉砂岩	以出现灰白色钙质砂岩或砂质云岩为特征	以出现灰白色钙质砂岩或砂质云岩为特征	以出现灰白色钙质砂岩或砂质云岩为标志
K_1kz/J	岩相、岩性与下伏地层明显变化	岩相、岩性与下伏地层较只地层明显变化	岩相、岩性与下伏地层明显变化	角度不整合于中下侏罗统之上	平行不整合于中下侏罗统之上	平行不整合于中下侏罗统之上	平行不整合于二叠系之上	岩相、岩性明显变化，伏地层出现厚层泥砾岩为特征	角度不整合于二叠系之上	角度不整合于石炭系之上

1. 喀什凹陷西缘（西昆仑山山前带北段）朦尔托阔依且木干剖面

该剖面位于乌恰县朦尔托阔依且木干学校附近，层系完整、露头较好，由白垩系分剖面和古近系分剖面组成（图3-1-2至图3-1-6），是西昆仑区山前带（英吉沙地层小区）K—E典型剖面之一，也是距W1井最近的K—E剖面。1989年，中国科学院南京地质古生物研究所唐天福等做了较详细的生物地层研究，2001年中国石油杭州地质研究院作了地层、沉积及储层的研究。

上覆地层：阿尔塔什组（E_1a）

130层：灰白色厚层状石膏，溶蚀孔洞发育。与上、下部地层均呈突变接触。　　7.80m

———————————————————————整合—————————————————————————

上白垩统吐依洛克组（K_2t），厚6.50m

129层：（K_2t）棕红色薄层状膏泥岩，含石膏团块。发育水平层理；胶结疏松。　　6.50m

———————————————————————整合—————————————————————————

上白垩统依格孜牙组（K_2y），117—128层，厚159.81m

128层：本层可分两段，下段灰红色薄层状生屑砂质灰岩，上段灰色薄层状泥晶内碎屑灰岩。砂质灰岩中砂屑主要为次棱角状—棱角状，分选中等—较好，可见石英等外来碎屑颗粒。　　11.80m

127层：灰红色薄层状含生屑砂质灰岩。陆源碎屑颗粒可见石英等，内碎屑主要呈棱角状、次棱角状。局部平行层理发育。　　57.60m

126层：灰色厚层状泥晶灰岩、含云质泥晶灰岩。岩石主要由泥晶方解石和少量生物碎屑（以下简称"生屑"）组成，部分含有粉晶白云石。生屑有棘屑、藻类、蜓类等。　　9.30m

125层：灰红色薄层状泥晶砂屑灰岩、泥晶灰岩。泥晶砂屑灰岩主要由砂屑和泥晶方解石组成，见少量亮晶方解石和泥质。另见微量有孔虫。泥晶灰岩主要由泥晶方解石和白云质团块组成。　　3.20m

124层：灰红色中薄层状含云质泥晶灰岩，泥晶灰岩。向上岩层厚度增加，泥质含量减少，含少量生屑，约3%，以有孔虫为主。岩石主要由泥晶方解石和云质团块组成。白云石局部交代泥晶方解石。含云质泥晶灰岩可见水平层理发育。　　7.60m

123层：灰色、灰红色中薄层状泥晶灰岩，泥晶内碎屑灰岩，构成下泥晶灰岩上内碎屑灰岩3个沉积旋回，厚度比为2：3。　　6.10m

122层：灰红色厚层状内碎屑灰岩，局部泥质含量较高。内碎屑以泥晶灰岩内碎屑为主，约50%。有孔虫等生物碎屑约5%。岩层表面溶蚀孔洞发育。　　3.50m

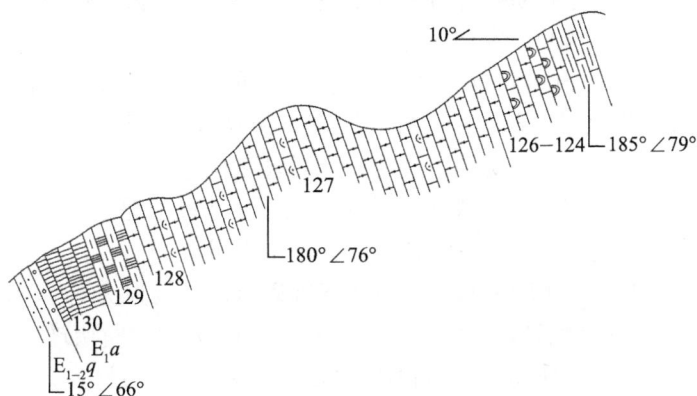

图3-1-2　塔西南地区朦尔托阔依且木干上白垩统实测剖面（124—130层）

121 层：灰红中厚层状生屑砂屑灰岩、泥晶灰岩。其生屑主要为藻团块、腹足类、藻类、有孔虫，含少量瓣鳃类，见微量钙球。 8.50m

120 层：下部为灰白色、灰红色中厚层状亮晶含生屑砂屑灰岩，其生屑主要为有孔虫和少量腕足类。上部为泥晶生屑砂屑灰岩。 11.66m

119 层：灰红色中厚层状含亮晶生屑砂屑灰岩。岩石中矿物成分主要为方解石，见少量泥质。结构组分以砂屑、生屑为主。 21.83m

118 层：灰红色中厚层状泥粉晶灰岩，局部呈灰色。缝合线发育。 12.22m

117 层：灰红色中厚层状含鲕粒砂屑灰岩与生屑灰岩互层，厚度比为 1.2 ∶ 1。 6.50m

————————————————整合————————————————

上白垩统乌依塔克组（K₂w），厚 9.80m

116 层：浅红色薄层状泥岩，含少量粉砂。水平纹层发育。 9.80m

————————————————整合————————————————

上白垩统库克拜组（K₂k），101—115 层，厚 260.2m

上段（K₂k²）：109—115 层，厚 172.44m

115 层：浅灰绿色、灰绿色薄层状泥岩、泥质灰岩不等厚互层，泥岩与石灰岩之比为 5 ∶ 1，泥晶灰岩含棘屑碎片。泥岩水平层理发育。 38.50m

114 层：灰绿色、灰白色互层膏泥岩。本层石膏含量明显增加，与灰绿色的泥岩呈薄互层式沉积，显示水平层理。 3.20m

113 层：灰绿色薄层状含膏泥岩，夹少量薄层石膏或条带。局部含粉砂质。 28.50m

112 层：绿灰色中厚层含灰质亮晶鲕粒云岩，上部为含云质生屑灰岩。结构组分有生屑、鲕粒、泥晶方解石。生屑有腹足类、苔藓虫、棘皮类、腕足类。 5.80m

111 层：灰绿色薄—纹层状含膏质泥岩；顶部夹紫灰色泥岩，中部化石较多。 81.89m

110 层：灰黄色薄层状泥晶鲕粒灰岩、灰色厚层块状含亮晶生屑鲕粒灰岩。构成下泥晶灰岩、上生屑灰岩两个沉积旋回。旋回厚度比为 1 ∶ 1。生屑主要为藻类，见微量棘皮类和软体类。可见较垂直或斜交岩层的裂缝，其中充填亮晶方解石。 9.85m

109 层：灰色中薄层状泥晶灰岩，灰色、灰黄色中厚层状泥晶内碎屑生屑灰岩互层。构成下泥晶上生屑灰岩 3 个沉积旋回。泥晶灰岩与生屑灰岩之比为 1 ∶ 3，旋回厚度比为 2 ∶ 3 ∶ 4。在顶部旋回生屑灰岩下部夹 0.3m 的灰绿色砂屑灰岩。 4.70m

下段（K2k1）：101—108 层，厚 87.76m

108 层：暗红色薄层状泥质粉砂岩与粉砂质泥岩互层为主，粉砂岩泥质含量高，发育水平层理，风化后易碎，与上覆灰岩突变接触。 48.91m

107 层：暗红色中层状细砂岩、灰绿色中薄层状膏质泥质粉砂岩、粉砂质泥岩夹色含细砾粉砂岩透镜体，顶部为薄层白色石膏。砂岩发育交错层理，膏泥岩中石膏呈不规则薄层、条带状近于平行层面分布。砂、含砾砂、膏泥石、石膏之比为 5 ∶ 2 ∶ 5 ∶ 1。 3.93m

106 层：灰红色中层状细砂岩、薄层状粉砂质泥岩。下砂上泥，厚度比为 1 ∶ 8。砂岩发育交错层理，向上粒度变细。泥岩胶结疏松，显示水平层理。 9.00m

105 层：本层可分两段，下段为暗红色中层状细砂岩，上段为棕红色粉砂质泥岩。砂泥比约为 1.5 ∶ 1，砂岩中偶见细砾，一般 r 为 0.2～0.3cm，发育平行层理。 3.70m

104 层：暗红色薄层状泥质粉砂岩与粉砂质泥岩。砂岩、泥岩比为 2 ∶ 3。向上粒度变细，泥质含量增加。可见水平层理发育。 2.05m

图3-1-3 昆塔西南地区塔尔托阔依日木干上白垩统实测剖面（101层至123层）

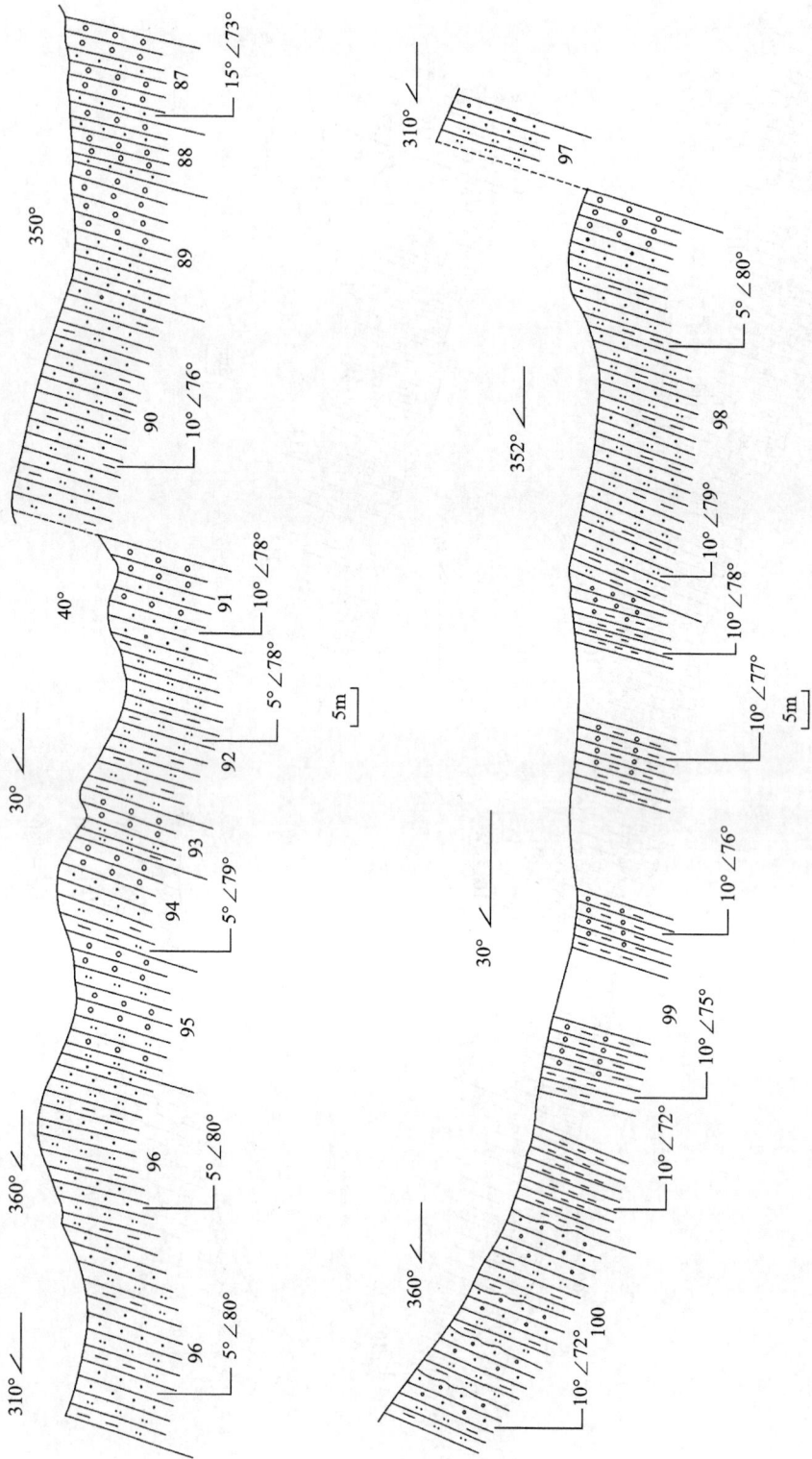

图3-1-4 塔西南地区膘尔托阔依且木干垩系克孜勒群尖测剖面（87层至100层）

103 层：暗红色细砂岩、粉砂岩。中部粒度细，上、下部稍粗，自下而上颜色变浅，发育平行层理及楔状交错层理。局部发育滑塌变形构造。　　　　　　　　　　　　　4.05m

102 层：暗红色中层状中细砂岩与薄层状粉砂质泥岩互层，构成下粗上细两个沉积旋回，砂泥比约为 2：1。砂岩平行层理发育，顶部粉砂质泥岩中夹有极薄层的细粒砂岩及灰绿色的钙质结核。　　　　　　　　　　　　　　　　　　　　　　　　　　　2.95m

101 层：（K_2k）暗红色中厚层状中细砂岩夹极薄层粉砂质泥岩。向上岩层厚度变薄，泥质夹层增多。砂岩发育平行层理、波状层理，局部可见滑塌变形构造。　　　　13.17m

———————————————————整合———————————————————

克孜勒苏群（K_1kz），1—100 层，厚 1151.90m

四段（K_1kz^4，K_1kz^{4-1}）：83—100 层，厚 591.07m

100 层：灰红色中厚层状砾岩与中薄层状泥质砂岩构成下粗上细 4 个沉积旋回，旋回厚度比为 3：2：2：1。砂岩与砾岩之比为 1：5，砾石以砂岩、硅质岩、泥灰岩及变质岩为主，分选中等—较差，以次圆状为主。灰红色泥质砂为充填基质。r 为 0.3 ～ 30cm，一般 0.5 ～ 3cm。砾石长轴具定向排列构造。砾岩多含泥质，可见细砾，发育水平纹层。风化后易碎。总体显现四次洪水发育，砾岩底部冲刷充填构造清晰。　　　　　　　　　49.78m

99 层：下部 8 ～ 10m，灰红色厚层状中细砾岩，具逆—正韵律结构。其上掩盖较多，多处（4—5 处）零星露头为灰红色砾状泥岩、泥岩。砾岩中成分以砂岩砾石为主，见少量石英砾石及泥砾，次棱角状—次圆状，风化后较疏松。　　　　　　　　　300.00m

98 层：下部 7 ～ 9m，灰红色厚层状中粗砾岩，夹暗红色中薄层状砾状中砂岩及砾状细砂岩透镜体；夹层横向向 NW 方向变为砾状粗砂岩。其上掩盖，据前（下部）地层岩性推测，为暗褐红色细砂岩、粉砂岩与粉砂质泥岩的互层。砾岩以中粗砾为主，具逆—正粒序，砂岩砾石为主。　　　　　　　　　　　　　　　　　　　　　　　　　65.64m

97 层：暗红色中厚层状砾状粗砂岩、砾状中砂岩、细砂岩与钙质粉砂岩等厚互层，且组成正韵律结构。　　　　　　　　　　　　　　　　　　　　　　　　　3.48m

96 层：暗红色中层状含砾中砂岩、细砂岩、钙质粉砂岩与粉砂质泥岩等厚互层；上部粉砂质泥岩增多，砂泥比约为 2：1；常由中砂岩—细砂岩—粉砂岩、细砂岩—粉砂岩—粉砂质泥岩组成的正韵律结构。　　　　　　　　　　　　　　　　　　　　35.71m

95 层：灰红色块状中粗砾岩夹中层状细砂岩透镜体，具细—粗—细的逆—正粒序韵律，砂岩平行层理发育。砾岩中砾石含量约为 70%，砂、泥质填隙物含量约为 30%，以砂岩砾石为主，次为石英砾及泥砾等，砾石呈次棱角状—次圆状。　　　　　14.74m

94 层：下部灰红色厚层状中砾岩夹中层状中细砂岩透镜体。砂岩显平行层理。上部有掩盖，估计岩性与 93 层上部相同。砾岩中砾石含量约为 70%，砂、泥质填隙物含量约为 30%，砾石呈次棱角状—次圆状。　　　　　　　　　　　　　　10.40m

93 层：中下部为灰红色块状砂质条带细砾岩；砂质条带由中砂岩、细砂岩的粒度差异而显现，具平行层理；上部为暗红色中薄层状细砂岩、钙质粉砂岩，泥质粉砂岩与粉砂质泥岩等厚互层，且组成正韵律结构，砂泥比约为 1：2。砾岩中砾石含量约为 75%，砂、泥质填隙物约 25%。　　　　　　　　　　　　　　　　　　　　　　　　　3.05m

92 层：下部暗红色中层状砾状细砂岩、中细粒砂岩夹薄层状含钙质泥质粉砂岩，且组成正韵律结构，偶夹细砾岩透镜体。中上部暗红色中薄层状钙质粉砂岩、泥质粉砂岩与粉砂质泥岩略等厚互层，且组成正韵律结构，砂泥比约为 1：3。　　　　　16.69m

91 层：深灰红色厚层状不等粒砾石夹暗红色中层状砾状中砂岩透镜体，具正韵律结构。砾岩中砾石含量约 75%，由细砾、中砾及粗砾组成，填隙物砂泥质含量约为 25%，以砂岩砾石为主，次为石英砾及泥砾等，砾石呈次棱角状—次圆状。 6.27m

90 层：暗红色中层状砾状中砂岩及细砂岩与泥质粉砂岩组成频繁交替的正韵律结构，偶夹中层状中砾岩透镜体；略显交错层理，孔径约为 0.8～1cm 的直虫孔、平虫孔发育。砾岩中砾石含量约为 75%，砂、泥质填隙物含量约为 25%，以砂岩砾石为主，次为石英砾及泥砾等，砾呈次棱角状—次圆状。 15.65m

89 层：中下部灰红色厚层状中砾岩夹细砂岩透镜体；上部暗红色中薄层状砂岩与细砂岩组成正韵律结构；顶部 1.5m 灰红色厚层状中砾岩夹细砂岩透镜体。 10.70m

88 层：灰红色厚层状中砾岩夹中层状中砾岩、细砂岩透镜体。砾岩中砾石含量约为 70%，填隙物含量约为 30%，以砂岩砾石为主，次为石英砾及泥砾等，砾石呈次棱角状—次圆状。 5.64m

87 层：灰红色厚层状中砾岩夹中薄层状细砂岩及粉砂岩透镜体，见交错层理，上部夹层增多；全层具正韵律结构。砾岩中砾石含量约为 70%，填隙物含量约为 30%，以砂岩砾石为主，次为石英砾及泥砾等，砾石呈次圆状—次棱角状。 6.58m

86 层：灰红色厚层状中砾岩夹中层状中砂岩及细砂岩透镜体。顶部 3.5m 灰红色中层状细砂岩夹中砾岩透镜体，砂岩见平行层理及交错层理，全层由下至上组成由粗至细的正韵律结构。砾岩中砾石含量约为 75%，填隙物含量约为 25%，以砂岩砾石为主，次为石英砾及泥砾等，砾石呈次圆状—次棱角状。 18.48m

85 层：下部灰红色厚层状砂质细砾岩，砂质以条带状分布于砾岩中。上部暗红色中层状细砂岩、钙质粉砂岩夹粉砂质泥岩，且组成多套正韵律结构，砂泥比约为 8：1。砾岩中砾石含量约为 55%，填隙物含量约为 45%，砾石呈次圆状—次棱角状。 7.06m

84 层：暗红色中厚层状中砂岩—细砂岩—含泥粉砂岩组成多套正韵律结构。下部夹一层中层状中砾岩透镜体；顶部 0.20m 为灰红色泥岩。砾岩中砾石含量约为 65%，以石灰岩砾为主，约占 50%，次为砂岩砾、石英砾等，约占 50%，砾石呈次棱角状—次圆状。 6.30m

83 层：灰红色块状中细砾岩，偶夹中层状砾状中砂岩透镜体或条带，具逆—正粒序。砾岩中砾石含量约为 80%，以砂岩砾石为主，砾呈次圆状—次棱角状。 14.82m

三段（K_1kz^3）：71—82 层，厚 85.70m

82 层：灰红色厚层状中砾岩夹暗红色层状细砂岩，上部夹层较多，交错层理发育。砾岩中砾石含量约为 80%，以砂岩砾石为主，砾石呈次圆状—次棱角状。 3.90m

81 层：暗红色中层状含灰质极细砂岩与钙质粉砂质泥岩略等厚互层，偶夹中层状细砾岩透镜体；砂泥比约为 1：5。 13.91m

80 层：灰红色厚层状细砾岩夹中厚层状砾状中砂岩及细砂岩透镜体，透镜体最厚处可达 0.55m，具逆—正韵律结构。砾岩中砾石含量约为 65%，以砂岩砾石为主，次为石英砾及泥砾等，砾石呈棱角状—次棱角状。 3.90m

79 层：暗红色中薄层状细砂岩与粉砂质泥岩略等厚互层，砂泥比约为 1：5。 11.76m

78 层：暗红色块状细砾岩夹约 5～10cm 的暗红色细砂岩透镜体或条带；局部碳酸盐岩富集成条带，平行于层理方向分布。砾岩中砾石含量约为 75%，以砂岩砾石为主，次为泥砾、石英砾及石灰岩砾等，砾石呈次圆状—次棱角状。 7.50m

77 层：暗红色中厚层状粉细砂岩与粉砂质泥岩略等厚互层。 15.78m

76 层：暗红色块状中细砾岩，具逆粒序结构。砾岩中砾石含量约为 70%，以砂岩砾石为主，次为泥砾及石英砾。 5.20m

75 层：暗红色厚层状中砾岩夹中层状含砾中砂岩透镜体，横向延伸较稳定。近顶部为两层暗红色中层状细砂岩透镜体，横向延伸较稳定。全层构成由细—粗—细的逆—正韵律结构。砾岩中砾石含量约为 80%，砾石呈次圆状—次棱角状。 4.90m

74 层：暗红色厚层状中细砾岩组合成两套逆粒序结构夹暗红色中砂岩透镜体。底部 0.23m：暗红色中层状细砂岩透镜体，横向延伸较稳定。 4.70m

73 层：暗红色块状中细砾岩，近顶部夹暗红色细砂岩条带或透镜体，平行层理发育，具逆—正韵律结构。砾岩中砾石含量约为 65%，以砂岩砾石为主，次为泥砾及石英砾等，砾石呈次圆状—次棱角状。 6.25m

72 层：底部 0.5m 暗红色中层状中细砾岩夹中砂岩；其上为暗红色块状粗砾岩—中砾岩—中层状砾状中砂岩透镜体；全层由下至上组成由细—粗—细的逆—正韵律结构。砾岩中砾石含量约为 70%，以砂岩砾石为主。 4.50m

71 层：暗红色厚层状粗砾岩；顶部为暗红色细砂岩透镜体，最厚处可达 0.8m；交错层理发育，由颜色明、暗差异而显现。砾石含量约为 70%，砾石呈次圆状—次棱角状。3.40m

二段（K_1kz^2）：42—70 层，厚 277.94m

70 层：浅红色厚层状中砂岩、细砂岩频繁交互组合而成，平行层理发育；顶部见约 5cm 宽的灰绿色细砂岩条带。 9.50m

69 层：浅红色厚层状中砂岩与细砂岩以条带形式互层，交错层理发育。 5.10m

68 层：底部 0.35m 灰红色中层状中细砂岩，交错层理发育；其上浅红色厚层状细砂岩偶夹砂质砾岩透镜体。砾岩中砾石含量约为 55%，砂岩砾石为主，次为石英砾等，砾石呈棱角状—次棱角状。 1.80m

67 层：浅红色块状钙质粉砂岩，粉砂岩夹同色薄层状细砂岩条带，见似虫迹构造，垂直层理方向延伸 0.9m；顶部 2.5m 为浅红色与灰绿色交互的厚层状粉砂岩，垂直裂缝、斜裂缝发育，缝宽约 10cm，一般为 1.0cm，均为细砂质充填。 8.35m

66 层：下部浅红色厚层状细砂岩，平行层理发育；上部浅红色厚层状粉砂岩夹砂岩条带；顶部 0.5m 褐红色中、厚层状中细砂岩；整体平行层理、交错层理发育。 2.90m

65 层：浅红色块状粉砂岩，岩性单一。 5.20m

64 层：浅红色块状粉砂岩，偶夹灰绿色粉砂质条带，岩性单一。 6.10m

63 层：浅红色厚层状粉砂岩夹同色薄层状中砂岩透镜体。 1.90m

62 层：浅红色块状极细粒细粒岩屑长石砂岩，底部发育 3～5cm 的灰绿色条带。全层平行层理、交错层理发育，由颜色深、浅的差异而显现。 3.30m

61 层：浅红色块状细砂岩。交错层理、灰绿色条带团块发育。 5.40m

60 层：浅红色块状钙质粉砂岩夹钙质细砂岩条带，平行层理发育。 5.60m

59 层：浅绿灰与暗灰红色交织在一起的钙质粉砂岩，岩性单一。 2.50m

58 层：暗褐红色泥质粉砂岩与粉砂质泥岩等厚互层。 3.90m

57 层：浅红色块状细砂岩。由下至上颜色变暗，平行层理发育。 3.60m

56 层：浅红色厚层状粉砂岩夹细中砂岩，组成正韵律结构。 8.79m

55 层：浅红色厚层状含泥质粉砂岩，夹粉砂岩及细砂岩透镜体。 31.44m

54 层：底部 0.5m 为浅红色中层状中细砂岩，见平行层理；其上为浅红色厚层状粉砂岩

夹细砂岩透镜体。 2.50m

53 层：浅红色厚层状细粒岩屑长石砂岩，岩性单一。 4.35m

52 层：底部 1.2m 为浅红色厚层状细砂岩；其上为浅红色厚层块状粉砂岩，交错、平行层理发育；中部见斜裂缝，缝宽约 5mm，延伸大于 2m，为细砂质充填。 7.40m

51 层：浅红色块状细砂岩、粉砂岩、泥质粉砂岩互层沉积，细砂岩为主。交错、平行层理发育；上部见裂缝，缝宽 2～5mm，延伸 1～2m 以上，砂质充填。 102.06m

50 层：浅红色厚层状中细砂岩。虫孔发育，垂直、平行或斜交层理分布。50 层之上为一套浅红色泥质粉砂岩，以亮红色地层为标志。 1.80m

49 层：浅红色中厚层状粉砂岩与泥质粉砂岩等厚互层，偶见虫孔。 5.50m

48 层：下部 1.5m，浅红色薄层状细砂岩与中薄层状含泥质砂岩等厚互层，且组成频繁交替的正韵律结构；其上为暗红色中层状泥质粉砂岩夹粉砂岩。 3.50m

47 层：浅红色厚层状粉砂岩与泥质粉砂岩略等厚互层。 3.35m

46 层：浅红色厚层细砂岩与泥质粉砂岩、粉砂质泥岩略等厚互层。 6.20m

45 层：浅红色中层状中砂岩、细砂岩与泥质粉砂岩略等厚互层，且组成正韵律结构。中砂岩中见平行、交错层理。 14.48m

44 层：浅红色中层状含灰质细砂岩与泥质粉砂岩等厚互层，且组成正韵律结构；灰绿色砂质条带、团块、钙质结核发育。 9.57m

43 层：底部 0.15m 为红色细砾岩透镜体；下部为红色中层状细砂岩夹泥质粉砂岩，灰绿色斑块发育；上部为红色细砂岩与粉砂岩等厚互层。 4.35m

42 层：下部 3.0m 红色中层状粉砂质泥岩；中上部为暗红色中薄层状中细砂岩与粉砂质泥岩等厚互层，且组成正韵律结构。 7.50m

一段（K_1kz^1）：1—41 层，厚197.19m

41 层：暗红色中层状细砂岩夹钙质粉砂岩，正韵律结构，平行层理发育。 4.70m

40 层：暗红色中层状细砾岩，细砂岩与暗红色中层状粉砂质泥岩等厚互层，且组成正韵律结构。细砂岩交错层理发育，砂泥比约为 1.5：1；细砂岩、泥岩呈透镜状叠置。砾岩中砾石含量约为 80%，以砂岩砾石为主，次为石灰岩砾及泥砾、石英砾等，砾石圆状—次圆状，接触基底式钙质胶结。 2.30m

39 层：暗红色中层状细砂岩夹中砂岩透镜体，与同色粉砂质泥岩略等厚互层，且组成正韵律结构，砂泥比约为 4：1。 3.90m

38 层：下部 4.0m 暗红色中层状中细砂岩，平行层理发育；其上为暗红色粉砂岩与粉砂质泥岩互层，砂泥比约为 1：2。 5.95m

37 层：底部 0.70m 灰红色中层状细砾岩与红色中层状钙质粉砂岩等厚互层，且组成正韵律结构；其上为暗红色中层状中砂岩，大型交错层理发育。 3.10m

36 层：下部 3.5m 暗红色中层状细砂岩夹中砂岩，组成中—细砂岩的正韵律结构；其上为暗红色中厚层状粉砂岩夹暗红色中层状细砂岩。 8.70m

35 层：底部 0.6m 暗红色中层状砾状细砂岩，细砂岩与钙质粉砂岩等厚互层，且组成正韵律结构；其上为厚层状中砂岩，交错层理发育。 2.50m

34 层：下部 4.5m 暗红色中厚层状钙质粉砂岩夹同色中薄层状细砂岩透镜体，见平行层理；其上为中薄层状钙质粉砂岩与粉砂质泥岩略等厚互层。 7.82m

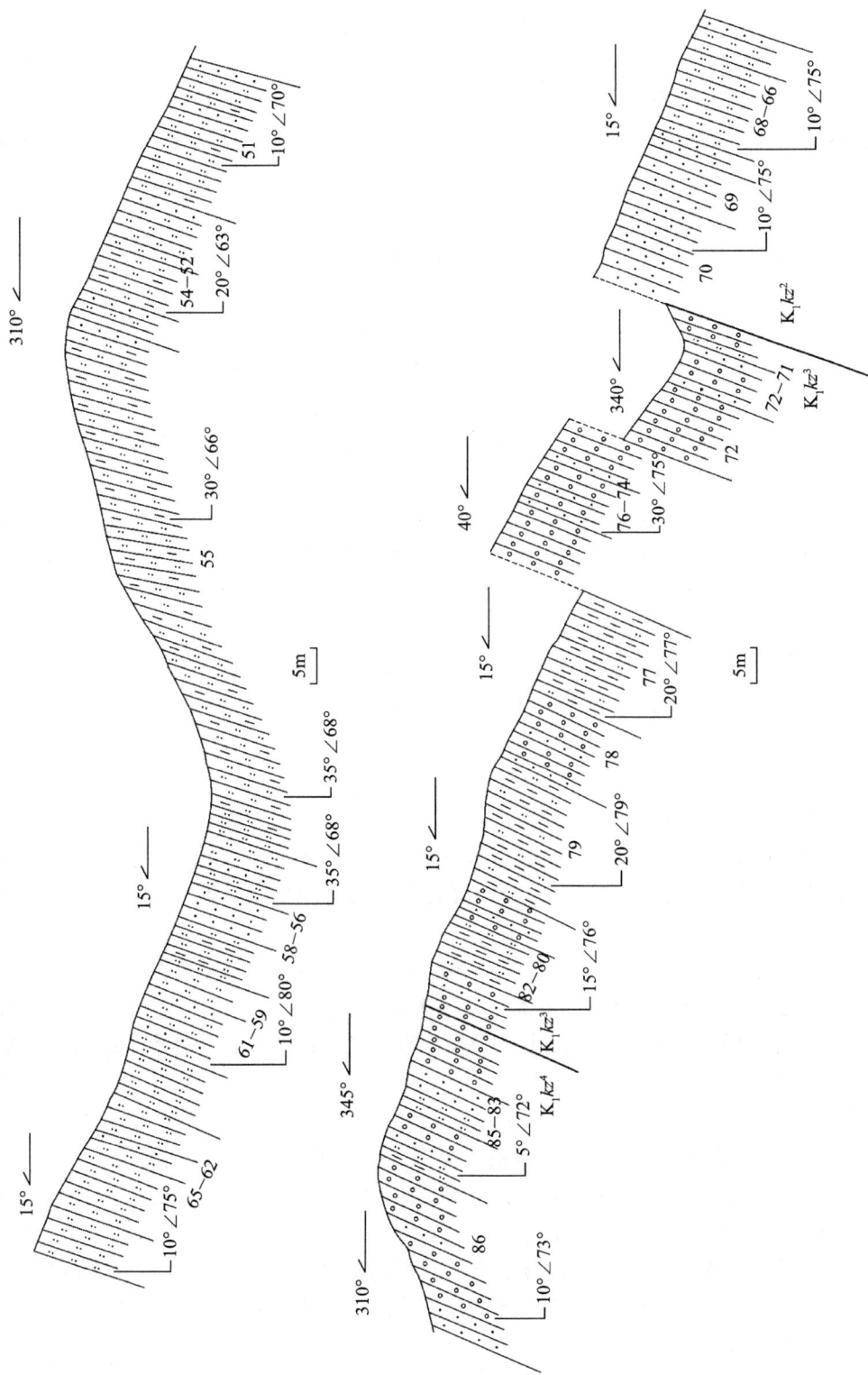

图3-1-5 塔西南地区隈尔托阔依且木干白垩系孜勒苏群实测剖面（51—86层）

33层：暗红色粉砂质泥岩。顶部0.2m为中薄层状细砾岩与薄层状粉砂质泥岩等厚互层，且构成正韵律结构。 3.15m

32层：暗红色中层状粉砂岩，细砂岩与粉砂质泥岩组成多套正韵律结构，夹中层状细砾岩透镜体。 5.20m

31层：暗红色粉砂质泥岩夹同色中层状粉砂岩，且组成2～3套正韵律结构；砂泥比约为1：5。下部交错层理发育。 6.55m

30层：暗红色中层状粉砂质泥岩夹中层状细砂岩，且组成3～4套正韵律结构；砂岩、泥岩比约为1：4。 5.66m

29层：暗红色中层状细砂岩与中薄层状泥质粉砂岩互层。 4.95m

28层：底部0.5m暗红色细砂岩，见交错层理；其上为粉砂质泥岩夹薄层状细砂岩透镜体，砂泥比约为1：25，正韵律结构。 2.72m

27层：暗红色中薄层状细砂岩与中层状粉砂质泥岩略等厚互层，且组成3～4套正韵律结构。 2.50m

26层：暗红色中层状细砂岩夹薄层状粉砂质泥岩条带；见交错层理。 1.30m

25层：底部1.5m暗红色中层状细砂岩，交错层理及灰绿色砂质条带发育；其上暗红色砂质条带粉砂质泥岩，夹细砂岩，且组成多套细砂岩—粉砂质泥岩的正韵律结构。砂泥比约为1：5。 9.88m

24层：暗红色中层状细砂岩与粉砂质泥岩组成多套正韵律结构。 6.48m

23层：底部0.5m暗红色细砂岩；其上为中层状细砂岩与粉砂岩略等厚互层，且构成多套正韵律结构。 6.43m

22层：暗红色含灰质中砂岩，平行层理及交错层理发育。 4.02m

21层：暗红色中细砂岩夹暗色泥岩。 8.45m

20层：下部7m暗红色砂质条中粗砾岩，组成下粗上细的正韵律结构；砂质条带呈透镜状；上部掩盖，估计岩性为砂岩。砾岩中砾石含量约为80%，以砂岩砾石为主，次为泥砾及石英砂等。 17.72m

19层：暗红色中厚层状中细砾岩，常夹砂质条带。砾岩中砾石含量约65%，以砂岩砾石为主，次为石英砾及泥砾等，砾石呈次圆状—次棱角状。 4.52m

18层：暗红色中厚层状细砂岩、中砂岩及含砾粗砂岩以透镜状互叠形式组成细—粗—细的逆—正韵律结构。 7.30m

17层：暗红色中层状砾状中细砂岩夹中层状细中砂岩条带或透镜体。砾岩中砾石含量约为60%，以砂岩砾石为主，次为泥砾及石英砾等，砾石呈次棱角状—次圆状。 4.90m

16层：暗红色中层状细砾岩，含砂质条带。砾岩中砾石含量约为80%，以砂岩砾石为主，次为石英砾及泥砾等，砾石呈次圆状。 1.80m

15层：下部暗红色中层状中砾岩与中层状泥质粉砂岩等厚互层，且成正韵律结构。上部暗红色中层状细砂岩与薄层状粉砂岩、厚层状砾状中砂岩与粉砂岩组成正韵律结构。砾岩中砾石含量约为75%。 4.37m

14层：底部0.3m暗红色砂质条带细砾岩；其上中厚层状细砂岩与粉砂岩等厚互层。砾岩中砾石含量约为55%，以砂岩砾石为主，次为石英砾及泥砾等，砾石呈次圆状—次棱角状，基底式钙质胶结。 1.45m

13层：暗红色细砾岩、中至粗砾岩分别与中层状砾状中砂岩、细砂岩略等厚互层，且

组成正韵律结构。砾岩中砾石含量约为 75%。 8.41m

　　12 层：暗红色中层状细砾岩、砾状细砂岩夹薄层状粉砂质泥岩，且组成正韵律结构。岩层呈透镜状相互叠置，砂岩见交错层理，砂泥比约为 20 ：1。 1.20m

　　11 层：暗红色厚层状含灰质中细砂岩夹暗灰褐色中层状粉砂质泥岩，且组成正韵律结构；砂泥比约为 9 ：1。粉砂岩灰绿色条带发育。 1.71m

　　10 层：暗红色中、厚层状粉砂岩夹暗灰褐色中、薄层状钙质粉砂质泥岩，且组成 3 个正韵律结构；砂泥比约 7 ：1。粉砂岩中灰绿色团块发育。 2.82m

　　9 层：暗红色厚层状砂质条带中—粗砾岩与中层状砾质条带中砂岩略等厚互层，顶部见灰绿色砂质团块；下部发育大型交错层理；全层呈正韵律结构。砾岩中砾石含量约为 80%，填隙物含量约为 20%。 2.00m

　　8 层：暗红色块状细砂岩及砂质中砾岩透镜体，近顶部平行层理发育。 7.15m

　　7 层：暗红色中厚层状砾质中粗砂岩夹中厚层钙质粉砂岩，正韵律结构。 1.90m

　　6 层：暗红色厚层状中细砾岩与厚层状细砂岩等厚互层，且组成正韵律结构。砾岩中砾石含量约为 85%，砾呈次圆状—次棱角状。 2.40m

　　5 层：暗红色中厚层状细中砾岩夹细砂岩透镜体，且构成正韵律结构。砾岩中以砂岩砾石为主，次为石英砾、泥砾等，砾石呈次棱角状。 4.50m

　　4 层：暗红色厚层状含砾细砂岩与中层状细石砂岩构成正韵律结构。 4.48m

　　3 层：暗红色中厚层状钙质粉砂岩，灰绿色钙质粉砂岩团块、斑点发育；底部 1.5m 暗红色中层状含砾细砂岩与钙质粉砂质泥岩组成正韵律结构，砂泥比约为 2.5 ：1。 6.53m

　　2 层：底部 0.3m 灰红色细砾岩；其上为暗红色中厚层状砾石条带钙质细砂岩与钙质粉砂岩组成正韵律结构。砾石呈次圆状—次棱角状。 3.32m

　　1 层：暗红色厚层状粉细砂岩。 2.45m

————————————————————平行不整合————————————————————

下伏地层：侏罗系库孜贡苏组（J₃k）

　　0 层：灰绿色厚层块状中砾岩。砾岩以砂岩砾石为主，含量约为 75%，泥砾及石英砾含量约为 25%；砾呈棱角状—次棱角状，接触基底式钙质胶结。 5.00m

　　2. 齐姆根凸起西缘（西昆仑山山前带南段）同由路克剖面

　　同由路克剖面位于阿克陶县同由路克村附近，其层系完整、露头也较好（图 3-1-7 至图 3-1-12），是西昆仑区山前带（英吉沙地层小区）K—E 典型剖面之一，也是距 S1 井、S2 井最近的 K—E 剖面之一。

　　上覆地层：古近系阿尔塔什组（E₁a）

　　205 层：白色厚层状石膏，表层因风化带呈灰白色。 280.52m

————————————————————整合————————————————————

白垩系吐依洛克组（K₂t），202—204 层，厚 28.30m

　　204 层：灰红色中层状含泥膏质粉砂岩，与 E₁a 石膏呈突变接触。 2.50m

　　203 层：暗红色纹层状粉砂质膏泥岩，岩层较 202 层稍厚。发育水平层理。 19.20m

　　202 层：暗红色纹层状粉砂质膏泥岩夹砂岩透镜体。泥岩水平层理发育。 6.60m

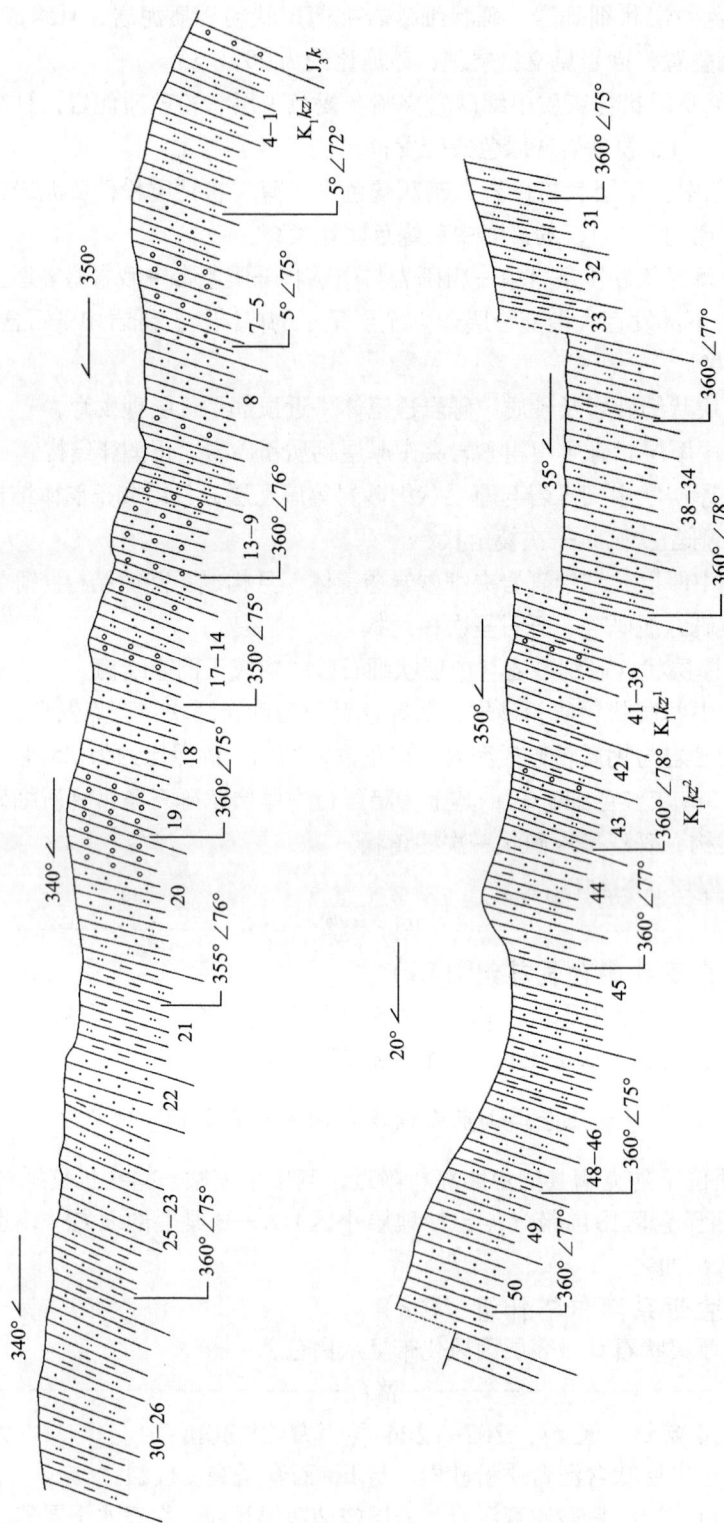

图3-1-6 塔西南地区膘尔托阔依且木干垩系克孜孜勒苏勒群实测剖面（1—50层）

白垩系依格孜牙组（K$_2$y），173—201 层，厚 138.45m

201 层：红灰色、灰色砂砾屑灰岩夹棕红色粉砂质膏泥岩。砾屑以含生物碎屑灰岩、结晶灰岩、白云质灰岩为主。分选较好，磨圆度为中等—较差。可见较多斜交岩层的裂缝发育，充填方解石。　　　　　　　　　　　　　　　　　　　　　　　　　　2.40m

200 层：灰红色厚层状砂砾屑灰岩。砾屑以中细砾为主，分选较好，磨圆中等。成分主要为细砂屑灰岩、鲕粒灰岩。上部发育平行层理。岩石表层溶蚀孔洞发育。　　2.75m

199 层：灰红色中厚层状砂砾屑灰岩。砾屑以中细砾为主，分选中等—较好，磨圆中等，以次棱角状—次圆状为主。成分主要为含生物化石粉细砂屑灰岩、含鲕粒中细砂屑灰岩、云质灰岩，可见双壳类化石碎片。平行层理发育，砾屑呈定向排列。　　5.95m

198 层：灰黄色中层状含泥质粉屑灰岩与中厚层状含生物碎屑砂屑灰岩互层沉积，厚度比 1：3，构成 3 个沉积旋回，厚度比 1：1：1。　　　　　　　　　　　　　15.80m

197 层：浅灰色、灰红色中层状含生物碎屑砂屑灰岩。下部浅灰、灰红色中砂屑为主，上部则以细砂屑为主，表层可见少量溶蚀孔洞发育。　　　　　　　　　　3.55m

196 层：灰色、灰红色中层状含生物碎屑鲕粒砂屑灰岩。下部以灰色中细砂屑为主；向上鲕粒、生屑增多，岩石表层溶蚀孔极为发育，顶部可见溶蚀孔洞。　　2.55m

195 层：浅灰色、灰红色含藻粒生物碎屑粉细砂屑灰岩。下部生物碎屑较多，向上减少，且内碎屑粒级变细。　　　　　　　　　　　　　　　　　　　　　　　　1.90m

194 层：底部灰红色含生物碎屑中细砂屑灰岩。中上部灰红色生物碎屑粉细砂屑灰岩，且生物化石碎屑更小，但局部可见少量双壳类化石。厚度比 1：8。岩石表层溶蚀孔洞较发育。　　　　　　　　　　　　　　　　　　　　　　　　　　　2.85m

193 层：灰白色厚层状含鲕粒生物碎屑灰岩。向上鲕粒含量减少，上部可见少量双壳类大化石，鲕粒多为椭圆鲕。　　　　　　　　　　　　　　　　　　　　　7.15m

192 层：下部浅灰色中层状砂屑生物碎屑灰岩，上部灰色中层状含生物碎屑中细砂屑灰岩，厚度比 2：3。下部生物碎屑灰岩所含内碎屑为中粗砂屑，上部砂屑灰岩局部发育波状层理。　　1.85m

191 层：灰白色厚层块状含藻粒粉晶灰岩、含云质粉细晶灰岩、亮晶砂屑生屑灰岩。向上藻粒含量减少，云质含量增加且晶粒有所增大。　　　　　　　　　5.35m

190 层：深灰红色中层状亮晶生屑砂屑灰岩，灰红色厚层状含生物碎屑细砂屑灰岩，厚度比 1：12。岩石中颗粒由生屑和砂屑组成，部分砂屑中包裹有生屑。下部生物碎屑以介壳为主，可富集成层；上部砂屑灰岩表层溶蚀孔洞发育。　　　　　　2.90m

189 层：浅灰色厚层块状含生屑亮晶砂屑灰岩。由下至上内碎屑变细，由中砂屑至粉细砂屑，且藻粒含量减少，云质含量增加。　　　　　　　　　　　　5.05m

188 层：红灰色厚层块状含生物化石泥晶灰岩。下部化石个体较大，但含量少，向上化石增加，个体小而碎，内碎屑粒度略有增加。　　　　　　　　　　　4.00m

187 层：灰红色中层状陆源碎屑质泥晶生屑灰岩。向上内碎屑粒度变细，细砂屑至粉砂屑，岩石表层溶蚀孔洞较为发育。　　　　　　　　　　　　　　1.40m

186 层：灰色厚层块状生物碎屑灰岩，上部浅灰红色中层状含生物碎屑中细砂屑灰岩，下部结晶灰岩胶结致密坚硬，上部砂屑灰岩表层溶蚀孔洞发育。　　3.00m

185 层：灰紫色中层状含生屑泥晶灰岩，偶见中砂屑。　　　　　　　　　2.20m

184 层：灰红色厚层状亮晶鲕粒灰岩。向上颜色变浅，化石碎片有所增加。岩石表层溶

蚀孔洞发育，斜交岩层裂缝常见。 9.40m

183 层：灰红色中层状砂屑鲕粒灰岩夹一薄层状含泥质砂屑灰岩。岩石表层鲕粒溶蚀孔极为发育。内碎屑以中细砂屑为主，夹有较多的中粗砂屑团块。 1.25m

182 层：灰白色厚层状颗粒泥晶灰岩。岩石中颗粒由生屑和砂屑组成，且分布不均，砂屑富集部位颗粒间分布亮晶方解石，生物化石丰富，以双壳类为主，多可富集成层，内碎屑以中粗砂屑为主，可见少量砾屑。岩石表层溶蚀孔洞发育。 11.80m

181 层：灰红色中厚层状亮晶砂屑灰岩，含生物碎屑并逐渐变粉至中粗砂屑，可见斜交岩层的裂缝发育。 8.85m

180 层：灰红色厚层块状亮晶砂屑生屑灰岩，内碎屑以中粗砂屑为主，含少量细砾屑。岩层表面局部发育溶蚀孔洞。 6.75m

179 层：灰红色厚层块状砂屑生屑灰岩。与178层相比鲕粒含量增加，内碎屑变细，以中细砂屑为主。表层发育较多的小溶蚀孔。可见斜交岩层的裂缝发育。 4.60m

178 层：灰红色厚层砂屑生屑灰岩。砂屑以中粗砂屑为主，含少量细砾屑，多呈顺层定向排列；岩石中砂屑和砾屑内多包裹有生屑，生屑以棘皮类和珊瑚为主，向上生物碎屑含量增加。岩层溶蚀孔洞发育。 5.30m

177 层：灰红色中厚层状含陆源碎屑泥晶颗粒灰岩，颗粒由生屑和鲕粒、砂屑组成。中部夹深灰色薄层粉屑灰岩。砂屑以细粒为主，局部发育溶蚀孔。 2.30m

176 层：下部：灰红色薄层状含生物碎屑云质灰岩，上部：中层状绿灰色鲕粒灰岩，厚度比为 5 : 1。下部白云质灰岩常见水平层理发育；上部石灰岩呈块状。 8.00m

175 层：灰红色中薄层状生物碎屑灰岩。向上表层增厚，生物碎屑含量增多，局部富集成层，介壳为主。表层可见较多溶蚀孔发育。 2.45m

174 层：红灰色、黄灰色纹—薄层状泥晶灰岩与中薄层状含白云质灰岩不等厚互层。粉屑灰岩与白云质灰岩含量之比为 1 : 5，构成下粉屑灰岩上白云质灰岩 6 个沉积旋回。向上岩层逐渐增厚，泥质含量减少，白云质含量增加，局部有生物化石碎片。 5.10m

173 层：灰红色中薄层状含生物碎屑粉屑灰岩，底部见含陆源碎屑泥晶灰岩，向上颜色变深，泥质含量增加，中部夹灰质泥岩，泥岩发育水平层理。 2.00m

——————————————————整合——————————————————

白垩系乌依塔克组（K₂w），160—172 层，厚 92.45m

172 层：灰红色中薄层状细砂岩与暗红色、淡黄绿色泥岩略等厚互层，顶部泥岩夹白色薄层石膏。砂泥岩比为 1 : 2.5。以大套紫红色、褐红色夹绿灰色砂、泥岩互层夹多层石膏地层的结束和以大套浅灰色、淡红色厚层状泥晶灰岩、白云质灰岩、生屑灰岩的开始，地貌特征特别突出为标志，划分乌依塔克组（K₂w）和依格孜牙组（K₂y）。以上述特征为标志，剖面向 SE150° 方向平距 300m 移层沟口，测量依格孜牙组（K₂y）。 7.50m

171 层：灰红色中层状含云质细砂岩，浅灰绿色中层状灰质粉砂岩及淡灰紫色中层状粉砂岩分别与浅绿灰色砂质泥岩组成两套正韵律结构，砂泥比约为 3 : 1。 3.60m

170 层：暗红色夹淡绿灰色中层状石膏粉砂岩、石膏层与粉砂质泥岩不等厚互层，厚度比为 2 : 1 : 1.5。 9.45m

169 层：暗红色、淡绿灰色中厚层状含脉状石膏粉砂岩与粉砂质泥岩略等厚互层，且组成正韵律结构。砂泥比约为 3 : 1。 4.00m

168 层：暗红夹绿灰色中层状片状膏质泥质粉砂岩与粉砂质泥岩等厚互层。 2.85m

167 层：浅灰色中层状细砂岩与石膏团状鲕粒灰岩等厚互层，反粒序结构。　　　3.20m

166 层：暗红色厚层状砂质条带石膏层—暗红色泥岩及暗褐红、绿灰色片状膏质粉砂岩—暗褐红色泥岩两套等厚互层结构，前者两种岩性的比例约为 1 ： 1.5，后者两种岩性的比例约为 1 ： 5。　　　15.40m

165 层：暗红色中层状砂质条带石膏层—粉砂质泥岩，两种岩性的比例约为 1 ： 10。　10.50m

164 层：暗红色中层状粉砂岩、粉砂质泥岩，两种岩性的比例约为 1 ： 11。　　　15.50m

163 层：灰白色中层状粉砂岩、暗红色粉砂质泥岩，两种岩性的比例约为 1 ： 5。　6.25m

162 层：白色中层状石膏层与深绿灰色粉砂质泥岩略等厚互层，两种岩性的比例约为 1 ： 3；石膏层中夹砂质条带或团状。　　　3.75m

161 层：白色中层状石膏层与深绿灰色粉砂质泥岩略等厚互层，两种岩性的比例约为 1 ： 3.5；泥岩显红色条带或团状。　　　5.35m

160 层：暗红色厚层状泥质粉砂岩、粉砂质泥岩，顶部深绿灰色泥岩，两种岩性的比例约为 1 ： 5，且组成正韵律结构。　　　5.10m

———————————————————— 整合 ————————————————————

白垩系库克拜组（K_2k），117—159 层，厚 370.10m

上段（K_2k^2），132—159 层，厚 192.42m

159 层：灰白色中厚层状含膏质细砂岩。　　　2.45m

158 层：浅灰色（风化后呈淡绿灰色）厚层状云质粉砂岩、暗红色泥质粉砂岩、粉砂质泥岩，三种岩性的比例约为 8 ： 1 ： 1；泥质粉砂岩夹石膏透镜体。　　　3.00m

157 层：深绿灰色（风化后显浅绿灰色）泥岩。　　　5.00m

156 层：浅灰色中层状白云质灰岩、介壳灰岩略等厚互层，两种岩性的比例约为 3 ： 1。　　　3.80m

155 层：深绿灰色（风化后显浅绿灰色）泥岩。　　　2.05m

154 层：白色厚层状石膏层，中部及上部风化后显紫红色、褐红色。　　　3.53m

153 层：底部 0.1m 浅灰色（含红色）膏质白云岩；其上杂色泥岩。　　　3.40m

152 层：暗红色片状粉晶白云岩。　　　3.45m

151 层：浅灰色中层状泥晶颗粒灰岩、亮晶砂屑灰岩、泥晶砂屑灰岩。　　　2.10m

150 层：灰绿色夹浅黄灰色中层状介壳灰岩、亮晶鲕粒灰岩夹白云岩。三种岩性的比例约为 5 ： 3 ： 1，岩石中颗粒由鲕粒和砂屑组成，颗粒以鲕粒为主，底部为泥晶白云岩。　　　2.17m

149 层：深灰绿色（风化后呈浅灰绿色）含片状膏质泥岩。　　　9.77m

148 层：浅绿灰色中层状含团块状膏质瘤状生物介壳灰岩，生物以介壳为主，亦见个体完整的牡蛎等。灰质分布不均，瘤状富集。　　　1.35m

147 层：黄绿色（含鲜红色）片状膏质泥岩。　　　8.80m

146 层：底部约 0.5m 黄绿色（风化后呈浅灰色）生物泥灰岩，生物种类见有腹足类；中、下部深灰色（风化后呈浅灰色）含片状膏质泥岩；上部深紫红色（风化后呈暗红色）含片状膏质泥岩。　　　9.35m

145 层：深红色含片状膏质泥岩。　　　9.85m

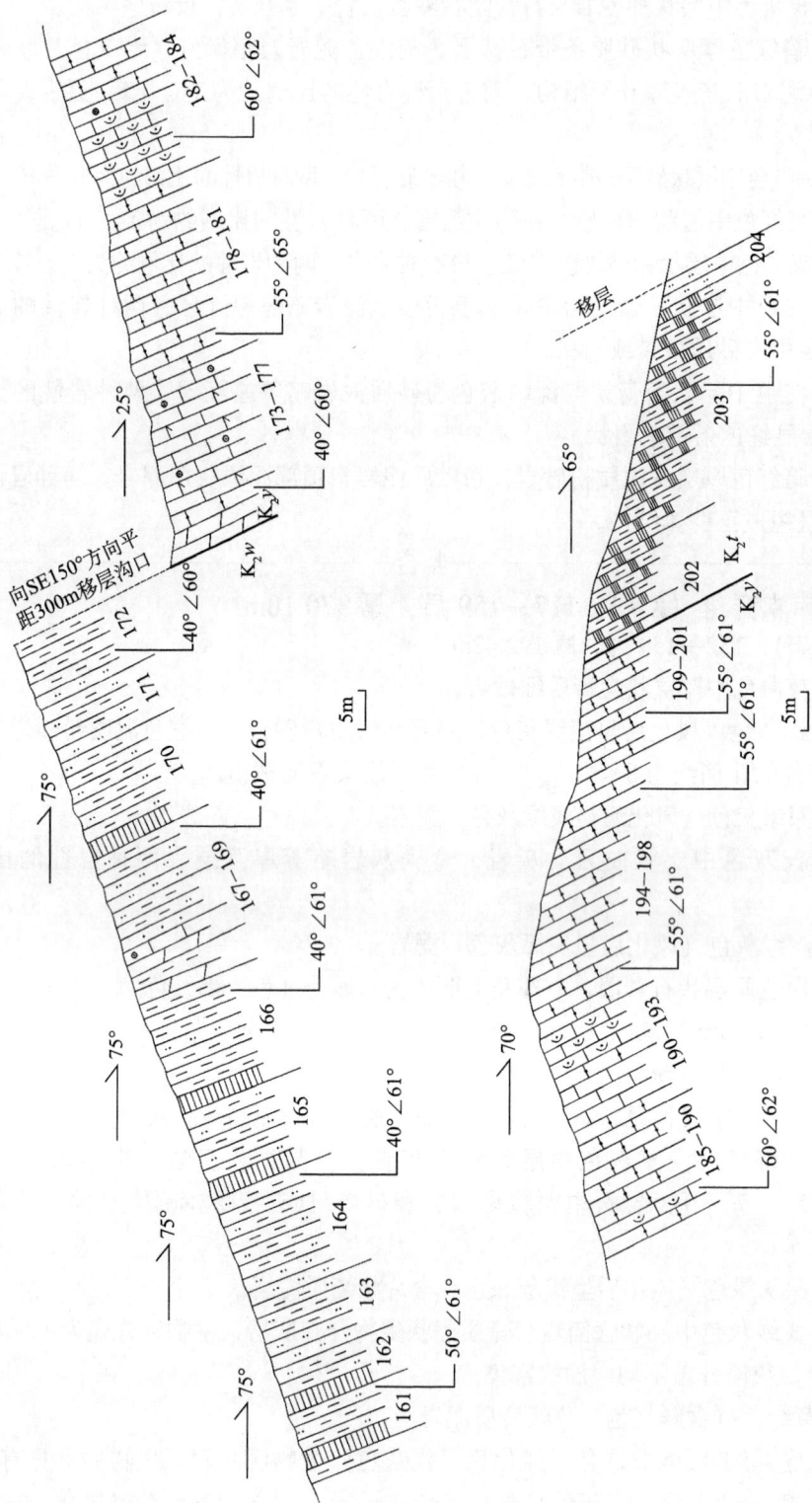

图3-1-7 塔西南地区同由路克上白垩统实测剖面（161—204层）

144 层：黄绿色（风化后呈淡黄绿色）含片状膏质泥岩。 9.02m

143 层：深灰色（风化后呈褐灰色）泥岩。 7.45m

142 层：灰绿色生物泥灰岩，生物个体完整，属种为牡蛎。 4.00m

141 层：绿灰色（风化后褐灰色）泥岩。 6.80m

140 层：深灰色（风化后呈鲜灰绿色）泥岩，水平层理发育。 15.26m

139 层：中、下部深灰色泥岩夹白色中层石膏透镜体，泥岩质纯；上部约 4～5m 深灰色介壳灰岩偶夹暗褐红色砂、砾岩团块或透镜体。 22.01m

138 层：浅灰色、深灰色中厚层状生屑灰岩、砂屑灰岩、泥灰岩等厚互层，组成由生屑灰岩、泥晶灰岩、泥灰岩的正粒序层。生屑灰岩溶洞、溶孔、溶道较发育；溶洞一般为 10mm×10mm，溶孔一般为 2mm×3mm，溶道直径一般为 2mm，溶洞形状不规则，溶孔形状多呈圆形、椭圆形，溶道多呈弯曲状；连通性较好，砂、泥质半充填。 4.00m

137 层：底部 1.0m 白色石膏层，其上为深灰色泥岩。 6.10m

136 层：暗红色厚层状石膏团块泥岩夹中薄层状石膏团块泥质粉砂岩。 18.85m

135 层：灰白色夹暗红色厚层状细砾岩、粉细砂岩的正粒序层。 7.91m

134 层：灰白色厚层状含石膏粉细砂岩，岩性单纯。顶部有一层约 0.3m 的暗红色中层状细泥砾岩。 8.20m

133 层：暗红色中层状含云质细中砂岩与粉砂质泥岩等厚互层，且组成正韵律结构，砂泥比约为 1：1。 4.75m

132 层：底部 0.5m 暗红色中层状细泥砾岩透镜体；其上为灰白色厚层状云质中砂岩、细砂岩、粉砂岩与厚层状粉砂质泥岩等厚互层，正粒序，砂泥比约为 1：1。 9.00m

下段（K₂k¹），117—131 层，厚 176.68m

131 层：下部浅红色厚层状粉砂岩夹细泥砾岩及粉砂岩，且组成由细泥砾岩—含泥砾细砂岩—粉砂岩的正粒序，三种岩性之比约为 1：1.5：8；上部浅红色厚层状粉砂质泥岩夹薄层状泥质粉砂岩，且组成由粉砂岩—泥岩的正韵律结构，两种岩性之比约为 1：7。 10.76m

130 层：下部浅红色中厚层状粉砂岩；中上部为深红色厚层状含泥粉砂岩与粉砂质泥岩以 1：1 比例等厚互层。 6.40m

129 层：浅红色厚层状细砂岩夹细砾岩及粉砂质泥岩，且组成由细砂岩—粉砂岩—粉砂质泥岩的正韵律结构，三种岩性之比约为 1：10：2。 13.00m

128 层：浅红色中厚层状粉砂岩夹细砾岩及粉砂质泥岩，且组成由泥砾岩—细砂岩—粉砂岩—粉砂质泥岩的正韵律结构；细砂显交错层理。 9.05m

127 层：浅红色厚层、块状粉砂质泥岩夹灰绿色粉砂质条带；顶部约 2.0m 浅红色中薄层状粉砂岩夹中薄层状粉砂质泥岩，沙纹层理发育；砂泥比约为 5.5：1。 14.20m

126 层：底部 0.90m 浅红色中、厚层状细砾岩—细泥砾岩—细中砂岩的逆—正韵律结构，泥砾岩的结构同 125 层；其上为浅红色厚层、块状粉砂岩夹粉砂质泥岩，且组成由粉砂岩—粉砂质泥岩的正韵律结构；砂泥比约为 20：1。 23.95m

125 层：底部 2.0m 浅红色中层状中砂岩、泥砾状细砂岩与细泥砾岩约以 1：1：1 的比例等厚互层，具逆—正粒序结构，侧向向南约 15m 处，全为细泥砾岩，交错层理发育。泥砾岩中砾石成分几乎全为泥砾。 10.65m

124 层：浅红色夹灰绿色中层状粉砂岩、泥质粉砂岩及中层状粉砂质泥岩，且组成了

3～4个正韵律结构，砂泥比约为6：1。 3.97m

123 层：浅红色厚层状粉砂岩偶夹粉砂质泥岩，上部夹灰绿色粉砂质条带或透镜体。粉砂岩与粉砂质泥岩组成正韵律结构，粉砂岩水平层理发育。 16.20m

122 层：浅红色厚层状粉砂岩，局部水平层理发育。 10.42m

121 层：浅红色中厚层状中细砂岩与粉砂岩以1：3.5的比例略等厚互层。 6.07m

120 层：浅红色中厚层状中砂岩与细砂岩以1：4的比例略等厚互层，且组成正韵律结构。中砂岩交错层理、平行层理较发育。 17.47m

119 层：浅红色中厚层状细砂岩、粉砂岩与粉砂质泥岩以3：1：2的比例略等厚互层。下部细砂岩较集中，交错层理发育，上部泥岩较多，组成多个正韵律结构。 11.55m

118 层：浅褐红色中厚层状粉砂岩与同色粉砂质泥岩以4.5：1的比例略等厚互层，且组成2～3个正韵律结构。 12.50m

117 层：中下部为灰白色中厚层状灰质白云岩、白云岩夹暗褐红色粉细砂岩，水平层理及平行层面的虫孔发育。上部浅红色中厚层状细砂岩与粉砂岩、粉砂质泥岩以1：3：1的比例略等厚互层，组成正韵律结构。 10.49m

————————————————整合————————————————

白垩系克孜勒苏群（K₁kz），1—116层，厚1237.79m

第四段（K₁kz⁴），92—116层，厚226.87m

116 层：底部1.5m浅红色厚层状粉细砂岩；其上为浅红色块状泥岩。以下白垩统克孜勒苏群（K₁kz）浅红色泥岩的结束和以上白垩统库克拜组（K₂k）底部灰白色厚层含粉砂质灰质白云岩的出现，划分下白垩统克孜勒苏群和上白垩统库克拜组地层。以上述特征为标志，剖面SE120°方向平距约500m处测量上白垩统库克拜组。 21.30m

115 层：浅红色夹灰绿色中层状粉砂岩与泥岩略等厚互层，且组成正韵律结构；砂泥比约为1：3.5；粉砂岩沙纹层理发育。 16.60m

114 层：深红色厚层状泥岩夹浅红色、灰绿色中薄层状粉砂岩，且组成由粉砂岩—泥岩的正韵律结构2～3个。 12.60m

113 层：深灰褐色厚层状粉砂质泥岩夹浅灰褐红色中、薄层状粉砂岩，且组成由粉砂岩—泥岩的正韵律结构2～3个；砂泥比约为1：15。 12.55m

112 层：浅红色中层夹薄层状粉细砂岩与深红色粉砂质泥岩等厚互层，下部砂岩集中，上部泥岩增多，由极细砂岩与粉砂质泥岩组成3个正韵律结构。 6.00m

111 层：浅灰褐色中厚层状粉细砂岩。 3.80m

110 层：深红色厚层状粉砂质泥岩夹浅灰红、灰绿色中层状粉砂岩，且组成多个正韵律结构；砂泥比约为1：10。 7.20m

109 层：下部为浅红色夹灰绿色中层状粉砂岩夹深褐红色薄层状粉砂质泥岩，且组成多个正韵律结构，砂泥比约为8：1；上部为深红色厚层状粉砂质泥岩。 4.87m

108 层：浅红色厚层状粉砂岩夹细砂岩，正韵律，细砂岩与粉砂岩之比约为1：6。 8.60m

107 层：下部深红色厚层状粉细砂岩，水平层理较发育；上部为深红夹灰绿色中薄层状粉砂岩与粉砂质泥岩略等厚互层，且组成多个正韵律结构，粉砂岩沙纹层理发育，砂泥比约为1：2.1。 7.45m

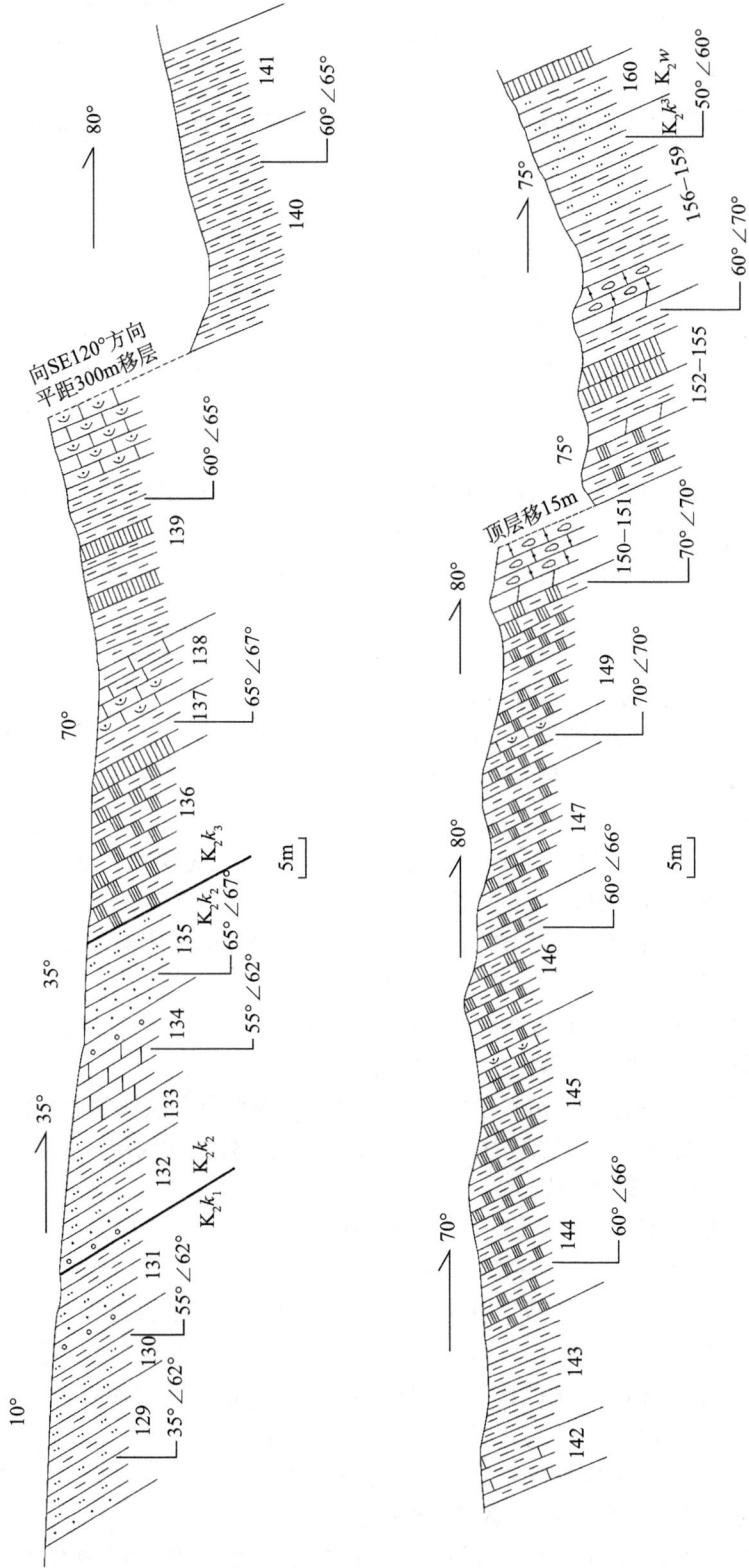

图3-1-8 塔西南地区同由路克上白垩统实测剖面（129—160层）

106层：中下部为深红色厚层状含灰质粉砂岩夹细砂岩，且组成正韵律结构；上部为深红色中层状粉细砂岩与中厚层状含灰质粉砂质泥岩略等厚互层，且组成多个正韵律结构，砂泥比为1：3；灰绿色砂质条带较发育。　　　　　　　　　　　　　　　　　　　　15.70m

105层：深红色厚层状粉砂岩夹浅红色中层状中细砂岩，组成正韵律结构。细砂岩呈透镜状，但横向延伸较稳定，且对下伏地层有冲刷充填现象；顶部粉砂岩虫孔发育，风化后呈网状、枝状、蜂窝状。　　　　　　　　　　　　　　　　　　9.25m

104层：深红色中厚层状粉砂岩夹细砂岩及粉砂质泥岩透镜体，且组成由细砂岩—粉砂岩—粉砂质泥岩的正韵律结构；细砂岩、粉砂岩、泥岩之比为1：7：1；顶部2.0m深红色中层状粉砂质泥岩夹灰绿色中薄层状粉砂岩，正韵律。砂泥比为1：6。　　17.08m

103层：下部为深红色中厚层状粉砂岩夹中细砂岩，组成由细砂岩—粉砂岩的正韵律结构；上部为深红色中厚层状粉砂质泥岩夹薄层状粉砂岩，组成多个由粉砂岩—粉砂质泥岩的正韵律结构；砂泥比约为1：8。　　　　　　　　　　　　9.63m

102层：深红色中层状粉砂质泥岩夹薄层状粉砂岩，且组成多个由粉砂岩—粉砂质泥岩的正韵律结构；砂泥比为1：6。　　　　　　　　　　　4.95m

101层：深红色中厚层状粉细砂岩夹细砂岩及泥砾岩透镜体。细砂岩显交错层理，粉砂岩显水平层理。　　　　　　　　　　　　　　　　　　　　5.85m

100层：底部0.45m深红色泥砾岩，具冲刷充填构造，其上为深红色厚层状细砂岩夹中砂岩，中砂岩中含中粗粒的泥砾，且组成正韵律结构。　　　　12.45m

99层：浅红色厚层状中砂岩与深红色厚层状粉砂岩等厚互层，组成正韵律结构；细砂岩具交错层理，粉砂岩具水平层理。　　　　　　　　　　　3.13m

98层：底部0.4m为浅红色中层状中细砂岩、细粉砂质细砾岩，具底冲刷充填构造；砾石成分几乎全为泥砾，砾呈圆状—次圆状；见交错层理；其上为块状粉砂岩。　　　　　　　　　　　　　　　　　　　　　5.30m

97层：深红色块状细砂岩，局部粉砂岩。略显平行层理、交错层理。　3.60m

96层：以深红色为主夹灰绿色中厚层状粉砂岩与粉砂质泥岩等厚互层，沙纹层理。下部砂岩为主，上部泥岩夹砂岩；砂泥比为1：10。　　　　5.75m

95层：深红色夹灰绿色中厚层状粉砂质泥岩夹中、薄层状泥质粉砂岩，且组成多个由泥质粉砂岩—粉砂质泥岩的正韵律结构，砂泥比约为1：5.5。　8.50m

94层：深红色夹灰绿色（底部）中厚层状细砂岩与深红色厚层状粉砂质泥岩等厚互层，且组成2～3正韵律结构，砂泥比约为1：1；砂岩交错层理、沙纹层理发育。　　　　　　　　　　　　　　　　　　　　6.14m

93层：深红色块状粉砂质泥岩。　　　　　　　　　　　　　　3.80m

92层：深红色块状细砂岩，略显小型交错层理。　　　　　　　4.77m

第三段（K₁kz³），**74—91层，厚256.41m**

91层：下部为浅红色中厚层状细砂岩与泥质粉砂岩组成正韵律结构，细砂岩显交错层理，细砂岩与泥质粉砂岩之比为1：10；上部为浅红色夹灰绿色中层状粉砂岩与浅红色厚层、块状粉砂质泥岩以约1：12的比例组成正韵律结构。以第三段浅红色泥岩互层地层的结束和深红色砂岩相对集中的开始，划分第三段与第四段。　　　　17.00m

90层：下部为浅红色中厚层状中细砂岩，层间夹少量暗红色薄层状、透镜状泥岩；上部为深红色厚层状泥岩，夹灰绿色中薄层状粉砂岩。　　　　12.10m

89层：浅红色中厚层状粉砂岩，与深红色厚层状泥岩夹灰绿色中薄层状粉砂岩以约1：2的比例组成两个韵律互层。厚层砂岩具底冲刷充填构造，粉砂岩发育平行层理。　　　　　　　　　　　　　　　　　　　　17.55m

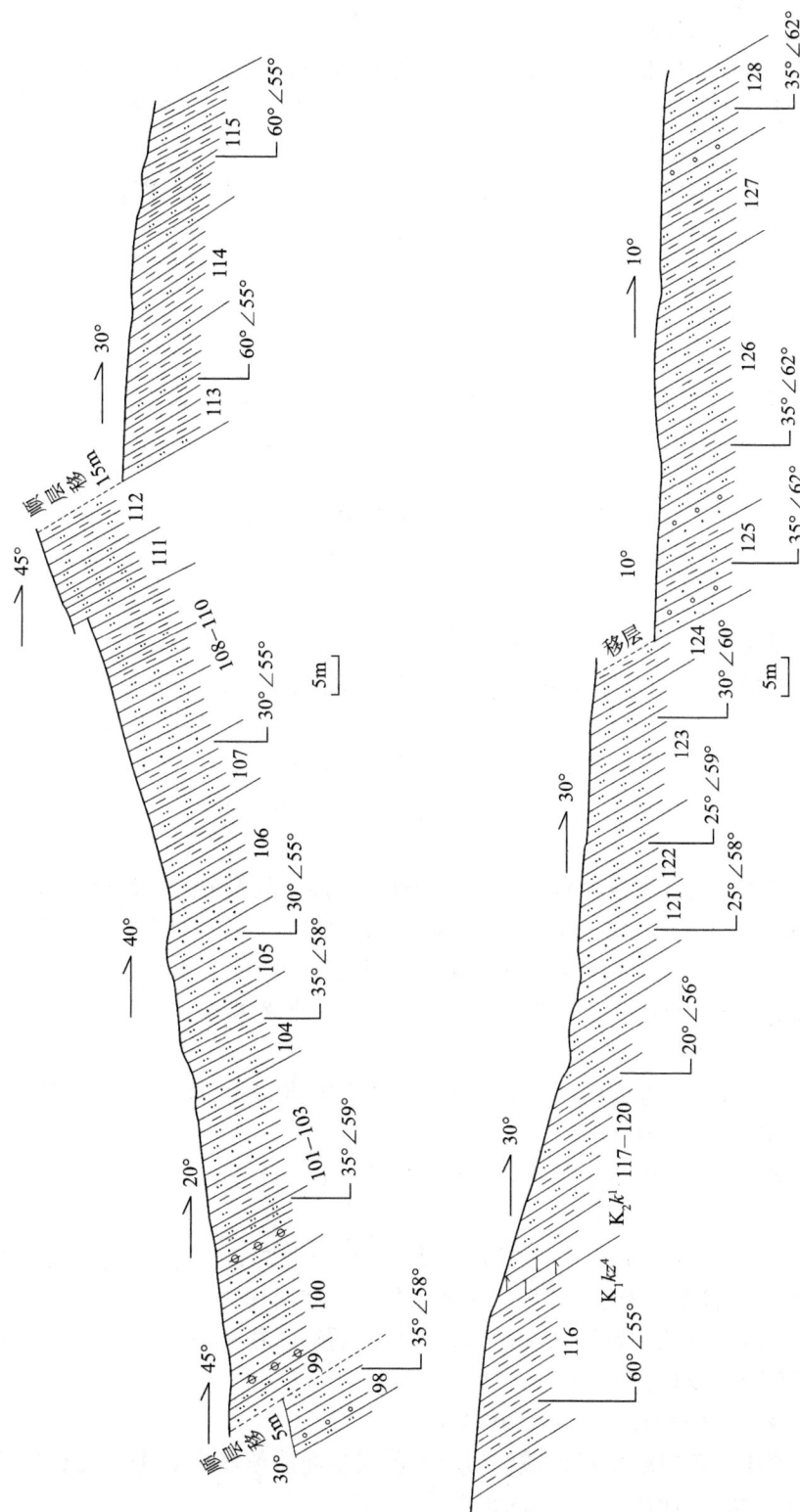

图3-1-9 塔西南地区同由路克白垩系改勒苏群—库克拜组实测剖面（98—128层）

88 层：深红色厚层状泥岩，夹浅红色、灰绿色中薄层状粉砂岩；底部 6.5m 浅红色、浅绿灰色中层状、透镜状中细砂岩，中细砂岩底具冲刷充填构造，细砂岩发育大型槽状交错层理，粉砂岩发育沙纹层理。　　　　　　　　　　　　　　　　14.65m

87 层：深红色中厚层状泥岩，夹浅红色中厚层状粉砂岩及少量灰绿色薄层状粉砂岩；底部 1.2m 浅红色、少量灰色中厚层中细砂岩。具冲刷充填构造，细砂岩发育交错层理，粉砂岩发育平行层理、沙纹层理。　　　　　　　　　　　　　　10.63m

86 层：浅红色中厚层状细砂岩，与深红色厚层状泥岩约成 1：3 的互层。泥岩夹中薄层状泥质粉砂岩。具冲刷充填构造，发育平行层理。　　　　　14.00m

85 层：下部浅红色厚层、块状中细砂岩；中上部深红色厚层状泥岩，夹中厚层状粉砂岩、泥质粉砂岩。具冲刷充填构造。　　　　　　　　　　13.75m

84 层：深红色中层状泥岩，夹薄层状泥质粉砂岩。　　　　　　　4.15m

83 层：浅绿灰色厚层状中砂岩、细砂岩，与浅红色厚层状、透镜状粉砂岩以约 1：2：1 的比例正韵律结构。夹透镜状粉砂质泥岩。砂岩发育交错层理，具底冲刷充填构造。　　　　　　　　　　　　　　　　　　　　7.10m

82 层：下部浅红色厚层状细砂岩；中上部浅红色中厚层状粉砂岩。粉砂岩与中厚层状粉砂质泥岩成 3：1 的互层。下部砂岩具底冲刷充填构造，砂岩发育平行层理、槽状交错层理。　　　　　　　　　　　　　　　　　　　　　21.96m

81 层：下部浅红色厚层、块状细砂岩夹少量薄层状粉砂质泥岩；中上部浅红色中厚层状粉砂岩、泥质粉砂岩夹中薄层状泥岩；顶部 35cm 深红色中层状、透镜状泥岩。底部砂岩具冲刷充填构造，砂岩发育平行层理及波状层理。　　　　　　　　　16.60m

80 层：下部浅红色厚层粉砂岩夹薄层状粉砂质泥岩；中上部浅红色中厚层状粉砂岩、泥质粉砂岩与薄层状透镜状泥岩以约 2：1 的比例互层。粉砂岩沙纹层理发育。　　　　　　　　　　　　　　　　　　　　　　　18.65m

79 层：下部浅红色厚层中细砂岩；上部浅红色中厚层状粉砂岩、泥岩粉砂岩与中层状粉砂质泥岩约成 3：1 的互层。具冲刷充填构造，砂岩发育平行层理及波状层理。　26.13m

78 层：下部浅红色厚层细砂岩夹少量透镜状泥岩；中上部浅红色中厚层状粉砂岩、泥质粉砂岩与中层状粉砂质泥岩以约 2：1 的比例互层。平行层理、波状层理发育。　　　　　　　　　　　　　　　　　　　　　　　　　21.02m

77 层：中下部浅红色厚层粉砂岩夹薄层状粉砂质泥岩；上部深红色中厚层状泥岩夹中层状粉砂岩。粉砂岩发育沙纹层理。　　　　　　　　　11.4m

76 层：下部浅红色（少量灰绿色）中厚层状细砂岩；上部深红色中厚层状泥岩、粉砂质泥岩，夹中薄层状粉砂质砂岩。　　　　　　　　　　　10.44m

75 层：下部浅红色中厚层状粉砂岩夹中层状粉砂质泥岩；上部深红色厚层状泥岩、粉砂质泥岩夹少量薄层状泥质粉砂岩。下部粉砂岩发育波状层理。　　　12.03m

74 层：中下部浅红色中厚层状细砂岩，夹少量透镜状粉砂质泥岩；上部 1.7m 红色泥岩。粉砂岩发育沙纹层理及波状层理。　　　　　　　　　　　7.20m

第二段（K_1kz^2），**67—73 层，厚** 190.51m

73 层：下部浅红色中层状粉砂质泥岩，夹薄层状泥质粉砂岩；上部浅红色厚层泥岩，夹少量灰绿色斑点状灰质粉砂岩。下部地层部分覆盖。　　　　33.08m

72 层：浅红色厚层泥岩；底部 4.8m 浅红色厚层、块状粉砂岩，夹薄层状、透镜状粉砂

质泥岩。底部粉砂岩发育平行层理及沙纹层理。泥岩夹少量灰绿色粉砂岩。 59.62m

71层：下部浅红色厚层块状细砂岩，夹薄层状、透镜状泥岩；中上部浅红色中层状泥岩，夹浅红色、少量灰绿色中厚层状、透镜状细砂岩、粉砂岩。粉砂岩发育沙纹层理，发育冲刷充填构造。 35.64m

70层：下部浅红色厚层块状细砂岩、粉砂岩，夹少量粉砂质泥岩；上部浅红色厚层状泥岩，夹透镜状粉砂岩。下部细砂岩发育平行层理，具冲刷充填构造。 15.60m

69层：浅红色中厚层状细砂岩、粉砂岩，与中厚层状泥岩以约2：1的比例频繁互层。细砂岩发育平行层理及交错层理，粉砂岩发育沙纹层理。 13.04m

68层：下部浅红色中厚层状细砾岩，细砂岩、粉砂岩以约1：2的比例组成一个正韵律结构层；中上部浅红色厚层状泥岩，夹少量浅红色、浅灰绿色薄层状粉砂岩。小砾岩、细砂岩层间夹透镜状含砾细砂岩。发育槽状斜层理、平行层理、交错层理。 18.83m

67层：顶部1.2m浅红色中厚层状泥岩；中下部浅红色厚层状细砂岩，夹薄层状、透镜状含砾细砂岩及粉砂质泥岩；上部浅红色厚层状泥岩，夹中层状粉砂岩。上部地层向西砂岩增多，泥岩减少。粉砂岩发育平行层理及沙纹层理。 14.70m

第一段（K_1kz^1），21—66层，厚359.41m

66层：灰红色厚层块状粗砾岩，夹薄层状透镜状含砾中粗砂岩，顶部夹暗红色中层状泥岩及少量灰绿色薄层状粉砂岩。砾石分选差，磨圆中等；砾石长轴略具定向排列，显平行层理。顶部粉砂岩沿层面见较多虫迹。 12.95m

65层：下部灰红色厚层状细砾岩，层间夹薄层状透镜状含砾砂岩；上部灰红色厚层块状中砾岩。砾石成分主要为砂岩、硅质岩、石英岩，砾石分选差；砾以次棱角状—次圆状为主。该层呈反韵律，略显平行层理，具明显底冲刷充填构造。 11.05m

64层：底部1.2m灰红色厚层状中砾岩；下部浅红色中层状粉砂岩、粉砂质泥岩等厚互层；上部浅红色中厚层状细砂岩、粉砂岩等厚互层。砾岩具底冲刷充填构造。细砂岩发育平行层理，粉砂岩发育沙纹层理。 14.45m

63层：下部灰红色块状中粗砾岩，夹条带状、透镜状含砾中粗砂岩；上部浅红色中厚层状含灰质细砂岩、粉砂岩互层。砾石成分主要为硅质岩、砂岩，分选差；砾以次棱角—次圆状为主。具冲刷充填构造，砂岩见平行层理及交错层理。 10.00m

62层：下部灰红色厚层状细砾岩，夹含砾砂岩透镜体；中部浅红色中厚层状细砂岩；上部浅红色中厚层状粉砂岩、粉砂质泥岩互层。下部具冲刷充填构造。 24.46m

61层：灰红色中厚层状细砾岩，与浅红色中厚层状含砾中砂岩、细砂岩、粉砂岩约以1：1：2：1的比例组成两个韵律层。上、下两个韵律层的厚度比约为1：2。 9.10m

60层：下部浅红色厚层状含砾中砂岩；中上部浅红色厚层、块状细砂岩；顶部0.5m浅红色中层状粉砂岩。平行层理、交错层理发育，底冲刷较明显。 7.90m

59层：浅红色中厚层状中细砂岩、粉砂岩之比约为3：1；底部70cm灰红色厚层状细砾岩。砾岩具底冲刷充填构造，砂岩发育交错层理。 9.15m

58层：灰红色厚层块状细砂岩，夹透镜状粉砂岩、粉砂质泥岩；顶部0.6m浅红色中层状含砾中细砂岩、粉砂岩。砾岩砾石分选差，磨圆中等，具冲刷充填构造。 8.40m

57层：下部灰红色厚层块状中细砂岩，夹红色条带状、透镜状含砾中细砂岩；中上部浅红色厚层块状细中砂岩，夹少量透镜状含砾中粗砂岩；顶部0.6m浅红色厚层状粉砂岩。砾岩具底冲刷充填构造，砂岩发育平行层理及槽状交错层理。 7.15m

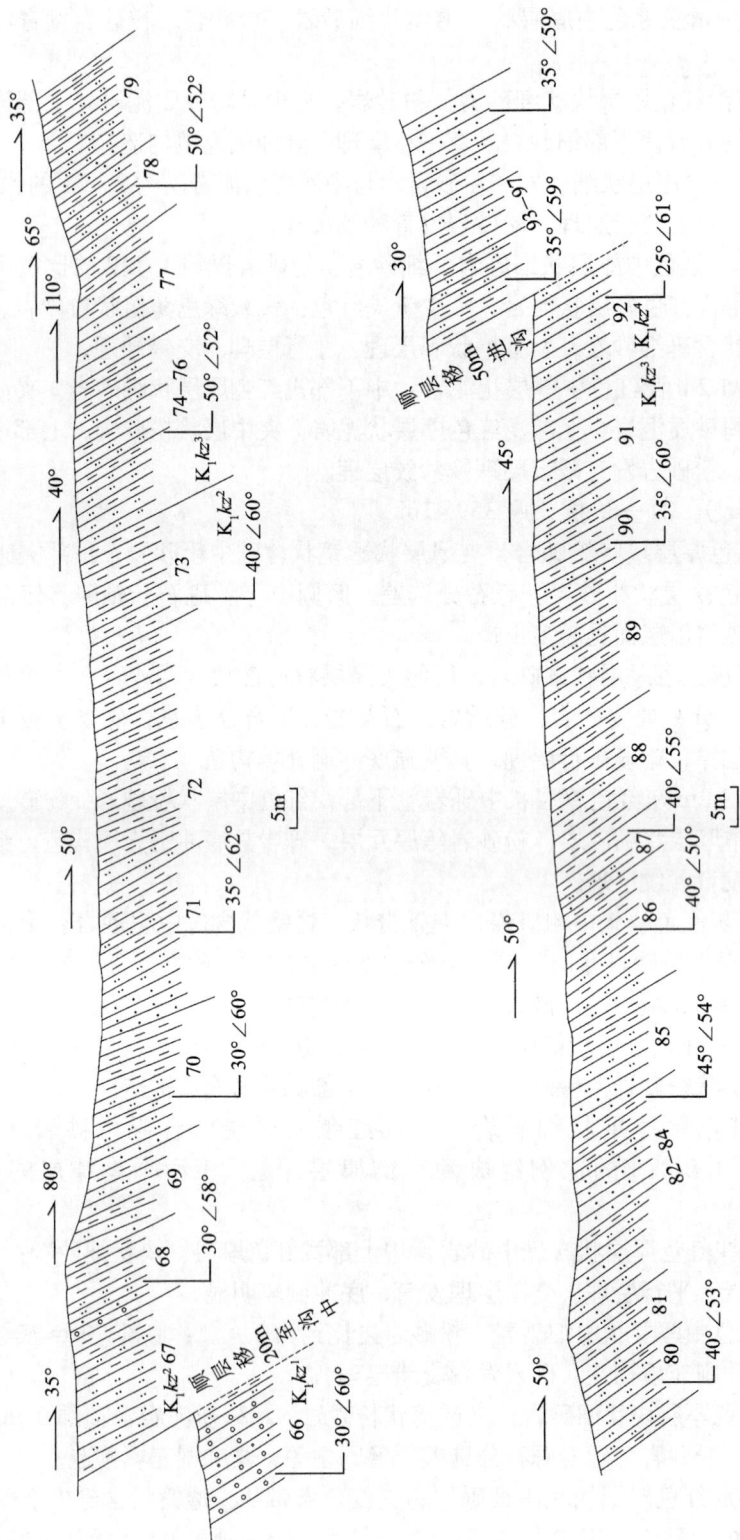

图3-1-10 塔西南地区同由路白垩系克孜勒苏群实测剖面（66—97层）

56 层：灰红色厚层块状细砾岩，与浅红色中厚层状粉砂岩以约 1∶1 的比例组成两个韵律互层。砾岩夹浅红色条带状、透镜状含砾中细砂岩，砾岩底部具冲刷充填构造。 5.40m

55 层：中下部灰红色厚层块状细砾岩，夹条带状、透镜状含砾中细砂岩；上部浅红色中厚层状粉砂岩；顶部 0.4m 暗红色粉砂质泥岩。具冲刷充填构造。 7.40m

54 层：下部灰红色中厚层状中细砾岩，夹透镜状中细砂岩；上部浅红色厚层状细砂岩、粉砂岩，夹透镜状含砾中细砂岩。 11.60m

53 层：浅红色厚层块状粉砂岩，夹浅红色结核状、透镜状灰质细砂岩。 9.30m

52 层：下部浅红色中厚层状含砾中砂岩；中上部浅红色厚层状中砂岩，夹含砾中砂岩。发育平行层理及楔状交错层理。 5.30m

51 层：浅红色中厚层状细砂岩夹中砂岩；底部 0.4m 浅红色中层状细砂岩。 4.70m

50 层：下部 1.2m 浅红色中厚层状含砾中粗砂岩；中上部浅红色厚层状中粗砂岩，夹透镜状含砾中砂岩。砂岩发育平行层理。 8.50m

49 层：浅红色中厚层状含砾中粗砂岩、细砂岩、粉砂岩以约 1∶2∶1 的比例组成一个正韵律结构层；底部 0.7m 灰红色细砾岩。砾岩砾石分选差、磨圆中等，具明显冲刷充填构造。砂岩发育交错层理及平行层理。 7.30m

48 层：浅红色中厚层状粉砂岩，顶部 0.5m 暗红色中层粉砂质泥岩。 5.25m

47 层：浅红色中厚层状含砾中细砂岩，与中层状、透镜状细砾岩等厚互层。含砾砂岩中砾石杂乱分布。 5.80m

46 层：灰红色厚层状细砾岩，夹浅红色条带状、透镜状含砾中细砂岩。砾石成分主要为硅质岩、砂岩；砾石呈次棱角—次圆状为主。具冲刷充填构造。 3.65m

45 层：浅红色中厚层状含砾中砂岩、细砂岩以约 1∶3 的比例组成三个韵律互层。砂岩层间夹少量暗红色透镜状泥岩。细砂岩发育槽状交错层理。 7.30m

44 层：底部 0.4m 灰红色透镜状细砾岩；下部浅红色层状中细砂岩，发育平行层理及槽状交错层理。中上部浅红色厚层、块状粉砂岩。 9.05m

43 层：浅红色厚层状、透镜状细砂岩，夹少量透镜状泥岩。 2.95m

42 层：灰红色厚层块状细砾岩，夹透镜状含砾中细砂岩。砾石成分以硅质岩、砂岩为主；砾石分选差，磨圆中等，以次棱角—次圆状为主。具冲刷充填构造。 4.70m

41 层：下部浅红色中层状含砾中粗砂岩；中上部浅红色中厚层状中砂岩。砂岩发育交错层理。 1.95m

40 层：浅红色中厚层状细砂岩、粉砂岩等厚互层；底部 45cm 浅红色中层状含砾中砂岩。砂岩层间夹少量条带状、透镜状泥岩。 5.40m

39 层：下部浅红色中层状含砾粗砂岩；中上部浅红色中厚层状中砂岩。中细砂岩发育平行层理及槽状交错层理。 2.80m

38 层：下部浅红色中厚层状含砾中粗砂岩，夹透镜状细砾岩；中上部浅红色厚层状细砂岩。砂岩层间夹少量泥岩条带或透镜体，具冲刷充填构造。 6.75m

37 层：浅红色中厚层状细中砂岩、粉砂岩以约 1∶3 的比例组成三个韵律互层；层间夹少量暗红色透镜状泥岩。细砂岩含泥砾，粉砂岩见较多砂质结核。 8.90m

36 层：浅红色中厚层中砂岩、细砂岩、粉砂岩以约 1∶2∶3 的比例组成一个正韵律结构层。中砂岩发育交错层理。 6.00m

35 层：浅红色中厚层状中细砂岩，夹透镜状灰质泥岩；顶部 0.4m 浅红色中层状含泥粉

砂岩。砂岩含泥砾，发育平行及大型槽状交错层理。 8.30m

34层：下部浅红色厚层状中砂岩；中部浅红色中厚层状细砂岩，夹透镜状泥砾岩；上部浅红色厚层状粉砂岩。下部砂岩大型槽状交错层理发育。 6.80m

33层：浅红色厚层块状细砂岩、粉砂岩等厚互层，夹少量薄层状、透镜状粉砂质泥岩。砂岩平行层理、槽状交错层理发育。 12.33m

32层：浅红色中厚层块状含砾中粗砂岩、细砂岩及粉砂岩以约 1：2：1 的比例组成两个正韵律结构层。夹少量暗红色条带状、透镜状粉砂质泥岩。 10.70m

31层：浅红色中厚层块状含砾中粗砂岩、细砂岩及粉砂岩以约 1：2：1 的比例组成两个正韵律结构层。层间夹少量条带状、透镜状粉砂质泥岩。 8.40m

30层：灰红色厚层块状中细砾岩，夹少量浅红色透镜状含砾细砂岩，砾岩向上变细。砾石成分主要为硅质岩、砂岩，石英岩，次为石灰岩，分选中等，次棱角—次圆状为主；具冲刷充填构造。 6.75m

29层：浅红色中层状中砂岩、细砂岩等厚互层；底部 15cm 薄层状、透镜状细砾岩。砾岩砾石分选差，磨圆中等。 2.10m

28层：浅红色中厚层状细砂岩、粉砂岩与中薄层状粉砂质泥岩以约 2：2：1 的比例组成两个正韵律结构层。细砂岩发育交错层理，粉砂岩沙纹层理较发育。 8.85m

27层：浅红色厚层块状粉砂岩夹细砂岩；底部约 0.4m 中层状中细砂岩。 4.80m

26层：浅红色中厚层状中砂岩、细砂岩以约 1：3 的比例组成两个韵律层。 8.40m

25层：浅红色厚层块状含砾粗砂岩、中砂岩、细砂岩以约 1：1：2 的比例，细砂岩夹透镜状含砾中粗砂岩，砂岩具冲刷充填构造，发育槽状交错层理。 3.80m

24层：下部浅红色中厚层状含砾中粗砂岩，夹少量透镜状泥岩；中上部浅红色厚层块状中细砂岩；顶部 25cm 暗红色中层状、透镜状泥岩。槽状交错层理发育。 9.60m

23层：下部浅红色厚层状含砾中粗砂岩夹中细砂岩；中上部浅红色中砂岩；顶部中层状、透镜状泥岩。具底冲刷构造，平行层理、槽状交错层理发育。 7.25m

22层：浅红色中厚层状中砂岩、细砂岩、粉砂岩与泥岩以约 2：3：1：1 的比例组成两个略等厚正韵律结构层，具冲刷充填构造，平行层理、槽状交错层理发育。 8.00m

21层：浅红色中厚层状细砂岩，夹少量条带状或透镜状泥岩；顶部 45cm 浅红色，夹灰绿色灰质泥岩。砂岩具冲刷充填构造，发育平行层理。 8.72m

第 1—1 段（K_1kz^{1-1}），1—20 层，厚 204.59m

20层：浅红色中厚层状灰质泥岩，夹暗红色、灰绿色中薄层状灰质粉砂岩，砂泥比约为 1：5；底部 45cm 灰绿色中层状中细砂岩。砂岩具冲刷充填构造，发育沙纹层理及波状层理。 10.22m

19层：中下部暗红色中厚层状泥质粉砂岩夹粉砂质泥岩；上部浅红色中厚层状灰质泥岩，夹中薄层粉砂岩。粉砂岩沙纹层理发育。 5.55m

18层：暗红色中厚层状细砂岩、粉砂，与中厚层状泥岩以约 1：2：3 的比例组成一个正韵律结构层。砂岩层间夹透镜状粉砂质泥岩，泥岩夹中层状粉砂岩，砂岩、泥岩均含灰质。细砂岩发育交错层理，粉砂岩发育沙纹层理。 6.40m

17层：下部暗红色中厚层状含灰质细砂岩，夹少量薄层状、透镜状泥岩。中上部中厚层状含灰质泥岩，夹暗红色、灰绿色薄层状含灰质粉砂岩。 5.55m

16层：暗红色厚层块状细砂岩、粉砂岩，与中厚层状泥岩以约 1：2：1 的比例组成一个正向韵律层。细砂岩发育平行层理；粉砂岩发育沙纹层理及波状层理。 12.29m

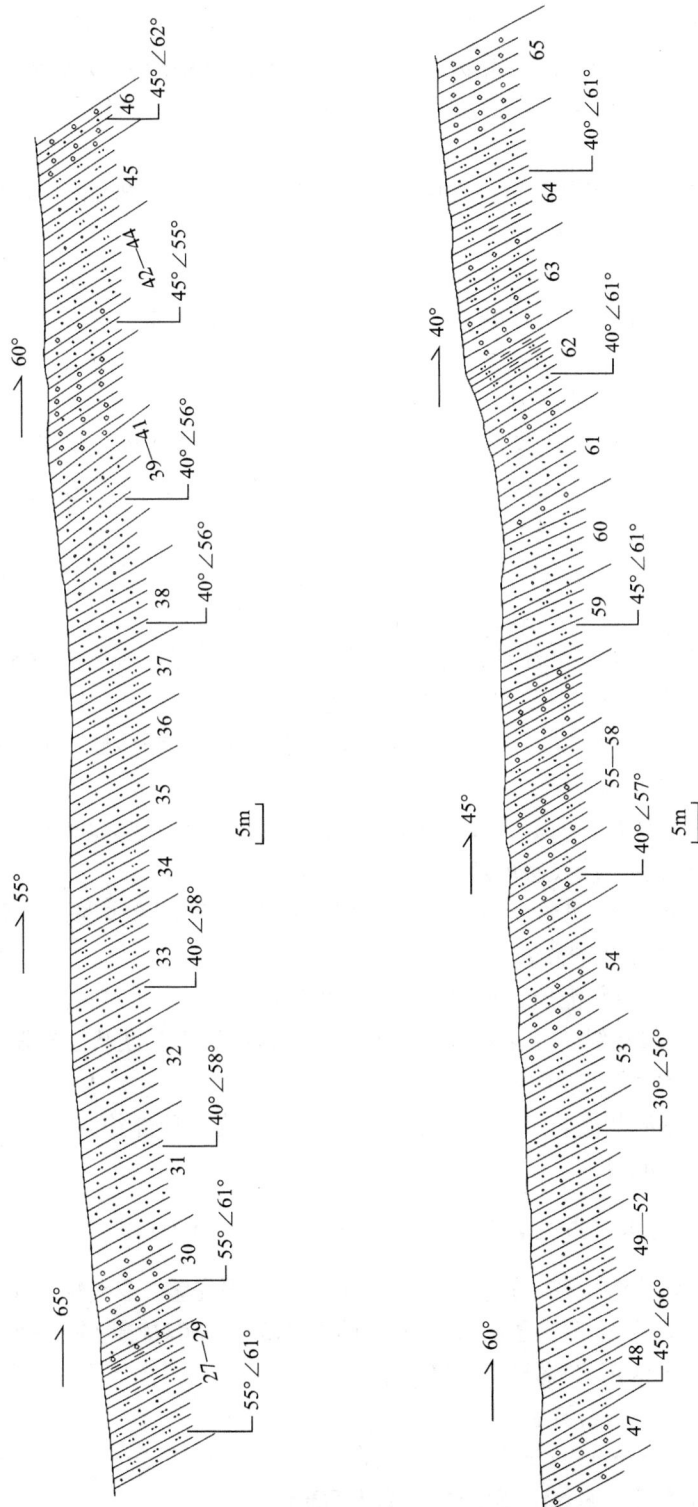

图3-1-11 塔西南地区同由路克白垩系孜勒苏群实测剖面（27—65层）

15 层：暗红色厚层块状细砂岩，夹少许透镜状或条带状泥岩。底部具冲刷充填构造，平行层理、槽状交错层理较发育。 6.14m

14 层：暗红色厚层块状细砂岩；顶部 0.6m 灰质泥岩，具冲刷充填构造。 6.42m

13 层：灰绿色、暗红色中厚层状细砂岩、粉砂岩与中厚层状泥岩以约 1：1 的比例频繁互层。砂岩、泥岩均含灰质。砂岩横向不稳定，多呈透镜状展布，发育冲刷充填构造。 11.70m

12 层：暗红色厚层状灰质泥岩，夹中薄层状含灰质细砂岩，砂泥比约为 1：6；底部 1.1m 暗红色中厚层状含灰质细砂岩。 17.53m

11 层：下部灰绿色、暗红色中层状细砂岩、粉砂岩夹中薄层状灰质泥岩；上部暗红色厚层状灰质泥岩及粉砂质泥岩。具冲刷充填构造，交错层理较发育。 8.79m

10 层：灰绿色、暗红色中层状灰质粉砂岩与灰质泥岩约 1：3 组成三个韵律互层。泥岩夹灰绿色薄层状、透镜状灰质粉砂岩。粉砂岩发育沙纹层理。 6.05m

9 层：暗红色中厚层状灰质泥岩、含粉砂灰质泥岩，夹暗红色、灰绿色中薄层状细砂岩，砂泥比约为 1：10；底部 1.5m 灰绿色中薄层状粉砂岩与暗红色中层状灰质泥岩呈比例约为 1：1 的互层。粉砂岩发育沙纹层理。 17.23m

8 层：暗红色厚层状灰质泥岩夹少许薄层状含泥质粉砂岩；底部 25cm 灰绿色中层状、透镜状细砂岩。砂岩具冲刷充填构造，发育平行层理及沙纹层理。 5.40m

7 层：暗红色厚层状灰质泥岩夹暗红色、灰绿色薄层状粉砂岩及含泥质粉砂岩。上部砂岩夹层增多，砂泥比约为 1：10。剖面覆盖较严重。 25.33m

6 层：暗红色中厚层状泥岩、粉砂质泥岩夹暗红色中薄层状粉砂岩、泥质粉砂岩；底部 0.5m 暗红色中薄层状钙质粉砂岩。砂泥比约为 5：1。 10.09m

5 层：暗红色厚层状含钙质泥岩夹少量薄层状泥质粉砂岩；底部 0.6m 灰绿色中薄层状粉细砂岩。发育平行层理、沙纹层理及小型包卷层理。 6.80m

4 层：暗红色中厚层状泥岩、粉砂质泥岩夹灰绿色、暗红色中薄层状粉砂岩；底部 0.4m 灰绿色中层状、透镜状细砂岩。 6.50m

3 层：暗红色中、厚层状泥质，夹少量薄层状粉砂岩。 20.90m

2 层：暗红色（少量灰绿色）薄层状钙质粉砂岩；沙纹层理、波状层理发育。 1.20m

1 层：暗红色厚层状含灰质泥岩。 4.50m

0 层：暗红色中厚层状泥岩夹灰绿色中薄层状粉细砂岩，顶部约 0.8m 灰绿色中薄层状粉砂岩夹暗红色透镜状泥岩。 1.80m

3. 叶城凹陷北部西缘（东昆仑山山前带北段）和什拉甫剖面

该剖面位于在达木斯乡和什拉甫南部长胜煤矿附近，层系完整、露头较好（图 3-1-13，图 3-1-14），是和田地区北部 K—E 典型剖面之一，也是距 KS 1 井相对较近的 K—E 剖面之一。

上覆地层：古近系阿尔塔什组（E_1a）

57 层：白色中、厚层状石膏层。 227.59m

——————————————————整合——————————————————

白垩系吐依洛克组（K_2t），56 层，厚 5.50m

56 层：浅灰白色中厚层状砾屑白云岩与粉晶白云岩组成正韵律。 5.50m

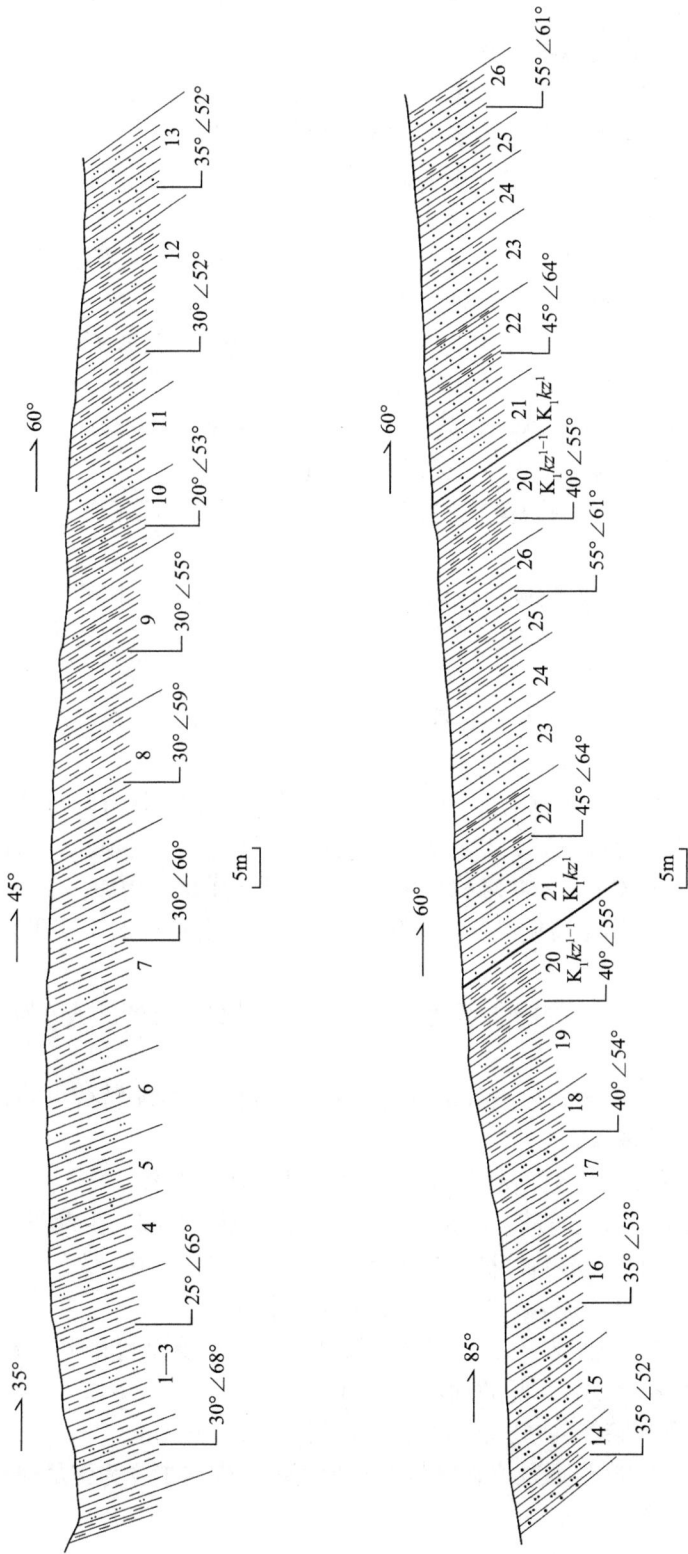

图3-1-12 塔西南地区同由路克白垩系克孜勒苏群实测剖面（1—26层）

白垩系依格孜牙组（K₂y），34—55 层，厚 90.41m

55 层：灰白色厚层状白云质泥晶灰岩、含生屑沙砾屑灰岩，顶部夹灰色中层状含泥质灰岩，波状水平层理、沥青脉纹发育。　　　　　　　　　　　　　　　　　　　　　　7.30m

54 层：浅红色、灰白色厚层状泥晶灰岩、含白云质泥晶灰岩。　　　　　　　　　　3.43m

53 层：浅黄灰色夹淡红色厚层状含泥质灰质粉晶白云岩。　　　　　　　　　　　3.45m

52 层：灰白色夹淡红色厚层状泥粉晶砂屑灰岩、含白云质泥晶灰岩。　　　　　　2.60m

51 层：灰红色厚层状泥晶灰岩，夹黑色碳质泥岩薄层。　　　　　　　　　　　　4.10m

50 层：灰红色中厚层状生屑鲕粒灰岩，颗粒分选磨圆较好，粒径主要为 0.25～0.7mm，藻团块直径多为 2～5.5mm。生屑主要为有孔虫，少量腹足等。　　　　　　　　　7.65m

49 层：灰红色、灰白色中薄层状泥质白云岩，与含泥质白云岩等厚互层。　　　　2.50m

48 层：底部 1.5m 泥晶云岩，向上泥质含量增加；顶部为泥质白云岩。　　　　　2.45m

47 层：中下部灰红色中层状泥粉晶灰岩；微小方解石晶洞发育，方解石晶洞充填度约50%；上部灰白色厚层状含灰质粉晶白云岩，针孔状溶孔发育。　　　　　　　　5.16m

46 层：中层状灰红色生屑隐藻屑粘结灰岩，颗粒为生屑和隐藻屑。生屑主要为有孔虫，含少量腹足和双壳类。　　　　　　　　　　　　　　　　　　　　　　　7.43m

45 层：底部 2～3cm 黑色碳质泥岩，呈较连续的透镜状；中部：生屑藻球粒粘结灰岩，颗粒为藻球粒，生屑（有孔虫、腹足、介壳类），由藻灰泥粘连呈不规则状。顶部 0.5m暗红色中薄层状砂屑砾屑灰岩。　　　　　　　　　　　　　　　　　　　　　3.76m

44 层：灰红色生屑灰岩，生屑主要为双壳类，少量腹足类、藻类、有孔虫等。压溶缝呈不规则状分布，缝中为褐色泥质和零星的白云石。　　　　　　　　　　　　　1.55m

43 层：灰红色隐藻屑粘结灰岩，颗粒主要为隐藻屑，含少量有孔虫等生屑，与藻灰泥粘连呈不规则状。岩石空腔发育，空腔沿层定向排列（拉长），充填物为晶粒状方解石。生物主要为腹足类，个体较小，密集堆积呈生物层；顶部泥质含量增加。　　　　4.76m

42 层：灰红色隐藻屑生屑粘结灰岩，颗粒主要为生屑和隐藻屑。生屑为腹足、有孔虫、双壳类等。　　　　　　　　　　　　　　　　　　　　　　　　　　　5.40m

41 层：灰红色生屑灰岩，生屑主要为双壳类和腹足，少见苔藓。填隙物主要为亮晶方解石，具二世代结构。　　　　　　　　　　　　　　　　　　　　　　　　1.64m

40 层：灰红色生屑灰岩，生屑较破碎，主要为双壳类，少量苔藓虫等。岩石中见部分藻灰泥组成的颗粒—隐藻屑。　　　　　　　　　　　　　　　　　　　　4.65m

39 层：灰红色厚层块状含泥质泥晶灰岩夹灰色薄层灰质泥岩。　　　　　　　　　7.40m

38 层：灰红色中层状生屑灰岩、粉屑灰岩，生屑主要为棘屑，少量苔藓虫和有孔虫等。白云石呈自形菱面状和半自形晶粒状分布在泥晶方解石（色暗）中。　　　　　3.13m

37 层：灰红色块状灰质泥岩，具贝壳状断口，岩性单一。　　　　　　　　　　　3.49m

36 层：灰红色白云质灰岩。白云石呈泥粉晶，有自形菱面状和半自形、它形晶粒状。局部褐红色及灰白色条带发育，见微细水平层理。　　　　　　　　　　　　　4.10m

35 层：浅灰红色夹暗红色厚层状含粉砂质泥岩，岩性单一。　　　　　　　　　　1.40m

34 层：灰红色中层状生屑灰岩，颗粒基本为生屑，生屑主要为腕足壳和苔藓虫，少量腹足、棘屑、有孔虫等。　　　　　　　　　　　　　　　　　　　　　　3.05m

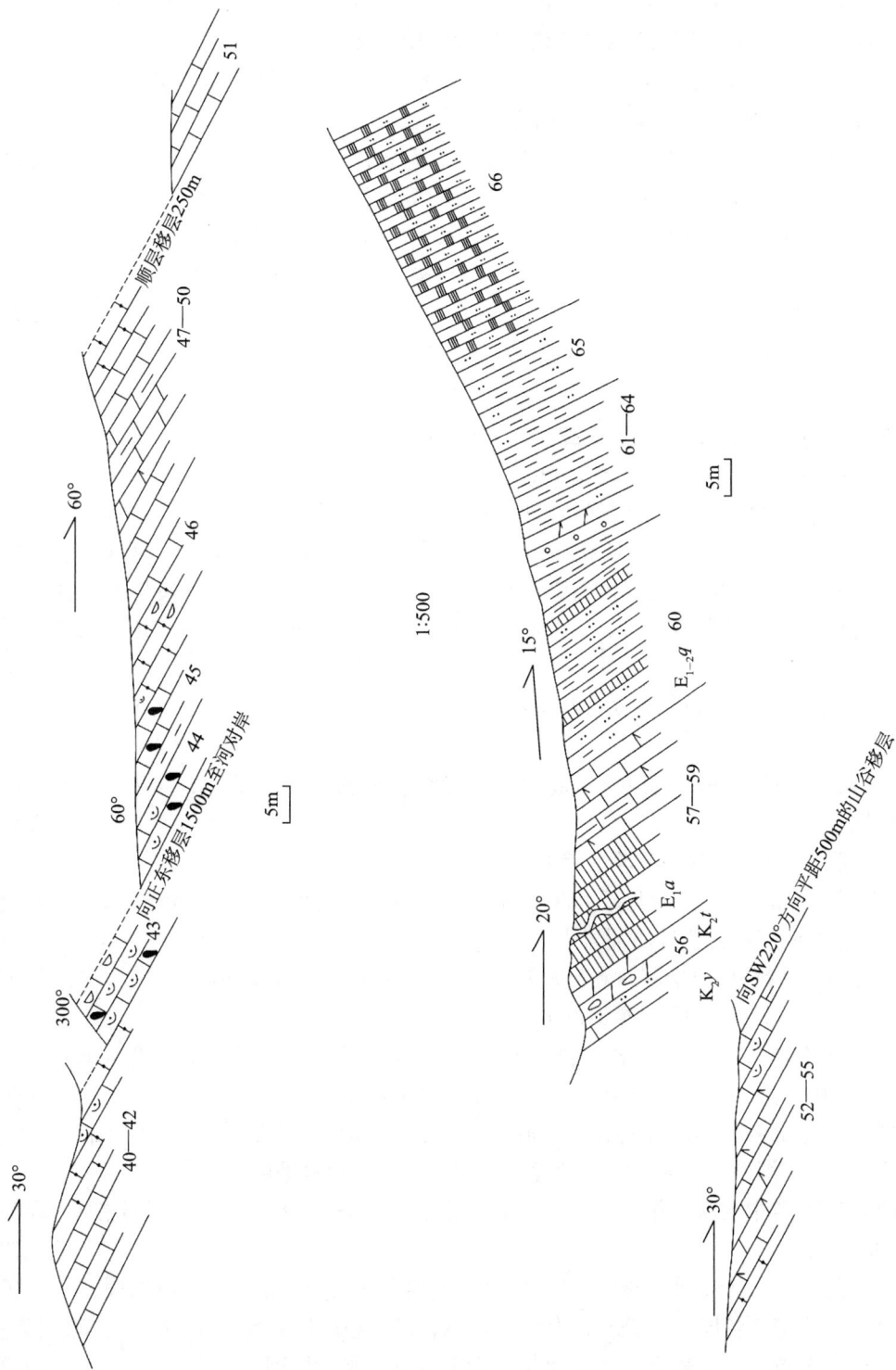

图3-1-13 塔西南地区和什拉甫白垩系—古近系实测剖面（40—66层）

白垩系乌依塔克组（K₂w），28—33 层，厚 21.83m

33 层：底部约为 2.0m 灰黄—灰白色厚层状含膏质粉砂岩，泥质含量向上增加，可为含膏质含泥质粉砂岩；其上为暗红色夹灰绿色块状含粉砂质泥岩。　10.15m

32 层：下部浅灰绿色夹暗红色中层状含膏质粉砂岩；岩层呈透镜体状，层间夹薄层泥岩；顶部约 1m 含泥质泥晶云岩。泥质铁染呈褐色。　2.75m

31 层：下部灰白色夹暗红色厚层状粉砂岩，泥质含量向上增加，变为含泥质粉砂岩；上部深灰绿色厚层状含膏质粉砂质团块泥岩；全层为由粗—细的正韵律。　3.03m

30 层：暗红色夹灰绿色厚层状含粉砂质泥岩，岩性单一，风化后呈片状。　2.20m

29 层：灰红色块状泥质条带粉砂岩，泥质含量向上增加，泥质条带呈断续状，平行于层理方向分布，见小型交错层理。　2.65m

28 层：暗红色夹以灰绿色条带厚层状含粉砂质泥岩，夹粉砂岩透镜体。　1.05m

白垩系库克组（K₂k），17—27 层，厚 146.13m

上段（K₂k²），25—27 层，厚 65.10m

27 层：底部 0.2m 暗红色中层状粉砂质泥岩；其上灰绿色块状泥岩。　9.53m

26 层：底部 0.2m 灰绿色泥质粉砂岩；下部浅红色厚层状泥质条带、斑块细砂质粉砂岩；局部含有约 1cm × 1cm 的红色石膏团块；砂泥质分布不均，局部富集呈条带状；中部暗红色中层状砂质条带泥质粉砂岩，波状层理、水平层理发育；上部暗红色厚层状含粉砂泥岩。　3.60m

25—5 层：暗红、灰绿色中薄层状含粉砂泥岩与泥质粉砂岩互层，这两种岩性的比例约为 3：1。　3.30m

25—4 层：底部 0.7m 暗红色、灰绿色厚层状含泥质粉砂岩；中上部为灰绿色夹暗红色粉砂质泥岩。　8.60m

25—3 层：暗红色夹灰绿色厚层状泥岩。　5.90m

25—2 层：底部 1.2m 灰色厚层状生物泥灰岩；生物为牡蛎化石，含量丰富，保存完整。其上为灰绿色中厚层状含粉砂质泥岩夹石膏团块。　16.00m

25—1 层：灰绿色中厚层状含粉砂质泥岩夹有一层中层状铁质粉砂岩。　18.17m

下段（K₂k¹），17—24 层，厚 81.03m

24 层：底部约 0.5m 泥晶云岩，岩石由泥晶白云石及陆源碎屑组成。陆源碎屑较均匀的混杂于白云石中，大小不均（粒径主要为 0.1～0.25mm）。　1.63m

23 层：中下部约 1.8m 含泥云质粉细砂岩。上部为暗红色中层状粉砂岩、细砂岩互层，顶部为泥质砂岩；细砂岩可见平行层理发育，泥质砂岩发育水平层理。　3.20m

22 层：暗红色中层状中细砂岩、粉砂岩夹薄层状含砾粗砂岩，发育平行层理；顶部为薄层粉砂质泥岩。　2.52m

21 层：顶部约 2.3m 暗红色粉砂岩，粉砂与极细砂混杂分布，发育平行层理。　5.07m

20 层：下段暗红色厚层状砾岩，上段浅红色含砾中粗砂岩；砾石以砂岩、硅质岩为主，r=0.2～3cm，分选中等—较好，次棱角状砾为主，发育平行层理。　29.30m

19 层：底部约 0.5m 陆源碎屑粉晶云岩，陆源碎屑和铁染的褐色泥质不均匀地混杂分布

在泥粉晶白云石中。中部为细砂岩，顶部2m为含陆源碎屑粉晶云岩。 4.60m

18层：暗红色厚层状含砾粗砂岩、砾岩，局部夹石膏条带或薄层，组成5个下粗上细的沉积旋回；砂砾岩均可见平行层理发育。 19.43m

17层：底部2m中砂岩。下部约5m暗红色灰质中细砂岩，颜色自下而上逐渐变浅，泥质含量逐渐增加，顶部钙结层增多。 15.28m

————————————————————平行不整合——————————————————————

白垩系克孜勒苏群（K_1kz），1—16层，厚192.34m

第四段（K_1kz^4），5—16层，116.55m

16层：底部约1.5m砾质粗砂岩，砾石呈次圆状，成分为石英岩、硅质岩、石灰岩、花岗岩等砾石。砂质为石英、钾长石、岩屑等。下部约4.5m灰质中细砂岩，上部约2.5m颗粒泥晶灰岩，陆源碎屑边缘分布栉壳状方解石。顶部约0.2m粉晶云岩，岩石主要由粉晶白云石组成，含少量陆源碎屑及褐色泥质。 8.56m

15层：下部为6m暗红色中细砂岩，岩屑为泥岩、硅质岩等；砾岩发育平行层理，砾石长轴具定向排列；上部夹多层薄层状钙结层或钙质结核。 17.93m

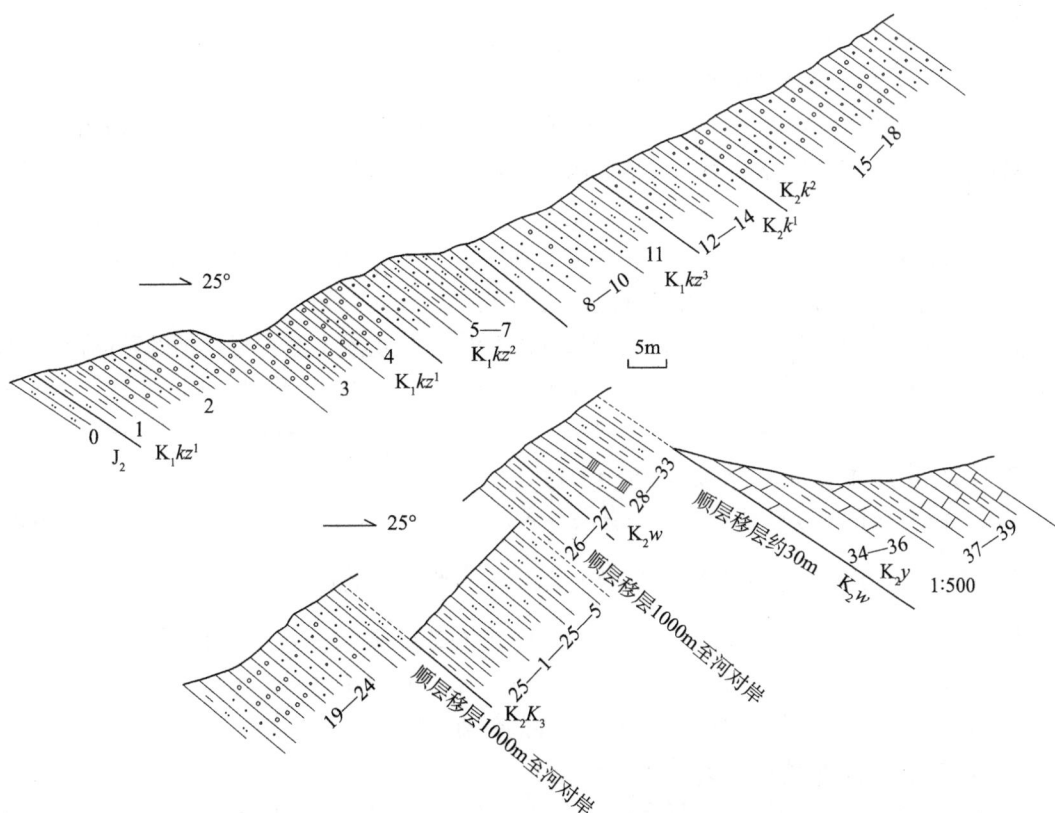

图3-1-14 塔西南地区和什拉甫白垩系实测剖面（0—39层）

14层：下部约1m灰质中粗砂岩。中上部为暗红色中厚层状含砾粗砂岩、中粗砂岩等厚互层，见平行层理发育。 5.83m

13层：暗红色粉砂岩、泥质粉砂岩，底部约0.5m暗红色砂砾岩，砂砾混杂分布。砾石

呈次圆—圆状，为石英岩、花岗岩等砾石。局部夹石膏条带或薄层。 5.59m

12 层：下部暗红色中粗砂岩、泥质砂岩，顶部约 3.5m 暗红色粉细砂岩。 12.76m

11 层：底部约 4m 含砾粗砂岩，砂砾混杂，砾石为石英岩、千枚岩、花岗岩等砾石。中上部为暗红色厚层状细砂岩、泥质粉砂岩、粉砂质泥岩等厚互层，且组成完整的由下而上，由粗—细的正韵律结构；细砂岩局部含细砾岩透镜体及钙质结核。 14.40m

10 层：暗红色厚层状砂质细砾岩与含砾灰质细砂岩、灰质粉砂岩等厚互层，且组成多套由粗—细的正韵律结构，细砾岩、含砾细砂岩、粉砂岩之比约为 1：2：2。 10.62m

9 层：暗红色厚层砾质中砂岩、细砂岩、粉砂岩的正韵律层，三种岩的比例约为 1：3：5。 4.78m

8 层：底部约 1.2m 中粗砂岩。上部为中细砂岩。两种岩性的比例约为 7：1，且组成由下而上的正韵律结构，砂岩中见钙质结核。 4.75m

7 层：下部为暗红色细砂岩；上部主要为灰质中粗砂岩。 16.96m

6 层：浅红色块状泥质粉砂岩，底部约 0.2m 灰质中砂岩。 4.96m

5 层：暗红色含砾中粗砂岩，底部约 3m 粉细砂岩。砾石局部富集。 9.4m

第三段（K_1kz^3），1—4 层，75.79m

4 层：底部约 1m 灰质含砾粗砂岩，砾石为硅质岩、砂岩等砾石。中上部为深红夹灰绿色厚层细砾岩夹浅灰色厚层状细砂岩，具逆—正粒序结构。 15.08m

3 层：暗红色厚层中细砾岩，夹中层状砂质条带、砂质透镜体，由下至上组成由粗—细的正粒序结构，具低角度交错层理；顶部约 5m 灰质中细砂岩。 18.83m

2 层：底部 7m 含灰砾岩，砾石呈次圆状，成分为砂岩、石英岩、白云岩、花岗岩的砾石。砂质为粒径小于 2mm 的石英、长石、岩屑等。中上部为深红色块状夹中层状砂质条带，砂质透镜体中砾岩与细砾岩等厚互层，正韵律结构，向东变厚。 33.03m

1 层：深红色厚层状粉砂质泥岩夹薄层状粉砂岩，且组成多套由粗—细的正韵律结构，粉砂岩与粉砂质泥岩的比例约为 1：15；向正东 200m 地层变厚，向西则减薄。 8.85m

——————————————————平行不整合——————————————————

下伏地层：侏罗系库孜贡苏组（J_3k）

0 层：浅灰绿色中厚层状粉砂岩夹煤层、煤线。 5.00m

4. 叶城凹陷南部西缘（东昆仑山山前带南段）克里阳剖面

剖面位于皮山县克里阳镇西北一小山头上。层系完整、露头良好（图 3-1-15 至图 3-1-16），是东昆仑区山前带（和田地区）K—E 典型剖面之一，也是距 KD1 井最近的 K—E 剖面之一。为加强与 KD1 井、KD101 井的精细对比打下了良好的基础。

上覆地层：古近系阿尔塔什组（E_1a）

54 层：白色石膏层与褐红色薄层状粉砂质泥岩等厚互层，厚度比为 1：2。 3.6m

——————————————————整合——————————————————

白垩系吐依洛克组（K_2t），52—53 层，厚 7.50m

53 层：暗红色薄层—纹层状膏泥岩，发育水平层理。 1.10m

52 层：暗红色中层状细砾岩，磨圆差—中等，分选差。 6.40m

———————————————————整合———————————————————

白垩系依格孜牙组（K$_2$y），50—51 层，厚 4.20m

51 层：灰色、浅灰色中层状含生物碎屑白云质灰岩。   2.90m

50 层：灰色、灰红色中厚层状砾屑粉泥晶云质灰岩。砾石分选差，磨圆差，对下伏地层呈冲刷、充填作用，深度达 0.5～1.0m。局部可见生物碎屑。   1.30m

———————————————————整合———————————————————

白垩系乌依塔克组（K$_2$w），45—49 层，厚 34.07m

49 层：暗褐红色块状泥岩，偶含泥质粉砂岩团块。   3.00m

48 层：下部深红色中厚层状石膏团块泥岩、白色石膏层透镜体等厚互层；石膏与石膏团块泥岩之比为 1：2；上部深褐红色块状泥岩，含泥质粉砂岩团块。   10.90m

47 层：深红色块状泥岩，偶含蓝灰色泥质粉砂岩团块，岩性单一。   5.67m

46 层：深红色厚层状泥岩，夹白色团块状、网络状石膏。   2.75m

45 层：深红色厚层块状含粉砂质泥岩夹中层状细砂岩，且组成由下至上的正韵律结构，粉砂岩以透镜体状叠置，粉砂岩与泥岩之比为 1：20；对下伏地层具明显的冲刷充填构造；与下伏库克拜组（K$_2$k）地层呈平行不整合接触。其中所含古生物化石主要为克拉梭粉属 *Classopollis*。   11.75m

———————————————————整合———————————————————

白垩系库克拜组（K$_2$k），38—44 层，厚 20.58m
上段（K$_2$k^2），38—44 层，厚 20.58m

44 层：灰色中层状石膏脉粉砂岩及厚层状粉砂质泥质；粉砂岩与泥岩之比为 1：7。   1.80m

43 层：浅黄灰为主，顶、底间夹蓝灰白色厚层状含灰中砂岩。上部低角度交错层理发育，深色砂质条带富集。   2.30m

42 层：黄灰夹浅灰蓝色斑块状中细砂岩。   2.33m

41 层：黄灰夹浅灰蓝色块状白云质粉砂岩，断续水平波状层理发育，由绿灰色砂质条纹显现；下部发育交错层理。   3.70m

40 层：浅灰蓝色块状中细砂岩，局部含灰质。细小裂缝发育，石膏充填；上部黄色砂质斑块及较连续波状层理发育，波状层理由深颜色砂质条纹显现。   3.70m

39 层：灰白色块状中细砂岩，局部细小裂缝发育，石膏充填。   4.85m

38 层：灰白色中厚层状中细砂岩为主，顶部 0.35m 为浅灰色含泥粉砂岩。与下伏克孜勒苏群第三段（K$_1$kz^3）地层呈平行不整合接触。   1.90m

白垩系克孜勒苏群（K$_1$kz），1—37 层，厚 292.36m
第四段（K$_1$kz^4），19—37 层，厚 101.32m

37 层：下部暗红色中薄层状细砂岩；上部暗红色为主厚层状灰质粉砂岩。   2.25m

36 层：底部 2.5m 浅红色中层状中砾岩与暗红色中层状含泥细砂岩相互叠置；其上为浅红色厚层中细砂岩与粉砂岩等厚互层。   13.6m

35 层：底部 0.25m 浅红色中层状中砾岩透镜体，具冲刷充填构造；其上为暗红色块状含灰中细砂岩与粉砂岩等厚互层；发育裂缝，均被灰绿色砂质充填。   9.15m

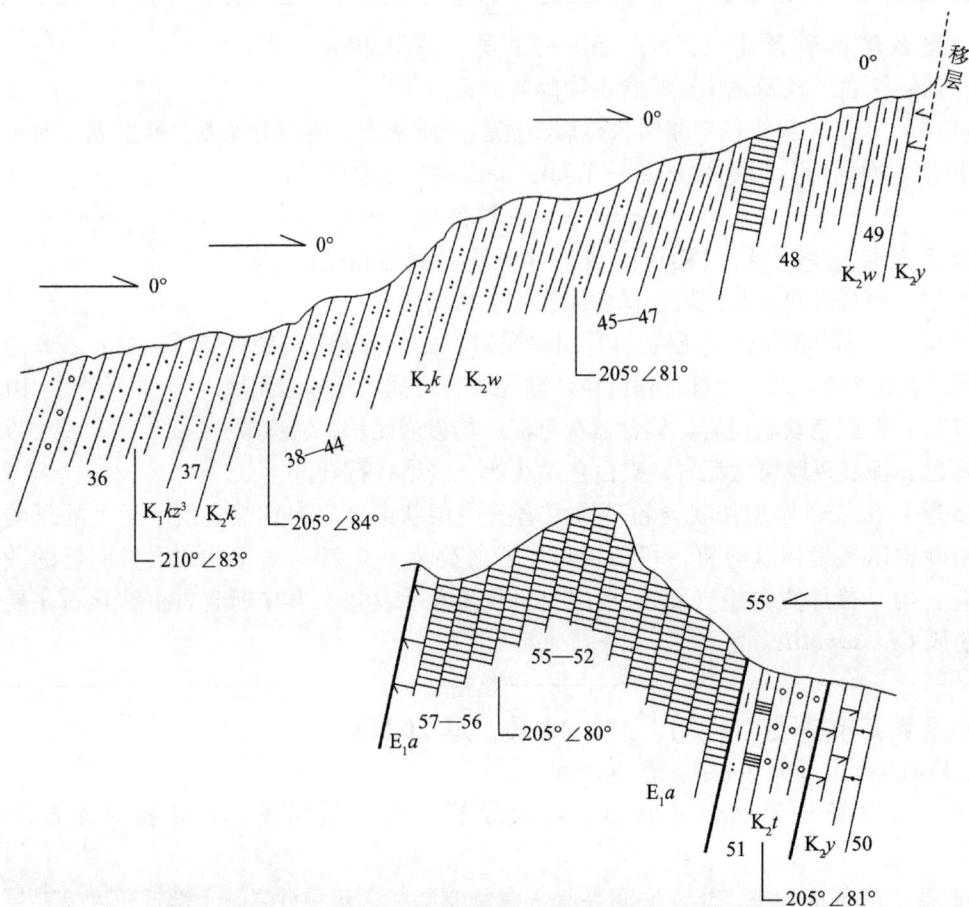

图 3-1-15　塔西南地区克里阳白垩系实测剖面（36—57 层）

34 层：浅红色厚层状细砾岩、中细砾岩与暗红色块状含泥细砂岩、粉砂岩等厚互层；粉砂岩见直裂缝、斜裂缝发育，均被灰绿色砂质充填；钙质结核发育。　　　　　　　9.80m

33 层：暗红色厚层状含砾细砂岩、砾状粗砂岩、含砾中砂岩透镜体与灰质细砂岩等厚互层；具冲刷充填构造。　　　　　　　　　　　　　　　　　　　　　　　　　　　7.40m

——————————————————整合——————————————————

32 层：底部 0.4m 暗红色、灰绿色中层状中砾岩透镜体，具冲刷充填构造；其上为块状含砾细砂岩。　　　　　　　　　　　　　　　　　　　　　　　　　　　　　　　3.90m

31 层：底部 0.5m 暗红色中层状砂质条带细砾岩透镜体，具冲刷充填构造；其上为暗红色块状含砾灰质中细砂岩，见灰绿色斑块。　　　　　　　　　　　　　　　　　　　5.05m

30 层：下部暗红色夹灰绿色厚层状砂质条带中砾岩透镜体，对下伏地层具明显的冲刷、充填；上部暗红色块状含砾细砂岩与灰质粉细砂岩组成韵律结构，钙质结核、灰绿色斑块发育；由下至上，全层为完整的正韵律层。　　　　　　　　　　　　　　　　　　6.55m

29 层：下部浅灰色中厚层状含砾中细砂岩透镜体；上部浅灰色中厚层状砂质条带中砾岩透镜体，对下伏地层有较强的冲刷，形成冲刷充填构造。　　　　　　　　　　3.80m

28 层：下部暗红色中层状细砾岩—中砾岩组成逆粒序层；中上部暗灰红夹灰绿色斑块

含砾中砂岩—含砾细砂岩；顶部 0.4m：暗红色中层状含砾灰质粉砂质泥岩，钙质结核发育；全层由下至上，为一完整的逆—正韵律层。 1.55m

27 层：底部 0.40 ～ 0.70m 灰白色中厚层状砂质中砾岩，对下伏地层具明显的冲刷充填，冲刷幅度达 0.3m 左右；其上：灰白色厚层状砾质中砂岩；顶部 0.40 ～ 0.50m：暗红色中层状含砾细砂岩与细砂质泥岩组成一正韵律，两种岩性的比例为 1：3.5。 2.10m

26 层：暗红色厚层状含砾中砂岩，岩层呈透镜状，向正东 90°方向变薄。 2.05m

25 层：暗红色夹黄绿色厚层块状含砾细砂岩与粉砂岩略等厚互层，两种岩性的比例为 1：3。 2.55m

24 层：底部 2.0m 暗红色中层状含砾细砂岩与砂质条带细砾岩组成逆—正粒序结构；其上为暗红色块状细砾岩，砾岩分布不均，常局部富集呈团块状、透镜状。 9.57m

23 层：暗褐红色中厚层状含砾细砂岩与粉砂岩略等厚互层，且组成 2 套由细砂岩—粉砂岩的正韵律结构；两种岩性的比例为 1：4。 6.80m

22 层：暗红色夹黄绿色厚层块状含砾细砂岩夹含砾中砂岩；顶部 2.5m 为暗红色夹黄绿色斑块砾状细中砂岩。 8.70m

21 层：底部 0.5m 浅红色含砾粗砂岩；下部为浅红色厚层状含砾中粗砂岩；上部为暗红色厚层状含砾细砂岩，见斜裂缝，缝宽 2 ～ 3mm，延伸 0.5m，被石膏充填。 6.40m

20 层：底部 5 ～ 7cm 暗红色中细砾岩透镜体；其上为暗红色块状含砾细砂岩，局部砾石富集呈团块状；见裂缝发育，缝宽 2 ～ 3cm，延伸 0.5m，被砂质及石膏充填。 4.65m

19 层：底部 1.5m 暗红色中层状中细砾岩；砾石呈次棱角状—次圆状；其上为块状由中细砾岩透镜体与含砾粗中砂岩及含砾细砂岩组成的韵律层。 4.45m

第三段（K₁kz³），4—18 层，厚 168.14m

18 层：浅红色块状细砂岩，含中粗砂略呈条带状分布。偶夹粉砂质泥岩。直裂缝、斜裂缝较发育，缝宽一般 2 ～ 3mm，缝长一般 20 ～ 50cm，连通一般，见有裂缝被石膏充填者，其余为泥质充填。 7.36m

17 层：浅红色厚层状粉砂岩夹少量泥质粉砂岩。 12.12m

16 层：浅红色厚层状粉砂岩，岩性单一。局部发育水平层理。 11.82m

15 层：浅红色厚层状粉砂岩，岩性较为单一。 32.76m

14 层：暗红色薄层状泥质粉砂岩夹粉砂岩，且频繁组成由粉砂岩—泥质粉砂岩的正韵律结构，岩层具褶皱弯曲现象；粉砂岩与泥质粉砂岩之比约为 1：7。 4.10m

13 层：浅红色中层状粉砂岩夹泥质粉砂岩，且组成 4 套由粉砂岩—泥质粉砂岩的正韵律结构，粉砂岩与泥质粉砂岩之比约为 1：13。 12.95m

12 层：浅红色中厚层状粉砂岩、泥质粉砂岩。下部粉砂岩较多，向上则减少，且组成多套由粉砂岩—泥质粉砂岩的正韵律结构，粉砂岩与泥质粉砂岩之比约为 1：8。 7.30m

11 层：浅红色厚层夹中薄层状粉砂岩、泥质粉砂岩，且组成 7 ～ 8 套由粉砂岩—含泥粉砂岩的正韵律结构，粉砂岩与泥质粉砂岩之比约为 1：15。 9.77m

10 层：浅红色厚层夹中层状细砂岩与含泥粉砂岩略等厚互层，且组成 4 ～ 5 套由粉砂岩—含泥粉砂岩的正韵律结构，粉砂岩与含泥粉砂岩之比约为 1：4。 7.29m

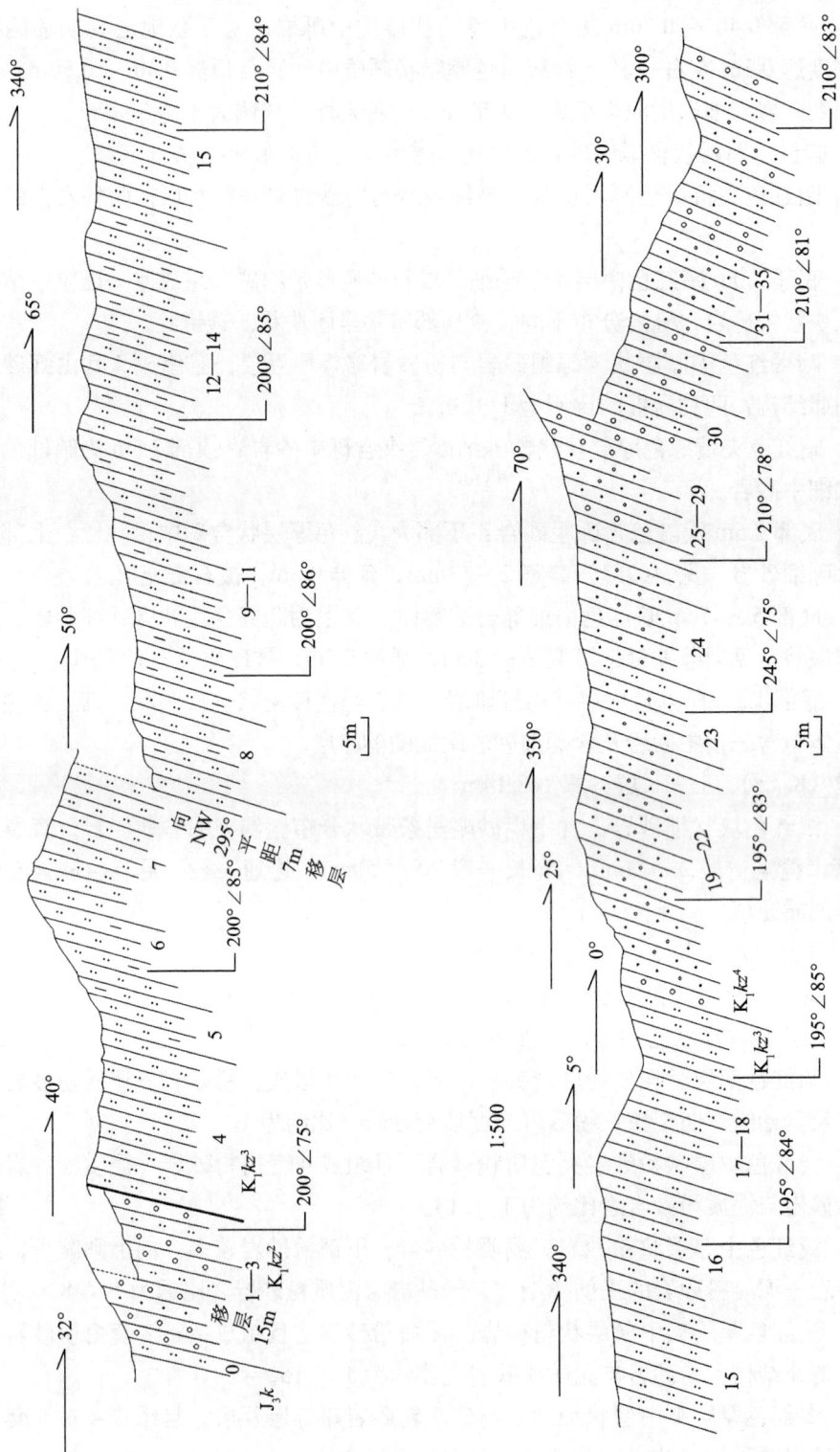

图3-1-16 昆仑山山前地区克里阳白垩系实测剖面（0—35层）

9层：浅红色中厚层状泥质粉砂岩夹细砂岩，且组成由粉砂岩—泥质粉砂岩的正韵律结构；粉砂岩与泥质粉砂岩之比约为 7：1。 9.10m

8层：浅红色中层状细砂岩与含泥粉砂岩等厚互层。下部及上部粉砂岩较集中，中部则以含泥粉砂岩为主，且组成多套由粉砂岩—含泥粉砂岩的正韵律结构。 6.95m

7层：浅红色厚层状细砂岩。 15.40m

6层：浅红色云质细砂岩、粉砂岩与含泥粉砂岩等厚互层。 8.05m

5层：浅红色中层状细砂岩与泥质粉砂岩略等厚互层，且分别由下至上组成正韵律结构；细砂岩、粉砂岩、泥质粉砂岩之比约为 1：6：2。 4.55m

4层：底部露头为淡红色夹黄绿色斑块厚层状粉砂岩，顶部 0.85m 为淡红色中薄层状细砂岩与泥质粉砂岩等厚互层，且组成正韵律结构。 18.62m

第二段（K_1kz^2），1—3 层，厚 13.90m

3层：杂色中厚层状中细砾岩，向 NW305° 方向，平距约 5m 处，变粗为中砾岩。 6.38m

2层：暗红色夹黄绿色斑块厚层状含泥中细砂岩。 1.17m

1层：浅红色复成分中细砾岩夹砾状粗砂岩条带或透镜体，与下伏侏罗系库孜贡苏组呈平行不整合接触。 6.35m

———————————————平行不整合———————————————

下伏地层：侏罗系库孜贡苏组（J_3k）

0层：暗红色薄层状云质细砂岩，与上覆白垩系下统克孜勒苏群地层岩石颜色差异较大。

四、生物群及组合特征

塔西南白垩纪生物丰富、发育有双壳类、腹足类、介形类、有孔虫、孢粉、颗石藻类、轮藻、沟鞭藻类、绿藻和疑源类的化石，并含有脊椎类、菊石等化石。本文根据生物发育特征及地层划分的需要，对前几个门类进行了动物群特征讨论及组合的划分。

本节几个门类的生物组合带（分小区）共有 74 个，多数是建立在前人（唐天福等，1989、1994；郝治纯等，1991；张师本等，1994）对南天山和西昆仑山小区的研究基础上的。笔者团队的主要工作是在近 500 块古生物标本分析的基础上，充分利用了近年的研究成果，根据油气勘探的进展，首次分 5 个小区（前人多为 2 个小区）建立生物组合带，极大丰富和完善前人所建组合的内容及分布范围，其中 17 个点为首次采获带化石，为全区进一步对比提供了丰富的资料。

1. 各门类生物群组合特征

1）双壳类组合

塔西南白垩纪双壳类均产自上白垩统库克拜组和依格孜牙组。其中前者分布较广范，后者多限于昆仑山山前。蓝琇、魏景明（1995）在全区建有 7 个组合，本次在其基础上进行了组合内容的丰富及分布范围的补充，另在 5 个点首次采获带化石（表 3-1-4）。

表 3–1–4　塔西南各区带晚白垩世双壳类组合分布表

统	阶	地层单位	喀什凹陷北缘（南天山山前带）	喀什凹陷西缘（西昆仑山山前带北段）	齐姆根凸起（西昆仑山山前带南段）	叶城凹陷北部（东昆仑山山前带北段）	叶城凹陷南部（东昆仑山山前带南段）
上白垩统	马斯特里赫特阶	吐依洛克组 K_2t					
	坎潘阶	依格孜牙组 K_2y	*Leptosolen bashibulakeensis-Pholadomya* 组合	*Biradiolites boldjuanensis-Osculigera oytarensis* 组合			
				Gyropleura-Lima-Neithea 组合	*Gyropleura-Lima-Neithea* 组合	*Asterte*? sp., *Biradiolites*? sp., *Plicatula*? sp.	*Friphyla*, *Obovata*, *Meretrix*, Rudistae
	三冬—康尼亚克阶			*Lapeirousella qiemoganensis-Sauvagesia-Lopha（Arctostrea）falcata* 组合	*Lapeirousella qiemoganensis-Sauvagesia-Lopha（Arctostrea）falcata* 组合		
	土仑阶	乌依塔克组 K_2w					
		库克拜组 K_2k^3	*Korobkovtrigonia-Plicatula-Inoceramus（Mytiloides）labiatus-Rhynchosfreon* 组合	*Korobkovtrigonia-Plicatula-Inoceramus（Mytiloides）labiatus-Rhynchosfreon* 组合	*Rhynchostreon-Pycnodonte-Korobkovtrigonia-Inoceramus* 组合	*Rhynchostreon-Pycnodonte-Korobkovtrigonia-Inoceramus* 组合	
	赛诺曼阶	库克拜组 K_2k^2	*Rhynchostreon plicatulum-Exogyra（Costagyra）olislponensis-Pycnodonte（Phygraea）tucumcarii* 组合	*Rhynchostreon plicatulum-Exogyra（Costagyra）olislponensis-Bycnodonte（Phygraea）tucumcarii* 组合			
		库克拜组 K_2k^1	"*Anadara*" sp.-*Flaventia ovalis-Ichthyosarcolites tricarinatus* 组合	"*Anadara*" sp.-*Flaventia ovalis-Ichthyosarcolites tricarinatus* 组合			

（1）"*Anadara*" sp.–*Flaventia ovalis*–*Ichthyosarcolites tricarinatus* 组合。

出现在喀什凹陷北缘（南天山山前带—后同）的巴什布拉克、库孜贡苏和喀什凹陷西缘（西昆仑山山前带北段—后同）的膘尔托阔依、且木干、奥依塔克、依格孜牙等地的库克拜组下段。在且木干剖面库克拜组下段顶部泥晶灰岩中以丰富而单调的固着蛤 *Ichthyosarcolites tricarinatus*（Parona）为特征，仅此一种；在依格孜牙剖面同层位还产有 *Cardita tenuicosta*（Sowerby），*Pitar rhotomagensis*（d'Orbigny）；在乌依塔克剖面还见到 *Flaventia ovalis*（Sowerby）。喀什凹陷西南天山山前的巴什布拉克剖面的库克拜组下段底部灰白色砂岩中只见到 "*Anadara*" sp. 的外模化石，而在库克拜组下段顶部生物泥晶灰岩中有 *Dosiniopsis subrotunda*（Sowerby），*Cyprimeria* cf.*vectensis*（Forbes），*Flaventia ovalis*（Sowerby），*Pholadomya（Pholadomya）tarimensis* Wei；在库孜贡苏剖面还

产有 *Pholadomya*（*Pholadomya*）*albina* Reich，*Dosiniopsis subrotunda*（Sowerby），*Flaventia ovalis*（Sowerby）。

这个组合中的 *Ichthyosarcolites tricarinatus* Parona 是北非利比亚北部的黎波里（Tripoli）和意大利赛诺曼期的种，在中亚塔吉克盆地达尔瓦兹山脉西南该种则见于晚赛诺曼早期。*Flaventia ovalis*（Sowerby），*Dosiniopsis subrozunda*（Sowerby）是英国上绿色砂岩组 Blackdown 层的分子。因此，这个组合的时代根据双壳类化石，并参考有孔虫的时代意见及上覆化石组合的时代，归入阿尔必末期—赛诺曼早期。

在齐姆根凸起西缘（西昆仑山山前带南段—后同）和叶城凹陷西缘（东昆仑山山前带—后同）未获该组合化石。

（2）*Rhynchostreon plicatulum*—*Exogyra*（*Costagyra*）*olislponensis*—*Pycnodonte*（*Phygraea*）*tucumcarii* 组合。

前人在喀什凹陷北缘的巴什布拉克剖面、库孜贡苏剖面、乌鲁克恰提剖面；喀什凹陷西缘的且木干剖面、奥依塔克剖面、依格孜牙剖面等的库克拜组中段发现本组合。本轮工作又在齐姆根凸起西缘同由路克剖面及叶城凹陷北部西缘和什拉甫剖面见及本组合。

其化石十分丰富，尤因牡蛎类 *Rhynchostreon*，*Pycnodonte*，*Ostrea* 等异常发育，成为生物介壳层。除上述代表性种类外，尚有 *Lycettia bashibulakeensis* sp.nov.，*Modiolus bukharensis* Arkhangelsky，*M. turkestanensis* L. Romanovskaya，*M. kuzgunsuensis* Wei，*Isognomon karakuldjensis* Pojarkova，*Spondylus calcaratus* Forbes，*Lima canalifera* Goldfuss，*Limaria*（*Limatulella*）*parallela*（Sowerby），*Pycnodonte*（*Pycnodonte*）*subquadrate* sp. nov.，*Pycnodonte*（*Costeina*）*costei*（*Coquand*），*P.*（*C.*）*kugitangensis*（Borneman），*Pycnodonte*（*Phygraea*）*navia*（Mall），*P.*（*P.*）*vesicularis*（Lamarck），*Exogyra ostracina*（Lamarck），*Aetostreon xinjiangensis* sp. nov.，*Gyrostrea longa*（Bobkova），*G. turkestanensis*（Bobkova），*Ostrea oxiana* Romanovskiy，*O.rouvillei* Coquand，*O.delettrei* Coquand，*Apiotrigonia wuqiaensis* sp.nov.，*Lucina pisum* Sowerby，*Trachycardium kokanicum* Romanovskiy，*Mactra angulata* Sowerby，*Anisocardia*（*Antiquicyprina*）*obtusa*（Keepirtg），*Dosiniopsis subrotunda*（Sowerby），*Cyprimeria*? *faba*（Sowerby），*C.* cf. *vectensis*（Forbes），*Flaventia ovalis*（Sowerby），*Corbula muschketowi* Bohm 等。

本组合中的 *Rhynchostreon*，*Exogyra*，*Corbula* 的各种化石可与中亚地区的同层位化石相比。*Exogyra*，*Pycnodonte* 这两类牡蛎在天山山前的巴什布拉克、乌鲁克恰提等地区形成介壳层，并为绝对优势种，共生者仅有少数 *Modiolus*，*Flaventia*，*Dosiniopsis*，*Pholadomya*；在西昆仑山山前且莫干、奥依塔克等地牡蛎介壳层薄。在巴什布拉克剖面库克拜组中段顶部还见到 *Corbula muschketowi* Bohm 与虫管化石共同组成生物堆积层，同时还有少数腹足类化石（*Haustator* sp.）与其共生，也属赛诺曼晚期至土仑期早期。*Corbula muschketowi* Bohm 在中亚地区也见于赛诺曼晚期至土仑早期，也是土仑期早期的带化石。

总观这个组合的双壳类动物群的时代为赛诺曼中、晚期，少数土仑早期的分子；共生的腹足类时代为赛诺曼晚期至土仑早期；该段中还有沟鞭藻 *Apteodinium conicum-Canningia insignis* 组合，时代也为赛诺曼中、晚期。

叶城凹陷南部西缘未获该组合化石。

（3）*Korobkovtrigonia-Plicatula-Inoceramus*（*Mytiloides*）*labiatus-Rhynchosfreon* 组合。

该组合出现于喀什凹陷北缘的库孜贡苏、巴什布拉克、乌鲁克恰提、斯姆哈纳和喀什凹陷西缘的且木干、奥依塔克等地库克拜组上段。除代表种外，尚有 *Nucula*（*Pectinucula*）*pectinatat yurkmenica*.M. Aliev et R. Alley，*Barbatia*（*Cucullaearca*）cf. *raulini* Leymerie，*Trigonarca passyana*（d'Orbigny），*T. canensis* Pojarkova，*Modiolus* cf. *reversa*（sowerby），*M. subsimplex*（d'Orbigny），*Phelopteria rostrata*（Sowerby），*Inoceramus*（*Mytiloides*）*labiatus*（Schlotheim），*Plicatula numidica* Peron，*Anomia cryptostriata* Romanovskiy，*Lima elongata*（Sowerby），*L.marrotiana*（d'Orbigny），*L.* aff. *subrigida* Roemer. *Limaria*（*Limatulella*）*parallela*（Sowerby），*Pycnodonte*（*Pycnodonte*）*subquadrata*，*Pycnodonte*（*Costeina*）*costei*（Coquand），*Gyrostrea longa*（Bobkova），*O strga oxiana* Romanovskiy，*O strea delettrei* Coquand，*O. michailowskii*（Bornema），*Apiotrigonia khoresmensis*（L.Romanovskaya）（in Beliakova），*A.venusta* sp. nov.，*Cardita upwarensis* Woods，*C. wulukeqiatensis* sp. nov.，"*Acanthocardia*" sp.，*Granocardium*（*Granocardium*）*wuqiaensis* sp. nov.，*Trachycardium bicostatum* Pojarkova，*Tellina*（*Peronaea*）cf. *striatuloides* Stoliczka 等 40 余种。

本组合与组合（2）相比，既有明显的继承性，又有显著的区别。这个组合在南天山山前带是以 *Korobkovtrigonia*，*Plicatula*，*Granocardium* 和 *Aquilonia* 占绝对优势为特征，牡蛎类中多数属种与上一组合相同，少数为新的类型，个体变小，壳质变薄。*Korobkovtrigonia*，*Plicatula* 的种群均可与中亚地区及欧洲同种化石相比。本组合中还有一层以 *Nuculana futterri*，*Nuculana*（*Pectinucula*）*pectinatat yurkmenica* 占绝对优势的化石层，共生的还有缠绕成结状的虫管化石。*Korobkovtrigonia ferganensis*（Arkhangelsky）曾见于中亚阿莱依赛诺曼阶上部的 *Rhynchostreon suborbiculatum* Lamarck 层，它在泽拉夫善—吉萨尔山脉是赛诺曼阶上部—土仑阶下部 *Korobkovtrigonia darwaseana*（Romanovskiy）层中的一分子；在外阿莱依，它曾见于土仑阶下部 *Corbula muschketowi* Bohm 层，是赛诺曼晚期至土仑早期的分子。*Plicatula auressensis* Coquand 在北非和近东见于赛诺曼阶，在中亚则产于赛诺曼至土仑阶的各层中。*Trigonarca passyana*（d'Orbigny）曾见于英国的赛诺曼阶、法国和埃及的土仑阶，在外高加索、第聂伯—顿涅茨盆地则分布于赛诺曼阶，而在南吉尔吉斯斯坦则产于土仑晚期。此外，*Ostrea delettrei* Coquand 曾产于北非赛诺曼阶，又是中亚地区赛诺曼至土仑期的分子。*Ostrea oxiana* Romanovskiy 是中亚赛诺曼晚期—康尼亚期的分子。*Pycnodonte*（*Phygraea*）*tucumcarii*（Marcou）是费尔干纳盆地和达尔瓦兹山脉土仑期的分子。西昆仑山山前奥依塔克剖面见到的 *Inoceramus*（*Mytiloides*）*labiatus*（Schlotheim）是欧洲土仑早期的带化石。

总的来看，这个组合中的双壳类是以土仑早期的成分为主，还有少数赛诺曼期的分子，因此从总体看它应归属土仑早期。

本轮工作在喀什凹陷西缘盖孜河、齐姆根凸起西缘同由路克及叶城凹陷北部西缘和什拉甫剖面的库克拜组上部均获有双壳类化石。经分析，均为一部分是所建库克拜组中段 *Rhynchostreon plicatulum—Exogyra*（*Costagyra*）*olisiponensis—Pycnodonte*（*Phygraea*）*tucumcarii* 组合的主要分子，另一部分是库克拜组上段 *Korobkovtrigonia—Plicatula —Inoceramus*（*Mytiloides*）*labiatus—Rhynchostreon* 组合中的代表种属或重要分子，可建立 *Rhynchostreon—*

Pycnodonte–Korobkovtrigonia–Inoceramus 组合，层位相当于赛诺曼中晚期—土仑期。因此，昆仑山山前带自盖孜河剖面以东地区的库克拜组双壳类已无法支持库克拜组三分。

叶城凹陷南部西缘未获该组合化石。

（4）*Lapeirousella qiemoganensis–Sauvagesia–Lopha*（*Arctostrea*）*falcata* 组合。

这个组合见于喀什凹陷西缘的且木干、奥依塔克、依格孜牙和齐姆根凸起（西昆仑山山前带南段—后同）的阿尔塔什剖面的依格孜牙组下段。在且木干和奥依塔克是以 *Lapeirousella* 和 *Sauvagesia* 固着蛤礁灰岩为代表，在依格孜牙和阿尔塔什只有很少的 *Biradiolites*，*Lopha*，*Nucula*，*Lucina* 等化石。*Lapeirousella* 已往仅见于坎佩尼期，原始产地是南欧。共生的 *Lopha*（*Arctostrea*）*falcata*（Morton）在中亚地区是坎佩尼晚期的代表种。本组合总的时代应归入康尼亚期至坎佩尼早期。

在喀什凹陷北缘和叶城凹陷西缘未获该组合化石。

（5）*Gyropleura–Lima–Neithea* 组合。

这个组合也见于且木干、奥依塔格、依格孜牙、同由路克、阿尔塔什等剖面的依格孜牙组中段。但以依格孜牙剖面最为特征，下部是浅红色固着蛤礁灰岩（*Sauvagesia* sp.），上部是灰黄色生物碎屑灰岩，含丰富的单体固着蛤 *Gyropleura vakhschensis* Bobkova，*G. vakhschensis darwaseana* Bobkova，*G. magianensis* Pojarkova，*Biradiolites-minor* Pojarkova 和普通的双壳类，如 *Trachycardium exulans* Stoliczka，*Modiolus bobkovae* Pojarkova，*Chlamys dujardini*（Roemer）等；在阿尔塔什灰色生物碎屑灰岩的下部也是固着蛤礁灰岩，而相应的顶部的灰黄色石灰岩则缺失，这里的双壳类化石相应为 *Sauvagesia* sp.，*Biradiolites* sp.，*Lopha*（*Arctostrea*）*falcata*。

这个组合中 *Gyropleura vakhschensis* Bobkova，*G. vakhschensis darwaseana* Bobkova 是中亚地区坎佩尼晚期 *Lopha*（*Arctostrea*）*falcata* 化石带的分子，另外 *Lima marrotiana* d'Orbigny 曾产于法国康尼亚—森诺阶、英国坎佩尼阶和中亚地区土仑阶上部至康尼亚阶。另一重要分子 *Neithea*（*Neithea*）*coquandi*（Peron）在法国、德国、捷克和斯洛伐克等地曾见于赛诺曼至土仑阶；而在阿尔及利亚、埃及、索马里及土耳其、伊拉克、印度等地是赛诺曼至森诺期的分子；在中亚地区则产于坎佩尼至马斯特里特期。本组合上部一种小型单体固着蛤 *Biradiolites minor* Pojarkova 是费尔干纳—泽拉夫善—吉萨尔—阿莱依山区坎佩尼晚期的分子。本组合下部是固着蛤礁灰岩，上部以小型单体固着蛤为特征，时代归属坎佩尼晚期。

叶城凹陷北部西缘和什拉甫剖面依格孜牙组有 *Asterte*? sp.，*Biradiolites*? sp.，*Plicatula*? sp.；叶城凹陷南部西缘克里阳剖面依格孜牙组有 *Friphyla obovata*；玉力群有 *Rudistae*，*Meretrix* sp.。从这些双壳类的组分看，主要还是反映了依格孜牙组下段和中段组合中的分子的特征。显然，从双壳类化石看自同由路克以东（虽然依格孜牙组已分不出三段）似乎缺失了依格孜牙组上段的化石层位。

本组合是塔西南分布最广泛的组合之一（仅喀什凹陷北缘未获该组合化石），为塔西南依格孜牙组区域对比提供了基础资料。

（6）*Biradiolites boldjuanensis–Osculigera oytarensis* 组合。

这一组合仅在喀什凹陷西缘的且木干和奥依塔克两地依格孜牙组上段产出，均以固着蛤灰岩为特征，在奥依塔克是灰黑色的生物灰岩，而在且木干为浅红色生物灰岩。

Biradiolites boldjuanensis 是中亚地区西南达尔瓦兹和外阿莱依地区马斯特里特早期的带化石。*Osculigera* 属曾产于伊朗和阿富汗森诺阶；在塔吉克盆地，*Sculigera* (?) *talkhakensis* Bobkova 与 *Biradiolites boldjuanensis* 共生，产于马斯特里特早期；*Osculigera oytarensis* 虽是塔里木盆地的地方性新种，它也与 *Biradiolites boldjuanensis* 共生。因此，这一组合的时代为马斯特里特早期。本组合也是塔里木盆地晚白垩世最晚期的一个双壳类组合。

在喀什凹陷北缘、齐姆根凸起西缘及叶城凹陷西缘均未获该组合化石。

(7) *Leptosolen bashibulakeensis–Pholadomya* 组合。

这个组合仅见于喀什凹陷北缘（南天山山前带）的库孜贡苏至斯姆哈纳一带，以巴什布拉克地区为代表。

本组合的双壳类产于东巴组中段灰绿色泥岩、膏泥岩、泥质粉砂岩夹石膏、石灰岩及白云岩中，保存状态欠佳，属种类别及个体数量较少。在乌鲁克恰提和斯姆哈纳东巴组的灰色、黄灰色生物泥晶灰岩夹白云岩及灰绿色泥岩或钙质粉砂岩中，目前未找到双壳类化石；而在库孜贡苏的灰白色白云质灰岩中有 *Cardita* sp.。

与此组合共生的还有属潮间带到半咸水环境的介形类（唐天福等，1984）。这个双壳类组合虽不能确定其时代，但它们是潮间带的分子，并能生活在海水盐度较低，或有少许淡水注入的河口附近。因此，它们的产出对研究南天山山前当时的环境、地理情况有较重要的意义。据共生的孢粉和介形类组合的时代为桑托期的意见，再考虑到西昆仑山山前在康尼亚至马斯特里特早期为固着蛤灰岩广泛分布期，故将这个组合的时代暂归入森诺期，并将它与西昆仑山山前带依格孜牙组双壳类 [即前述的 (4) 至 (6) 组合] 相对比，但其确切对比需进一步工作。

2) 腹足类组合

塔西南至今没在下白垩统中发现腹足化石，晚白垩腹足动物群主要分布于喀什凹陷北缘（南天山山前带）的库克拜组、喀什凹陷西缘（西昆仑山山前带北段）库克拜组及依格孜牙组，叶城凹陷西缘（东昆仑山山前带）腹足仅见于依格孜牙组下部。据潘华璋等（1991）的研究结果，塔西南晚白垩世腹足动物群自下而上可划分为 5 个组合，本文在其基础上进行了组合内容的丰富及分布范围的补充，另在 2 个点首次采获带化石（表 3–1–5）。

(1) *Vernedia pusillina–Uniplicata phaeea* 组合。

这一组合主要分布于喀什凹陷西缘（西昆仑山山前带北段）奥依塔克和喀什凹陷北缘（南天山山前带）巴什布拉克地区的库克拜组下段灰色骨屑泥晶灰岩（泥粒状灰岩），其主要特征是含有丰富的、个体极为微小的海娥螺类，这些微小的海娥螺均为地方性属种，壳体直径一般 1 ~ 3mm，极为罕见。该组合中除了主要分子 *Vernedia pusillina* sp. nov.，*Uniplicata phaeca* gen.et sp. nov. 以外，还有 *Uniplicata minuta* gen.et sp. nov.，*Polyptyxis* sp.，*Imparietoplica pinna* gen.et sp. nov. 等。另外，此组合中还产有壳体较大的 *Nerinea ferganensis* Pcelincev 和 *Procampanile* sp.。*Vernedia* 属是 Mazeran 在 1921 年根据法国加尔的标本建立的，此属广泛分布于欧洲和外高加索地区的赛诺曼至土仑阶，仅有少数标本见于印度南部的坎佩尼晚斯至马斯特里特期（Maestrichtian）。

表 3-1-5　塔西南各区带晚白垩世腹足类组合分布表

层位		地层单位	喀什凹陷北缘（南天山山前带）	喀什凹陷西缘（西昆仑山山前带北段）	齐姆根凸起（西昆仑山山前带南段）	叶城凹陷北部（东昆仑山山前带北段）	叶城凹陷南部（东昆仑山山前带南段）
统	阶						
上白垩统	马斯特里赫特阶	吐依洛克组 K₂t					
		依格孜牙组 K₂y		*Cantharus subabbreviatu-Troehaetaeon (Neoeylindrites) yengisarensis* 组合			
	坎潘阶						
	三冬—康尼亚阶			*Trochactaeon (Neocylindrites) wuyitakeensis-Aetaeonella micra* 组合		*Nerinea ferganens-Nerinella scytatina* 组合	*Haustater* sp.-*Turritella* sp. 组合
	土仑阶	乌依塔克组 K₂w					
		库克拜组 K₂k³	*Ascensovoluta angusta-Gyrodes tenellus* 组合				
			Helicaulax tarimensis-Haustator acanthophorus 组合	*Helicaulax tarimensis-Haustator acanthophorus* 组合			
	赛诺曼阶	库克拜组 K₂k²	*Proadusta mollitia-Rostellinda* sp. 组合				
		库克拜组 K₂k¹	*Vernedia pusillina-Uniplicata phaeca* 组合	*Vernedia pusillina-Uniplicata phaeca* 组合			

Nerinea ferganensis Pcilincev 最早发现于苏联费尔干纳盆地晚白垩世土仑期早期地层中。此种在库克拜组下段仅发现一个标本。*Procampanile* 属是 Akohrih 在 1976 年根据巴基斯坦俾路支（Baluchistan）上白垩统马斯特里特阶所产的 *Procampanile ganesha*（Noetling）建立的，它主要分布于印度、法国的恩舍尔阶至达宁阶（Emscherian-Danian）；比利时、西班牙、捷克斯洛伐克、马达加斯加的恩舍尔阶至马斯特里特阶；匈牙利、意大利、利比亚、黎巴嫩、埃及、伊朗、亚美尼亚的马斯特里特阶；蒙古、巴基斯坦、突尼斯和中国西藏的马斯特里特阶至达宁阶。由于这个组合中绝大部分是新属新种，因此其地层意义尚不清楚。该组合中的 *Nerinea ferganensis* Pcelincev 产于费尔干纳盆地的晚白垩世土仑期早期，而 *Procampanile* 属出现更晚，一般分布在恩舍尔期至达宁期。上述 *Nerinea ferganensis* Pcelincev 和 *Procampanile* sp. 在库克拜组下段并不占主要地位。与其共生的有孔虫化石

Quinqueloculine, *Pseudocyclammina*, *Cunealina*, *Daxia*, *Charentia* 的分子均是欧洲赛诺曼早期地层中的常见分子。所以根据有孔虫化石和地层层序，这一组合应归于赛诺曼早期。以此推测，库克拜组下段所产的 *Nerinea ferganensis* Pcelincev 和 *Procampanile* 可能比其他地区出现得早。

库克拜组中段目前所发现的腹足类化石甚少，在乌恰的斯姆哈纳仅见 *Proadusta mollitia* sp. nov. 的一个标本，在库孜贡苏也只有极少量的 *Rostellinda* sp.。*Terebellus*? sp. *Proadusta* 属主要见于欧洲古近系、埃及上白垩统马斯特里特阶，其时代应属晚白垩世至古近纪。由于这一地层中腹足类化石甚少，故暂不建立组合。

齐姆根凸起西缘及叶城凹陷西缘未见该组合化石。

（2）*Hellcaulax tarimensis−Haustator acanthophorus* 组合。

这一组合主要分布于喀什凹陷北缘（南天山山前带）巴什布拉克和喀什凹陷西缘（西昆仑山山前带北段）奥依塔克的库克拜组上段下部，化石主要产于灰色泥晶灰岩，保存良好，纹饰清晰，分异度较高。化石个体数量丰富，岩石经风化后标本随手可捡。该组合中除了主要分子 *Helicaulax tarimensis*，*Haustator acanthophorus* 以外，常见的还有 *Calliostoma homalotum* sp. nov.，*Astele clams* sp. nov.，*Calliomphalus* (*C.*) *castus* sp. nov.，*Otostoma divaricatum* (d'Orbigny)，*O. Lamprotum* sp. nov.，*O.caucasicum* (Pcel.)，*Gyrodes gaultinus* (d'Orbigny)，*Bellifusus stoliczkai* (Collignon)，*Haustator valkensis* Hacobjan，*H. monilis* sp. nov.，*H. nodulus* sp. nov.，*H. dispassus* (Stoliczka)，*Rostellana subconstricta* Pcel.，*Rostellinda wuqiaensis* sp. nov.，*R. subdalli* Pcel.，*Ascensovoluta veberi* Pcel.，*A. subconspicua* Pcel.，*Palaeopsephaea costa* sp. nov.，*Architectonica farisi* Abbass，*Vanikoro solida* sp. nov.，*Helicaulax cultellus* sp. nov.。

这一组合的主要特征是 *Helicaulax* 的个体数量最为丰富，在所采集的标本中，约有 400 多个标本属于 *Helicaulax tarimensis* Wei。此种的特征与印度南部上白垩统 Trichinopaly 群所产的 *Helicaulax securifera* (Forbes) 较为相似 .*Otostoma* 标本保存也较好，个体数量较多，共有 3 个种，其中的一个种保存有色带，有些标本具硅化特征，*Otostoma divaricatum* (d'Orbigny) 广泛分布于欧洲西南部、中亚、外高加索、阿尔及利亚、印度南部、马达加斯加、西藏南部等土仑期至马斯特里特期地层中；*Otostoma caucasicum* (Pcel.) 仅分布于高加索的土仑阶。*Haustator* 也是这一组合的主要分子，共有 5 个种，个体数量较多，多数标本的螺塔破损，但壳饰特征保存尚好，其中 *Haustator acanthophorus* (Miiller) 在德国的亚琛（Aachen）、外高加索、费尔干纳和印度南部的上白垩统恩舍尔阶均有广泛分布。*Haustator vajkensis* Hacobjan 仅产于亚美尼亚的恩舍尔阶；*Haustator dispassus* (Stoliczka) 最早发现于印度南部上白垩统阿里路群（Arrialoor Group）。*Architectonica* 的标本保存较差，仅见 *Architectonica farisi* Abbass 一种，它是埃及土仑阶的产物。*Bellifusus* 虽然个体数量也不多，但化石保存完好，特征清晰，如 *Bellifusus stoliczkai* (Collignon) 主要分布于马达加斯加、印度南部和外高加索的土仑阶。*Rostellana* 属是 Dall 于 1907 年建立的，主要分布于突尼斯、中亚地区的土仑阶，亚美尼亚的恩舍尔阶，费尔干纳盆地和奥地利的森诺阶（Senonian），墨西哥的森诺阶上部。*Rostellana subconstricta* Pcel. 最早发现于中亚地区的土仑阶。*Rostellinda* 也是这一组合的重要分子之一，主要分布于阿尔及利亚的赛诺曼阶，马达加斯加的土仑阶，印度南部及外高加索的土仑阶至恩舍尔阶，奥地利、费尔干纳的恩舍尔阶至桑托阶（Santonian）。虽然 *Rostellinda wuqiaensis* 是一个新种，但根据该属的分布规律，仍具有一定的地层意义。此外，*Palaeopsephaea* 是世界各地晚白垩世地层中的常见分子，主要分布在德国萨克森（Saxony）的土仑阶，德国亚琛的 Vaals greensand，美国得克萨斯州赛诺曼阶的 Woodbine 组，非洲南部庞多兰（Pondoland）和安哥拉（Angola）的上白垩统，苏联费尔干纳盆地、马达加斯加的森诺阶下部和亚美尼亚的恩舍尔阶。此属在我国仅见于这一组合，并成为该组合的主要分子。

根据本区地层层序和上述生物群的分析，这一腹足动物群无疑应归入土仑期早期。

齐姆根凸起西缘及叶城凹陷西缘未见该组合化石。

（3）*Ascensovoluta angusta–Gyrodes tenellus* 组合。

这一组合仅分布在喀什凹陷北缘（南天山山前带）的巴什布拉克，乌鲁克恰提和斯姆哈纳等地库克拜组上段中上部的灰色骨屑泥晶灰岩中，标本极为丰富，随手可拾。特别是 *Ascensovoluta*，虽壳表纹饰保存较差，但轴切面的内部构造特征清晰。此组合中的常见分子 为 *Architectonica farisi* Abbass，*Gyrodes mariae*（d'Orbigny），*Haustator acanthophorus*（Miiller），*Polinices* sp.，*Pyropsis* sp.1，*P.* sp.2，*Rostellinda stoliczkana*（Dall），*Rostellana godoganensis* Pcel.，*Bellifusus xiniianensis* sp. nov.，*Ascensovoluta subconspicua* Pcel.，*A.polita* sp. nov.，*A.angusta* Peel.，*A.veberi* Pcel.，*A.yalpakchensis* Pcel.，*A.indigena* sp. nov.，*Lyria* sp.1，*Uniplicata pupilla* gen. et sp. nov. 等。

其中除少数属种是从下部组合延续上来的，如 *Haustator acanthophorus*（Miiller），*Ascensovoluta subconspicua* Pcel.，其余均是这一组合中新出现的分子，特别应该指出的是，*Ascensovoluta* 属在这一组合中共有 6 个种，其中 4 个已知种 *Ascensovoluta angusta* Pcel.，*A.subconspicua* Pcel.，*A.yalpakchensis* Pcel.，*A.veberi* Pcel. 均分布于中亚地区，前两个种主要产于森诺阶，后 2 个种发现于土仑阶。除此以外，*Rostellinda stoliczkana*（Dall）主要分布于印度南部，马达加斯加的土仑阶和亚美尼亚的恩舍尔阶。*Rostellana godoganensis* Pcel. 以往均见于中亚、外高加索等的土仑阶至恩舍尔阶。*Gyrodes* 属虽然在世界各地白垩纪地层中分布很广，但由于地质历程较长，所以地层意义较小。但 *Gyrodes tenellus* Stoliczka 仅限于印度南部，中亚、外高加索地区上白垩统的恩舍尔阶。

据上述分布和对比，这一组合无疑应归于土仑期中、晚期。

喀什凹陷西缘、齐姆根凸起西缘及叶城凹陷西缘未见该组合化石。

（4）*Trochactaeon*（*Neocylindrites*）*wuyitakeensis–Aetaeonella micra* 组合。

这一组合主要产于喀什凹陷西缘（西昆仑山山前带北段）奥依塔克和依格孜牙地区依克孜牙组下部的浅红色泥晶骨屑灰岩中，其主要特征是以个体极为微小的小海娥螺类和轮捻螺类所组成。有趣的是这一腹足类动物群的壳体大小与第一组合几乎类同，一般均在 1～3mm 之间，在世界上均属罕见，但它们所含的属种却不尽相似。虽然没有壳体的外形特征，但根据岩石的切片，壳体内部构造特征清晰，化石均为地方性种。由于化石微小，肉眼不易识别，故目前所见属种尚少。这一组合除了主要分子 *Trochactaeon*（*Neocylindrites*）*wuyitakeensis*，*Actaeonella micra* 之外，还有 *Nerinella scytalina* sp. nov.，*Nerinea terganensismicra* subsp. nov.，*Trochactaeon*（*Neocylindrites*）是 Sayn 于 1932 建立的一个亚属，该亚属是捻螺科中最早出现的一个亚属，最低层位见于法国南部巴列姆阶（Barremian）至阿尔必阶（Albian），广泛分布在中亚，欧洲的地中海，安哥拉，美国的得克萨斯、加利福尼亚；土仑期时，仅分布于外高加索和中欧；坎佩尼至马斯特里特期时，此亚属仅见于西半球的波多黎各和墨西哥的恰帕斯（Sohn and Kollmann，1985）。虽然该亚属在这一组合仅发现一个新种，但它的发现，对本区地层时代和生物地理分区的划分都是十分重要的。这一组合的其他分子也都是新的分子，所以，其地层时代只能根据本区的地层层序和共生的有孔虫来确定。共生有孔虫有 *Quinqueloculina*，*Miliammina*，*Dictyoconus*，*Cuneolina*，*Periloculina*，*Accordiella* 等，它们均是森诺早期的常见分子，所以把这一腹足动物组合归入森诺早期是适宜的。

叶城凹陷北部西缘和什拉甫剖面有：*Nerinea* sp.，*N.ferganensismicra*，*Haustator?* sp.，*H.cf. acanthophorisa*，*Ampullina* sp.，*Ampullina* cf. *lyrata*，*Nerinella scytatina*，*Actaeonellamicra*，*Cantharus subabbreviatus*。

叶城凹陷南部西缘克里阳剖面有 *Haustater* sp.，玉力群剖面本组有 *Turritella* sp. 等。

从腹足类的组分看，除 *Haustator* cf.*acanthophorisa* 是库克拜组上段 *Ascensovoluta-angusta-Gyrodes tenellus* 组合中的常见分子外，其余的属种均是依格孜牙组下段组合中的分子。

喀什凹陷北缘和齐姆根凸起西缘未见该组合化石。

（5）*Cantharus subabbreviatus-Troehaetaeon*（*Neoeylindrites*）*yengisarensis* 组合。

主要产于喀什凹陷西缘（西昆仑山山前带北段）依格孜牙地区依格孜牙组中上部的土黄色泥质灰岩中。由于灰岩节理发育，所以化石一般保存欠佳，常见属种有 *Damesia ornata* sp. nov.，*Roemerella nerinea*（Roemer），*Architectonica* sp.，*Xenophora* sp.，*Quadrinervus subtilis*（Zekell），*Colombellina* sp.，*Ampullina lyrata*（Sowerby），*Rostellana* sp.，*Ascensovoluta* sp. 等。

喀什凹陷北缘、齐姆根凸起西缘及叶城凹陷西缘均未见该组合化石。

3）介形类组合

塔西南下白垩统介形类仅见于喀什凹陷西缘；晚白垩世期介形类主要发育于喀什凹陷西缘及喀什凹陷北缘的库克拜组和依格孜牙组。齐姆根凸起西缘及叶城凹陷西缘仅有少量属种报道（表3-1-6）。

虽然塔西南喀什凹陷西缘和北缘上白垩统部分组、段的沉积特征差别较大，甚至迥然不同，其厚度变化也较大。然而，从这些地层中的介形类化石来看，纵向上属种的变化明显，横向上的属种的变化基本稳定，仅有属种数量多寡之分，它们的组合特征则大体相同。因此，介形类是上白垩统各组、段对比的较可靠依据。

根据杨仁、蒋显庭等（1995）研究结果，塔西南白垩纪腹足动物群自下而上可划分为4个组合；张师本等（2004）在全区补充了2个组合。本次研究在其基础上进行了组合内容的丰富及分布范围的补充，并在小区中新建3个组合。

（1）*Cetacella rugosa-Damonella* 组合。

张师本等在齐姆根凸起西缘同由路克剖面克孜勒苏群底部1—6层发现 *Cetacella rugosa*，*Damonella subelliptica*，*Darwinula contracta*，*D.oblonga*。以 *Cetacella*、*Damonella* 和 *Darwinula* 等3个属的个体数量较多为特征。与塔里木盆地库车坳陷舒善河组相比较可定为早白垩世早期。

表 3-1-6　塔西南各区带白垩纪介形类组合分布表

统	阶	地层单位		喀什凹陷北缘 (南天山山前带)	西昆仑山山前带		东昆仑山山前带 (叶城凹陷西缘)	
					北部 (喀什凹陷西缘)	南部 (齐姆根凸起)	北部	南部
上白垩统	马斯特里赫特阶	吐依洛克组 K_2t						
	坎潘阶	依格孜牙组 K_2y		*Sarlatina-Ovocytheridea* 组合	*Sarlatina-Ovocytheridea* 组合			
	三冬—康尼亚克阶							
	土仑阶	乌依塔克组 K_2w						
		库克拜组	K_2k^3	*Ovocytheridea Akedaoensis-Veenia mandelstami-Barlatina leguminoformis* 组合	*Ovocytheridea akedaoensis. Veenia mandelstami-Sarlatina leguminoformis* 组合			
	赛诺曼阶		K_2k^2	*Ovocytheridea bashibulakeensis-Cytherella wuqiaensis-Schuleridea irinae* 组合	*Ovocytheridea bashibulakeensis-Cytherella wuqiaensis-Schuleridea irinae* 组合			
			K_2k^1					
下白垩统	阿尔布阶—阿普特阶	克孜勒苏群	K_1kz^4					
			K_1kz^3					
	巴雷姆阶—贝利阿斯阶		K_1kz^2	*Cypridea-Latonia* 组合		*Cetacella rugosa-Damonella* 组合		*Cypridea-Rhinocypri* 组合
			K_1kz^{1-2}		*Damonella-Darwinula* 组合			
			K_1kz^{1-1}					

　　喀什凹陷西缘且木干地区下白垩统克孜勒苏群第二段钙质粉砂质泥岩见到介形类化石，经鉴定为：*Damonella buchaniana* Anderson，*Darwinula contracta* Mandelstam，*Darwinula tubiformis* Lubimova，*Ostracoda* indet。

　　其中 *Darwinula contracta* Mandelstam 曾见于塔里木盆地库车坳陷卡普沙良群舒善河组—巴西盖组、准噶尔盆地南缘下白垩统连木沁组、准噶尔盆地西北缘的下白垩统吐谷鲁群上部、吐鲁番盆地下白垩统三十里大墩组；*Darwinula tubiformis* Lubimova 见于塔里木盆地库车坳陷卡普沙良群舒善河组、准噶尔盆地西北缘乌尔禾地区下白垩统吐谷鲁群上部、吐鲁番盆地七克台地区下白垩统胜金口组及蒙古下白垩统尊巴音组；*Damonella buchaniana* Anderson 见于塔里木盆地库车坳陷卡普沙良群舒善河组。可见 *Damonella-Darwinula* 组合，与 *Cetacella rugosa-Damonella* 组合大体相当，代表克孜勒苏群下旋回下部介形类组合。

另据新疆维吾尔自治区区域地层表（1981）记述"采自沙拉依（赛拉因）沟剖面及依格孜牙剖面（喀什凹陷西缘）的介形类有 *Darwinula tubiformis*，*Damonella circularis*，*Mongolianella* sp.，*Cypridea（Cypridea）koskulensis*，*Clinocypris scolia*，*Rhinocypris echinata*，*R.cirrita*，与且木干剖面介形类组合类似。

喀什凹陷北缘、叶城凹陷西缘未见该组合化石。

（2）*Cypridea-Latonia* 组合。

在喀什凹陷北缘巴什布拉克、库什乌留沟、乌拉根、库孜贡苏等剖面克孜勒苏群的下亚旋回上部尚有：*Cypridea（Ulwellia）koskulensis*，*C.（cypridea）simplex* 等。另据蒋显庭、周维芬、林树槃等（1995）记载，在本群中下部砂质泥岩和泥岩中尚有 *Cypridea simplex*，*C.tuguluensis*，*Monosulcocypris wuqiaensis*，*Rhinocypri pustulata* 等。

上述这些属种，大多是我国东北、华北、西北、华南和华东地区陆相早白垩世地层中常见的属种。特别是其中的 *Cypridea（Ulwellia）koskulensis* 分布于里海盆地巴列姆期、哈萨克斯坦、费尔干纳盆地、西西伯利亚盆地欧特里夫期至巴列姆期；*Rhinocypris cirrita* 也是哈萨克斯坦盆地巴列姆期的重要标志化石；*Rhinocypris echinata* 则分布于里海盆地，哈萨克斯坦、西西伯利亚盆地和维提姆盆地的欧特里夫期至巴列姆期。

叶城凹陷南部西缘玉力群地区下亚旋回见介形类，主要有 *Cypridea hoshulensis*，*Damonella* sp.，*Rhinocypris echinata*，*Darwinula tubiformis*，*Clinocypris scolia*，*Limnocythere* sp. 等，可与本组合大致对比。

喀什凹陷西缘、齐姆根凸起西缘及叶城凹陷西缘北部未见该组合化石。

（3）*Ovocytheridea bashibulakeensis-Cytherella wuqiaensis-Schuleridea irinae* 组合。

这一组合分布于喀什凹陷北缘及喀什凹陷西缘，可分为上、下部。下部见于库克拜组下段，是晚白垩世海侵的开始，介形类化石甚少，但与上部的组合有些类似；上部产于库克拜组中段，介形类化石较多，为本组合的主体。

组合的下部分别见于喀什凹陷北缘的巴什布拉克、斯姆哈纳及喀什凹陷西缘的阿克彻依和且木干剖面，主要产于石灰岩及泥岩中，介形类化石出现的层次及含量均很少，保存稍好，但绝大多数不能鉴定到种，南北两侧属种略有共性，故可对比，共有 5 属 2 种，如 *Cytherella* cf. *anteromarginata* Babinot，*Bythoceratina* sp.1（巴什布拉克），*Pontocyprelia*，*Bairdoppilata?*，*Ovocytheridea*（斯姆哈纳），*Ovocytheridea* 及 *Cytherella*（阿克彻依且木干）. 其中 *Cytherella* cf. *anteromargita* Babinot 曾见于法国 Provence 的 Fieraquet 及 Begude 的赛诺曼阶中、上部及葡萄牙的赛诺曼阶；*Ovocytheridea* 属的地质历程仅限于赛诺曼—桑托（Santonian）期；*Pomocyprella* 属则由侏罗纪—晚白垩世；其他属的地质历程长，对确定地质时代意义不大。从介形类化石组合特征及其外形分析，这些介形类化石无疑属晚白垩世，而从发现的 *Cytherella* cf. *anteromarginata* Babinot 原种的地质时代为赛诺曼中、晚期，又与中亚塔吉克盆地阿尔必（Albian）期的介形类化石组合不同。因此，下部化石组合的地质时代属赛诺曼期的可能性大。共生的其他门类化石提供的地质时代，如有孔虫为赛诺曼早期，双壳类是阿尔必期至赛诺曼早期，腹足类则为土仑早期。综合考虑上述各门类化石的地质历程及下伏克孜勒苏群的地质时代应为早白垩世，故该组合的下部（库克组下段）宜归赛诺曼早期。

组合的上部化石见于库克拜组中段，并分布于喀什凹陷北缘的巴什布拉克两个地区及乌鲁克恰提；喀什凹陷西缘的乌依塔克及依格孜牙剖面。在这些剖面中，介形类化石出现的层次及属种虽不多，但含量丰富，保存完好，横向分布稳定，这样南北两侧地层就可对比。它们中有由组合的下部延续上来的少数属种。

上部组合的特征是以 *Ovocytheridea bashibulakensis* Yang sp. nov.，*Cytherella wuqiaensis* Yang sp. nov.，*Cytherella.cf.anteromarginata* Babinot 及 *Schuleridea irinae* Andreev 为丰，次为 *Cytherella* cf. *concava* Weaver，*Brachycythere subdotata* Yang sp. nov. 及 *Pomocyprella proceraformis* (Mandelstam) 以及个别的 *Pterygocythere usualis* Yang sp. nov. 和 *Veeniamandelstami* (Andreev)，其中 *Schuleridea irinae* Andreev 及 *Veenia mandelstami* (Andreev) 曾分别见于中亚塔吉克盆地的赛诺曼阶中部及赛诺曼阶上部，*Cytherella* cf. *concava* Weaver 的原种发现于英国东南部 Kent Bluebell Hill 的赛诺曼阶上部，*Pontocyprella proceraformis* (Mandelstam) 产于中亚塔吉克盆地的土仑阶下部。从这些已知种及比较种的时代来看，大部分属赛诺曼期中、晚期，个别归土仑期早期，因此，上部组合的库克拜组中段归为赛诺曼中、晚期是较适宜的。这和与之共生的其他门类化石综合确定的地质时代是一致的。

齐姆根凸起西缘及叶城凹陷西缘未见该组合化石。

(4) *Ovocytheridea akedaoensis*—*Veenia mandelstami*—*Barlatina ieguminoformis* 组合。

第4组合产于库克拜组上段，且分布于喀什凹陷北缘的巴什布拉克、乌鲁克恰提、斯姆哈纳等剖面及喀什凹陷西缘的阿克彻依、且木干等剖面，是上白垩统含介形类化石最丰富、属种最多、保存最完好而且横向稳定的组、段。因此，两地含该组合的地层是可对比的。本组合中有从第3化石组合延续上来的少数属种。

本组合以 *Ovocytheridea akedaoensis* Yang sp.nov.，*Schuleridea atraxa* Mandelstam et Andreev 及 *Cytherella moguigouensis* Yang sp. nov. 为主，次为 *Cytherella subwu. qiaensis* Yang sp. nov.，*Veenia mandelstami* (Andreev)，*Curtsina usualis* Yang sp. nov.，*Satlatinaleguminoformis* (Andreev) 及 *Cytherelloidea bona* Markova，少量的有 *Cytherella minor* Yang sp. nov.，*Brachycythere dotata* Mandelstam et Andreev，*Pontocyprella proceraformis* (Mandelstam) 及 *Pterygocythere turonica* (Mandelstam)，个别的有 *Cythereis kelilensis* Andreev 及 *Amphicytherura sexta* Bold 等等。其中 *Sarlatina ieguminoformis* (Andreev) 及 *Brachycythere dotata* Mandelstam et Andreev 均曾见于中亚塔吉克盆地的上土仑阶；*Schuleridea atraxa* Mandelstam 及 *Pontocyprella proceraformis* (Mandelstam) 也产于同盆地的中土仑阶；*Cytherelloidea bona* Markova 及 *Pterygocythcre turonica* (Mandelstam) 分别产于中亚土库曼斯坦的赛诺曼阶及土仑阶 *Cythereis kelifensis* Andreev 发现于中亚乌兹别克斯坦南部及塔吉克盆地的上赛诺曼阶；*Amphicytherura secta* Bold 曾出现于埃及的 Abu Rawash 的上赛诺曼阶及以色列的上赛诺曼阶—土仑阶。这些化石的地质时代各不相同，但是在上赛诺曼期—上土仑期的范围内，而以土仑期居多。考虑到下伏及上覆地层的地质时代，本化石组合的库克拜组上段定为土仑期是合适的。

齐姆根凸起西缘及叶城凹陷西缘未见该组合化石。

(5) *Sarlatina*—*Ovocytheridea* 组合。

分布于喀什凹陷北缘巴什布拉克地区、乌鲁克恰提、库孜贡苏及喀什凹陷西缘依格孜牙等剖面的依格孜牙组。这些剖面所含介形类化石的层次虽少，但含量丰富，分异度低，有的层次几乎是单属单种，但组合特征类似。

在喀什凹陷北缘以 *Sarlatina longielliptica* Yang sp. nov. 为主，次为 *Ovocytheridea* 及 *Eocytheropteronwuqiaensis* Yang sp. nov.，出现个别的 *Schuleridea* 及 *Cytherella*。

在喀什凹陷西缘以 *Sarlatina yigeziyaensis* Yang sp. nov. 为主，次为 *Paijenborchella* (*Eopaijenborchella*) cf. *asiatica* (Andreev)，极少量的有 *Veenia* cf. *balachanensis* Andreev，*Sarlatina* sp.1，*Pontocyprella* sp. 2，*Xestoleberis* sp.，*Eocytheropteron* 及 *Cytherella*。

上述介形类化石中，*Sarlatina longielliptica* Yang sp.nov. 与下土仑阶库克拜组上段的 *S.leguminoformis* (Andreev) 的外形及叠覆情况很相似，只是前者雌体低、长，而雄体更细长。后者在原苏联中亚塔吉克盆地，除产于下土仑阶外，还见于桑托阶。笔者等认为属桑托期的该属的种，有很大的可能在本书中被鉴定为新种 *Sarlatina longielliptica* Yango，*Sarlatina yigeziyaensis* Yang sp.nov. 也与 *S.leguminoformis* (Andreev) 的外形及叠覆情况很类似，唯前者的雌体较低、短，雄体较低、长。笔者推测本区这两个不同地区的新种，在很大程度上有可能是在不同环境中由 *S.leguminoformis* (Andreev) 演化而来的，其时代自然比祖先种新。因此，这两个新种的地质时代可能同是桑托期。

齐姆根凸起西缘及叶城凹陷西缘未见该组合化石。

4）有孔虫组合

郝诒纯等（1987）记载康苏地区克孜勒苏群下亚旋回的上部有杨树桂（1960）发现的海相有孔虫 *Saccammina globosa*，此种也见于澳大利亚早白垩世地层中，但未见图版。塔西南有孔虫主要发育于上白垩统，以喀什凹陷西缘（西昆仑山山前带北段）最为丰富，喀什凹陷北缘（南天山山前带）中有孔虫多见于库克拜组，齐姆根凸起西缘（西昆仑山山前带南段）有少量报道。

中国科学院南京古生物所孙息春（2001）对塔西南库克拜组作了较详细的划分，郝诒纯，郭宪璞等（2001）对奥依塔克组至吐依洛克组的有孔虫进行了细致的研究，本文在上述工作的基础上，结合本次的资料，扩展了组合的内容，另在1个点首次采获带化石（表3-1-7）。

现以喀什凹陷西缘（西昆仑山山前带北段）有孔虫组合为主，介绍如下。

白垩纪有孔虫组合可分三个动物群，10个组合。

（1）*Migros–Charentina* 动物群。

该群发育于库克拜组，可分为3个组合。

Charentina cuvillieri–Pseudocyclammina 组合：喀什凹陷西缘库克拜组下段产有孔虫 *Charentia cuvillieri* Neumann，*Cuneolina* sp.，*Pseudocyclammina* sp. 等，是赛诺曼早期的代表。喀什凹陷北缘库克拜组下段产有孔虫 *Charentia cuvillieri* Neumann，*Pseudocyclarnmina rugosa*，*Fissurina* sp.，*Hoeglundina* sp.，*Rotalipora*? sp.，*Schackoina gandonii* Reichel 和 *Cuneolina* sp.，两者主要分子完全相同，可作精细的对比。其他地带未获该组合分子。

Migros–Talimuella 组合：喀什凹陷西缘库克拜组中段产有孔虫 *Migros*、*Talimuella*，以 *Migros* 为主。另有 *Ammobaculites albertensis hinesensis* subsp. Stelck et Wall，*Guembelitria cenomuna* (Keller)，*Flabellammina irenensis* Stelck et Wall，它们是原苏联地区、美国和加拿大赛诺曼期中、晚期的分子。喀什凹陷北缘库克拜组中段产有孔虫 *Migros asiatica*，*M. spiritensis*，*Ammobaculites albertensis hinesensis*，*Discorbis vescus* 等，两者主要分子基本相同，可作对比。其他地带未获该组合分子。

表 3-1-7　塔西南各区带白垩纪有孔虫组合分布表

统	阶	地层单位	喀什凹陷北缘（南天山山前带）	喀什凹陷西缘（西昆仑山山前带北段）	齐姆根凸起（西昆仑山山前带南段）
上白垩统	马斯特里赫特阶	吐依洛克组 K_2t	*Cibicides mammilatus* 和 *Cibicidoides succedens*	*Quinqueloculina-Nonion* 组合	*Nonion* sp., *Melonis* sp., *Gavelinella* sp.
	坎潘阶	依格孜牙组 K_2y		**[*Quinqueloculia-Triloculina*]** *Pseudotriloculina-Ammodiscus-Protelphidium* 组合	
	三冬—康尼亚克阶			*Quinqueloculina-Nodosaria-Textularia* 组合	
	土仑阶	乌依塔克组 K_2w		**[*Pararotalia-Quinqueloculina*]** *Quinqueloculina-Massilina* 组合 / *Cibicidina-Quinqueloculina* 组合 / *Pararotalia-Nonionella* 组合 / *Migros-Ammobaculites* 组合	
	赛诺曼阶	库克拜组 K_2k^2	**[*Migros-Charentina* 动物群]** *Talimuella-Ammobaculites* 组合 / *Migros-Ammobaculites* 组合	**[*Migros-Charentina*]** *Talimuella-Migros* 组合 / *Migros-Talimuella* 组合	
		库克拜组 K_2k^1	*Charentina cuvillieri-Pseudocyclammina* 组合	*Charentina cuvillieri-Pseudocyclammina* 组合	
下白垩统	阿尔布阶—阿普特阶	克孜勒苏群 K_1kz^4			
			K_1kz^3		
	巴雷姆阶—贝利阿斯阶	K_1kz^2	*Saccammina globosa*		
		K_1kz^1			

　　Talimuella–Migros 组合：喀什凹陷西缘库克拜组上段产有孔虫 *Migros*，*Talimuella*，以 *Talimuella* 为主，另有 *Neoendothyra*，*Quinqueloculina*，*Cuneolina* 等属为代表，该组合在意大利产于土仑期。喀什凹陷北缘库克拜组上段所产有孔虫 *Ammobaculites pacalis*，*Talimuella merasa*，*Eggerellina*，*Gravellina*，*Oravellina*，*Hagenowina*，*Migros* 等，*Talimuella* 较丰富，在原苏联地区也产于土仑期。因此，两者可作对比。其他地带未获该组合分子。

　　综上所述，库克拜期 *Migros–Charentina* 动物群在喀什凹陷北缘及西缘均较发育，可逐段对比，表明两地沉积环境类似。而东南的齐姆根凸起及叶城凹陷西缘至今未见到有孔虫化石报道，说明其沉积环境不适宜有孔虫生存。

　　（2）*Pararotalia–Quinqueloculina* 动物群。

　　本群限于土仑阶中及上部，可分为 4 个组合带，即：*Migros-Ammobaculites* 组合带、*Pararotalia-Nonionella* 组合带、*Cibicidina-Quinqueloculina* 组合带、*Quinqueloculina-Massilina* 组合带。仅产于喀什凹陷西缘（西昆仑山山前带北段）乌依塔格组，表明喀什凹陷北缘（南天山山前带）沉积环境在乌依塔格期与西昆仑山山前带北部发生了分异，其沉积环境也不适宜有孔虫生存了。

（3）*Quinqueloculia-Triloculina* 动物群。

可分为 2 个组合带。该群 *Quinqueloculina-Nodosaria-Textularia* 组合带，仅产于喀什凹陷西缘产自依格孜牙组下及中段，限于三冬 - 康尼亚克阶至坎潘阶。*Pseudotriloculina-Ammodiscus-Protelphidium* 组合带，仅产于喀什凹陷西缘依格孜牙组上段，限于马斯特里赫特阶。（综上，（2）及（3）有孔虫动物群仅产于喀什凹陷西缘，其他地区至今未见有孔虫化石报道，表明塔西南这期间仅喀什凹陷西缘属盐度（或接近）的正常浅海环境。而喀什凹陷北缘及其他带环境不适宜有孔虫生存）。

Quinqueloculina-Nonion 组合带，喀什凹陷西缘（西昆仑山山前带北段）见于阿克彻依剖面吐依洛克组上部，主要分子 *Quinqueloculina ranikotensis*、*Nonion* sp. 和 *Q.pseudovata* 产自巴基斯坦 Salt 地区的古新统，*Q. naheolensis*，*Textularia protenta* 等产自美国亚拉巴美州和阿肯色州的古新统。

喀什凹陷北缘见于库孜贡苏剖面吐依洛克组下部。主要分子 *Cibicides mammilatus* 和 *Cibicidoides succedens* 产自瑞典南部下古新统。后者仅见于古新统下部。*Cibicidoides* 和 *Florilus* 两属在世界各地最早出现于古新世。因此按该组合时代意见，吐依洛克组应划为古新统。

齐姆根凸起西缘在阿尔塔什剖面吐依洛克组底部白砂岩的灰绿色薄层泥质条带找到少量有孔虫 *Nonion* sp.，*Melonis* sp.，*Gavelinella* sp.，与喀什凹陷西缘有一定的相似性。

5）孢粉组合

塔西南早白垩世克孜勒苏群孢粉较少；晚白垩各小区孢粉组合存在较大的差异。据黎文本（2000）、余静贤（1990）对下白垩统克孜勒苏群孢粉的研究，塔西南早白垩世孢粉植物群自下而上可划分为 2 个组合；据张一勇、詹家祯（1991）对晚白垩世孢粉的研究以及笔者本轮的补充，塔西南晚白垩世孢粉植物群可分为 3 个区共 7 个组合（表 3-1-8）。

孢粉组合主要发育在喀什凹陷北缘（南天山山前带），在齐姆根凸起和叶城凹陷南部获少量分子。

Dicheiropollis-Classopollis-Cicatricosisporites 组合：本组合据黎文本（2000）*Classopollis-Dicheiropollis-Lygodiumsporites* 组合与 *Dicheiropollis* 高含量组合建立，分布于塔西南克孜勒苏群下旋回中上部及库车分区、塔克拉玛干分区、舒善河组上部及卡普沙良群中上部。组合中蕨类植物孢子含量一般不超过 20%。有 *Leiotriletes*，*Cyathidites*，*Biretisporites Lygodiumsporites*，*Converrucosisporites*，*Concavissimisporites*，*Retitriletes*，*Impardecispora*，*Cicatricosisporites* 和 *Schizaeoisporites* 等属。裸子植物花粉含量一般大于 80%，有 *Classopollis annulatus*，*Dicheiropollis etruscus*，*Pinuspollenites* sp.，*Quadraeculina limbata* 和个别不能鉴定的两气囊花粉。组合中含大量白垩系常见分子，以 *Dicheiropollis etruscus* 最为重要，在舒善河组上部该属含量最高可达 70%。据黎文本（2000），*Dicheiropollis* 是一个历时很短的花粉属，在南美、北非、西非、南欧、东南亚等地以及云南均仅见于下白垩统贝里阿斯阶—欧特里夫阶，本组合时代可确定为早白垩世贝里阿斯期—欧特里夫期。

表 3-1-8　塔西南各区带白垩纪孢粉组合分布表

统	阶	地层单位	喀什凹陷北缘（南天山山前带）	喀什凹陷西缘（西昆仑山山前带北段）	齐姆根凸起（西昆仑山山前带南段）	叶城凹陷北部（东昆仑山山前带北段）	叶城凹陷南部（东昆仑山山前带南段）
上白垩统	马斯特里赫特阶	吐依洛克组 K_2t		*Classopollis*, *Cycadopites*, *Pityosporites*, *Pinuspollenites*		*Lygodiumsporites*, *Piceaepllenites*、*Ephedripites*	
	坎潘阶　三冬—康尼亚克阶	依格孜牙组 K_2y	*Schizaeoisporites-Senegalosporites-Xinjiangpollis* 组合	*Schizaeoisporites-Senegalosporites-Xinjiangpollis* 组合			
	土仑阶	乌依塔克组 K_2w					*Classopollis*
		库克拜组 K_2k^2	*Schizaeoisporites-Interulobites-Cranwelliha* 组合	*Schizaeoisporites-Interulobites-Cranwellia* 组合	*Schizaeoisporites-Lygodioisporires* 组合	*Schizaeoisporites-Interulobites-Cranwellia* 组合	*Granulatisporites*
	赛诺曼阶		*Schizaeoisporites-Taurocusporites-Psilatricolpites* 组合			*Schizaeoisporites-Taurocusporites-Lygodioisporites* 组合	
		K_2k^1					
下白垩统	阿尔布阶—阿普特阶	克孜勒苏群 K_1kz^4 K_1kz^3	*Lygodiumsporites-Jieohelollis-Clavatipollenites* 组合		*Pinuspollenites* 和 *Inaperturopollenites*		*Tricolporopollenites-Classopollis-Chordasporites*
	巴雷姆阶—贝利阿斯阶	K_1kz^2 K_1kz^1	*Dicheiropollis-Classopollis-Cicatricosisporites* 组合				

（1）早白垩世孢粉组合。

Lygodiumsporites-Jieohelollis-Clavatipollenites 组合：见于克孜勒苏群上亚旋回，组合中蕨类植物孢子占 28.59%，裸子植物花粉占 69.32%，被子植物占 1%～2%。蕨类植物孢子与裸子植物花粉中含白垩系重要分子，如 *Appendicisporites*，*Crybelosporites*，*Concavissimisporites*，*Impardecispora*，*Aequitriradites*，*Hsuisporites*，*Pilosisporites*，*Jieohelollis*，*Concentrisposites*，*Callialaspoites* 等。特别值得注意的是本孢粉组合出现某些早期被子植物花粉，如 *Clavatipollenites minutus*，*C. routundus*，*Liliacidites perortieulatus*，*L. sp.*，*Cupuliferoidaepollenites* spp. 等。余静贤（1990）将这个花粉群划分为 2 个组合，即下部的棒纹粉—星粉组合（时代属巴雷姆晚期至阿尔布早期）和上部的三沟粉组合（时代属中、晚阿尔布期）。

依据被子植物花粉，本组合时代巴雷姆晚期—阿尔布期。

（2）晚白垩世孢粉组合。

在塔西南库克拜组、乌依塔克组及依格孜牙组获得孢粉化石，以喀什凹陷北缘的晚白垩世孢粉组合序列较为完整，它基本上反映了当时孢粉植物群的演替。前人在昆仑山山前带采获孢粉较少，本文在补充了大量昆仑山山前带的资料的基础上，并在小区中新建了 4 个组合。

由于各小区孢粉组合存在差异，故分区进行叙述。

①喀什凹陷北缘。

本地区上白垩统主要含孢粉的地层为斯姆哈纳、乌鲁克恰提、巴什布拉克、库孜贡苏等剖面的库克拜组，其中巴什布拉克剖面的孢粉化石最优，本地区晚白垩世孢粉组合序列以这个剖面为代表，自下而上获得三个孢粉组合，以下顺序列出。

a.*Schizaeoisporites–Taurocusporites–Psilatricolpites* 组合。

本组合从库克拜组中段之灰黑色泥岩层获得。这里以巴什布拉克剖面为代表，孢粉化石数量虽不甚丰富，但其属种是相当繁多的。其组合特征为：①蕨类植物孢子含量居绝对优势，占整个组合的74.8%～88.4%。蕨类孢子中 *Schizaeoisporites* 占有显著位置，在总的含量中达23.3%～53.6%。其他以 *Foraminisporis*，*Interulobites*，*Taurocusporites*，*Polycingulatisporites*，*Seductisporites* 等孢子较为常见，早白垩世较常见的 *Cicatricosisporites*，*Plicatella* 在本组合中少量出现。②裸子植物花粉含量少，占9%～19.3%，其中主要为 *Ephedripites*（*E.*）spp.，*Cycadopites*，*Monosulcites*。仅见个别具气囊的花粉，居很次要的位置。③被子植物花粉含量很低，占2.7%～9%，其主要类型为具简单口器的光面和网面三沟花粉，如 *Psilatricolpites*，*Retitricolpites*，偶尔见到简单口器的古三孔花粉，如 *Archarotriporopollis*。

b.*Schizaeoisporites–Interulobites–Cranwellia* 组合。

本组合从库克拜组上段上部的深灰色泥岩段获得，以巴什布拉克剖面为代表。

其组合特征为：①蕨类植物孢子的总含量和属种类型与第一孢粉组合基本相同，含量占74.2%～86.0%，孢子中仍以 *Schizaeoisporites* 占优势，占总含量的30.5%～66%。*Schizaeoisporites* 中，个体较大的种含量有所增加。其他重要的成分为 *Cyathidies*，*Hymenophyllumsporites*，*Foraminisporis*，*Interulobites*，*Taurocusporites*，*Polycingulatisporites*，*Seductisporites*，*Trisolissporites*，*Gabonisporis*。其中 *Gabonisporis* 在巴什布拉克剖面库克拜组中段的第一孢粉组合中个别出现，而在本组合中有较高含量。另外，在库克拜组顶部新出现个别 *Senegalosporites*。②裸子植物花粉含量为7.7%～13.2%，其主要成分仍为 *Ephedripites*（*E.*）spp.，*Regalipollenites*，*Cycadopites*，*Jugella* 具气囊花粉几乎未见。*Regalipollenites* 为新出现分子，并有一定含量。③被子植物花粉在数量、属种上较之第一孢粉组合有明显增长，含量高可达12.5%。出现了短极轴和较进化口器的三孔沟类花粉，如 *Cupanieidites*，*Retitricolporites oblatus*，*Cranwellia* 和 *Xinjiangpollis*。特别是 *Cranwellia* 在组合中占有显著位置，可达6.6%，它是本组合的明显标志。

c.*Schizaeoisporites–Senegalosporites–Xinjiangpollis* 组合。

本组合从依格孜牙组之灰绿色泥质粉砂岩、膏泥岩中获得。其组合特征为：①组合中仍以蕨类植物孢子占绝对优势，为80.5%～83.4%，其中 *Schizaeoisporites* 仍居很高比例，占总含量的44.9%～67.9%，*Schizaeoisporites* 大个体的种比例明显升高，如 *Schizaeoisporites cretacius*，*S.bashibulakensis*，*S.contaxtus*，*S.pulvinatus*，*S.praeclarus*，*S.defiguratus*，*S.wuyitakensis*，*S.tarimensis* 等占显著位置。其他较重要的孢子有 *Lygodioisporites*，*Polycingulatisporites*，*Trisolissporites*，*Gabonisporis*，*Senegalosporites* 在本组合骤然增加，并占有显著位置，可高达9.2%，前面第一、二组合中的重要成分 *Foraminisporis*，*Interulobites*，*Taurocusporites*，*Helliosporites* 等的含量在当前组合中有所下降。*Cicatricosisporites* 仅个别出现。②裸子植物花粉含量很低，仅占3.5%～6.5%，主要为 *Ephedripites*，*Cycadopites* 和 *Jugella*，

但其含量较前面第一、二组合已大大减少，显得很不重要。具气囊花粉仅个别见到。③被子植物花粉成分有所提高，含量为 10.4% ～ 16.0%。以明显出现 *Xinjiangpollis*，*Galeacornca tarimensis* 为特征。少量见 *Aquilapollenites pyriformis*，偶见有 *Lythraites*，*Pentapollenites* 等。

②喀什凹陷西缘。

本区上白垩统孢粉化石见于且木干和乌依塔克剖面库克拜组及且木干剖面的乌依塔格组，前人资料显示孢粉数量少，属种也很单调，经本次工作后有一定的改进，新建立孢粉组合如下。

a. *Schizaeoisporites–Interulobites–Cranwellia* 组合。

且木干剖面库克拜组上段孢粉的主要成分为：*Schizaeoisporites*，*Interulobites*，*Foraminisporis*，*Seductisporites*，*Cycadopites*，*Classopollis*，*Cranwellia*，个别层位的 *Classopollis* 含量特别高。仅见个别具气囊花粉。被子植物花粉中 *Archaeotriporopollis* 是常见分子，个别层位有较高含量。个别见有 *Retitricolpites* 等。

本组合以 *Schizaeoisporites* 占优势，且见 *Interulobites*、*Cranwellia* 等，大致相当于喀什凹陷北缘 *Schizaeoisporites–Interulobites–Cranwellia* 组合。

b. *Schizaeoisporites–Senegalosporites–Xinjiangpollis* 组合。

且木干剖面依格孜牙组及乌依塔克组孢粉主要成分为：*Schizaeoisporites*，*Trisolissporites*，*Interulobites*，*Senegalosporites*。偶见 *Gabonisporis*。裸子植物花粉主要为 *Cycadopites*，其次为 *Monosulcites*，*Jugella*。零星见到 *Cedripites*，*Podocarpidites*。个别层位 *Classopollis* 富集被子植物花粉，常见的有 *Archaeotriporopollis*，*Xinjiangpollis*，*Psilatricolpites* 等，未见 *Cranwellia*。

本组合见较多的 *Schizaeoisporites*，新出现 *Trisolissporites*、*Senegalosporites* 等，且未见 *Cranwellia*，与南天山山前地区（第 3 孢粉组合）*Schizaeoisporites–Senegalosporites–Xinjiangpollis* 组合类似。

另外，奥依塔克剖面库克拜组分析出为数极少的孢子和花粉粒 *Schizaeoisporites*，*Classopollis annulatus*，*Cycadopites*，*Cicatricosisporites*，*Ephedripites*（*E.*）spp.，*Cranwellia*，大致相当于喀什凹陷北缘（南天山山前带）的 a–b 孢粉组合。

③叶城凹陷北部西缘。

本区上白垩统孢粉化石仅见于和什拉甫剖面库克拜组，前人资料显示孢粉数量少，属种也很单调，经本次工作后有一定的改进，且再新建了 2 个孢粉组合。

Schizaeoisporites–Taurocusporites–Lygodioisporites 组合。

库克拜组中下部孢粉化石有：*Schizaeoisporites kulandyensis*，*S. laevigataeformis*，*S. brevis*，*S. pulvinatus*，*S. tarimensis*，*S. praeclarus*，*S. evidens*，*Foraminisporis*，*Interulobites*，*Polycingulatisporires*，*Trisolissporites*，*Taurocusporites*，*Cyathidites*，*Lygodioisporites triloboformis*，*L.bombus*，*Seductisporites*，*Cycadopites*，*Jugella*，*Ephedripites*（*E.*）spp.，*Classopollis*。个别层位富含 *Psophosphaera*。具气囊花粉很少见，仅零星见 *Pinuspollenites*，*Podocarpidites*。被子植物花粉含量很低，见到的分子有 *Retitricolpites*，*Cupanieidires* cf. *reticularis*，*Retitricolporites oblatus*。未见 *Cranwellia*，*Xinjiangpollis*。

该组合具气囊花粉很少见、被子植物花粉含量很低，未见 *Cranwellia* 等特征，可能与喀什凹陷北缘 *Schizaeoisporites–Taurocusporites–Psilatricolpites*（第 1 孢粉组合）对比。

Schizaeoisporites–Interulobites–Cranwellia 组合。

库克拜组上部孢粉化石有：*Schizaeoisporites*，*Deltoidosporairregularis*，*Trisolissporites*，*Polycingulatisporites*，*Seductisporites Hymenophyllumsporites*，*Cycadopites*，*Jugella*，*Classopollis*。具气囊花粉罕见。被子植物花粉中的 *Cranwellia* 占有明显位置，偶见有 *Retitricolporites oblatus* 等。

该组合以 *Schizaeoisporites* 占优势，且见 *Interulobites*、*Cranwellia* 等，大致与喀什凹陷北缘 *Schizaeoisporites–Interulobites–Cranwellia* 组合相当。

上述组合中的重要成分如 *Taurocusporites*，*Interulobites* 和 *Trisolissporites* 发育于本研究区邻近的西西伯利亚及其以南的中亚地区的塞诺曼期至土仑期中，特别是 *Trisolissporites* 是晚白垩世的特征属，是赛诺曼期至土仑期的指示化石。因此，从库克拜组上部所含的孢粉化石可以判定，其时代应归于赛诺曼至土仑期。

④叶城凹陷南部西缘及齐姆根凸起。

笔者在齐姆根凸起库克拜组首次获得较多孢粉，可建立 *Schizaeoisporites–Lygo –dioisporires* 组合；在叶城凹陷南部（东昆仑山山前带南段）也见零星的孢粉。

总述起来，本区昆仑山山前地区的几个剖面上白垩统库克拜组含孢粉化石不如天山山前沉积带的几个剖面中的丰富，孢粉序列也不如后者清楚，尽管如此，它们的基本特征是相同的，不同点在于前者组合中 *Classopollis* 所占比例较高且很少见到 *Gabonisporis*，个别层位有很高的含量，*Cycadopites* 所占比例也较高。

6）颗石藻类组合

颗石藻类是金褐色单细胞浮游鞭毛海藻，塔西南晚白垩世颗石藻类化石纵向分布在库克拜组中、上段，横向分布则集中于塔里木盆地最西部，接近天山和昆仑山汇合处的三角地带（或马蹄形地带）。钟石兰（1992）根据标准种的存在以及主要组成分子，相应地区分出 2 个颗石藻类化石组合，本轮在齐姆根凸起和叶城凹陷首次采获较丰富的颗石藻化石，为全区进一步对比提供了可靠的资料（表 3-1-9）。

（1）*Lithastrinus floralis–Gartnerago costatum* 组合。

主要产于喀什凹陷北缘（南天山山前带）巴什布拉克、乌鲁克恰提剖面和喀什凹陷西缘（西昆仑山山前北段）阿克彻依、奥依塔克剖面的库克拜组中段的灰绿色钙质泥岩。

组成分子 *Chiastozygus cuneatus* （Lyuleva） Cepek et Hay，Eiffellithus turriseiffelii (Deflandre) Reinhardt，*Gartnerago costatum* （Gartner） Bukry，*Lithastrinus floralis* Stradner，*Watznaueria barnesae* （Black） Perch–Nielsen，*Zygodiscus diplog rammus* (Deflandre) Gartner。

上述组成分子当中，*L. floralis* 和 *Z. diplogrammus* 较为常见，*G · costatum* 仅偶然出现。这些种类普遍受到严重溶蚀，例如，*L. floralis* 的辐射瓣锥形外端变成钝圆，晶元缝合线加宽，中央横隔构造常常消失；*Z. diplogrammus* 中央桥遭受严重破损；但另一方面，有些标本存在增生现象。笔者在叶城凹陷西缘和什拉甫剖面库克拜组首次获的丰富的颗石藻 *Leiosphaeridia*、*Spiniferites*、*Palaeohystrichophora*、*Coronifera*、*Litosphaeridium*、*Oligosphaeridium*、*Canningia*、*C. xinjiangensis*、*Cyclonephelium*、*Ciculodinium*，*Granodiscus*、*Micrhystridium* 等。其中古刺藻属 *Palaeohystrichophora* 在我国新疆见于上白垩统库克拜组—乌依塔克组，简球藻属 *Litosphaeridium* 在新疆见于晚白垩和始新世，新疆坎宁藻 *Canningia xinjiangensis* 在新疆见于上白垩统库克拜组—依格孜牙组，复杂稀管藻 *Oligosphaeridium complex*、美丽稀管藻 *O. pulcherrimum* 在新疆见于晚白垩世库克拜组，*Alisogymnium* 常见于晚白垩世，所以该剖面层位应为上白垩统库克拜组。

表3-1-9 塔西南各区带白垩纪颗石藻、沟鞭藻类、绿藻和疑源类组合分布

统	阶	地层单位		喀什凹陷北缘		喀什凹陷西缘		齐姆根凸起	叶城凹陷北部
				沟鞭藻类、绿藻和疑源类	颗石藻、轮藻	沟鞭藻类、绿藻和疑源类	颗石藻、轮藻	颗石藻	颗石藻
上白垩统	马斯特里赫特阶	吐依洛克组 K_2t							
	坎潘阶三冬—康尼亚克阶	依格孜牙组 K_2y							
	土仑阶	乌依塔克组 K_2w		*Sinocysta granulata-Alterbia ovalis-Comasphaeridium spinatum* 组合	*Lithastrinus floralis-Lucianorhabdus cayeuxii* 组合		*Lithastrinus floralis-Lucianorhabdus cayeuxii* 组合		
	赛诺曼阶	库克拜组	K_2k^2	*Odontochitina-Eurydinium* 组合	*Lithastrinus floralis-Gartnerago eostatum* 组合	*Palaeohystrichophora-Apteodinium conicum-Canningia-Oligosphaeridium* 组合	*Lithastrinus floralis-Gartnerago eostatum* 组合		*Palaeohystrichophora-Palaeoperidinium-Lejeunecysta* 组合
				Apteodinium conicum-Canningia insignis 组合				*Oligosphaeridium pulcherrimum-Palaeohystrichophora* 组合	
			K_2k^1						
下白垩统	阿尔布阶—阿普特阶	克孜勒苏群	K_1kz^4						
			K_1kz^3						
	巴雷姆阶—贝利阿斯阶		K_1kz^2	*Aclistochara huihuibaoensis-Mesochara-Sphaerochara* （轮藻）组合		*Clypeator zongjianensis-Mesochara kapushaliangensis* （轮藻）组合			
			K_1kz^{1-2}						

可建立 *Oligosphaeridium pulcherrimum−Palaeohystrichophora* 组合。

叶城凹陷西缘与喀什凹陷北缘、喀什凹陷西缘颗石藻的差异大，可能是环境变化的原因。齐姆根凸起西缘未见该组合化石。

（2）*Lithastrinus floralis−Lucianorhabdus cayeuxii* 组合。

见于库克拜组上段，灰绿色泥岩。组成分子 *Ahmuellerella octoradiata*（Gorka）Reinhardt，*Arkhangelskiella cymbiformis* Vekshina，*Biscutum constans*（Gorka）Black，*Bidiscus ignotus*（Gorka）Hoffmann 等。

本组合以 *L. floralis*，*Z. diplogrammus*，*W. barnesae*，*B. bigelowii* 等出现的频率较高，*E.turriseiffelii*，*B. fonstans* 和 *P. splendens* 也较为常见，*L. cayeuxii* 则偶然见及。此外，组合中某些种类还表现出下面不同的地理分布。地理分布同上组合，其中以阿克彻依和乌鲁克

恰提两地最为丰富；巴什布拉克一带，十分贫乏、单调。*B. bigelowii* 在奥依塔克占组合中的绝对优势，表现出单种类繁盛特征。

另外，奥依塔克剖面的乌依塔克组下部一块样品中发现了大量的 *B. bigelowii* 以及少量 *W. barnesae*。前者保存完整，后者破碎严重。这些是否说明 *Lithastrinus floralis-Lucianorhabdus cayeuxii* 组合向上延至乌依塔克组下部，有待今后的工作加以证实。

在齐姆根凸起西缘同由路克剖面首次采获丰富藻类化石，见有大量古刺藻属 *Palaeohystrichophora*，较多莱氏藻属 *Lejeunecysta*，一定含量的翼球藻属 *Peterospermella*、娇球藻属 *Subtilisphaera*、少量光面球藻属 *Leiosphaeridia*、膜网藻属 *Cymatiosphaera*、光对裂藻属 *Psiloschizosporis*、钵球藻属 *Chystroeisphaeridia* 和阿普第藻属 *Apteodinium* 等。化石多以多甲藻类为主，但是保存不好，大量无法鉴定。甲藻类中以腔式和贴近式囊孢为主，收缩式的未见，且古刺藻属 *Palaeohystrichophora* 在我国新疆见于上白垩统库克拜组—乌依塔克组，该样品组合与南天山西部前缘的乌依塔克组下部面貌相似，所以该样品层位应为上白垩统库克拜组—乌依塔克组。可建立 *Palaeohystrichophora- Palaeoperidinium-Lejeunecysta* 组合。

叶城凹陷西缘未见该组合化石。

7）沟鞭藻类、绿藻和疑源类组合

塔西南晚白垩世海相地层发育，曾是沟鞭藻类、绿藻和疑源类等有机质壁的微体浮游植物生长繁殖的良好场所。这类化石明显地受各组段沉积环境变化的控制，通常存在于灰黑、灰绿或褐色泥岩中，在以石灰岩为代表的依格孜牙组未见踪迹。前人仅在南天山西部前缘采集材料较多，何承全（1991）以巴什布拉克剖面的材料为基础，并结合这类化石的演变规律，将晚白垩世微体浮游植物初步划分成 3 个组合。笔者在西昆仑山山前带采获较多的微体浮游植物化石，因此，本次对西昆仑山山前带沟鞭藻类、绿藻和疑源类的资料作了补充，另在 3 个点首次采获带化石。

（1）*Apteodinium conicum-Canningia insignis* 组合。

该组合主要分布于喀什凹陷北缘的库克拜组中段的深灰色泥岩中。

这一组合约包含 16 属 37 种，以沟鞭藻类和绿藻占优势，疑源类很少。沟鞭藻类有 11 属 21 种，以贴近式囊孢和贴近收缩式囊孢为主，腔式囊孢和收缩式囊孢少或偶见。

沟鞭藻类的主要分子有 *Apteodinium conicum*（sp. nov.）（0% ~ 17.3%），*A. cingulatum*（sp. nov.）（0% ~ 17.2%），*Canningia colliveri*（0% ~ 5.6%），*C.insignis*（sp. nov.）（0% ~ 3.9%）和 *Cyclonephelium vannophorum*（0% ~ 2.3%）；其次是 *Apteodinium* sp.5，*Canningia pentagona*（sp. nov.），*C.? ringnesiorum*，*Cyclonephelium distinctum*，*Palaeohystrichophora infusorioides*，*Subtilisphaera senegalensis* 和 *S.* sp. 等。

绿藻较丰富（尤其 *Pterospermella* 的分子较多）。疑源类的类型不多，以 *Leiosphaeridia hyalina*，*L.taxodiformis* 和 *Comasphaeridium spinatum* 等为代表，其中前一种通常较丰富，占整个组合的 27% 左右，也是全区对比中的不可忽视的一种良好标志。

除绿藻和疑源类外，上述绝大多数沟鞭藻分子（尤其是主要分子）似乎仅限于这一组合，其中 *Apteodinium conicum*（sp.nov.）出现较早和较连续，*Canningia insignis*（sp.nov.）和 *Cyclonephelium vannophorum* 出现较晚和仅限于少数样品，而 *Apteodinium cingulatum*（sp.nov.）和 *Palaeohystrichophora infusorioides* 出现最迟。这些特征性分子出现的层序对识

别本组合和确定本段的界线都是有意义的。

本次在喀什凹陷西缘上白垩统库克拜组上部采获大量的藻类化石：盖孜河及库山河剖面主要有沟鞭藻类 *Apteodinium*，*Canningia*，绿藻类见 *Pterospermella*，*Cymatiosphaera*，疑源类化石见 *Leiosphaeridia hyalina*、*Granodiscus* 等，完全可与南天山西部前缘的库克拜组中段的 *Apteodinium conicum—Canningia insignis* 组合对比；且木干剖面库克拜组上部沟鞭藻类化石以 *Palaeohystrichophora* 占绝对优势，其次为 *Coronifera minor*，较重要的分子有 *Eurydinium*，*Diconodinium sinense* 等，疑源类化石见 *Leiosphaeridia hyalina* 和 *Granodiscus*。

本组合在喀什凹陷北缘及西缘都很发育。

（2）*Odontochitina—Eurydinium* 组合。

这一组合在喀什凹陷北缘主要分布于库克拜组上段的深灰色泥岩中，在喀什凹陷西缘很不发育或几乎缺乏。

组合特征：第一，绿藻主要是 *Pterospermella* 的分子，大体上继承了组合（1）的面貌，但不如前一组合丰富，疑源类仍不发达；沟鞭藻类则与组合（1）明显不同，除个别样品中较丰富外，其余样品中似乎很贫乏，在所记录的 11 属 16 种中，多数是新出现的。第二，在沟鞭藻类中，腔式和收缩式囊孢均占有相当的地位，而贴近式和贴近收缩式囊孢较少，其中以多甲藻科的分子占优势，膝沟藻科的次之。

沟鞭藻类的重要分子有 *Alterbia ambigua*（sp. nov.）（0% ~ 11.1%），*A.ovalis*（sp. nov.）（0% ~ 10%），*Odontochitina operculata*（0% ~ 4.4%），*O.kashiensis*（sp. nov.）（0% ~ 4.4%）和 *Eurydinium obliquum*（sp. nov.），其次为 *Lejeunecysta* sp.、*Operculodinium* sp. 以及少量的 *Achomosphaera* sp.，*Alterbia bellula*（sp. nov.）等。另外，在斯姆哈纳剖面库克拜组上段的底部（样品 ADF 斯 36）还可见到一定数量的 *Apteodinium conicum*（sp. nov.）。

绿藻以 *Pterospermella australiensis*（2% ~ 15.5%），*P. aureolata*（0 ~ 1 粒 / 片），*P.aureolata* subsp.*minor*（subsp. nov.）（平均 1 ~ 2 粒 / 片）和 *P. sinensis*（sp. nov.）（0% ~ 2.2%）较多。疑源类以 *Granodiscus granulatus* 和 *Leiosphaeridia* sp.2 等为代表。

在本组合中沟鞭藻的主要标志分子有 *Odontochitina operculata*，*O.kashiensis*（sp. nov.）和 *Eurydinium obliquum*（sp. nov.）等。虽然这三种在数量上不够丰富，但它们似乎仅限于本组合，其中后一种出现在本段的中下部，其余两种见于中上部。此外，当前组合中的较丰富的 *Pterospermella* 的一些分子可作为识别这一组合的辅助标志，因为在较晚的组合 3 中（如乌依塔克组）似乎全然缺乏这类绿藻。

（3）*Sinocysta granulata—Alterbia ovalis—Comasphaeridium spinatum* 组合。

该组合分布于喀什凹陷北缘的乌依塔克组下部，在昆仑山山前未取得资料。

当前研究的标本是从巴什布拉克剖面西部约 6km 的剖面中获得的。该组合的特征为：第一，属种不多，几乎都是一些地方性的种类，在数量上也不及孢粉多，与组合（2）相比发生了明显的变化——沟鞭藻类占优势，疑源类次之，绿藻几乎不见，尤其 *Pterospermella* 的分子已完全消失；第二，在沟鞭藻类中以贴近式和腔式囊孢为主，收缩式的较少；第三，沟鞭藻的某些主要分子和组合 2 之间存在一定的继承性，如 *Alterbia ambigzia*（sp.nov.）和 *A.ovalis*（sp.nov.）既是组合 2 的重要分子，也是本组合的主要成分，只是在本组合中数量更多。

沟鞭藻类以 *Sinocysta granulata*（sp. nov.）（0% ~ 25.3%），*S.xinjiangensis*（sp. nov.）（0% ~ 22.8%），*Alterbia ovalis*（sp. nov.）（0% ~ 17.9%），*A. ambigua*（sp. nov.）（0% ~ 5.5%）等为主，*Canningia retirugosa*（sp.nov.），*Hystrichosphaeridium minor*（sp. nov.），*Laciniadinium* sp. 等一般数量较少或偶见。

绿藻仅以极少的 *Cymatiosphaera solida*（sp.nov.）为代表。

疑源类以 *Comasphaeridium spinatum*（0% ~ 55.5%），*Granodiscus granulatus*（0% ~ 11.1%）和 *Leiosphaeridia hyalina*（0% ~ 40.2%）为主，偶见具小刺的 *Comasphaeridium* sp.。这一组合除 *Sinocysta granulata*（sp.nov.）外，尚缺乏明显的标志化石，目前主要是根据组合特征以及 *Sinocysta*，*Alterbia* 和 *Comasphaeridium* 的优势种来识别它。

8）轮藻组合

对该组合的分析，引用了卢辉楠、罗其鑫（1990）及黎文本等（1998）的资料。

（1）*Clypeator zongjianensis−Mesochara kapushaliangensis* 组合。

卢辉楠，罗其鑫（1990）在英吉沙县沙拉依沟克孜勒苏群下亚旋回下部采到轮藻化石有 *Mesochara voluta*（Peck）L. Ctrambart，*M. stipitata* S. Wang，*M.kapushaliangensis* Lu et Luo，*Sphaerochara*? sp. 等。这个轮藻生物群与塔北地区卡普沙良群舒善河组和巴西盖组所产的 *Clypeator zongjiangensis−Mesochara kapushaliangensis* 组合相似，与它相似的还有准噶尔盆地吐谷鲁群、四川盆地城墙岩群、鄂尔多斯盆地的志丹群、酒泉盆地赤金堡组和下沟组、云南普昌河组及西宁—民和盆地大通河组上部和河口组等。

（2）*Aclistochara huihuibaoensis−Mesochara−Sphaerochara* 组合。

该组合由黎文本等（1998）建立。见于本区克孜勒苏群下旋回中上部及库车分区、塔克拉玛干分区巴什基奇克组。

主要属种有 *Aclistochara huihuibaoensis*，*Mesochara voluta*，*M.producta*，*M. xuanziensis*，*M. stiprtata*，*M.* sp.，*Sphaerochara* sp.，*Minhechara* sp. 等。

王启飞等（2000）认为，*Aclistochara huihuibaoensis* 常见于我国北方早白垩世中期地层中，如新疆准噶尔盆地的连木沁组，甘肃酒泉盆地、花海盆地下沟组至中沟组，辽宁阜新盆地的阜新组等。*Mesochara stiprtata* 在我国北方下白垩统分布较广。*Mesochara producta* 见于新疆准噶尔盆地吐谷鲁群中上部、冀北义县组下部、辽西九佛堂组上部，*Mesochara voluta* 常见于国内外下白垩统，上侏罗统上部可偶然发现。根据上述轮藻化石在国内外的分布特征，巴什基奇克组与克孜勒苏群下旋回中上部应为早白垩世中期（欧特里夫期—巴雷姆期）。

2. 五个小区生物群（综合）分布特征

综合分析白垩纪各门类生物组合特征，在各小区存在一定的差异。因此，分小区建立生物群（综合）组合表能更好地体现塔西南各门类生物的纵、横向的变化特征，为进一步进行地层对比奠定基础。

按五个小区综合生物分布特征，以喀什凹陷西缘（西昆仑山山前北段）和喀什凹陷北缘（南天山山前带）两个小区生物相对丰富。前者有 9 个门类 29 个组合，后者可见 9 个门类 26 个组合。纵向上，在库克拜组，两小区各门类生物均较发育，且属、种类似。向上到乌依塔克组—依格孜牙组，则以喀什凹陷西缘（西昆仑山山前北段）小区一枝独秀，而喀什凹陷北缘（南天山山前带）因粗碎屑岩类增多、环境变化，化石相对稀少。齐姆根凸起西缘及叶城凹陷西缘南、北部等三个小区多为海陆交互的粗碎屑沉积为主，化石均较少，所建组合相对较少。各小区综合生物组合见表 3−1−10 至表 3−1−14。

表3-1-10 喀什凹陷北缘白垩纪古生物组合综合分布表

地层				有孔虫 动物群	有孔虫 组合带	介形类组合	双壳类组合	腹足类、菊石组合	沟鞭藻类、绿藻类、疑源类组合	颗石藻类组合	孢粉组合
上白垩统	马斯特里赫特阶	叶依洛克组	上段		Cibicides mammillatus 和 Cibicidoides succedens						Pinuspollenites–Sapindaceidites asper
上白垩统	坎潘阶	依格孜牙组	中段			Sarlatina-Ovocytheridea 组合	Leptosolen bashibulakeensis-Pholadomya 组合				Schizaeosporites-Senegalosporites-Xinjiangspollis 组合
上白垩统	三冬—康尼亚克阶		下段								
上白垩统		乌依塔克组				Brachycythere-Pontocypris-Schuleridea 组合			Sinocysta granulata-Alterbia ovalis-Comasphaeridium spinatum 组合		
上白垩统	土仑阶	库克拜组	上段		Ammobaculites pacalis - Talimuella merasa 组合	Ovocytheridea-Akedaoensis-Veenia mandelstami-Barlatina leguminoformis 组合	Korobkovitrigonia-Plicatula-Proplaoenticeras 组合 Kysylkurganense-P.siakovi 组合	Ascensovoluta angusta-Gyrodes tenellus 组合 Helicaulax tarimensis-Haustator acanthophorus 组合	Odontochitina-Eurydinium 组合	Lithastrinus floralis-Lucianorhabus cayeuxii 组合	Schizaeoisporites-Interulobites-Cranwellina 组合
上白垩统	赛诺曼阶	库克拜组	中段	Migros-Ammobaculites 动物群	Talimuella-Yuania 组合	Ovocytheridea bashibulakeensis-Cytherella wuqiaensis 组合	Rhynchostreon plicatulum Exogyra (Costagyra) olisiponensis-Pycnodonte (Phygraea) tucumcarii 组合	Metoicoceras Proadusta mollitia-Rostellinda sp. 组合	Apteodinium conicum - Canningia insignis 组合	Lithastrinus floralis Gartnerago costatum 组合	Schizaeoisporites-Taurocusporites-Psilatricolpites 组合
上白垩统	赛诺曼阶	库克拜组	下段		Migros-Ammobaculites 组合	Schuleridea irinae 组合	"Anadara" sp.-Flaventia ovalis 组合	Vernedia pusillina-Uniplicata phaeca 组合			
下白垩统	阿尔布阶—阿普特阶	克孜勒苏群	3—4段								Lysgodiumsporites-Jieohelollis-Clavatipollenites 组合
下白垩统	巴雷姆阶—贝里阿斯阶 阿斯阶	克孜勒苏群	1—2段		Saccammina globosa	Cypridea-Latonia 组合					Dicheiropollis-Cl-assopollis-Cicatricosisporites 组合

表 3-1-11　喀什凹陷西缘白垩纪古生物组合综合分布表

地层		有孔虫组合带	动物群	介形类组合	双壳类组合	腹足类组合	沟鞭藻、疑源类类组合	颗石藻组合	孢粉组合
上白垩统	马斯特里赫特阶 吐依洛克组	*Quinqueloculina-Nonion* 组合	Quinqueloculia-Triloculina 动物群						*Schizaeoisporites-Senegalosporites-Xinjiangpollis* 组合
	坎潘阶 依格孜牙组 上段	*Pseudotriloculina-Ammodiscus-Protelphidium* 组合			*Biradiolites boldjuanensis-Osculigera oytarensis* 组合	*Cantharus subabbreviatus-Troehaetaeon (Neoeylindrites) yengisarensis* 组合			
	依格孜牙组 中段				*Gyropleura-Lima-Neithea* 组合				
	三冬—康尼亚克阶 依格孜牙组 下段	*Quinqueloculina-Nodosaria-Textularia* 组合		*Sarlatina-Ovocytheridea* 组合	*Lapeirousella qiemoganensis-Sauvagesia-Lopha (Arctostrea) falcata* 组合	*Trochactaeon (Neocylindrites) wuyitakeensis-Aetaeonellamicra* 组合			
	土仑阶 乌依塔克组	*Quinqueloculina-Massilina* 组合 ／ *Cibicidina-Quinqueloculina* 组合 ／ *Pararotalia-Nonionella* 组合 ／ *Migros-Ammobaculites* 组合	Pararotalia-Quinqueloculina 动物群						
	赛诺曼阶 库克拜组 上段	*Talimuella-Migros* 组合	migros-Charentina 动物群	*Ovocytheridea-Akedaoensi-Veenia mande-Istami-Sarlatina leguminoformis* 组合	*Korobkovtrigonia-Plicatula-Inoceramus (Mytiloides) labiatus-Rhynchosfreon* 组合	*Hellcaulax tarimensis-Haustator acanthophorus* 组合	*Palaeohystrichophora-Apteodinium conicum-Canningia-Oligosphaeridium* 组合	*Lithastrinus floralis-Lucianorhabdus cayeuxii* 组合	*Schizaeoisporites-Interulobites-Cranwellia* 组合
	库克拜组 中段	*Migros-Talimuella* 组合		*Ovocytheridea bashibulakeensis-Cytherella wuqiaensis-Schuleridea irinae*	*Rhynchostreon plicatulum-Exogyra (Costagyra) olislponensis-Bycnodonte (Phygraea) tucumcarii* 组合			*Lithastrinus floralis-Grtrrterago eostatum* 组合	
	库克拜组 下段	*Charentina cuvillieri-Pseudocyclammina* 组合			*"Anadara" sp.-Flaventia ovalis-Ichthyosarcolites tricarinatus* 组合	*Vernedia pusillina-Uniplieata phaeea* 组合			
下白垩统	巴雷姆阶—阿普特阶 贝利阿斯阶 克孜勒苏群 1-2段			*cetacella rugosa-damonella* 组合					

表 3-1-12　齐姆根凸起西缘白垩纪－古近纪古生物组合综合分布表

系	阶	组段	有孔虫、腹足组合	介形类组合	沟鞭藻类、绿藻和疑源类组合	颗石藻组合	孢粉组合	双壳类组合
古近系	巴尔通阶	乌拉根组	Melonis-Anomalinoides-Cibicides 组合	Neocyprideis galba-Cytheridea fucosa-Echinocythereis alaiensis 组合		Reticulofenestra-umbilica-Chiasmolithus solithus 组合		Sokolowia bushii-Kokanostrea kokanensis-Chlamys (Hibenia) 30-radiatus 组合
古近系	鲁帝特阶	卡拉塔尔组	下 Nonion-Cibicides 组合					Ostrea (Turkostrea) stricticplicata-Ostrea (Turkostrea) cizancourti 组合
古近系	伊普里斯阶	齐姆根组 上	上 Niso angusta-Turritella edita 组（腹足）	Neocyprideis galba-Cytheridea fucosa-Echinocythereis alaiensis 组合				Flemingostrea?hemiglobosa-Panopea vaudini-Ostrea (Turkostrea) afghanica 组合
古近系	坦尼特阶	齐姆根组 下	Spiropleetammina-Discorbis 组合	Cytheridea ruginosaformis-Echinocythereis-"isabenana"-Eocytheropteon kalickyi 组合	A.homomorphum 组合　Deflandrea oebisfeldensis-Horologinella incurvata 组合　C.diebelii-D.dissoluta-P.spinocapitatum 组合	见有本组的少量代表常　见的有 H.riedelii	Ephedripites-Beaupreaidites-Normapolles 组合	Pycnodonte (Pycnodonte) camelus-Ostrea (Ostrea) bellovacina 组合
上白垩统	达宁阶	阿尔塔什组						Brachidontes jeremejewi 组合
上白垩统	马斯特里赫特阶 特 上	吐依洛克组 依 上	Nonion sp., Melonis sp., Gavelinella sp.					
上白垩统	坎潘阶	吐依洛克组 格 中 下						Gyropleura-Lima-Neithea 组合
上白垩统	三冬－康尼亚克阶 亚克阶	吐依洛克组 下						Lapeirousella qiemoganensis-Sauvagesia-Lopha (Arctostrea) falcata 组合
上白垩统	土仑阶	乌依塔克组						
上白垩统	赛诺曼阶	库克拜组				Oligosphaeridium pulcherrimum-Palaeohystrichophora 组合	Schizaeoisporites-Lygodioisporites 组合	Rhynchostreon-Pycnodonte-Korobkovtrigonia-Inoceramus 组合
下白垩统克孜勒苏群下旋回				Cetacella rugosa-Damonella 组合				

表 3-1-13　叶城凹陷北部晚白垩世—古近纪古生物组合综合分布表

系	阶	组段		介形类组合	孢粉组合	双壳类组合	腹足类及藻类组合
古近系	鲁培尔阶	巴什布拉克组	五		*Ephedripites-Nitrariates* 组合	*Cardita marianae-Crassatella*（*L.*）*ustjurtensis-Chlamys*（*Hilberia*）*minblaki-Donax*（*C.*）*subovatum* 组合	*Turritella ferganensis-Clavilithes conjunctus-Trophonopsis* 组合
			四				
	普利亚本阶		三				
			二				
			一				
	巴尔通阶	乌拉根组		*Cytherura versicula, Campylocythere? xinjianensis*		*Sokolowia buhsii-Kokanostrea kokanensis-Chlamys*（*Hilberia*）*30-radiatus* 组合	
	鲁帝特阶	卡拉塔尔组					*Cerithiam tristiehum-Niso eonstrieta* 组合
	伊普里斯阶	齐姆根组	上			*Flemingostrea?hemiglobosa-Panopea vaudini-Ostrea*（*Turkostrea*）*afghanica* 组合	*Niso angusta-Turritella edita* 组合
	坦尼特阶		下	*Cytheridea ruginosaformis-Echinocythereis-"isabenana"-Eocytheroeton kalickyi* 组合	*Parcisporites-Echitriporites* 组合	*Pycnodonte*（*Pycnodonte*）*camelus-Ostrea*（*Ostrea*）*bellovacina* 组合	
上白垩统	马斯特里赫特阶	吐依洛克组					
	坎潘阶	依格孜牙组	上				*Nerinea ferganens-Nerinella scytatina* 组合
	三冬—康尼亚克阶		下		*Asterte? sp., Biradiolites? sp., Plicatula? sp.*		
	土仑阶	乌依塔克组					
	赛诺曼阶	库克拜组	上		*Schizaeoisporites-Interulobites-Cranwellia* 组合	*Rhynchostreon-Pycnodonte-Korobkovtrigonia-Inoceramus* 组合	*Palaeohystrichophora-Palaeoperidinium-Lejeunecysta* 组合
			下		*Schizaeoisporites-Taurocusporites-Lygodioisporites* 组合		

表 3—1—14 叶城凹陷南部白垩纪－古近纪古生物组合综合分布表

系	阶	组段		有孔虫组合	介形类组合	颗石藻组合	孢粉组合	双壳类组合	腹足类组合
古近系	鲁培尔阶	巴什布拉克组	五						Turritella ferganensis-Clavilithes conjunctus-Trophonopsis 组合
			四						
	普利亚本阶		三						
			二					Platygena asiatica-Anomia girondica 组合	
			一						
	巴尔通阶	乌拉根组		Gavelinella-Anomalinoides-Cibicides 组合		Reticulofenestra umbilica-Chiasmolithus solithus 组合	Pterisisprites-Ephedripites-Quercoidites-Nitrariadites 组合	Sokolowia buhsii-Kokanostrea kokanensis-Chlamys (Hilberia) 30-radiatus 组合	Turritella ferganensis-Stenorhytisdeea lamiatis 组合
	鲁蒂特阶	卡拉塔尔组					Quercoidites-Nitrariadites+Meliaceoidites-Scabiosapollis 组合		Cerithium tristiehum-Niso eonstrieta 组合
	伊普里斯阶	齐姆根组	上		Cytheridea ruginosaformis-Echinocythereis-"isabenana"-Eocytheroeton kalickyi 组合			Flemingostrea?hemiglobosa-Panopea vaudini-Ostrea (Turkostrea) afghanica 组合	
	坦尼特阶		下					Pycnodonte (Pycnodonte) camelus-Ostrea (Ostrea) bellovacina 组合	Niso angusta-Turritella edita 组合
	达宁阶	阿尔塔什组						Brachidontes-Corbula (Cuneocorbula) 组合	
上白垩统	马斯特里赫特阶	吐依洛克组		Nonion sp., Melonis sp., Gavelinella sp.					
	坎潘阶	依格孜牙组	上					Friphyla, obovata, meretrix, Rudistae	
	三冬—康尼亚克阶		下						
下白垩统	巴雷姆阶—阿普利阿普阶	克孜勒苏群 1—2 段			Cypridea hoshulensis-Rhinocypris echinata 组合		Tricolporopollenites-Classopollis-Chordasporites 组合		Haustater sp.-Turritella sp. 组合

五、地层划分对比

1. 五个小区地层划分对比

1) 克孜勒苏群划分对比

本群主要为一套陆相粗碎屑岩沉积，岩性为一套暗红色的砂砾岩夹少许灰绿色块状石英砂岩、石英质杂砂岩、粉砂岩、泥岩和砾岩。普遍不整合或平行不整合于侏罗系或更老地层之上。一般分为上下两个亚旋回，近年多细分为四或五段。克孜勒苏群划分为四段：第一段为冲积扇砂砾岩段、第二至第四段为辫状河三角洲平原亚相砾岩、泥质粉砂岩段（表3-1-15）。

表3-1-15　塔西南下白垩统克孜勒苏群厚度分布特征

单位：m

统	群	小区 段	喀什凹陷北缘 （南天山山前带）			喀什凹陷西缘 （昆仑山山前北段）			齐姆根凸起 （西昆仑山山前南段）				叶城凹陷			
			康苏	乌拉根	库克拜	且木干	奥依塔格	库山河	同由路克	塔木河	七美干	干加特	和什拉甫	克里阳	普司格	杜瓦
下白垩统	克孜勒苏群	K_1kz^4	266.96	31.16	523.64	591.07	221.90	386.59	226.87	340.09	90.95	112.76	116.55	68.12	无	未定
		K_1kz^3	463.19	161.51	375.83	85.70	427.93	157.03	256.41	212.96	102.31	246.68	75.79	168.14	无	未定
		K_1kz^2	212.52	96.41	129.25	277.94	356.50	396.19	190.51	202.25	105.60	99.67	无	13.9	94.17	未定
		K_1kz^1	163.6	169.29	67.18	197.19	110.41	430.69	359.41	377.26	无	无	无	无	58.92	未定
		K_1kz 总厚	1106.29	458.37	1100.57	1151.9	1116.74	1048.07	1237.79	1065.92	298.86	457.32	192.34	292.36	153.09	43

在喀什凹陷，北缘与西缘岩性基本一致，但也有一定的差异，喀什凹陷西缘西昆仑山前为以河道沉积为主的暗红色碎屑岩，喀什凹陷北缘古天山山前为山麓堆积暗红色、灰绿色碎屑岩，上述两者之间较低洼处（乌鲁克恰提—乌恰东）为辫状河三角洲暗红色、灰绿色细碎屑岩。到乌恰县以西地区的沉积与海有一定联系，含有海相沉积标志物的海相地层（应为三角洲相）。在厚度方面，除凹陷边缘及古凸起（乌拉根）外，喀什凹陷较为稳定，多为1100m左右，仅边缘（东缘塔什皮萨克546.72m、西缘西姆哈那520m）及乌拉根古凸起（458.37m）较薄。

（1）喀什凹陷北缘。

下亚旋回的介形类化石产自巴什布拉克、库姆乌溜沟、乌拉根、库孜贡苏等剖面，有介形类 *Rhinocypris cirrita*（Mandelstam），*R.echinata*（Mandelstam），*Cypridea*（*Ulzeellia*）*koskulensis* Mandelstam，*C.*（*Cypridea*）*simplex* Galeeva，*Darwinula tubiformis* Trubovidnaja 等，这个介形类组合基本上属于"热河动物群"范畴，如 *Cypridea*（*Ulzzellia*）*koskulensis*，*Rhinocypris echinata* 等均为热河动物群内介形类 *Cypridea*（*C.*）*vitimensis*−*C.*（*Ulwellia*）*koskulensis*−*C.*（*C.*）*Utlicostata* 组合的特征分子，它们常见于辽西热河群、准噶尔吐谷鲁群、河西走廊赤金堡组和新民堡群、二连盆地巴彦花群、陕甘宁志丹群等层位，在国外还见于蒙古尊巴音组、西伯利亚低地海陆交互相的欧特里沃—巴列

姆期陆相夹层中，并见于远东维季姆地台含狼鳍鱼岩系中。

据余静贤（1990）研究，克孜勒苏群上段的被子植物花粉有 *Clavatipollenites minutus Brenner*，*C.routundus* Kemp，*Liliacidites perortieulatus* Dilcher et Crane，*L.* sp.，*Cupuliferoidaepollenites* spp. 等（占 4.1%），她将这个花粉群划分为 2 个组合，即：（1）下部的棒纹粉—星粉组合，时代属巴列姆晚期至阿尔必早期；（2）上部的三沟粉组合，时代属中、晚阿尔必期。上述两个孢粉组合的分布很广，第一组合在我国见于辽西阜新组、吉林长财组、冀北青石砬组、内蒙古固阳组、松辽盆地沙河子组和营城组、黑龙江珠山组和穆棱组、准噶尔连木沁组下部等；第二组合见于辽西孙家湾组、准噶尔连木沁组上部、松辽盆地登娄库组和泉头组、黑龙江猴石沟组和东山组、二连盆地赛格塔拉组上部、河西走廊地区中沟组、民和盆地河口组上部等。孢粉的时代和地层对比意见与动物化石的尚有一定差异，根据叶得泉等（1990）的意见，上述第一个组合所属地层基本归"贝利阿斯—巴列姆期"的"后期"，即大致属巴列姆期，而第二组合所在地层则属阿普特—阿尔必期甚至更早。也就是说，被子植物花粉所确定的时代可能偏晚一些。

上亚旋回还曾发现鹦鹉嘴龙 *Psittacosaurus* sp.（魏景明，1990），海相遗迹化石 *Ophimorpha nodosa*，*O.tuberosa*，*Thalassinoides?* sp.（郝诒纯等，1985，1987），海相双壳类 *Anadara* sp.（魏景明，1982），以及孢粉化石 *Lygodiumsporites*（20%），*Converrucosisporites*（7.1%），*Verrucosisporites*（17.1%），*Deltoidospora*（1.2%），*Obtusislxmis*（2%），*Cicatricosisporites*（3.6%），*Retitriletes*（4.2%），*Piceaepollenites*（1.8%），*Classopollis*（2.4%），*Magnoliapollis*（2.4%），*Tricolporopollenites*（1.8%）等。上述化石中，遗迹化石和双壳类化石的时代意义不大，但均为海相指示物；孢粉的时代意见为早白垩世；脊椎动物鹦鹉嘴龙为一肢骨化石，若鉴定可靠，则为早白垩世"翼龙—鹦鹉嘴龙动物群"的重要分子（董枝明，1980）。

（2）喀什凹陷西缘。

据新疆维吾尔自治区区域地层表（1981）记述：采自沙拉依（赛拉因）沟剖面及依格孜牙剖面的介形类有：*Darwinula tubiformis*，*Damonella circularis*，*Mongolianella* sp.，*Cypridea*（*Cypridea*）*koskulensis*，*Clinocypris scolia*，*Rhinocypris echinata*，*R. cirrita*。据郝诒纯、苏德英、余静贤等（1986）在依格孜牙—吐依洛克剖面采获的介形类有 *Darwinula contracta*，*Mongolianella khamarinensis*，*Timiriasvia* sp.，*Lycopterocypris circulata*，*Cypridea koskulensis* 等。

且木干地区剖面本群（K_1kz）第二段钙质粉砂质泥岩见到介形类化石，经鉴定为：*Damonella buchaniana* Anderson，*Darwinula contracta* Mandelstam，*Darwinula tubiformis* Lubimova，*Ostracoda* indet；其中 *Darwinula contracta* Mandelstam 曾见于塔里木盆地库车坳陷卡普沙良群舒善河组—巴西盖组、准噶尔盆地南缘下白垩统连木沁组、准噶尔盆地西北缘的下白垩统吐谷鲁群上部、吐鲁番盆地下白垩统三十里大墩组；*Darwinula tubiformis* Lubimova 见于塔里木盆地库车坳陷卡普沙良群舒善河组、准噶尔盆地西北缘乌尔禾地区下白垩统吐谷鲁群上部、吐鲁番盆地七克台地区下白垩统胜金口组及蒙古下白垩统尊巴音组；*Damonella buchaniana* Anderson 见于塔里木盆地库车坳陷卡普沙良群舒善河组。综合分析，其地质时代为早白垩世，层位相当于库车坳陷的卡普沙良群。

卢辉楠等（1990）记载，在英吉沙县沙拉依沟轮藻化石有 *Mesochara stipitata* S.Wang，*M.kapushaliangensis* Lu et Luo，*Sphaerochara* sp. 等，层位很可能为下亚旋回，他们认为，这

个轮藻生物群与塔北地区卡普沙良群舒善河组和巴西盖组所产的 *Clypeator zongjiangensis–Mesochara kapushaliangensis* 组合相似，与它相似的还有准噶尔盆地吐谷鲁群、四川盆地城墙岩群、鄂尔多斯盆地的志丹群、酒泉盆地赤金堡组和下沟组、云南普昌河组及西宁—民和盆地大通河组上部和河口组等。

（3）齐姆根凸起西缘。

西北部同由路克及塔河剖面厚度与喀什凹陷类似，但东南部突然变小，普遍缺失第 1 段。齐姆根厚 298.86m、干加特厚 457.32m、阿尔塔什厚 389.65m。张师本等在同由路克剖面下亚旋回底部 1—6 层发现的皱纹小怪介（*cetacella rugosa*）、近椭圆达蒙介（*Damonella subelliptica*）、窄达尔文介（*Darwinula contracta*）和矩形达尔文介（*D. oblonga*）可建立 *Cetacella rugosa–Damonella* 组合，以 *Cetacella*、*Damonella* 和 *Darwinula* 等 3 个属的个体数量较多为特征。与塔里木盆地库车坳陷舒善河组相比较可定时代为早白垩世早期。

（4）叶城凹陷北部西缘。

地层进一步残缺，和什拉甫、赛格尔塔什等剖面岩性较粗，为一套以陆相粗碎屑为主（冲积扇）的暗红色、紫红色复成分中砾岩、细砾岩、含砾粗砂岩、砾状粗砂岩和细砂岩，一般厚 200m 左右，也未获化石。

（5）叶城凹陷南部西缘。

向东南地层更加残缺，厚度更小（克里阳除外），如玉力群 161m、普司格 143m，杜瓦 43m，布雅皮西 16m。玉力群剖面克孜勒苏群下部主要为暗红色块状细砂岩夹泥岩条带，上部为暗红色砾岩、砂砾岩、砂岩。下亚旋回见化石为介形类 *Cypridea hoshulensis*，*Damonella* sp.，*Rhinocypris echinata*，*Darwinula tubiformis*，*Clinocypris scolia*，*Limnocythere* sp. 等，该介形类生物群与喀什凹陷可大致对比。综上所述，得出以下结论。

（1）从上述化石产出来看，南天山山前带、西昆仑山山前带及东昆仑山山前带的克孜勒苏群可大致对比，其时代归早白垩世，下亚旋回归早白垩世早中期，上亚旋回归早白垩世中晚期，可分别与塔北的卡普沙良群和巴什基奇克组对比。

（2）在喀什凹陷，该群在厚度方面，除凹陷边缘及古凸起（乌拉根）外，喀什凹陷较为稳定，多为 1100m 左右；但该群在喀什凹陷北缘（南天山山前带）可分 5 段，向东南的喀什凹陷西缘（昆仑山山前带北段）则缺失 K_1kz^{1-1}，库山河剖面仅发育 2～3 段。在叶城凹陷，厚度普遍变小为 200～400m 左右，地层段的分布也有同样的规律，在同由路克剖面分 5 段，东南的塔木河剖面可分 4 段，依次向东南七美干和干加特等剖面可分 3 段，而再向东多数剖面仅能分 1～2 段。

（3）在喀什凹陷，该群按沉积可进一步分为三个类型，西缘（西昆仑山山前）为以河道沉积为主的暗红色碎屑岩，北缘（南天山山前）为山麓堆积的暗红色、灰绿色碎屑岩，上述两者之间较低洼处（乌鲁克恰提—乌恰东）为辫状河三角洲的暗红色、灰绿色细碎屑岩，到乌恰县以西地区还与海相有一定联系，含有海相沉积标志物的海相地层。

2）库克拜组划分对比

塔西南库克拜组标准剖面在喀什凹陷北缘乌恰县库克拜地区。岩性主要为一套灰绿、暗红色泥岩、膏泥岩夹石膏岩，产丰富的古生物化石，分 2 段（表 3–1–16）。

（1）库克拜组下段。

喀什凹陷北缘发育最好，下部为灰白色、风化为红色的厚层块状中细粒长石石英砂岩；

中部为一套杂色、暗红色的膏泥岩；顶部为骨屑泥晶灰岩，仅库孜贡苏河东岸剖面碳酸盐岩夹层较少，砂岩增多。产丰富的双壳类、孢粉及介形类、有孔虫、腹足类、沟鞭藻等化石。与下伏克孜勒苏群整合接触。

喀什凹陷北缘库克拜组下段为暗红、灰绿色泥岩、含膏质岩夹薄层粉砂岩和石膏层，厚30～60m，其底为灰白色厚层状细、中粒长石石英砂岩（厚1～2m），分布稳定，在巴什布拉克剖面，产双壳类"*Anadara*"sp.，此层可作塔里木盆地晚白垩世最早海侵层位的标志。顶部石灰岩中产双壳类*Flaventia ovalis*，此种曾见于英国上绿色砂岩组，是阿尔必期至赛诺曼期早期的代表。有孔虫*Charentina cuvillieri*–*Pseudocyclarnmina rugosa*组合，是赛诺曼早期的代表。所产介形类与中段同为*Ovocytheridea bashibulakeensis Cytherella wuqiaensis*–*Schuleridea irinae*组合，可与欧洲、中亚地区的赛诺曼期相比。其腹足类多为新属种。综合各门类化石，库克拜组下段应属赛诺曼早期地层，与中亚地区秋别加坦层和卡里坎赛层相比。

表3-1-16　塔西南库克拜组分布特征表

小区	喀什凹陷北缘	喀什凹陷西缘			齐姆根凸起		叶城凹陷北部	叶城凹陷南部
剖面 地层	库克拜	腺尔托阔依	奥依塔格	依格孜牙	同由路克	七美干	和什拉甫	克里阳
上段	灰色及黄灰色含砂泥质介壳灰岩及泥岩，局部含石膏质。63.08m	灰绿色介壳灰岩、生物碎屑灰岩夹泥岩、石膏。172.44m	灰绿色泥岩夹石膏、膏泥岩、石灰岩。以石膏质为主，顶部有薄层灰岩和白云岩。146.39m	灰色泥灰岩夹灰色泥灰岩及膏泥岩。为泥岩与薄层石灰岩互层。105m	灰绿色介壳灰岩、生物碎屑灰岩、介壳层和白云质灰岩夹泥岩、石膏。192.46m	深灰、灰绿色厚层白云质泥岩夹条带状生屑白云岩。顶部为黄灰色厚层含沥青质白云质泥晶灰岩。71.25m	灰绿色纹层状泥岩、含粉砂泥岩。中段及上段化石混生。65.1m	暗红色、灰绿色中厚层细粒砂岩、粉砂岩。20.58m
下段	暗红、紫灰、暗绿灰色薄层状泥岩及含膏质岩及白云岩。69.02m	暗红色中层状细砂岩、泥岩组成旋回。87.76m	顶部深灰色碳酸盐岩；中部杂色膏泥岩、泥岩夹石膏；底部为暗红色泥质粉砂岩、砂砾岩、砾岩。56.42m	顶部为石灰岩及白云岩；上部灰绿色、灰色泥岩、膏泥岩，其底部有一层石灰岩；下部棕色泥岩和粉砂质泥岩。39.0m	中细砂岩—中厚层粉砂岩及灰绿色薄层粉砂岩组成旋回。向上为灰红色、黄绿色钙质、膏质泥岩。176.68m	灰白色中厚层中细砂岩夹暗红色泥质粉砂岩—棕红色厚层粉砂质泥岩。16.86m	暗红色中厚层中细粒砂岩、砂砾岩夹泥质粉砂岩—厚层粉砂质泥岩。81.03m	暗红色、中厚层细砂岩、粉砂岩夹灰绿色细粒砂岩、砂岩。42.20m
组厚	132.1m	260.2m	202.79m	144.0m	370.1m	88.11m	146.13m	62.78m

喀什凹陷西缘北段的库山河、盖孜河、且木干及玛尔坎苏河一带下段变化较大：西部（玛尔坎苏河119.87m，且木干87.76m）为深褐灰色厚层块状砂砾岩。中部（盖孜河47.36m）为暗红色中层状细砾岩、中粗—中细粒岩屑砂岩与薄层状泥质粉砂岩不均匀互层，间夹灰白色瘤状灰岩。东部（库山河322.57m）下部以红、灰绿色中厚层状细砾岩、含砾粗砂岩、中砂岩为主间夹少量暗红色泥质粉砂岩及上部为厚206m的灰红色块状中砾岩。向东南至喀什凹陷西缘南段乌依塔克剖面（56.42m），本段底部砂质白云岩变为深红色砂岩及

砾岩互层，到依格孜牙剖面（39.0m）为砂砾岩。反映库克拜组是在凹凸不平的地形上沉积的，一般形成早期的辫状河三角洲沉积，而在地势较高的地带则形成滨海冲积扇沉积。

喀什凹陷西缘库克拜组下段生物群与喀什凹陷北缘（南天山山前带）属种大多相同、部分略有差异，但都是赛诺曼期的分子。因此，可以认为两地的库克拜组下段可以相互对比。综合各门类化石的时代，喀什凹陷北缘（南天山山前带）和喀什凹陷西缘（西昆仑山山前带）库克拜组下段均归入赛诺曼早期。

齐姆根凸起的阿尔塔什剖面则相变为泥质岩，含少量介形类——*Ovocytheridea* 及 *Cytherella*。中部的膏泥岩则变为以泥岩为主，石膏减少，顶部石灰岩相变为白云岩相，厚度也变薄。

在塔西南东南部叶城凹陷西缘，下段从和什拉甫、赛格尔塔什、玉力群、克里阳以及杜瓦至阿奇克均有分布，主要为一套暗红色的含砾粗砂岩、中砾岩、含砾细砂岩组成，至今未获化石。

（2）库克拜组上段。

喀什凹陷北缘岩性和岩相有一定的变化，自巴什布拉克剖面向西至斯姆哈纳为灰绿色泥岩夹石膏，顶部为灰绿色粉砂质泥岩夹白云岩、红黄色泥云岩，白云岩中夹有风暴沉积的骨屑砂——陆源砂层，总厚88.6m；向东到库孜贡苏为灰绿色粉砂质泥岩—微晶白云岩—紫红色泥岩—微晶白云岩两组韵律层，厚30.5m。

在喀什凹陷北缘表现为库克拜组中期海侵的继续，各门类显示了高分异度和典型的海侵特性，生物群特别丰富多彩，到本段顶部则显然呈现出海退的性质。上段产有孔虫 *Eggerellina*，*Gravellina*，*Hagenowina*，*Migros* 等；上段下部腹足类化石相当丰富，以 *Haustator acanthophotus* (Miiller)–*Helifaulax tarimensis Wei* 组合为代表；介形类化石的特点是属种繁多，横向分布稳定，尤以巴什布拉克剖面最盛。颗石藻类见于上段，其中 *A.octoradiata* 在欧洲和非洲的分布时代从土仑期中期至马斯特里特期，在美国则多见于土仑期晚期至坎佩尼中期；*L. cayeuxii* 最早出现于桑托期，至马斯特里特期中期消失。因此，从颗石藻类的这些属种的分布特征来看，库克拜组上段的时代为桑托期晚期至坎佩尼期；孢粉以 *Schizaeoisporites–Interulobites–Cranwellia*，组合为代表，主要的蕨类植物孢粉是库克拜组中段组合的延续，它发育于西西伯利亚赛诺曼到土仑期的地层中；在哈萨克斯坦及南中亚地区发育于赛诺曼期到土仑早期；另外，沟鞭藻、绿藻等都是土仑期的。

在喀什凹陷西缘，上段在各地岩性特征相似，但厚度变化较大（12.45～211.33m）均为一套潮间灰泥坪灰绿色薄层状泥质粉砂岩、钙质泥岩、含膏质泥岩与生屑泥晶灰岩、内碎屑灰岩、轮藻灰岩、鲕粒灰岩、白云岩互层沉积，含丰富的双壳类、介形虫、藻类、有孔虫等的化石。仅西部阿克彻依剖面为灰色泥岩夹亮晶骨屑灰岩、亮晶鲕粒灰岩、骨屑泥晶灰岩。中东部乌依塔克剖面则以膏泥岩为主，只在顶部有一薄层石灰岩和白云岩。至东部依格孜牙剖面为泥岩与薄层石灰岩互层。

本小区在库克拜组晚期表现了不同程度的海退，所产化石远不及南天山山前带的丰富，但也有一些比较有特征的化石。有孔虫以 *Neoendothyra*，*Quinqueloculina*，*Cuneolina* 等属为代表，该组合在意大利产于土仑期。介形类有与南天山山前带相同的化石群，其时代也为土仑期。海胆化石中的 *Hemiaster blankenhorni* 也是南天山山前带库克拜组上段的成员；*Nucleopygus* sp.cf.–*Echinobrisus tuberculatus* (d'Orbigny) 曾见于法国土仑阶，还有 *Hemiaster kunlunensis*，*Pyganluscyclotus* 等新种，海胆化石群的面貌是土仑期的。植物化石与南天山山前带相比，虽有差异，但也有共性。西昆仑山山前带还有钙藻 *Acicularia* sp. 及 *Turquemella* sp. 等。再向东南，齐姆根凸起西缘阿尔塔什剖面为灰绿色泥岩与暗红色泥岩互层，夹灰色泥灰岩、杂色膏泥岩、石膏及砂灰岩。所以，喀什凹陷北及西缘库克拜组下、上段的时代应为赛诺曼期—土仑期。

综上所述，可知以下几点。

（1）五个小区库克拜组可相互对比，时代应为赛诺曼期—土仑期，在岩性上分为上、下两段。

（2）库克拜组是在早白垩世克孜勒苏期陆相沉积的基础之上，盆地进一步下降沉积的。故在库克拜早期，海水由北西向南东侵入塔西南：①在南天山山前带，以海侵及浅海相为主，下部夹粉砂岩及砂岩，中部为深色泥岩段、上部夹介壳灰岩、泥灰岩及白云岩，产丰富的古生物化石。②在西昆仑山山前带，一般形成早期的辫状河三角洲、潮间沙坪沉积，而在地势较高的地带形成冲积扇沉积；此次初期海侵后的短暂海退，则形成库克拜中期膏质海湾亚相暗红色粉砂质泥岩、膏泥岩沉积；库克拜晚期则为稳定的潮间灰泥坪灰绿色泥岩夹石灰岩沉积，三分明显。③在东昆仑山山前带主要为一套海陆交互的粗碎屑岩沉积，克里阳剖面仅见上段。

（3）一般库克拜组底部有塔里木盆地晚白垩世的最早海侵层位的标志，即一层灰白色厚层状钙质砂岩，分布稳定，可作为与克孜勒苏群分界及塔西南地层对比的标志层。但在岩性和厚度等方面均有变化，即喀什凹陷库克拜组下段底为灰白色钙质砂岩（1～2m），但到叶城凹陷东南，该层灰白色钙质砂岩仅为 2～3cm 厚的条带。

3）乌依塔克组划分对比

乌依塔克组以薄层暗红色砂泥岩、含膏质砂泥岩为特征，厚度变化较大，一般为 10～30 m（表 3-1-17）。

表 3-1-17　塔西南乌依塔格组分布特征表

小区	剖面	主要岩性特征	厚度，m
喀什凹陷北缘	库孜贡苏	暗紫红色、灰绿色含钙质泥岩夹介壳条带及白云岩或泥灰岩条带，局部见石膏岩。含以双壳类与介形类为主及海湾类型的沟鞭藻、疑源类等	61.50
喀什凹陷西缘	滕尔托阔依	暗红色粉砂质泥岩、泥岩	9.80
	奥依塔格	暗红色粉砂质泥岩，底部为浅紫色	30.05
齐姆根凸起	同由路克	暗红色粉砂质泥岩夹泥质砂岩	92.45
	塔木河	暗红色粉砂质泥岩夹灰色、灰绿色薄层粉砂岩、细砂岩	69.11
	齐姆根	暗红色泥质粉砂岩	0.87
	干加特	暗红色薄层粉砂质泥岩夹薄层石膏	10.28
	阿尔塔什	暗红色泥岩、粉砂岩	27.66
叶城凹陷北部	和什拉甫	暗红色夹灰绿色粉砂岩、含粉砂质泥岩、泥岩	21.83
	赛格尔塔什	红灰色中层状砂砾岩，棕红色细砂岩、纹层状泥岩	32.57
叶城凹陷南部	克里阳	暗红色含粉砂质泥岩、膏泥岩、粉砂岩	34.07

喀什凹陷西缘乌依塔克剖面为塔西南乌依塔克组（K_2w）的代表剖面，主要为浑水潮上亚相红黄色细粒岩屑砂岩、暗红色泥质粉砂岩、泥岩夹白色石膏沉积。在本小区，本组岩性在横向上虽有所变化，但总的来说较为稳定，然而厚度变化较大。如乌依塔克剖面乌依塔克组的岩性为暗红色粉砂质泥岩，底部为浅紫色（含有颗石藻），厚度30.05m，向西至阿克彻依则以膏泥为主（含有孢粉），向东南到依格孜牙剖面为膏泥质和粉砂质泥岩或膏泥质粉砂岩，后两者仅几米。

本小区化石相对较多，沟鞭藻有 *Palaeohystrichophora granulata*，*Coronifera minor*，*Spiniferites* sp.，*Hystrichosphaeridium* sp. 等。在阿克彻依地区采获有孔虫 *Pararotilia*、*Nonionella robostu*、*N. austinana*、*Cibicidina califormca*、*Cibicides obiraensis*、*Massilina planoconvex*、*Quingueloculina simplex*、*Q.nucleiformis* 和 *Triloculina* 等，称 *Pararotalia-Cibicidina-Quingueloculina* 动物群。其时代归于土仑期；在乌依塔克剖面本组下部灰绿色泥岩夹层中找到了颗石藻 *Braarudosphaera bigelowii* 和 *Watznaueria barnesae*。这两个属种是库克拜组上段 *Lithastrinus floralis-Luciano-rhabdus cayeuxii* 组合中的组成分子；在且木干地区本组中采获 *Schizaeoisporites-Senegalosporites-Xinjiangpollis* 孢粉组合，该孢粉组合与下伏库克拜组孢粉化石有一定的继承性，又有明显的差异，其特点是大个体的瘤面海金沙孢、裸子植物花粉含量明显下降，被子植物花粉含量提高明显；地质时代为晚白垩世土仑晚期—康尼亚期。

齐姆根凸起西缘，在同由路克剖面，本组为红色粉砂质泥岩夹泥质灰岩—钙质砂岩，厚92.45m，为本组最厚之一，再向东南至塔木河剖面岩性为红色中厚层状粉砂质泥岩夹灰色、灰绿色薄层粉砂岩、细砂岩，减薄为69.11m，到齐姆根剖面，岩性为红色泥质粉砂岩，而厚度仅0.87m。至（向东南）干加特剖面，为红色薄层粉砂质泥岩夹薄层石膏，厚10.28m。到（向东南）阿尔塔什主要为暗红色粉砂质泥岩夹泥质砂岩，厚27.66m。

叶城凹陷西缘和什拉甫—克里阳一带，其岩性为暗红色泥岩夹薄层石膏及灰绿色泥岩条带，下部夹暗红色粉细砂岩。厚度变化不大，而克里阳以东则缺失本组。

喀什凹陷北缘，岩性为暗红色、灰绿色含钙质泥岩夹介壳条带及白云岩或泥灰岩条带，局部见石膏岩，古生物有孢粉、疑源类及藻类，与下伏库克拜组整合接触。以中部库克拜剖面最厚（119.03m），向东库孜贡苏剖面厚61.50m，向西乌鲁克恰提剖面厚59.61m。

本小区可建立沟鞭藻组合 *Sinocysta granulata-Alterbia ovalis-Comasphaeridium spinatum*，时代归于土仑期；另有介形类 *Brachycythere-Pontocypris-Schuleridea* 组合，在这个组合中，既有库克拜组上段延续上来的共有分子：*Pontocypris fragilis*，*Schuleridea oviformis* 等为代表，主要分子还有：*Centrocythere circumcostata*，*Haplocytheridea* sp.，*Paracypris percopiosa*，*Veenia* sp. 等。又有乌依塔克组中的特有分子 *Clithrocytheridea sparsa*，*Cythereis duwaensis*，*Ovocytheridea carnosa*，*Schuleridea shalayiensis*，*Cytheridea* sp. 等。其中 *Paracypris percopiosa*，*Pontocypris fragilis*，均见于土库曼和费尔干纳盆地的土仑期中。*Ovocytheridea* 属可见于康尼亚—桑托期，*Schuleridea shalayiensis* 又与美国得克萨斯康尼亚—晚坎佩尼期的 *Schuleridea (S.) travisensis* 相似。这说明乌依塔克组的介形类化石具有自土仑期至康尼亚期的过渡性。因此，根据乌依塔克组中所含介形类而言，以土仑期的属种占优势。

综上所述：

（1）昆仑山山前带与南天山山前带的乌依塔克组两者古生物可相互对比，时代以土仑期为主。

（2）本组在昆仑山山前带的岩性、岩相基本相同，与南天山山前带有较大的差别，反映土仑晚期（乌依塔克组沉积时期）是在晚白垩世赛诺曼—土仑早期海侵沉积后，海水退却，形成乌依塔克组浑水潮上亚相暗红色泥质粉砂岩、泥岩夹白色石膏沉积；相对南天山山前晚土仑期为暗红色泥岩夹灰绿色钙质砂岩、粉晶白云岩、泥灰岩沉积，并含有海湾类型的沟鞭藻、疑源类化石，表明昆仑山山前与南天山山前地带的晚土仑期沉积环境有一定的差异。

4）依格孜牙组划分对比

在喀什凹陷西缘西昆仑山山前带北段，是本组的标准岩相区，喀什凹陷西缘一般分为三段，但齐姆根凸起、叶城凹陷难以划分（表3-1-18）。

表3-1-18　塔西南依格孜牙组分布特征表

三分段	两分段	喀什凹陷北缘	喀什凹陷西缘			齐姆根凸起	叶城凹陷北部	叶城凹陷南部
		库孜贡苏	西部玛尔坎苏	中部奥依塔格及阿克彻依	东南部库山河	同由路克	和什拉甫	克里阳
上段	上段	暗红色泥岩夹杂色泥岩为主，未获化石	红色及暗灰绿色厚层块状含生屑粉晶灰岩，石灰岩中含少量固着蛤及其碎片	暗红色隐晶质灰岩为主，夹红色隐晶白云岩及含膏白云岩，在下部夹红色砂质泥岩和细砂岩	浅绿灰色中薄层状亮晶生屑灰岩、浅灰色亮晶粒屑灰岩与暗红色薄层状钙质泥岩及灰白色石膏泥岩	主要为灰褐色厚层状粉晶灰岩夹同色泥灰岩，顶部见浅褐红色中砾岩。砾石成分主要为石灰岩及一些生物碎屑	灰白色白云质灰岩及含砂白云质灰岩	红灰色砾屑灰岩和灰白色的灰岩、粗砾屑灰岩组。仅4.2m厚，已不能分段；与齐姆根凸起同由路克剖面顶部浅红色中砾岩相似
中段		暗红色泥岩为主，夹灰色石灰岩及杂色泥灰岩，见少量介形类		灰色、暗红色和深灰色厚层固着蛤灰岩，成礁状产出，夹隐晶或亮晶团粒灰岩	暗红、灰绿色中厚层块状泥晶灰岩、泥晶白云岩、生屑泥晶灰岩、粒屑灰岩、生物灰岩为主	主要为灰白色、浅红色白云质灰岩、暗红色膏质砂岩、膏质泥岩。依格孜牙剖面也见固着蛤		
下段	下段	黄灰色白云岩及灰绿色砂岩夹有石膏薄层及红色膏泥岩条带。产介形类及腹足类碎片	灰绿色块状泥晶生屑灰岩，化石个体保存较为完整	浅灰色、灰色微晶白云岩、砂质泥晶白云岩、鲕粒亮晶灰岩、棘屑白云岩		主要为灰白色、浅红色白云质灰岩及生物碎屑灰岩下部夹钙质砂岩，见双壳类褶襞蛤等	灰白色、浅红色白云质灰岩，上、下段化石混生	
组厚，m		137.20	103.47	142.23	89.00	138.45	90.41	4.20

（1）依格孜牙组下段。

喀什凹陷西缘是本组的标准岩相区，主要为浅灰色、灰色微晶白云岩、砂质泥晶白云岩、鲕粒亮晶灰岩、棘屑白云岩和骨屑白云质灰岩。产双壳类 *Lapeirousella qiemoganensis-Sauvagesia-Lopha*（*Arctostrea*）*falcata* 组合。

喀什凹陷北缘，岩性为黄灰色白云岩及灰绿色砂岩夹有石膏薄层及暗红色膏泥岩条带。产介形类 *Sarlatina-Ovocytheridea* 组合；双壳类 *Leptosolen bashibulakeensi-Phaladomya* sp. 组合；而腹足类多为碎片。

齐姆根凸起西缘同由路克剖面主要为灰白色、浅红色白云质灰岩及厚层状生物碎屑灰岩，见双壳类有褶襞蛤（*Plicotula*? sp.）等；阿尔塔什剖面见 *Lapeirousella qiemoganensis-Sauvagesia-Lopha*（*Arctostrea*）*falcata* 组合部分分子。

向东南在叶城凹陷北部西缘的和什拉甫剖面和赛格尔塔什剖面，该组为砂屑灰岩、生屑灰岩、泥灰岩及灰质泥岩，厚度减薄。

和什拉甫剖面有腹足类（*Nerinea* sp.，*N.ferganensis micra*，*Haustator*? sp.，*H.*cf. *acanthophorisa*，*Ampullina* sp.，*Ampullina* cf. *lyrata*，*Nerinella scytatina*，*Actaeonella micra*，*Cantharus subabbreviatus*）；双壳类（*Asterte*? sp.，*Biradiolites*? sp.，*Plicatula*? sp.）。从腹足类的组分看，除 *Haustator* cf. *acanthophorisa* 是库克拜组上段 *Ascensovoluta angusta*– *Gyrodes tenellus* 组合中的常见分子外，其余的属种均是依格孜牙组下段 *Trochactaeon* (*Neocylindrites*) *wuyitakeensis*–*Actaeonella micra* 组合和中段 *Cantharus subabbreviatus*– *Trochataeon* (*Neocylindrites*) *yengisarensis* 组合中的主要分子。其中下段组合中的 *Nerinella scytatina*，*Actaeonella micra*，*Nerinea ferganensis micra* 三属种根据与其共生的有孔虫，其时代应属森诺期早期；而中段组合中的 *Ampullina lyrata*，*Cantharus subabbreviatus* 均是奥地利、保加利亚和外高加索地区森诺期下部的常见分子。但腹足类研究者，根据共生的有孔虫及其他化石，将其时代归于桑托期—坎佩尼期。

叶城凹陷南部西缘，克里阳和玉力群一带，不仅厚度迅速变小，岩性特征也不一样，本组由褐红色砾屑灰岩和灰白色的石灰岩、粗砾屑灰岩组成（克里阳剖面全组仅厚 4.2m），已不能分段。克里阳以东，普司格至皮牙曼则缺失本组。克里阳及玉力群剖面有 *Haustater* sp.，*Turritella* sp. 等，含双壳类 *Friphyla*，*obovata*，*Meretrix*，*Rudistae* 等。

（2）依格孜牙组中段。

喀什凹陷西缘岩性为灰色、浅红色和深灰色厚层固着蛤灰岩，成礁状产出，夹隐晶或亮晶团粒灰岩。在依格孜牙，该段中部夹砂岩，产介形类 *Sarlatina*–*Ovocytheridea* 组合；有孔虫 *Quinqueloculina*–*Nododaria*–*Textularia* 组合带；腹足类 *Cantharus subabbreviatus*– *Trochactaeon* (*Neocylindrites*) *yengisarensis* 组合；腕足类 *Carneithyris petilis*；双壳类 *Gyropleura*–*Lima*–*Nithea* 组合和海胆 *Nucl*eopygus sp. 等。

喀什凹陷北缘，岩性以红色泥岩为主，夹灰色石灰岩及杂色泥灰岩，见少量介形类 *Neoeyprideis*? *leguminformis*，*Eocytheropteron* sp.。

齐姆根凸起西缘的阿尔塔什剖面，固着蛤保存差，数量也少，往往为单体或少数个体聚集，另见介形类 *Cytherelloidea* sp.。同由路克剖面主要为浅灰色厚层状粉晶灰岩夹同色泥灰岩，含大量双壳类化石：*Eriphyla*? sp.、*Cyprimeria*? sp.、*Cyprimeria*? *faba*、*Arcopagia weberi*、*Fimbria* sp.，*Cardita* sp.、*Neithea* (*Neithea coquandi*)、*Aguilonia*? sp. 和 *Trachycardium exulans* 等。顶部见浅褐红色中砾岩（铁质生物碎屑中砾岩）。砾石成分主要为石灰岩及一些生物碎屑。

（3）依格孜牙组上段。

在喀什凹陷西缘西昆仑山山前带北段本段分布局限，目前仅见于阿克彻依和奥依塔克两地（奥依塔克剖面之东南，缺失依格孜牙组上段地层）。岩性以暗红色隐晶质灰岩为主，含固着蛤砾的粉屑隐晶灰岩，暗红色隐晶白云岩及含膏白云岩，在下部夹浅红色砂质泥岩和细砂岩。产 *Biradiolites boldjuanensis*–*Osculigera oytaresis*，有孔虫 *Pseudotriloculina*– *Ammodiscus*– *Protelphdium* 组合带。

喀什凹陷北缘（南天山山前带），岩性以暗红色泥岩夹杂色泥岩为主，未获化石。

综上所述：

（1）五个小区依格孜牙组可相互对比，中及下段的时代归于三冬—康尼亚克阶，上段时代为马斯特里赫特早期。

（2）喀什凹陷西缘，是依格孜牙组的标准岩相区，为红灰色、灰红色、灰色块状石灰岩、白云质灰岩。富含多种海相动物及钙藻类化石，以含大量固着蛤生物灰岩最为特征，厚 89～150m 左右，一般分为三段，即下段发育白云岩、中段多见固着蛤灰岩、上段夹膏质岩。而在喀什凹陷北缘（南天山山前带）则为杂色、灰绿色泥岩、粉砂质泥岩为主夹少量白云岩、泥岩及骨屑灰岩，厚 99～124m，反映土仑晚期海水退却后，晚白垩世三冬—康尼亚克期—马斯特里特早期（依格孜牙组沉积时期）西昆仑山山前带北段与南天山山前带环境差异较大：西昆仑山山前带北段为较广阔的浅海暖湿气候下的碳酸盐岩沉积，含丰富的海相动物化石，中上部固着蛤常形成小礁块；而南天山山前则主要为潮上萨布哈亚相暗红色泥岩、灰绿色石膏夹泥灰岩、白云岩沉积，生物多碎片。这种沉积格局与前期相比，发生了颠覆性的变化。

（3）喀什凹陷西缘依格孜牙组（K_2y）比较稳定、在各地的岩性、岩相基本相同，仅在同由路克剖面下部夹有 2 层钙质砂岩，在塔木河剖面底部夹有一层粉砂质泥岩，但厚度变化较大。但根据岩石特征及化石组合分析，自乌依塔克剖面之东南，缺失依格孜牙组上段地层。到同由路克以东，上、下段化石难以区分。到叶城凹陷北部西缘该组厚度减薄，岩性分段也较难；到叶城凹陷南部西缘克里阳和玉力群一带，不仅厚度迅速变小，本组由暗红色砾屑灰岩和灰白色的灰岩、粗砾屑灰岩组成，岩性已不能分段；克里阳以东（普司格至皮牙曼）则缺失本组。

（4）实际上依格孜牙组三段的划分仅限于喀什凹陷西缘部分剖面；厚层固着（礁状）蛤灰岩段也仅见于喀什凹陷西缘地带。喀什凹陷北缘的三段以红色泥岩为主，与喀什凹陷西缘的三段差别较大。

5）吐依洛克组划分对比

吐依洛克组岩性以暗红色泥岩、含砂泥岩、膏泥岩为主，底与下伏依格孜牙组碳酸盐岩整合接触（表 3-1-19）。

表 3-1-19　塔西南吐依洛克组分布特征表

小区	剖面	主要岩性特征	厚度，m
喀什凹陷北缘（南天山山前带）	库孜贡苏	暗红色泥岩夹白色石膏岩及黄红色泥质石膏岩	88.66
	乌鲁克恰提	暗红色膏泥岩、泥岩与石膏岩略等厚互层	37.37
喀什凹陷西缘（西昆仑山山前带北段）	阿克彻依	浅红色钙质骨屑砂岩，含固着蛤、有孔虫、苔藓虫、棘皮类及腹足类碎屑。其中骨屑砂砾岩厚6m	>10.0
	膘尔托阔依	暗红色薄层状膏泥岩，含石膏团块	6.50
	奥依塔克	暗红色薄层状含钙质泥质粉砂岩、泥岩，顶部为深棕色细晶灰岩（2～3cm）。含有孔虫等	6.74
	依格孜牙	暗红色泥岩、膏泥岩互层；底部为浅棕色钙质细砂岩，含小砾石（杂色砾岩）	25.32
齐姆根凸起（西昆仑山山前带南段）	同由路克	暗红色纹层状粉砂质膏泥岩，夹砂岩透镜体	28.30
	干加特	暗红色含膏泥岩，底部为20cm灰绿色粗砂岩	11.32
	阿尔塔什	白色夹褐红色中层状泥质石膏层与褐红色中层状泥岩	11.98
叶城凹陷北部（东昆仑山山前北段）	和什拉甫	暗红色夹灰绿色粉砂岩、含粉砂质泥岩、泥岩	5.50
	赛格尔塔什	暗红色薄层状粉砂质泥岩、泥质砂岩	29.40
叶城凹陷南段（东昆仑山山前南段）	玉力群	暗红色中层状灰质泥岩	7.10
	克里阳	暗红色薄层—纹层状膏泥岩	7.50

喀什凹陷北缘的库孜贡苏河东岸剖面，吐依洛克组岩性为暗红色泥岩夹白色石膏岩及黄红色泥质石膏岩，厚88.66m；向西在乌鲁克恰提一带石膏岩比例增加，成为暗红色膏泥岩、泥岩与石膏岩略等厚互层，厚37.37m。库孜贡苏剖面吐依洛克组下部产有孔虫 *Cibicides mammilatus* 和 *Cibicidodes succedens* 产自瑞典南部下古新统。后者仅见于古新统下部 *Cibicidoid*，*Florilus* 两属在世界各地最早出现于古新世。该剖面的孢粉类型单调，数量也少，每个属种仅见 1 ~ 2 粒。组合中蕨类孢子未见。裸子植物花粉有 *Pinuspollenites*，*Podocarpidites*，被子植物花粉有 *Juglanspollenites*，*Ulmipolle−nites* 及 *Quercoiditesa*，*Sapindaceidites* 等，其地质时代可能为古近纪。

喀什凹陷西缘中西部的阿克彻依剖面，岩性为一套浅红色钙质骨屑砂砾岩及骨屑砂岩，出露厚度为 10m 左右，其上被覆盖。底部砂砾岩含较多的由固着蛤、苔藓虫、棘皮动物等粗碎屑构成的细砾及粗砂，常见酸性喷发岩及粉砂岩细砾石。向西北玛尔坎苏地区上白垩统吐依洛克组仅厚3.18m，为一层暗红色粉砂质泥岩夹岩屑砂岩，为浑水潮上亚相沉积，无底砾岩；向东南乌依塔克剖面，为暗红色疏松土块状碳酸盐岩、粉砂及黏土岩，顶部为深棕色细晶灰岩，厚6.74m。盖孜河剖面吐依洛克组厚18.63m，岩性为暗红色钙泥质粉砂岩夹浅红色泥晶灰岩。库山河剖面厚24.44m，岩性为暗红色薄层状泥质粉砂岩夹泥晶灰岩。依格孜牙剖面则主要为红色泥岩、膏泥岩夹石膏层组成，底部为一薄层钙质骨屑砂砾岩。

阿克彻依剖面吐依洛克组上部产有孔虫 *Quinqueloculina ranikotensis*，*Q.pseudovata*，*Q.naheolensis*，*Textularia protenta*，前两者产自巴基斯坦 Salt 地区的古新统；后两者产自美国亚拉巴美州和阿肯色州的古新统，该组合时代应为古新世。

齐姆根凸起西缘的同由路克剖面为浅红色粉砂质泥岩，底部为一层厚7.34m的浅红色中砾岩（或称杂色砾岩），砾石成分主要为石灰岩及一些生物碎屑。塔木河剖面为暗红色含石膏质泥岩；干加特剖面岩性为暗红色含膏泥岩，底部有20cm灰绿色粗砂岩，厚11.32m；阿尔塔什剖面岩性为暗红色泥岩、泥质粉砂岩、膏泥岩互层，含石膏团块，夹薄层石膏；底部为薄层钙质骨屑砂岩，厚11.98m；而齐姆根剖面仅厚0.56m。

本小区生物相对较多，据蓝琇、何承泉、俞从流等（2001）的资料，在阿尔塔什剖面吐依洛克组底部砂岩中的灰绿色薄层泥质条带中除找到了少量的有孔虫 *Nonion* sp.，*Melonis* sp.，*Gavelinella* sp. 外，还有少量的沟鞭藻类 *Palaeochystrichophora granulata*，*Spiniferites* sp. 和绿藻类 *Pterospermella* sp.，*Pediastrum simplex*。他们认为这些化石是库克拜组延续上来的，在依格孜牙组有记录，但未见于古近纪地层，故认为吐依洛克组沉积的时代是晚白垩世，即桑托期—马斯特里赫特期，支持了将吐依洛克组归于晚白垩世的传统划法。

据郭宪璞（1990）同样在阿尔塔什剖面吐依洛克组中采获的有孔虫：*Cibicides cantti*，*C.mammillatus*，*C. relizensis*，*Cibicidoides* sp.，*C.succedens*，*Melonis* sp.，*Anomalina* sp. 和 *Florilus* sp. 等，称 *Cibicides−Cibicidoides* 组合。这些属种在瑞典南部、英国南部都见于古新世地层中。故将吐依洛克的时代归于古新世。还有介形类 *Paracypris contracta*，*Paracyprideis similis*，*Eopaijenborchells* sp.，*Loxoconcha gabbia*，*Novecypris* cf . *whitecliffensis* 等。这些介形类主要具有古近纪的组合特征。但又带有白垩纪—古近纪的过渡色彩。

叶城凹陷西缘（东昆仑山山前带）和什拉甫剖面岩性为暗红色夹灰绿色粉砂岩、含粉砂质泥岩、泥岩，暗红色薄层状粉砂质泥岩、泥质砂岩厚5.5m；赛格尔塔什剖面为暗红色薄层状粉砂质泥岩、泥质砂岩，厚29.40m；玉力群剖面为浅红色中层状灰质泥岩，厚7.1m；克里阳剖面吐依洛克组为暗红色薄层—纹层状膏泥岩，厚7.50m；杜瓦—皮牙曼剖面上白垩统（未分组）灰红色砾岩、含膏泥质砂岩层应归于吐依洛克组；阿奇克剖面在阿尔塔什组之下有一套暗红色砂砾岩、粉砂岩、膏泥岩，厚18m，也可能属于吐依洛克组。

综上所述：

（1）据有孔虫及孢粉化石，五个小区可相互对比。综合各单位的研究成果，吐依洛克组的时代倾向古新世早期，但不排除属晚白垩世马斯特里赫特晚期的可能。笔者认为吐依洛克组很可能是穿时的岩石地层单位，其时代应归属晚白垩世末至古近纪早期。但考虑到今后的区域填图、生产钻探均以岩石地层单位为主，而且当前生产部门（单位）的各种图件、文字报告等都已形成了把吐依洛克组归于晚白垩世的固定模式。故本报告仍将吐依洛克组暂归于白垩系内处理。

（2）南天山山前带到西昆仑山山前带，本组虽横向有一定的变化，但各地的岩性、岩相基本相同，以暗红色砂泥岩为主，但厚度有较大的变化，南天山山前带厚度一般37～89m，但西昆仑山山前带多数厚度的数值为个位数。

（3）塔西南若在过库山河剖面和依格孜牙剖面之间取点，且平行昆仑山山前划一条线，则该线之西岩性为暗红色薄层状泥质粉砂岩及泥晶灰岩，该线之东岩性为主要为红色泥岩、膏泥岩夹石膏层。

2. 与区外对比

1）下白垩统克孜勒苏群

晚侏罗世末，塔里木地块总体抬升，有过较短时间的剥蚀，而后随着构造运动的继续，在库车、塔北、塔西南、塔中、塔东、塘巴孜巴斯和库鲁克塔格以西孔雀河等地区再次接受陆相下白垩统沉积。物源区主要是北部天山和南部昆仑山，还有柯坪、巴楚剥蚀区及民丰北—且北断裂以北的部分白垩纪剥蚀区。库车坳陷沉降幅度最大，形成1600m以上的河流相、三角洲相、湖沼相沉积，以紫红色砾岩、砂岩、粉砂岩和泥岩为主；二八台断裂以南塔北地区形成紫红色、灰绿色湖泊相泥岩为主夹粉砂岩的沉积层，厚度900m左右；塔西南为暗红色陆相三角洲相碎屑岩，西北部厚度多为1000m以上，东南部一般300～400m；塔克拉玛干的部分地区，如塔中、塘巴孜巴斯等地区形成紫红色陆相粗碎屑岩砾岩、砂岩，厚度小于300m；阿瓦提—满加尔为暗红色粉砂质泥岩和泥质粉砂岩，厚度400m以内；东部库鲁克塔格西南孔雀河流域为紫红色砾岩、砂岩，厚度400m；阿尔金山地区为陆相砾岩、砂岩，厚度1600m。以上明显地反映出塔里木盆地下白垩统边缘较粗、中部变细、即河流相→三角洲相→湖相沉积的特点，也间接地说明塔里木盆地中部在白垩纪曾有过剥蚀区。各地区不仅沉积物粗细厚薄有些差异，而且岩石成分也因物源区不同而异。塔里木盆地白垩系形成的物源区，主要应为周围的天山、昆仑山、阿尔金山等，但也不排除塔里木盆地内白垩纪的剥蚀区。

红色、紫红色陆相沉积碎屑岩基本上反映出氧化环境下浅水河湖相沉积的特点，库车坳陷、满加尔和塔北一带的灰绿色碎屑岩中含有较丰富的浅水湖沼相介形类和叶肢介，说明这些地区有过适应其生存的滞水域或弱水流域。沉积物受季节气候及降雨量变化影响较大，常为粗—细碎屑岩交互沉积，以洪水期与枯水期河湖交互变化为典型特征，局部层位如亚格列木组以河流至洪积相为主。另外，白垩纪干旱气候孢粉组合十分突出，如 *Classopollis* 达50%～90%，与中亚等地早白垩世干旱气候特征一致。

塔西南早白垩世处于陆相的沉积环境，接受来自昆仑山、天山物源区的碎屑沉积。晚期，乌恰县以西有少量海相沉积物，克孜勒苏群上部曾发现海相古生物化石。

据余静贤（1990）研究，将克孜勒苏群上亚旋回的被子植物花粉 *Clavatipollenites minutus* Brenner，*C.routundus* Kemp，*Liliacidites perortieulatus* Dilcher et Crane，*L.* sp.，*Cupuliferoidaepollenites* spp. 等，划分为2个组合，即：下部的棒纹粉—星粉组合（时代属巴列姆晚期至阿尔必早期）和上部的三沟粉组合（时代属中、晚阿尔必期）。上述两个孢粉组合的分布很广，第一组合在我国见于辽西阜新组、吉林长财组、冀北青石碇组、内蒙古固阳组、松辽盆地沙河子组和营城组、黑龙江珠山组和穆棱组、准噶尔盆地连木沁组下部等；第二组合见于辽西孙家湾组、准噶尔盆地连木沁组上部、松辽盆地登娄库组和泉头组、黑龙江猴石沟组和东山组、二连盆地赛格塔拉组上部、河西走廊地区中沟组、民和盆地河口组上部等。孢粉的时代和地层对比意见与动物化石尚有一定差异，根据叶得泉等（1990）的意见，上述第一个组合所属地层基本归贝利阿斯—巴列姆期的后期，即大致属巴列姆期，而第二组合所在地层则属阿普特—阿尔必期甚至更早。也就是说，被子植物花粉所确定的时代可能偏晚一些。下白垩统与其他分区对比见表3-1-20。

表3-1-20　塔西南各分区下白垩统特征及与塔里木盆地其他分区对比表

地层系统			塔克拉玛干分区		塔西南分区					天山分区		塔东南分区
统	群组	库车分区	塔西北	塔中—塔东小区	群	旋回	段	喀什凹陷及齐姆根凸起西北部	叶城凹陷及齐姆根凸起东南部	东阿赖小区	托云小区	
下白垩统	巴什基奇克组	暗红色砂岩夹粉砂岩、泥岩，下部砾岩夹砂岩；产介形类 *Latcrnia-Cypridea* 等	暗红色泥岩、砂岩互层	暗红色细砂岩夹泥岩，下部砾岩夹砂岩	克孜勒苏群	上旋回	第四段	三角洲平原亚相砾岩、泥质粉砂岩段，未获化石	岩性同左，但相对粗一些，叶城凹陷南部剖面缺失较多，未获化石		灰绿色、棕红色钙质长石岩屑细砂岩夹泥岩，底部为灰黄色砾石	暗红色、灰黄色、灰色长石石英砂岩为主，夹砂砾岩、粉砂岩、砾岩
							第三段	三角洲前缘为主的砂岩夹泥岩，产鹦鹉嘴龙、海相遗迹、海相双壳类 *Anadara* sp. 及孢粉化石	岩性同左，但相对粗一些，部分剖面缺失，未获化石			
	亚格列木组	暗红色粉砂岩、泥岩；产介形类 *Jingguella* 生物群及叶肢介、轮藻 *Mesochara* 等	暗红色泥岩夹薄层粉砂岩、泥质粉砂岩	暗红色、棕黄色砂岩、粉砂岩、泥岩互层，底部为砾岩		下旋回	第二段	以辫状河三角洲为主的含砾砂岩段，产介形类 *Rhinocypris*，*Cypridea*，*Darwinula*；轮藻 *Mesochara*，*Sphaerochara*? 及孢粉等	岩性同左；产介形类 *Cypridea*，*Damonella*，*Rhinocypris*，*Darwinula* 等，该介形类生物群与左边可大致对比	暗红色、棕红色长石岩屑砂岩夹灰白色长石岩屑砂砾岩，底部为砾岩		
	卡普沙良群 巴西改组	灰绿色等粉砂岩、泥岩和褐黄色砂岩互层；产介形类 *Jingguella* 生物群及叶肢介、轮藻 *Mesochara* 等					第一段上亚段	冲积扇砂砾岩；未获化石	岩性同左，但多数缺失			
	舒善河组	暗红色、紫红色砾岩和砂岩为主；未获化石					第一段下亚段	红色砂泥岩；仅见同由路克介形类 *Cetacella*、*Damonella* 等；厚204.59m	缺失			

克孜勒苏群厚度变化：除凹陷边缘及古凸起（乌拉根）外，喀什凹陷较为稳定，多为

1100m 左右，但向东南的齐姆根凸起东南部厚度变小为 200 ～ 400m，普遍缺失第 1 段；到叶城凹陷南部，厚度变小、缺失更多。

2）上白垩统对比

在晚白垩世，塔里木盆地大部分地区未接受沉积，国内也少有海相沉积，仅塔西南有来自中亚自西向东的海水入侵，从乌恰县以西直至东部和田地区，形成浅海相、潟湖相为主的沉积岩——英吉沙群。因此，塔里木盆地西部仅与中亚地区白垩纪的沉积相和生物相十分相似（表 3-1-21）。

表 3-1-21　塔西南分区与中亚地区晚白垩世地层对比表（据周志毅等，2001，改编）

统	阶	塔西南分区			中亚地区塔吉克盆地、费尔干纳盆地
上白垩统	马斯特里赫特阶	吐依洛克组			
	坎潘阶	英吉莎群	依格孜牙组	上段	乌丹达乌层
				中段	达林塔乌层、萨留卡梅什层
	三冬阶			下段	阿克布拉克层、库鲁克层、阿克拉巴特层、莫杜层
	康尼亚克阶				
	土仑阶		乌依塔克组		穆兹拉巴特层
			库克拜组	上段	达斯吉里亚克层、塔尔哈布层、加兹达千层
	赛诺曼阶			中段	
				下段	塔加林层、卡里坎赛层秋别加坦层

（1）库克拜组（诺曼阶—土仑阶下部）。

中亚地区，如阿莱依—费尔干纳、塔吉克—泽拉夫善等地，赛诺曼早期秋别加坦层和卡里坎赛层及赛诺曼晚期的早期塔加林层，这三组地层发育情况与我国塔里木盆地的库克拜组下段相似。在塔吉克盆地前两组是绿灰色和灰色泥岩、绿灰色砂岩、石灰岩及石膏；后一组的上部和下部都是绿灰色石灰岩和砂岩，中部是石膏和红色砂岩。在塔吉克盆地的塔加林层产有固着蛤 Ichthyosarcolites tricarinatus Parona，此种也见于塔西南西昆仑山山前带阿克彻依剖面的库克拜组下段顶部灰色石灰岩中；在费尔干纳盆地，其岩性特征是下部为浅红色和红色粗细不等的砂岩，中部为杂色泥岩，顶部为灰色石灰岩，其沉积序列、岩性特征和生物群特征都可与南天山山前带的巴什布拉克剖面库克拜组下段相比。因此可以认为中亚地区的秋别加坦层、卡里坎赛层及塔加宁层可与本区库克拜组下段相对比。赛诺曼晚期在中亚地区为加兹达千层，岩性大体是绿灰色泥岩夹介壳层，以 Rhynchostreon chaperi Bayle，Liostrea oxiana（Romanovskiy）为代表，其岩性特征及古生物组合等都可与塔西南库克拜组中段相对比。

在中亚地区费尔干纳盆地西部，土仑期早期塔尔卡布层和土仑期晚期的早期达斯吉尔亚克层为红色、灰色砂岩，除红褐、紫色带有杂色斑点的泥岩和碳酸盐岩团块外，其余各地大都为绿灰色、灰色泥岩或石灰岩，夹有介壳灰岩或介壳泥岩夹层。其所含化石以牡蛎为主，下部以 Rhynchostreon chaperi Bayle，Ostrea delettrei Coquand，Corbula muschktowi Bohm，Inoceramus labiatus Schlotheim，等为特征，上部以 Fatina（Costeina）costei Coquand，Exogyra turkestanensis Born，Liostrea delettrei Coquand 为代表，其沉积和古生物组合特征都可与塔里木盆地西部库克拜组上段相比。据雍天寿（1984）报道，塔西南西昆仑山山前带奥依塔克剖面的库克拜组上段曾获得 Inoceramus labiatus，此种不仅出现在中亚地区，也是欧洲土仑期早期的带化石。因此库克拜组上段当属土仑期早期，并与塔尔卡布层和达斯吉尔亚克层相当。

(2) 乌依塔克组（土仑阶上部）。

土仑期晚期的穆兹帕巴特层在整个中亚地区都是红色或杂色泥岩、砂岩与石膏互层，其特点与塔西南的乌依塔克组相一致。

(3) 依格孜牙组（三冬—康尼亚克阶—马斯特里赫特阶）。

三冬—康尼亚—桑托期：三冬—康尼亚期沉积在塔吉克盆地和吉萨尔西南部可以清楚地分为莫杜层和巴特层，向东到达尔瓦兹、阿莱依、费尔干纳和帕米尔等地则不再分为两组，而是绿灰和灰色的泥岩和石灰岩。在土库曼、塔吉克、吉萨尔和达尔瓦兹等地，桑托期沉积物可划分出下部海相和上部潟湖相两组，其特点都是有丰富的有孔虫、双壳类、菊石和海胆化石等，可以有孔虫 *Gaudryina* cf. *pseudostattca* Bykova，双壳类 *Gyropleura vakhschensis* Bobkova，菊石 *Stantonceras guadalupae asiaticum* Iljin，海胆 *Hemiaster akkaptichigensis* Schmidt 为代表；到费尔干纳盆地则为淡水沉积，以双壳类 *Sainshandia aradica* Martinson 和 *Pseudohyria triangulata* Martinson, *Lanceolaria* sp. 等为特征。在库拉明斯克还有 *Placatotrigonioides* sp. 和 *Neotrigonioides gigantus* Martinson。上部潟湖相沉积物底部石灰岩中还有双壳类 *Pinna* sp. 等。而塔西南同期地层，相对依格孜牙组下段以白云岩为主，也有少量绿灰色泥岩，其中化石极少，仅腹足类、双壳类和介形类有一些地方性的种，两地区环境相差甚大，中亚地区为碳酸盐岩和泥岩相，而塔里木盆地则相变为高盐的白云岩相。所以化石种群相差较大，但时代可以相当。

中亚地区南部的坎佩尼阶也可分为上下两部分，而到泽拉夫善、阿莱依和费尔干纳则表现为局部地区受到剥蚀，砂质成分增加，费尔干纳盆地则有石膏出现。坎佩尼晚期在中亚地区的带化石是双壳类 *Lopha* (*Arctostrea*) cf. *falcata*, *Chlamys guiardium* Roem, *Lima granulata* Nils；菊石 *Submortoniceras* sp., *Hoplitoplacenticeras marroti* Coquand 等。这些化石属种虽然与塔西南西昆仑山山前带依格孜牙组中段所含属种不尽相同，但总的面貌相似，还有少数相同的种，如 *Lopha* (*Arctostrea*) cf. *falcata* Morton 等。而塔西南南天山山前带的依格孜牙组中段更与费尔干纳盆地同期地层发育情况相似，因而南天山山前带的依格孜牙组中段很可能是土仑期晚期至坎佩尼期的沉积，而缺少马斯特里特期的沉积，或剥蚀后被古近系古新统阿尔塔什组石膏岩所覆盖，其间可能为假整合关系。

马斯特里特阶在中亚地区是超覆在坎佩尼晚期地层之上，以绿灰、灰色石灰岩和介壳层为特征，帕米尔地区为灰色和浅红色的石灰岩。在塔吉克盆地、达尔瓦兹、泽拉夫善、阿莱依和帕米尔地区都以固着蛤 *Biradiolites boldjuanensis* Bobkova 为特征。

(4) 吐依洛克组（马斯特里特阶上部）。

该组为浅棕色钙质骨屑砂岩或砂砾岩。据有孔虫及孢粉的化石，吐依洛克组的时代倾向古新世早期，但不排除属晚白垩世马斯特里赫特晚期的可能。笔者认为吐依洛克组很可能是穿时的岩石地层单位，其时代应归属晚白垩世末至古近纪早期。但考虑到当前生产部门（单位）的各种图件、文字报告等都已形成了把吐依洛克组归于晚白垩世的固定模式。故本报告仍将吐依洛克组暂归于白垩系内处理。

3. 白垩系地层划分与对比总结

通过五个小区的地层划分与对比分析，通过与塔里木盆地周缘地层、国外相似地层的对比分析，做出了白垩系地层对比图，横穿喀什凹陷、齐姆根凸起及叶城—和田凹陷（图 3-1-17 至图 3-1-18）。总体上各组地层自西向东有逐渐减薄趋势。

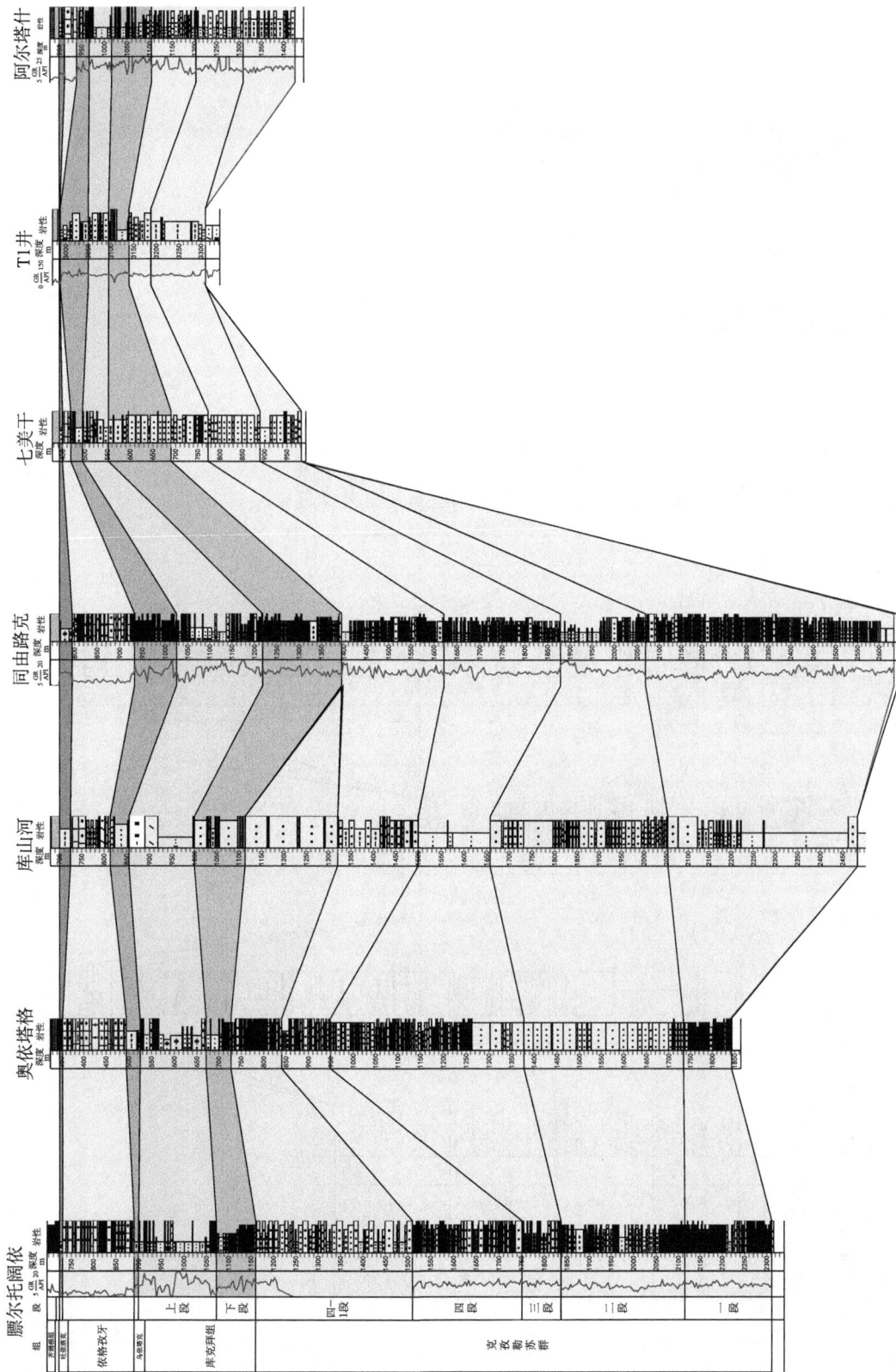

图3-1-17　瓢尔托阔依—库山河—七美干—阿尔塔什白垩系地层对比图

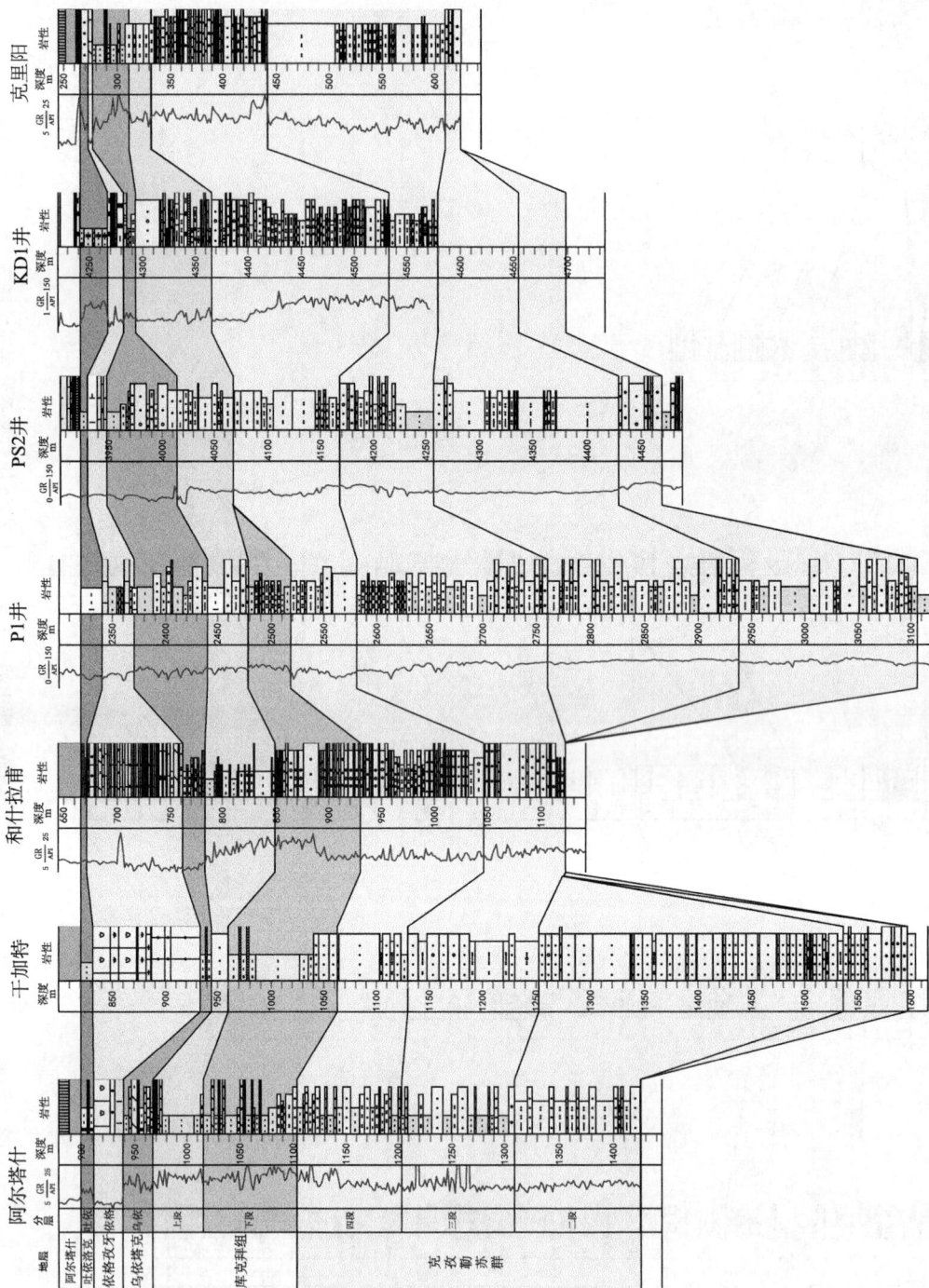

图3-1-18 塔西南阿尔塔什—和什拉甫—PS2井—克里阳白垩系地层对比图

第二节　古近系

一、概述

1953 年，苏联地质保矿部第十三航测大队将费尔干纳盆地和塔吉克盆地的古近系划分方案、地层名称全部引入到塔西南地区。1975 年至 1976 年，新疆石油局的有关同志在新疆地层表中对本区古近系、新近系进行了专门的调查研究，并根据地层规范将过去使用的外国地层名称予以废除并做了新的命名，基本上完善了本区古近系地层系统。随着油气勘探研究的深入，有专家、学者相继提出多种地层时代及划分对比的方案（表 3-2-1）。

塔西南内古近纪海相地层统称喀什群、该群为一套浅海相—潟湖相沉积，在区内分布比上白垩统各组地层更为广泛，西起国境线，向东大致可延至和田河以东地区，地表露头多集中在南天山山前和昆仑山山前地带。本群岩性变化较大，厚度因地而异，大致在数十米到上千米左右。底部常为石膏层和泥岩层，中部多为石灰岩或生物灰岩，上部以碎屑岩为主，但常夹有膏泥岩。其中含有丰富的瓣鳃类、腹足类、海胆、有孔虫和介形类等化石。就其岩性和所含化石特点而言，喀什群在区内许多地区可明显地再分成阿尔塔什组、齐姆根组、卡拉塔尔组、乌拉根组和巴什布拉克组（表 3-2-2）等五个岩组。

据塔里木盆地及周边地层的划分（贾承造，张师本，2004），塔西南古近系（塔里木盆地地层区）隶属于塔西南地层分区的英吉沙地层小区（西昆仑山山前带）、和田地层小区（东昆仑山山前带）及乌恰地层小区（南天山山前带）。三者岩性差异明显，而其古生物组合特征除孢粉外则基本相同，但各带间不同地区各组段的化石丰度不大相同。英吉沙地层小区范围相当于上节的喀什地层小区，古近系沿西昆仑山山前呈带状出露，受陆源碎屑的影响较大，粒度粗，厚度一般较大；和田地层小区与上节叶城—和田地层小区相当，古近系沿东昆仑山山前呈带状断续出露，岩性类似，但厚度减薄，在玉力群、克里阳等地仍可分为 5 个组，但向东在皮阿曼、阿其克、布雅等地，全部以潟湖相沉积为主，难以细分。乌恰地层小区位于（喀什凹陷北缘）南天山山前地带，自西部斯木哈纳向东到库孜贡苏一带，地层发育齐全，化石最为丰富，范围与上节的喀什小区北部相当。喀什群除阿尔塔什组底与下伏吐依洛克组假整合接触外，其他各组之间均为整合接触。

笔者在前人研究和本轮 9 条基干剖面的精细测制的基础上（共计 25 条露头剖面），根据生物组合、沉积特征及沉积序列研究结果，结合钻井资料，对塔西南古近纪地层分区进行了精细的划分对比，现分喀什凹陷西缘、齐姆根凸起西缘、叶城凹陷北部西缘、叶城凹陷南部西缘、喀什凹陷北缘及麦盖提斜坡等 6 个区带介绍如下（后两者为引用）。

二、岩石地层划分

1. 阿尔塔什组（E_1a）

本组命名剖面位于昆仑山山前莎车县阿尔塔什村，主要为白色隐晶质巨厚的石膏岩夹少量白云岩，其顶部发育相对（石膏岩）厚度较薄的且相当稳定的白云质灰岩。有少量的有孔虫、腹足类、双壳类、介形类及孢粉等化石。底多与下伏上白垩统吐依洛克组（K_2t）或依格孜牙组（K_2y）之间为不整合或平行不整合接触，在天山山前乌拉根隆起周缘及康苏一带超覆于克孜勒苏群之上。厚度各地变化较大，可自几米至上千米。

本组可分为三个类型：①典型类型（以石膏岩发育为特征），喀什凹陷北缘及西缘的盖孜河、库山河及其以东等多数地区，岩性为石膏岩夹云岩及膏泥岩，产高盐度生物群；②高盐化与低盐度交叉沉积（且厚度巨大）类型，在托母洛安—乌帕尔地区，岩性以白色、灰白色厚层块状石膏为主，夹石灰岩及灰绿色泥岩、暗红色膏泥岩，低盐度的动物群与高盐度的动物群交替出现；③没有膏质岩类型，且木干以西地区的西昆仑山山前地带为冲积扇相沉积的暗红色厚层状细粒岩屑砂岩、块状砾岩，不见石膏及膏质岩。

以厚层白色石膏岩为底，与下伏吐依洛克组（红色）或依格孜牙组接触，野外易分辨。

2. 齐姆根组（$E_{1-2}q$）

齐姆根组的命名剖面位于昆仑山山前的齐姆根附近，分布范围基本上与阿尔塔什组相同。主要岩性为绿、灰绿、红色泥岩夹膏泥岩和石膏层，总的特点是"上红下绿"的风化外貌特征，野外极易辨认。一般底与下伏的阿尔塔什组白云质灰岩整合接触，厚 16～450m。

在西昆仑山山前多数地带，一般可分为上部为暗红色泥岩、粉砂质泥岩含石膏层或团块，或夹石膏薄层和泥质石膏，下部为一套灰绿、深灰色的钙质泥岩夹泥灰岩和红色泥岩夹白云质灰岩、灰色厚层生物碎屑泥晶灰岩。下部产丰富的双壳类、腹足类、有孔虫和介形类、孢粉及沟鞭藻等的化石，上部化石稀少。在叶城凹陷，从和什拉甫至杜瓦，齐姆根组（岩性、化石）二分特点不明显，一般缺失下绿段。而在喀什凹陷北缘，碳酸盐岩增多，可进一步划分为下部灰绿色泥岩段、中部白云岩段、上部浅红色泥岩段，考虑到生产方便，本次只划分"上红下绿"两段。

3. 卡拉塔尔组（E_2k）

本组的命名在卡拉塔尔剖面，分布范围与前述两组大致相同，它主要为一套以灰色骨屑隐晶灰岩与牡蛎礁灰岩，含有丰富的牡蛎化石。以风化色呈绿色及含大量的突蕨牡蛎"Ostrea（Turkostrea）"为特征，野外极易辨认。与下伏具"上红下绿"的风化外貌特征的古新—始新统齐姆根组（$E_{1-2}q$）及与上覆岩性单一的乌拉根组（E_2w）之间均呈整合接触关系，一般厚 60～300m。

塔西南本组岩性特征有一定的变化，喀什地层小区卡拉塔尔组（E_2k）以天山山前南部为标准岩相区，其特征为上段为灰色石灰岩、介壳灰岩，下段为石灰岩、泥灰岩、砂质灰岩与灰绿色泥岩互层；在昆仑山山前为红色山麓相的砾岩、砂岩夹灰绿色砂质泥岩。因此，在昆仑山山前本组上部为石膏和介壳灰岩，下部则为红色膏泥岩、白色石膏和灰色石灰岩。

1994 年，西南石油学院项目组以旋回地层学的相关理论和方法为指导，将具有相同岩性组合特征的地质体划归卡拉塔尔组，按此划分方案，柯克亚邻区露头剖面乌拉根组底部的碳酸盐岩划归卡拉塔尔组上石灰岩段，从而将卡拉塔尔组地层分为：下石灰岩段、中白云岩（或云泥岩、砂岩）段及石灰岩段等三个岩性段。本书在叶城凹陷采用了此划分方案。

按此方案在齐姆根凸起的阿尔塔什一带，下段为亮晶颗粒灰岩与泥质介壳灰岩互层，向上为灰绿色灰质泥岩夹砂岩，中段为褐灰色石灰岩与泥岩及砂岩不等厚互层，上段下部为灰绿色灰质泥岩、粉砂质泥岩及砂岩，上部为红灰色亮晶生屑灰岩、生屑泥晶灰岩及泥灰岩；到和什拉甫—赛格尔塔什一带，下段为红灰色亮晶生屑灰岩夹介壳灰岩及粉砂岩夹泥岩，中段为浅灰色砂岩，含生物介壳，上段为砂岩及介壳灰岩；再向东南至克里阳地区，下段为鲕粒灰岩、鲕粒云岩、泥晶云岩及绿灰色云质泥岩夹膏岩；中段为褐灰色泥质云岩、泥云岩夹陆源粉砂岩，上段为灰色生屑灰岩及生物介壳灰岩。

表 3-2-1 塔西南分区古近系划分沿革表

本书		中国石油杭州地质研究院等(2001)	新疆岩石地层表(1999)	赵治信、雍天寿等(1997)	杨藩、唐文松、魏景明等(1994)	新疆地质志编写组(1993)	周志毅、陈丕基(1990)	唐天福、杨恒仁、蓝琇等(1989)		雍天寿(1984)	郝诒纯等(1982)	新疆地层表编写组(1981)		新疆石油管理局地调处110队(1971)	苏联地质保矿部第十三航测队(1952)
乌恰群	克孜洛依组 5段	克孜洛依组 5段	克孜洛依组	克孜洛依组	克孜洛依组	克孜洛依组	安居安组 / 乌恰群	克孜洛依组	中新统 新近系 / 新近世	克孜洛依组	克孜洛依组	克孜洛依组	五段 巴什布拉克组	利什坦-苏木萨尔组 E₂₋₃	利什坦-苏木萨尔组 E₂₋₃
	4段	4段					克孜洛依组	五段 巴什布拉克组	渐新统 渐新世	巴什布拉克组		四段			
	巴什布拉克组 3段	3段	巴什布拉克组	巴什布拉克组	巴什布拉克组	巴什布拉克组	巴什布拉克组	四段			巴什布拉克组	三段			
	2段	2段						三段				二段		吐尔斯坦 E₂	吐尔斯坦 E₂
	1段	1段				乌恰群		二段				一段		阿莱依组 E₂	阿莱依组 E₂
喀什群	乌拉根组	乌拉根组	乌拉根组	乌拉根组	乌拉根组	乌拉根组	乌拉根组	一段 乌拉根组	古近系 古新世 始新世	乌拉根组	卓尤勒干苏组 乌拉根组	乌拉根组	卡拉塔尔组	苏扎克组 E₁₋₂	苏扎克组 E₁₋₂
	卡拉塔尔组 上段 下段	卡拉塔尔组 上段 下段	卡拉塔尔组	卡拉塔尔组	卡拉塔尔组	喀什群 卡拉塔尔组	卡拉塔尔组	卡拉塔尔组 上段 下段		卡拉塔尔组	卡拉塔尔组 盖吉塔格组	卡拉塔尔组	齐姆根组		
	齐姆根组	齐姆根组 上段 下段	齐姆根组	盖吉塔格组 齐姆根组	齐姆根组	齐姆根组 上段 下段	齐姆根组 上段 下段	齐姆根组 上段 下段		齐姆根组	齐姆根组	齐姆根组		阿莱依组 E₂ 布哈尔组 E₁	布哈尔组 E₁
	阿尔塔什组	阿尔塔什组	阿尔塔什组	阿尔塔什组	阿尔塔什组	阿尔塔什组	阿尔塔什组	阿尔塔什组		阿尔塔什组	阿尔塔什组	阿尔塔什组	东巴组		
吐依洛克组		吐依洛克组 U.Maestrichtian	吐依洛克组	吐依洛克组	吐依洛克组	吐依洛克组	吐依洛克组	吐依洛克组	上白垩统	吐依洛克组	吐依洛克组	吐依洛克组		森诺-达特组 K₂	森诺-达特组 K₂³

单位：m

表 3-2-2　塔西南古近系露头剖面组、段厚度统计

分区说明：
- 喀什凹陷北缘（南天山山前带）：塔什皮萨克、乌拉根、库克拜、巴什布拉克、乌鲁克恰提、斯姆哈纳、玛尔坎苏
- 喀什凹陷西缘（西昆仑山山前带北段）：日木干、卡拉别勒达坂、膘尔托阔闹依河、托母洛安河、乌帕尔
- 齐姆根凸起（西昆仑山山前带南段）：奥依塔格、库山河、同由路克、塔木河、七美干干加特、阿尔塔什
- 叶城凹陷西缘（东昆仑山山前带）　北部：和什甫拉、莫尔格尔塔什　南部：玉力群、兑里阳普司格、杜瓦瓦

层位 / 地层单位	塔什皮萨克	乌拉根	库克拜	巴什布拉克	乌鲁克恰提	斯姆哈纳	玛尔坎苏	日木干	卡拉别勒达坂	膘尔托阔闹依河	托母洛安河	乌帕尔	奥依塔格	库山河	同由路克	塔木河	七美干干加特	阿尔塔什	和什甫拉	莫尔格尔塔什	玉力群	兑里阳普司格	杜瓦瓦
巴什布拉克组　五	?		23.84	74.4	26.27		349.44																未测
四			47.69	52.4	138.84		41.73																
三			48.07	19.3	68.04		469.75																
二			83.51	49.5	109.33		125.95																
一			124.64	106.3	140.42		630.01																
$E_{2-3}b$厚	?	60.55	327.75	303.9	482.90	129	1616.88	未测	596.54	914.07		194.06	94.52	455.03		517.46	580.41	758.60	680.56	482.10	未测	296.07	422.04
乌拉根组　E_2w	20.33	1.35	32.76	39.7	41.06	41	40.36	130.71	141.62	63.43	353.41	11.28	103.86	263.17	188.58	125.55	93.35	62.70	165.74	21.75	49.64	54.25	
卡拉塔尔组　上								42.71			21.23		12.53				17.19						
中			105.05	101.7				36.70	55.80		28.26		27.77		14.55	37.50	31.93	29.20					
下			92.52	23.1	136.62			30.20			129.66		16.43		6.30		31.32	27.11	17.0			18.10	45.60
$E_{1-2}k$厚	14.68	20.69	197.57	124.8	136.62	60	121.14	109.61	76.81	120.51				96.94	65.20	170.32		103.29	60.72	25.14			
齐姆根组　上			41.12	77.8	30.25																	8.85	
下			136.62	122.8	98.66																	59.65	
$E_{1-2}q$厚	0	0	177.74	200.6	128.91	57	158.07	450.62	362.20	404.92	>791.86	206.73	123.74	170.45	228.42	148.27	85.61	356.91	151.57	74.28	61.45	54.45	
阿尔塔什组　石灰岩			4.80	4.8																			
石膏			223.24	>200																			
E_1a厚	0	32.83	228.04	>204.8	153.49	30	113.57	7.80	76.44	>1094.22	>20	>791.86	36.97	48.61	292.77	326.41	172.08	203.57	237.35	22.0	42.95	517.87	13.7
喀什群总厚	35.01	115.42	963.87	>873.87	967.18	317	2050.02	698.74	>1423.14	>2782.07	>733.26	>1325.32	415.82	>691.12	1220.53	1070.55	1565.14	>877.38	1295.94	625.2	>250.2	587.82	13.7
下伏地层	K_1kz^4	K_1kz	K_2w	K_2	K_2w	K_2w	K_2t	K_2t	未见底	未见底	未见底	未见底	未见底	K_2t	K_2t	K_2t	K_2t	K_2t	K_2t	K_2t	K_2t	K_2t	K_2t

4. 乌拉根组 （E₂w）

本组的命名剖面位于天山山前之乌拉根向斜南翼，分布范围与前述喀什群各组基本相同。1981 年，新疆地层表编写组对前人的工作成果进行了总结，认为喀什地层小区始新统乌拉根组 （E₂w） 以南天山山前带为标准岩相区，岩性单一且稳定，主要为灰绿色泥岩，钙质砂岩夹薄层灰岩，一般下部石灰岩夹层较多。含有丰富的海相化石，野外较易识别。与下伏卡拉塔尔组整合接触，一般厚约 20 ～ 150m 左右。

在喀什凹陷西缘的西昆仑山山前，岩性为红色泥岩、砂岩互层夹灰绿色泥岩条带。大体可分为两段：上段为红色泥灰岩夹灰绿色砂岩、泥岩薄层及薄介壳层；下段为灰绿、深灰色泥岩夹薄层至中层石灰岩和介壳灰岩，有时夹砂岩。含丰富的双壳类、腹足类等化石。特别是双壳类中的牡蛎 *Sokolowia* 最为特征，个体肥大，数量多，分布甚广，是确定乌拉根组最重要的标志之一。阿尔塔什往西，岩性变粗，泥岩及砂岩增多，厚度增大。

在叶城凹陷西缘的东昆仑山山前，与南天山山前带（标准岩相区）类似，岩性为灰绿色、浅灰色、绿灰色的泥岩、钙质粉砂岩，夹有介壳层或泥质介壳灰岩。向上部岩性变粗，以钙质砂岩、细砂岩为主，夹泥质粉砂岩。含丰富的双壳类、有孔虫、介形类和颗石藻等化石。在克里阳剖面发育较好，向西至玉力群、赛格尔塔什、和什拉甫等剖面，岩性变化不大；由克里阳剖面向东至杜瓦剖面，岩性变为棕红色、浅红色石灰岩及暗红色泥岩，夹砂岩，厚度剧减。

5. 巴什布拉克组 （E₂₋₃b）

本组的命名剖面位于南天山山前之巴什布拉克一带，在南天山山前带主要在中西部呈带状展布，岩性主要为一套暗紫红色泥岩、砂质泥岩夹砂岩，产牡蛎、孢粉、腹足类、疑源类及藻类等化石。自下而上可分五段，即红色膏泥岩段、泥岩夹灰绿色砂岩段、泥岩夹介壳灰岩薄层段、砂泥岩互层段和下砂上泥岩段。

以乌鲁克恰提和库克拜地区发育最为完整，由西向东厚度变薄的趋势较明显。在乌拉根隆起带和东缘塔什皮萨克一带缺失。中部乌恰附近克孜洛依一带该组缺失上部两段地层，与上覆克孜洛依组呈微角度不整合外，其余地区与上、下地层组均为连续过渡。

在喀什凹陷西缘的昆仑山山前，主要由暗红色、红色泥岩、粉砂质泥岩、粉砂岩及砂岩组成，夹灰绿色泥岩、泥灰岩、介壳层、石膏岩及膏泥岩，岩层常常呈现韵律性。在玛尔坎苏—膘尔托阔依地区发育较完整，也可分为五个岩性段。由膘尔托阔依剖面向东南，各地岩性虽基本相似、但厚度则依次递减，已难以划分出五个岩性段。

在叶城凹陷的昆仑山山前，岩性与喀什凹陷的昆仑山山前类似。由克里阳剖面向西北至赛格尔塔什剖面及和什拉甫剖面，厚度剧增。而向东南（杜瓦剖面和阿其克剖面）厚度变化不大。

6. 岩性特征地层划分标志

在前人研究的基础上，以建组剖面的岩石地层、生物地层为标志，以采集的古生物化石为基础，结合岩石颜色、沉积旋回特征、岩石标志层、间断面等特征，进行基本岩石地层单位（组）的划分和确立（表 3-2-3）。古近系各组最典型的沉积特征如下：

阿尔塔什组：底部的石膏层是划分上白垩统和古近系的良好标志，其顶部的石灰岩相当稳定，可作为划分阿尔塔什组和齐姆根组的标志层。

齐姆根组："上红下绿"砂泥岩沉积组合。

卡拉塔尔组：灰色石灰岩或灰绿色砂泥岩，含突蕨牡蛎。

乌拉根组：灰绿色砂泥岩、石灰岩，含 *Sokolowia* 牡蛎大化石。

巴什布拉克组：暗红色砂泥岩互层。

表3-2-3　塔西南古近系各组典型界面特征

剖面 \ 组	瓢尔脱阔依且木干	奥依格格	同由路克	克里阳	和什拉甫	阿尔塔什	王力群	赛格尔塔什	瓢尔脱阔依阔河
$E_{2-3}b$/K_2w	岩层的颜色发生明显变化，由灰绿色粉砂质泥岩 (K_2w) 变为红色砂质泥岩、粉砂质泥岩 ($E_{2-3}b$)	岩层的颜色发生明显变化，由灰绿色粉砂质泥岩 (K_2w) 变为红色粉砂质泥岩、粉砂质泥岩 ($E_{2-3}b$)	岩层的颜色发生明显变化，由黄绿色粉砂质泥岩 (K_2w) 变为红色粉砂质泥岩 ($E_{2-3}b$)	岩层的颜色发生明显变化，由灰绿色中细砂岩 (K_2w) 变为红色粉砂质泥岩 ($E_{2-3}b$)	岩层的颜色发生明显变化，由灰绿色粉砂质泥岩 (K_2w) 变为红色粉砂质泥岩 ($E_{2-3}b$)	岩层的颜色发生明显变化，由灰绿色粉砂质泥岩 (K_2w) 变为红色粉砂质泥岩 ($E_{2-3}b$)	岩层的颜色发生明显变化，由灰绿色粉砂质泥岩 (K_2w) 变为红褐色粉砂质泥岩 ($E_{2-3}b$)	岩层的颜色发生明显变化，由灰绿色粉砂质泥岩 (K_2w) 变为红色粉砂质泥岩 ($E_{2-3}b$)	岩层的颜色发生明显变化，由灰绿色粉砂质泥岩 (K_2w) 变为红色粉砂质泥岩 ($E_{2-3}b$)
K_2w/E_2k	由 E_2k 的泥岩、石灰岩变为 K_2w 的粉细砂岩、泥岩	由 E_2k 的石灰岩、泥岩变为 K_2w 的泥岩、细砂岩	岩性突变，由 E_2k 的膏泥岩变为白色介壳灰岩与 K_2w 粉砂质泥岩互层	岩性变化，由 E_2k 变为白色的介壳灰岩与 K_2w 粉砂质泥岩互层	由 E_2k 的介壳灰岩变为 K_2w 的中砂岩	由 E_2k 的介壳灰岩变为 K_2w 的中砂岩	岩性变化，由 E_2k 的泥岩变为 K_2w 灰岩变为红褐色的泥岩	由 E_2k 的粉砂质泥岩变为 K_2w 的介壳堆积层	由 E_2k 的介壳灰岩变为 K_2w 的堆积的粉砂质泥岩
E_2k/$E_{1-2}q$	颜色突变，由红色粉砂岩 ($E_{1-2}q$) 变为浅灰绿色钙质砂岩 (E_2k)	颜色突变，由红色粉砂质泥岩 ($E_{1-2}q$) 变为浅灰绿色砂岩、泥岩 (E_2k)	颜色、岩性发生突变，由灰绿色砂质泥岩 ($E_{1-2}q$) 变为浅灰色白云质灰岩 (E_2k)	颜色、岩性发生突变，由灰绿色砂质泥岩 ($E_{1-2}q$) 变为浅灰色白云质灰岩 (E_2k)	颜色发生突变，红色粉砂质泥岩 ($E_{1-2}q$) 变为灰绿色钙质砂岩 (E_2k)	颜色发生突变，红色粉砂质泥岩 ($E_{1-2}q$) 变为灰绿色钙质砂岩 (E_2k)	颜色发生突变，由红色粉砂质泥岩 ($E_{1-2}q$) 变为浅色生屑灰岩 (E_2k)	颜色发生突变，由红色粉砂质泥岩 ($E_{1-2}q$) 变为浅灰色生屑灰岩 (E_2k)	颜色发生突变，由红色粉砂质泥岩 ($E_{1-2}q$) 变为浅灰色石灰岩 (E_2k)
$E_{1-2}q$/E_1a	E_1a 厚层石膏顶部的白云岩或白云质灰岩或白云岩	E_1a 厚层石膏顶部的白云质灰岩或白云岩	E_1a 厚层石膏顶部的白云质灰岩或白云岩	E_1a 厚层石膏顶部的白云质灰岩或白云岩	E_1a 厚层石膏顶部的白云质灰岩或白云岩	E_1a 厚层石膏顶部的白云质灰岩或云岩	E_1a 厚层石膏变为灰绿色泥岩	由夹有石膏的红色粉砂质泥岩变为白云质灰岩或浅灰色钙质泥岩	E_1a 厚层石膏顶部的白云质灰岩或白云岩
E_1a/K_2f	石膏、膏泥岩出现	以厚层石膏出现	厚层石膏出现	厚层石膏出现	厚层石膏出现	厚层石膏出现	厚层石膏出现	砂泥岩夹石膏出现	厚层石膏出现

三、典型剖面分述

本轮测制的 9 条古近系剖面分别位于西昆仑山山前带的北段（喀什凹陷西缘—膘尔托阔依且木干、膘尔托阔依河、奥依塔格、同由路克等 4 条剖面）、西昆仑山山前带的南段（齐姆根凸起西缘—阿尔塔什剖面）、东昆仑山山前带北段（叶城凹陷北部西缘—和什拉甫、赛格尔塔什等 2 条剖面）、东昆仑山山前带南段（叶城凹陷南部西缘—克里阳、玉力群等 2 条剖面）等四个地段。四者又分别与 WB1 井、S1 井、KS1 井及 KD1 井相对应，而且四者白垩—古近系地层、古生物方面可相互对比，但又存在一定的差异。故将塔西南（上述）分四个地段分述。

另外，虽然南天山山前（喀什凹陷北缘）不在本轮任务范围内，本节为了更全面研究塔西南古近系地层时空展布规律，也把其代表剖面放在后面做简要介绍。

1. 喀什凹陷西缘（西昆仑山山前带北段）膘尔托阔依且木干剖面

该剖面位于乌恰县膘尔托阔依且木干学校附近，层系完整、露头较好，由白垩系分剖面和古近系分剖面组成，古近系地层包括阿尔塔什组、齐姆根组、卡拉塔尔组、乌拉根组及巴什布拉克组（图 3-2-1 至图 3-2-14）。

上覆地层：巴什布拉克组（$E_{2-3}b$）

219 层：浅红色中厚层状砂砾岩、砂岩略等厚互层。 25.00m

——————————————————整合——————————————————

古近系乌拉根组（E_2w）：203—218 层，厚 139.38m

218 层：底部 5m 为灰色薄层状细砾岩与粉细砂岩略等厚互层沉积，构成下粗上细 4 个旋回。砾以细砾为主，分选较好，磨圆差，次棱角状为主。中上部为红色纹层状泥岩夹含粉砂泥岩，发育水平层理。顶部与巴什布拉克组突变接触。 17.26m

217 层：红褐色薄层状不等粒岩屑砂岩。砂岩粒度较细，以粉—细砂为主，发育水平层理；泥岩颜色稍浅，与粉细砂岩构成多个下粗上细的旋回性沉积。 6.50m

216 层：棕红色纹层状细砂岩，局部夹薄层泥质粉砂岩薄层或条带。泥岩水平层理发育，胶结疏松。 20.78m

215 层：暗红色纹层状细砂岩、砂质泥岩，底部为一薄层细砂岩，其余均为粉砂质泥岩及含粉砂泥岩，胶结疏松，易碎。向上颜色逐渐变浅。 6.30m

214 层：暗红色中厚层砾岩与薄层细砂岩构成下粗上细四个沉积旋回，砾岩与砂岩之比为 5 比 1，砾岩以中细砾岩为主，分选中等，次圆—次棱角状，成分为砂岩、石灰岩及硅质岩。薄层砂岩可见平行层理发育，砾岩中砾石多为定向排列。 7.00m

213 层：暗红色中厚层状砾石夹泥岩。构成下粗上细两个沉积旋回，厚度比为 1∶1.1。砾石分选中等，磨圆差—中，泥质基质。向上分选变差，大小不一，$r=0.5 \sim 20cm$，一般 $r=2 \sim 5cm$。 5.40m

212 层：暗红色厚层状中砾岩、细砾岩及砂砾岩。由下至上粒度逐渐变细，中砾岩、砂砾岩 $r=2 \sim 25cm$，砾石以砂岩、硅质岩、石灰岩为主，少量变质岩。砾石分选差，磨圆中等，次棱角—次圆状。砾与砂之比为 5∶1 5.95m

211 层：暗红色中厚层状砾岩夹中薄层细粒砂岩。砾石以砂岩、硅质岩及石灰岩为主，砾石大小不一，成层分布，构成下粗（r=5～35cm）上细（r=0.2～3cm）的多个正粒序，形成韵律层理。砾石多呈次棱角状、次圆状，砾石定向排列不明显。　　　　　　8.30m

210层：暗红色厚层状中砾岩夹薄层状细粒砂岩。砾石成分以中、细砂岩和石灰岩为主，分选差，大小悬殊，大者r=10～30cm，小者r=2～5cm，构成下粗上细的正粒序沉积。向上分选性逐渐变好。砂岩发育平行层理。砾石长轴多呈定向叠瓦状排列。　　　8.00m

209层：暗红色中厚层状砂砾岩、砾岩与薄层状细砂岩构成下粗上细两个沉积旋回。砾石成分以细粒砂岩为主，含少量石灰岩、硅质岩。分选中等，磨圆中等，次棱角—次圆状。r=2～16cm，一般2～8cm。局部砾石呈叠互状排列。砾与砂之比为3∶1。　　3.00m

208层：暗红色中层状砾岩、浅暗红色中层状细砂岩。砾石成分以砂岩、石灰岩、硅质岩为主，r=0.3～25cm，一般2～8cm，分选差—中等，磨圆差，次棱角状为主。沿长轴定向排列。与上部含泥质砂岩构成正粒序沉积。　　　　　　　　　3.10m

207层：暗红色中厚层状细砂岩；底部20cm厚的薄层状含砾细砂岩。底部砂岩含小砾，呈透镜状分布，砂岩、泥岩均含灰质。　　　　　　　　　　　　　　8.37m

206层：暗红色中厚层状泥岩，中部夹一层约0.4m厚的中层状中细砾岩；底部2.2m中厚层状中粗砾岩，夹条带状、透镜状含砾粗砂岩。砾岩胶结松散，砾石成分主要为硅质岩，次为砂岩；砾石分选差，次圆—次棱角状为主。含砾砂岩发育交错层理。　　13.13m

205层：暗红色中厚层状泥岩夹同色中、薄层状泥质粉砂岩、粉砂岩。地层覆盖严重。地层含钙质。　　　　　　　　　　　　　　　　　　　　　　　　　　6.00m

204层：暗红色中厚层状泥岩，下部夹一层约40cm厚的浅灰色中层状砂屑灰岩。石灰岩砂屑含量约占70%，主要为泥晶、粉晶内碎屑，石灰岩含少量生物碎屑、陆源碎屑。石灰岩泥质及泥晶方解石胶结。露头覆盖严重。　　　　　　　　　　　　　11.62m

203层：绿灰色中薄层状含灰质粉砂岩与灰绿色中薄层状灰质泥岩以约2∶1的比例频繁互层。砂岩坚硬，富含铁质。砂岩发育包卷层理、沙纹层理。　　　　　8.67m

──────────────────整合──────────────────

古近系卡拉塔尔组（E₂k）：189—202层，厚100.94m

上段（E₂k³）：202层，厚34.04m

202层：灰绿色中厚层状钙质泥岩，夹少量绿灰色中薄层状含生物泥灰岩。泥灰岩含双壳类化石，该层覆盖严重，岩性从零星露头推测。　　　　　　　　　34.04m

中段（E₂k²）：195—201层，厚36.70m

201层：灰绿色中厚层状钙质泥岩，下部夹一层约10cm厚的绿灰色介壳层；底部25cm厚绿灰色中层状生屑灰岩。生屑灰岩中生屑约占60%，主要为双壳类，砂屑占15%，主要为泥粉晶内碎屑，含少量陆源碎屑，石灰岩粉晶方解石胶结。介壳层主要由化石堆积而成，化石主要为瓣鳃类，含少量牡蛎及腹足类。　　　　　　　　　　　6.00m

200层：灰色中层状含陆源碎屑生屑泥晶灰岩与灰绿色中、厚层状钙质泥岩以约1∶1的比例互层。石灰岩含双壳类约15%，砂屑约占60%，主要为泥晶、粉晶内碎屑，少量（<10%）陆源碎屑，石灰岩亮晶方解石胶结。　　　　　　　　　　　　5.80m

199层：灰绿色中厚层状钙质泥岩，夹绿灰色中、薄层状介壳层；底部25cm绿灰色中层状牡蛎化石。牡蛎灰岩，牡蛎含量约60%～70%，还有少量有孔虫、内碎屑等颗粒，为粉晶方解石胶结。牡蛎化石较完整。　　　　　　　　　　　　　　　6.55m

198层：下部为绿灰色中薄层状介壳层与灰绿色中薄层状钙质泥岩以约1∶2的比例频

繁互层；上部为灰绿色中厚层状钙质泥岩夹绿灰色中薄层状介壳层。介壳层主要由牡蛎化石、灰质泥质胶结而成。牡蛎化石种类多，大小混杂，多保存完整。　　　　　6.40m

197层：灰绿色中厚层状含生屑泥晶灰岩，夹2层绿灰色中、薄层状（累厚约40cm）介壳层。介壳层主要由牡蛎化石、灰质泥质胶结而成。牡蛎化石种类多，保存完整，壳饰清晰。泥岩含牡蛎化石。　　　　　3.60m

196层：下部为灰绿色中厚层状钙质泥岩，夹绿灰色薄层状、透镜状泥灰岩；上部为绿灰色中层状介壳层夹灰绿色中薄层状泥晶灰岩。介壳层主要由牡蛎化石，经灰质泥质胶结而成，牡蛎化石种类多，大小混杂，多数保存完整，壳饰清晰。　　　　　2.50m

195层：灰绿色中厚层状钙质泥岩，夹绿灰色中、薄层状含生屑泥晶灰岩。下部夹3层各10cm厚的介壳层；顶部15cm厚绿灰色薄层状碎屑灰岩。介壳层主要由牡蛎化石灰泥胶结而成；碎屑灰岩主要为双壳类、有孔虫、内碎屑等颗粒粉晶方解石胶结而成；泥岩含牡蛎化石。　　　　　5.85m

下段（E$_2$k^1）：189—194层，厚30.20m

194层：下部为灰绿色中厚层状钙质泥岩，夹2层10cm厚的绿灰色薄层状介壳层；上部为绿灰色中层状泥晶灰岩夹灰绿色中薄层状钙质泥岩。介壳层主要为牡蛎化石灰泥胶结而成；生物碎屑灰岩主要为双壳类，次为有孔虫、内碎屑。泥岩也含牡蛎化石。　　　　　3.20m

193层：下部为灰绿色中厚层状颗粒泥晶灰岩，夹一层8cm绿灰色薄层状介壳层；上部为浅灰、绿灰色中厚层状生屑灰岩夹灰绿色薄层状颗粒泥晶灰岩。　　　　　3.60m

192层：灰绿色中厚层状钙质泥岩与绿灰色中厚层状介壳层约以1∶1的比例组成四个互层。介壳层横向透镜状展布，牡蛎类型多，大小混杂。　　　　　5.20m

191层：灰绿色中厚层状钙质泥岩。上部夹一层约10cm厚的绿灰色薄层状、透镜状介壳层；顶部含18cm厚的绿灰色薄层状生物碎屑灰岩。　　　　　3.00m

190层：灰绿色中厚层状泥晶生屑灰岩。下部夹20cm厚的绿灰色中层状泥晶生屑灰岩，近顶部夹2层各约10cm厚的绿灰色薄层状介壳层；顶部含15cm厚的绿灰色薄层状陆源碎屑泥晶生屑灰岩。介壳层主要为牡蛎化石、灰泥，孔隙式胶结；生屑以三叶虫和腕足类居多，见少量棘屑、珊瑚、苔藓虫，为泥晶方解石胶结。　　　　　8.40m

189层：浅灰色、绿灰色中厚层状陆源碎屑泥晶生屑灰岩，夹灰绿色薄层状钙质结核。生物灰岩主要为牡蛎灰岩，牡蛎化石种类多，大小均有，多数壳饰清晰；生屑灰岩中生物碎屑含量约为50%～60%，生屑以三叶虫居多，见少量棘屑类、腕足类、藻类、苔藓虫类，此外石灰岩含少量粉晶内碎屑及陆源碎屑。生物灰岩及生屑灰岩多为泥晶方解石胶结。泥岩含牡蛎化石。　　　　　6.80m

——————————————————————整合——————————————————————

古近系齐姆根组（E$_{1-2}$q）：131—188层，厚450.62m

188层：暗红色中厚层状粉砂质泥岩、泥岩，夹少量中薄层状细砂岩、粉砂岩；底部含0.4m厚的中层状、透镜状中粗砾岩，之上0.5m厚的岩层为厚层状含砾中细砂岩。该层覆盖严重，岩性从零星呈露头推测。底部砾岩砾石分选差。　　　　　57.83m

187层：底部0.3m为灰红色中层状中细砾岩；下部为灰红色中厚层状细粉砂岩；中上部为紫红色厚层状泥岩。中上部地层严重覆盖，岩性据零星露头推测。底部砾岩砾石成分主要为石灰岩，次为砂岩，分选差，次圆状—次棱角状为主。　　　　　11.70m

186层：下部灰红色中厚层状含泥质粉砂岩；中上部暗红色中厚层状粉砂质泥岩、泥

岩，夹灰红色中层状泥质粉砂岩。粉砂岩发育波状层理。9.90m

185层：灰红色中厚层状粉砂岩、泥质粉砂岩，夹中厚层状粉砂质泥岩。粉砂岩平行层理、波状层理发育。9.13m

184层：灰红色厚层状含灰质细砂岩，夹少许条带状、透镜状泥岩。砂岩发育平行层理、斜交错层理。局部方解石脉发育。5.70m

183层：暗红色中厚层状粉砂岩、泥岩。夹中厚层状含泥质砂岩。3.30m

182层：下部为灰红色厚层状细砂岩；上部为中厚层状含泥质粉砂岩。细砂岩发育平行层理、交错层理。粉砂岩发育波状层理。5.29m

181层：下部为灰红色厚层状泥质粉砂岩；上部暗红色中厚层状粉砂质泥岩，夹少量绿灰色薄层状粉砂岩。粉砂岩波状层理发育，岩层风化后常呈片状。5.53m

180层：灰红色中厚层状含泥质粉砂岩与中层状粉砂质泥岩，其比例约为2：1。2.30m

179层：灰红色中厚层状粉细砂岩，夹少量薄层状粉砂质泥岩。4.30m

178层：下部为灰红色中厚层状含泥粉砂岩；上部为厚层状粉砂质泥岩。5.60m

177层：暗红色中厚层状粉砂质泥岩及泥岩。覆盖严重，有少量地层出露。44.43m

176层：浅绿灰色中厚层状含灰质细砂岩，与灰红色中厚层状含泥质粉砂岩以约1：1的比例组成三个正韵律结构层。细砂岩局部含砾，发育平行层理。2.55m

175层：顶部为25cm厚灰红色中层状含砾中细砂岩；下部为灰红色厚层状含泥质粉砂岩；中上部为灰红色中厚层状泥岩。下部细砂岩发育平行层理。7.16m

174层：下部为灰红色中厚层状中细砂岩夹透镜状含砾粗砂岩；上部为暗红色中厚层状含泥质粉砂岩；顶部12cm为暗红色薄层状粉砂质泥岩。砂岩发育平行层理、交错层理，粉砂岩发育沙纹层理。2.80m

173层：底部15cm为暗红色薄层状泥岩；下部1.5m为红灰色中厚层状细砂岩，含少量砾石；发育平行层理、槽状交错层理；中上部为暗红色中厚层状泥岩。10.10m

172层：下部为红灰色、少量绿灰色厚层状细砂岩为上部；红灰色厚层状含砾中粗砂岩，向上岩性变粗，含砾增多。平行层理发育，具冲刷充填构造。2.73m

171层：暗红色中厚层状粉砂质泥岩，上部、下部各夹灰色中层状粉砂岩。5.12m

170层：浅灰色中厚层状含砾粗砂岩与中细砂岩以1：4的比例组成三个正韵律结构层。夹少量暗红色薄层状、条带状粉砂质泥岩。砂岩发育平行层理。5.50m

169层：暗红色中厚层状粉砂质泥岩、泥岩，上部夹少量薄层状粉砂岩。11.85m

168层：下部为暗红色中厚层状含灰质细砂岩。上部为紫灰色厚层状粉砂岩。细砂岩发育平行层理、交错层理。5.20m

167层：浅灰色、浅灰绿色厚层、块状含砾粗砂岩，夹少量透镜状或条带状细砾岩；底部具1.1m厚褐灰色中厚层状细砾岩；顶部具约0.7m厚暗红色、浅绿灰色中厚层状中粗砂岩。砾岩砾石成分主要为硅质岩，分选中等，磨圆较好，以次圆状为主。砂岩发育平行层理、交错层理及楔状交错层理。8.50m

166层：下部为暗红色中厚层状粉砂质泥岩、泥岩夹红灰色、绿灰色中薄层状粉砂岩；上部为灰紫色、红灰色中层状粉细砂岩，夹暗红色薄层状粉砂质泥岩。该层总体呈反韵律，见平行层理、交错层理及沙纹层理。顺层向西移层约300m。12.19m

165层：下部1.6m厚红灰色中厚层状泥岩、粉砂岩与绿灰色中层状细砂岩以约4：2：1的比例组成一个反韵律层；中部暗红色中厚层状泥岩、粉砂岩泥岩夹绿灰色中薄层状粉砂岩；上部1.1m厚红灰色中厚层状泥质粉砂岩。4.67m

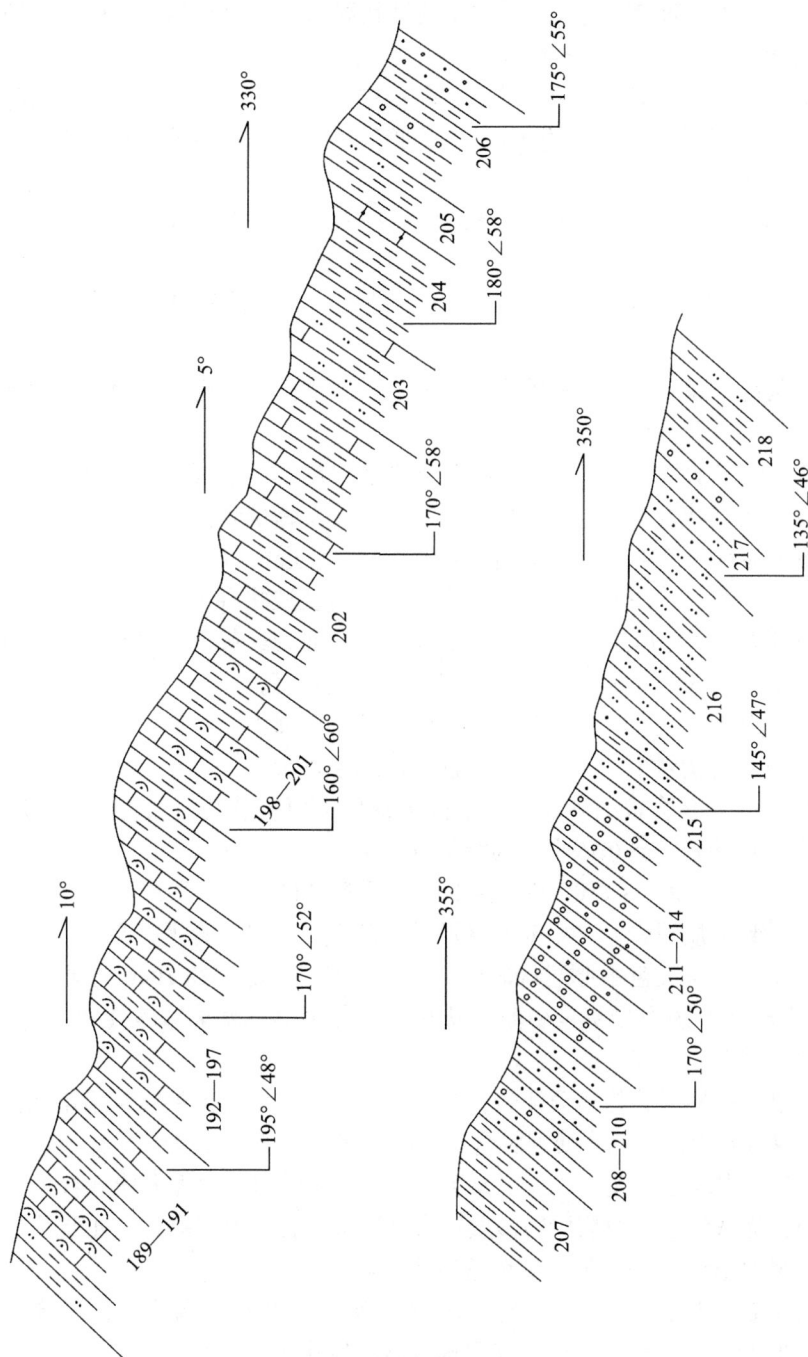

图3-2-1 塔西南地区棍尔托阔依且木干古近系实测剖面（189—218层）

164 层：灰红色厚层块状细砂岩，夹少量条带状、透镜状含砾中粗砂岩及透镜状粉砂质泥岩；底部约 0.4m 绿灰色中层状含砾中细砂岩。发育平行层理、交错层理。　14.10m

163 层：绿灰色、红灰色中薄层状含砾中粗砂岩与绿灰色中厚层状灰质细砂岩以约 1：3 的比例组成 2 个正韵律结构层。砂岩呈透镜状展布，含砾砂岩含泥砾，具冲刷充填构造；砂岩发育槽状交错层理和板状交错层理。　13.25m

162 层：绿灰色、少量灰红色厚层块状含灰质中细砂岩，夹少量暗红色透镜状、条带状粉砂质泥岩及透镜状细砾岩；顶部约 25cm 厚为暗红色薄层状、透镜状粉砂质泥岩。砂岩见平行层理、交错层理。　3.70m

161 层：下部 1.2m 厚为灰红色厚层状泥质粉砂岩；顶部为约 10cm 厚的暗红色薄层状细砂岩。粉砂岩局部球状风化，呈结核状。中上部：绿灰色中厚层状细砂岩与紫灰色中厚层状粉砂岩组成 3 个略等厚韵律互层。夹少量条带状、透镜状泥岩。砂岩平行层理、交错层理较发育。　6.10m

160 层：红灰色、绿灰色厚层块状中细砂岩。砂岩横向不稳定，剖面线东侧全部为绿灰色，砂岩发育平行层理及沙纹层理。　10.00m

159 层：红灰色厚层块状细砂岩，夹少量条带状、透镜状暗红色粉砂质泥岩。砂岩横向透镜状分布，局部树枝状方解石脉发育，见平行层理及交错层理。　4.40m

158 层：下部为红灰色中厚层状中细砂岩，夹暗红色透镜状泥岩；中上部为暗红色中厚层状粉砂质泥岩夹中薄层状泥质粉砂岩。发育平行层理及波状层理。　5.50m

157 层：下部为红灰色厚层块状含灰质细砂岩；上部为红灰色中厚层状含灰质粉砂岩夹暗红色薄层状或透镜状粉砂质泥岩。下部砂岩平行层理发育。　7.10m

156 层：下部为灰红色厚层块状含灰质粉细砂岩；上部为暗红色中厚层状粉砂质泥岩夹粉砂岩。下部砂岩透镜状展布，平行层理、沙纹层理较发育。　11.40m

155 层：红灰色中厚层状细砂岩，夹少量灰紫色中薄层状粉砂质泥岩。砂层横向不稳定，可变为泥岩夹粉砂岩，向东砂岩变为绿灰色为主。　2.60m

154 层：下部为红灰色、绿灰色中厚层状含灰质粉细砂岩，夹薄层状粉砂质泥岩；中上部为灰红色厚层状粉砂质泥岩，夹中薄层状泥质粉砂岩。砂岩发育平行层理。　5.50m

153 层：中下部为灰红色中厚层状泥岩、粉砂质泥岩，底部约 10cm 厚岩层为红灰色薄层状含灰质粉砂岩；上部为绿灰色中薄层状粉砂岩与粉砂质泥岩以约 1：1 的比例互层。粉砂岩沙纹层理、波状层理发育。　7.60m

152 层：灰红色中厚层状粉砂质泥岩、泥岩，夹少量灰绿色薄层状或透镜状含灰质粉砂岩；底部 35cm 厚岩层为红灰色中薄层状含灰质粉砂岩。　11.50m

151 层：灰红色中厚层状泥岩，夹中厚层状含灰质粉砂岩及含泥质粉砂岩。　6.70m

150 层：下部为灰红色中厚层状粉砂质泥岩夹透镜状含灰质粉砂岩；上部为灰红色夹少量灰绿色中厚层状细砂岩，夹少量灰红色透镜状泥岩。　4.15m

149 层：红灰色厚层、块状细砂岩、粉砂岩，夹少量灰红色薄层状、透镜状粉砂质泥岩。砂岩呈透镜状展布，见平行层理、斜层理及球状风化。　6.90m

148 层：灰红色厚层状细砂岩，夹少量灰红色透镜状粉砂质泥岩；顶部 40cm 厚岩层为红灰色薄层状粉砂质泥岩、泥岩。砂岩横向呈透镜状展布。　2.20m

147 层：中下部为灰红色厚层块状细砂岩，夹薄层状、条带状粉砂质泥岩；上部为灰红色中厚层状粉砂岩夹紫灰色中薄层状粉砂岩。中下部砂岩呈透镜状展布，见较多垂直、

斜交层面的方解石脉，见少量平行层理。 2.20m

146层：灰红色中厚层状细砂岩，与暗红色中薄层状粉砂质泥岩、泥岩略等厚互层。砂岩横向不稳定，呈透镜状展布。 3.20m

145层：中下部为灰红色厚层块状细砂岩，夹少量透镜状、条带状粉砂质泥岩；上部为灰红色中厚层状粉砂岩；顶部45cm：中薄层状粉砂质泥岩夹灰褐色透镜状泥质粉砂岩。中下部细砂岩具底冲刷充填构造。 9.30m

144层：下部为灰红色厚层块状细砂岩；上部为灰红色中厚层状粉砂岩与灰色、红灰色粉砂质泥岩、泥岩以约3：1的比例互层。砂岩见平行层理。 4.00m

143层：下部为灰红色厚层状细砂岩；上部为浅红色中厚层状含泥质粉砂岩夹中层状细砂岩。细石砂岩发育波状层理，局部层面见微裂缝发育，多为方解石充填。 3.30m

142层：下部为灰红色中厚层状细砂岩；上部为灰红色中厚层状粉砂岩及泥质粉砂岩。下部砂岩见平行层理、波状层理，上部地层覆盖严重。 6.60m

141层：灰红色中厚层状细砂岩与含泥质粉砂岩互层。剖面覆盖严重。 4.90m

140层：下部为浅红色中厚层状细砂岩夹透镜状中粗砾岩；中上部为浅红色中厚层状细砂岩。中上部砂岩疏松，泥质含量高。 8.80m

139层：灰红色厚层块状中粗砾岩，夹少量浅红色透镜状或条带状含砾中粗砂岩。砾石分选差，砾石成分主要为石灰岩，次为砂岩，以次圆—次棱角状为主。 7.60m

138层：下部为灰红色厚层块状中粗砾岩夹少量含砾粗砂岩；上部为灰红色中厚层状中细砾岩夹中薄层状含砾中粗砂岩。砾石分选差，次圆状—次棱角状为主。 4.70m

137层：中下部为灰红色厚层块状中粗砾岩，局部夹含灰质细砂岩；上部为浅红色中厚层状含砾粗砂岩夹透镜状中粗砾岩。 4.75m

136层：下部为灰红色厚层状中粗砾岩，夹含砾粗砂岩透镜体；中上部为浅红色中细砂岩夹砾岩透镜体。砾石分选差，次圆状—次棱角状。 5.10m

135层：灰红色厚层状含灰泥质粉砂岩与浅红色中厚层状中细砂岩以约2：1的比例互层。细砂岩发育平行层理，粉砂岩见波状层理。 5.20m

134层：下部为浅红色中厚层状中砂岩；中上部为灰红色厚层状中细砂岩。具冲刷充填构造。细砂岩发育平行层理、板状交错层理。 3.70m

133层：灰红色中厚层状、透镜状中砂岩、细砂岩、粉砂岩以约1：2：1的比例组成一个正韵律结构层。砂岩多呈透镜状分布；砂岩见低角度交错层理及平行层理。 1.90m

132层：下部为灰红色厚层状灰质中细砂岩；上部为灰红色中层状细砂岩夹薄层状粉砂岩。砂岩裂缝较发育，多被方解石全充填，局部砂岩见波状层理及平行层理。 3.75m

131层：下部为2.0m灰红色中厚层状中细砾岩夹透镜体状含砾粗砂岩；中上部为灰红色块状细砂岩；顶部见约0.6m厚的浅红色含砾中细砂岩。砾石分选差，次圆状—次棱角状为主；中上部细砂岩灰质疏松胶结，局部平行层理发育。 5.54m

——————————————整合——————————————

古近系齐姆根组（E₁a）：130层，厚7.80m

130层：灰白色厚层状石膏，溶蚀孔洞发育。与上、下部地层均呈突变接触。 7.80m

——————————————整合——————————————

白垩系齐姆根组（K₁t）：129层，厚6.50m

129层：红色薄层状膏泥岩，含石膏团块。发育水平层理。 6.50m

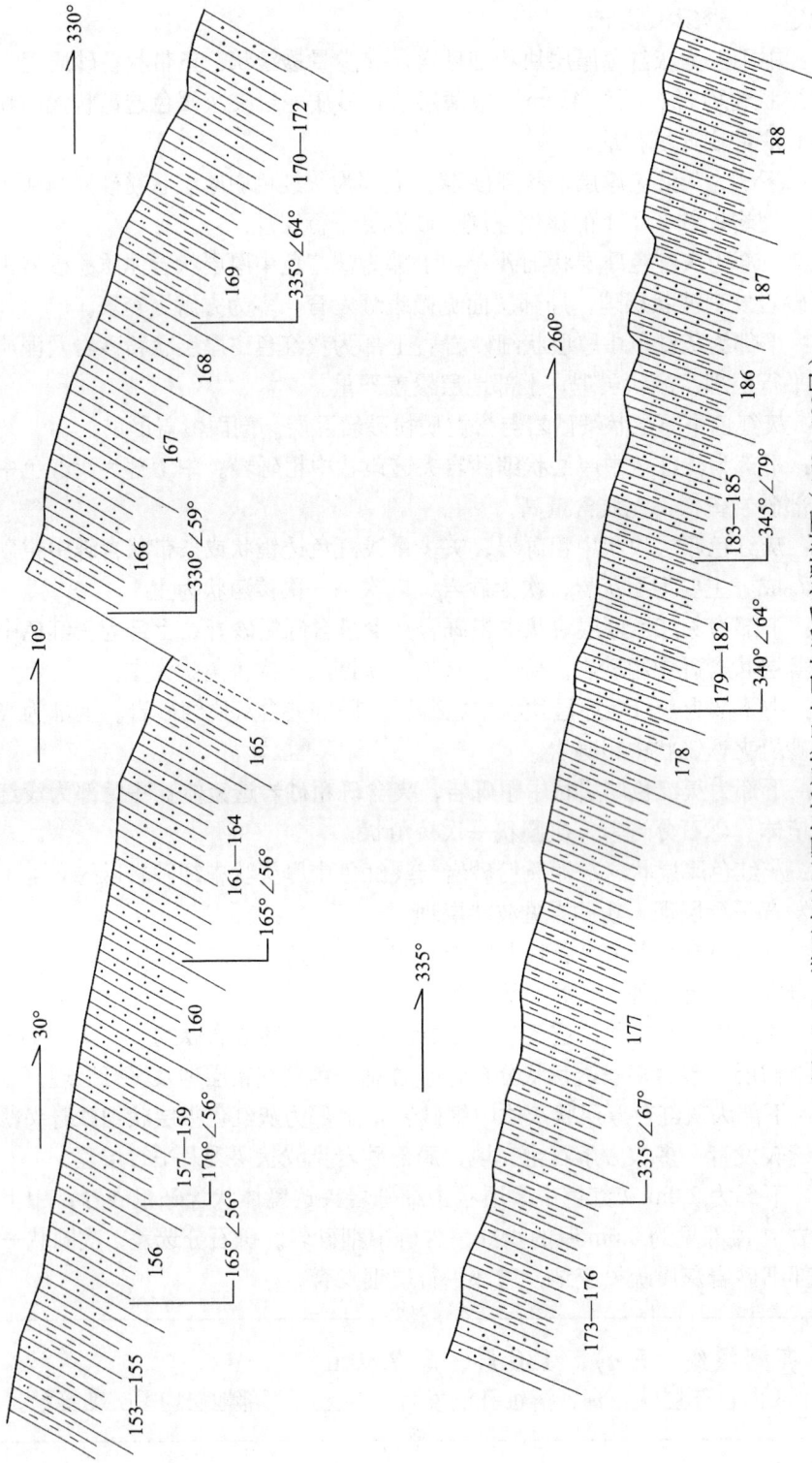

图3-2-2 塔西南地区票尔托阔依日木干古近系实测剖面（153—188层）

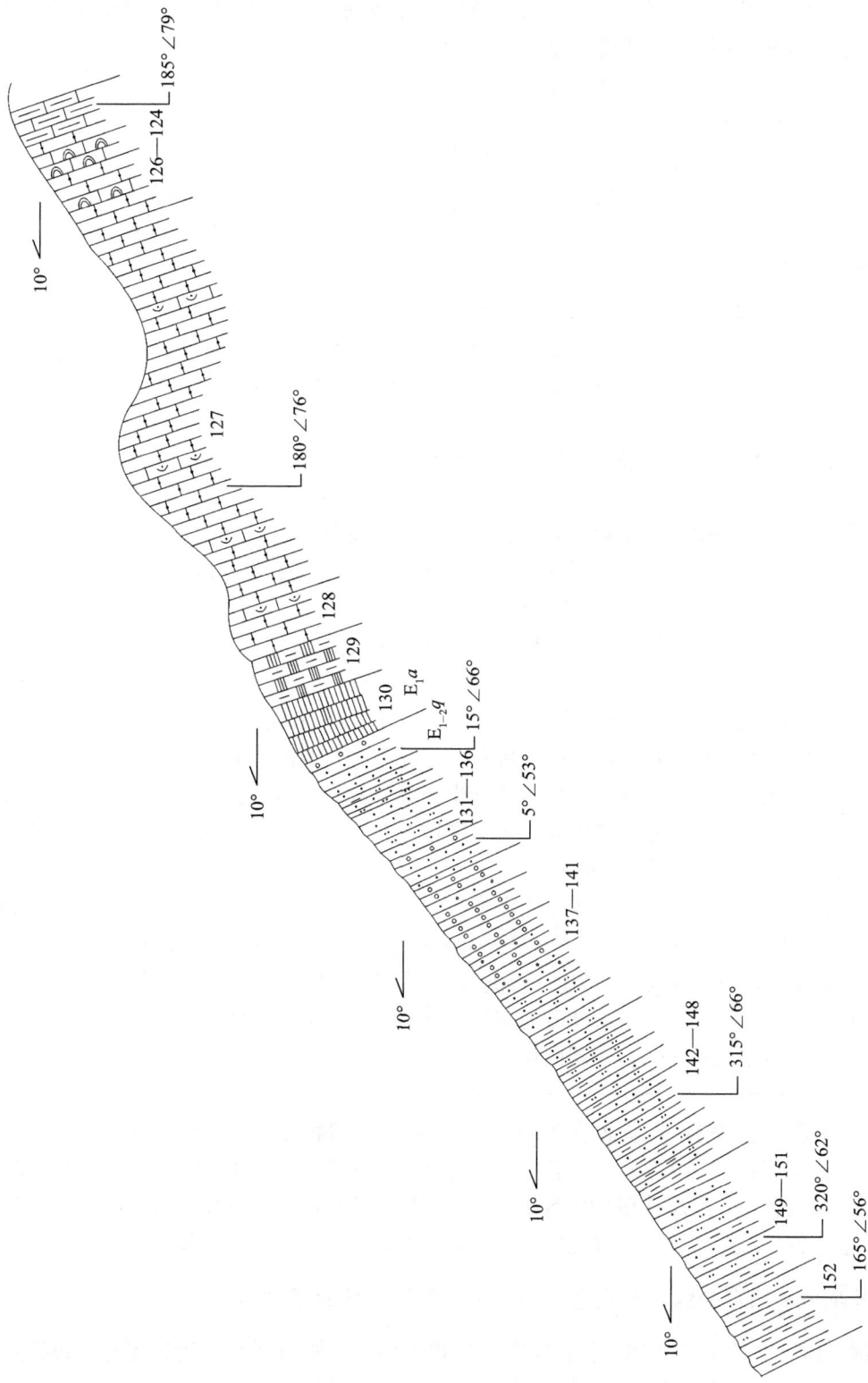

図3-2-3 昆仑山山前地区滕尔托阔依且木干古近系实测剖面（130—152层）

185°∠79°

126—124

10°

180°∠76°

127

10°

128

129

130 E_1a

$E_{1-2}g$ 15°∠66°

131—136

5°∠53°

137—141

10°

142—148

315°∠66°

10°

149—151

320°∠62°

152 165°∠56°

10°

2. 齐姆根凸起西缘（西昆仑山山前带南段）同由路克剖面

同由路克剖面位于阿克陶县同由路克村附近，古近系地层出露完整，包括阿尔塔什组、齐姆根组、卡拉塔尔组、乌拉根组及巴什布拉克组（图 3-2-4）。

上覆地层：巴什布拉克组（$E_{2-3}b$）

———————————————————— 整合 ————————————————————

古近系乌拉根组（E_2w）：216—220 层，厚 159.80m

220 层：灰红色薄层状粉砂质泥岩夹白色石膏和泥晶灰岩。泥岩水平层理发育。 21.26m

219 层：灰红色中细砂岩、灰红色含粉砂泥岩。砂岩分布于底部及上部，中下部为泥岩；发育交错层理、平行层理。 6.40m

218 层：灰红色纹层状含粉砂泥岩，夹含云亮晶藻屑灰岩、亮晶鲕粒灰岩。 24.76m

217 层：灰绿色纹层状含粉砂泥岩，夹藻屑灰岩，向上渐变为黄绿色。 107.38m

216 层：灰绿色纹层状粉砂质泥岩、膏泥岩夹薄层状白色石膏、生物灰岩。 28.78m

———————————————————— 整合 ————————————————————

古近系卡拉塔尔组（E_2k）：212—215 层，厚 55.79m

215 层：灰黄色薄层状生屑泥晶灰岩、含鲕粒砂屑灰岩互层，中部夹灰质泥岩。 21.23m

214 层：灰黄色中薄层状鲕粒砂屑灰岩、泥质灰岩夹泥岩。 28.26m

213 层：黄灰色、灰白色中层状生物碎屑中细砂屑灰岩。生物化石以双壳类、腹足类为主，局部可富集成层。岩石表层因风化溶蚀孔洞发育。 3.70m

212 层：深灰色中、厚层状含生物碎屑粉细砂屑灰岩。 2.60m

———————————————————— 整合 ————————————————————

古近系齐姆根组（$E_{1-2}q$）：207—211 层，厚 228.56m

211 层：浅红色粉晶云岩、泥晶砂屑灰岩，上覆地层为卡拉塔尔组石灰岩。 58.24m

210 层：浅灰色、杂色中厚层状白云质含生物碎屑灰岩夹膏质泥晶灰岩。 5.40m

209 层：灰绿色纹层状粉砂质泥岩。水平层理发育。 154.42m

208 层：白色中层状石膏夹亮晶砂屑灰岩。 2.30m

207 层：浅灰绿色薄—纹层状粉砂质泥岩。 8.20m

———————————————————— 整合 ————————————————————

古近系齐姆根组（E_1a）：205—206 层，厚 292.77m

206 层：灰色、深灰色中厚层状砂屑灰岩、鲕粒灰岩，夹角砾状灰岩。 12.25m

205 层：白色厚层状石膏。表层因风化呈灰白色。 280.52m

———————————————————— 整合 ————————————————————

下伏地层：白垩系吐依洛克组（K_2t）：202—204 层，厚 28.30m

204 层：灰红色中层状含泥膏质粉砂岩。与 E_1a 石膏呈突变接触。 2.50m

203 层：红色薄—纹层状粉砂质膏泥岩，岩层较 202 层厚。局部发育水平层理。 19.20m

202 层：红色纹层状粉砂质膏泥岩，夹砂岩透镜体。泥岩水平层理发育。 6.60m

3. 叶城凹陷北部西缘（东昆仑山山前带北段）和什拉甫剖面

该剖面位于在达木斯乡和什拉甫南部长胜煤矿附近，古近系地层出露完整，包括阿尔塔什组、齐姆根组、卡拉塔尔组、乌拉根组及巴什布拉克组（图 3-2-5）。

上覆地层：巴什布拉克组（E$_{2-3}$b）

89层：深红色中厚层状石膏脉状含粉砂质泥岩与中层状石膏脉状含砾泥质粉砂岩、粉砂岩等厚互层；正韵律；含砾泥质粉砂岩、粉砂岩、含粉砂质泥岩之比约为1：2：2。　　　　　　　　　　　　　　　　　　　　　　　　　　　　　35.00m

88层：浅红色含粉砂质泥岩夹含泥质粉砂岩，且组成多套正韵律结构；含泥质粉砂岩与含粉砂质泥岩之比约为1：20。　　　　　　　　　　　　　　　　　　　　　50.38m

――――――――――――――整合――――――――――――――

古近系乌拉根组（E$_2$w）：78—87层，厚165.74m

87层：浅灰绿色厚层状泥质粉砂岩。　　　　　　　　　　　　　　　　　　73.54m

86层：淡灰绿色块状含细砂粉砂岩；岩性单一。　　　　　　　　　　　　　7.11m

85层：底部约1.5m浅灰色中层状生屑灰岩，其上为浅灰绿色中厚层状粗砂岩与中细砂岩、浅灰绿色厚层状砂质生物泥灰岩与块状含泥粉砂岩组成的2套正韵律结构，前者岩层厚度比约为2：1，后者岩层厚度比约为1：5。产双壳类化石，保存完整。　　　　　　11.06m

84层：底部为约1m厚的细砂岩；中部为薄层状细砂质粉砂岩与灰绿色中层状粉砂质泥岩等厚互层；正韵律结构；上部为灰绿色含粉砂质泥岩夹中层状泥质粉砂岩。　19.27m

83层：底部为约4.5m厚的粗砂，较均匀地散布于细砂中。中上部为淡绿灰色厚层状粉砂岩与同色厚层状粉砂质泥岩等厚互层，组成多套正韵律结构，两种岩性之比约为1：2。　　　　　　　　　　　　　　　　　　　　　　　　　　　　　　18.44m

82层：绿灰色内碎屑含灰细中粒岩屑砂岩，内碎屑和陆源碎屑混杂分布。　　8.60m

81层：灰色亮晶颗粒灰岩，所含颗粒为陆源碎屑、生屑、鲕粒等。陆屑较均匀地混布在岩石中，主要为中细砂。所含生屑为腹足、刺屑、苔藓虫等。　　　　　　6.57m

80层：浅绿灰色、浅黄灰色厚层状泥质条带细砂粉砂岩。　　　　　　　　　3.72m

79层：底部为约1m厚的绿灰色中层状生屑灰岩，所含颗粒主要为生屑，含少量陆源碎屑及鲕粒。中上部为黄绿色中厚层状泥质条带细砂质粉砂岩；低角度交错层理较发育。　　　　　　　　　　　　　　　　　　　　　　　　　　　　　　10.68m

78层：底部0.1m灰黄色薄层状生物质泥灰岩；生物化石除中、小个体的牡蛎化石外，也有大个体者；中上部为灰绿色、黄绿色间互中厚层状粉砂质泥岩。　　　　6.75m

――――――――――――――整合――――――――――――――

古近系卡拉塔尔组（E$_2$k）：71—77层，厚60.72m

77层：灰色中层状含内碎屑含灰中细砂岩，内碎屑和陆源碎屑混杂分布。碎屑以石英为主，次为岩屑，少量长石。内碎屑主要为生屑（苔藓虫、棘屑）、鲕粒等。　11.32m

76层：灰色中层状泥质灰岩，此岩石为混积岩，陆源碎屑混杂在泥晶方解石中。陆源碎屑呈棱角—次棱角状，大小不均，主要为粉砂、细砂。泥晶方解石不均匀分布。　12.26m

75层：灰色中厚层状陆源碎屑生屑灰岩，陆源碎屑较均匀地混杂在盆屑中。陆源碎屑呈次棱角状，大小0.1—0.5mm。生屑为棘屑、苔藓虫等。　　　　　　　　　10.03m

74层：灰色中厚层状生屑灰岩，生屑较多，主要为棘屑、苔藓虫、有孔虫等，含少量腹足类、介形虫、双壳类等。　　　　　　　　　　　　　　　　　　　　4.02m

73层：灰色中厚层状生屑灰岩，颗粒主要为生屑，含少量陆源碎屑。生屑为棘屑、有孔虫、苔藓虫等。上部为约2m厚的泥晶颗粒灰岩，所含颗粒为生屑、鲕粒、核形石、藻团块等，其大小不等、形态各异，粒径范围0.1～5mm。　　　　　　　　　8.20m

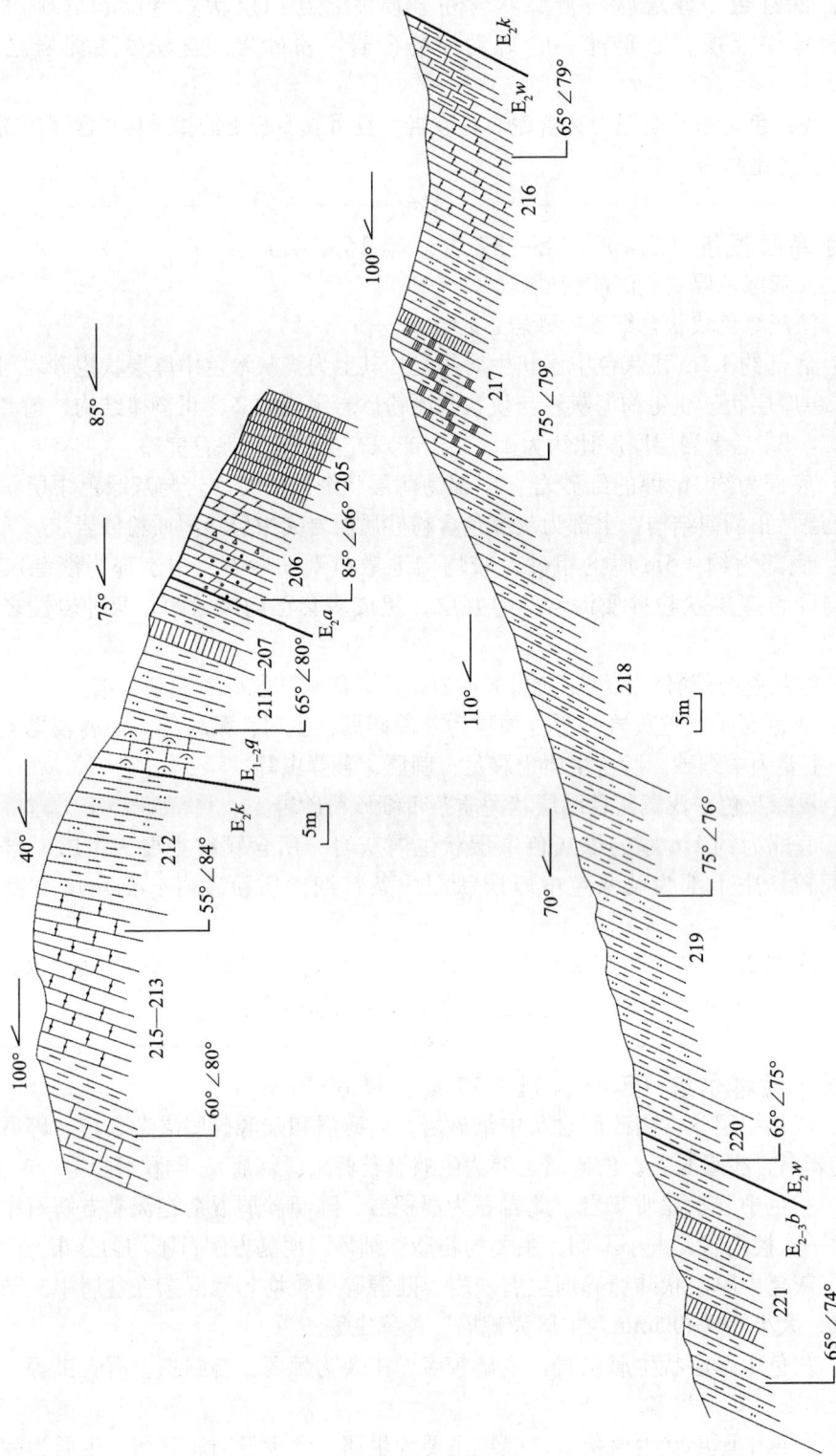

图3-2-4 塔西南地区同由路克古近系实测剖面（205—221层）

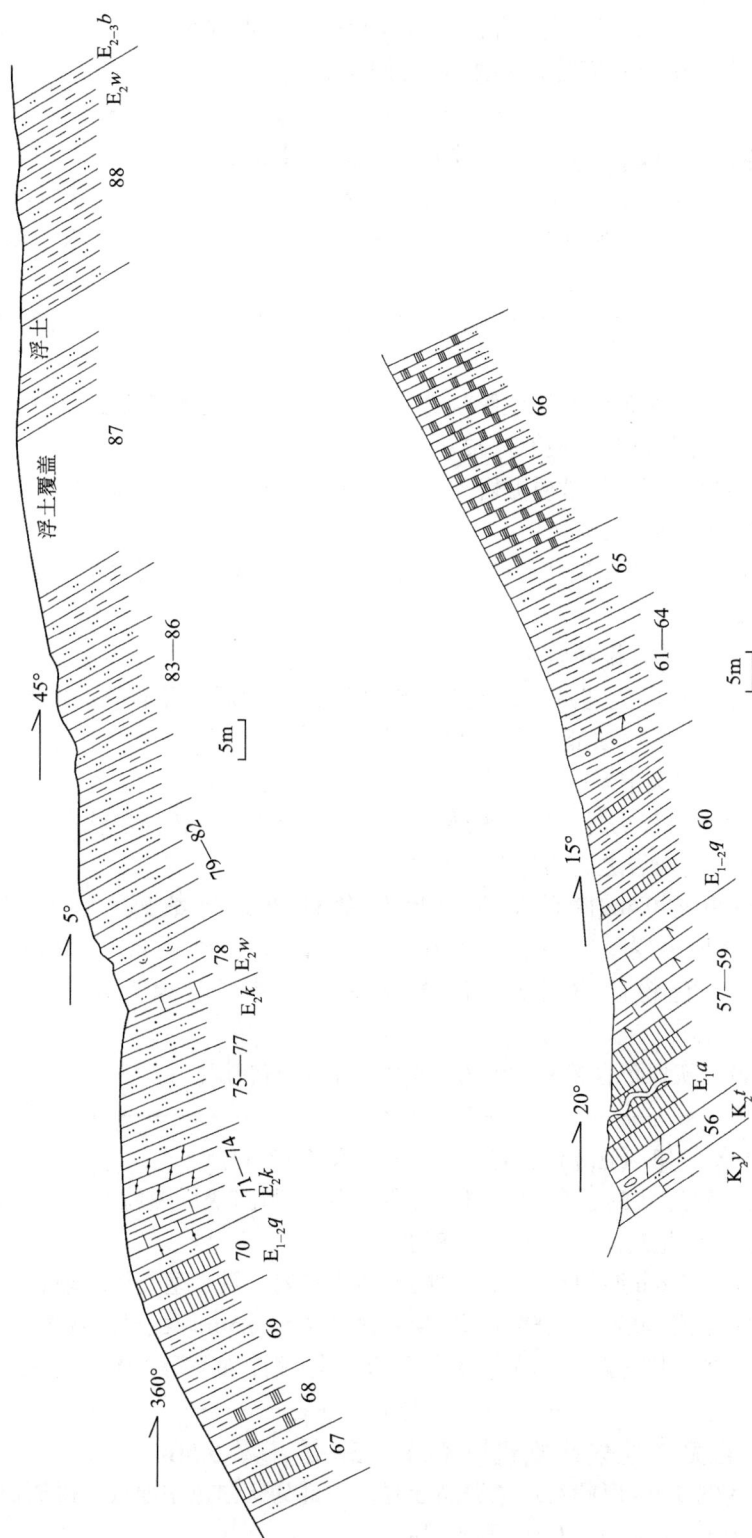

图3-2-5 塔西南地区和什拉甫古近系实测剖面（56—88层）

72 层：灰色中厚层状生屑灰岩，颗粒为生屑和陆源碎屑等。生屑主要为棘屑和苔藓虫，偶见有孔虫等。陆源碎屑主要为石英，含少量长石和其他岩屑。   3.80m

71 层：灰色中厚层状生物泥灰岩，生物含量很高，可称为生物层，约占岩石总量的45%，个体小到中等，保存较完整，主要为牡蛎化石。   11.09m

————————————————————整合————————————————————

古近系齐姆根组（$E_{1-2}q$）：60—70 层，厚 151.57m

70 层：底部约1.8m 白色中层状石膏层夹暗红色中薄层状膏质粉砂岩，其比例约为5.5：1；其上为暗红色中厚层状含粉砂质泥岩夹白色中层状石膏层及暗红色薄层状含粉砂质泥岩，其比例约为 7：1：1。   14.41m

69 层：暗红色厚层块状含粉砂质泥岩夹薄层状粉砂岩及白色薄层状石膏层；粉砂岩水平层理发育。   27.29m

68 层：中下部为灰绿色中厚层状脉状膏质泥质粉砂岩；上部为暗红色中层状脉状石膏含粉砂质泥岩夹白色中层状粉砂质石膏层。   20.22m

67 层：暗红色厚层石膏粉砂质泥岩夹白色石膏透镜体，前者的脉状石膏呈板状，较 66层发育，不规则穿插于粉砂质泥岩中。   12.82m

66 层：白色夹灰红色中厚层状粉砂质石膏层；其上为暗红色厚层块状脉状石膏含粉砂质泥岩，石膏呈片状。   30.91m

65 层：浅红色厚层状含粉砂质泥岩。   10.06m

64 层：灰色中厚层状生屑灰岩，颗粒为陆源碎屑、生屑、砂屑等。生屑有介形虫壳、腹足壳、棘屑等，较碎小。顶部产较丰富的小个体双壳类化石。   1.25m

63 层：浅红色泥岩夹中薄层状泥质粉砂岩，二者之比约为 5：1。   8.47m

62 层：灰红色薄层灰质泥岩，水平层理发育；上部为灰红色薄层状泥质砂屑灰岩，以细砂屑为主，泥岩与石灰岩之比约为 3：1。   2.33m

61 层：底部为约0.6m 厚的浅灰色厚层状砂质条带细砾岩；中部为浅灰色中厚层状鲕粒砂屑灰岩，颗粒主要为鲕粒和砂屑，粒径 0.1～0.4mm；上部为灰白夹灰绿、暗红色粉砂质泥岩、泥岩与泥质粉砂岩等厚互层，三者之比约为1：1：2。   2.30m

60 层：浅红色、灰绿色含粉砂质泥岩、泥岩夹白色石膏层。   21.51m

————————————————————整合————————————————————

古近系阿尔塔什组（E_1a）：57—59 层，厚 237.35m

59 层：灰色中厚层状鲕粒砂屑灰岩。鲕粒呈圆—椭圆状，颗粒大小为 0.1～0.5mm，生屑为藻屑和有孔虫。呈斑点状分布于石灰岩中。   4.33m

58 层：底部为约0.6m 厚的灰白色中厚层状砂屑灰岩，见小型交错层理；中上部为暗灰色泥质灰岩与灰白色薄层状石灰岩略等厚互层；顶部为约0.5m 厚的砂屑灰岩。   5.43m

57 层：白色中厚层状石膏层；石膏层地层产状不清晰，底面不平整。   227.59m

————————————————————整合————————————————————

下伏地层：白垩系吐依洛克组（K_1t）：56 层，厚 5.50m

56 层：底部为约1.5m 厚的浅灰色泥晶云岩。中部为灰白色中厚层状砾屑白云岩与粉晶白云岩，组成正韵律；顶部为约0.5m 厚的泥晶云岩。   5.50m

4.叶城凹陷南部西缘克里阳剖面

剖面位于皮山县克里阳镇旁，古近系地层出露完整，包括阿尔塔什组、齐姆根组、卡拉塔尔组、乌拉根组及巴什布拉克组（图3-2-6）。

上覆地层：巴什布拉克组（$E_{2-3}b$）

96层：下部暗红色中层状粉砂—细砂岩，上部为泥岩与粉砂岩略等厚互层，砂岩、泥岩厚度比约为3：2。　　　　　　　　　　　　　　　　　　　　　　　　6.40m

95层：下部为暗红色中层状细砂岩，发育平行层理，中上部为暗红色薄层状钙质粉砂岩与钙质泥岩略等厚互层，粉砂岩、泥岩的厚度比约为3：1。　　　　　　　　4.05m

94层：暗红色薄—纹层状泥岩夹薄层状钙质粉砂岩。泥岩水平层理发育。　　　9.05m

93层：暗红色中层状细砂岩，发育水平层理。　　　　　　　　　　　　　　3.05m

92层：底部为暗红色薄层状细砂岩，中上部为纹层状泥岩夹粉砂岩。　　　　5.15m

91层：暗红色薄层—纹层状粉砂岩与泥岩略等厚互层沉积，砂泥比约为1：3。泥岩发育水平层理。　　　　　　　　　　　　　　　　　　　　　　　　　　　　　3.10m

90层：暗红色薄层状泥岩夹薄层状粉砂岩，构成多个沉积旋回。　　　　　　10.69m

————————————————整合————————————————

古近系乌拉根组（E_2w）：80—89层，厚54.25m

89层：灰绿色中薄层状中细砂岩，发育平行层理。　　　　　　　　　　　　0.80m

88层：中下部为灰绿色中薄层状细砂岩，局部发育平行层理。上部为灰色薄层状细砂岩与泥质粉砂岩互层，细砂与粉砂之比约为3：1。　　　　　　　　　　　　3.65m

87层：下部为灰绿色纹层状钙质粉砂岩夹泥质粉砂岩，水平层理发育；上部为灰绿色细砂岩、暗红色细砂岩互层沉积，较下部粒度稍粗。　　　　　　　　　　　　7.19m

86层：灰绿色纹层状介壳灰岩，与85层相比，化石含量有所减少。　　　　6.40m

85层：灰绿色薄层状介壳细砂岩，化石丰富，见完整双壳类化石。　　　　　9.70m

84层：暗红色薄层状含灰质泥岩，水平层理发育。　　　　　　　　　　　　4.50m

83层：灰绿色中厚层状灰质粉砂岩，岩石表层溶蚀孔洞发育。顶部变为暗红色，粒度有所变粗，发育不明显的平行层理。　　　　　　　　　　　　　　　　　　　2.90m

82层：灰绿色薄层状灰质粉砂岩，局部夹泥质粉砂岩。　　　　　　　　　　6.53m

81层：暗红色纹层状灰质泥岩夹泥质灰岩，泥岩水平层理发育。　　　　　　9.08m

80层：灰绿色纹层状灰质泥岩，含生物化石，水平层理。　　　　　　　　　3.50m

————————————————整合————————————————

古近系卡拉塔尔组（E_2k）：64—79层，厚79.00m

79层：绿灰色深层状生物（牡蛎）灰岩，可富集成层，上部化石减少。　　　2.95m

78层：灰绿色薄层状灰质泥岩夹泥质灰岩，含牡蛎化石。发育水平层理。　　6.00m

77层：灰绿色薄层状生物灰岩（牡蛎），含较多大化石（*sokolowia* 牡蛎）。　5.60m

76层：下部为灰绿色薄层状泥质粉砂岩，向上夹白色薄层板状石膏。上部为灰白色、白色中厚层状石膏夹泥岩薄层或条带。粉砂岩与石膏之比约为1：8。　　　　　12.10m

75层：灰绿色薄层状泥质粉砂岩，发育水平层理。　　　　　　　　　　　　2.70m

74层：下部为灰绿色纹层状泥质粉砂岩，水平层理发育，上部为黄绿色薄层状灰质粉砂岩，厚度比约为3：2。　　　　　　　　　　　　　　　　　　　　　　　2.60m

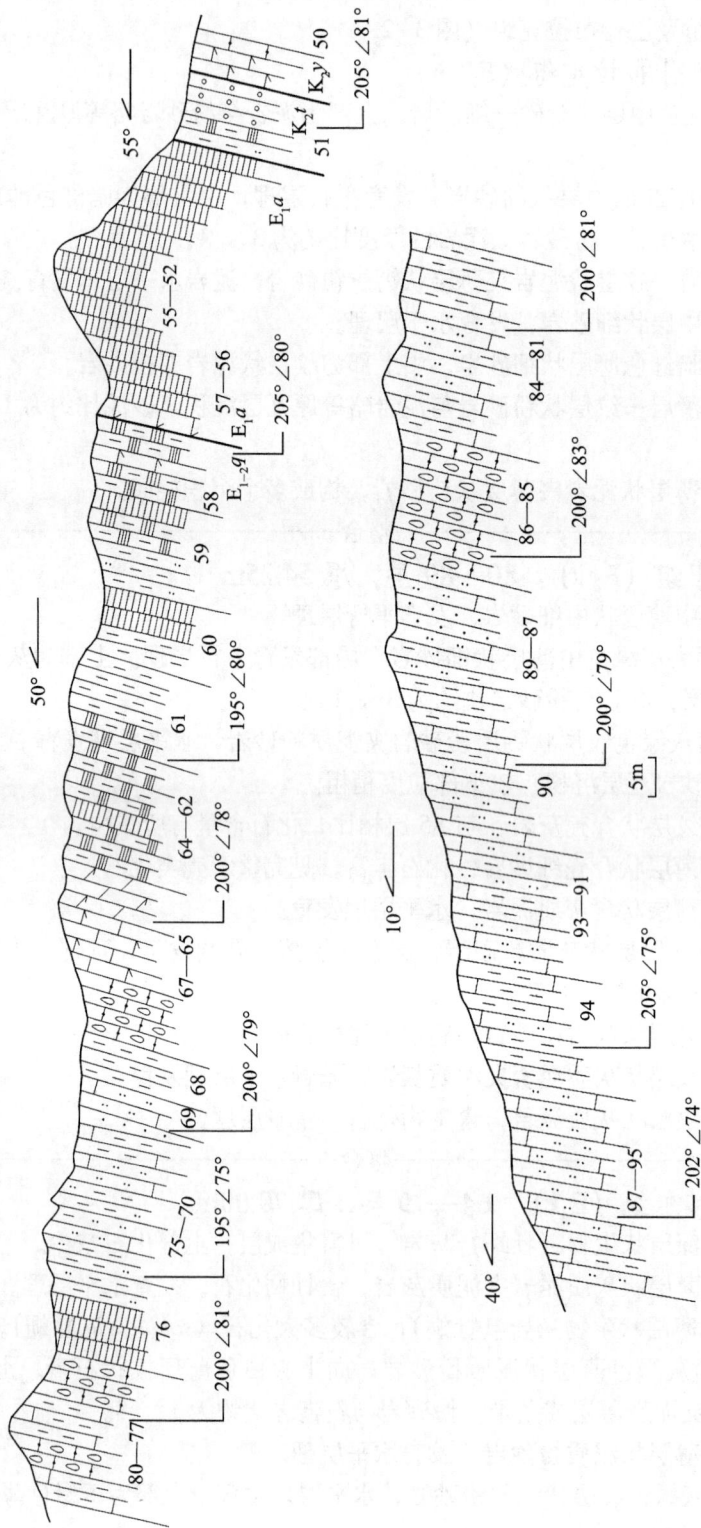

图3-2-6 塔西南地区克里阳古近系实测剖面（50—97层）

73 层：灰色、绿灰色中薄层状含生屑砂屑灰岩夹薄层状泥质砂屑灰岩，泥质灰岩中发育水平层理，顶部为一灰绿色中层状细砂屑白云岩。 3.05m

72 层：灰绿色薄层状含灰质粉砂岩夹泥质粉砂岩，水平层理发育。 3.35m

71 层：浅灰色中层状灰质细砂岩，见较多白色个体较小的钙质结核，富集成层。中上部为薄层状灰绿色粉砂岩夹泥质粉砂岩。 3.50m

70 层：灰绿色中层状含生屑泥晶云岩，局部见铁质结核，个体较小。 1.35m

69 层：灰绿色中层状灰质粉砂岩，底部为 0.2m 厚的灰白色含灰质砂屑白云岩，上部砂岩粒度稍粗，为粉细砂岩。 4.35m

68 层：绿灰色纹层状泥岩夹灰白色薄层状含生屑泥晶云岩，泥岩、白云岩厚度比为 18：1。泥岩发育水平层理，白云岩溶蚀孔洞常见。 4.50m

67 层：下部为灰色、黄灰色中厚层状含生屑砂屑灰岩，偶见石灰岩砾屑，表层溶蚀孔极为发育。中上部为灰绿色薄层状含灰质泥岩，水平层理发育。 8.50m

66 层：灰色、绿灰色中薄层状含鲕粒灰质云岩。中细砂屑为主，向上岩层渐薄，颜色渐变为绿灰色。表层溶蚀孔极为发育。 5.40m

65 层：灰色、黄灰色中薄层状含鲕粒云岩，局部岩石表层发育溶蚀孔洞。 4.20m

64 层：灰绿色、黄绿色纹层状—薄层状膏泥岩。 8.85m

———————————————————— 整合 ————————————————————

古近系齐姆根组（E$_{1-2}$q）：58—63 层，厚 45.60m

63 层：暗红色薄层状膏泥岩，夹薄层板状白色石膏。 6.88m

62 层：暗红色纹层状含石膏泥岩，局部泥岩含粉砂。 4.54m

61 层：暗红色薄—纹层状膏泥岩，泥岩发育水平层理。 10.65m

60 层：暗红色中薄层状泥岩、灰白色石膏层，下部石膏，上部泥岩。 8.21m

59 层：暗红色中薄层状膏泥岩、粉砂质泥岩，下部为一薄层白色石膏。 12.32m

58 层：暗红色中薄层含石膏泥岩，夹薄层板状石膏及细砾岩透镜体。 3.00m

———————————————————— 整合 ————————————————————

古近系阿尔塔什组（E$_1$a）：54—57 层，厚 44.62m

57 层：浅灰色、灰黄色中薄层状白云质灰岩。 1.67m

56 层：暗红色薄层状膏泥岩，发育水平层理。 4.35m

55 层：白色、灰白色中厚层状石膏。 35.0m

54 层：白色石膏层与暗红色薄层状粉砂质泥岩等厚互层，厚度比为 1：2。 3.60m

———————————————————— 整合 ————————————————————

白垩系吐依洛克组（K$_2$t）：52—53 层，厚 7.50m

53 层：暗红色薄层—纹层状膏泥岩，发育水平层理。 1.10m

52 层：暗红色中层状细砾岩，磨圆差—中等，分选差。 6.40m

四、生物群及组合特征

塔西南古近纪生物较白垩纪更加丰富，发育有双壳类、腹足类、有孔虫、孢粉、介形类、颗石藻类、轮藻、沟鞭藻类、绿藻及疑源类等化石。本文根据生物发育特征及地层划分的需要，对九个门类进行了动物群特征讨论及组合的划分。

本节九个门类的生物组合带（分小区）共有 108 个，多数是在前人（唐天福等，1989、1994；郝治纯等，1991；张师本等，1994）对南天山和西昆仑山小区研究基础上引用的。笔者的主要工作是在近 500 块古生物标本分析的基础上，充分利用了滇黔桂石油勘探开发研究院、新疆工学院及新疆地矿局、中国杭州石油地质研究院、西南石油学院、南海研究所等的研究成果，根据油气勘探的进展，首次分 5 个小区（前人多为 2 个小区）建立生物组合带，极大丰富和完善前人所建组合的内容及分布范围，其中全区新建 4 个组合，另在 18 个点首次采获带化石。

1. 各门类生物群组合特征

1）双壳类组合

蓝琇、魏景明（1995）在塔西南古近系建有 8 个组合，每个岩组均建有组合，以乌拉根组、齐姆根组上段及齐姆根组下段等三个组合分布最为广泛。本次在其基础上进行了组合内容的丰富及分布范围的补充，另在 6 个点首次采获带化石（表 3-2-4）。

（1）*Brachidontes–Corbula*（*Cuneocorbula*）组合。

这个组合主要分布于喀什凹陷北缘的库孜贡苏、巴什布拉克；喀什凹陷西缘的乌泊尔及托母洛安地区；叶城凹陷南部的克里阳、杜瓦和阿其克等剖面的阿尔塔什组石膏层中的灰黄色或灰白色白云质灰岩夹层和顶部的灰黄色厚层石灰岩中，在玛扎塔格近东端阿尔塔什组白云岩透镜体中也有发现。玉力群剖面阿尔塔什组中也见到类似的化石。

Brachidontes jeremejewi, *Corbula*（*Cuneocorbula*）*angulata* 是本组合的代表种，它们均是费尔干纳盆地古新世非正常海相白云岩中的特征种。此外，尚有其他双壳类保存欠佳，如 *Brachidontes elegans*（Sowerby），*Nucula* sp.，*Modiolm* sp.，*Cardita* sp.，*Tellina* sp. 等。因此，这个组合的时代应归为古新世。

本轮工作在齐姆根凸起西缘阿尔塔什剖面也获双壳类：*Brachidontes jeremejewi*，也应属 *Brachidontes–Corbula*（*Cuneocorbula*）组合。

仅叶城凹陷北部西缘未获该组合化石。

（2）*Pycnodonte*（*Pycnodonte*）*camelus–Ostrea*（*Ostrea*）*bellovacina* 组合。

本组合在南天山山前和昆仑山山前普遍存在，它们产于齐姆根组下段灰绿色为主的砂质、粉砂质泥岩中。本组合除代表种外，其他分子还有 *Pycnodonte*（*Pycnodonte*）*sullukapensis* Vyalov，*Pycnodonte*（*Phygraea*）*frauscheri* Traub，*P.*（*P.*）*nomada*（Vyalov），*Panopea corrugata*（Dixon），*Pholadomya*（*Pholadomya*）*konincki* Nyst，*Pseudomiitha*（*Pseudomiltha*）*gigantea*（Deshayes）它们都是南天山山前和西昆仑山山前该组段的常见种。

在西昆仑山山前的奥依塔克剖面，齐姆根组除见到 *Ostrea*（*Ostrea*）*bellovacina* Lamarck 外，还有许多其他类型的小个体双壳类化石，如 *Cardita suessi* Koenen，*Venericardia cf.hortensis*（Vinassa de Regny），*V.* cf. *divergens praeculta* Kolesnikov，*Tellina*（*Moerella*）*raouli* Mayer，*Callista.*（*Chionella*）*tournoueri* Cossmann，*Corbula peyroti* Cossmann，*Caestocorbula ficus*（Solander），而在乌泊尔剖面则是以 *Ostrea*（*Ostrea*）*bellovacina* Lamarck 及其亚种 *Ostrea*（*Ostrea*）*bellovacina opalica* 为特征，在阿其克剖面则只见到产于白云岩中的 *Brachidontes elegans*（Sowerby）。

在玛扎塔格东部 1403.7 高地剖面及和田河以西 1km 处的齐姆根组中也采获大量的双壳类 *Ostrea*（*O.*）*bellovacina*，*O.*（*O.*）*ambolte*，*Pycnodonte*（*Phyqraea*）sp. 等。

表 3-2-4 塔西南各区带古近系双壳类组合表

层位	地层单位		喀什凹陷北缘（南天山山前带）	喀什凹陷西缘	齐姆根凸起（西昆仑山山前带南段）	叶城凹陷北部	叶城凹陷南部
古近系 鲁塔尔阶	巴什布拉克组	五	*Anomia oligocea nica—Cubitostrea tianschanensis—Donax (Chion) subovatum* 组合			*Cardita marianae—Crassatella (L.) ustjurtensis—Chlamys (Hilberia) minblaki—Donax (C.) subovatum* 组合	
		四	*Ferganea bashibula-keensis—Crassatella (Landinia) ustjurtensis—Cubitostrea plicata* 组合	*Ferganea bashibulakeensis—Cubitostrea—Ferganea sewerzowii* 组合			
普利亚本阶		三					
		二	*Platygena asiatica—Anomia girondica* 组合	*Platygena asiatica—Anomia girondica* 组合			*Platygena asiatica—Anomia girondica* 组合
		一					
巴尔通阶	乌拉根组		*Sokolowia buhsii—Kokanostrea kokanensis—Chlamys (Hilberia) 30—radiatus* 组合	*Sokolowia buhsii-Kokanostrea kokanensis—Chlamys (Hilberia) 30—radiatus* 组合	*Sokolowia buhsii—Kokanostrea kokanensis—Chlamys (Hilberia) 30—radiatus* 组合	*Sokolowia buhsii—Kokanostrea kokanensis—Chlamys (Hilberia) 30—radiatus* 组合	*Sokolowia buhsii—Kokanostrea kokanensis—Chlamys (Hilberia) 30—radiatus* 组合
鲁帝特阶	卡拉塔尔组		*Ostrea (Turkostrea) strictiplicata-Ostrea (Turkostrea) cizancourti* 组合	*Ostrea (Turkostrea) strictiplicata-Ostrea (Turkostrea) cizancourti* 组合	*Ostrea (Turkostrea) strictiplicata-Ostrea (Turkostrea) cizancourti* 组合	*Ostrea (Turkostrea) strictiplicata-Ostrea (Turkostrea) cizancourti* 组合	
伊普里斯阶	齐姆根组	上	*Flemingostrea?hemiglobosa—Panopea vaudini—Ostrea (Turkostrea) afghanica* 组合	*Flemingostrea?hemiglobosa—Panopea vaudini—Ostrea (Turkostrea) afghanica* 组合	*Flemingostrea?hemiglobosa—Panopea vaudini—Ostrea (Turkostrea) afghanica* 组合	*Flemingostrea?hemiglobosa—Panopea vaudini—Ostrea (Turkostrea) afghanica* 组合	*Flemingostrea?hemiglobosa—Panopea vaudini—Ostrea (Turkostrea) afghanica* 组合
坦尼特阶		下	*Pycnodonte (Pycnodonte) camelus—Ostrea (Ostrea) bellovacina* 组合	*Pycnodonte (Pycnodonte) camelus—Ostrea (Ostrea) bellovacina* 组合	*Pycnodonte (Pycnodonte) camelus—Ostrea (Ostrea) bellovacina* 组合	*Pycnodonte (Pycnodonte) camelus—Ostrea (Ostrea) bellovacina* 组合	*Pycnodonte (Pycnodonte) camelus—Ostrea (Ostrea) bellovacina* 组合
达宁阶	阿尔塔什组		*Brachidontes—Corbula (Cuneocorbula)* 组合	*Brachidontes—Corbula (Cuneocorbula)* 组合	*Brachidontes jeremejewi* 组合		*Brachidontes—Corbula (Cuneocorbula)* 组合

本组合中 *Ostrea*（*Ostrea*）*bellovacina* Lamarck 是英国、法国和比利时及费尔干纳盆地古新世晚期布哈尔组下部的代表种；*Pycnodonte*（*Pycnodonte*）*camelus* 见于塔吉克盆地始新世早期苏扎克层，而在塔里木盆地它产于 *Ostrea*（*Ostrea*）*bellovacina* 层之下；这一组合中还见有中亚地区其他古新世化石，如 *Pycnodonte*（*Phygraea*）*Nomada*（Vyalov），*Pholadomya*（*Pholadomya*）*konincki* Nyst，*Corbula*（*Cuneocorbula*）*angulata* Lamarck，*Brachidontes elegans*（Sowerby）。所以本组合的时代应归入古新世晚期。

但要指出的是，喀什凹陷西缘近凹陷中心的乌帕尔地区及托母洛安地区阿尔塔什组石膏层段上部的灰岩夹层中也采到双壳类化石：*Ostrea*（*Ostrea*）*bellovacina*，*Pycno donte*（*Phygraea*）*frauscheri*，*P. camelus*。推测该地区因近凹陷中心，阿尔塔什组可能在非正常海相间有正常海相沉积，故在凹陷中心本组合可下延到阿尔塔什组上部。

本组合是研究区分布最广泛的双壳类组合之一，全区（喀什凹陷北及西缘，齐姆根凸起西缘，叶城凹陷西缘南部及北部，玛扎塔格地区）均见该组合化石。

（3）*Flemingostrea? hemiglobosa–Panopea vaudini–Ostrea*（*Turkostrea*）*afghanica* 组合。

这一组合也在南天山山前和昆仑山山前普遍存在，以巴什布拉克、乌泊尔、齐姆根、阿尔塔什等剖面最为特征，另外在库孜贡苏、乌鲁克恰提、斯姆哈纳、膘尔托阔依且木干、同由路克、克里阳等剖面也有产出。它们产于齐姆根组上部灰色泥岩和其间所夹的灰绿色砂质或粉砂质泥岩中，另还间夹少量红色薄层泥岩。在南天山山前带，除上述代表种外，尚有 *Pycnodonte*（*Pycnodonte*）*camelus ulugqatensis subsp.*nov.，*Ostrea*（*Turkostrea*）*strictiplicata* Roulia et Delbos，*O.*（*T.*）*cizancourti* Cox，*Cardita kschtmica* Kachanova，*Ostrea* sp.，*Tellina pseudodonacialis* d'Orbigny，*Solecurtus* sp.，*Eomeretrix varzikiensis*（Valintsova–Marnulinko），*Panopea vaudini* Deshayes，*P. elongata* Leymerie，*P. gastaldi* Michelotti。其中除 *Pycnodonte*（*Pycnodonte*）*camelus ulugqatensis* 与齐姆根组下段的 *Pycnodonte*（*Pycnodente*）*camelus* 为同一种群外，其余各种多与上覆卡拉塔尔组的双壳类动物群有密切关系，如 *Ostrea*（*Turkostrea*）*afghanica* 是卡拉塔尔组的代表分子，也是 *Ostrea*（*Turkostrea*）亚属在本区出现最早的种。*Ostrea*（*Turkostrea*）*cizancourti* Cox 是中亚费尔干纳和塔吉克盆地及阿富汗北部始新世早期的化石。

Ostrea（*Turkostrea*）*strictiplicata* 是卡拉塔尔组的代表分子，本组合中也仅见极少数个体。*Panopea* 的各种，也是自此段地层向上才有产出，以下的地层中未见到。由此可见，齐姆根组上段双壳类动物群与卡拉塔尔组双壳类动物群关系更密切。从双壳类动物群可以看出，始新世与古新世有明显差别，这个组合可作为始新世与古新世的分界标志。除在西昆仑山山前的乌泊尔、齐姆根和阿尔塔什产有相同的种类外，在杜瓦剖面还产有 *Pseudomiltha*（*Pseudomiltha*）*gigantea*（Deshayes）。

在土库曼斯坦始新世早期产有 *Pycnodonte*（*Pycnodonte*）*camelus*，*Flemingostrea hemiglobosa*，在塔吉克盆地始新世早期苏扎克层同样也产此种化石，而在费尔干纳盆地该种化石则见于古新世晚期。

考虑到齐姆根组上段的双壳类动物群组合以始新世的属种为主要分子，仅见少数古新世者，故将其时代归入始新世早期，并以此作为始新世与古新世的分界线。

本组合也是研究区分布最广泛的双壳类组合之一，全区均见该组合化石。

（4）*Ostrea*（*Turkostrea*）*strictiplicata–Ostrea*（*Turkostrea*）*cizancourti* 组合。

该组合普遍见于南天山山前巴什布拉克、库孜贡苏、乌鲁克恰提、斯姆哈纳剖面，西昆仑山山前的乌帕尔、托母洛安、卡拉别勒达坂、同由路克及阿尔塔什、齐姆根等剖面和东昆仑山山前北部和什拉甫剖面的卡拉塔尔组。以 Ostrea（Turkostrea）的种占绝对优势，几乎不见其他属种的双壳类，共生的少数腹足类是巴黎盆地始新世的分子。突厥蛎亚属在齐姆根组上段顶部开始出现，在卡拉塔尔组大量繁盛，成为绝对优势种类，到卡拉塔尔组顶部个体变小，形态也开始变化，向两侧伸展，逐渐发展成另一生物组合。

Ostrea（Turkostrea）种类在中亚地区是始新世阿莱依层的代表分子，少数见于上部的土尔其斯坦层。Ostrea（Turkostrea）cizancourti Cox 是阿富汗北部阿莱依层的分子。故卡拉塔尔组双壳类组合时代为中始新世早期。

本组合以南天山山前发育得最标准。在昆仑山山前带不论分布还是发育程度均逊色得多，并出现了与 Sokolowia 和 Kokanostrea 混生的现象。

叶城凹陷南部西缘及玛扎塔格地区未见该组合化石。

（5）Sokolowia buhsii–Kokanostrea kokanensis–Chlamys（Hilberia）30–radiatus 组合。

本组合在南天山山前和昆仑山山前都普遍存在，如库孜贡苏、巴什布拉克、乌鲁克恰提、斯姆哈纳、膘尔托阔依、奥依塔格、乌泊尔、库山河、同由路克、阿尔塔什、齐姆根、和什拉甫、赛格尔塔什、克里阳、普司格和杜瓦等地的乌拉根组灰绿色钙质泥岩、杂色泥岩及灰色石灰岩层中。在这个组合中 Sokolowia 和 Kokanostrea 是绝对优势属种，其中 Sokolowia 尤为发育。这两个属可能是 Ostrea（Turkostrea）在不同生境下分别演化出来的两个属。与卡拉塔尔组不同，乌拉根组除包含这两个绝对优势属种外，还有其他的双壳类与之共生。Sokolowia 与 Kokanostrea 往往成为不同小层或属于不同小生境。如 Chlamys cf.solea Deshayes，Ostrea（Ostrea）ulugqiatica sp. nov.，Sokolowia buhsii alpha（Vyalov），S. buhsii gamma（Vyalov），S. orientalis（Gekker，Osipov，et Belskaya），S. deterrai keliyangensis Wei，Flemingostrea kaschgarica Vyalov，F. kaschgarica accola Vyalov，F. yengisarica（Wei），Venericardia simplex（Edward），Crassatella（Crassatella）scutellaria Deshayes，Cardium aff. edwardi Deshayes，Sanguinolaria sp.，Glossus（Miocardiopsis）incognita（Zubkovitsch），Eomeretrix suzakiensis（Valintsova–Marnulinko），Pelecyora（Cordiopsis）incrassata（Sowerby），P.（C.）tenuis（Alexeiev），Panopea heberti Bosquet。在 Sokolowia 的种中，S. buhsii，S. buhsii alpha，S. buhsii gamma，S. orientalis 都是中亚地区土尔其斯坦层标志化石。Kokanostrea kokanensis 也是同层位的化石。它们也都是本区乌拉根组的代表性分子。Flemingostrea kaschgarica 也是中亚和阿富汗北部土尔其斯坦层的标志分子。故这一组合的时代应属中始新世晚期。

在昆仑山山前带本组合主要分子可下延到卡拉塔尔组。

在玛扎塔格中部 1355 高地、玛扎塔格中西部 l416 高地西侧、古董山中部、鸟山中部以及罗斯塔格东部五条剖面的乌拉根组下部也获大量始新世索氏牡蛎动物群分布为特征的双壳类化石，主要有（牡蛎）Sokolowia buhsii，S.buhsii regulata，S. buhsii alpha，S. buhsii deterrai sangzhuensis，S. orientalis，Flemingostrea kaschgarica 以及（异齿目）Nemocardium sp.，Cardita sp.，Meretrix sp.，Glycymeris sp. 等，应属于该组合。

本组合也是研究区分布最广泛的双壳类组合之一，全区均见该组合化石。

另外，玛扎塔格地区罗斯塔格、古董山及鸟山乌拉根组上部产丰富的双壳纲异齿目化石，且局部为层状礁，主要有 Veniricardia simplex，V. sp.，Cardita ex gr. aegyptica，C. sp.，Nemocardium sp.，Dosina sp.，Pitar sp.，Glycymeris sp.，等，并见少量牡蛎 Sokolowia *buhsii*，*Flemingostrea kaschgarica* 等，以异齿目化石大量出现及后者发育为特征。上述异齿目化石群也见于西昆仑山和南天山山前的乌拉根组中，*Flemingostrea kascharica* 系 1948 年苏联地质古生物学家维西洛夫发现并描述自喀什西部一个种，20 世纪 60 年代末至 80 年代早期鉴定者相继发现于昆仑山山前莎车地区的乌拉根组上部。*Sokolowia buhsii* 类在研究区富集于乌拉根组下部，在上部较为罕见，而异齿目化石在玛扎塔格小区乌拉根组下部少见，在上部却富集成层状礁。因此，将上述异齿目化石群视为玛扎塔格地区乌拉根晚期双壳类动物群，可建立玛扎塔格小区 *Veniri-cardia simplex-Cardita* ex gr. *aegyptica* 组合带。

(6) *Platygena asiatica-Anomia girondica* 组合。

本组合见于南天山山前的巴什布拉克、乌鲁克恰提、斯姆哈纳剖面和叶城凹陷南部昆仑山山前杜瓦剖面。它产于巴什布拉克组第二段红色及灰绿色和杂色的含石膏泥质碎屑岩中。这一组合与上述产于乌拉根组的双壳类组合有很大差别。乌拉根组与巴什布拉克组第二段之间的巴什布拉克组第一段为红色膏泥岩层，至今未在其中找到双壳类化石。本组合除主要分子外，在巴什布拉克组尚有 *Brachidontes bashibulakeensis* sp. nov.，*Chlamys* (*Aequipecten*) *aturi* (Tourn)，*Glossus* (*Aralocardia*) *eichwaldiana* (Romanovskiy)，*Corbula* sp.；在乌鲁克恰提剖面本段顶部有 *Cubitostrea plicata* (Solander)，*C. prona* Wood，*C. Pronalonga* (Alexejew)，*Lucina* (*Lucina*) *ustjurtensis* Ilyina，*Astarte rugata* Sowerby，*Crassatella* (*Landinia*) *ustjurtensis* Ilyina，*Glossus* (*Aralocardia*) *eichwaldiana* (Romanovskiy)，*Pelecyora* (*Cordiopsis*) *incrassata* (Sowerby)，*Panopea cf.intermedia* (Sowerby)，*Pholadomya* (*Bucardiomya*) *ornata* Alexejew；在西昆仑山山前杜瓦剖面还产有 *Nucula* (*Nucula*) aff. *aralensis* Lukovic，*Nuculana crispata ukrainica* Sokolov，*Cardita marianae* Mirlkamalova，*Crassatella* (*Landinia*) *deshayesiana* Nyst，*Siliqua ustjurtensis* Ilyina，*Donax* sp.，Gari (*Psammotaena*) *effusus* (Lamarck)，*Microcyprina neuvillei* Cossmann。

这一组合中 *Platygena asiatica* (Romanovskiy) 是中亚地区利士坦—苏姆萨尔层的标志化石，*Cubitostrea plicata* (Solander)，*Platygena asiatica* 在费尔干纳盆地是利士坦层上部的标志者。*Anomia girondica* 是法国阿基坦盆地始新世的化石。根据上述标志化石，将此组合的时代归入中始新世晚期—晚始新世早期。齐姆根凸起西缘、叶城凹陷西缘北部未见该组合化石。

(7) *Ferganea bashibulakeensis-Crassatella* (*Landinia*) *ustjurtensis-Cubitostrea plicata* 组合。

它是以喀什凹陷北缘南天山山前巴什布拉克剖面巴什布拉克组第三段紫红色及灰绿色泥岩夹层中的双壳类组合为代表，这一组合也见于乌鲁克恰提，膘尔托阔依也有少量分子。

除上述代表种外尚有 *Nucula* (*Nucula*) *minor* Deshayes，*Chlamys* (*Hilberia*) 30-*radiatus* Sowerby，*C.* (*H.*) *minblaki* Mirlkamalova，*Ferganea ferganensis* (Romanovskiy)，*F.rotula* (Vyalov)，*Crassatella* (*Landinia*) *ustjurtensis* Ilyina，*Loxocardium cf.commutatum* (Rovereto)，*Pelecyora* (*Cordiopsis*) *incrassata* (Sowerby)，*Cyrtodaria transcaspica* Korobkov et Mirnova. 其中 *Ferganea* 属是费尔干纳盆地苏姆萨尔层（始新世晚期）的标准石。*Crassatella* (*Landinia*) *ustjurtensis* Ilyina 是中亚乌斯提秋尔特地区始新世的分子，*Pelecyora* (*Cordiopsis*) *incragsata* (Sowerby) 是土库曼斯坦始新世晚期的种。因此，本

组合的时代为始新世晚期，并可与苏姆萨尔层相比。

齐姆根凸起西缘及叶城凹陷西缘未见该组合化石。

(8) *Anomia oligoceanica—Cubitostrea tianschanensis—Donax subovatum* 组合。

这一组合主要见于喀什凹陷北缘南天山山前巴什布拉克剖面的巴什布拉克组第四段紫红色砂质泥岩中，含少量灰绿色夹层或斑块。除上述代表性属种外，尚有少量其他双壳类，如 *Chlamys*（*Hilberia*）30*-radiatus* Sowerby，*Chlamys*（*Hilberia*）*minblaki* Mirlkamalova，*Spondylus* sp.，*Cubitostrea plicata*（Solander），*Ferganea ferganensis*（Romanovskiy），*F. sewerzowii*（Romanovskiy），*Gibbolucina*（*Eomiltha*）*brevis* Cossmann，*Cyclina* sp.，*Clavagella* sp. 等。

其中 A*nomia oligoceanica* 是法国巴黎盆地渐新世早期的种，*Cubitostrea tianschanensis* Romanovskiy 是费尔干纳盆地始新世晚期哈南巴德层的代表种，而在塔里木盆地它出现的层位要高些，产于巴什布拉克组第四段，相当于费尔干纳盆地的苏木萨尔层。*Donax*（*chion*）*subovatum* 是本次发现的地方性新种，目前仅见于本层。在杜瓦剖面也曾见少数 *Donax* sp. 的标本，但保存极差，是否同层位，尚待研究。*Ferganea sewerzowii* 是费尔干纳盆地苏木萨尔层下部的带化石；*Ferganea ferganensis* 是苏木萨尔层上部的带化石。因此，总的看本组合的时代至少为晚始新世末期，另一个重要分子 *Anomia oligoceanica* 是巴黎盆地渐新世早期的分子，又有 *Donax* sp. 出现，很可能时代为早渐新世早期，故本书将这个组合的时代归为晚始新世末期至早渐新世早期。

齐姆根凸起西缘及叶城凹陷西缘南部未见该组合化石。

喀什凹陷西缘昆仑山山前带玛尔坎苏地区巴什布拉克组第二段中采到双壳类化石 *Ferganea ferganensis*，第四段中采到双壳类化石 *Ferganea sewerzowii*，*Ferganea bashibulakeensis*，*Ferganea* sp.，*Cubitostrea* sp. 等，其中 *Ferganea bashibulakeensis* 是南天山巴什布拉克组第三段的主要分子，*Ferganea sewerzowii*，*Ferganea ferganensis* 又是南天山巴什布拉克组第四段的主要分子。

在叶城凹陷西缘北部和什拉甫剖面下部（同一层）采获双壳类 *Cardita* sp.，*C.marianae*，*Chlamys*（*Hilberia*）*minblak*，*Crassatella*（*Landinia*）*ustjurtensis*，*Donax*（*Chion*）*subovatum*，*Moerella* sp.，*Sanguinolaria* sp.，*Solena*（*Eosolen*）sp.，*Venericardia* sp.。其中的 *Crassatella*（*Landinia*）*ustjurtensis* 与 *Cardita marianae* 为巴什布拉克组二段 *Platygena asiatica—Anomia girondica* 组合中的分子；而 *Crassatella*（*L.*）*ustjurtensis* 又以代表分子与 *Chlamys*（*Hilberia*）*minblaki* 一起出现在三段的 *Ferganea bashibula -keensis—Crassatella*（*Landinia*）*ustjurtensis* 组合中；*Chlamys*（*Hilberia*）*minblaki* 又与 *Donax*（*Chion*）*subovatum* 一起出现在四段的 *Anomia oligoceanica—Cubitostrea tian -schanensis—Donax*（*Chion*）*subovatum* 组合中。而 *Donax*（*Chion*）*subovatum* 是本组合中的代表种，仅见于四段。

因此，昆仑山山前带巴什布拉克组的双壳类不支持该组分段。

齐姆根凸起西缘及叶城凹陷西缘南部未见该组合化石。

2）腹足类组合

塔里木盆地古近纪腹足动物群由于沉积环境的不同，反映出明显的差异。其腹足动物群主要分布于天山南缘古近系各组；在东昆仑山西缘主要见于齐姆根组、卡拉塔尔组、乌拉根组及巴什布拉克组；在西昆仑山北缘北部仅见于齐姆根组及卡拉塔尔组。据潘华璋等（1991）研究结果，塔西南晚白垩世腹足动物群自下而上可划分为4个组合，本文在其基础上进行了组合内容的丰富化及分布范围的补充，另在3个点首次采获带化石（表3-2-5）。

表3-2-5　塔西南古近系各区带腹足类组合分布表

层位		地层单位	喀什凹陷北缘（南天山山前带）	喀什凹陷西缘（西昆仑山山前带北段）	齐姆根凸起（西昆仑山山前带南段）	叶城凹陷北部	叶城凹陷南部
古近系	鲁培尔阶	巴什布拉克组	*Turritella ferganensis-Clavilithes conjunctus-Trophonopsis*			*Turritella ferganensis-Clavilithes conjunctus-Trophonopsis*	*Turritella ferganensis-Clavilithes conjunctus-Tropho-nopsis*
	普利亚本阶						
	巴尔通阶	乌拉根组	*Turritella ferganensis-Stenorhytis decalamiatis*				*Turritella ferganensis-Stenorhytis decalamiatis*
	鲁帝特阶	卡拉塔尔组	*Cerithiam tristiehum-Niso eonstrieta*			*Cerithiam tristiehum-Niso eonstrieta*	*Cerithiam tristiehum-Niso eonstrieta*
	伊普里斯阶	齐姆根组	*Niso angusta-Turritella edita*	*Niso angusta-Turritella edita*	*Niso angusta-Turritella edita*	*Niso angusta-Turritella edita*	*Niso angusta-Turritella edita*
	坦尼特阶						
	达宁阶	阿尔塔什组					

（1）*Niso angusta–Turritella edita* 组合。

该组合主要分布于叶城凹陷南部阿其克地区的阿尔塔什组上部以及喀什凹陷北缘（南天山山前带）巴什布拉克、库孜贡苏，喀什凹陷西缘的奥依塔克，齐姆根凸起西缘同由路克，叶城凹陷西缘和什拉甫、普司格剖面等的齐姆根组。其主要特征是含有较多的鹅掌螺科（*Aporrhaidae*）和凤螺科（*Strombidae*）的分子，如 *Arrhoges*，*Aporrhais*，*Cyclomolops*，*Digitolabrum*，*Amplogladius*，*Hippochrenes* 等。虽然这些标本保存欠佳，如壳表纹饰和外唇的翼状特征均未保存，但从壳体的形状和缝合线的特征来看，无疑分别归入鹅掌螺科和凤螺科。特别应该指出的是 *Amplogladius*? sp. 虽然是一个未定种，但它与西藏岗巴基堵拉古新统宗浦群下段 *Amplogladius*? *jidulaensis* Yu 极为相似。

另外，根据以往的资料，*Hippochrenes* 和 *Digitolabrum* 一般产于古近系。除此之外 *Haustatr imbrifataria*（Lamarck）主要分布于法国巴黎盆地留切脱阶（Lutetian），英国的始新统 Barton 和 Bracklesham beds 以及小高加索地区等的古新统。*Turritella edita*（Solander）主要分布于乌克兰北部下古新统和英国的始新统（Barton 和 Bracklesham beds），*Turritella copiosa* Deshayes 原产于巴黎盆地的 Bartonian bedo，*Fusinus porrectus*（Solander）也分布于巴黎盆地留切脱阶。*Calyptraea aperta*（Solander）的时代分布稍长，在英国从古新世到始新世以及乌克兰北部古新统均有分布。*Ampullina lavalleei*（Briart–et Cornet）主要分布于比利时和克里米亚古新统下部（MoacKufiapyc）和中喀尔巴阡山、澳大利亚的古新统。所以，这一腹足类组合应归于古新世。

全区可见该组合，是分布最广范的组合。

（2）*Cerithiam tristiehum–Niso constrieta* 组合。

该组合主要分布于喀什凹陷北缘乌恰巴什布拉克，叶城凹陷和什拉甫、克里阳等地的卡拉塔尔组。这一组合与古新世组合的区别是鹅掌螺科和凤螺科的分子消失了；代之出

现的是 *Cerithium tristichum Bagmanov*，*Batillaria* sp.，*Potamides* cf. *constricta*，*Ficus* cf. *crassistria*（Kaenen），*Amauropsis ivanowi*。前者最初产于小高加索的始新统下部，以后在中喀尔巴阡山的古新统亦有发现，后者 *Amauropsis ivanowi* 最早产于费尔干纳盆地的古新统，而后主要分布于非洲索马里兰地区的始新统。*Niso constricta*（Deshayes）最初发现于法国巴黎盆地的始新统下部（Cuisian）和乌克兰的始新统中下部。尽管这一组合仅有 5 个种组成，但它与前一组合区别显著，易于识别。在乌恰巴什布拉克与这一腹足类组合共生的有孔虫有 *Anomalinoides* 的分子和 *Cibicides entendus*，*C.artemi*，这些均是中亚、法国巴黎盆地始新世早中期的常见分子。根据这一组合腹足动物群的分布和对比，将它归入始新世早期是比较恰当的。

喀什凹陷西缘、齐姆根凸起西缘未见该组合化石。

（3）*Turritella ferganensis*–*Stenorhytis deealamiatis* 组合。

这一组合主要分布于喀什凹陷北缘巴什布拉克，乌鲁克恰提和叶城凹陷南段皮山县克里阳、普司格及杜瓦等地的乌拉根组。

这一组合与前一组合有明显的不同，主要特征化石保存较好，属种较前一组合丰富，共有 7 属 9 种，出现了 *Turritella*，特别是 *Turrltella ferganensis* Vialov et Soloun，*T.angulata*（Sowerby）在乌拉根组分布比较稳定，它们均是乌斯提龙尔、咸海北部、土尔盖盆地始新统上部契干组和西欧英格兰的始新世地层中的常见分子。另外 *Amauropsis ivanowi*（Rom.）和 *Euspira hybrida* Lamarck 也是本组合的特征分子。前者最早产于费尔干纳盆地的古新统，而后者主要分布于非洲索马里兰（Somaliland）地区始新统的奶黄色石灰岩（Cream coloured limestone）中。而 *Haustator* cf. *imbricataria* 和 *Fusinus* cf. *porrectus* 均是法国巴黎盆地中始新世留切脱期中的分子。此外，还有 *Clavilithes* (*Rhopalithes*) cf. *noae*（Chemm），它仅发现于英国的始新统（upper Braeklesham Beds，Bracklesham Bay，Strubbington，Brook and Branshow）和法国巴黎盆地的始新统留切脱阶。因此，根据腹足类的组分，乌拉根组的时代应归于始新世中晚期。综上所述，此组合归入始新世中晚期。

喀什凹陷西缘、齐姆根凸起西缘及叶城凹陷西缘北部未见该组合化石。

（4）*Turritella ferganensis*–*Clavilithes conjunctus*–*Trophonopsis* 组合。

该组合主要分布于喀什凹陷北缘乌恰巴什布拉克，乌鲁克恰提的巴什布拉克组 3—4 段，叶城凹陷西缘和什拉甫、杜瓦的巴什布拉克组。这一组合化石保存较好，分异度较高，共有 8 属 11 种，除了少数属种是从下一组合延续上来的外（如 *Turritella ferganensis*，*T.angulata*），出现了 *Clavilithes*，*Pseudamaura*，*Trophonopsis*，*Stenorhytis*，*Athleta* 等，它们均是始新世地层中常见的属。*Clavilithes* 最初发现于法国巴黎盆地的始新统上部，以后在英国始新统（Bracklesham Beds）和苏联始新统至渐新统下部也有发现，本组合中这个属共有 *Clavilithes conjunctus*（Deshayes），*C.solanderi* Grabau，它们主要分布于乌斯提尤尔，咸海北部和土尔盖盆地晦契干组，法国巴黎盆地始新统上部。另外，*Turritella* 在这一组合中极为丰富，层位较稳定，特征明显，见 *Turritella ferganensis* Vialov et Soloun，*T. angulata*（Sowerby）和 *T. sulcifera* Deshayes，它们主要产于乌斯提尤尔、咸海北部和土尔盖盆地始新统上部的契干组以及英格兰的始新统。除此以外，*Pseudamaura hybrida*（Lamarck），*Trophonopsis plini*（Rainc）等均是法国巴黎盆地始新统巴尔顿阶和留切脱阶的产物。从上述腹足动物群的分布和对比来看，其时代应归始新世晚期。

喀什凹陷西缘、齐姆根凸起西缘未见该组合化石。

3）介形类组合

塔西南古近纪介形类横向上以喀什凹陷北缘发育最好，古近纪各岩组均有分布，喀什凹陷西缘次之。纵向上以齐姆根组及乌拉根组两个介形类组合分布最为广泛。根据杨仁、蒋显庭等（1995）研究的结果，塔西南白垩纪腹足动物群自下而上可划分为6个组合，本文在其基础上进行了组合内容的丰富及分布范围的补充，另在5个点首次采获带化石（表3-2-6）。

（1）*Nucleolina longfelliptic－Cytheretta kashiensis* 组合。

该组合主要分布于喀什凹陷北缘巴什布拉克剖面阿尔塔什组顶部石灰岩。本组合的介形类化石虽较少，但保存完好，而且很特征。

表3-2-6　塔西南古近系各区带介形类组合分布表

层位	地层单位		喀什凹陷北缘（南天山山前带）		喀什凹陷西缘（西昆仑山前带北段）		齐姆根凸起（西昆仑山前带 南段）	叶城凹陷北部	叶城凹陷南部
鲁培尔阶	巴什布拉克组	五							
		四	*Haplocytheridea reticulata-Ranocythereis mikluchai-Paijenborchella (Eopaijenborchella) villosa*						
普利亚本阶		三	*Haplocytheridea schirabadensis-Ruggieria rischtanensis-Haplocytheridea innae*						
		二							
		一							
巴尔通阶（古近系）	乌拉根组		*Eocytheropteron vesiculosum* 组合	*Haplocytheridea tonsa-Ruggieria vialovi*	上组合 主要分子主要见于始新统中、上部	*Eocytheropteron vesiculosum* 组合	*Haplocytheridea tonsa-Ruggieria vialovi* 上组合 主要分子主要见于始新统中、上部	*Cytherura versicula, Campylocythere? xinjianensis*	*Cytherura versicula, Campylocythere? xinjianensis*
鲁帝特阶	卡拉塔尔组				下组合 *Haplo-cytheri-dea tonsa* 多		下组合 *Haplo-cytheri-dea tonsa* 多		
伊普里斯阶	齐姆根组	上	*Neocyprideis galba-Cytheridea fucosa-Echinocythereis alaiensis*				*Neocyprideis galba-Cytheridea fucosa-Echinocythereis alaiensis*		
坦尼特阶		下	*Cytheridea ruginosaformis-Echin-ocythereis-"isabenana"-Eocytheropteron kalickyi*		*Cytheridea ruginosaformis-Echinocythereis-"isabenana" -Eocytheropteton kalickyi*		*Cytheridea ruginosaformis-Echinocythereis-"isabenana"-Eocytheropteton kalickyi*		*Cytheridea ruginosaformis-Echinocythereis-"isabenana" -Eocytheroeton kalickyi*
达宁阶	阿尔塔什组		*Nucleolina longfelliptic-Cytheretta kashiensis*		*Trachyleberis scabra- Cytherella kuzigongsuensis*				

本组合以 *Nucleolina longielliptica* Yang sp. nov. 及 *Cytheretta kashiensis* Yang sp. nov. 为主，

次 为 *Xestoleberis xinjiangensis* Yang sp. nov., *Bythocypris?* *hebes* (Mandelstam), 极个别的 有 *Echinocythereis* cf. *subulosa* (Nikolaeva)。 其 中 *Bythocypris?* *hebes* (Mandelstam) 曾见于中亚塔吉克盆地始新统下部的苏扎克层；*Echinocythereis* cf. *subulosa* (Nikolaev) 产于中亚土库曼斯坦古新统中、下部；其他介形类化石均为新种，不能提供地质时代归属。根据介形类化石已知种及比较种，产第四组合的阿尔塔什组顶部石灰岩的地质时代最早为古新世早期，最晚可延续至始新世早期。个别相同的双壳类属种见于阿尔塔什组石膏岩层上部的夹层白云岩及其顶部石灰岩中，其地质时代为古新世早期。因此，根据这两个门类化石提供的地质时代，并考虑上覆、下伏地层的时代，将阿尔塔什组归古新世早期为宜。由于双壳类化石产于阿尔塔什组上部夹层，而本组中、下部相当厚的石膏岩并未发现任何化石，故有无晚白垩世的存在，实属难以肯定，尚须进一步寻找化石证据才能得以解决。

喀什凹陷西缘托母洛安地区阿尔塔什组石膏层段的石灰岩夹层中采到介形类化石为 *Trachyleberis scabra* (Munster), *Cytherella kuzigongsuensis* Lin，其地质时代为古新世，可大致与本组合对比。

齐姆根凸起西缘及叶城凹陷西缘未见该组合化石。

(2) *Cytheridea ruginosaformis*−*Echinocythereis "isabenana"*−*Eocytheropteron kalickyi* 组合。

本组合见于南天山山前带（喀什凹陷北缘）巴什布拉克、乌鲁克恰提及库孜贡苏剖面，喀什凹陷西缘的奥依塔克，齐姆根凸起西缘的同由路克、齐姆根、阿尔塔什剖面，叶城凹陷西缘的玉力群及杜瓦等诸多剖面的齐姆根组下段泥岩中，属种繁多、保存完好、横向分布稳定。

本组合以 *Cytheridea ruginosaformis* Mandelstam, *Echinocythereis "isabenana"* Oertli, *Eocytheropteron kalickyi* Mandelstam, *Oerdiella suzakensis* (Mandelstam), *Hermanites hemisculpta* (Sheremeta) 为主，次为 *Cytherella scissa* (Mandelstam), *Schuleridea yuliqunensis* Yang Jiang et Lin sp. nov., *Cytherella retrorsa* Mandelstam, *Bythocypris?* *hebes* (Mandelstam), *Propontocypris?Micans* (Mandelstam) 等。其中 *Cytheridea ruginosaformis* Mandelstam, *Bythocypris?* *hebes* (Mandelstam) 及 *Loxoconcha laculata* Mandelstam 均原见于中亚塔吉克盆地始新统下部的苏扎克层；*Cytheretta scissa* (Mandelstam), *Bairdoppilata aureolvsa* (Rozyeva) 都曾见于中亚土库曼的古新统下部；*Oertiella suzakensis* (Mandelstam) 也见于同一地区的上古新统—下始新统 *Hermanites hemisculpta* (Scheremeta) 产于乌克兰的蒙丁 (Montian) 阶；*Echinocythereis "isabenana"* Oertli 的原种曾发现于西班牙始新统下部。此外，其他已知种也产于塔吉克盆地苏扎克层及（或）始新统中部阿莱依层 (Arauuhucaou) 等。这些介形类化石的地质时代大部分为古新世或古新世—始新世早期，因此，产此组合的齐姆根组下段归古新世晚期的可能性大。这与其他门类化石综合确定为古新世早期末至古新世晚期是较吻合的。

在玛扎塔格东部 1403.7 高地剖面齐姆根组产介形虫 *Eocytheropteron kalickyi*, *Pontocypris micans*, *P.* sp., *Trachyrleberis scabra*, *Loxoconcha alata*, *Cytherura* sp., *Cytheridea* sp. 等，可大致划归本组合。

这是塔西南介形类分布最广范的组合之一，为齐姆根组地层对比提供可靠依据，仅叶城凹陷西缘北部未见该组合化石。

(3) *Neocyprideis galba*−*Cytheridea fucosa*−*Echinocythereis alaiensis* 组合。

本组合见于齐姆根组上段，分布于喀什凹陷北缘巴什布拉克、乌鲁克恰提及齐姆根凸起西缘的阿尔塔什等剖面。介形类化石产于泥岩、膏泥岩、石灰岩及白云岩中，出现的层次并不多，属种急剧减少，与下段几乎完全呈不同的组合；个别剖面含量较丰富，保存完好，横向分布稳定。因此，产此组合的齐姆根组上段均可对比。

本组合以 *Neocyprideis galba* （Mandelstam） 及 *Cytheridea fucosa* Mandelstam 为主，次为 *Neocyprideis minuta* Yang sp.nov. 及 *Echinocythereis alaiensis* （Mandelstam），个别的有 *Nucleolina ulugqatensis* Yang sp.nov.。其中 *Neocyprideis galba* Mandelstam 常见于中亚土库曼斯坦始新统下部的苏扎克层，又与产自法国下始新统斯派尔那阶（Sparnacian）的 *N.durocortoriensis* Apostolescu 类似，*Cytheridea fucosa* Mandelstam，*Echinocythereis alaiensis* （Mandelstam）均产于中亚费尔干纳盆地始新统中部的阿莱依层。考虑到下伏齐姆根组的时代为古新世晚期，产此组合的齐姆根组上段划归为始新世早期为宜。它与其他门类化石多划为始新世早期是一致的。

喀什凹陷西缘及叶城凹陷西缘未见该组合化石。

（4）*Haplocytheridea tonsa*–*Ruggieria vialovi*–*Eocytheropteron vesiculosum* 组合。

本组合可分为上、下两部分。下部见于卡拉塔尔组，主要分布于喀什凹陷北缘乌鲁克恰提及巴什布拉克剖面，产于石灰岩的泥岩夹层中，层次虽多，但介形类化石属种较少，保存一般较好，与下伏第六组合的面貌基本不同，而与上部组合有密切关系。上部组合见于乌拉根组，分布于喀什凹陷北缘巴什布拉克、乌鲁克恰提，齐姆根凸起西缘的齐姆根、阿尔塔什，叶城凹陷西缘的克里阳及杜瓦等剖面，介形类化石多产于泥岩中，属种繁多、含量丰富、保存完好、横向稳定，易于在本区进行大面积的地层对比，为本组合的主体。

下部组合中 *Haplocytheridea tonsa* （Mandelstam）含量最多，其他属种则很少，如 *Echinocythereis alaiensis* （Mandelstam），*Campylocythere? xinjiangensis* Yang sp. nov.，*Eocytheropteron sphaeroidale* Mandelstam，*Cytheridea scruposa* Mandelstam，*Haplocytheridea spicula* （Mandelstam），*Ranocythereis mikluchai* （Mandelstam），*Paracypris? elongatissima* Mandelstam，*Cytherella bashibulakeensis* Yang sp. nov. 及 *Schuleridea subgratusa* Yang sp. nov.。

这些化石中 *Haplocytheridea tonsa* （Mandelstam）曾见于中亚费尔干纳及塔吉克盆地的中始新统阿莱依层及上始新统土尔克斯坦层；*Haplocytheridea spicula* （Mandelstam）产于费尔干纳盆地始新统中部阿莱依层；*Cytheridea scruposa* Mandelstam，*Paracypris? elongatissima* Mandelstam，*Ranocythereis mikluchai* （Mandelstam），前两者及后者也分别产于此盆地的始新统上部土尔克斯坦层及哈纳巴德层的始新统上部。这些化石的地质时代主要为始新世中期及晚期，而其他门类化石，如双壳类、有孔虫、腹足类及沟鞭藻均属于始新世早期、中期或始新世中期。综合考虑这些化石的地质时代，含介形类化石的卡拉塔尔组的时代为始新世中期。

上部组合的主体则以 *Haplocytheridea tonsa* （Mandelstam），*Ruggieria vialovi* （Mandelstam），*Oertliella suzakensis* var. *adrasmanensis* （Mandelstam），*Cythcridea producta* Mandelstam，*Eocytheropteron vesiculosum* Mandelstam，*Cytherella bashibulakeensis* Yang sp. nov.，*Haplocytheridea asiatica* （Mandelstam）及 *Schuleridea subgratusa* Yang sp. nov. 为主，次为 *Campylocythere? xinjiangensis* Yang sp. nov.，*Haplocytheridea spicula* （Mandelstam），*Paracypris? elongatissima* Mandelstam 及 *Echinocythereis subferganensis* Yang sp. nov.。

这些化石中的主要分子 *Ruggieria vialovi* （Mandelstam），*Oertliella suzakensis* var. *adrasmanensis* （Mandelstam），*Eocytheropteron vesiculosum* （Mandelstam）及 *Haplocytheridea asiatica*（Mandelstam），均产于费尔干纳及塔吉克盆地始新统中部阿莱依层及始新统上部土耳克斯坦层；*Haplocytheridea tonga*（Mandelstam）也产于同一盆地的始新统中部阿莱依层及始新统上部土耳克斯坦层；*Cytheridea producta* Mandelstam 见于费尔干纳盆地始新统上部土耳克斯坦组；*Cytheretta scrofulosa* Mahkamov 曾产于塔吉克盆地中始新统；*Bythocypris*? cf. *intacta*（Mandelstam）见于高加索的下渐新统；其他已知种也发现于前述的两个盆地阿莱依层、土耳克斯坦层，始新统上部的伊斯法林层、哈纳巴德层及苏木萨尔层。然而，其主要分子主要见于始新统中、上部，与上覆第八组合的面貌差别较大，故产此组合的乌拉根组归为始新世中期是较合适的。其他门类化石的地质时代有的归为始新世早期、中期，也有划为始新世晚期初及始新世的，但定为始新世中期的较多。

喀什凹陷北缘（西昆仑山山前带北段）托母洛安—卡拉别勒达坂地区因近凹陷中心，卡拉塔尔组所产介形类化石有 *Pontocypris elongatissima* Mandelstam，*Haplocytheridea unispinata* Jiang，*Cytheridea* sp.，*Schuleridea ampulla* Mandelatam，*Cytherella retrorsa* Mandelstam，*Cytheretta preciosa* Jiang，*Haplocytheridea montgomeryensis*（Howe et Chambers），*Trachyleberis vialovi* Mandelstam，*Hermanites peregrinus* Jiang，*Loxoxoncha lenticularis* Mandelstam 等，与上述下组合类似。而西昆仑山山前带北部盖孜河地区介形类化石有 *Loxoconcha* sp.，*Cytheretta spectabilis* Jiang，*Loxoconcha lenticularis* Mandelstam，*Propontocypris aceris* Mandelstam，*Trachyleberis accurata* Jiang，*Xestoleberis conspicua* Jiang，*Xestoleberis*? sp.，*Hermanites paijenborchiana* Keij，*Hermanites peregrinus* Jiang，一部分可与下组合对比，另一部分则与上组合类似。

东昆仑山山前带北段和什拉甫剖面产介形类：*Cytherura versicula*，*Campylocythere*? *xinjianensis* 等，前者产自本组合的上部组合中，后者则产自下部组合中。

东昆仑山山前带南段克里阳剖面首次采获介形类：*Haplocytheridea specula*（Mandelstam），*Haplocytheridea tonsa*（Mandel.），*Ranocytheridea perspicillata* Jiang，*Ruggieria vialovi*（Mandelstam），*Cytheretta scrofulosa* Mankamov，*Schizocythere vulgaris* Mandelstam，*Cytherella mirusa* Rozyeva，*Cytherelloidea vallaris* Mandelstam，*Paracypris elongatissima*（Mandelstam），也有东昆仑山山前带北段和什拉甫剖面类似情况。

因此，在塔西南盖孜河地区以东地区，本组合介形类不能分为上、下亚组合。

在玛扎塔格地区的古董山及玛扎塔格乌拉根组产介形虫 *Cytheridea asiatica*，*C.hashiensis*，*C.reticulata*，*C.tonsa*，*Cytherella evaxa*，*C.retrorsa*，*C.gravis*，*Schuleridea ampulla*，*Trachylebreis vialovi*，*Paijenborchella* sp.，等。以 *Cytheridea* 大量产出为特征，与上组合较接近。

上组合是塔西南介形类分布最广范的组合之一，为乌拉根组地层对比提供了依据。

（5）*Haplocytheridea schirabadensis*–*Ruggieria rischtanensis*–*Haplocytheridea innae* 组合。

本组合见于巴什布拉克组第二至第三段，仅分布于喀什凹陷北缘的巴什布拉克、乌鲁克恰提及乌恰县城东剖面。由乌拉根组延续至该三段的分子并不多。第二段所含介形类化石没有第三段的属种繁多、含量丰富，而且单层属种分异度高，因而为本组合的主体。这些化石多产于灰绿色泥岩，第二段则产于红色泥岩及砂质泥岩，化石均保存完好。在南天山山前带横向分布较稳定，有助于不同剖面地层各段的对比。其他各带的巴什布拉克组则未发现介形类化石，而全区的对比主要是依据下伏乌拉根组及上覆克孜洛依组划定的。

本组合以 *Haplocytheridea schirabadensis*（Mandelstam），*H.innae*（Mandelstam），*H.khanabadensis*（Mandelstam），*Ruggieria rischtanensis*（Mandelstam），*Cytheretta circumspecta*

Mandelstam, *Cytherella oraria* Mandelstam 为主，次为 *Haplocytheridea reticulata*（Mandelstam），*Cytherella evexa* Mandelstam，*Campylocythere? xinjiangensis* Yang sp. nov.，*Haplocytheridea danovi*（Mandelstam），*Cytheretta subscrofulosa* Yang sp. nov.。

这些化石中的 *Schuleridea gratusa* Rozyeva，*Haplocytheridea danovi*（Mandelstam）及 *Pterygocythereis solitarius* Rozyeva 分别分布于土库曼斯坦的始新统上部及渐新统；*Schizocythere appendiculata* Triebel 产于巴黎盆地及美国的中始新统下部的留切脱阶（Lutetian）；在第七组合中除已述过的已知种 *Cytheretta circumspecta*（Mandelstam），*Pterygocythereis affabilata* Mandelstam，*Ranocythereis bucera*（Mandelstam）等的产出及地质时代外，本组合中其他已知种 *Haplofvtheridea innae*（Mandelstam），*Ruggieria rischtanensis*（Mandelstam）等均产于费尔干纳及塔吉克盆地的始新统上部的哈纳巴德层为主，少量也见于始新统上部的苏木萨尔层、利斯坦层和伊斯法林层以及层位更低的阿莱依层及土耳克斯坦层。以这些介形类化石所反映的地质时代来看，将产此组合的巴什布拉克组第二段至第三段归为始新世晚期是恰当的。这与其他门类化石多数划为始新世晚期、个别为渐新世早期是较一致的。

喀什凹陷西缘、齐姆根凸起西缘及叶城凹陷西缘未见该组合化石。

（6）*Haplocytheridea reticulata—Ranocythereis mikluchai—Paijenborchella*（*Eopaijen—borchella*）*villosa* 组合。

本组合见于巴什布拉克组第四段，并仅分布于喀什凹陷北缘的巴什布拉克及乌鲁克恰提剖面。本区其他化石带未发现本组合。这些介形类化石产自棕红色泥岩及砂质泥岩中，属种比第 5 组合较少，但仍较繁多，多为上延分子，仅含量丰富的程度不同而已，其单层分异度高．保存也完好。在天山山前带，其横向分布稳定。

本组合以 *Cytheretta circumspecta* Mandelstam，*Cytherella oraria* Mandelstam，*Haplocytheridea reticulata*（Mandelstam），*Ranocythereis mikluchai*（Mandelstam）。*Paijenborchella*（*Eopaijenborchella*）*villosa*（Mandelstam）及 *Pterygocythereis soli tarius* Rozyeva 为主，次为 *Cytheretta insinuata* Mandelstam，*Campylocythere? xin. jiangensis* Yang sp. nov.，*Ruggieria pachyodonta*（Mandelstam），*Ranocythereis subundulata* Yang sp. nov.，*R. subbucera* Yang sp. nov. 及 *Haplocytheridea danovi*（Mandelstam），少量的有 *Paracypris? sumsarica*（Mandelstam），*Echinocythereis ferganensis*（Mandelstam）及 *Ruggieria praembaensis*（Mandelstam）。

这些化石中，*Ruggieria pachyodonta*（Mandelstam）曾分别见于费尔干纳及塔吉克盆地始新统上部的哈纳巴德层组及苏木萨尔层，也分布于阿莱依层及土耳斯克坦层；*Echinocythereis praembaensis*（Rozyeva）产于土库曼的渐新统。其他已知种均已在第八组合中叙述过，它们主要产于费尔干纳及塔吉克盆地的始新统上部哈纳巴德层及苏木萨尔层。因此，第八及第九组合大体相似，只是前者属种更多，而后者减少，有些属种含量增多，并出现了一些新分子而已。这样，含本组合的巴什布拉克组第四段及见由第四段上延的少量属种的第五段仍归始新世晚期为宜。第四段的颗石藻与第一至第三段同属始新世晚期。迄今为止，巴什布拉克组第五段未见其他门类化石。

喀什凹陷西缘、齐姆根凸起西缘及叶城凹陷西缘未见该组合化石。

4）有孔虫组合

古近纪有孔虫主要发育在喀什凹陷北缘，昆仑山山前带相对较少且多破碎。郝诒纯等（2001）将其划分为 3 个动物群 10 个组合，笔者做了部分补充，另在 5 个点首次采获带化石（表 3—2—7）。

（1）*Quinqueloculina–Discorbis* 组合。

在喀什凹陷北缘库孜贡苏地区，阿尔塔什组块状石膏岩中的白云岩中含有孔虫 *Quinqueloculina* sp.，*Discorbis* sp. *Rzehakina* sp.，其中 *Rzehakina* 属曾见于世界各地上白垩统及古新统；巴什布拉克剖面石膏岩中的白云岩含 *Rotalia* cf. *perovalis* Hofker，该种见于荷兰等欧洲国家的古新统。

齐姆根凸起西缘阿尔塔什剖面阿尔塔什组可见骨屑为有孔虫、其他地区未见有孔虫报道，因此，昆仑山山前带均未见该组合分子。

（2）*Spiropleetammina–Textularia* 组合（*Spiroplectammina–Globigerina–Nonionellina* 动物群）。

该组合主要见于喀什凹陷北缘（南天山山前带）齐姆根组下段下部，其代表分子有 *Spiroplectammina monetalis*，*Textularia farafraensis*，还有 *Spiroplectammina esnaensis*，S. cf. *desertorum*，*Globigerina triloculinoides*，*Bulimina ovata*，*Cibicidoides succedens*，*C.suzakensis*，*Nonion sublaeve*，*Anomalina simplex*，*Karreria fallex* 等。其中浮游有孔虫占有一定的比例，组合中的 *Spiroplectammina esnaensis*，*Textularia farafraensis*，*Anomalina simplex* 等均出现于西欧的古新统。

表3-2-7　塔西南古近系各区带有孔虫组合分布表

层位	地层单位		喀什凹陷北缘（南天山山前带）		喀什凹陷西缘（西昆仑山山前带北段）	齐姆根凸起（西昆仑山山前带南段）	叶城凹陷北部	叶城凹陷南部
古近系 鲁培尔阶	巴什布拉克组	五	Cibicidoides 动物群	*Cibicidoides ovaliformis-Cibicides borislavensis*				
		四						
普利亚本阶		三		*Cibicidoides-Baggina*				
		二		*Cibicidoides-Spiroplectammina*				
		一		上 *Nonion- Cibicides*				
巴尔通阶	乌拉根组		Nonion-Cibicides-Anomalinoides 动物群	*Nonion-Anomalinoides-Cibicides*	*Nonion-Melonis-Cibicides*	*Melonis-Anomalinoides-Cibicides*		*Gavelinella-Anomalinoides-Cibicides*
鲁帝特阶	卡拉塔尔组			下 *Nonion-Cibicides*	下 *Nonion-Cibicides??*	下 *Nonion-Cibicides*	*Quinqueloculina* sp.	
伊普里斯阶		上						
坦尼特阶	齐姆根组	下	Spiroplectammina-Globigerina-Nonionellina 动物群	*Nonionellina-Anomalina*				
				Globigerina-Globorotalia				
				Spiroplectana-Textularia	*Spiroplectammina-Discorbis??*	*Spiroplectammina-Discorbis*		
达宁阶	阿尔塔什组			*Quinqueloculina-Discorbis*				

齐姆根凸起西缘同由路克剖面齐姆根组底部获得有孔虫 *Spiroplectammina* cf. *desertorum*，*S. monetalis*，*S. ypsila* ？ *Discorbis* sp.，*Discorbis* sp.，*D. asterocides*，*D. distinctus*，*D. bullatu*，*Nodosaria* sp.，*Nonion* sp.，*N.sublaeve*，*Ammodiscus* sp.，*Glomospirella* sp.，*Cibicides* sp. 等，可划归该组合。

喀什凹陷西缘及叶城凹陷西缘均未见该组合分子。

（3）*Globigerina*–*Globorotalia* 组合（*Spiroplectammina*–*Globigerina*–*Nonionellina* 动物群）。

本组合仅见于喀什凹陷北缘齐姆根组下段中下部，以 *Globigerina triloculinoides*，*Globorotalia angulata* 为代表，重要分子有 *Globorotalia pseudobulloides*，*G. conicotruncata*，*G. compressa*，*Globigerina velascoensis*，*G. fringa*，*G. varianta*，*Loxostomoides applinae*，*Cibicides praeventratumidus*，*Nonion sublaeve* 等。组合中的 *Globigerina triloculinoides*，*G. velascoensis*，*Globorotalia pseudobulloides*，*G. conicotruncata*，*Loxostomoides applinae*，*Cibicides prapventratumides* 等产于世界各地古新统，而其中 *Globigerina velascoensis* 为古新统顶部的一个带化石。

喀什凹陷西缘、齐姆根凸起西缘及叶城凹陷西缘均未见该组合分子。

（4）*Nonionellina*–*Anomalina* 组合（*Spiroplectammina*–*Globigerina*–*Nonionellina* 动物群）。

该组合仅见于喀什凹陷北缘齐姆根组下段上部。组合以 *Nonionellina reniformis*，*Anomalina luxorensis* 为代表，重要分子有 *Anomalina mantaensis*，*A. bandyi*，*Nonion sublaeve*，*Nonionellina frankei*，浮游有孔虫仅出现 *Globorotalia angulata*，*Globigerina fringa* 两种。该组合中的 *Globorotalia angulata* 为古新统蒙特阶带化石，*Globogerina fringa* 见于高加索、土库曼达宁阶。而底栖小有孔虫中的 *Anomalina luxorensis*，*A. bandyi*，*Nonion sublaeve* 等分别见于西欧、巴基斯坦和新西兰古新统。

齐姆根凸起西缘阿尔塔什剖面齐姆根组下段石灰岩薄片中见有孔虫（不能鉴定）。

喀什凹陷西缘、齐姆根凸起西缘及叶城凹陷西缘均未见该组合分子。

（5）下 *Nonion*–*Cibicides* 组合（*Nonion*–*Cibicides*–*Anomalinoides* 动物群）。

该组合见于喀什凹陷北缘齐姆根组上段和卡拉塔尔组，代表分子为 *Nonion laevis* 和 *Cibicides artemi*，重要分子有 *Anornalina* cf. *grosserugosa*，*Cibicides lobatulus* 等，组合中的 *Nonion laevis* 主要出现在塔吉克和费尔干纳盆地阿莱依层至利什坦层，在巴黎盆地中上始新统中也有出现。而 *Cibicides artemi* 主要出现在土尔克斯坦层。

齐姆根凸起西缘同由路克剖面齐姆根组上段获有孔虫 *Nonion* sp.、*N. laevis*、*Cibicides entendus*、*Ammodiscus* sp.、*Anomalinoides petaliformis*、*Nodosaria* sp.、*Spiroplectammina* sp. 可划归该组合。

喀什凹陷西缘及叶城凹陷北部的卡拉塔尔组见有孔虫（不能鉴定）。

（6）*Nonion*–*Anomalinoides*–*Cibicides* 组合（*Nonion*–*Cibicides*–*Anomalinoides* 动物群）。

该组合建在喀什凹陷北缘（南天山山前带）乌拉根组，代表分子为 *Nonion laevis*，*Anomalinoides vialovi*，*Cibicides artemi*。重要分子有 *Nonion rolshauseni*，*N. annulatum*，*N. rotulum*，*N. inexcavaturn*，*Cibicides celebrus*，*C. deusseni*，*C. lobatulus*，*Anomalina* cf. *grosserugosa* 等。其中 *Anomalinoides vialovi* 见于英国始新统 Barton 层及费尔干纳盆地利什坦层，而 *Nonion rolshauseni*，*N. annulatum*，*N. rotulum* 分别见于阿拉巴玛及土库曼、高加索的中、晚始新世地层。*Cibicides celebrus* 和 *C. deusseni* 分别产于美国俄勒冈布朗可角及得克萨斯中始新统。而 *Cibicides lobatulus* 在不少地区常见于晚始新世地层。

在喀什凹陷西缘盖孜河剖面含有孔虫化石 *Nonion rolshauseni* Bandy，*Melonis cyrtomatus* Hao et Zeng，*Cibicides* cf. *praerentratumidus* Maslakova，*Cibicides howelli* Toulmina，*Anomalina* sp.，*Foraminifera indet* 等，与上述组合类似。

在叶城凹陷南部克里阳剖面含较多的有孔虫，有 *Anomalinoides centrabullus* Hao et

Zeng，*Gavelinella anomalosa*（Hao et Zeng），*Heterolepa kezloyensis* Hao et Zeng，*Cancris primitivus* Cushman et Todd，*Cibicides celebrus* Bandy；*Melonis agdarensis*（Chalilov）等，也属这个组合。

在玛扎塔格东部乌拉根组泥灰岩中获有孔虫 *Nonion ornatissimun*，*N*. sp.，*Anomalina aotea*，*A. chileana*，*Cibicides borislaevensis*，*Cibicidoites cubensis*，*C*. sp.，*Paggina wuqiaensis*，*Paraotalia cabensis*，*P*. sp.，*Quingueloculina* sp. 等。以 *Nonion*，*Cibicides* 及 *Anomalina* 属相对较多，应属本组合。

另外，齐姆根凸起西缘阿尔塔什剖面也报道了类似组合。因此，该组合是塔西南分布最广泛的组合之一，为塔西南乌拉根组划分对比提供了可靠的材料。

（7）上 *Nonion*−*Cibicides* 组合（*Nonion*−*Cibicides*−*Anomalinoides* 动物群）。

本组合仅见于喀什凹陷北缘乌鲁克恰提剖面巴什布拉克组一段，以 *Nonion laevis*，*Cibicides artemi* 为代表，其重要分子与下 *Nonion*−*Cibicides* 组合略有差异，主要有 *Nonion rolshauseni*，*N. borislavensis*，*Cibicidoides ovaliformis*，其次还有 *Pullenia quinqueloba*，*Pararotalia cubensis*，*Melonis* cf. *formosa*，*M. agdarensis*，*M. dosularensis*，*Cibicidina volatilis* 等，表现了向渐新世过渡的特点。

（8）*Cibicidoides*−*Spiroplectammina* 组合（*Cibicidoides* 动物群）。

该组合在喀什凹陷北缘乌鲁克恰提、克孜洛依剖面巴什布拉克组发育最好，巴什布拉克剖面次之，重要分子有 *Cibicidoides pseudoungerianus*，*Spiroplectammina phoxa*，*S. carinata*，*S. howei*，*Nonionella modesta*，*Melonis affine*，*Pullenia quinqueloba*，*Florilus subgrateloupi*，*Asterigerinata bashblakensis*，*Alabamina mississippiensis* 及 *Quinqueloculina fulgida*，*Bagginaturgidus* 等，较为常见的分子有 *Spiroplectammina foliosa*，*Reophax excentricus*，*Brizalina microlantiformis*，*Heterolepa kezloyensis*，*Cibicidoides ovaliformis*，*C. subplanospirolus*，*Cibicides dorsitubera* 等。

（9）*Cibicidoides*−*Baggina* 组合（*Nonion*−*Cibicides*−*Anomalinoides* 动物群）。

该组合在喀什凹陷北缘乌鲁克恰提发育最好，重要分子有 *Cibicidoides ovaliformis*，*C.amygdaliformis*，*Baggina longovata*，*B.turpezoid*，*Cibicides borislavensis*，*Dentalina monroei*，*Eponides pygmeus*，*Turrilina alsatica*，*Fursenkoina fusiformis*，*Florilus subgrateloupi*，*Melonis affine*，*Quinqueloculina fulgida* 等。

（10）*Cibicidoides ovaliformis*−*Cibicides borislavensis* 组合（*Nonion*−*Cibicides*− *Anomalinoides* 动物群）。

本组合位于巴什布拉克组上部，个别地区还可延续到克孜洛依组和安居安组，在乌鲁克恰提地区发育较好。较为常见的分子有 *Cibicidoides ovaliformis*，*C.amygdaliformis*，*Cibicidoides borislavensis*，*Pullenia quinqueloba* 等。在巴什布拉克组第四段、第五段还见到 *Gavelinella anomalosa*，*Globigerina khadumica* 等。

Cibicidoides 动物群 3 个组合的有孔虫组合具有明显的渐新世色彩。其中 *Cibicidoides pseudoungerianus* 在俄罗斯伏尔加河—顿河流域及美国属于早渐新世，克里木属中渐新世 *Cibicides borislavensis* 见于喀尔巴阡山渐新世 Kosmach 系，并可上延至中新统，*Turrilina alsatica* 和 *Pullenia quinqueloba* 在比利时中渐新世 Boom 层中曾发现，*Baggina turgidus* 见于比利时早渐新世 Tongeren 层及德国布鲁塞尔上渐新统。

Cibicidoides 动物群至今仅在喀什凹陷北缘（南天山山前带）带发现。

5）孢粉组合

塔西南古近系在齐姆根组、卡拉塔尔组、乌拉根组、巴什布拉克组获得孢粉化石。以喀什凹陷北缘（南天山山前带）地区的晚白垩世孢粉组合序列较为完整，它基本上反映了当时孢粉植物群的演替，据张一勇、詹家桢（1991）的研究，在天山山前地区建立了 5 个组合；前人在昆仑山山前带采获孢粉较少，本书在补充了大量昆仑山山前带的资料的基础上，另在 6 个点首次采获带化石（表 3-2-8）。

由于各小区孢粉组合存在差异，故分五个地区叙述。

（1）喀什凹陷北缘。

本区古近系含孢粉化石的主要剖面为乌鲁克恰提和巴什布拉克，其中尤以巴什布拉克剖面为最佳，剖面中除阿尔塔什组、卡拉塔尔组及巴什布拉克组的一段、四段、五段只见到少量孢粉化石外，其他各组段均有比较丰富的孢粉化石，自下至上共获得五个孢粉组合。以下按顺序列出：

① *Ephedripites–Parcisporites* 组合。

本组合从巴什布拉克剖面齐姆根组下段下部获得，以具气囊松柏类花粉，特别是 *Parcisporites* 具有较高含量为主要特征，其组合特征如下：

裸子植物花粉在组合中占优势地位，为 62.6% ~ 75.7%，其中具气囊松柏类花粉有较大比例，尤以 *Parcisporites* 的含量为最高，达 14.3% ~ 18.9%；被子植物花粉次之，占 24.3% ~ 35.2%；蕨类植物孢子只见到个别 *Delioidospora*。

Ephedripites 花粉含量较高，主要是 *Distachyapites* 亚属的分子，*Ephedripites* 亚属的花粉只零星出现。常见分子为 *Ephedripites*（*D.*）*fusiformis*，*E.*（*D.*）*tertiarius* 和 *E.*（*D.*）*scabridus* 等。

表 3-2-8　塔西南古近系各区带孢粉组合分布表

层位		地层单位		南天山山前带（喀什凹陷北缘）	西昆仑山山前带		昆仑山山前东带（叶城凹陷西缘）	
					北段（喀什凹陷西缘）	南段（齐姆根凸起）	北段	南段
古近系	鲁培尔阶	巴什布拉克组	五		*Pinuspollenites-Ephedripites-Lonicerapollis*		*Ephedripites-Nitrariates*	
			四	*Pterisisporites-Ephedripites-Nitrariadites*				
	普利亚本阶		三					
			二					
			一					
	巴尔通阶	乌拉根组		*Ephedripites-Quercoidites-Nitrariadites-Meliaceoidies*	*Polypodiaceoisporites-Monoleiotrileles-Sporopollis*			*Pterisisoorites-Ephedripites-Quercoidites-Nitrariadites*
	鲁帝特阶	卡拉塔尔组			*Polypodiaceoisporites-Ephedripites-Quercoidites*		*Ephedripites-Nitrariates-Labitricolpites*	*Quercoidites-Nitrariadites+Meliaceoidites-Scabiosapollis*
	伊普里斯阶	齐姆根组	上	*Ephedripites-Quercoidites-Tricolpopollenites*				
	坦尼特阶		下	*Ephedripites-Normapolles-Sapindaceidites*	*Ephedripites-Normapolles-Tricolpopollenites liblarensis*	*Ephedripites-Beaupreaidites-Normapolles*	*Parcisporites-Echitriporites*	
				Ephedripites-Parcisporites				
	达宁阶	阿尔塔什组			*Schizaeoisporites-Classopollis-Quercoidites*			

被子植物花粉中 *Subtriporopollenites*，*Ostryoipollenites rhenanus*，*Momipites coryloides*，*Quercoidites minutus* 和 *Q. microhenrici* 等荬荑花序植物花粉占有一定比例；*Nudopollis* 等正型粉类（*Normapolles*）花粉、*Echitriporites* 和 *Beaupreaidites* 等古老被子植物花粉少量见到。

Ulmipolienlites minor，*U. granopollenites* 和 *Ulmoideipites krempii* 等榆科（*Ulmaceae*）花粉含量较低。

② *Ephedripites–Normapolles–Sapindaceidites* 组合。

本组合从巴什布拉克和乌鲁克恰提剖面的齐姆根组下段中部、上部获得。

本组合与齐姆根组下段下部的孢粉组合（即第 1 孢粉组合）比较相似，组合的基本成分也是一致的。本组合仅以正型粉类花粉的含量和种类显著增加，具气囊松柏类花粉，特别是 *Parcisporites* 明显减少与第一孢粉组合相区别。

③ *Ephedripites–Quercoidites–Tricolpopollenites* 组合。

本组合产自巴什布拉克剖面齐姆根组上段下部，其孢粉组合如下：

本组合明显不同于齐姆根组下段的两个孢粉组合，它以 *Quercoidites* 等三沟粉占有较大比例，*Euphorbiacires*，*Meliaceoidites*，*Nitrariadires* 和 *Qinghaipollis* 等开始出现为主要特征。组合中：蕨类植物孢子很少，其主要为 *Schizaeoisporites*；裸子植物花粉仍以 *Ephedripites* 为主，其中 *Ephedripites*（*E.*）*elongatus* 和 *E.*（*E.*）*irregularis* 的含量明显增加，而具气囊松柏类花粉只个别出现；被子植物花粉中桦科（Betulaceae）、胡桃科（Juglandaceae）及正型粉类花粉显著减少，在组合中只个别或少量见到。

④ *Ephedripites–Quercoidites–Nitrariadites–Meliaceoidies* 组合。

本组合产自巴什布拉克剖面乌拉根组下部、乌鲁克恰提剖面卡拉塔尔组和乌拉根组下部。本组合以各种三沟、三孔沟类型的花粉占有很大比例，*Ephedripites* 在裸子植物花粉中占绝对优势为主要特征。它和齐姆根组上段（即第三孢粉组合）的孢粉组合比较相似。组合中：蕨类植物孢子仍然很少，只见到个别或少量的 *Schizaeoisporites*，*Pterisisporites* 和 *Polypodiaceoisporites*；裸子植物花粉仍以 *Ephedripites* 为主，*Steevesipollenites* 仍少量见到，具气囊松柏类花粉和 *Taxodiaceaepollenites* 零星出现；被子植物花粉中 *Quercoidites* 仍占有很大比例，*Sapindaceidites triangulus*，*Meliaceoidites*，*Nitrariadites* 和 *Qinghaipollis* 较前一组合增加；*Scabiosapollis*，*Liliacidites* 等草本植物花粉开始少量出现。

⑤ *Pterisisporites–Ephedripites–Nitrariadites* 组合。

本组合从巴什布拉克剖面巴什布拉克组二段至四段和乌鲁克恰提剖面巴什布拉克组二段、三段获得，其孢粉组合如下：本组合与第四孢粉组合比较相似，仍以三沟、三孔沟类型的花粉及 *Ephedripites* 占有很大比例为特征。组合中：蕨类植物孢子只占 6.1%，主要分子为 *Pterisisporites*，其含量较上一组合明显增加；裸子植物花粉仍以 *Ephedripites* 为主，*Steevesipollenites* 少量见到，且出现的基本成分与前一组合也比较相似；具气囊松柏类花粉一般只零星出现，个别层位含量高达 10% 以上；被子植物花粉中 *Nitrariadites*、*Meliaceoidites* 和 *Qinghaipollis* 的含量明显增加，*Quercoidites* 等三沟类型仍占有较大比例 *Rutaceoipollis*，*Euphorbiacites* 和 *Fraxinoipollenites* 等仍有一定数量；耐干旱草本植物花粉如 *Chenopodipollis*，*Tubulifloridites* 等开始少量出现。

（2）喀什凹陷西缘。

本地区古近纪孢粉化石主要发现于阿克彻依、塔什米力克、托母洛安地区和乌泊尔剖面。自下而上共获得 4 个孢粉组合，以下顺序列出：

① *Schizaeoisporites−Classopollis−Quercoidites* 组合。

产于阿尔塔什组，是本轮在阿尔塔什组新建的组合。组合中蕨类孢子仅有少量 *Schizaeoisporites*，*Nevesisporires*，*Sotrepites* 等晚白垩世孑遗分子。裸子植物花粉以 *Classopollis* 为主，占 25%～44.7%，其次为 *Ephedripites*，占 2.3%～11.5%；被子植物花粉除 *Ulmoideipites*（4%～16.7%）、*Quercoidites*（6%～10.4%）以外，其他属种无明显优势。组合中出现了大量国内常见于古新统的分子，其种类可达 40 余个；正型粉类数量不多，但类型丰富，可达 11 个之多。综合分析，该组合时代为古新世早期、中期。

托母洛安地区所含孢粉化石为：*Deltoidospora* sp.，*Parcisporites parvisaccus*，*Steevesipollenites kuqaensis*，*S.* sp.，*Proteacidites* sp.，*Granulatisporites* sp.，*Schi. zaeoisporites laevigataeformis*，*Ephedripites*（*D.*）*fushunensis*，*E.*（*D.*）*nanlingensis*，*E.*（*D.*）*tertiarius*，*E.*（*E.*）spp.，*Parcisporites parvisaccus*，*P.* spp.。与上述有一定的变化，可能与该区接近凹陷中心有关。

② *Ephedripites−Normapolles−Tricolpopollenites liblarensis* 组合。

本组合从阿克彻依剖面齐姆根组下段上部获得，其孢粉组合的特征为：被子植物花粉在组合中占优势，含量为 64.0%～73.9%，裸子植物花粉次之，占 21.9%～28.0%，蕨类植物孢子很少，只见到 *Sphagnumsporites*，*Schizaeoisporites*，*Osmundacidites* 和 *Deltoidospora* 等；裸子植物花粉以 *Ephedripites* 为主，占 9.5%～l3.0%，*Parcisporites*，*Steevesipollenites* 和 *Inaperturopollenites* 少量出现；被子植物花粉中以 *Quercoidites*（14%～26.0%）和 *Tricolpopollenites liblarensis* 的含量为最高，*Nudopollis*，*Sporopollis* 等正型粉类花粉在组合中占有一定比例，*Proteacidites*，*Sapindaceidites asper*，*Elaeangnacites huanghuaensis*，*Cupanieidites* 等零星出现；*Subtriporopollenites*，*Ostryoipollentes* 等胡桃科、桦科花粉和榆科的花粉很少。

这一组合以正型粉类花粉在组合中占有一定比例，*Ephedripites* 和三沟类型的花粉含量较高为主要特征，它与喀什凹陷天山山前地区齐姆根组下段上部的孢粉组合比较相似，两者的区别是：本组合 *Quercoidites* 和 *Tricolpopollenites liblarensis* 的含量较高，而桦科和胡桃科的花粉却很少；除 *Sporopollis* 出现较多外，其他正型粉类的花粉无论数量还是种类都较天山山前的第二孢粉组合为少；本组合中 *Sapindaceidites* asper *Elaeangnacites huanghuaensis* 和 *Echitriporites* 等只个别见到或完全缺失。

同由路克剖面齐姆根组下段见 *Ephedripites*（*D.*）、*Laricoidites*、*Pinuspollenites*。与该组合大致相当。

③ *Polypodiaceoisporites−Ephedripites−Quercoidites* 组合。

本组合见于塔什米力克剖面和乌泊尔剖面的卡拉塔尔组。

本组合孢粉较少，其孢粉组合特征为：被子植物花粉在组合中占优势，含量为 48.5%，其次是裸子植物花粉，占 38.5% 蕨类植物孢子较少，其主要分子 *Polypodiaceoisporites* 和 *Ischyosporites*，另外还见有少量的 *Lygodiumsporites*，*Converrucosisporites* 和 *Verrucosisporites* 等；*Ephedripites* 在裸子植物花粉中居统治地位，含量为 33.3%，其中 *Ephedripites*（*Ephedripites*）花粉占 24.4%；被子植物花粉以 *Quercoidites* 为主，其他常见分子还有 *Meliaceoidites*，*Fraxinoipollenites microreticulatus* 和 *Labitricolpites* 等，*Chenopodipollis*，*Tubulifloridites* 和 *Graminidites* 等草本植物花粉及 *Elaeangnacites*，*Araliaceoipollenites* 等只个别见到。本组合 *Quercoidites* 和 *Ephedripites* 含量较高，*Tubulifloridites*，*Graminidites* 等草本植物花粉及 *Labitricolpites*，*Meliaceoidites* 等个别或少量

出现为主要特征，并以此区别于第 2 孢粉组合。

玛尔坎、苏盖孜河、托母洛安—卡拉别勒达坂等剖面卡拉塔尔组均产有类似的孢粉组合。

④ *Polypodiaceoisporites—Monoleiotriletes—Sporopollis* 组合。

本组合从阿克彻依剖面乌拉根组获得，与喀什凹陷天山山前地区的第四孢粉组合的相当。其孢粉组合如下：以 *Polypodiaceoisporites* 等蕨类植物孢子占优势为重要特征，它明显不同于喀什凹陷天山山前地区乌拉根组的孢粉组合（第 4 孢粉组合）。其孢粉组合特征为：蕨类植物孢子在组合中占绝对优势，含量为 22.6% ~ 94.0%，裸子植物花粉和被子植物花粉均很少，后者只在个别样品中含量可达 61.3%；蕨类植物孢子以 *Polypodiaceoisporites* 为主，占 7.4% ~ 63.0%，主要见有 *Polypodiaceoisporites minor*，*P. volubilis*，*P. undulatus* 和 *P. verrucatus* 等，其他常见孢子还有 *Polypodiaceaesporites*，*Deitoidospora*，*Monoleiotriletes* 和 *Verrucosisporites* 等；裸子植物花粉只见到少量 *Inaperturopollenires* 和 *Ephedripites*；被子植物花粉以 *Cupuliferoipollenites*，*Quercoidites*，*Nitrariadites*，*Tiliaepollenites* 和 *Labitricolpites* 等比较常见，但含量不高，*Sporopollis* 只在乌拉根组下部的个别样品中见到，且含量可高达 29.2%。

⑤ *Pinuspollenites—Ephedripites—Lonicerapollis* 组合。

这是本轮在昆仑山山前巴什布拉克组中新建的组合。在卡拉别勒达坂地区巴什布拉克组发现孢粉化石有 *Deltoidospora* sp.，*Hymenophyllumsporites* spp.，*Lygodiumsporites* spp.，*Lygodioisporites* sp.，*Concavissimispoeites* spp.，*Ephedripites* (*D.*) *fushunensis*，*E.* (*D.*) *oblongatus*，*E.* (*D.*) *fusiformis*，*E.* (*D.*) *tertiarius*、*E.* (*D.*) *trinata*、*E.* (*D.*) spp.，*E.* (*E.*) spp.，*Taxodiaceaepollenites hiatus*，*T*. spp.，*Meliaceoidites rhomboiporus*，*M.* spp.，*Pokrovskaja elliptica*，*P.* spp.，*Tricolpopollenites* sp.，*Tricolporollenites* sp.，其中 *Taxodiaceae pollenites*，*Meliaceoidites*，*Pokrovskaja* 均为塔里木盆地始新统孢粉组合中的优势分子。

玛尔坎苏地区巴什布拉克组孢粉 *Osmundacidites* spp.，*Abietineaepollenites microalatus*，*Pinuspollenites labdacus*，*P.* spp.，*Cedripites* spp.，*Lonicerapollis* spp.；其中 *Pinuspollenites*，*Abietineaepollenites* 和 *Cedripites* 等松科花粉主要产于巴什布拉克组及其以上层位，而 *Lonicerapollis* 为塔里木盆地西南缘始新世孢粉组合中的重要分子，地质时代为始新世晚期。两地可相互对比。

（3）齐姆根凸起西缘。

此处所获孢粉较少，仅建立 *Ephedripites—Beaupreaidites—Normapolles* 组合。该组合从阿尔塔什剖面齐姆根组下段上部获得，其孢粉组合如下：以 *Ephedripites* 和 *Quercoidites* 含量较高，具气囊松柏类花粉、正型粉类花粉和 *Beaupreaidites* 在组合中占有一定比例为主要特征。它与喀什凹陷天山山前齐姆根组下段上部的孢粉组合非常相似。其特征为：被子植物花粉在组合中占优势，含量为 39% ~ 72.0%，裸子植物花粉次之，占 28% ~ 58.0%，蕨类植物孢子只见到个别 *Schigaeoisporites*；裸子植物花粉以 *Ephedripites* 为主，占 11% ~ 30.0%，具气囊松柏类花粉占 13.0%，常见分子有 *Abietineaepollenites*，*Pinuspollenites* 和 *Podocarpidites* 等、*Taxodiaceaepollenites* 和 *Regalipollenites* 只个别见到；被子植物花粉的含量较前一组合明显增加，其中以 *Quercoidites*，*Tricolpopollenites liblarensis* 和 *Sapindaceidites asper* 的含量为最高。与南天山山前带第 2 孢粉组合 *Ephedripite—Normapolles—Sapindaceidites* 相当。

（4）叶城凹陷北部西缘。

① *Parcisporites—Echitriporites* 组合。

本组合以 *Parcisporites* 具有很高含量，*Echitriporites trianguliformis* 和 *Sapindaceidites asper* 少量出现为主要特征，它与喀什凹陷天山山前地区齐姆根组下段下部的孢粉组合比较相似。其特征为：裸子植物花粉在组合中占优势，其中尤以 *Parcisporites* 的含量为最高，*Ephedripites* 和 *Abietineaepollenites*，*Pinuspollenites* 少量出现；被子植物花粉占 12% ~ 28.6%，主要分子为 *Echitriporites trianguliformis* 和 *Sapindaceidites asper*，*Quercoidites* 和 *Magnolipollis* 只个别见到；蕨类植物孢子中只见到个别 *Schizaeoisporites*。

本组合发现于喀拉吐孜剖面齐姆根组底部白云岩的泥岩夹层中，与南天山山前地区古近纪的第 1 孢粉组合可进行对比。

② *Ephedripites–Nitrariates* 组合。

和什拉甫剖面巴什布拉克组孢粉以 *Ephedripites*（*Distachapites*）为主，并有一定数量的 *Nitrariates*，*Labitricolpites*。

主要分子见于南天山山前带巴什布拉克组孢粉 *Pterisisporites–Ephedripites–Nitrariadites* 组合，两地可大致对比。

(5) 叶城凹陷南部西缘。

① *Quercoidites–Nitrariadites–Meliaceoidites–Scabiosapollis* 组合。

本组合在本区的克里阳剖面卡拉塔尔组中发现。

当前孢粉组合特点是：组合中被子植物花粉占绝对优势，含量高达 92% ~ 97%，裸子植物花粉和蕨类植物孢子只少量出现，且成分十分单调，主要分子是 *Ephedripites* 和 *Pterisisporites*；被子植物花粉以 *Quercoidites*，*Meliaceoidites* 和 *Nitrariadites* 为主，*Labitricolpites* 和 *Scabiosapollis* 在组合中占有一定比例，其他花粉很少，未见正型粉类花粉、*Proteacidites* 等古老的被子植物花粉。

这一组合与喀什凹陷昆仑山山前的卡拉塔尔组的孢粉组合虽其层位相同，但组合面貌差别较大，在于：后一组合蕨类植物孢子主要为 *Polypodiaceoisporites*，*Ischyosporites* 和 *Lygodiumsporites* 等，当前组合中这类孢子完全缺失，而 *Pterisisporites* 的含量则相对较高；后一组合 *Ephedripites* 占有很大比例，而本组合却少量见到；*Meliaceoidites*，*Nitrariadites* 的含量本组合要较后一组合高得多。

上述两个地区在同一时期孢粉组合的差异主要是所处古地理环境不同所致。

② *Pterisisporites–Ephedripites–Quercoidites–Nitrariadites* 组合。

本组合从克里阳剖面乌拉根组下部获得。孢粉组合的特点是：被子植物花粉在组合中占优势，含量为 41% ~ 79.0%，主要分子为 *Quercoidites*，*Meliaceoidites* 和 *Nitrariadites*，其他常见分子还有 *Sapindaceidites*，*Labitricolpites*，*Rutaceoipollis* 和 *Qinghaipollis* 等；裸子植物花粉占 10.8% ~ 52.0%，以 *Ephedripites* 的含量为最高，具气囊松柏类花粉和 *Steevesipollenites* 只个别或少量见到；蕨类植物孢子很少，主要分子是 *Pterisisporites*。

当前组合与前一组合非常相似，两组合均以 *Quercoidites*，*Nitrariadites* 和 *Meliaceoidites* 占有很大比例为主要特征。两组合的不同点在于：本组合以 *Ephedripites* 为主要分子的裸子植物花粉含量较高；本组合被子植物花粉的类型较丰富，其中 *Sapindaceidites* 和 *Rutaceoipollis* 在部分样品中占有较大比例。

本组合与喀什凹陷天山山前地区古近纪的第 4 孢粉组合也很相似，所不同的是：本组合中蕨类孢子是以 *Pterisisporites* 为主要分子，而后者 *Schizaeoisporites* 的含量相对较高；*Nitrariadites*、*Meliaceoidites* 和 *Sapindaceidites triangulus* 在本组合中所占比例较大。

6）颗石藻组合

塔西南古近纪产颗石藻类化石的层段有齐姆根组下段，乌拉根组，巴什布拉克组第二、三、四段。钟石兰（1992）根据标准种的存在以及主要组成分子，相应地区分出 5 个颗石藻类化石组合，本书补充了一些材料（表 3-2-9）。

塔西南颗石藻横向分布几乎全集中于塔里木盆地最西部，接近天山和昆仑山汇合处的三角地带（或马蹄形地带）；但第 4 个组合（乌拉根期）例外，它向盆地东南延伸，抵达西昆仑山山前带南段的阿尔塔什和东昆仑山山前带南段的克里阳等地。毫无疑问，颗石藻类化石组合的这些特征是不同时期地质事件和古地理环境的反映，是地层划分对比的重要依据。

（1）*Heliolithus kleinpellii* 组合。

本组合仅见于喀什凹陷北缘巴什布拉克和库孜贡苏两地的齐姆根组下段底部灰绿色钙质粉砂质泥岩。组成分子 *Ericsonia cava*（Hay et Mohler）Perch-Nielsen, *Prinsius bisulcus*（Stradner）Hay et Mohler, *Chiasmolithus danicus*（Brotzen）Hay et Mohler, *Chiasmolithus bidens*（Bramlette et Sullivan）Hay et Mohler, *Heliolithus kleinpellii* Sullivan, *Braruudosphaera bigelowii*（Gran et Braarud）Deflandre, *Sphenolithus anarrhopus* Bukrv et Bramlette, *Fasciculithus bobii* Perch-Nielsen, *Fasciculithus alanii* Perch-Nielsen, *Fasciculithus tympaniiormis* Hay et Mohler, *Toweius pertusus*（Sullivan）Romein, *Transversopontis uqaensis* sp. nov.。

表 3-2-9　塔西南古近系各区带颗石藻组合分布表

层位		地层单位		喀什凹陷北缘	西昆仑山山前带		东昆仑山山前带	
					北段（喀什凹陷西缘）	南段（齐姆根凸起）	北段	南段
古近系	鲁培尔阶	巴什布拉克组	五					
			四	*Isthmolithus reeurvus-Chiasmolithus oamaruensis*	*Isthmolithus reeurvus-Chiasmolithus oamaruensis*			
	普利亚本阶		三					
			二					
			一					
	巴尔通阶	乌拉根组		*Reticulofenestra umbilica-Chiasmolithus solithus*	*Reticulofenestra umbilica-Chiasmolithus solithus*	*Reticulofenestra umbilica-Chiasmolithus solithus*	*Reticulofenestra umbilica-Chiasmolithus solithus*	*Reticulofenestra umbilica-Chiasmolithus solithus*
	鲁帝特阶	卡拉塔尔组						
	伊普里斯阶	齐姆根组	上段			见有本组合的少量代表常见的有 H.riedelii。		边饰藻属？
	坦尼特阶		下段 中上部	*Discoaster multiradiatus*				
			下部	*Heliolithus riedelii*				
			底部	*Heliolithus kleinpellii*				
	达宁阶	阿尔塔什组						

本组合以个体微细的类型 *E. cava*, *N. uqaensis* sp.nov., *P. bisulcus*, *T. pertusus* 等占优势，一般都要用电子显微镜才能揭示它们的构造特征。

喀什凹陷西缘、齐姆根凸起西缘及叶城凹陷西缘未见该组合化石。

（2）*Heliolithus riedelii* 组合。

本组合主要见于喀什凹陷北缘乌恰县巴什布拉克、库孜贡苏剖面的齐姆根组下段灰色泥灰岩。组成分子 *Ericsonia cava*（Hay et Mohler）Perch−Nielsen，*Prinsius bisulcus*（Stradner）Hay et Mohler，*Heliolithus riedelii* Bramlette et Sullivan，*Braarudosphaera bigelowii*（Gran et Braarud）Deflandre，*Markalius astroporus* Bukry et Bramletre，*Markalius inversus*（Deflandre）Bramlette et Martini，*Fasciculithus alanii* Perch−Nielsen，*Fasciculithus tympaniformis* Hay et Mohler，*Sphenolithus anarrhopus* Bukry et Bramlette，*Chiasmolithus bidens*（Bramlette et Sullivan）Hay et Mohler，*Neochiastozygus distentus*（Bramlette et Sullivan）Perch−Nielsen，*Thoracosphaera heimii*（Lohmann）Kamptner。

这一组合基本上继承了前一组合的特征，但 *C. danicus*，*H. kleinpellii* 消失，*H. riedelii* 出现，标志着进入一个新的发展阶段；此外，本组合保存较差，数量也不如前一组合丰富，可能同岩性较为坚硬有关。

齐姆根凸起西缘阿克陶县齐姆根的齐姆根组下段也见有本组合的少量代表，其中常见的有 *H. riedelii*。喀什凹陷西缘及叶城凹陷西缘未见该组合化石。

（3）*Discoaster multiradiatus* 组合。

分布于喀什凹陷北缘（南天山山前地区）乌恰县巴什布拉克、乌鲁克恰提及库孜贡苏剖面的齐姆根组下段中、上部；灰绿色、深灰色钙质泥岩。

组合中除 *H. riedelii* 以外，其余分子全都向上延续，成为本组合的组成分子；本组合新出现的分子有：*Chiasmolithus californicus*（Sullivan）Hay et Mohler，*Chiasmolithus constuetus*（Bramlette et Sullivan）Hay et Mohler，*Cruciplacolithus subrotundus* Perch−Nielsen，*Cruciplacolithus tenuis* Hay et Mohler，*Discoaster binodosus* Martini，*Discoaster mediosus* Bramlette et Sullivan，*Discoaster mohlerii* Bukry et Percival，*Discoaster multiradiatus* Bramlette et Riedel，*Discoaster nobilis* Martini，*Fasciculithus lillianae* Perch−Nielsen，*Neococcolithus protanus*（Bramlette et Sullivan）Hay et Mohler，*Pontosphaera ocelltus*（Bramlette et Sullivan）Perch−Nielsen，*Transversopontis pulcher*（Deflandre）Hay，Mohler et Wade。

盘星石类大量出现，是本组合的突出特点；其次，丰度和分异度也较前各组合显著上升。但随着层位升高，丰度和分异度又急趋下降，盘星石类也频临隐迹，代之以 *Braarudosphaera bigelowii* 居首位。

喀什凹陷西缘、齐姆根凸起西缘及叶城凹陷西缘未见该组合化石。

（4）*Reticulofenestra umbilica−Chiasmolithus solithus* 组合。

组成分子 *Braarudosphaera bigelowii*（Gran et Braarud）Deflandre，*Chiasmolithus grandis*（Bramlette et Riedel）Radomski，*Chiasmolithus solitus* Locker，*Chiasmolithus consuetus* Perch−Nielsen，*Coccolithus pelagicus* Schiller，*Cribrocentrum coenurum* Perch−Nielsen，*Cribrocentrum reticulatum* Perch−Nielsen，*Cyclicargolithus luminis* Bukry，*Discoaster barbadiensis* Tan Sin Hok，*Discoaster? bifax* Bukry，*Discoaster deflandrei* Bramlette et Riedel，*Discoaster saipanensis* Bramlette et Riedel，*Discoaster tanii* Bramlette et Riedel，*Ericsonia formosa*（Kamptner）Haq，*Helicosphaera dinesenii* Perch−Nielsen，*Lithostromation operosum*（Deflandre）Bybell，*Transversopontis pulcher*（Deflandre）Perch−Nielsen，*Transversopontis uqaensis* sp. nov.，*Zygrhablithus bijugatus*（Deflandre）Deflandre。

本组合无论丰度还是分异度，都是其他组合无可比拟的。它的组成分子当中，以 *Zygohablithus bijugatus*，*Transversopontis*，*Neococcolithes*，*Rhabdosphoera*，*Pontosphaera*，*Reticulofenestra*，*Cribrocentrum*，*Coccolithus* 等属种占绝对优势；*Chiasmolithus solitus*

和 *Discoaster barbadiensis* 出现的频率也颇惊人；其他种类除了 *Nannogetrina fulgens*，*Helicosphaera dinesenii*，*Chiasmolithus grandis* 和 *Marthasterites furcatus* 等只在个别样品中偶然见及以外，都是常见分子。

该组合主要产于喀什凹陷北缘（南天山山前）巴什布拉克和乌鲁克恰提、齐姆根凸起西缘阿尔塔什、叶城凹陷南部西缘克里阳等地的乌拉根组灰绿色钙质泥岩。后两者远远不及前两地繁盛，尤其盘星石类全然没有出现；显然这是环境不同的标志。

喀什凹陷西缘、叶城凹陷北部西缘未见该组合化石。

（5）*Isthmolithus reeurvus—Chiasmolithus oamaruensis* 组合。

该组合主要产于喀什凹陷北缘（南天山山前）乌鲁克恰提、巴什布拉克、乌恰县城东山岭一带及喀什凹陷西缘乌泊尔等地巴什布拉克组第二、第三、第四段灰绿色钙质泥岩（灰绿色条带层）以及一些红色钙质泥岩。

组成分子 *Chiasmolithus oamaruensis*（Deflandre）Hay.Mohler et Wade，*Coccolithus pelagicus*（Wallich）Schiller，*Cribrocentrum reticulatum*（Gartner et Smith）Perch-Nielsen，*Brarudosphaera bigelowii*（Gran et Braarud）Deflandre，*Discoaster barbadiensis* Tan Sin Hok，*Discoaster saipanensis* Bramlette et Riedel，*Discoaster tanii* Bramlette et Riedel，*Isthmolithus recurvus* Deflandre，*Markalius inpersus*（Deflandre）Bramlette et Martini，*Marthasterites furcatus*（Deflandre）Deflandre，*Micrantholithus flos* Deflandre，*Neococcolithes minutes*（Perch-Nielsen）Perch-Nielsen，*Pontosphaera plana*（Bramlette et Sullivan）Haq，*Reticulofenestra hillae* Bukry et Percival，*Rhabdosphaera crebra*（Deflandre）Bramlette et Sullivan，*Rhabdosphaera tenuis* Bramlette et Sullivan，*Transversopontis pulcher*（Deflandre）Hay et Mohler，*Zygrhablithus biiugatus*（Deflandre）Deflandre。

与前一组合比较，本组合有明显的衰退。但 *Zygrhablithus biiugatus*，*Transversopontis*，*Coccolithus pelagicus*，*Rhabdosphaera*，*Reticulofenestra* 等属种继续发育；标志新的地质时期的重要分子 *Isthmolithus recurvus* 和 *Chiasmolithus oamaruensis* 已经出现，不过数量非常稀少。

齐姆根凸起西缘及叶城凹陷西缘未见该组合化石。

7）沟鞭藻类、绿藻和疑源类组合

塔西南古近纪沟鞭藻类、绿藻和疑源类通常存在于灰黑、灰绿或褐色泥岩中，前人仅在南天山西部前缘（乌恰县西部和北部）采集材料较多，何承全（1991）以巴什布拉克剖面的材料为基础，结合这类化石（尤其沟鞭藻类）的演变规律，将古近纪微体浮游植物初步划分成 9 个组合。笔者在西昆仑山山前带采获较多的微体浮游植物化石，在全区新增了 2 个组合，填补了阿尔塔什组和卡拉塔尔组的空白，另在 6 个点首次采获带化石（表 3-2-10）。

（1）*Deflandrea—Spiniferites—Pterospermella* 组合。

该组合仅见于喀什凹陷西缘（西昆仑山山前带北段）近凹陷中心的乌帕尔地区及托母洛安地区的阿尔塔什组泥岩，为本研究新建组合。含有：*Deflandrea* spp.，*Apteodinium* spp.，*Pentadinium* sp.，*Thalassiphora* spp.，*Polysphaeridium* spp.，*Adnatosphaeridium reticulense*，*Glaphyrocysta* spp.，*Cleistosphaeridium* spp.，*Lingulodinium* spp.，*Spiniferites* spp.，*Cordosphaeridium* spp. 等。以沟鞭藻类 *Deflandrea*、*Spiniferites* 及绿藻 *Pterospermella* 发育为特征。

分布于喀什凹陷北缘（南天山西部前缘）的齐姆根组下段最下部的灰绿色含钙泥质粉

砂岩中，在昆仑山山前未获得化石资料。

本组合以沟鞭藻类为主（5属9种），绿藻零星出现（1属3种），疑源类缺乏。在沟鞭藻类中以多甲藻科的贴近式、腔式囊孢的数量占优势，而膝沟藻科的收缩式囊孢次之（虽然属种的分异度不低，但其丰度不高）。

沟鞭藻类的主要分子是 *Ceratiopsis taenialis*（sp. nov.）（0% ~ 38%），*Fibrocysta* cf.*ovalis*（0% ~ 10%），而 *Ceratiopsis fusiformis*（sp. nov.），*C. pedibaculifera*（sp. nov.），*Cordosphaeridium*（*Cordosphaeridium*）*furcans*（sp.nov.），*Deflandrea cygniformis*，*Glaphyrocysta* sp.，*Operculodinium minutum*（sp. nov.），*Polysphaeridium variabile*（sp. nov.）以及 *Spiniferites* 的分子等通常数量少或偶见。

表3-2-10　塔西南古近系各区带沟鞭藻类、绿藻和疑源类组合分布表

层位		地层单位			喀什凹陷北缘（南天山山前带）	喀什凹陷西缘（西昆仑山山前带北段）	齐姆根凸起（西昆仑山山前带南段）	叶城凹陷
古近系	鲁培尔阶	巴什布拉克组	五			*Rhombodinium draco-Dracodinium rhomboideum*		
			四					
	普利亚本阶		三		*Rhombodinium draco-Dracodinium rhomboideum*			
			二					
			一					
	巴尔通阶	乌拉根组	中上部	*Wetzeliella-Kisselovia*	*Stomodinium crassum-Rhombodinium wuqiaense* 亚组合	*Wetzeliella-Kisselovia*		
			中下部		*Rhombodinium elongatum-Wetzeliella xinjiangensis* 亚组合			
			底部		*Microdinium-Cassiculosphaeridia* 亚组合			
	鲁帝特阶	卡拉塔尔组				*Wetzeliella -Cleistosphaeridium*		
	伊普里斯阶	齐姆根组	上段	中上部	*Muratodinium-Thalassiphora*			
				中部	*Chytroeisphaeridia microgranulata*			
				底部	*Wilsonidium lineidentatum-Cordosphaeridium*（*Cordosphaeridium*）*inodes*			
	坦尼特阶		下段	上部	*Apectodinium homomorphum*	*Apectodinium homomorphum?*	*Apectodinium homomorphum*	
				中部	*Deflandrea oebisfeldensis-Alterbia xinjiangensis*		*Deflandrea oebisfeldensis-Horologinella incurvata*	
				下部	*Ceratiopsis diebelii-Deflandrea dissoluta-Phelodinium spinocapitatum*	*Ceratiopsis diebelii-Deflandrea dissoluta-Phelodinium spinocapitatum*	*Ceratiopsis diebelii-Deflandrea dissoluta-Phelodinium spinocapitatum*	
				底部	*Ceratiopsis taenialis*			
	达宁阶	阿尔塔什组				*Deflandrea -Spiniferites-Pterospermella*		

绿藻有 *Pterospermella aureolata*，*P.magnifica*（sp. nov.）和 *P. sinensis*（sp. nov.），它们的数量也很少。

这一组合的主要标志分子有 *Ceratiopsis taenialis*（sp. nov.）和 *Fibrocysta* cf. *ovalis*。前者是一新种，其形态特征明显，数量较多，易于识别和发现。据目前所知，这两种似乎仅限于本组合。

（2）*Ceratiopsis diebelii–Deflandrea dissoluta–Phelodinium spinocapitatum* 组合。

该组合主要见于喀什凹陷北缘（南天山西部前缘）的齐姆根组下段下部。喀什凹陷西缘（西昆仑山山前带北段）和齐姆根凸起西缘（西昆仑山山前带南段）也有产出。

（3）*Ceratiopsis taenialis* 组合。

本组合具以下特征：

①化石的丰度仍较低，但属种的分异度较高，大体记录了 21 属 34 种；此外还发现一些与其共生的微体有孔虫的内膜化石。

②在藻类中以沟鞭藻类占绝对优势，其分异度较高，至少有 17 属 29 种 5 亚种，而绿藻和疑源类与它相比则显得颇不发育，均为 2 属 2～3 种。

③在沟鞭藻类中腔式囊孢（以多甲藻科的为主）和收缩式囊孢（以膝沟藻科的为主）均较发育，贴近式囊孢次之。

沟鞭藻类的重要分子是 *Ceratiopsis diebelii*（0%～0.5%），*Deflandrea denticulata*（0%～0.5%），*D. dissoluta*（0%～8.5%），*Bacchidinium polypes* subsp. *clavulum*（0%～5.1%），*Horologinella incurvata*（0%～2.5%），*Phelodinium? spinatum*（sp. nov.）（0%～4.2%）和 *Spiniferites cornutus* subsp. *ovalis*（subsp. nov.）（0%～4.2%）等。其中除前两种的数量少外，其余的均较多并可视为本组合的主要成分。*Achomosphaera alcicornu*，*A.ramosissima*（sp. nov.），*A.septata*，*A.triangulata*，*Deflandrea* cf. *fuegiensis*，*Cordosphaeridium*（*Cordosphaeridium*）*moniliforme*（sp.nov.），*Lejeunecysta* sp.，*Membranosphaera maastrichtican*，*Phelodinium longicorne*（sp. nov.），*P. spinocapitatum*（sp. nov.），*Spinidinium tabulare*（sp. nov.）和 *Spiniferites cornutus* 等一般数量都较少。

绿藻以 *Pterospermella aureolata*（0%～4.3%）和 *P. heliantoides*（0%～3.4%）为主。

疑源类以 *Micrhystridium kashiense*（sp.nov.）（0%～12%）为主，*Tectitheca tianshanensis*（sp. nov.）（0%～3.4%）次之。

在上述各种中约有半数以上的分子仅出现在含本组合层段的下部。该组合的主要标志种有 *Ceratiopsis diebelii*，*Deflandrea denticulata*，*D. dissoluta*，*Micrhystridium kashiense*（sp. nov.），*Phelodinium P.spinatum*（sp. nov.）和 *P. spinocapitatum*（sp.nov.）等，同时还存在一些微体有孔虫的内膜化石；其中前两种的数量虽然均不多，但它们的形态特征明显，在本区地层的纵向分布上有限，*D. dissoluta* 可以延续，但在较新的组合中只是零星出现而不如本组合丰富。

喀什凹陷西缘、托母洛安—卡拉别勒达坂地区、库山河等剖面和齐姆根凸起西缘同由路克剖面齐姆根组下段见 *Deflandrea dissoluta*，*D.phosphoritica*、*D. Oebisfeldensis*，*Ceratiopsis dieblii*，*Fibrocysta* cf. *ovalis*，*Palaeoperidinum striatum*，*Polysphaeridium variabile*，*Spiniferites ramosus Spiniferites tianshanensis*，*S. cornutus*，*Operculodinium minutum*，*O.brevibaculatum*、*Chorate dinocysts*、*Pterospermella heliantoides*，*Fibrocysta baculata* 和 *Achomosphaera triangulata* 等，与本组合可相互对比。

（4）*Deflandrea oebisfeldensis–Alterbia xinjiangensis* 组合。

本组合主要分布于喀什凹陷北缘（南天山西部前缘）的齐姆根组下段中部；在昆仑山

山前不够发育，仅在西昆仑山山前带南段阿尔塔什剖面找到一些化石。

本组合大约包含 16 属 25 种，与种类繁多的组合 3 相比，沟鞭藻的种类有所减少（约有 12 属 15 种），绿藻的种类则有所增加（计 3 属 8 种）。组合特征如下：

①沟鞭藻类处于优势地位；绿藻次之，但在天山山前和昆仑山山前的发育程度有明显差异；疑源类少，仅 *Tectitheca tianshanensis*（sp. nov.）较多一点。

②新出现的和消失的沟鞭藻分子均较多，也有少数种是延续上来的，但数量发生强烈的变化，如 *Deflandrea dissoluta* 已由组合 3 中的优势地位衰落下来了（罕见），相反 *Alterbia xinjiangensis*（sp.nov.）则由稀少变为丰富。

③沟鞭藻类中以多甲藻科的囊孢较发育，有 6 属 8 种 2 亚种；膝沟藻科的分子大为衰落，仅包括 3 属 6 种。从囊孢类型来看，腔式的很发达，贴近式和收缩式的次之。

沟鞭藻的重要分子有 *Alterbia xinjiangensis*（sp. nov.）（0% ~ 41.6%），*Achomosphaera minor*（sp. nov.）（0% ~ 5.2%），*Deflandrea oebisfeldensis* subsp. *oebisfeldensis*（0% ~ 2%），*D. oebisfeldensis* subsp. *ovalis*（0% ~ 3.1%）和 *Phelodinium spinatum*（sp. nov.）（0% ~ 7.2%）等；*Achomosphaera alcicornu*，*Diconodinium sinense*（sp. nov.）*Fibrocysta* sp.，*Horologinella apiculata* 和 *H. incurvata* 等次之。

绿藻以 *Pterospermella aureolata*（0% ~ 2%）和 *P. sinensis* 较为常见。

疑源类由 2 属 2 种组成，以 *Tectitheca tianshanensis*（sp. nov.）（0% ~ 15.6%）为主，偶见 *Veryhachium hyalodermum*。

这个组合的特征是：*Alterbia xinjiangensis*（sp. nov.）在有的样品中颇繁盛，与它共生的 *Tectitheca tianshanensis*（sp. nov.）的数量也较丰富；*Deflandrea oebisfeldensis* 不但数量较多，出现稳定，而且横向分布广泛。上列 3 种以及 *Diconodinium sinense*（sp. nov.）在较晚的组合中均未再出现。这些种的较高丰度及其有限的地层分布为本组合所特有，是识别对比的良好标志化石。

在西昆仑山山前带南部阿尔塔什剖面，*Horologinella incurvata* 达到其繁盛时期，*Pterospermella aureolata* 和 *P. sinensis*（sp. nov.）也相当丰富；相反，除 *Deflandrea oebisfeldensis* 和 *Diconodinium sinense*（sp. nov.）外，本组合中的其他绝大多数分子均没有出现，这种地区性的微体浮游藻类的差异很可能与沉积环境有关。可建立与本组合相当的 *Deflandrea oebisfeldensis−Horologinella incurvata* 组合。

（5）*Apectodinium homomorphum* 组合。

分布于喀什凹陷北缘和齐姆根凸起西缘的齐姆根组下段上部，分别以巴什布拉克剖面和齐姆根剖面为代表，尤其在前一剖面最为发育。

本组合是根据 *Apectodinium* 的一些分子，特别是在本区短暂出现的 *A. homomophum* 和 *A. quinquelatum* 而建立的，故可视为一个组合带。它以该属在本区的首次出现为底界至 *Wilsonidium lineidentatum subsp. conspicuum*（subsp.nov.）在本区的首次出现为止，大致包括厚 24 ~ 31m 的一段地层。本组合的特征是：

①化石数量并不十分丰富，但属种繁多，至少包括 60 属 69 种，在有的层位还出现一些微体有孔虫的内膜化石。

②沟鞭藻类占绝对优势，约有 35 属 63 种；绿藻较少，有 2 属 7 种 2 亚种，但数量上有时较丰富；疑源类很少。

③沟鞭藻类中以膝沟藻科的分子为主（约 14 属 25 种），多甲藻科的次之（约 7 属 14

种）；从囊孢类型上看，以收缩式的为主，贴近式的次之，腔式者少。

④除少数延续上来的种外，绝大多数种为新出现的，与前面已讨论的几个组合相比，呈现出明显不同的繁荣景象。

沟鞭藻类以 *Achomosphaera minor*（sp. nov.）（0% ~ 6.4%），*Apectodinium quinquelatum*（0% ~ 7.2%），*Deflandrea denticulata* subsp.*minor*（0% ~ 4.2%），*Glaphyrocysta longicornis*（sp. nov.）（0% ~ 7.2%），*Sinocysta minuta*（0% ~ 4%），*S.subtilis*（sp. nov.）（0% ~ 8%）和 *Spiniferites fragilis*（sp. nov.）（0% ~ 5%）等较多，*Apectodinium capitulatum*（sp. nov.），*A. homomorphum*，*A.paradoxum*（sp. nov.），*Apteodinium rhombiforing*（sp. nov.），*Areoligera、fimbriata*（sp. nov.），*Cordosphaeridium*（*Cordosphaeridium*）*reticulatum*（sp. nov.），*Cyclonephelium*？*ambiguum*（sp. nov.），*Millioudodinium kashiense*（sp. nov.），*Oligosphaeridium xinjiangense*（sp. nov.），*Operculodinium sp.*，*Palaeoperidinium striatum*（sp. nov.），*Phelodinium longicorne*（sp. nov.），*Spinidinium tabulare*（sp. nov.）和 *Spiniferites pseudofurcatus* 等一般均较少。

绿藻以 *Pterospermella aureolata*（1.8% ~ 27.6%），*P. baculata*（sp. nov.）（0% ~ 5.3%），*P. heliantoides*（0% ~ 6.4%）和 *P. sinensis*（sp. nov.）（0% ~ 6%）占优势。

疑源类以 *Granodiscus* 和 *Leiosphaeridia* 为代表，其数量均不多。

本组合的主要标志种有 *Apectodinium quinquelatum*，*A. homomorphum*，*A. capitulatum*（sp. nov.）和 *A. paradoxum*（sp. nov.）等。这一类分子的形态特征明显，横向分布稳定，纵向分布有限，是较理想的地层对比标志，其中前两种一般见于含本组合层段的上部，后两种经常在下部出现。此外，*Danea californica*，*Psaligonyaulax circularis*（sp. nov.），*Fibrocysta axialis*，*F. baculata*（sp. nov.），*Glaphyrocysta longicornis*（sp. nov.），*Palaeoperidinium striatum*（sp. nov.），*Spiniferites pseudofurcatus* 以及 *Deflandrea denticulata* subsp.*minor* 等也是识别本组合十分重要的化石。

（6）*Wilsonidium lineidentatum*−*Cordosphaeridium inodes* 组合。

本组合主要分布于喀什凹陷北缘的齐姆根组上段最底部，在昆仑山山前未获得化石标本。本组合的特征为：

①属种不多（约有15属17种），但是化石数量却很丰富，特别是收缩式囊孢，如 *Cordosphaeridium*（*C.*）*inodes* 以及颇特征的腔式囊孢 *Wilsonidium lineidentatum* 等较繁盛。

②沟鞭藻类明显占优势，约13属15种；绿藻不发育，仅2属2种；疑源类似乎缺乏。

③收缩式囊孢占有很重要的位置，腔式的次之，贴近式很少，其中膝沟藻科的分子比多甲藻科的稍多。

沟鞭藻类以 *Wilsonidium lineidentatum* subsp. *conspicuum*（subsp. nov.）（0% ~ 30%），*Cordosphaeridium*（*C.*）*inodes* subsp. *inodes*（0% ~ 35%），*Cleistosphaeridium digitale*（sp. nov.）（0% ~ 5%）占优势，*Cryptarchaeodinium longinum*（sp. nov.）次之，*Cleistosphaeridium baculatum*，*Operculodinium sp.*，*Spiniferites ramosus* subsp. *cingulatus*（subsp. nov.）和 *Systematophora tianshanensis*（sp. nov.）也有一定的数量。绿藻以 *Cymatiosphaera parva* 和 *Pterospermella sp.* 为代表，但均稀少。

这一组合的主要标志种有 *Wilsonidium lineidentatum* subsp. *conspicuum* 和 *Cordosphaeridium*（*C.*）*inodes* subsp. *inodes*。两者均相当丰富，可以共生。其中前者的形态结构特殊，局限于本组合且标本容易获得和辨认，因此是地层对比的良好标志。此外，虽然在本组合中出现了组合（5）的主要分子（*Apectodinium homomorphum* 和 *A. sp.*），但是在本组合中它们的数量稀少，这两个组合的面貌及优势分子则完全不同。

（7）*Chytroeisphaeridia microgranulata* 组合。

本组合分布于喀什凹陷北缘的齐姆根组上段中部，在昆仑山山前未取得化石资料。

这一组合的微体浮游藻类不发育，化石层位少，仅在两块样品中见到化石，其中一块中的化石较丰富，而另一块中的化石极稀少，除个别分子是延续上来的外，基本上是新出现的。组合特征是：

①属种的分异度低（约 11 属 16 种），但有的种的丰度可以相当高，以 *Chytroeisphaeridia microgranulata*（sp. nov.）为代表的小圆形个体极为繁盛。

② 以沟鞭藻类占多数（约有 9 属 12 种），绿藻仅 2 属 2 种，典型的海洋中的 *Pterospermella* 的分子全然不见，疑源类则更不发育。

③沟鞭藻类以贴近式囊孢为主，收缩式和腔式的次之，其中膝沟藻科的分子比多甲藻科的略多。d. *Rhombodinium draco* 在本组合中开始露面，但其数量极少（仅两粒标本）。

沟鞭藻类以 *Chytroeisphaeridia microgranulata*（sp. nov.）（0% ~ 86.4%）占绝对优势，*Fromea chytra* 次之，*Thalassiphora flammea*，*T. ovata*（sp. nov.），*Glaphyrocysta? penctinata*（sp. nov.），*Rhombodinium draco*，*Bosedinia elegans*（sp. nov.），Canningia sp.，*Laciniadinium* sp.2，*Sentusidinium minutum*（sp. nov.）和 *Spiniferites ramosus* subsp. *granosus* 等一般稀少。

绿藻中 *Psiloschizosporis xinjiangensis*（sp. nov.）（0% ~ 6.6%）较多，*Crassosphaera concinna* 罕见。

疑源类很不发育，以少量的 *Leiosphaeridia*? sp.1 为代表。

本组合的主要标志分子是 *Chytroeisphaeridia microgranulata*（sp. nov.）（数量极丰富），*Fromea chytra*，它们均仅限于这一组合内。

（8）*Muratodinium-Thalassiphora* 组合。

该组合仅限于喀什凹陷北缘的齐姆根组上段中部的泥晶白云岩中。

本组合的微体浮游植物不很发育，除沉积初期化石较丰富外，以后均较贫乏，化石层位也不多。除少数几个种是延续上来的外，组合的主要成分发生了根本的变化。本组合的特征是：

①属种的分异度不高（约 13 属 17 种）。

②几乎缺乏绿藻和疑源类。

③沟鞭藻类中以膝沟藻科的分子为主，多甲藻科的很少；各类囊孢（收缩式、贴近收缩式、贴近式和腔式）几乎同等发育，其中以 *Muratodinium*，*Thalassiphora* 和 *Cleistosphaeridium* 的囊孢数量占优势。

沟鞭藻类以 *Muratodinium fimbriatum*（0% ~ 35.4%），*Thalassiphora flammea*（0% ~ 16.1%）和 *Cleistosphaeridium tianshanense*（sp. nov.），（0% ~ 15.4%）占优势，*Glaphyrocysta? pectinata*，*Operculodinium brevibaculatum*（sp. nov.），*Paraireiana lamprota*（sp. nov.），*Thalassiphora chinensis*（sp. nov.）次之，*Impletosphaeridium densum*，*Kenleyia conspicua*（sp. nov.），*K. xinjiangensis*（sp. nov.），*Phelodinium* sp.，*Systematophora* sp.1，*Trichodinium fujiforme*（sp. nov.），*Thalassiphora ovata*（sp. nov.），*T.* sp. 和 *Bosedinia minor*（sp. nov.）等一般稀少。

疑源类以 *Rugosphaera* sp. 为代表，但十分罕见。

这一组合的主要标志分子为 *Muratodinium fimbriatum* 和 *Thalassiphora flammea*，其次是 *Cleistosphaeridium tianshanense*（sp.nov.），*Kenleyia conspicua*（sp.nov.）和 *K.xinjiangensis*（sp.nov.）. 除 *T.flammea* 外（但在本组合较常见），其他几种在本区皆限于本组合，它们的形态特征明显，是识别该组合的良好标志。

（9）*Wetzeliella–Cleistosphaeridium* 组合。

该组合为笔者新建，仅见于喀什凹陷西缘。

在玛尔坎苏剖面的卡拉塔尔组中，沟鞭藻类化石占绝对优势，绿藻及疑源类化石不发育；沟鞭藻类化石中以韦氏科藻的 *Wetzeliella* 最为繁盛，所见种属种有 *W. elongata*，*W. articulata*，*W. crassa* 和 *W. xinjiangensis*，繁棒藻科的 *Cleistosphaeridium* 也比较发育；但乌拉根组较重要的分子 *Areosphaeridium* 在本组合中尚未出现，而主要繁盛于齐姆根组的 *Cleistosphaeridium* 在本组合中仍具较高的比例，齐姆根组的重要分子 *Apectodinium* 仍可见到；反映该组合的地质时代较齐姆根组新、较乌拉根组老，故建本组合，将其所代表的地质时代定为中始新世。

盖孜河及托母洛安—卡拉别勒达坂剖面也产有类似的沟鞭藻类化石。

（10）*Wetzeliella–Kisselovia* 组合。

该组合主要见于南天山西部前缘的乌拉根组，昆仑山麓的乌拉根组相对欠丰富。

本组合是本区古近纪微体浮游藻类组合中最繁盛的一个，组合特征如下：

①属种繁多（约60属130余种），化石数量丰富，微体浮游藻类大大超过孢粉而占绝对优势。

②在微体浮游藻类中，沟鞭藻类占绝对优势（约有47属近100种）绿藻较少，约8属18种，其中 *Crassosphaera concinna* 从乌拉根组中上部迅速地发达起来；疑源类不发育，仅3属7种。

③在沟鞭藻类中膝沟藻科的种类比多甲藻科的多，但在数量上后者要丰富些；在囊孢类型上，贴近式、收缩式和腔式均较发育。

④ *Wetzeliella* 的一些分子开始连续出现并占有重要地位，是本组合重要特征。

沟鞭藻类的主要分子有 *Apteodinium*，*Cassiculosphaeridia*，*Cordosphaeridium*，*Deflandrea*，*Microdinium*，*Palaeocystodinium*，*Rhombodinium* 和 *Wetzeliella* 等属。

绿藻以 *Pterospermella aureolata*（0% ~ 5.4%），*P. elegans*（0% ~ 15.2%），*P. sbzensis*（0% ~ 35.2%），*Crassosphaera concinna*（0% ~ 57.5%）为主。疑源类主要是 *Leiosphaeridia marina*（sp. nov.）。

2. 六个小区生物（综合）分布特征

综合古近纪各门类生物组合特征，在各小区存在一定的差异。因此，分小区建立生物群（综合）组合表，能更好地体现塔西南各门类生物的纵、横向的变化特征，为进一步进行地层对比奠定基础。

按六个小区综合生物分布特征，以喀什凹陷西缘和喀什凹陷北缘两个小区生物相对丰富。各小区综合生物组合特征见表 3-2-11 至表 3-2-13。

表 3-2-11　玛扎塔格地区古近系古生物组合综合分布表

生物门类＼地层	古近系			
	阿尔塔什组	齐姆根组		乌拉根组
		下段	上段	
双壳类	*Corbula (Cuneocorbula) angulata* 组合	*Ostrea (O.) bellovacina* 组合	*Flemingostrea?hemiglobosa-Panopea vaudini* 组合	*Sokolovia buhsii-S. orientalis* 组合 ｜ *Veniricardia Simplex-Cardita ex gr.aegyptica* 组合
介形虫		*Eocytheropteron kalickyi-Pontocypris micans* 组合		*Cytheridea asiatica-Cytherella evexa* 组合
有孔虫				*Nonion-Anomalina Cibicides* 组合

表 3-2-12 喀什凹陷北缘（南天山山前带）古近系古生物组合综合分布表

系	阶	组段	有孔虫组合	介形类组合	沟鞭藻类、绿藻利疑源类组合	颗石藻组合	孢粉组合	双壳类组合	腹足类组合
古近系	鲁培尔阶	巴什布拉克组 五 四	*Cibicidoides ovaliformis-Cibicides borislavensis*	*Haplocytheridea reticulata-Ranocythereis-mikluchai-Paijenborchella villosa*			*Prerisisporites-Ephedripites-Nitrariadites*	*Anomia oligoceanica-Cubitostrea tianschanensis-Donax subovatum*	*Turritella ferganensis-Clavilithes conjunctus-Trophonopsis*
	普利亚本阶	三	*Cibicidoides.-Baggina*	*Haplocytheridea schirabadensis-Ruggieria rischtanensis*	*Rhombodinium draco-Dracodinium rhomboideum*	*Isthmolithus reeurvus-Chiasmolithus oamaruensis*		*Ferganea bashibulakeen-Crassatella ustjurtensis-Cubitostrea plicata*	
		二	*Cibicidoides.-Spiroplectammina*	*Haplocytheridea innae*				*Platygenaasiatica-Anomia girondica*	
		一	上 *Nonion-Cibicides*						
	巴尔通阶	乌拉根组	*Nonion-Anomalinoides-Cibicides*	*Haplocytheridea tonsa-Ruggieria*（上亚组主要分于主要见于始新统中、上部）；下亚组 *Haplocytheridea tonsa* 多；*Eocytheropteron vialovi-vesiculosum*	*Wetzeliella-Kisselovia*	*Reticulofenestra umbilica-Chiasmolithus solithus*	*Ephedripites-Quercoidites-Nitrariadites-Meliaceoidies*	*Sokolowia buhsii-Kokanostrea kokanensis-Chlamys (Hilberia) 30-radiatus*	*Turritella ferganensis-Stenorhytis decalamiatis*
	鲁帝特阶	卡拉塔尔组 上 下	下 *Nonion-Cibicides*	*Neocyprideis galba-Cytheridea fucosa-Echinocythereis alaiensis*				*Ostrea (Turkostrea) stricticplicata-Ostrea (Turkostrea) cizancourt*	*Cerithium tristiehum-Niso eonstrieta*
	伊普里斯阶	上			*Muratodinium-Thalassiphora; Chytroeisphaeridia micro granulata; Wilsonidium lineidentatum-Cordosphaeridium inodes*			*Flemingostrea? hemiglobosa-Panopea vaudini-Ostrea (Turkostrea) afghanica*	*Niso-angusta-Turritella afghanica*
	坦尼特阶	齐姆根组 上 下	*Nonionellina-Anomalina*; *Globigerina-Globorotalia*; *SpiroplecTana-Textularia*	*Cytheridea ruginosaformis-Echinocythereis- "isabenana" - EocytheropteYon kalickyi*	*Apectodinium homomorphum; Deflandrea oebisfeldensis-Alterbia xinjiangensis; Ceratiopsis diebelii-Deflandrea dissoluta-Phelodinium spinoca pitatum; Ceratiopsis taenialis*	*Heliolithus riedelii* ／ *Heliolithus kleinpellii*	*Ephedripites-Normapolles-Sapindaceidites* ／ *Ephedripites-Parcisporites*	*Pycnodonte (Pycnodonte) camelus-Ostrea (Ostrea) bellovacina*	*Turritella edita* 组合
	达宁阶	阿尔塔什组	*Quinqueloculina-Discorbis*	*Nucleolina longfelliptic-Cytheretta kashiensis*				*Brachidomtes-Corbula (Cuneocorbula)*	*Niso cf.angusta-Natica*

有孔虫动物群：*Cibicidoides* 动物群；*Nonion-Cibicides-Anomalinoides* 动物群；*Spiroplectammina-Globigerina-Nonionellina* 动物群

表 3-2-13 喀什凹陷西缘（西昆仑山山前带北段）古近系古生物组合综合分布表

系	阶	组段		有孔虫组合	介形类组合	沟鞭藻类、绿藻和疑源类组合	颗石藻组合	孢粉组合	双壳类组合	腹足类组合
古近系	鲁培尔阶	巴什布拉克组	五			Rhombodinium draco-Dracodinium rhomboideum	Isthmolithus reeurvus-Chiasmolithus oamaruensis	Pinuspollenites-Ephedripites-Lonicerapollis	Ferganea bashibulakeensis-Cubitostrea-Ferganea sewerzowii	
			四							
	普利亚本阶		三							
			二							
			一							
	巴尔通阶	乌拉根组		Nonion-Melonis-Cibicides	上组合 主要分子主要见于始新统中、上部 / 下组合 Haplocytheridea tonsa 多 / Haplocytheridea tonsa-Ruggieria vialovi-Eocytheroptron vesiculosum 组合	Wetzeliella-Kisselovia	Reticulofenestra umbilica-Chias, molithus solithus	Polypodiaceoisporites-Monoleiotriletes-Sporopollis	Sokolowia buhsii-Koka nostrea kokanensis-Chlamys (Hilberia) 30-radiatus	
	鲁帝特阶	卡拉塔尔组		下 Nonion-Cibicides??		Wetzeliella-Cleistos phaeridium		Polypodiaceoisporites-Ephedripites-Quercoidites	Ostrea (Turkostrea) strictiplicata-Ostrea (Turkostrea) cizancourti	
	伊普里斯阶	齐姆根组	上		Cytheridea ruginosaformis-Echinocythereis-"isabenana"-Eocytheropteron kalickyi	Apectodinium homomorphum?		Ephedripites-Normapolles-Tricolpopollenites liblarensis	Flemingostrea?hemiglo bosa-Panopea vaudini-Ostrea (Turkostrea) afghanica	Niso angusta-Turritella edita
			下			Ceratiopsis diebelii-Deflandrea dissoluta-Phelodinium spinocapitatum			Pycnodonte (Pycnodonte) camelus-Ostrea (Ostrea) bellovacina	
	丹宁阶	阿尔塔什组		Spiropleetammina-Discorbis?	Trachyleberis scabra-Cytherella kuzigongsuensis	Deflandrea-Spiniferites-Pterospermella		Schizaeoisporites-Classopollis-Quercoidites	Brachidontes-Corbula (Cuneocorbula)	

五、地层划分对比

1. 六个小区地层划分对比

1）阿尔塔什组划分对比

本组以发育石膏岩为最大特征，由白色、灰白色厚层块状或中厚层晶粒石膏和硬石膏组成，常夹浅灰色、灰白色白云岩，红色及灰绿色泥岩、膏泥岩（表3-2-14）。

表3-2-14　塔西南阿尔塔什组分布特征表

小区	剖面	主要岩性特征	厚度，m
喀什凹陷北缘（南天山山前带）	库克拜	下段为白色石膏岩夹少量白云岩，厚度较大，上段为灰色石灰岩，富产双壳类及腹足类化石，厚度一般不到10m	228.04
	乌拉根	在乌拉根隆起周缘超覆于克孜勒苏群之上，剖面下段石膏为溶塌角砾状石灰岩所取代，但残存的白色石膏岩在局部仍然可见	32.83
喀什凹陷西缘（西昆仑山山前带北段）	玛尔坎苏（且木干以西）	暗红色厚层状细粒岩屑砂岩、棕红色块状砾岩，未见膏质岩	113.57
	朦尔托阔依且木干	暗红色薄层状膏泥岩，含石膏团块	7.80
	奥依塔克	白色厚层状石膏夹薄层暗红色粉砂质泥岩	36.97
	卡拉别勒达坂	白色厚层状石膏夹少量白云岩及石灰岩	76.44
喀什凹陷近中心带	乌帕尔	白色、灰白色厚层块状石膏为主夹灰色、灰白色"渣孔状"石灰岩、白云质灰岩、砂屑灰岩、生屑灰岩及灰绿色泥岩、暗红色膏泥岩	> 791.86
	托母洛安	白色、灰白色厚层块状石膏为主夹灰色、灰白色"渣孔状"石灰岩、白云质灰岩、砂屑灰岩	> 1094.2
齐姆根凸起（西昆仑山山前带南段）	同由路克	白色厚层状石膏，顶部灰色、深灰色中、厚层状中细砂屑灰岩、鲕粒灰岩，夹角砾状灰岩	292.77
	齐姆根	白色厚层状石膏夹白云岩，顶部灰色石灰岩	172.08
	阿尔塔什	白色厚层状石膏夹灰色石灰岩、白云岩和少量褐红色泥岩薄层，顶部灰色中、厚层状生物砂屑灰岩	569.79
叶城凹陷北部（东昆仑山山前北段）	和什拉甫	白色厚层状石膏，顶部浅白灰色夹淡红色中层夹薄层状含白云质粉晶灰岩	237.35
	赛格尔塔什	暗红色薄层状泥岩、膏泥岩，上部夹白色石膏薄层或条带	22.00
叶城凹陷南段（东昆仑山山前南段）	玉力群	白色厚层状石膏夹薄层白云质灰岩	49.42
	克里阳	白色石膏层与褐红色薄层状粉砂质泥岩	42.95
玛扎塔格地区	玛扎塔格东端	白色厚层—块状细至微晶石膏，上部夹红色、灰色薄层石灰岩透镜体	151.00
	罗斯塔格东部	白色厚层状细至微晶石膏，上部夹红色、灰色薄层石灰岩透镜体	30.20

喀什凹陷北缘，本组最大厚度在阿尔塔什剖面可达563.4m，乌鲁克恰提剖面处厚153.49m，乌拉根剖面处厚32.83m，库孜贡苏河东岸剖面处厚219m。在康苏附近本组地层与下白垩统克孜勒苏群呈微角度不整合，局部地区呈明显的角度不整合（杨叶西南）；在乌拉根隆起周缘超覆于克孜勒苏群之上，乌拉根剖面下段石膏为溶塌角砾状石灰岩所取代，但残存的白色石膏岩在局部仍然可见。

在南天山山前带本组发现少量的有孔虫、腹足类、双壳类及介形类：在库孜贡苏剖面，块状石膏岩中的白云岩含有孔虫 *Quinqueloculina* sp.，*Rzehakina* sp.，其中 *Rzehakina* 属曾见于世界各地上白垩统及古新统；含腹足类 *Niso* cf. *angusta Deshayes*，*Natica* sp.，前者原种曾见于巴黎盆地始新世早期的留切脱阶（Lutetian）；产双壳类 *Brachidontes jeremejewi*，*Romanovskiy*，*Cuneocorbula angulata* 等，曾见于中亚地区古新统的布哈尔层。

巴什布拉克剖面石膏岩中的白云岩含有孔虫 *Rotalia* cf. *perovalis Hofker*，该种见于荷兰等欧洲国家的古新统；顶部石灰岩产介形类 *Echinocythereis* cf. *subulosa Nikolaeva*，*Kikliocythere? bashibulakeensis Yang* sp. nov.，*Echinocythereis subulosa* 曾发现于中亚土库曼斯坦等地区的古新统下部，而 *Kikliocythere* 属，原见于荷兰的马斯特里特阶。

喀什凹陷西缘，阿尔塔什组各地的岩性、岩相特征有一定的差异，大致可分为两个相区：①且木干以西地区的西昆仑山山前地带为滨海冲积扇相沉积的褐红色厚层状细粒岩屑砂岩、棕红色块状砾岩，未见膏质岩；②托母洛安—乌帕尔、盖孜河—库山河及其以东地区为膏质海湾—清水潮间亚相沉积的石膏层段—石灰岩标志层段。反映在晚白垩世末期的燕山晚期构造运动使得白垩纪地层抬升遭受剥蚀，造成广大地区的古新统阿尔塔什组（E_1a）与下伏上白垩统吐依洛克组（K_2t）或依格孜牙组（K_2y）之间为平行不整合接触关系，下古近纪的初始海侵形成了阿尔塔什组膏质海湾—清水潮间环境下的石膏层—石灰岩沉积。

西昆仑山山前带阿尔塔什组石膏层段不仅厚度变化较大，而且岩性特征也有较大的变化：盖孜河、且木干地区为一套较纯净的白色石膏层，见高盐度的 *Brachidontes* 等生物；乌帕尔—托母洛安地区则以白色、灰白色厚层块状石膏为主夹灰色、灰白色"渣孔状"粉泥晶灰岩、内碎屑灰岩、白云质灰岩、砂屑灰岩、生屑灰岩及灰绿色粉砂质泥岩、钙质泥岩、红色膏泥岩，低盐度的 *Ostrea* (*Ostrea*) *bellovacina Lamarck*（及典型的海洋绿藻分子 *Pterospermella* 等）生物群与高盐度的 *Brachidontes—Corbula* 生物群交替出现；反映古新世早期塔西南南部为相对较稳定的沉降，而北部乌帕尔—托母洛安地区海平面升降变化频繁。

本小区乌帕尔剖面阿尔塔什组石膏层段的石灰岩夹层中采到双壳类化石：*Ostrea* (*Ostrea*) *bellovacina*，*Pycnodonte* (*Phygraea*) *frauscheri*，所含藻类化石可建立 *Deflandrea—Spiniferites* 组合；托母洛安剖面阿尔塔什组石膏层段的石灰岩夹层中采到双壳类化石 *Ostrea* (*Ostrea*) *bellovacina*，*Pycnodonte* (*Pycnodonte*) *camelus*，所含介形类化石为 *Trachyleberis scabra* (*Munster*)，*Cytherella kuzigongsuensis Lin*，所含藻类化石可建立 *Deflandrea-Pterospermella* 组合，所含孢粉化石为 *Deltoidospora* sp.，*Parcisporites parvisaccus*，*Steevesipollenites kuqaensis*，S.sp.，*Proteacidites* sp.，*Granulatisporites* sp.，*Schizaeoisporites laevigataeformis*，*Ephedripites* (*D.*) *fushunensis*，*E.* (*D.*) *nanlingensis*，*E.* (*D.*) *tertiarius*，*E.* (*E.*) spp.，*Parcisporites parvisaccus*，*P.* spp.。

上述双壳类、介形类、藻类及孢粉化石综合地质时代为古新世。但要指出的是，乌帕尔及托母洛安地区阿尔塔什组石膏层段上部的石灰岩夹层中双壳类化石 *Ostrea* (*Ostrea*) *bellovacina*，*Pycnodonte* (*Phygraea*) *frauscheri*，*P. camelus* 等，在其他小区是齐姆根组下部的带化石，推测该区因近凹陷中心，阿尔塔什组可能在高盐度海相间有正常（低盐度）海相沉积，故在凹陷中心齐姆根组下部双壳类组合可下延到阿尔塔什组上部。

齐姆根凸起西缘，阿尔塔什剖面是阿尔塔什组的建组剖面。岩性主要为白色块状晶粒，石膏岩厚达 563.4m，但有时也夹有灰色石灰岩、白云岩和少量褐红色泥岩薄层。在阿尔塔什剖面顶部的白云质灰岩中见双壳类 *Brachidontes jeremejewi*。该种是费尔干纳盆地古新世（布哈尔层）的特征种。故时代应归于古新世。同由路克剖面采获的双壳类 *Brachidontes elegans*，介形类 *Schuleridea yuliqunensis*；也是费尔干纳盆地古新世（布哈尔层）的特征种。

叶城凹陷北部西缘，和什拉甫剖面，阿尔塔什组的白色块状、厚层状石膏厚 228.52m。在该剖面采获双壳类 *Brachidontes jeremjewi*，*B. bashibulakeensis*?。前者是费尔干纳盆地古新世（布哈尔层）的特征种。在喀拉吐孜剖面，本组顶部石灰岩中的泥岩含孢粉 *Parcisporites—Echitriporites* 组合，其主要成分为 *Pinuspollenites*，*Inaperturopollentes*，*Parcisporites*，*Ephedripites*（D.）spp.，*Sapindaceidites*，*Echitriporites trianguliformis* 等。这一孢粉组合以具气囊花粉含量高为特征，反映山地针叶林相当繁盛。这表明在白垩纪末，气候有一次降温，因而在古新世早期的孢粉组合中，往往富含具气囊花粉，世界各地有很多资料均可证明这一点。因此，该孢粉组合可以认为是古新世早期或达宁期。

叶城凹陷南部西缘，阿尔塔什组的白色块状、厚层状石膏在玉力群（43.92m）、阿其克（29.05m）、普司格（29.32m）、皮牙曼（74.5m）等地区均较发育，仅在杜瓦剖面未见。该带的阿尔塔什组的顶部石灰岩均较稳定，可作为划分、对比地层的标志。在阿其克剖面产有腹足类 *Potamides* cf. *conoidues*（Lamarck），此种曾见于巴黎盆地的巴尔顿阶。阿其克剖面顶部石灰岩中还产双壳类 *Brachidontes elegans*（Sowerby），该种曾产于中亚地区古新统的布哈尔层。

玛扎塔格地区，阿尔塔什组普遍出露於玛扎塔格东部、中部及西端，古董山，鸟山，罗斯塔格及海米塔格等地，岩性主要为白色厚层、块状细至微晶硬石膏。多数地区未见底，仅在黑山包和黑山头见其与阿恰群上碎屑岩组（上二叠统）不整合接触，其顶在玛扎塔格东部与上覆齐姆根组整合接触，在其他地区与乌拉根组假整合接触，厚 4 ~ 151m。在玛扎塔格近东端阿尔塔什组近上部白云岩见透镜体状瓣鳃类 *Corbula*（*Cuneocrbula*）*angulata*，*Brachidontes* sp. 等。

综上所述，可知以下几点。

（1）六小区阿尔塔什组主要生物群可相互对比，尤其是双壳类 *Brachidontes* 在六小区均见及，时代归古新世早期较为恰当，大致相当于达宁期。

（2）塔西南多数地带阿尔塔什组岩性以石膏岩发育为特征，由白色、灰白色厚层块状或中厚层晶粒石膏和硬石膏组成，夹少量浅灰色、灰白色白云岩、红色及灰绿色泥岩、膏泥岩，但在部分地带有较大的变化。其变化可为三个类型：①典型类型（以石膏岩发育为特征），南天山山前、喀什凹陷西缘的盖孜河、库山河及其以东等多数地区及玛扎塔格地区，岩性为石膏岩夹白云岩及膏泥岩，产高盐度生物群，如 *Brachidontes—Corbula* 生物群等；②高盐化与低盐度交叉沉积（且厚度巨大）类型，在托母洛安—乌帕尔地区，岩性以白色、灰白色厚层块状石膏为主夹灰色、灰白色"渣孔状"粉泥晶灰岩、内碎屑灰岩、白云质灰岩、砂屑灰岩、生屑灰岩及灰绿色粉砂质泥岩、钙质泥岩、膏泥岩、褐红色膏泥岩。低盐度的 *Ostrea*（*Ostrea*）*bellovacina* Lamarck（及典型的海洋绿藻分子 *Pterospermella* 等）生物群与高盐度的 *Brachidontes—Corbula* 生物群交替出现；③没有膏质岩类型，且木干以西地区的西昆仑山山前地带为滨海冲积扇相沉积的褐红色厚层状细粒岩屑砂岩、棕红色块状砾岩，不见石膏及膏质岩。

（3）阿尔塔什组（E_1a）不但岩性变化较大，而且厚度亦有较大的变化：如玉力群、阿其克、普司格、皮牙曼为白色块状、厚层状石膏（50m 以内）；盖孜河、且木干地区为一套较纯净的白色石膏层（100m 左右）；而乌帕尔—托母洛安地区则以白色、灰白色厚层块状石膏为主夹灰色、灰白色"渣孔状"粉泥晶灰岩、内碎屑灰岩、白云质灰岩、砂屑灰岩、生屑灰岩及灰绿色粉砂质泥岩、钙质泥岩、膏泥岩、褐红色膏泥岩（厚达 791 ~ 1094m）；

反映古新世早期塔西南多数地区为相对较稳定的沉降，而近凹陷中心的乌帕尔—托母洛安地区古海平面升降变化频繁。

2）齐姆根组划分对比

齐姆根组主要岩性为绿色、灰绿色、红色泥岩夹膏泥岩和石膏层，总的特点是具"上红下绿"的风化外貌特征，底与下伏的阿尔塔什组白云质灰岩整合接触，厚16～405m，一般分为上下两段（表3-2-15）。

表3-2-15　塔西南齐姆根组分布特征表

小区	剖面	主要岩性特征		厚度 m
		下段	上段	
喀什凹陷北缘（南天山山前带）	库克拜	下部为灰绿色泥岩，上部为白云岩（或石灰岩）	上段浅红色泥岩	177.74
	乌鲁克恰提	下部为灰绿色泥岩，上部为白云岩（或石灰岩）	上段浅红色泥岩	128.91
喀什凹陷西缘（西昆仑山山前带北段）	玛尔坎苏	下段灰绿色、暗红色中薄层状泥质粉砂岩、岩屑砂岩；下段相对很薄	上段为暗红色、灰黄色厚层砂岩夹石英质细砾岩及紫红色薄层状泥岩、泥质粉砂岩	158.07
	臕尔托濶依且木干	下绿段缺失	红色、灰紫色夹绿灰色中薄层状细砂岩、粉砂岩、粉砂质泥岩、泥岩	450.62
	臕尔托阔依河	下绿段缺失	红色薄层状灰质泥岩夹泥质灰岩，局部夹白色薄层状石膏及灰绿色泥质条带	70.68
	奥依塔克	下绿段缺失	下部灰红色砂砾岩、细砂岩，上部红色中薄层状泥质粉砂岩夹薄层粉砂质泥岩、白色石膏	123.74
	库山河	下绿段为灰绿色中薄层状生屑泥晶灰岩夹泥质粉砂岩	上红为暗红色薄层状钙质泥岩、粉砂质泥岩、膏质泥岩、石膏及介壳层	170.45
喀什凹陷近中心带	乌帕尔	下绿段缺失	红色薄层状泥岩夹灰绿色泥质粉砂岩，底部夹红灰色泥晶灰岩	206.73
	托母洛安	下绿段为灰绿色中薄层状生屑泥晶灰岩、含牡蛎钙质泥岩	上红为暗红色薄层状膏质粉砂质泥岩、泥质粉砂岩、白色石膏夹灰绿色膏质细粒岩屑砂岩	404.92
齐姆根凸起（西昆仑山山前带南段）	同由路克	下段灰绿色纹层状粉砂质泥岩，含粉砂泥岩夹石膏	上段暗红色粉砂质泥岩	228.42
	干加特	下段为深灰色、灰绿色的薄层泥岩夹灰色厚层含砾灰质长石细砂岩和介壳灰岩	上段暗红色泥岩，较薄	356.91
	阿尔塔什	下段为灰绿色厚层状泥岩夹黄灰色含生物泥岩、膏泥岩	上段为白色薄层状石膏层与暗红色薄层状泥岩略等厚互层	189.54
叶城凹陷北部（东昆仑山山前带北段）	和什拉甫	下绿段缺失	暗红色含粉砂质泥岩夹红灰色薄层状粉砂岩及白色薄层状石膏层	151.57
	赛格尔塔什	灰绿色中、薄层状生物碎屑灰岩与薄层状泥岩互层	上段缺失	25.14
叶城凹陷南段（东昆仑山山前带南段）	玉力群	下绿段缺失	暗红色薄层状泥岩夹膏泥岩、砂质砾岩透镜体	61.45
	克里阳	下绿段缺失	暗红色中薄层状泥岩、灰白色石膏层	54.45
玛扎塔格地区	玛扎塔格东部	下绿段缺失	下部为石膏夹灰白色膏质白云质砂岩及膏质白云岩。上部为黄灰、灰白色白云岩及浅红色生物灰岩夹红色及灰绿色厚层膏质泥岩	34.67
	和田河东岸边	下绿段缺失	下部为石膏夹灰白色膏质白云质砂岩及膏质白云岩。上部为黄灰、灰白色白云岩及浅红色生物灰岩夹红灰色及灰绿色厚层膏质泥岩，但石灰岩增多，膏质砂、泥岩类减少	18.50

（1）齐姆根下段。

齐姆根凸起西缘为齐姆根组的命名小区，下段为一套灰绿色、深灰色的钙质泥岩夹泥灰岩和暗红色泥岩夹白云质灰岩、灰色厚层生物碎屑泥晶灰岩。本段岩性较稳定，但厚度有一定的变化。

喀什凹陷西缘，乌依塔克剖面岩性有变化，下部较粗，上部细，厚度增大。至脿尔托阔依剖面，岩性仍与齐姆根剖面的相似，但厚度急剧减小，而西部未见或很少见下段（灰绿色层段）出露。

叶城凹陷西缘，从和什拉甫至杜瓦，齐姆根组二分特点不明显。下部为灰绿色、浅灰绿色钙质粉砂岩，夹红色粉砂质泥岩，有时还夹灰白色白云质灰岩；由克里阳剖面向西，经玉力群至和什拉甫剖面，这种特征比较明显，岩性类似，但厚度增加。克里阳剖面向东经普司格到杜瓦剖面则变为以灰红色泥灰岩为主，夹砾岩，产双壳类、腹足类化石，厚度锐减。而到阿奇克剖面，则阿尔塔什组以上均为暗红色的膏泥岩、含砾砂岩及泥质砂岩，很难划分出齐姆根组、卡拉塔尔组和乌拉根组。

喀什凹陷北缘，根据岩性可分三段（下及中段相当西昆仑山带的下段），下段为灰绿色泥岩，中段白云岩（或石灰岩），上段浅红色泥岩。三段色泽分明，"上红下绿"，中间夹有较硬的白云岩。本组岩性稳定、厚度小、三分特征明显，极易辨认。库克拜剖面厚度最大，为177.74m；乌鲁克恰提剖面处厚128.91m；乌拉根剖面处厚20.69m；库孜贡苏河东岸剖面111m；但到西端的斯姆哈纳，齐姆根组岩性则以灰绿色泥岩为主，厚度急剧变薄，无法划分为上、下两段。到东端塔什皮萨克剖面则缺失本组。

玛扎塔格地区，下段为白色厚层—块状晶粒石膏夹灰白色中薄层状膏质白云质粉细粒砂岩及灰白色薄层膏质白云岩，在玛扎塔格1403.7m高地以东至和田河东岸边，该组均有分布，且石灰岩增多，膏质砂岩、泥岩类减少，一般厚10m左右。

齐姆根组下段生物丰富，六个小区均产双壳类 *Pycnodonte*（*Pycnodonte*）*camelus-Ostrea*（*Ostrea*）*bellovacina* 组合、介形类 *Cytheridea ruginosaformis-Echinocythereis-*"*isabenana*"-*Eocytheropteron kalickyi* 组合。其中双壳类 *Ostrea*（*Ostrea*）*bellovacina* Lamarck 是英国、法国、比利时及费尔干纳盆地古新世晚期布哈尔组下部的代表种；*Pycnodonte*（*Pycnodonte*）*camelus* 见于塔吉克盆地始新世早期苏扎克层，而在塔里木盆地它产于 *Ostrea*（*Ostrea*）*bellovacina* 层之下；介形类 *Cytheridea ruginosaformis* Mandelstam，见于中亚塔吉克盆地始新统下部的苏扎克层，*Echinocythereis* "*isabenana*" Oertli 的原种曾发现于西班牙始新统下部。故五个小区齐姆根组下段可相互对比，其时代均为古新世晚期坦尼特期。另外，部分小区产有相同的孢粉、沟鞭藻类、绿藻、疑源类、腹足类及有孔虫也支持这个认识。

（2）齐姆根上段。

齐姆根凸起西缘，阿尔塔什至齐姆根一带，岩性为红色泥岩、粉砂质泥岩含石膏层或团块、或夹石膏薄层和泥质石膏，本段岩性比较稳定，仅上部石膏层增多，厚度略薄。

喀什凹陷西缘上红段于塔西南各地均有出露，中东部相对粒度较细，具南薄北厚的特征（库山河地区处厚105.25m，托母洛安地区处厚284.41～285.39m），为潮上沙泥坪、萨布哈微相沉积；西部（玛尔坎苏地区厚158.07m）碎屑岩粒度相对较粗，甚至夹有砾岩，为滨海砂滩亚相沉积。

叶城凹陷西缘，由于岩性不均一，很难分段，但仍具有含石膏层、膏泥的一些特点。

由克里阳剖面向西，经玉力群至和什拉甫剖面的变化同下段的叙述。

玛扎塔格地区，上段为黄灰、灰白色中厚层状白云岩及生物灰岩夹红灰色及灰绿色厚层块状膏质泥岩，分布同上段。

齐姆根组上段生物也较丰富，六个小区均有双壳类 *Flemingostrea? hemiglobosa–Panopea vaudini–Ostrea（Turkostrea）afghanica* 组合，前者在土库曼斯坦始新世早期地层、塔吉克盆地始新世早期苏扎克层及费尔干纳盆地始新世早期地层见及；*Panopea* 自此段地层向上才有产出以下的地层中未见到；*Ostrea（Turkostrea）afghanica* 是卡拉塔尔组的代表分子，也是 *Ostrea（Turkostrea）* 亚属在本区出现最早的种。故齐姆根组上段可相互对比，其时代均为始新世早期伊普里斯期。部分小区产有相同的介形类及有孔虫也支持这个认识。

另外，四个小区齐姆根组均产有 *Niso angusta–Turritella edita* 组合，曾见于乌克兰始新统下部、英国古近系的 Bracklesham 层、巴尔顿阶及乌克兰北部古新统。

综上所述，可知以下几点。

（1）齐姆根组生物丰富，六小区齐姆根组上段及下段生物群均可相互对比，齐姆根组下段时代为古新世晚期坦尼特期；齐姆根组上段时代归始新世早期伊普里斯期；故古新统与始新统界限在齐姆根组上、下段之间。

（2）综合各小区齐姆根组的岩性特征分析："下绿段"为阿尔塔什初始海侵后的第一次大规模海侵的产物，仅限于塔西南中部等地古地势较低的地带，凹陷边缘未见"下绿段"出露，反映当时其古地势位置应较高。而"上红段"在中部是粒度较细的潮上沙泥坪，而西部则为粒度较粗的滨海沙滩亚相沉积，同样反映凹陷边缘古地势高而中部低，且南部相对北部高的格局。

（3）由于塔西南在齐姆根组沉积前具有凹陷边缘古地势高、中部低、且南部相对北部高的格局，故塔西南齐姆根组在西昆仑山山前带最为发育、具有鲜明的"上红下绿"特征，其延伸较远，厚度也较稳定。到南天山山前带可进一步分为下段为灰绿色泥岩，中段白云岩（或石灰岩），上段红色泥岩。但在凹陷边缘（西端的玛尔坎苏、斯姆哈纳及东端的塔什皮萨克剖面）齐姆根组缺失或无法划分为上、下两段；在塔西南南部（东昆仑山山前带）从和什拉甫至杜瓦，齐姆根组二分特点不明显。

3）卡拉塔尔组划分对比

卡拉塔尔组以南天山山前带为标准岩相区，它主要为一套以灰色骨屑隐晶灰岩与牡蛎礁灰岩，以风化色呈绿色及含大量的突蕤牡蛎"*Ostrea（Turkostrea）*"为特征（表3-2-16）。

喀什凹陷北缘，上段为灰色石灰岩、介壳灰岩，下段为石灰岩、泥灰岩、砂质灰岩与灰绿色泥岩互层。上部岩性横向较稳定、下部横向变化较大，在巴什布拉克以东地区，其底部石灰岩之上开始出现红色石膏、泥灰岩和薄层石膏夹层，再向东至库孜贡苏一带下部全变为浅红色石膏和介壳砂岩互层。

本小区巴什布拉克、库孜贡苏、乌鲁克恰提、斯姆哈纳剖面获双壳类 *Ostrea（Turkostrea）strictiplicata–Ostrea（Turkostrea）cizancourti* 组合，腹足类 *Cerithiam tristiehum–Niso eonstrieta* 组合，乌鲁克恰提及巴什布拉克剖面产介形类 *Haplocytheridea tonsa–Ruggieriavialovi–Eocytheroptron vesiculosum* 组合的下亚组合，有孔虫下 *Nonion–Cibicides* 组合等。

其中双壳类 *O.（T.）afghanica* 是卡拉塔尔组的代表分子，也是中亚阿莱依山脉和塔吉克盆地始新世早期苏扎克层的标志种，而 *O.（T.）cizancourti* 是中亚费尔干纳和塔吉克盆地及阿富汗北部始新世早期的化石；腹足类 *Cerithium tristichum* 最初发现于小高加索的始新统下部，后来在中喀尔巴阡山的古新统亦有发现；介形类 *Haplocytheridea tonsa*（Mandelstam）曾见于原苏联中亚费尔干纳及塔吉克盆地的中始新统阿莱依层及上始新统土尔克斯坦层；*Ranocythereis mikluchai*（Mandelstam）产于此盆地的始新统上部土尔克斯坦层及哈纳巴德层的始新统上部。

上述双壳类主要分子在塔西南四个小区，腹足类及介形类在塔西南三个小区可见。

齐姆根凸起西缘，由阿尔塔什剖面向北至齐姆根剖面，岩性以黄灰、褐灰色骨屑鲕粒灰岩、骨屑隐晶灰岩和牡蛎灰岩夹细砂岩和泥岩，渐变为厚层、块状灰色石灰岩、介壳灰岩和介壳层，厚度略增（57.28～85.13m）。由齐姆根剖面向北东到同由路克剖面，石灰岩厚度锐减而出现了较厚的石膏层（58m）。阿尔塔什、同由路克及齐姆根剖面见双壳类 *Ostrea*（*Turkostrea*）*strictiplicata*—*Ostrea*（*Turkostrea*）*cizancourti* 组合，其时代见上述。

表 3-2-16　塔西南卡拉塔尔组分布特征表

小区	剖面	主要岩性特征	厚度，m
喀什凹陷北缘（南天山山前带）	乌鲁克恰提	上段为灰色含介壳灰岩、介壳灰岩夹少量灰绿色钙质泥岩及泥岩；下段为灰、浅绿灰色泥岩与灰色石灰岩、介壳灰岩、泥质灰岩互层	160.82
	乌拉根	基本同上，但夹有白色石膏岩	60.55
	塔什皮萨克	角砾灰岩及白云岩	14.68
喀什凹陷西缘（西昆仑山山前带北段）	玛尔坎苏	灰绿色薄层状粉砂质泥岩、钙质细粒岩屑砂岩夹生物灰岩	121.14
	朦尔托阔依且木干	下部灰绿色灰质泥岩、生物灰岩，上部灰绿色泥质泥岩，夹生物泥灰岩、灰质粉砂岩	109.61
	奥依塔克	下部灰绿色、灰褐色薄层状粉砂质泥岩夹石膏；上部灰色、灰绿色薄层状含生屑泥灰岩及灰绿色灰质泥岩	56.73
	盖孜河	灰绿色薄层状膏质细粒岩屑砂岩、粉砂质泥岩、钙质粉砂岩夹褐色岩屑砂岩、灰白色石膏，顶为灰绿～暗灰色泥晶灰岩、生屑灰岩	59.42
	库山河	灰绿色块状牡蛎灰岩、生物灰岩、具斜层理的生屑灰岩、生屑砂质灰岩、生屑泥晶灰岩、含生屑钙泥质粉砂岩夹岩屑石英砂岩	208.89
喀什凹陷近中心带	乌帕尔	灰绿色薄层状钙质细粒岩屑砂岩、泥质粉砂岩、粉砂质泥岩、泥岩与生屑泥晶灰岩、牡蛎灰岩不均匀互层夹鲕粒灰岩及细砾岩透镜体	121.39
	托母洛安	下部灰绿色块状含牡蛎泥晶灰岩与钙质泥岩、含生屑钙质细粒岩屑砂岩不均匀互层夹石英砂岩、瘤状灰岩及褐紫色泥质粉砂岩	305.43
齐姆根凸起（西昆仑山山前带南段）	同由路克	灰黄色、灰绿色中薄层状砂屑灰岩、泥质灰岩夹泥岩	55.79
	阿尔塔什	下段中下部为亮晶颗粒灰岩与泥质介壳灰岩互层，上部为灰绿色灰质泥岩夹砂岩；中段褐灰色石灰岩与泥岩及砂岩不等厚互层；上段下部为灰绿色灰质泥岩、粉砂质泥岩及砂岩、上部为褐灰色亮晶生屑灰岩	90.28
叶城凹陷北部（东昆仑山山前北段）	和什拉甫	下段为褐灰色亮晶生屑灰岩夹介壳灰岩，顶部为灰绿色灰质泥岩；中段为浅灰色砂岩，含生物介壳；上段为砂岩，顶部为介壳灰岩	60.72
	赛格尔塔什	下段底部为生屑灰岩，中下部为粉砂岩夹泥岩，上部为泥岩夹鲕粒灰岩；中段浅灰色砂岩，含生物介壳；上段下部为砂岩，中上部为石灰岩	74.28
叶城凹陷南段（东昆仑山山前南段）	玉力群	灰绿色、浅灰色中薄层状砂屑灰岩、灰质泥岩、含生物碎屑泥灰岩、鲕粒灰岩，夹白色石膏，上部褐灰色生屑灰岩、生屑泥晶灰岩	89.69
	克里阳	下段下部为鲕粒灰岩、鲕粒云岩、泥晶云岩，上部为绿灰色云质泥岩夹膏岩；中段褐灰色泥质云岩、泥云岩夹陆源粉砂岩，顶部为膏岩；上段褐灰色生屑灰岩、生屑泥晶灰岩及生物介壳灰岩	70.15

喀什凹陷西缘，盖孜河地区不仅有较多的膏质细粒岩屑砂岩、灰白色石膏及红色泥岩，而且未见完整牡蛎化石产出，厚度亦较小（59.42m）；向西北到乌依塔克，以砂岩及

砾岩为主夹灰绿色条带状砂质泥岩；再向西北至阿克彻依，则又为碳酸盐岩与泥质岩混合沉积类型；至更西北的膘尔托阔依及玛尔坎苏剖面，下部则变为以灰色中薄层状含钙质岩屑石英砂岩为主，上部为深灰色骨屑隐晶灰岩夹钙质粉砂岩、泥灰岩和钙质泥岩。本小区乌帕尔、托母洛安、卡拉别勒达坂在卡拉塔尔组中采到双壳类 *Ostrea*（*Turkostrea*）*strictiplicata-Ostrea*（*Turkostrea*）*cizancourti* 组合，玛尔坎苏地区、库山河地区及乌帕尔地区在卡拉塔尔组中采到双壳化石：*Kokanostrea kokanensis*，*Sokoiowia buhsii*，*Sokoiowia buhsii alpha*，*Sokoiowia orientalis* 等；玛尔坎苏地区和盖孜河地区玛尔坎苏地区孢粉 *Ephedripites-Parcisporites-Echitriporites* 组合；玛尔坎苏地区及托母洛安—卡拉别勒达坂地区获藻类 *Wetzeliella-Cleistosphaeridium* 藻类组合；托母洛安—卡拉勒达坂地区和盖孜河地区获介形类 *Haplocytheridea tonsa–Ruggieria vialovi–Eocytheropetron vesiculosum* 组合的下亚组合等。藻类化石中以韦氏科藻的 *Wetzeliella* 最为繁盛，繁棒藻科的 *Cleistosphaeridium* 也比较发育，但乌拉根组较重要的分子 *Areosphaeridium* 在本组合中尚未出现，而主要繁盛于齐姆根组的 *Cleistosphaeridium* 在本组合中仍具较高的比例，齐姆根组的 *Apectodinium* 仍可见到，反映该组合的地质时代较齐姆根组新、较乌拉根组老，故其所代表的地质时代定为中始新世；双壳化石 *Kokanostrea kokanensis*，*Sokoiowia buhsii* 等是乌拉根组代表分子，可下延到本组。其他门类时代见上述。

叶城凹陷北部西缘，本组与昆仑山山前西带几乎以介壳层为主的岩性不同，而是以灰绿色、浅黄灰色、浅灰色的钙质砂岩为主，夹生物碎屑、介壳层和厚层中砂岩、中细砂岩及细粉砂岩。从和什拉甫剖面向东至玉力群剖面，灰色碎屑岩增多、所含石灰岩变少，岩层厚度变薄。在和什拉甫等剖面获双壳类 *Ostrea*（*Turkostrea*）*strictiplicata–Ostrea*（*Turkostrea*）*cizancourti* 组合、腹足类 *Cerithiam tristiehum–Niso eonstrieta* 组合、孢粉 *Ephedripites–Nitrariates–Labitricolpites* 组合、介形类 *Cytherura versicula*，*Campylocythere? Xinjianensis* 组合及有孔虫 *Quinqueloculina* sp.。各门类时代见上述。

叶城凹陷南部西缘，再向东南至克里阳地区，下段为鲕粒灰岩、鲕粒云岩、泥晶云岩及绿灰色云质泥岩夹膏岩；中段部为红灰色泥质云岩、泥云岩夹陆源粉砂岩，上段为红灰色生屑灰岩、生屑泥晶灰岩及生物介壳灰岩。至普司格剖面不含石灰岩，但总体厚度有所增加。而普司格以东的杜瓦和阿奇克，则很难划分出齐姆根组—乌拉根组的地层界线。在玉力群剖面有晶屑凝灰岩，克里阳剖面有凝灰岩、凝灰质白云岩、白云质、凝灰质粉砂岩等。本小区获腹足类 *Cerithiam tristiehum–Niso eonstrieta* 组合及孢粉 *Quercoidites–Nitrariadites–Meliaceoidites–Scabiosapollis* 组合。其时代见上述。

综上所述，可知以下几点：

（1）五小区卡拉塔尔组生物群均可相互对比，时代归于中始新世早期鲁帝特期。

（2）本组以喀什凹陷北缘为标准岩相区，主要为一套灰色骨屑隐晶灰岩与牡蛎礁灰岩；喀什凹陷西缘及齐姆根凸起西缘，主要以灰色骨屑隐晶灰岩与牡蛎礁灰岩互层产出，有时夹微晶白云岩、砂岩及泥岩，与标准岩相区类似；叶城凹陷西缘的卡拉塔尔组与昆仑山山前西带几乎以介壳层为主的岩性不同，而是以钙质砂岩为主，夹生物碎屑、介壳层和砂岩。从和什拉甫剖面向东，所含石灰岩变少，岩层厚度变薄。至普司格剖面不含石灰岩，但总体厚度有所增加。而普司格向东经杜瓦至阿奇克，则很难划分出齐姆根组/乌拉根组的地层界线。另外，在玉力群剖面有晶屑凝灰岩，克里阳剖面有凝灰岩、凝灰质白云岩、白云质粉砂岩、凝灰质粉砂岩等。

（3）柯克亚及其周边地区地处昆仑山北缘，受昆仑山陆源注入的影响，岩性变化较大，近岸方向为陆源碎屑沉积为主；较远岸的阿尔塔什及柯克亚井下以碳酸盐岩沉积为主，频夹陆源碎屑沉积。受沉积区内微地貌的影响，以柯克亚—乌鲁克构造为界，其沉积特征发生了明显分异，这一线西部及南部，以石灰岩与陆源碎屑岩互层为特征；其以北及以东，则以白云岩、膏岩及陆源碎屑岩不等厚互层为特征。受古地形影响卡拉塔尔组各段厚度也出现较大变化。

（4）若在塔西南（地面露头）北部南天山山前带巴什布拉克地区东侧，与南部齐姆根剖面与同由路克剖面之间划一条线，其东北含石膏及膏质岩，而西南则为标准或近似标准的岩相。推测当时海水由西向东侵入，故南天山山前带巴什布拉克地区以东、西昆仑山山前带乌依塔克剖面之东南及东昆仑山山前带南段等地发育石膏，而南天山山前带的西部、西昆仑山山前带的西部、齐姆根凸起西缘及东昆仑山山前带北段等地没有石膏及膏质岩。这种格局使 KS 井卡拉塔尔组的岩性与南面的克里阳剖面相似，而与西侧的赛格尔塔什及和什拉甫等剖面（在岩性上）不能对比。

4）乌拉根组划分对比

以南天山山前带为标准岩相区，岩性单一且较稳定，主要为灰绿色泥岩，钙质砂岩夹薄层石灰岩，一般下部石灰岩夹层较多。由库克拜及巴什布拉克剖面向西至乌鲁克恰提及斯姆哈纳，乌拉根组下部变为浅黄色灰质砂岩，一般厚 40m 左右。向东至乌拉根隆起北侧、因地层遭受剥蚀，仅残存 1.35m 的黄灰色、绿灰色介壳层（表 3-2-17）。

喀什凹陷西缘，各地岩性、岩相特征基本一致（但与南天山明显不同），主要为红色泥岩、砂岩互层夹灰绿色泥岩条带，仅玛尔坎苏砾岩较多及库山河地区泥岩比例较大；同时、塔西南各地（8 条剖面）乌拉根组厚度较其他小区大（120～260m），库山河地区最厚可达 263.17m。

表 3-2-17 塔西南乌拉根组分布特征表

小区	剖面	主要岩性特征	厚度，m
喀什凹陷北缘（南天山山前带）	乌鲁克恰提	灰绿色泥页岩夹灰色介壳灰岩、含生物泥灰岩，一般下部灰岩夹层较多	41.06
	库克拜	灰绿色泥页岩夹灰色介壳灰岩、含生物泥灰岩，一般下部灰岩夹层较多	32.76
喀什凹陷西缘（西昆仑山山前带北段）	玛尔坎苏	灰红、灰褐色砾岩、细粒岩屑砂岩与泥岩组成两个大的韵律，砾岩砾石成分以石灰岩、石英为主	40.36
	臊尔托阔依且木干	下部暗红色泥岩，夹少量泥质粉砂岩，上部红灰色纹层状粉砂质泥岩，灰红色中厚层砾岩与灰红色薄层细砂岩互层	130.71
	奥依塔克	灰色薄层状粉砂质泥岩、泥质粉砂岩，灰绿色、灰色中层状细砂岩夹薄层砂砾岩，局部见双壳类等化石	103.86
	库山河	暗红色薄层状粉砂质泥岩、紫褐色中厚层泥岩、膏泥岩夹暗红色膏质细粒石英砂岩、岩屑砂岩，底部夹深灰绿色生屑灰岩	263.17
齐姆根凸起（西昆仑山山前带南段）	同由路克	下部灰绿色纹层状粉砂质泥岩、膏泥岩夹薄层状白色石膏、生物灰岩，上部红色细砂岩与含粉砂质泥岩不等厚互层	159.80
	阿尔塔什	灰绿色泥质粉砂岩、泥岩，见双壳类、腹足类生物化石，顶部鲜灰绿色泥岩夹介壳层	27.77
叶城凹陷北部（东昆仑山山前北段）	和什拉甫	下部浅灰绿色粉砂岩、中细砂岩，含生屑，局部夹生物泥灰岩，上部淡灰绿色中厚层含细砂粉砂岩	165.74
	赛格尔塔什	下部灰色、绿灰色薄—纹层状泥岩、中层状生物碎屑灰岩，上部灰红色薄层状粉细砂岩与纹层状泥岩不等厚互层	21.75

小区	剖面	主要岩性特征	厚度，m
叶城凹陷南段 （东昆仑山山 前南段）	玉力群	灰绿色、红色纹层状灰质泥岩、生物灰岩，泥岩含生物化石	49.64
	克里阳	下部黄绿色中薄层状生物灰岩、灰质泥岩，中部灰绿色、红色薄—纹层状灰质粉砂岩、灰质泥岩，上部灰绿色纹层状介壳灰岩、灰绿色中薄层状细砂岩、粉砂岩	54.25
	杜瓦	红色、浅红色石灰岩及泥岩，夹砂岩，厚度小	＜ 10m
玛扎塔格地区	玛扎塔格中部	下段为灰白色泥质白云岩、介壳白云岩与白色厚层块状石膏及灰绿色、红色泥岩互层。上段为灰白色、灰黄色中厚层石膏或膏质泥岩夹泥质白云岩、介壳白云岩及红色砂泥岩	100.07
	罗斯塔格东部	灰白色泥质白云岩，灰绿色、红色泥岩及膏质泥岩	8.10

齐姆根凸起西缘，从阿尔塔什剖面往西，岩性变粗，泥岩及砂岩亦增多，但齐姆根剖面岩性及厚度类似喀什凹陷西缘，而位于东南的干加特及阿尔塔什剖面的岩性及厚度与叶城凹陷较一致。

叶城凹陷北部，岩性接近南天山，主要为灰绿色、浅灰色、绿灰色的泥岩、钙质粉砂岩，夹有介壳层或泥质介壳灰岩，向上部岩性变粗。和什拉甫、赛格尔塔什等剖面均较为一致、横向变化不大。

叶城凹陷南部，以玉力群、克里阳剖面发育较好，岩性、厚度与西北的和什拉甫类似，向东至杜瓦剖面，因邻近凹陷的边缘，岩性变为红色、浅红色石灰岩及红色泥岩，夹砂岩，厚度剧减（＜ 20m）。

玛扎塔格地区，主要为白色厚层块状石膏与灰色泥质白云岩、介壳层及灰黄色、灰红色泥岩互层，可分为上、下两段。下段为灰白色泥质白云岩、钙质白云岩、介壳白云岩与白色厚层一块状石膏及灰绿色、红色泥岩互层。上段为灰白色、灰黄色中厚层石膏或膏质泥岩夹泥质白云岩、介壳白云岩及红色砂泥岩，产丰富的化石。该组几乎遍及全研究区（仅玛扎塔格东部 1403.7 高地至和田河一带及古生代露头区周缘无该组沉积）。以玛扎塔格中部 1416 高地一带厚度最大，罗斯塔格一带最小。

乌拉根组化石极为丰富，六个小区均见 *Sokolowia buhsii-Kokanostrea kokanensis-Chlamys (Hilberia) 30−radiatus* 组合，其中 *Sokolowia buhsii*，是中亚地区费尔干纳盆地、阿莱依山脉始新世中期吐尔克斯坦层的标志化石。而 *Kokanostrea kokanensis* 是同层位的化石。它们都是本区乌拉根组的代表分子；四个小区（仅叶城凹陷北部除外）产有类似的有孔虫，可归于 *Nonion-Anomalinoides-Cibicides* 组合。其中 *Anomatinoides petaliformis* 和 *A. vialovi* 在乌恰县、阿克陶县等地的始新世乌拉根组中广泛分布。*Nonion laevis* 是乌拉根组的常见分子。*Nonion laevis* 和 *Cibicides artemi* 是塔吉克和费尔干纳盆地始新统的主要化石，前者在巴黎盆地中上始新统中发现，后者在比利时、英国等地始新世晚期地层中见到。*Cibicides entendus* 最早发现于本区，主要见于乌拉根组；南天山山前带、西昆仑山山前带及东昆仑山山前带均见颗石藻，应归属于 *Reticulofenestra umbilica-Chiasmolithus solithus* 组合。根据化石面貌，对比 Martini（1971）标准新生代钙质超微浮游生物地层带，上列化石的分布时代为：*Neococcolithea dubius* 为 NP12—NP18 带；*Cribrocentrum reticulatum* 为 NP16—NP19 带，*Zygrhablithus bijugatus* 出现于晚古新世至晚渐新世；*Transversopontis obliquipons* 分布于始新世；*Reticulofenestra umbilica* 分布于始新世中期至渐新世早期（NP16—NP22 带）。综合考虑这些种类的分布范围，大致可以确定这个化石组合包含于标准带 NP16—NP18 带之中，或者可以同 Perch—Nielsen（1972）的 *Reticulofenestra umbilica* 带的中、下部对比，时代为中始新世晚期巴尔通阶。

综上所述，可知以下几点。

(1) 乌拉根组化石极为丰富，六小区生物群均可相互对比，时代归于中始新世晚期巴尔通阶。

(2) 塔西南乌拉根组可分为三种类型：①标准型，主要为灰绿色泥岩，钙质砂岩夹薄层石灰岩，夹牡蛎生物化石层，分布在喀什凹陷北缘的南天山山前、叶城凹陷北部的东昆仑山山前、叶城凹陷南部的东昆仑山山前带的北段、齐姆根凸起西缘的南段。以潮间带－潮下带沉积为主，但塔西南北部潮下带沉积相对较多，南部以潮间沉积带为主。②红色型，主要为红色泥岩、砂岩互层夹灰绿色泥岩条带，厚度是其他小区的 2～5 倍。分布在喀什凹陷西缘的西昆仑山山前及齐姆根凸起西缘的北段，以潮间带—潮上带沉积为主。③南部边缘型，为棕红色、浅红色石灰岩及泥岩，夹砂岩，厚度相对很小，潮上带沉积为主。

(3) 推测塔西南在中始新世鲁帝特期（卡拉塔尔期）、基本完成了（早白垩世）裂谷的填平补齐后，中始新世巴尔通期（乌拉根期）发生了塔西南古近纪最大、最广泛的一次海侵。在塔西南多数地区发育"标准型"沉积，但这次海侵伴有喜马拉雅造山运动（活动），沿岸夷平作用较频繁，昆仑山（开始）抬升，水系也较发育，所以携带的陆源物也较丰富，水体较混浊，沉积速度也较快。同时淡水的注入使得盐度不稳定，故牡蛎滩也少见到。故塔西南沿昆仑山主体出现了厚度相对很大、而化石较少的"红色型"沉积。而"南部边缘型"虽然也是红色沉积，因物源缺乏、厚度极小。

(4) 在玛扎塔格地区，白垩系—古近系仅出露了乌拉根组、阿尔塔什组及齐姆根组，前两者几乎遍及全玛扎塔格地区，后者仅见与玛扎塔格 1403.7 高地以东至和田河东岸边。表明这三个组在塔西南地区相对其他组是分布较广的，其中乌拉根组及阿尔塔什组表现更加突出。另外，在玛扎塔格地区，三个组均反映从北西至南东，厚度有变厚的趋势，此时玛扎塔格地区可能是北西高南东低的格局，以此可间接推测古近纪塔西南海域与塔里木盆地其他地区沟通的主要通道。

5）巴什布拉克组划分对比

本组主要为一套暗紫红色泥岩、砂质泥岩夹砂岩，产牡蛎、孢粉、腹足类、疑源类及藻类等化石。本组自下而上可分五段，即红色膏泥岩段、泥岩夹灰绿色砂岩段、泥岩夹介壳灰岩薄层段、砂泥岩互层段和下砂上泥岩段（表 3-2-18）。

喀什凹陷西缘，主要由红色、暗红色泥岩、粉砂质泥岩、粉砂岩及砂岩组成，夹灰绿色泥岩、泥灰岩、介壳层、石膏岩及膏泥岩，岩层常常呈现韵律性。在玛尔坎苏—膘尔托阔依地区，发育较完整，可分为五个岩性段。由膘尔托阔依剖面向东南，各地岩性基本相似、但厚度则依次递减，难以划分出五个岩性段。

玛尔坎苏地区巴什布拉克组第二段中采到双壳类化石 *Ferganea ferganensis*，第四段中采到双壳类化石 *Ferganea bashibulakeensis*，*Ferganea sewerzowii*，*Cubitostrea* sp. 等，其中 *Ferganea* 属为费尔干纳盆地苏姆萨尔层（始新世晚期）的标准化石；第二段的 *Ferganea ferganensis* 和第四段 *Ferganea bashibulakeensis* 在南天山山前带均出现在第三段。表明西昆仑山山前带巴什布拉克组的双壳类不能进一步分带。

表 3-2-18 塔西南巴什布拉克组分布特征表

小区	剖面	主要岩性特征	厚度，m
喀什凹陷北缘（南天山山前带）	乌鲁克恰提	岩性自下而上可分五段，即暗红色膏泥岩段、泥岩夹灰绿色砂岩段、泥岩夹介壳灰岩薄层段、砂泥岩互层段和下砂上泥岩段	482.90
	克孜洛依	与乌鲁克恰提剖面相比，缺失上部两段地层	117.00
喀什凹陷西缘（西昆仑山山前带北段）	玛尔坎苏	可分为五个岩性段：第一段下部为暗红色、紫红色、深灰色中粗砾岩间夹细粒岩屑砂岩，上部为暗红色中薄层状岩屑砂岩与泥岩粉砂岩略等厚互层；第二段下部为灰绿色标志层，灰绿色钙质含生屑砂岩、钙泥质粉砂岩与深灰、灰绿色牡蛎灰岩、含牡蛎泥岩不等厚互层；第三段暗红色中薄层状钙质中细粒岩屑砂岩与钙泥质粉砂岩略等厚互层，中部夹较厚的泥质粉砂岩段；第四段上部为灰绿色标志层，灰绿色中厚层——薄层状钙质生屑砂岩夹深灰色牡蛎灰岩、生屑灰岩及介壳灰岩；第五段暗红色中薄层状钙质细粒岩屑砂岩、粗粒岩屑砂岩、粉砂岩、泥质粉砂岩	1616.88
	盖孜河	底部灰红色中薄层状含钙质中细粒岩屑砂岩；下部为灰白色块状中细粒石英砂岩—含钙质次长石岩屑砂岩，上部为暗红色粉砂质泥岩、泥质岩屑砂岩夹细粒岩屑砂岩	94.52
	库山河	底部灰红色厚层砾岩之上为红色厚层状细碎屑岩，未见上覆地层	
	乌帕尔	下部暗红色厚层块状细粒长石岩屑砂岩，上部暗红色厚层状泥质细砂岩与粉砂质泥岩略等厚互层	194.06
	托母洛安	分四个岩性段，第一段暗红色中薄层状中细粒石英砂岩与薄层状粉砂岩、粉砂质泥岩组成多个韵律，间夹细粒岩屑砂岩、泥岩；第二段灰绿色中厚层、块状钙质中细粒岩屑砂岩、粉砂岩为主夹褐红色中薄层状细粒岩屑砂岩、泥质粉砂岩、粉砂质泥岩，中部夹灰绿色含牡蛎钙质粉砂岩；第三段褐红色中厚层状中细粒岩屑砂岩、含膏质细粒岩屑砂岩与粉砂岩、粉砂质泥岩、膏泥质粉砂岩、膏质泥岩及石膏层不均匀互层；第四段暗红色中层状中细粒岩屑砂岩、含钙质中细粒岩屑砂岩与紫褐、褐红色薄层状粉砂岩、泥质粉砂岩和暗红色粉砂质泥岩、泥岩组成多个由粗到细的沉积韵律，间夹膏质砂岩、膏泥岩	914.07
齐姆根凸起（西昆仑山山前带南段）	同由路克	暗红色泥质粉砂岩夹少量粉砂质泥岩薄层，底部夹薄层石膏和钙质细砂岩，未见顶	455.04
叶城凹陷北部（东昆仑山山前北段）	和什拉甫	由下往上依次为红色、暗红色泥岩与薄层粉砂岩、细砂岩韵律性互层；浅紫灰色厚层状砂岩；红色粉砂质泥岩、薄层状粉砂岩与中薄层状细砂岩互层。顶部岩性稍粗，中细砂岩为主。偶夹灰绿色泥岩、石膏及膏泥岩	657.14
叶城凹陷南部（东昆仑山山前南段）	克里阳	下部红色泥岩与褐红色粉细砂岩互层，上部暗红色粉砂质泥岩与泥质粉砂岩互层	284.49
	杜瓦	为一套红色砂泥岩及紫红色泥岩	365.00

玛尔坎苏地区见孢粉 *Osmundacidites* spp.，*Abietineaepollenites microalatus*，*Pinuspollenites labdacus*，*P.* spp.，*Cedripites* spp.，*Lonicerapollis* spp.，其中 *Pinuspollenites*，*Abietineaepollenites* 和 *Cedripites* 等松科花粉主要产于巴什布拉克组及其以上层位，而 *Lonicerapollis* 为塔里木盆地西南缘始新世孢粉组合中的重要分子，地质时代为始新世晚期；卡拉别勒达坂地区巴什布拉克组也采获大量孢粉化石，其中 *Taxodiaceaepollenites*，*Meliaceoidites*，*Pokrovskaja* 均为塔里木盆地始新统孢粉组合中的优势分子，其地质时代为始新世。

玛尔坎苏地区藻类化石可建立 *Kisselovia fusiformis*—*Crassosphaera concinna* 组合，与巴什布拉克、乌鲁克恰特等剖面巴什布拉克组二、三段组合面貌相似，地质时代为晚始新世；托母洛安地区也含丰富的藻类化石，可建立 *Adnatosphaeridium reticulense* —*Crassophaera tuberculata* 组合，沟鞭藻类化石 *Adnatosphaeridium reticulense*，*Rhombodinium draco* 和绿藻类 *Crassosphaera*，*Adnatosphaeridium reticulense* 占较大比例为本组合的重要特点，*Rhombodinium draco* 被认为是欧洲晚始新世早期的带化石，它最早出现于英格兰南部上始新统 Barton 层下部，*Adnatosphaeridium reticulense* 在塔里木盆地西南缘主要产于天山山前带巴什布拉克组二、三段。

齐姆根凸起西缘，岩性与昆仑山山前西带的巴什布拉克组几乎相同，岩性单一。由下往上依次为暗红色泥岩与薄层粉砂岩互层，夹中薄层状砂岩；红灰色厚层状砂岩；红色粉砂质泥岩、羽毛状粉砂岩与中薄层状砂岩互层。未见化石。

叶城凹陷北部，岩性与齐姆根凸起类似。在和什拉甫剖面采获了：双壳类：*Cardita* sp.，*C. marianae*，*Chlamys*（*Hilberia*）*minblak*，*Crassatella*（*Landinia*）*ustjurtensis*，*Donax*（*Chion*）*subovatum*，*Moerella* sp.，*Sanguinolaria* sp.，*Solena*（*Eosolen*）sp.，*Venericardia* sp.。见腹足类 *Euspira achatensis*，*Trophonopsis plini*。孢粉以 *Ephedripites*（*Distachyapites*）为主，含有一定数量的 *Nitrariadites*，*Labitricolpites*。

双壳类的 *Crassatella*（*Landinia*）*ustjurtensis* 与 *Cardita marianae* 为巴什布拉克组二段 *Platygena asiatica–Anomia girondica* 组合中的分子；而 *Crassatella*（*L.*）*ustjurtensis* 又以代表分子与 *Chlamys*（*Hilberia*）*minblaki* 一起又出现在三段的 *Ferganea bashibulakeensis–Crassatella*（*Landinia*）*ustjurtensis* 组合中；*Chlamys*（*Hilberia*）*minblaki* 又与 *Donax*（*Chion*）*subovatum* 一起出现在四段的 *Anomia oligoceanica–Cubitostrea tianshanensis–Donax*（*Chion*）*subovatum* 组合中。而 *Donax*（*C.*）*subovatum* 是本组合中的代表种，仅见于四段中。故从化石上看，这里的巴什布拉克组也不能分段了。

其中 *Crassatella*（*Landinia*）*ustjurtensis* 是中亚乌斯提秋尔特地区始新世的分子。而二段组合中 *Platygena asiatica* 是中亚地区利斯坦层—苏木萨尔层的标志化石。也是费尔干纳盆地利斯坦层上部的标志者；三段组合中的 *Ferganea* 属就是费尔干纳盆地苏木萨尔层（始新世晚期）的标准化石。故据当前的双壳类化石资料，巴什布拉克组的时代应归于中始新世晚期—渐新世早期。

该处腹足类可能属于 *Turritella ferganensis–Clavilithes conjunctus* 组合。虽然没有找到这个组合代表属种，但 *Trophonopsis plini* 恰是法国巴黎盆地始新世巴尔顿期和鲁帝特期的产物。而 *Euspira achatensis* 在乌斯提尤尔、咸海北部、土尔盖盆地上始新统和德国北部的渐新统下部均有分布。所以，按腹足类巴什布拉克组的时代，可归于始新世晚期至渐新世早期。

该处孢粉类应归于 *Pterisisporites–Ephedripites–Nitraiadites* 组合。这个组合与塔吉克斯坦始新世晚期的孢粉组合十分相似，故将巴什布拉克组的时代定为始新世晚期。

叶城凹陷南部，岩性与叶城凹陷北部类似，仅厚度剧减，再向东南（杜瓦和阿其克剖面）厚度进一步减少。到阿其克已无法从古近系中划分出来。在克里阳剖面见虫迹化石。

喀什凹陷西缘，是巴什布拉克组的典型小区，以乌鲁克恰提和库克拜地区发育最佳，地层完整。乌鲁克恰提剖面厚 482.90m，库克拜剖面厚 327.75m，乌恰南克孜洛依剖面因只有下部三段地层，厚度仅 117m，在乌拉根隆起带和塔什皮萨克一带缺失。有由西向东厚度变薄的趋势。与上、下地层组多为连续过渡。

南天山带化石多产于第二段至第四段，而以第三段最为丰富。

第二段含双壳类 *Platygena asiatica*（Romanovskiy），见于中亚费尔干纳盆地始新统顶部利什坦层；第三段产 *Ferganea bashibulakeensis* Wei，*F. ferganensis* Romanovskiy，*Cubitostrea plicata*（Solander）等，前者（*Ferganea*）见于中亚费尔干纳盆地苏木萨尔层，而后者（*Cubitostrea*）见于依斯法林层；第四段产 *Cubitostrea tianschanensis* Romanovskiy，在中亚产于哈纳巴德层，都属于始新世晚期。这些部分分子在喀什凹陷西缘的西昆仑山山前和在叶城凹陷北部的东昆仑山山前也有分布，但不能分段。

第二段至第三段含腹足类 *Turritella ferganensis* Vialov et Solom，*Clavilithes coniunctus* (Deshayes)，*Trophonopsis plini* (de Roinc)，其中前两者见于咸海北部及土尔盖盆地始新统上部，英格兰的始新统，巴黎盆地的始新统中、上部；后者则见于巴黎盆地的始新统。据此，其时代为始新世晚期。这些分子在叶城凹陷的东昆仑山山前带多可见到。

在巴什布拉克剖面本组第二段至第三段的孢粉属 *Pterisisporites—Ephedripites—Nitrariadites* 组合，该组合与乌拉根组的孢粉组合非常相似，其区别在于本组合蕨类植物孢子中出现的主要成分为凤尾蕨孢（*Pterisisporites*）而具气囊松柏类花粉（*Saccatepollen*）、拟白刺粉（*Nitrariadites*）、藜粉（*Chenopodipollis*）及菊科（Compositae）花粉增加，未见正型粉类（*Normapolles*）花粉。本组合与中亚诺吉克始新世晚期的孢粉组合极为相似，与此类似的孢粉组合还见于西西伯利亚、哈萨克斯坦、咸海、克孜尔库姆、布哈拉及费尔干纳盆地的始新统上部。这些地区针叶植物花粉的含量增加，说明与本组合出现该花粉的情况是一致的，显然应同属始新世晚期的产物。其中部分分子在喀什凹陷西缘的西昆仑山山前和在叶城凹陷北部的东昆仑山山前也有分布。

第二段至第三段有孔虫为 *Spiroplectammina phoxa* Hao et Zeng，*Baggina wuqiaensis* Zeng，*Gavelinella anomalosa* (Hao et Zeng)，*Heterolepa tuskyrensis* (Saperson)，*Nonion chapapotense* Cole，*Globigerina parva* Bolli 等。该化石组合与美国及苏联等国始新世晚期有孔虫的组合相近，其中 *Globigerina parva* 首次记载于特立尼达的始新统上部。因此，第二段至第三段的时代为始新世晚期。第四段有孔虫的属种丰富，第五段仅底部有所发现，它们是 *Quinqueloculina cookei* Cushman，*Gavelinella anomalosa* (Hao et Zeng)，*Globigerina khadumica* Bykova 等，其中 *Q. cookei* 是美国得克萨斯渐新统的重要分子，*G. khadumica* 见于苏联渐新统下部。因此，这一有孔虫组合的出现即为渐新世的开始。这样，第四段至第五段的时代为渐新世早期。

综上所述，可知以下几点。

(1) 根据上述各门类化石确定的时代，笔者认为巴什布拉克组第一段至第三段的时代属始新世晚期为宜，大致相当于普利亚本期；第四段及第五段时代可能为渐新世早期，大致相当于鲁培尔宾期，故塔西南始新统与渐新统的界限在巴什布拉克组第三段与第四段之间。

(2) 喀什凹陷北缘南天山带是巴什布拉克组建组相区，主要为一套暗紫红色泥岩、砂质泥岩夹砂岩，可分五段。喀什凹陷西缘的西昆仑山山前带的西北部的玛尔坎苏—臊尔托阔依地区，巴什布拉克组发育较完整，也可分为五个岩性段，但生物减少。由臊尔托阔依剖面向东南，各地岩性基本相似，但厚度则依次递减，已难以划分出五个岩性段。到叶城凹陷南部的东昆仑山山前，厚度剧减，至东南端的阿其克剖面，已无法从古近系中划分出本组。

2. 与塔里木盆地周边露头区的对比

塔里木盆地古近系分两个地层分区，对应于两种沉积类型。一为塔北—塔东地层分区，除温宿和库车地层小区有海相夹层外，其余全为陆相，该地层分区在北部库车小区及西部地区地层发育较全，而向南和向东部分地区则往往缺失古新统—始新统库姆格列木群，或发育不全，与上覆苏维依组难以细分；二为塔西南地层分区（即塔西南），主要为海相沉积，底部为吐依洛克组，上部为喀什群，在正常海域，喀什群一般可分为阿尔塔什组、齐姆根组、卡拉塔尔组和巴什布拉克组，但在边缘地区，如和田地层小区东部则难以细分，且一般缺失吐依洛克组。两个地层分区之间岩性和生物群有较大差异，彼此对比主要依靠海相夹层及孢粉化石等（表3-2-19）。

表3-2-19　塔里木盆地与邻区古近系对比表

年代地层			塔里木盆地				准噶尔盆地	吐鲁番—哈密盆地	柴达木盆地	西宁—民和盆地
统	阶		塔西南地层分区			塔北—塔东地层分区				
	海相（国际）	陆相（中国）								
渐新统	夏特阶	塔本布鲁克阶	喀什群	巴什布拉克组	五—四段	苏维依组	沙湾组	桃树园组下部	上干柴沟组	马哈拉沟组
	鲁培尔阶	乌兰布拉格			三——一段		安集海河组			
始新统	普利亚本阶	蔡家冲阶		乌拉根组		小库孜拜组	紫泥泉子组	连坎组	下干柴沟组	洪沟组
	巴尔通阶	垣曲阶		卡拉塔尔组				十三间房组		
	鲁帝特阶	卢氏阶				库姆格列木群				
	伊普里斯阶	岭茶阶		齐姆根组	上段 / 下段			大步组	路乐河组	
古新统	坦尼特阶	池江阶		阿尔塔什组		塔拉克组		台子村组		祁家川组
	塞兰特阶									
	丹尼阶	上湖阶		吐依洛克组						

1）喀什群与库姆格列木群对比

库姆格列木群在北部温宿和库车地层小区有海相夹层，特别是温宿地层小区海相夹层较发育，其下部塔拉克组以石膏层为主，含双壳类 *Brachidontes elegans* 曾见于英国古新统他奈丁阶及柯坪县音干地区喀什群，*Modiolus* sp. 也在齐姆根组下段见到，而塔拉克组上段孢粉组合可与阿尔塔什组及齐姆根组下段对比。塔拉克组下段砂砾岩层仅含少量孢粉，根据层位，可与吐依洛克组对比。库姆格列木群中和上部相当于小库孜拜组，其下段下部含沟鞭藻类 *Apectodinium homomorphum* 组合，表明下部可能有古新统，而该组含海相腹足类的组合时代应为始新世早期，介形类 *Neocyprideis galba* 见于齐姆根组上段，孢粉组合表明小库孜拜组下段与齐姆根组上段及卡拉塔尔组有共同特点，而上段孢粉组合时代为中晚始新世，所以其上部应相当于乌拉根组。

2）巴什布拉克组与苏维依组对比

苏维依组和巴什布拉克组孢粉组合可对比，如孢子均不起重要作用，*Ephedripites*，*Ulmipollenites*，*Meliaceoidites* 都以优势种群出现，正型粉和古老被子植物类型基本消失。巴什布拉克组的轮藻化石不多，但所含 *Cranulachara ovans*，*Turbochara zhangjuheensis*，*Obtusochara brevicylindrica*，*Gyrogona xindianensis* var. *qianjiangica* 等，均为苏维依组的主要属种，因而大致可以对比。但据苏维依组介形类化石，其顶界无疑要高于巴什布拉克组。关于底界，卢辉楠等（1990）、钟端等（1998）及黎文本等（1996）认为苏维依组下部时代应为晚始新世，其底界大致可与巴什布拉克组的底界对比，但对此尚有争议，还有待进一步研究。主要问题是所依据的生物化石仅有轮藻，且有重要意义的化石采自塔北小区和库车小区温宿县阿瓦特及阿尔干小区孔雀河井下，年龄为31.3Ma，应为渐新世，底界要高于巴什布拉克组。

3. 与中亚地区对比

塔西南海相古近系所含双壳类、腹足类、介形类、有孔虫等多数生物化石均可与中亚塔吉克、费尔干纳盆地同期地层对比。

塔西南（塔西南）古近纪海域为古地中海在中亚东侧的一个海湾，海水来自塔吉克海，并与费尔干纳海相通，已知的双壳类、介形类基本可以对比。有孔虫也有一些共同分子。中亚苏扎克层有孔虫下部为 *Acarinina acarinata* 带，时代为晚古新世，上部为 *Globorotalia afgua* 带，时代为早始新世。而塔西南齐姆根组浮游有孔虫仅见于下段，*Globorotalia velascoensis* 为世界各地古新统顶部的一个带化石。齐姆根组上段至巴什布拉克组第一段的 *Nonion laevis*，*Cibicides artem* 均出现于塔吉克和费尔干纳阿莱层至利什坦层，而乌拉根组 *Anomalinoides vialovi* 则见于利什坦层。

关于沉积特征和地层时代，有两点需说明：

（1）关于巴什布拉克组与中亚地层对比。塔吉克盆地利什坦层上部为红色泥岩和砂岩，下部是 10～30m 的砂糖状石膏，从岩性分析，相当于巴什布拉克组第一段，但该层标志性化石 *Platygena* 见于布拉克组第二段。巴什布拉克组二至四段一般认为相当于中亚阿利明阶依斯法拉层、哈纳巴德层、苏木萨尔层。前两者为浅黄、浅灰色及灰绿色泥岩，经常难以划分，苏木萨尔层下部为暗红色泥岩，上部为灰色、红灰色砂岩、泥岩和粉砂岩，而在费尔干纳该组上部为暗红色泥岩。根据岩性巴什布拉克组二段至四段也基本可与其对比。关于苏木萨尔层的时代尚有争论，在塔吉克盆地，一些研究者根据哈纳巴德层和苏木萨尔层之间的一些软体动物认为属晚始新世，而另一些研究者则认为属渐新世。费尔干纳盆地也是如此，一些学者认为可与北高加索白泥岩组对比，为晚始新世，而还有些研究者认为属早中渐新世，甚至晚渐新世。这种争论与巴什布拉克组上部有无渐新世的争论是一致的。至于巴什布拉克组第五段是否包括塔吉克盆地无争议的渐新统吉萨尔帕克层（岩性为红色沉积）尚不清楚。

（2）关于古近系下部厚层石膏层时代问题。几个盆地古近系下部均见厚层石膏层，在塔吉克盆地见于阿克德贾尔层（在费尔干纳曾称"克孜纳乌石膏层"），在塔西南见于阿尔塔什组，在库车小区则位于塔拉克组。根据生物地层对比，塔拉克组上段石膏层应相当于齐姆根组下段。而经过铀、铱等元素异常事件的对比，吐依洛克组当与阿克德贾尔层对比，即阿克德贾尔层石膏时代应早于阿尔塔什组。这样看，该厚层石膏层时代有由西向东渐次变新的特点，这是否与海侵的渐次由西向东推进有关？或者对比还有错误，尚待研究。

4. 古近系地层划分与对比总结

通过六个小区的地层划分与对比分析，以及与塔里木盆地周缘地层、国外相似的对比分析，做出了古近系地层对比图四条，横穿喀什凹陷、齐姆根凸起及叶城—和田凹陷（图 3-2-7 至图 3-2-8）。

从地层对比图可以看出：

阿尔塔什组以白色厚层块状石膏岩为主，常夹浅灰色白云岩、石灰岩、棕红色及灰绿色泥岩、膏泥岩，厚度变化较大（0～569.79m）。

齐姆根组可分为"上红下绿"两段，部分剖面缺少"绿段"，尤其是干加特以东地区，底与阿尔塔什组整合接触（16～405m）。

卡拉塔尔组可分为下石灰岩段（石灰岩、泥灰岩与灰绿色泥岩互层）、中白云岩段（或云泥岩、砂岩）及上石灰岩段等三个岩性段（55.6～317.3m）。

乌拉根组岩性单一且稳定，主要为灰绿色、红色泥岩、砂岩夹薄层石灰岩（21.8～353.4m）。

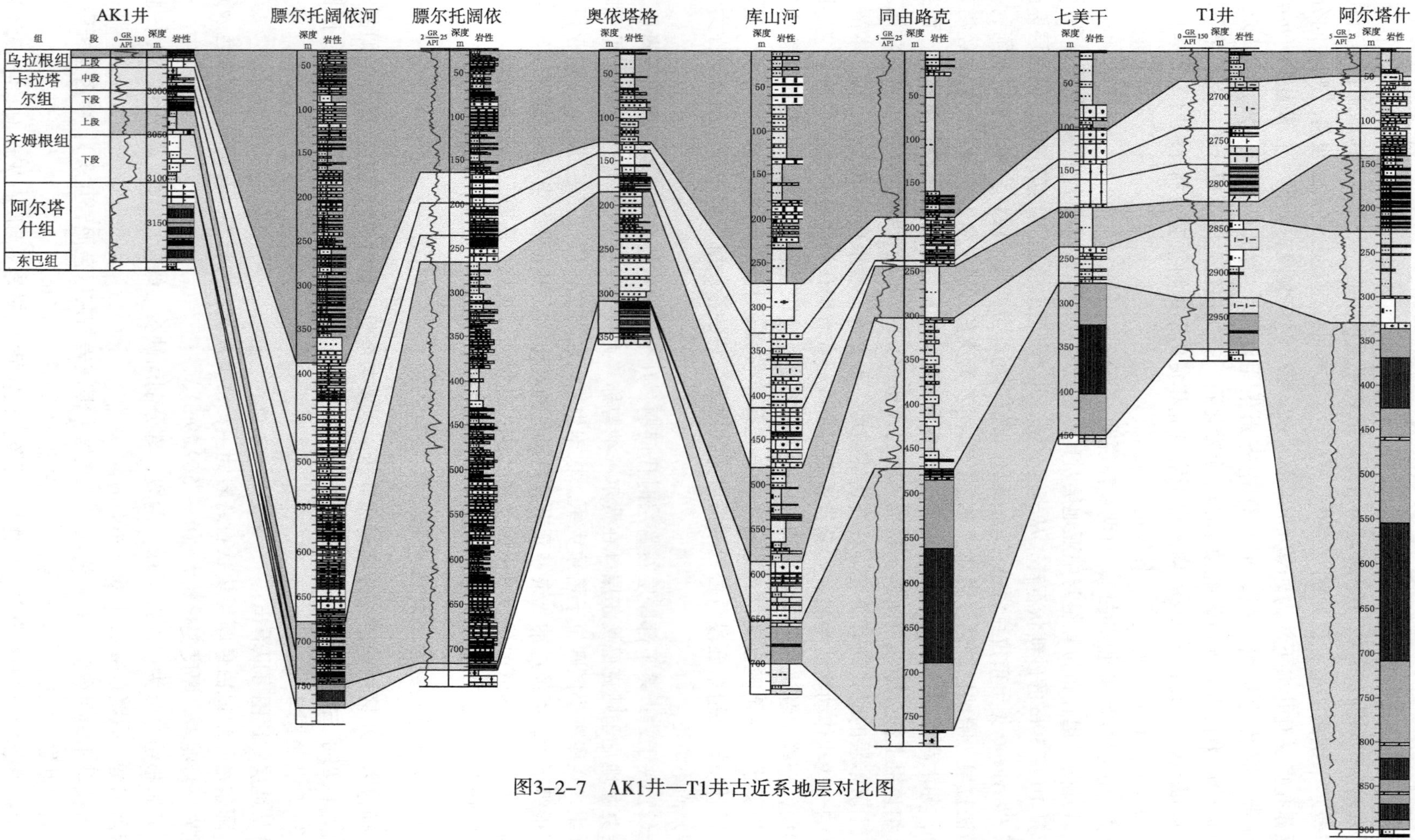

图3-2-7 AK1井—T1井古近系地层对比图

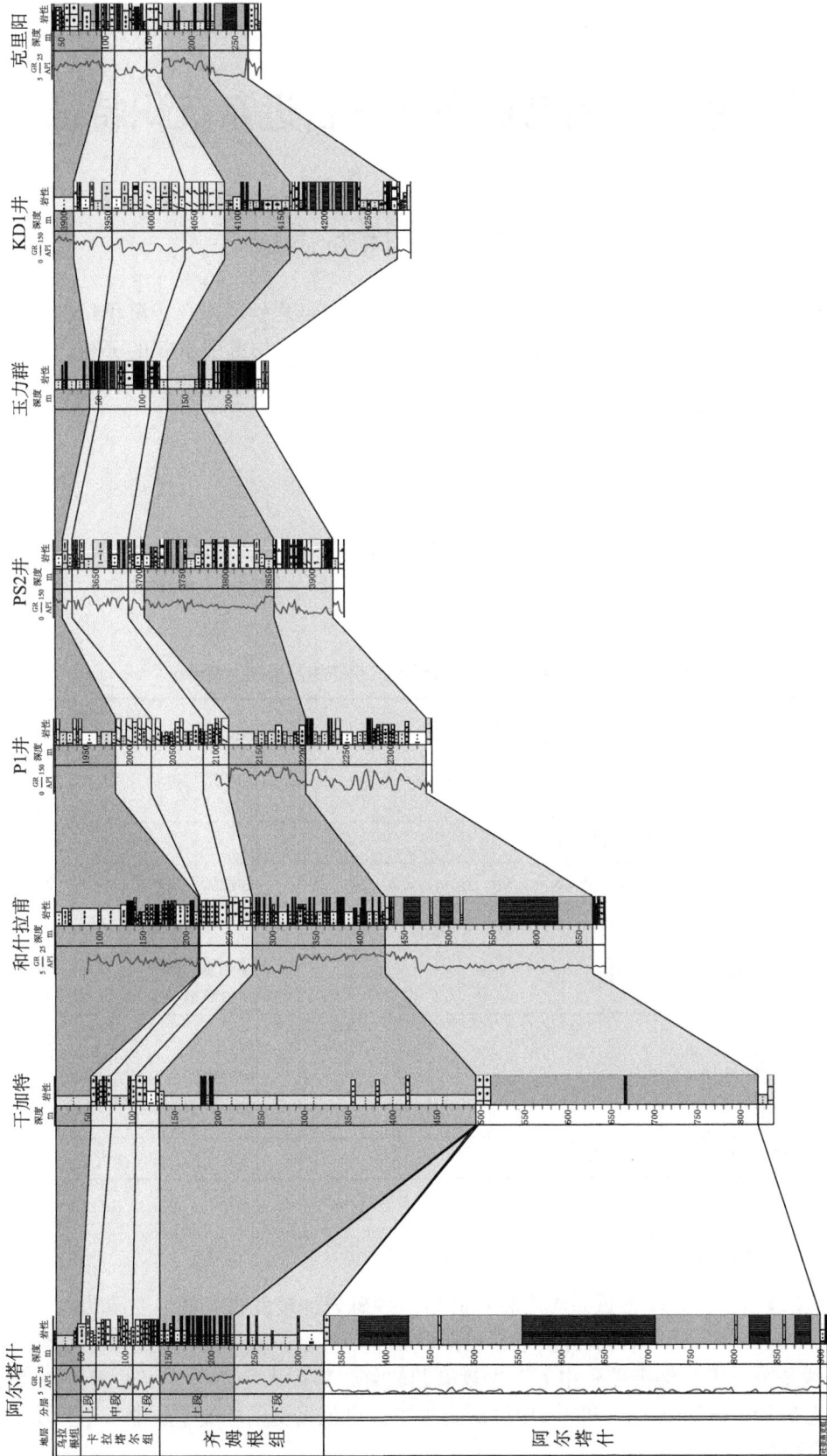

图3-2-8 阿尔塔什—克里阳古近系地层对比图

第四章 塔西南白垩系—古近系沉积特征

第一节 沉积相标志

相标志是沉积相分析和岩相古地理研究的基础，包括岩性、颜色、沉积结构、原生沉积构造、古生物化石等几类。通过对研究区 25 条剖面和 10 口井的资料的分析，包括露头（岩心）观察、描述、取样分析以及对岩样分析资料和测井资料的综合研究，总结出了塔西南地区白垩系—古近系的典型相标志。

一、岩性相标志

塔西南地区沉积岩类型丰富，根据成因可分为碎屑岩、碳酸盐岩和化学岩三类岩系。碎屑岩以砂砾岩、中、细砂岩、粉砂岩为主；碳酸盐岩以白云岩、生物碎屑灰岩及鲕粒灰岩为主；化学岩以石膏为主（表 4-1-1）。

表 4-1-1 塔西南白垩系—古近系沉积环境及岩性发育特征

岩性		层位	沉积环境
碎屑岩	砾岩—砂砾岩	K_1kz，K_2k，$E_{2-3}b$	冲积扇、辫状河三角洲
	粗砂岩	K_1kz，K_2k，$E_{2-3}b$	
	中砂岩	K_1kz，K_2k，$E_{2-3}b$	冲积扇、辫状河三角洲、浑水潮坪
	（泥质）细砂岩	K_1kz，K_2k，K_2w，K_2t，$E_{1-2}q$，E_2k，E_2w，$E_{2-3}b$	
	（泥质）粉砂岩	K_1kz，K_2k，K_2w，K_2t，$E_{1-2}q$，E_2w，$E_{2-3}b$	
	泥岩	K_2k，K_2w，K_2t，$E_{1-2}q$，E_2k，E_2w，$E_{2-3}b$	冲积扇、辫状河三角洲、潮坪、碳酸盐岩台地
碳酸盐岩	泥晶灰岩		碳酸盐岩台地、清水潮坪、浑水潮坪
	砂屑灰岩、生屑灰岩	K_2k，K_2y，E_1a，E_2k，E_2w	
	白云岩		
化学岩	石膏、泥质膏岩	K_2w，K_2t，E_1a	膏质海湾、浑水潮坪

1. 砾岩—砂砾岩

塔西南地区白垩系—古近系粒度较粗砾岩、砂砾岩比较发育，颜色主要为红色、灰红色和杂色（图 4-1-1）。砾石成分复杂，包括砂岩、石英岩、硅质岩、泥砾和钙质结核（钙砾）。一般是分选差、磨圆差到中等，少量磨圆较好，粒度大小不一，可见 2mm 的细砾岩到 0.5m 粗砾岩，一般以 1 ~ 30mm 中细砾岩为主。可见大型槽状交错层理、平行层理以及粒序层理发育。

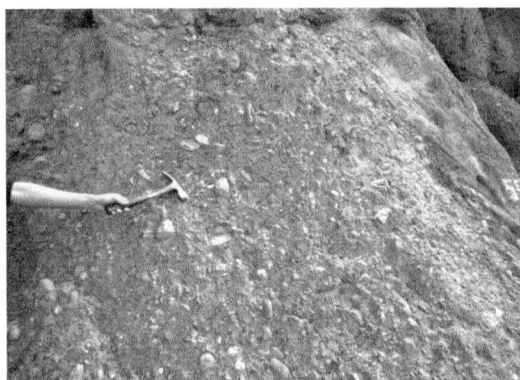

<table>
<tr><td>(a) 奥依塔格，59 层，K₁kz，辫状河三角洲</td><td>(b) 且木干，100 层，K₁kz，冲积扇</td></tr>
</table>

(a) 奥依塔格，59 层，K_1kz，辫状河三角洲　　　　(b) 且木干，100 层，K_1kz，冲积扇

(c) 克里阳，1 层，K_1kz，辫状河三角洲　　　　(d) 同由路克，46 层，K_1kz，冲积扇

(e) 奥依塔格，118 层，$E_{1-2}q$，冲积扇　　　　(f) 且木干，136 层，$E_{1-2}q$，冲积扇

图 4-1-1　塔西南地区白垩系—古近系砂砾岩沉积特征

　　砾岩—砂砾岩主要发育于下白垩统克孜勒苏群、上白垩统库克拜组下段及古近系巴什布拉克组，其他层位少见。粒度较粗的砾岩、砂砾岩主要发育于冲积扇—辫状河三角洲沉积体系。冲积扇砾岩—砂砾岩沉积往往粒度较粗，分选较差，磨圆差—中等，辫状河三角洲粒度相对稍细，但分选、磨圆相对较好。更细的砂砾岩常见于浑水潮坪潮间带—潮下带，尤其潮汐水道。

2. 砂岩

塔西南地区白垩系—古近系砂岩在陆相沉积中最为发育，颜色主要为红色、灰红色（图4-1-2），总体上以中细砂岩为主，其次为含砾粗砂岩、粗砂岩、粉砂岩及泥质砂岩。砂岩以长石岩屑砂岩为主，岩屑多为硅质岩、泥岩、千枚岩等，颗粒分选中等—较好。各种交错层理均较发育。研究区砂岩主要发育于下白垩统克孜勒苏群、上白垩统库克拜组下段、乌依塔克组、吐依洛克组、古近系齐姆根组、乌拉根组及巴什布拉克组。

其中相对较粗的含砾粗砂岩、粗砂岩、中细砂岩主要发育在下白垩统克孜勒苏群、上白垩统库克拜组下段、乌拉根组及巴什布拉克组，以冲积扇、辫状河三角洲、浑水潮坪环境为主；相对较细细砂岩、粉砂岩、泥质砂岩主要发育于库克拜组下段、乌依塔克组、吐依洛克组、古近系齐姆根组等，以浑水潮坪沉积为主。

(a) 粉砂岩，克里阳，E_2w，浑水潮坪 (b) 细砂岩，柯东1井，K_2k，辫状河三角洲

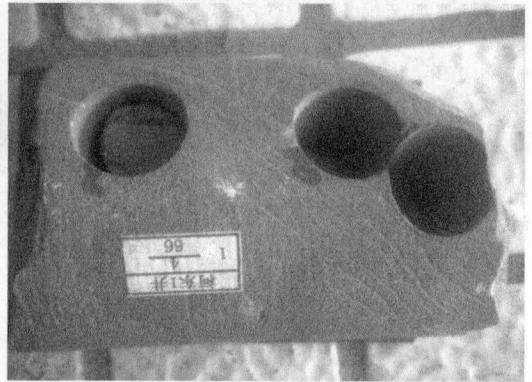

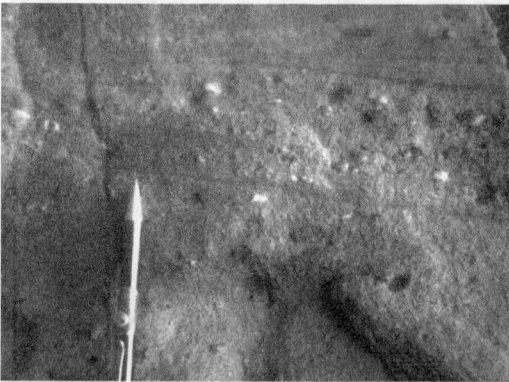

(c) 含砾粗砂岩，和什拉甫，K_1kz，冲积扇 (d) 粉砂岩，克里阳，K_2k，辫状河三角洲

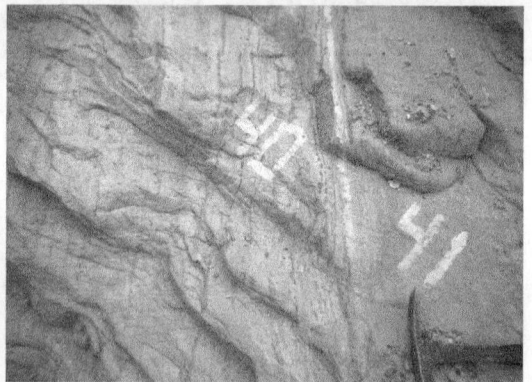

图4-1-2 塔西南地区白垩系—古近系砂岩沉积特征

3. 泥岩、粉砂质泥岩

本区泥岩主要包括泥岩和粉砂质泥岩两类，二者多沉积在水动力条件相对较弱的环境中，如冲积扇扇缘漫流沉积、辫状河三角洲分流河道间湾、浑水潮坪潮上带、潮间带。所见泥岩颜色有暗红色、灰绿色等，这种颜色的差异与黏土岩所含的有机碳、铁离子的氧化

状态等因素有关（图4-1-3）。红色泥岩代表了氧化环境，常出现于陆上冲积扇、辫状河三角洲平原、浑水潮坪朝上带等；灰绿色泥岩是浅水弱氧化—弱还原环境下形成的，在研究区出现于三角洲前缘亚相、潮间带、碳酸盐岩台地等。

塔西南地区泥岩、粉砂质泥岩主要发育在上白垩统库克拜组、乌依塔克组、吐依洛克组，古近系齐姆根组、卡拉塔尔组、乌拉根组及巴什布拉克组。本区泥岩多不纯，大多含粉砂，且常与粉砂岩、细砂岩韵律性互层沉积。

(a) 膏质粉砂质泥岩，奥依塔格，K_2k，浑水潮坪   (b) 膏泥岩，阿尔塔什，K_2k，辫状河三角洲

(c) 灰质泥岩，膘尔托阔依河，$E_{1-2}q$，浑水潮坪   (d) 含粉砂泥岩，克里阳，K_2w，浑水潮坪

图4-1-3　塔西南地区白垩系—古近系泥岩沉积特征

4. 泥晶灰岩和泥质灰岩

泥晶灰岩及泥质灰岩是本区常见的石灰岩类型之一，主要为灰色、红灰色、黄灰色等，中厚层状至中薄层状均常见，可见水平层理（图4-1-4）。

泥晶灰岩和泥质灰岩主要见于库克拜组、依格孜牙组、卡拉塔尔组和乌拉根组，但总体厚度较小，多与生物碎屑灰岩、砂屑灰岩互层沉积。本类岩石大部分由极细粒的灰泥（又称泥晶）组成，多数含泥，含少量异化颗粒。常形成于低能环境，如开阔台地、局限台地、潟湖、潮上带等。

(a) 生屑泥晶灰岩，奥依塔格，K_2y，开阔台地   (b) 砂屑泥晶灰岩，阿尔塔什，K_2y，局限台地

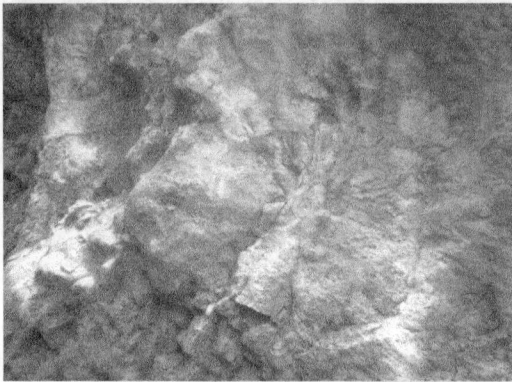

(c) 泥晶灰岩，和什拉甫，K_2y，局限台地   (d) 泥质灰岩，膘尔托阔依河，$E_{1-2}q$，浑水潮坪

图 4-1-4 塔西南地区白垩系—古近系泥晶灰岩、泥质灰岩沉积特征

5. 生物碎屑灰岩及生物灰岩

生物碎屑灰岩是一种由破碎的生物碎屑被碳酸钙胶结而成的石灰岩（图 4-1-5），多形成于水流或波浪作用强烈的障壁滩坝、生物碎屑颗粒滩或生物礁侧翼。生屑种类繁多，常见有孔虫、苔藓虫、介形虫、腹足等，少量藻团块及藻砂屑。

塔西南地区生物碎屑灰岩主要发育于库克拜组、依格孜牙组、卡拉塔尔组及乌拉根组。在生物碎屑灰岩中，很少只含一种生物碎屑，大都是几种生物碎屑共生。有的生物碎屑大体定向排列，有的则杂乱堆积。除生物碎屑外，还常有其他颗粒如砂屑、鲕粒、藻灰结核等共生，亮晶基质和泥晶基质均有。

生物灰岩中生物化石往往保存完整，主要分布于卡拉塔尔组和乌拉根组，但两个组的生物主体不同。乌拉根组牡蛎 *Sokolowia* 最为特征，其个体肥大、数量多、分布甚广，是确定乌拉根组最重要的标志之一；而突蕨牡蛎是确定卡拉塔尔组的重要标志之一。

6. 砂屑灰岩

砂屑颗粒主要由灰泥（泥晶）碎屑组成，多呈不规则形状。有的砂屑由藻丝体及灰泥组成，形状常不规则，可称为藻砂屑。砂屑常与生屑、砾屑、粉屑、鲕粒、陆源石英粉砂等共生。基质常以亮晶为主，亦常含有泥晶或完全为泥晶。常见交错层理、波痕等构造。

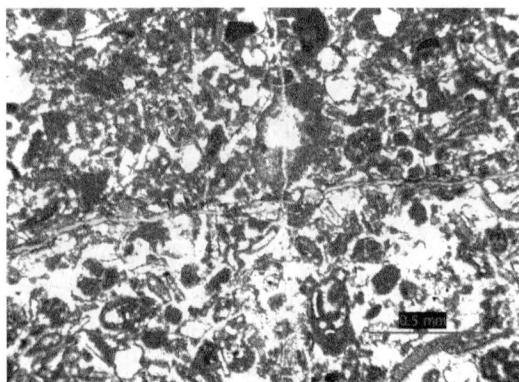

(a) 亮晶生屑灰岩，奥依塔格，K_2k，开阔台地

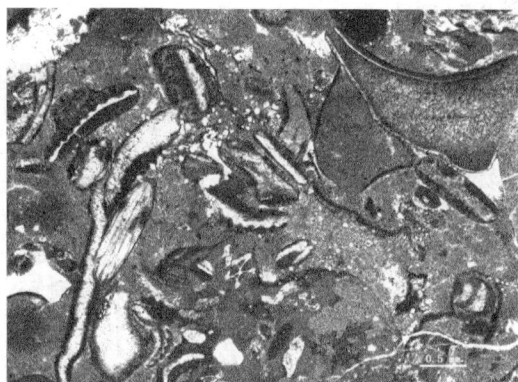

(b) 泥晶生屑灰岩，且木干，K_2k，清水潮坪

(c) 泥晶生屑灰岩，膘尔托阔依河，E_2k，局限台地

(d) 介壳灰岩，和什拉甫，E_2k，局限台地

(e) 牡蛎灰岩，克里阳，E_2w，浑水潮坪

(f) 牡蛎灰岩，赛格尔塔什，E_2w，局限台地

图 4-1-5　塔西南地区白垩系—古近系生物（碎屑）灰岩沉积特征

　　砂屑灰岩，尤其是亮晶砂屑灰岩，是在水动力条件较强的浅水环境中形成的，一般形成在潮下高能环境或潮间间歇高能环境中。泥晶砂屑石灰岩，其砂屑形成于高能环境，但堆积于较低能环境；这可能是高能环境中形成的砂屑被搬运到低能环境中和灰泥一起沉积下来而成的；也可能是原来形成砂屑的高能环境后来变成了低能环境，从而砂屑和灰泥一起沉积下来而形成。

塔西南地区砂屑灰岩主要见于库克拜组、依格孜牙组、卡拉塔尔组及乌拉根组（图4-1-6）。

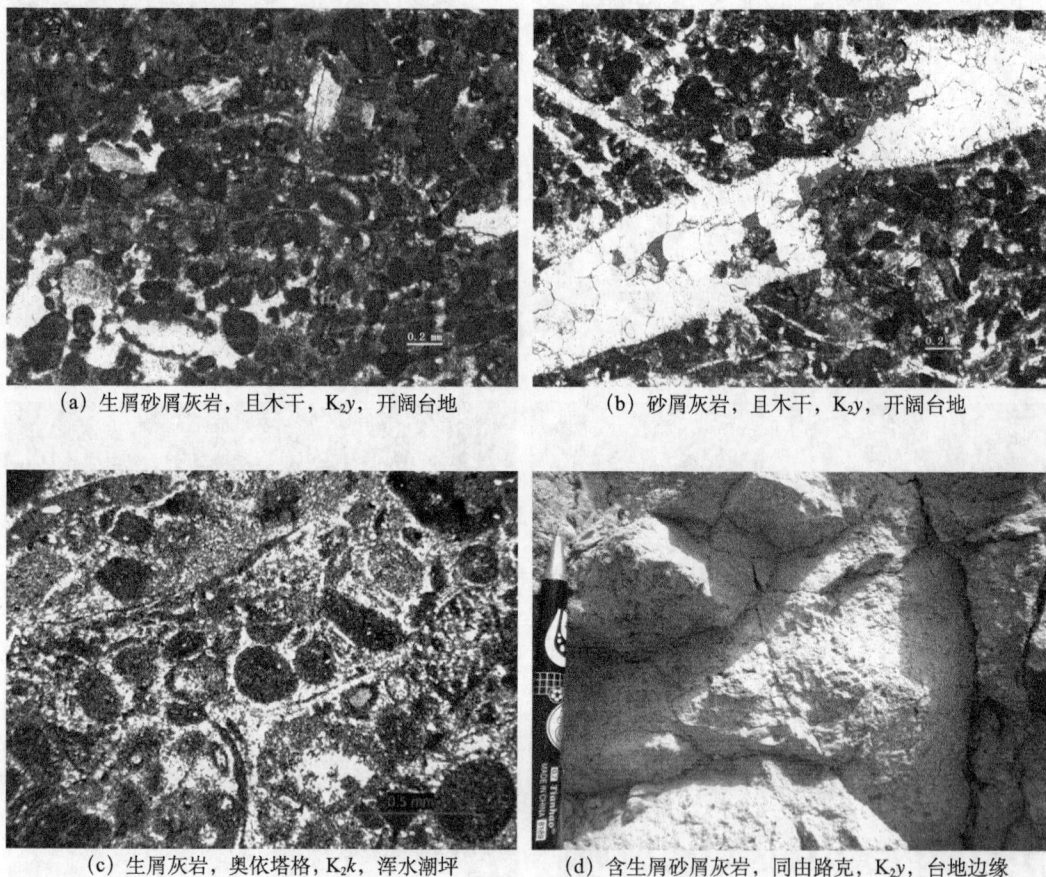

（a）生屑砂屑灰岩，且木干，K₂y，开阔台地

（b）砂屑灰岩，且木干，K₂y，开阔台地

（c）生屑灰岩，奥依塔格，K₂k，浑水潮坪

（d）含生屑砂屑灰岩，同由路克，K₂y，台地边缘

图4-1-6　塔西南地区白垩系—古近系砂屑灰岩沉积特征

7. 膏岩、膏质泥岩、泥质石膏

古近系阿尔塔什组发育白色巨厚层石膏（图4-1-7），从同由路克至普司格都有发育，厚度不等，由100～600m减至几米，形成于膏质海湾潟湖环境，是全区重要盖层。库克拜组上段、乌依塔克组、吐依洛克组、齐姆根组、巴什布拉克组膏泥岩、泥质石膏发育，石膏呈薄层状、团块或脉状分布于红色或灰绿色泥岩中，厚度达数百米。

二、颜色

此处的颜色主要指泥岩或砂质泥岩的颜色。本区泥岩的颜色有红色、灰绿色等，这种颜色的差异与黏土岩所含的有机碳、铁离子的氧化状态等因素有关。泥岩的颜色可作为相标志的重要特征，主要是因为泥岩的颜色可以表征相类型（表4-1-2）。泥岩的红色、紫色代表了一种强氧化环境，常出现于冲积扇、潮上带等；灰绿色是弱氧化—弱还原环境下形成的，常出现于潮坪潮间带、三角洲前缘亚相、碳酸盐岩台地等（图4-1-8）。

(a) 石膏，阿尔塔什，E_1a

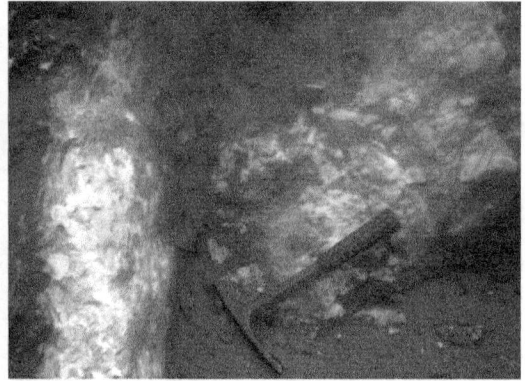

(b) 含泥石膏，和什拉甫，E_1a

(c) 石膏，克里阳，E_1a

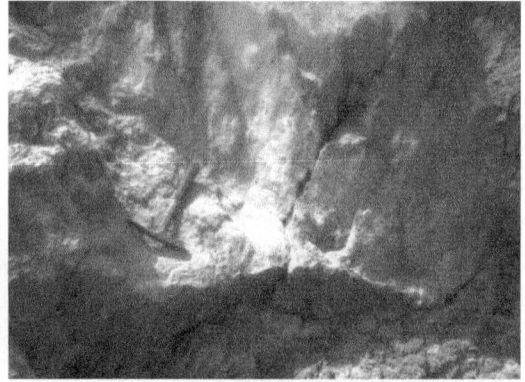

(d) 石膏，玉力群，E_1a

(e) 泥质石膏，奥依塔格，K_2k

(f) 膏泥岩，同由路克，K_2t

图 4-1-7　塔西南地区白垩系—古近系膏质海湾、蒸发膏泥坪沉积特征

表 4-1-2　常见泥岩颜色分类及对应的沉积环境

分类	颜 色	沉积环境
I	灰、深灰、黑、黑灰	还原环境
Ⅲ	绿、蓝绿、黄绿、浅灰、灰白、黄灰、绿灰、灰绿、棕灰	弱还原
Ⅱ	黄、棕黄、灰黄、绿黄、浅黄、灰褐	弱氧化
I	红、棕红、紫灰、浅褐、棕褐、杂色、灰棕、褐棕、褐、棕、浅棕、浅或暗紫色、紫红色	氧化环境

(a) 暗红色砂质泥岩，同由路克，K₁kz

(b) 灰绿色泥岩，且木干，K₂k

(c) 灰绿色膏泥岩，赛格尔塔什，K₂k

(d) 暗红色砂质泥岩，克里阳，E₂₋₃b

图 4-1-8　塔西南地区白垩系—古近系泥岩常见颜色

三、沉积构造

原生沉积构造是识别沉积体系非常有用的标志，它反映了沉积介质的性质、流体水动力情况、沉积物的搬运和沉积方式。通过对 9 条剖面和 1 口取心井的观察、描述，根据成因及形态分类，研究区沉积构造可归为层理构造、冲刷充填构造、变形构造等几大类。

1. 层理构造

水平层理主要出现在灰色、灰绿色及红色泥岩、膏泥岩、砂质泥岩中，是在低能环境中，如局限台地、潮上带、海湾潟湖等，由细粒的沉积物不断沉降而成。研究区发育多种类型的交错层理，主要有板状、楔状、槽状、沙纹交错层理等。交错层理、平行层理多发育于水动力相对较强的环境，如平行层理、槽状交错层理、楔状交错层理常见于河道，沙纹交错层理多见于天然堤、决口扇、河口坝（图 4-1-9）。

(a) 槽状交错层理，同由路克，K_1kz　　　　(b) 板状交错层理，奥依塔格，K_1kz

(c) 平行层理，柯东1井，K_2k　　　　　　(d) 水平层理，克里阳，K_2t

图 4-1-9　塔西南地区白垩系—古近系层理构造

　　波状层理的纹层呈对称或不对称的波状，但其总的方向平行于层面。沉积介质的波浪振荡作用形成对称波状层理，单向水流的前进运动形成不对称波状层理。研究区各剖面波状层理发育，常见于粉细砂岩中，并与平行层理、交错层理伴生，反映相对高能水流环境，如辫状河三角洲前缘亚相、河口坝、天然堤等（图 4-1-10）。

图 4-1-10　浅红色细砂岩（上部发育平行层理，下部发育波状层理，同由路克，K_1kz）

2. 冲刷充填构造

冲刷充填构造又称底冲刷构造，由于流水尤其是河道冲刷下伏沉积物，形成沟槽，并在之上沉积新的河道底部沉积物，上下层之间接触面突变不平整。该构造常见于冲积扇之上河道、辫状河三角洲前缘亚相及潮坪潮汐水道中（图4-1-11）。

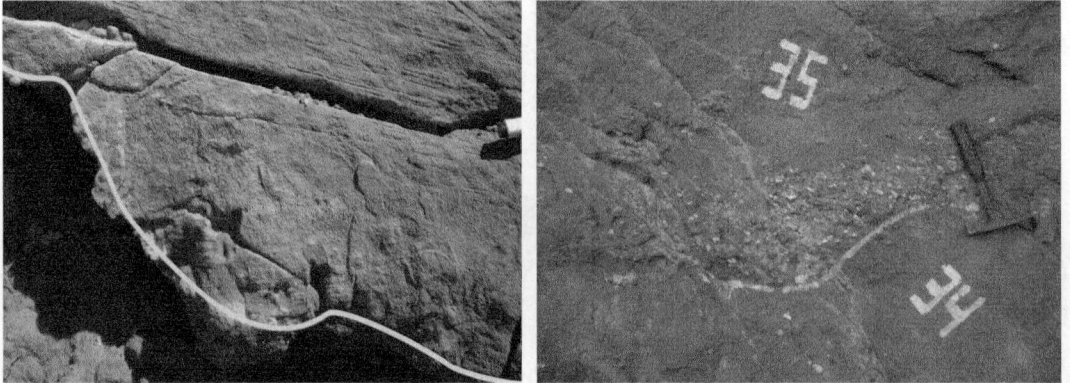

(a) 中细砂岩，同由路克，K_1kz　　　　　(b) 砂砾岩，克里阳，K_1kz

图4-1-11　冲刷充填构造

3. 变形构造

变形构造是在沉积作用的同时或沉积物固结成岩之前处于塑性状态时发生变形所形成的各种构造。

塔西南地区最为常见的变形构造是滑塌构造，沉积物顺坡滑动，使沉积层内发生变形、揉皱，原有层理发生挠曲，形态改变，这种构造常见于三角洲前缘（图4-1-12）。

图4-1-12　暗红色粉砂岩、泥质粉砂岩发育变形层理（同由路克，K_1kz）

四、生物化石

白垩系上统库克拜组灰绿色泥岩，依格孜牙组碳酸盐岩，古近系阿尔塔什组顶部云灰岩，齐姆根组灰绿色泥岩，卡拉塔尔组钙质砂岩、砂屑云灰岩、石灰岩及乌拉根组钙质砂岩、灰绿色泥岩、石灰岩中产牡蛎、蛤、海扇、螺类的化石。这些双壳及腹足类化石在不同时代及不同地区其分布形态也不同（图4-1-13）。

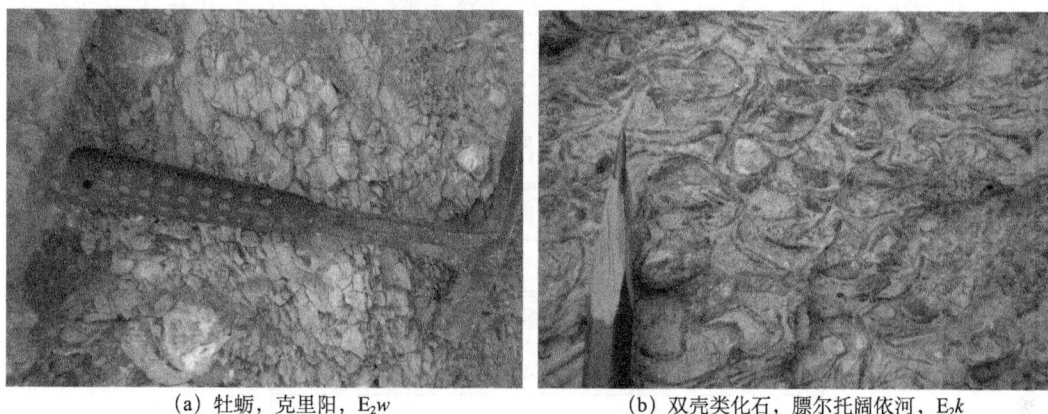

<table>
<tr><td>（a）牡蛎，克里阳，E_2w</td><td>（b）双壳类化石，膘尔托阔依河，E_2k</td></tr>
</table>

图4-1-13　塔西南地区白垩系—古近系生物化石

库克拜组的双壳类及腹足类化石夹于厚层灰绿色泥岩中，双壳类化石个体在叶尔羌河以西较大，在叶尔羌河以东较小，化石保存完好，主要代表在潮间、潮下带原地生长的群落。

依格孜牙组碳酸盐岩中的化石有两个特征，第一，化石个体大小不一，第二，化石既有波浪打碎、搬运、再沉积，也有保存完好的固着蛤、苔藓虫。因此依格孜牙组的化石有代表原地生长的生物礁，也有代表异地搬运的分布在波浪表面上破碎的生物壳，同由路克、塔木河、干加特生物化石丰富，生物礁发育，而在七美干、和什拉甫、克里阳化石较少，生物礁不发育。化石的组合及分布形态反映了当时潮间、潮下带的生物组合。海水西深东浅，在一定地质时期内反映了海侵方向是自西北向东南。

卡拉塔尔组主要双壳类化石为牡蛎，个体小，堆积牡蛎灰岩，形态完整，主要是原地生长。现代海岸研究者把牡蛎灰岩视为海岸线的产物，在现代海岸的观察结果也证明了这一点，平均高潮线附近，牡蛎粘结成牡蛎礁灰岩，是牡蛎礁灰岩最发育处。

乌拉根组的牡蛎在同由路克泥岩、和什拉甫钙质砂岩、普司格石灰岩中均有分布。同由路克、七美干、干加特、普司格地区牡蛎个体较大，而在和什拉甫钙质砂岩中的牡蛎个体小，全区牡蛎壳破碎。表明在同由路克、七美干、干加特、普司格地区以潮间、潮下带沉积为主，而在和什拉甫以潮上、潮间沉积为主。

第二节　沉积相类型

通过对研究区25条剖面和11口井资料分析，包括对露头（岩心）观察、描述、取样分析与测井资料的综合研究，在塔西南地区白垩系—古近系识别出冲积扇、辫状河三角洲、潮坪、碳酸盐岩台地、海湾等沉积相类型（表4-2-1）。

表 4-2-1　塔西南昆仑山山前地区白垩系－古近系沉积相划分

相组	相	亚相	微相	地层分布
陆相	冲积扇	扇根	泥石流、河道充填	K_1kz、$E_{1-2}q$、$E_{2-3}b$
		扇中	辫状河道、漫流沉积	
		扇缘	漫流沉积、河道	
	辫状河	河床	滞留沉积、心滩	K_1kz、$E_{2-3}b$
		河漫	河漫滩	
	曲流河	河床	滞留沉积、边滩	
		堤岸	天然堤、决口扇	
		河漫	河漫滩、河漫湖泊	
	湖泊相	滨浅湖		$E_{2-3}b$
		（半）深湖		
		湖湾		
海陆过渡相	辫状河三角洲	辫状河三角洲平原	辫状河道、天然堤、分流河道间	K_1kz、K_2k、$E_{2-3}b$、$E_{1-2}q$
		辫状河三角洲前缘	水下分流河道、河道间、河口坝	
海相	清水潮坪	潮上	蒸发泥坪、泥云坪	K_2w、K_2t、E_2w、$E_{1-2}q$
		潮间	云灰坪	
		潮下	颗粒滩、生屑滩	
	浑水潮坪	潮上	蒸发泥坪、沙泥坪、膏泥坪	$E_{1-2}q$、K_2k、E_2w
		潮间	沙泥坪、灰泥坪、灰坪、沙坪	
		潮下	泥坪、沙泥坪	
	碳酸盐岩台地	局限台地	潟湖、障壁滩坝	K_2y、E_2k
		开阔台地	台内滩、滩间海	K_2y、E_2k
		台地边缘	颗粒滩、生物礁、生屑滩	K_2y、E_2k
	海湾	灰泥质海湾		K_2k、$E_{1-2}q$、E_1a
		膏质海湾		K_2k、E_1a

一、冲积扇—辫状河三角洲沉积体系

冲积扇是组成山麓—洪积相的主体。它是在干旱—半干旱气候条件下由突发性洪水或暂时性河流携带大量的砂泥物质，在山前堆积而成。国外对现代冲积扇的经典表述多数来自半干旱和干旱型冲积扇。根据各种沉积特征及其与现代环境的类比，塔西南昆仑山山前白垩系克孜勒苏群的冲积扇是干旱炎热气候条件下形成的，即干旱扇。本区冲积扇前部往往发育粗碎屑辫状河三角洲，构成冲积扇—辫状河三角洲沉积体系。

1. 冲积扇

研究区冲积扇主要发育于下白垩统克孜勒苏群第一段，第二段、第三段、第四段及古近系齐姆根组偶有发育。岩性以棕红色、红褐色粗碎屑砾岩、砂砾岩及砂岩、泥岩混杂沉积为主，分选较差，磨圆中等—较差，可见大型平行层理、交错层理或粒序层理，少见生物化石。

本区冲积扇可识别出扇根、扇中、扇缘三种亚相，以扇中亚相较为发育（图4-2-1）。

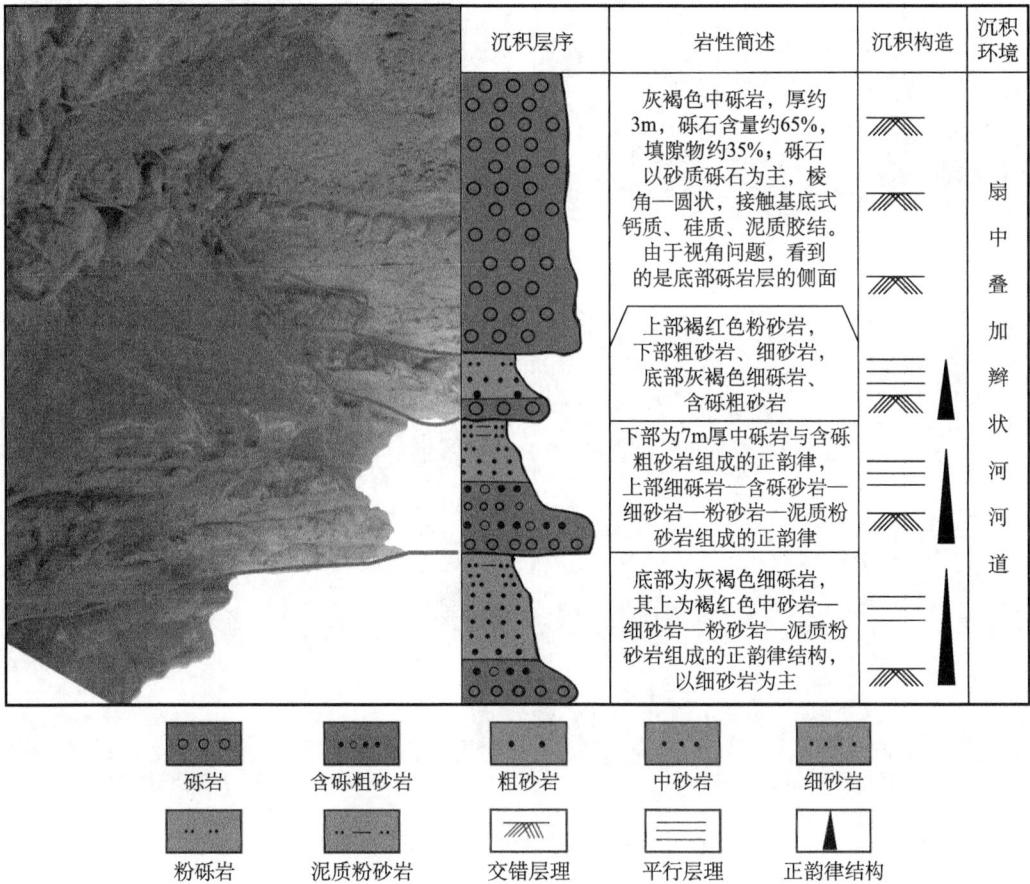

	沉积层序	岩性简述	沉积构造	沉积环境
		灰褐色中砾岩，厚约3m，砾石含量约65%，填隙物约35%；砾石以砂质砾石为主，棱角—圆状，接触基底式钙质、硅质、泥质胶结。由于视角问题，看到的是底部砾岩层的侧面		扇中叠加辫状河河道
		上部褐红色粉砂岩，下部粗砂岩、细砂岩，底部灰褐色细砾岩、含砾粗砂岩		
		下部为7m厚中砾岩与含砾粗砂岩组成的正韵律，上部细砾岩—含砾砂岩—细砂岩—粉砂岩—泥质粉砂岩组成的正韵律		
		底部为灰褐色细砾岩，其上为褐红色中砂岩—细砂岩—粉砂岩—泥质粉砂岩组成的正韵律结构，以细砂岩为主		

砾岩　含砾粗砂岩　粗砂岩　中砂岩　细砂岩

粉砂岩　泥质粉砂岩　交错层理　平行层理　正韵律结构

图4-2-1　冲积扇扇中亚相叠加辫状河河道（奥依塔格，K_1kz）

（1）扇根：主要发育泥石流和河道充填两种沉积。泥石流为分选极差的砾、砂、泥混杂体，呈块状，无沉积构造显示，杂基支撑，颜色显示灰红色，为充填物的颜色[图4-2-2（a）]。河道充填为褐红色中、粗砾岩，颗粒支撑，砾岩分选性差，无定向排列，成层性差，单层厚度大，一般为2～10m，具明显的冲刷充填构造，多呈透镜状，为季节性洪水快速沉积的主河道组合。

（2）扇中：岩性为褐红色－棕红色中粗粒砂砾岩，以颗粒支撑为主，发育大型槽状交错层理、平行层理、底冲刷构造。垂向剖面上常表现为多期砾质河道叠置，单个河道充填砂体的厚度一般为1～5m，自下而上由多个正韵律旋回组成[图4-2-2（b），（c）]。

（3）扇缘：除了辫状河道沉积外，最显著特征是发育褐红色中薄层粉砂岩、泥质粉砂岩，呈席状，厚度稳定，砂岩成分成熟度、结构成熟度低 [图4-2-2 (d)]。

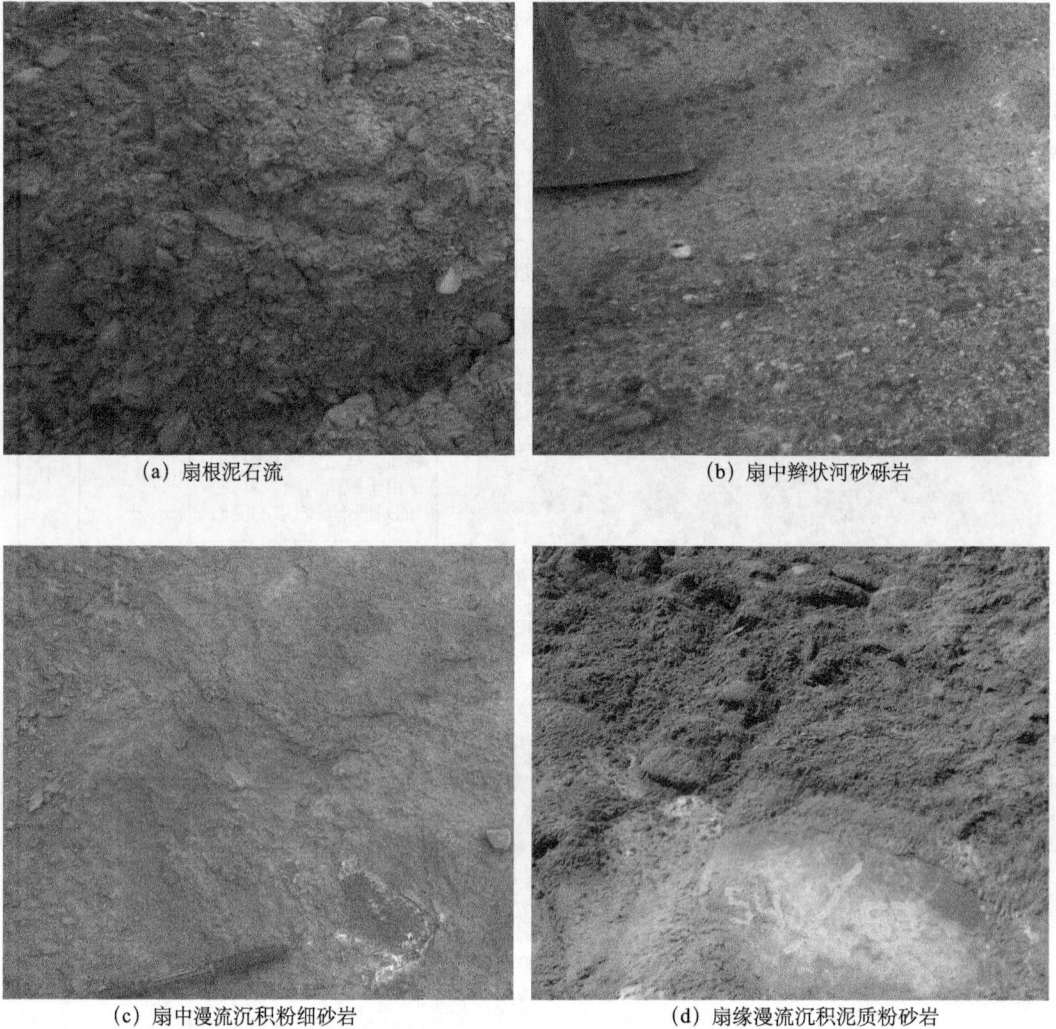

（a）扇根泥石流 　　　　　　　　　　　　　　（b）扇中辫状河砂砾岩

（c）扇中漫流沉积粉细砂岩 　　　　　　　　　（d）扇缘漫流沉积泥质粉砂岩

图4-2-2　塔西南地区白垩系冲积扇沉积特征

2. 辫状河三角洲

辫状河三角洲是成因学的定义，是辫状河推进到水体（海、湖）中形成的一种粗碎屑三角洲，是一种粒度介于扇三角洲和正常河流三角洲之间的特殊类型。辫状河三角洲同正常三角洲一样，包括辫状河三角洲平原、辫状河三角洲前缘和前辫状河三角洲三个亚相。

辫状河三角洲与扇三角洲的区别是：

（1）扇三角洲重力流比辫状河三角洲要发育，尤其在扇三角洲平原常见泥石流。

（2）粒度上，扇三角洲要比辫状河三角洲粗得多。

（3）扇三角洲的垂向沉积序列以砾岩为主，变化快；辫状河三角洲沉积序列以砂砾岩、砂岩为主，粒度变化慢，但是变化范围广。

（4）扇三角洲水道多为粗粒辫状河；辫状河三角洲的分流河道为相对细粒低弯度河流。

从野外露头及井的资料分析可知，本区辫状河三角洲以辫状河三角洲平原为主，其次为辫状河三角洲前缘，前三角洲亚相在本区少见（图4-2-3）。

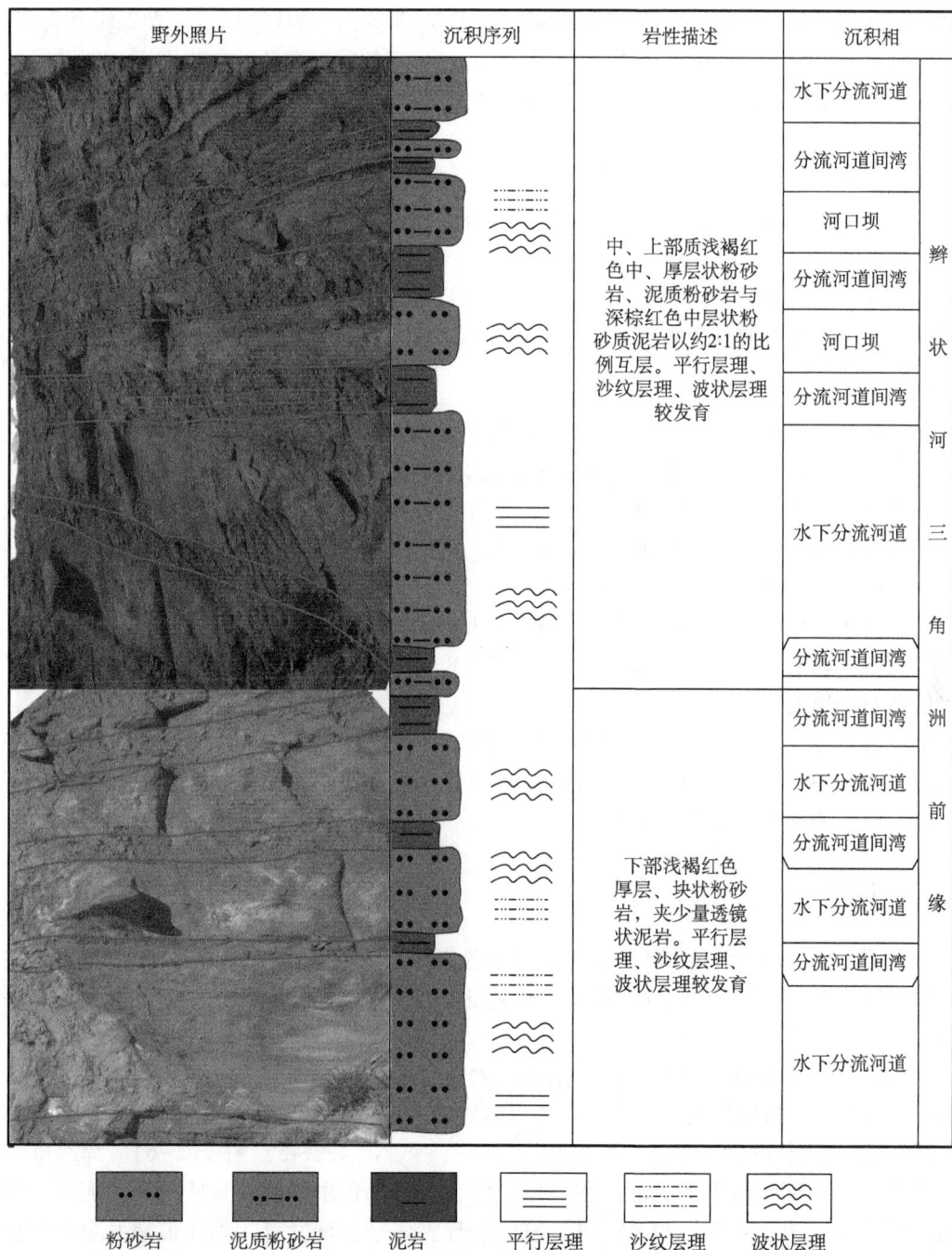

野外照片	沉积序列	岩性描述	沉积相	
			水下分流河道	辫状河三角洲前缘
			分流河道间湾	
		中、上部质浅褐红色中、厚层状粉砂岩、泥质粉砂岩与深棕红色中层状粉砂质泥岩以约2:1的比例互层。平行层理、沙纹层理、波状层理较发育	河口坝	
			分流河道间湾	
			河口坝	
			分流河道间湾	
			水下分流河道	
			分流河道间湾	
		下部浅褐红色厚层、块状粉砂岩，夹少量透镜状泥岩。平行层理、沙纹层理、波状层理较发育	分流河道间湾	
			水下分流河道	
			分流河道间湾	
			水下分流河道	
			分流河道间湾	
			水下分流河道	

粉砂岩　泥质粉砂岩　泥岩　平行层理　沙纹层理　波状层理

图4-2-3　辫状河三角洲前缘沉积层序（同由路克，K_1kz_3）

1）辫状河三角洲平原

平原部分类似于辫状河沉积，为牵引流沉积。由辫状河道沙坝、堤岸沉积、废弃河道充填沉积及河漫组成，其中占主导地位的是辫状河道沙坝沉积，局部河漫亦发育。

辫状河道沙坝沉积类似于辫状河心滩沉积，在沉积过程中砂体频繁侧向迁移加积。岩性较粗，常由砾岩、含砾砂岩及砂岩组成，其中主体岩性为含砾中、粗粒砂岩。单一河道沙坝沉积体呈透镜状，透镜体沉积物具明显向上变细特征，常从细砾岩、含砾粗砂岩到中、粗粒砂岩；单一砂岩透镜体的最大厚度从 0.5～3m 不等，横向延伸数米即迅速变薄、甚至尖灭；砂体中沉积构造发育，底部常见冲刷面构造，砂体内发育平行层理及大、中型槽状交错层理。

废弃河道充填沉积物往往呈下凸上平的透镜状，砂体向两端收敛变细、尖灭；充填沉积物由下向上粒度显著变细，一般从砾岩（河道滞留沉积）、含砾砂岩、砂岩过渡到粉砂岩、泥岩。

堤岸及河漫沉积为洪水期水体漫越河道，在河道两侧积水洼地中沉积的细粒物质，主要由粉砂岩和泥岩的薄互层组成，发育沙纹层理。

2）辫状河三角洲前缘

辫状河三角洲前缘是辫状河三角洲沉积的最活跃场所，主要由水下分流河道、支流间湾沉积、河口沙坝组成，其中水下分流河道沉积为前缘的主体。

水下分流河道是平原环境中辫状河道入湖后在水下的延续部分，其沉积特征与辫状河道沙坝极为相似，岩性较辫状河道沙坝稍细，主要为含砾砂岩、粗砂岩、中砂岩及细砂岩构成，岩石中泥质杂基含量极少，多在 5% 以下，呈颗粒支撑。砂体中沉积构造发育，常见大、中型槽状交错层理、平行层理及冲刷充填构造，局部见板状交错层理。

支流间湾沉积在研究区前缘亚相中普遍可见，由粉砂岩、粉砂质泥岩和泥岩组成，见水平层理及沙纹层理。

河口沙坝常见，特征清楚，由粉砂岩、细砂岩及中砂岩组成，常显示向上变粗层序及向上变粗再变细层序，河口沙坝中沉积构造发育，常见浪成沙纹层理、浪成波痕、平行层理及中、小型槽状及板状交错层理。

二、潮坪

潮坪是指地形平坦、随潮汐涨落而周期性淹没、暴露的环境。根据平均海平面的位置，潮坪可分为潮上带、潮间带和低潮面附近的潮下带，其中潮上带和潮间带是潮坪的主体。

白垩系—古近系潮坪沉积可以根据沉积岩性主体不同分为清水潮坪和浑水潮坪两种沉积环境，前者以碳酸盐岩沉积为主，后者以陆源碎屑岩沉积为主（表4-2-1）。

塔西南地区主要发育浑水潮坪沉积（图4-2-4，图4-2-5，图4-2-6）。浑水潮坪潮上带常发育膏泥坪、膏质沙泥坪沉积，以棕红色、红褐色中薄层状膏质泥岩、泥质粉砂岩夹薄层细砂岩、白色石膏层为主，可见波状层理、水平层理发育。潮间带常发育潮间沙泥坪、灰泥坪沉积，以灰绿色、绿灰色中薄层状泥岩、灰质泥岩、粉细砂岩夹中薄层状泥晶灰岩、生屑灰岩及泥云岩为主。

地层		层号	层厚 m	深度，m	岩性剖面	GR API 5—25	沉积相		
系	组						微相	亚相	相
白垩系	乌依塔克组	50	1.5				潮上蒸发泥坪	潮上	浑水潮坪
		49	3	280					
		48	10.9						
		47	5.67	290					
		46	2.75						
		45	11.75	300 310					
		44	1.8						

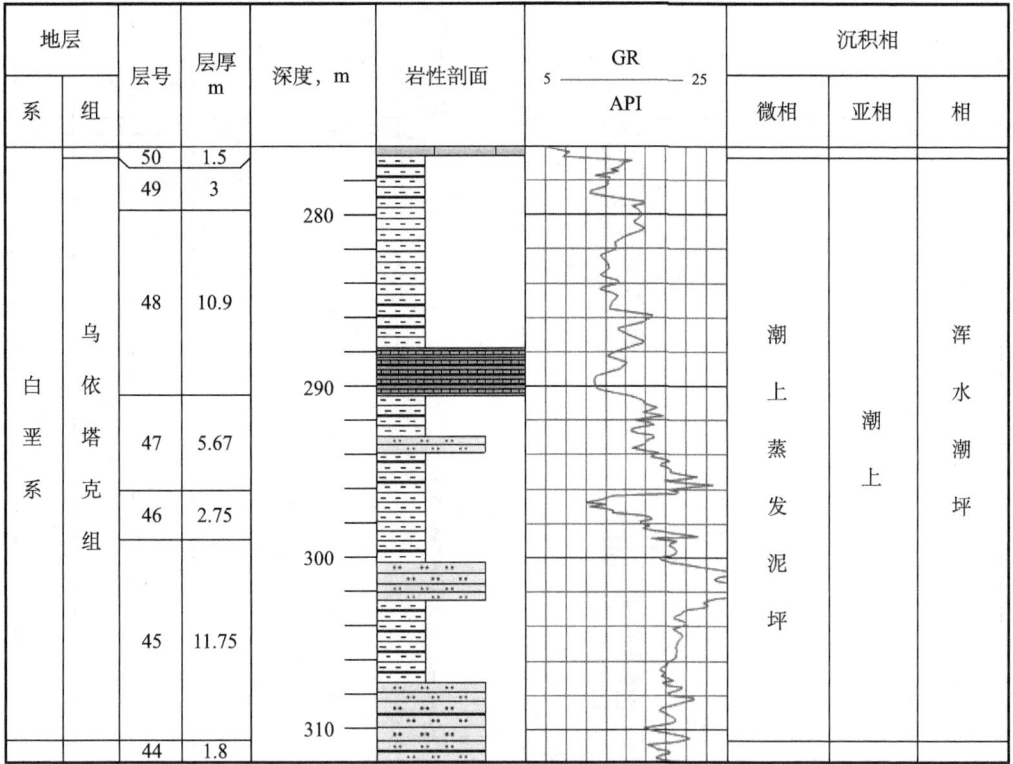

图 4-2-4 浑水潮坪潮上蒸发泥坪（克里阳，乌依塔克组）

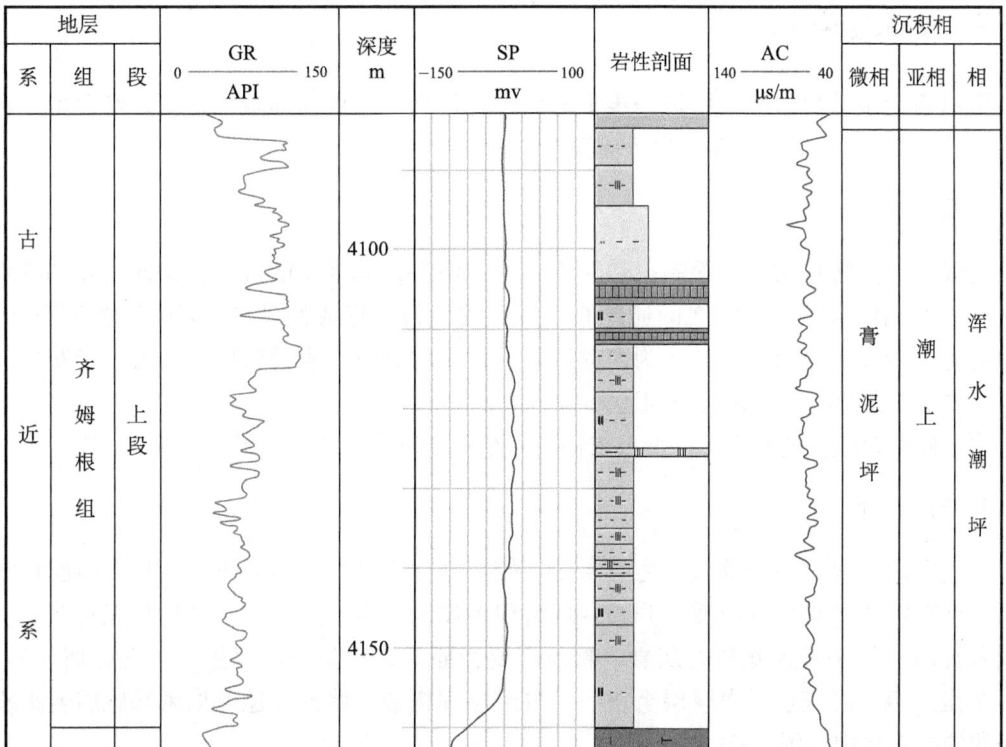

地层			GR API 0—150	深度 m	SP mv −150—100	岩性剖面	AC μs/m 140—40	沉积相		
系	组	段						微相	亚相	相
古近系	齐姆根组	上段		4100 4150				膏泥坪	潮上	浑水潮坪

图 4-2-5 浑水潮坪潮上膏泥坪（KD1 井，齐姆根组）

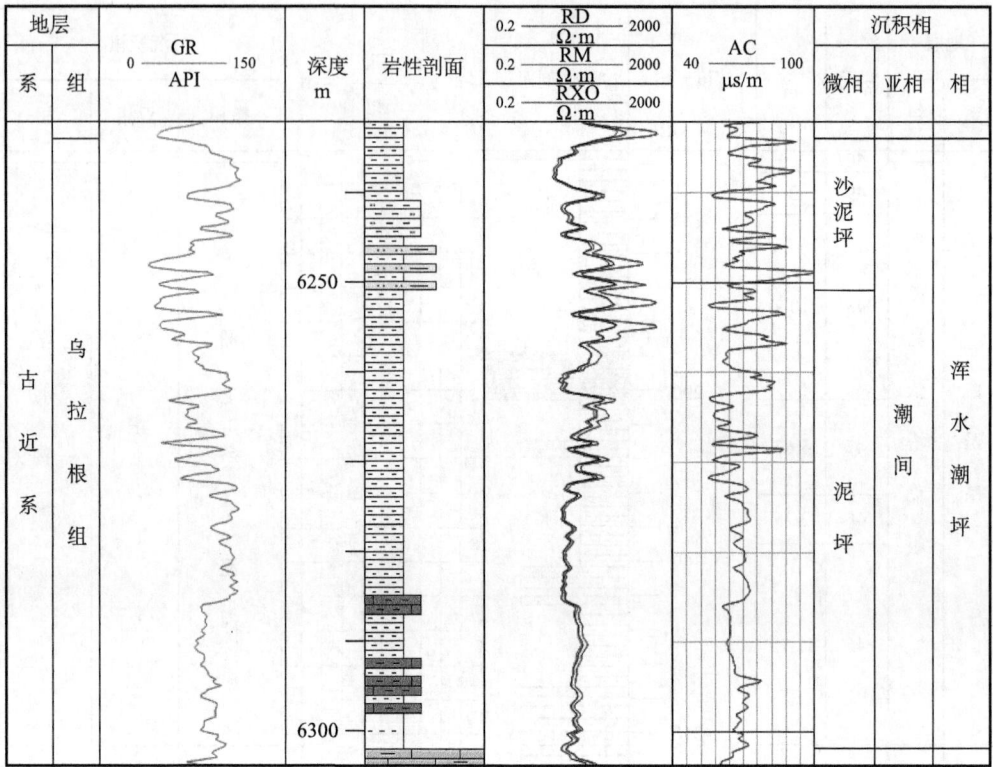

图 4-2-6 浑水潮坪潮间泥坪—沙泥坪沉积（KS103 井，乌拉根组）

三、碳酸盐岩台地

塔西南碳酸盐岩台地又可进一步细分为多种环境，主要为局限台地、开阔台地、台地边缘等（表 4-2-1）。现将其沉积特征叙述如下。

1. 局限台地

局限台地为海水循环受限制、盐度不正常的浅海，其水体能量一般较低，局部浅水区发育浅滩。局限台地与广海之间通常有生屑滩或颗粒滩形成的障壁。岩性以灰泥石灰岩、含生物碎屑泥晶灰岩为主，其次为内碎屑灰岩、生物碎屑灰岩及灰质白云岩，呈灰色、红灰色，中厚层至块状，缺乏层理构造。

本区局限台地主要发育于白垩系依格孜牙组及古近系卡拉塔尔组（图 4-2-7）。

2. 开阔台地

开阔台地（或称为开阔海）为海水循环较好、盐度基本正常的浅海，其水体能量相对较低，但在浅水区常发育浅滩。开阔台地沉积主要为灰泥石灰岩、含颗粒灰泥石灰岩、颗粒质灰泥石灰岩和灰泥颗粒石灰岩，颗粒主要为原地堆积的正常海生物化石碎屑及砂屑。岩石多呈灰色、红灰色，中厚层至块状，缺乏层理构造。此外，还可见风暴砾屑岩夹于正常沉积的岩石之中（图 4-2-8）。

本区开阔台地沉积主要发育于白垩系依格孜牙组，古近系卡拉塔尔组局部发育。

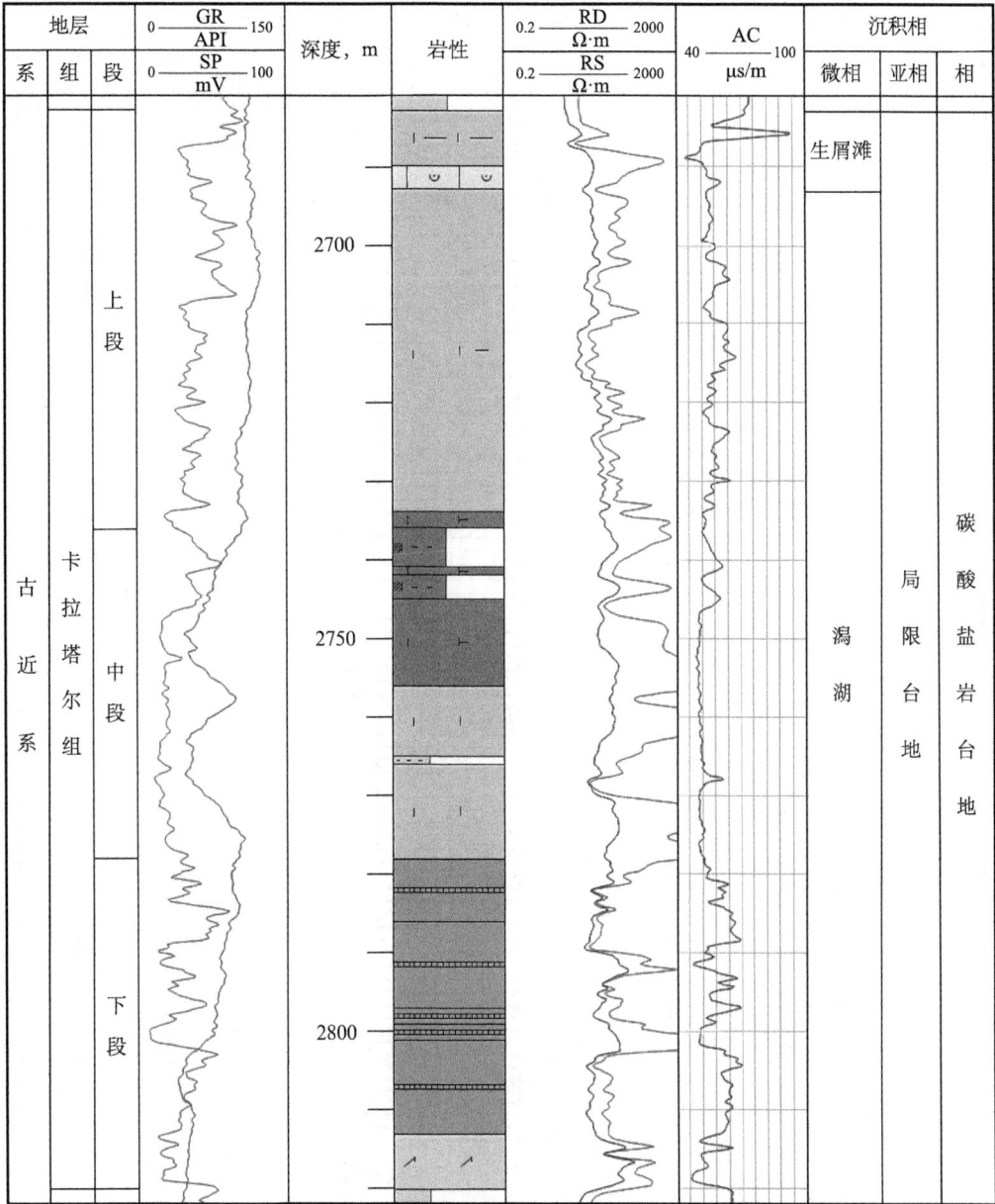

图 4-2-7 局限台地沉积特征（T1 井，卡拉塔尔组）

3. 台地边缘

台地边缘不断受到来自广海海域的海浪、洋流的冲击、簸洗，因此其水体能量高；同时这里也是台地内部较温暖、盐度较高的海水与来自深海海域较冷、盐度正常、富含养分的海水混合的地方。由于这些原因，岩性主要是亮晶砂屑灰岩和生物碎屑灰岩。本区台地边缘沉积主要发育于白垩系依格孜牙组（图 4-2-9）。

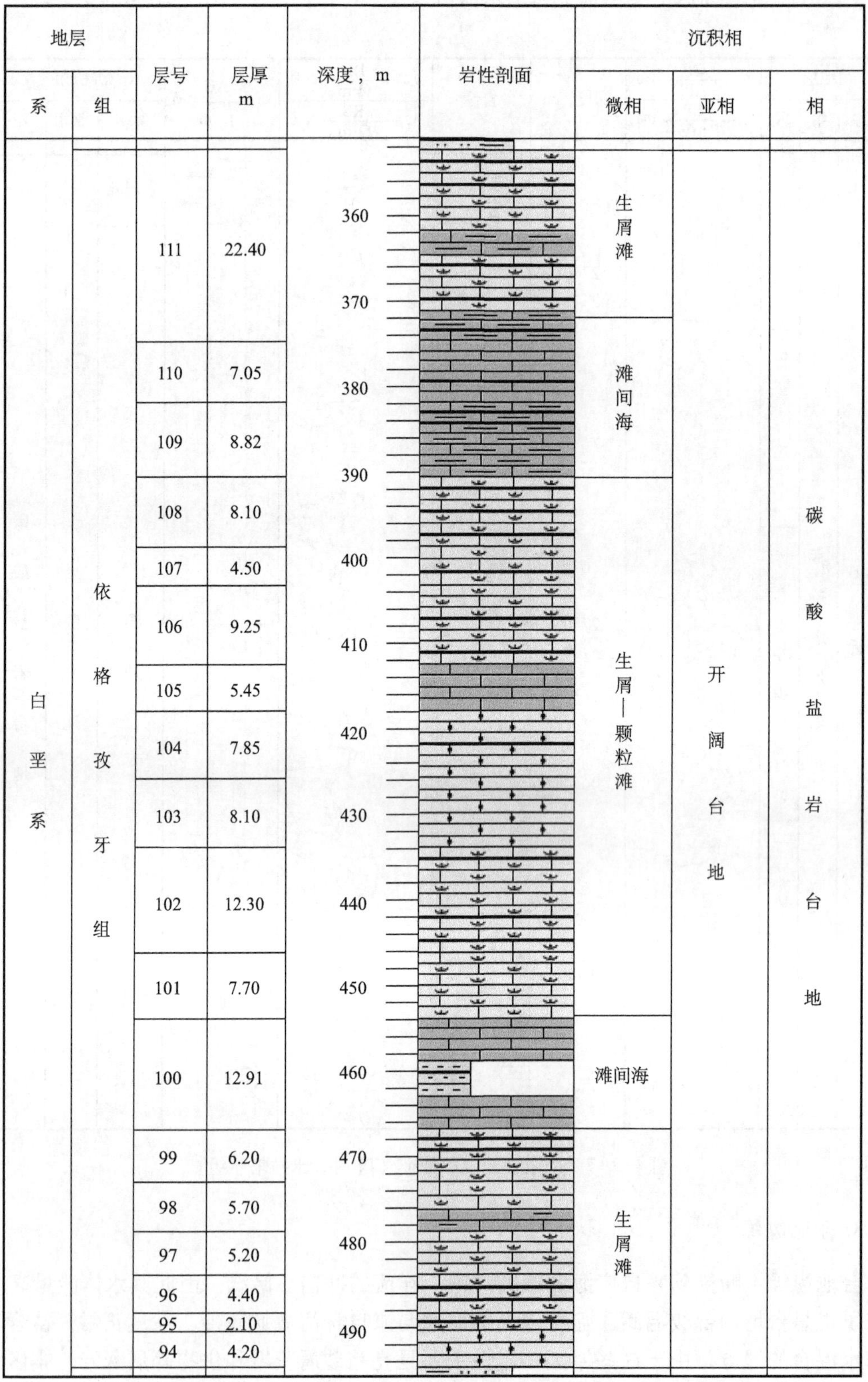

地层		层号	层厚 m	深度，m	岩性剖面	沉积相		
系	组					微相	亚相	相
白垩系	依格孜牙组	111	22.40	360 370		生屑滩	开阔台地	碳酸盐岩台地
		110	7.05	380		滩间海		
		109	8.82	390				
		108	8.10			生屑—颗粒滩		
		107	4.50	400				
		106	9.25	410				
		105	5.45					
		104	7.85	420				
		103	8.10	430				
		102	12.30	440				
		101	7.70	450				
		100	12.91	460		滩间海		
		99	6.20	470		生屑滩		
		98	5.70					
		97	5.20	480				
		96	4.40					
		95	2.10	490				
		94	4.20					

图 4-2-8　开阔台地沉积（奥依塔格剖面，依格孜牙组）

地层		层号	层厚，m	深度，m	岩性剖面	GR 5—25 API	沉积相		
系	组						微相	亚相	相
白垩系	依格孜牙组	201	2.4				颗粒滩	台地边缘	碳酸盐岩台地
		200	2.75						
		199	5.95	800					
		198	15.8	810					
				820					
		197	3.55						
		196	2.55						
		195	1.9						
		194	2.85	830					
		193	7.15						
		192	1.85	840					
		191	5.35						
		190	2.9				生屑滩		
		189	5.05	850					
		188	4						
		197	1.4						
		186	3	860					
		185	2.2						
		184	9.4	870					
		183	1.25						
		182	11.8	880					
		181	8.85	890					
		180	6.75	900			颗粒滩		
		179	4.6						
		178	5.3	910					
		177	2.3						
		176	8	920					
		175	2.45						
		174	5.1	930					
		173	2						

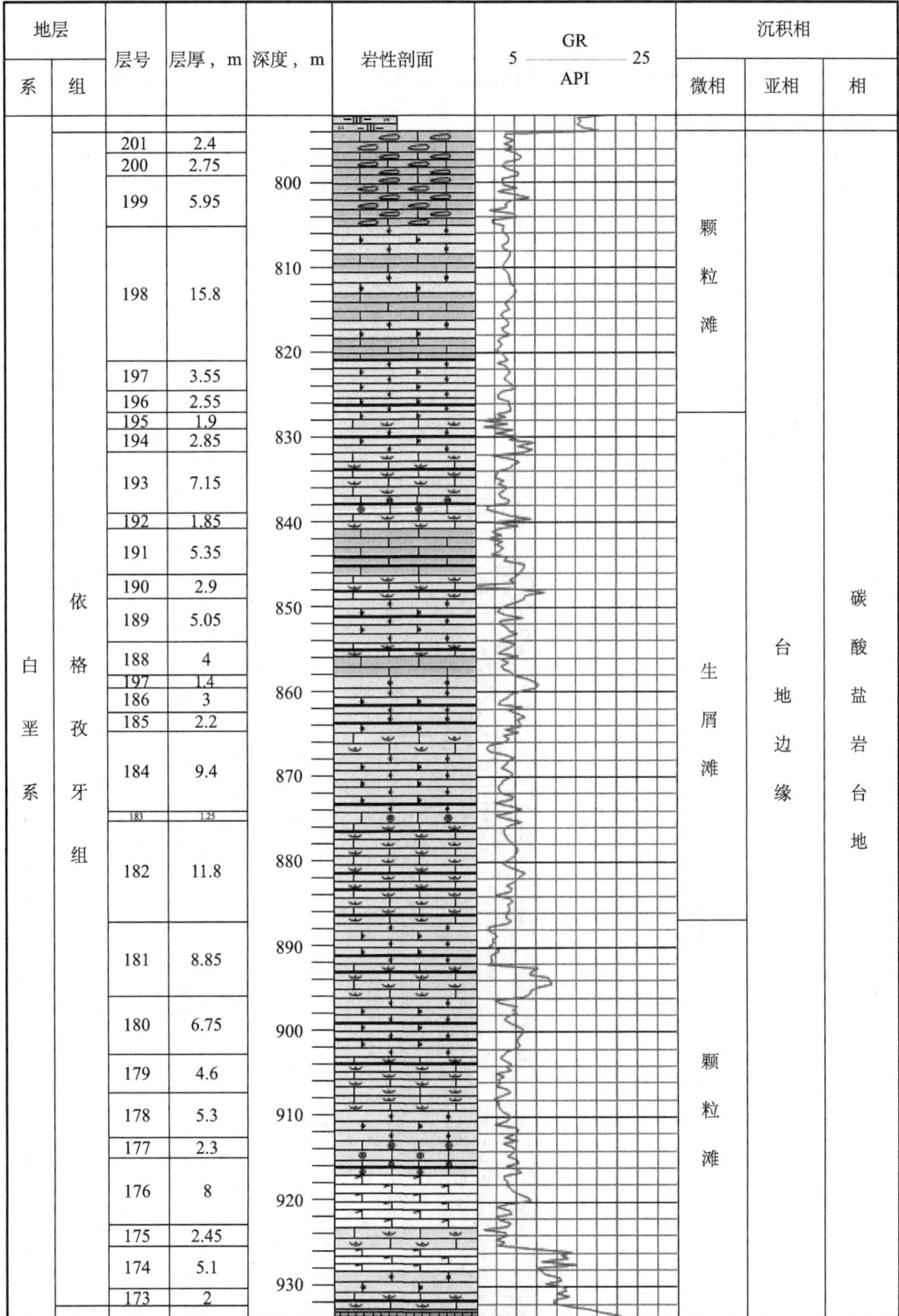

图 4-2-9 台地边缘沉积（同由路克剖面，依格孜牙组）

四、海湾

海湾沉积主要发育于古近系阿尔塔什组，包括膏质海湾（图4-2-10，图4-2-11）和灰泥质海湾。

膏质海湾以白色厚层状石膏沉积为特征，常夹薄层状泥质云岩、白云质灰岩及含生物碎屑灰岩，硬石膏呈纤维状集合体及板柱状，硬度低，滴酸无反应。膏质海湾主要分布于喀什凹陷、齐姆根凸起及叶城凹陷西部。灰泥质海湾以泥质灰岩、含膏质泥灰岩、灰质泥岩夹白色薄层状石膏沉积为特征。灰泥质海湾主要分布于叶城凹陷东部。

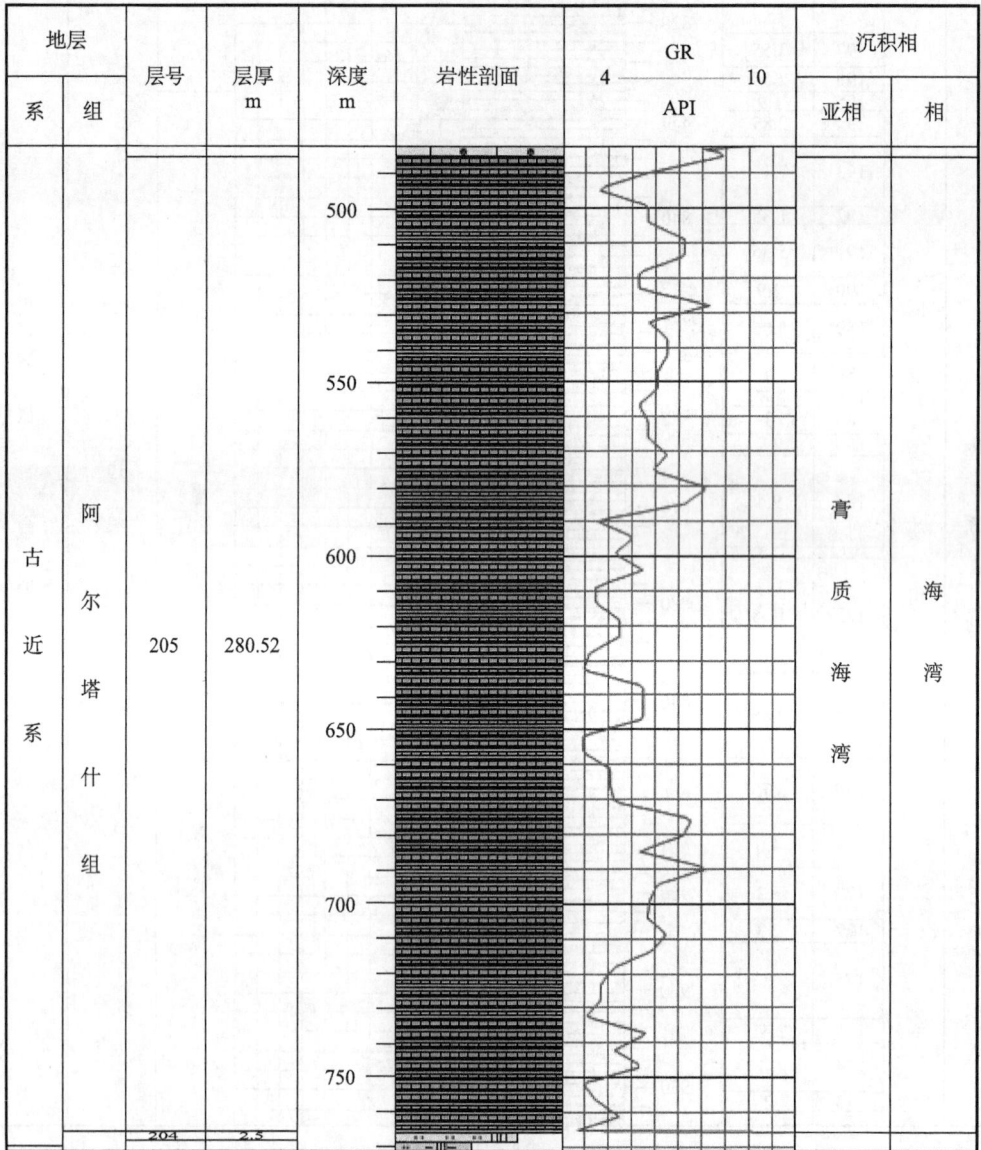

图4-2-10 膏质海湾沉积（同由路克剖面，阿尔塔什组）

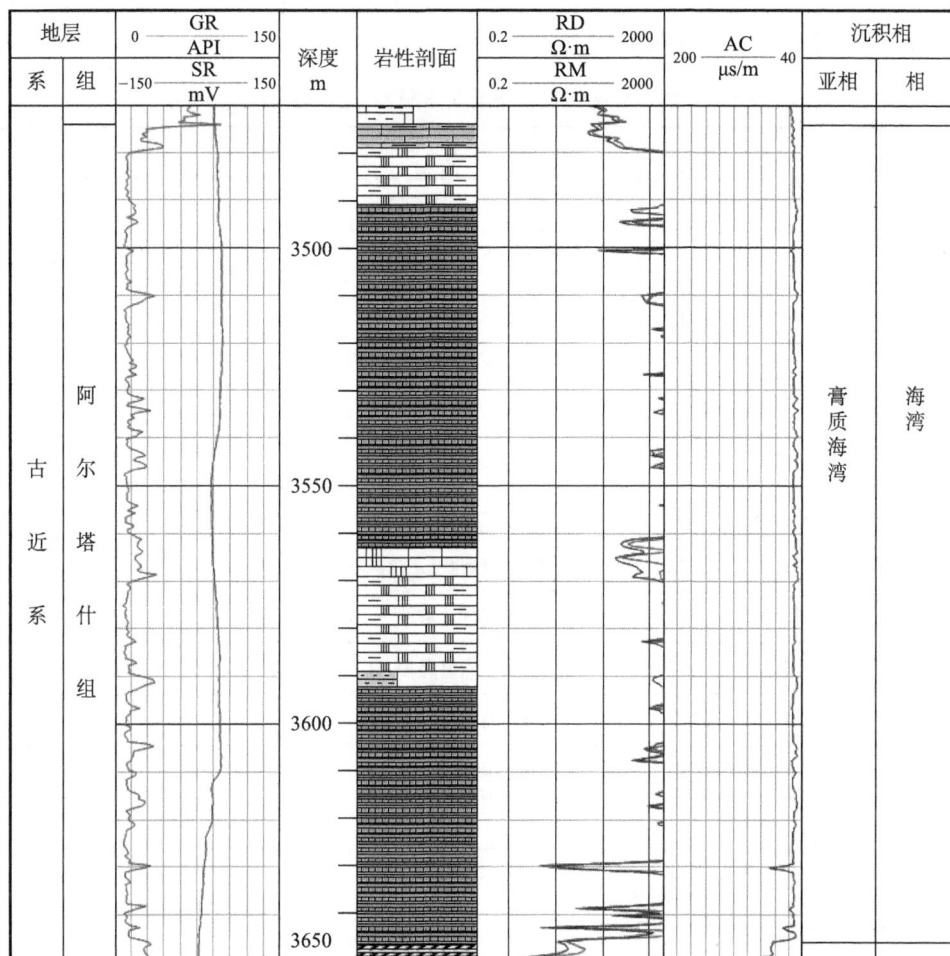

图 4-2-11 膏质海湾沉积（WX1 井，阿尔塔什组）

第三节 沉积演化

一、单剖面（井）沉积相分析

单剖面（井）沉积相分析的一个重要成果，就是根据相标志的研究，初步判定剖面中各组、段乃至层的相类型，待获得分析化验资料后，再予以补充和修改。当某些层段相标志不甚明显时，可借助相的共生组合规律加以判定。对实测观察描述的 9 条剖面、收集分析的 16 条剖面和 10 口井进行了系统的沉积相分析，根据发育层位、构造位置、实测精度等重点选取 6 个剖面（井）简介如下。

1. 朦尔托阔依且木干剖面沉积相分析

朦尔托阔依且木干剖面层系完整、露头较好，由白垩系分剖面和古近系分剖面组成。是西昆仑山山前带 K—E 典型剖面之一，也是距 WB1 井最近的 K—E 剖面。

且木干剖面识别出冲积扇、辫状河三角洲、清水潮坪、浑水潮坪、碳酸盐岩台地、海湾等6种沉积相类型（表4-3-1）。

表4-3-1　朦尔托阔依且木干剖面白垩系－古近系沉积相划分

相	亚相	微相	地层分布
冲积扇	扇根	泥石流、河道充填	K_1kz、$E_{1-2}q$
	扇中	辫状河道、漫流沉积	
	扇缘	漫流沉积、河道	
辫状河三角洲	辫状河三角洲平原	辫状河道、天然堤、分流河道间	K_1kz、K_2k、$E_{1-2}q$
	辫状河三角洲前缘	水下分流河道、河道间、河口坝	
清水潮坪	潮上	蒸发泥坪、泥云坪	K_2w、K_2t、E_2w、$E_{1-2}q$
	潮间	云灰坪	
浑水潮坪	潮上	蒸发泥坪、沙泥坪、膏泥坪	$E_{1-2}q$、K_2k、E_2w
	潮间	沙泥坪、灰泥坪、灰坪、沙坪	
碳酸盐岩台地	局限台地	潟湖、障壁滩坝	K_2y、E_2k
	开阔台地	台内滩、滩间海	K_2y、E_2k
	台地边缘	颗粒滩、生物礁、生屑滩	K_2y、E_2k
海湾	膏质海湾		E_1a

1）下白垩统克孜勒苏群

且木干剖面克孜勒苏群可分为四段（图4-3-1）。

1—2段下部（1—51层）：以红色中薄层、中厚层状砂砾岩、中细砂岩夹粉砂岩为主，砾岩颗粒分选差，磨圆中等—较差，砾石呈次棱角状—次圆状，颗粒或杂基支撑，可见大中型交错层理、正韵律层理发育。从下至上依次发育冲积扇的扇根、扇中和扇缘亚相，总体呈现向上粒度变细特征。

2段上部—4段（52—100层）：以暗红色中厚层状、中层状中细砾岩、砂砾岩、中细砂岩夹粉砂岩、粉砂质泥岩为主，颗粒分选中等—较差，磨圆中等，砾石以次圆状为主，颗粒支撑为主，交错层理、平行层理发育，常见下粗上细的正旋回辫状河道沉积。总体以冲积扇扇中亚相夹扇缘亚相为主。

2）上白垩统英吉沙群

且木干剖面英吉沙群出露库克拜组、乌依塔克组、依格孜牙组及吐依洛克组（图4-3-2）。

（1）库克拜组（101—115层），本区库克拜组可分为两段。

下段（101—108层）：下部（101—105层）以暗红色、红色中厚层、中薄层状中细粒岩屑长石砂岩为主，夹粉砂岩、泥岩，含少量细砾、粗砂，见平行层理、波状层理及水平层理，为辫状河三角洲平原沉积。上部（106—108层）以红褐色、灰褐色中薄层状、薄层状泥质粉砂岩、粉砂质泥岩及细粒岩屑长石砂岩为主，砂泥岩多呈互层沉积，砂岩可见交错层理发育，泥岩水平层理常见，反映了浑水潮坪潮间—潮上沉积特征。

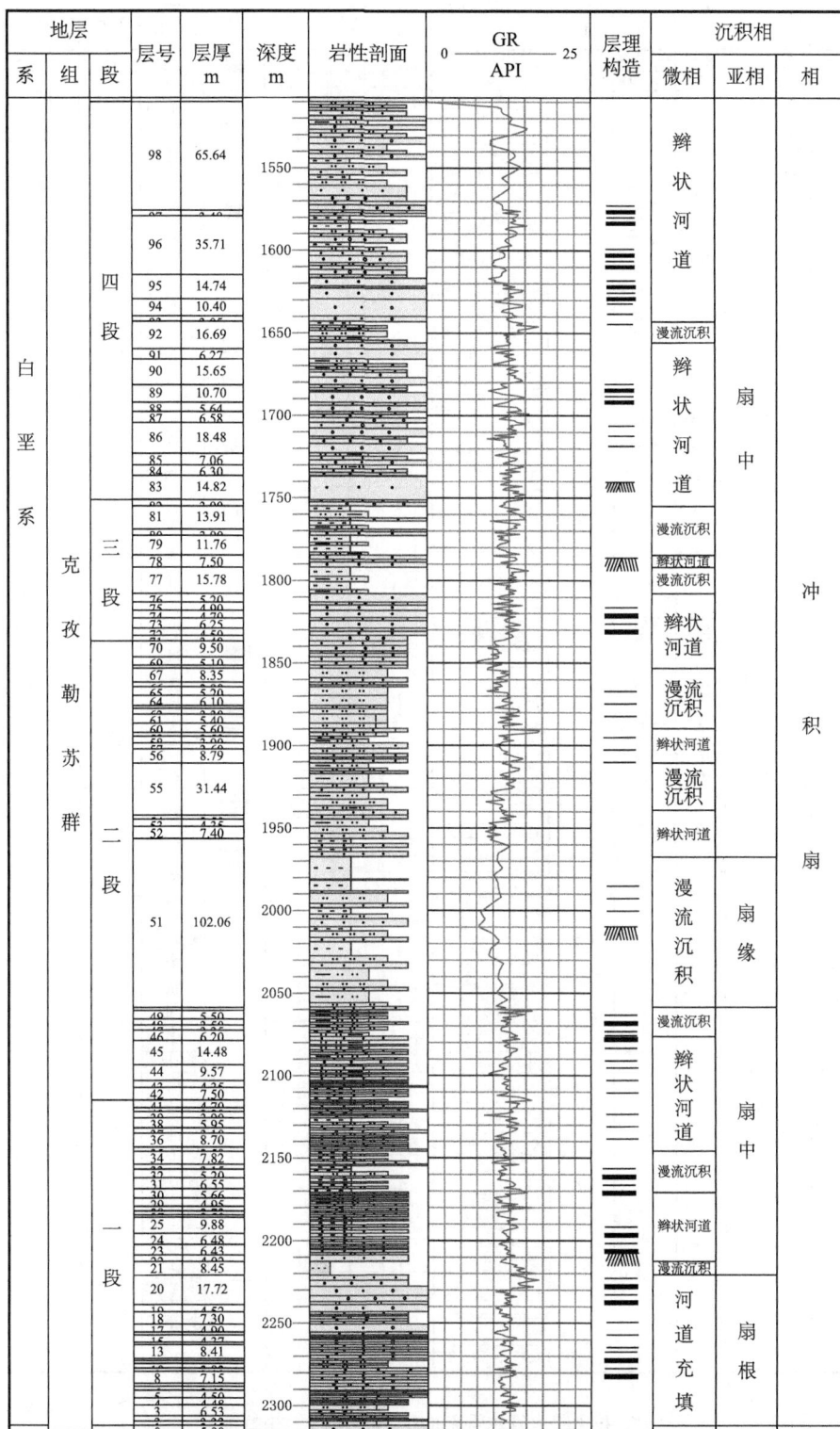

地层			层号	层厚 m	深度 m	岩性剖面	GR API (0–25)	层理构造	沉积相		
系	组	段							微相	亚相	相
白垩系	克孜勒苏群	四段	98	65.64	1550				辫状河道	扇中	冲积扇
			97	3.10							
			96	35.71	1600						
			95	14.74							
			94	10.40							
			92	16.69	1650				漫流沉积		
			91	6.27					辫状河道		
			90	15.65							
			89	10.70							
			88	5.64							
			87	6.58	1700						
			86	18.48							
			85	7.06							
			84	6.30							
			83	14.82	1750						
		三段	81	13.91					漫流沉积		
			79	11.76							
			78	7.50					辫状河道		
			77	15.78	1800				漫流沉积		
			76	5.20							
			75	4.00							
			74	4.70					辫状河道		
			73	6.25							
			72	4.60							
			70	9.50							
			69	5.10	1850				漫流沉积		
			67	8.35							
			65	6.20							
			64	6.10							
			60	5.40					辫状河道		
			59	5.60					漫流沉积		
			58	3.22	1900						
			56	8.79							
		二段	55	31.44					辫状河道		
			52	7.40	1950						
			51	102.06	2000				漫流沉积	扇缘	
		一段	49	5.50	2050				漫流沉积	扇中	
			46	6.20					辫状河道		
			45	14.48	2100						
			44	9.57							
			42	7.50							
			41	4.70							
			38	5.95							
			36	8.70	2150				漫流沉积		
			34	7.82							
			31	6.55					辫状河道		
			30	5.66							
			25	9.88							
			24	6.48	2200						
			23	6.43					漫流沉积		
			21	8.45							
			20	17.72					河道充填	扇根	
			18	7.30	2250						
			17	4.00							
			13	8.41							
			8	7.15	2300						
			3	6.53							

图 4-3-1　且木干剖面下白垩统克孜勒苏群沉积相特征

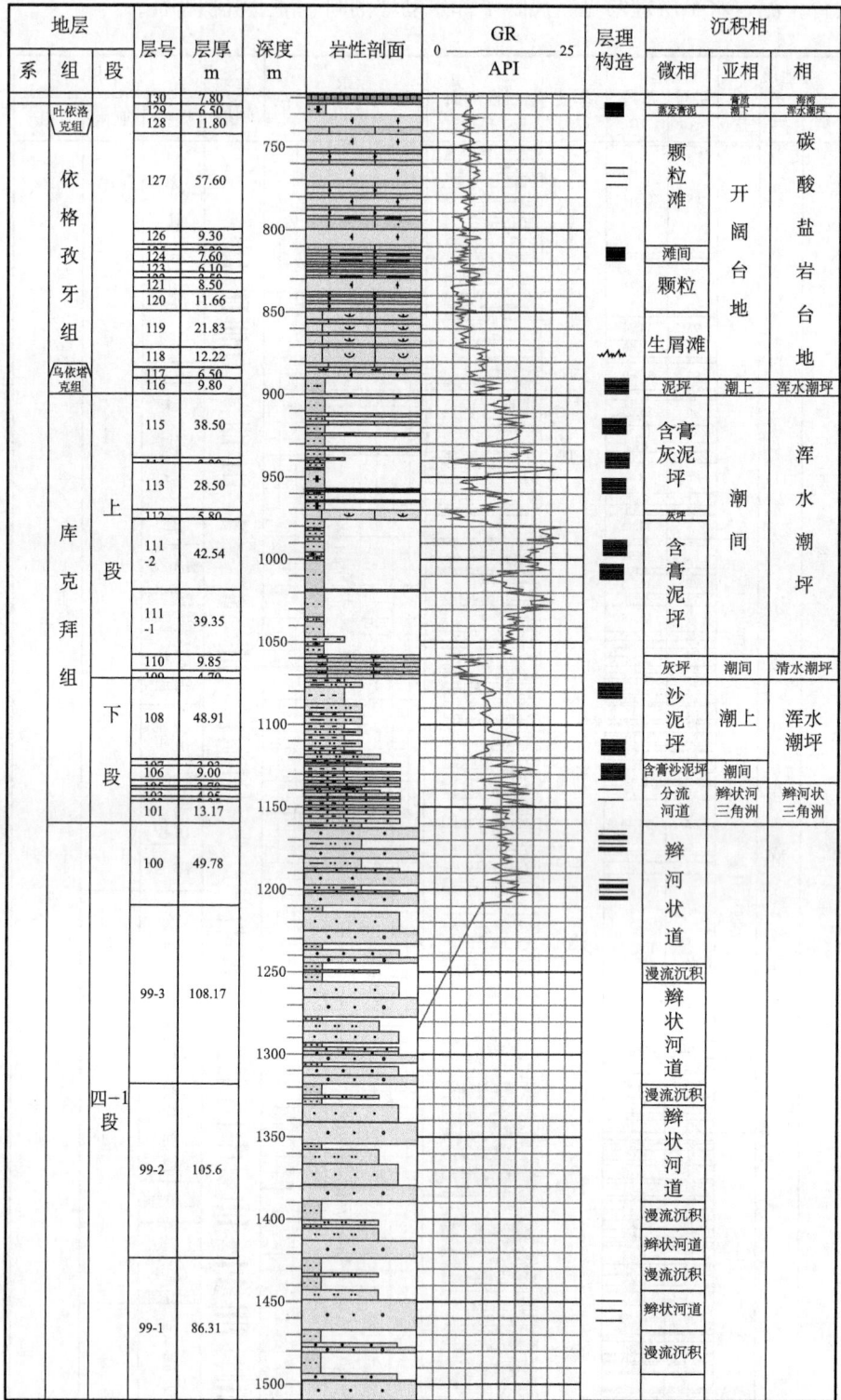

图 4-3-2　且木干剖面上白垩统沉积相特征

上段：下部（109—110层）为灰黄色薄层状泥晶灰岩、灰色厚层块状泥晶内碎屑生屑灰岩。构成下泥晶灰岩、上生屑灰岩两个沉积旋回。旋回厚度比为 1 : 1。生屑主要以有孔虫为主，含极少量棘屑，为清水潮坪潮间灰坪环境。上部（111—115 层）总体上以灰绿色、浅灰绿色、绿灰色薄层状—纹层状含灰泥岩、含粉砂泥岩、膏泥岩夹薄层生屑灰岩及石膏条带为主，水平层理、微波状层理发育，局部生物化石富集成层，为浑水潮坪潮间含膏灰泥坪、含膏泥坪夹灰坪沉积。

（2）乌依塔克组（116 层）本组为红色薄层状泥岩，含少量粉砂，水平纹层发育，为浑水潮坪潮上泥坪沉积。

（3）依格孜牙组（117—128 层）本组为灰红色、灰色、红色中层状、中厚层状含生屑泥晶灰岩、砂屑灰岩、含生屑泥晶灰岩，为开阔台地颗粒滩、滩间海及生屑滩沉积。

（4）吐依洛克组（129 层）本组为红色薄层状膏泥岩，含石膏团块，发育水平层理，为浑水潮坪潮上蒸发泥坪环境。

3）古近系

且木干剖面古近系出露阿尔塔什组、齐姆根组、卡拉塔尔组、乌拉根组及巴什布拉克组地层（图 4-3-3）。

（1）阿尔塔什组（130 层）：灰白色厚层状石膏，溶蚀孔洞发育，为膏质海湾沉积。

（2）齐姆根组（131—188 层）：齐姆根组可分为三部分，下部（131—140 层）的沉积粒度较粗，以红色中厚层状砂砾岩、中薄层状细砂岩、泥质砂岩为主，为扇中沉积。中部（141—175 层）为大段红灰色、灰紫色中层状细粒长石岩屑砂岩、岩屑长石砂岩夹中厚层状粉砂质泥岩、泥岩，发育平行层理、交错层理、水平层理，为辫状河三角洲平原分流河道及河道间沉积。上部（176—188 层）与中部相比，粒度变细，以褐灰色、紫灰色夹浅灰绿色细砂岩、粉砂岩夹泥岩、砂质泥岩及薄层砂砾岩为主，见平行层理、波状层理、透镜状层理发育，为辫状河三角洲前缘沉积。

（3）卡拉塔尔组（189—202 层）：本组可分为三段，下段（189—194 层）以灰绿色、灰色中厚层状亮晶砂屑灰岩、生屑灰岩夹灰质泥岩为主，局部介壳富集成层，为局限台地生屑滩沉积。中上段（195—202 层）为灰绿色中薄层状灰质泥岩、含生物化石泥岩夹薄层生屑灰岩，发育水平层理，为局限台地潟湖沉积。

（4）乌拉根组（203—218 层）为红色、灰红色中厚层状中细砂岩、砂砾岩、含粉砂泥岩，中部粗，上部、下部粒度细，上部、下部发育潮间沙泥坪，中部发育潮汐水道沉积。

2. 同由路克剖面沉积相分析

剖面位于阿克陶县同由路克村附近，其层系完整、露头也较好，是西昆仑山山前带（英吉沙地层小区）K—E 典型剖面之一，也是距 S1 井、S2 井最近的 K—E 剖面之一。

同由路克剖面识别出冲积扇、辫状河三角洲、清水潮坪、浑水潮坪、碳酸盐岩台地、海湾等 6 种沉积相类型（见表 4-3-1）。

1）下白垩统克孜勒苏群

同由路克剖面克孜勒苏群厚度较大，可分为四段（图 4-3-4）。

地层			层号	层厚 m	深度 m	岩性剖面	GR API 0—25	层理构造	沉积相		
系	组	段							微相	亚相	相
古近系	巴什布拉克组		219	25.00					分流河道	辫状河三角洲平原	辫状河三角洲
	乌拉根组		218	17.26					潮汐水道		浑水潮坪
			217	6.50					沙泥坪		
			216	20.78						潮间	
			215	6.30					潮汐水		
			214	7.00							
			213	5.40							
			212	5.95							
			211	8.30							
			210	8.00					沙泥坪		
			207	8.37							
			206	13.13							
			205	6.00							
			204	11.62							
			203	8.67							
	卡拉塔尔组	上段	202	34.04					潟湖	局限台地	碳酸盐岩台地
		中段	201	6.00							
			200	5.80							
			199	6.55							
			198	6.40					生屑滩		
			195	5.85							
		下段	190	8.40							
			189	6.80							
	齐姆根组	上段	188	57.83					水下分流河道间	辫状河三角洲前	辫状河三角洲
			187	11.70					水下分流河道		
			186	9.90					水下分流河道间		
			185	9.13					水下分流河道		
			184	5.70							
			182	5.29							
			181	5.53							
			179	4.20							
			178	5.60							
			177	44.43					水下分流		
			175	7.16							
			173	10.10					辫状河		
			171	5.12							
			170	5.50							
			169	11.85							
			168	5.20							
			167	8.50							
			166	12.19							
			165	4.67					分流河道间		
			164	14.10							
			163	13.25					辫状河	辫状河三角洲平原	
			161	6.10							
			160	10.00							
			159	4.40							
			157	7.10							
			156	11.40							
			154	5.50					分流河道		
			153	7.60							
			152	11.50							
			151	6.70					辫状河		
			149	6.90							
			145	9.30							
			142	6.60					辫状河	扇中	冲积扇
			141	4.00							
			140	8.80							
			139	7.60							
			131	5.54							
	阿尔		130	7.80						膏质	海湾

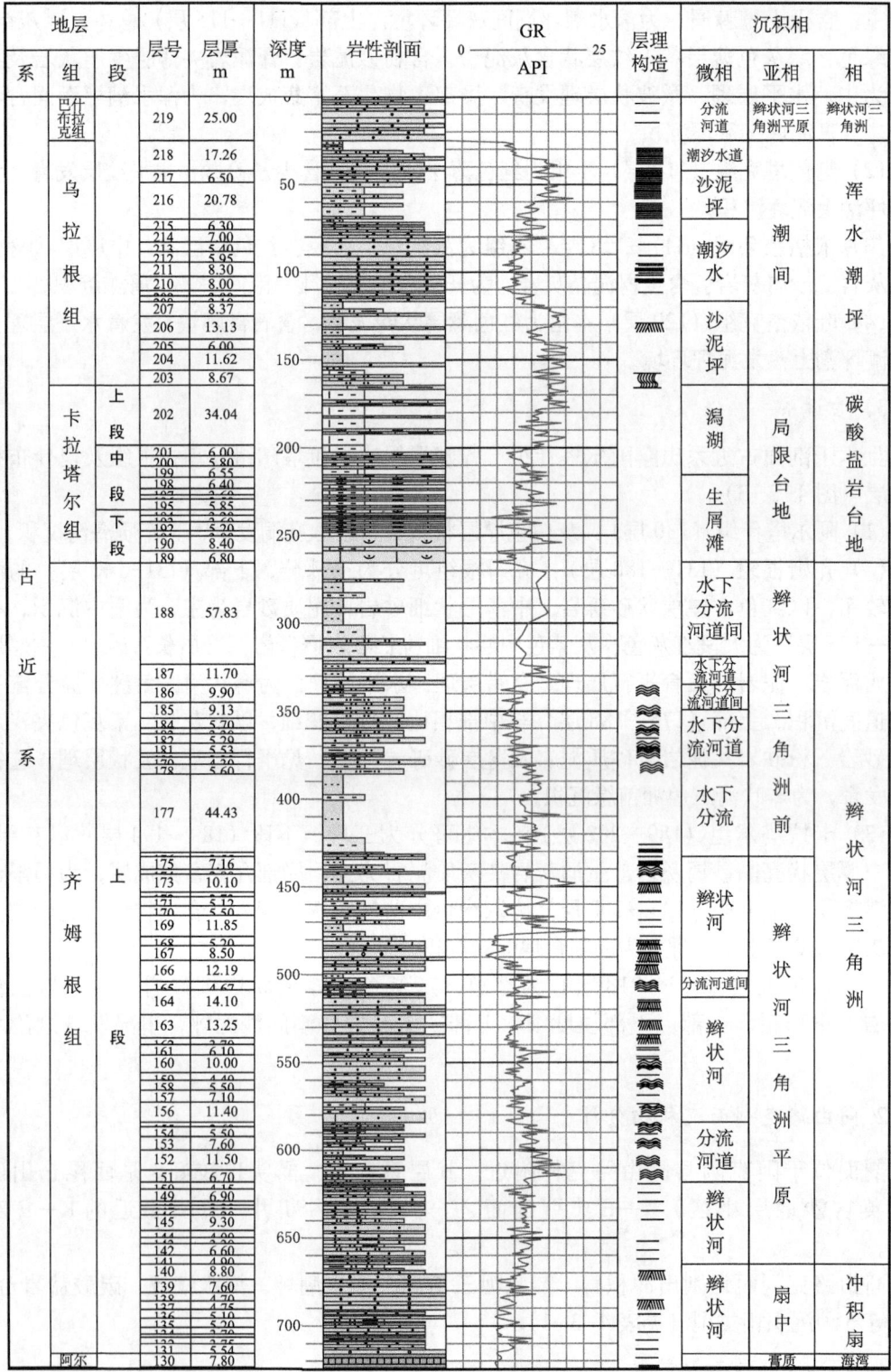

图 4-3-3　且木干剖面古近系沉积相特征

地层			层号	层厚 m	深度 m	岩性剖面	层理构造	GR API (5—25)	沉积相		
系	组	段							微相	亚相	相
		二段	75	12.03					分流河道间	辫状河三角洲平原	
			74	7.2							
			73	33.08	1900				分流河道间		
			72	59.62	1950						
			71	35.64	2000				辫状河道		
			70	15.6							
			69	13.04							
			68	18.83	2050				分流河道间 辫状河道		
			67	14.7							
克孜勒苏群			66	12.95					辫状河道	扇中	冲积扇
			65	11.05							
			64	14.45	2100						
			63	10							
			62	24.46							
			61	9.1	2150						
			60	7.9							
			59	9.15							
			58	8.4							
			57	7.15							
			56	5.4							
			55	7.4							
			54	11.6	2200						
			53	9.3					漫流沉积		
			52	5.3							
			51	4.7							
			50	8.5							
			49	7.3							
		一段	48	5.25	2250						
			47	5.8							
			46	5.22							
			45	7.3							
			44	9.05							
			43	4.47					辫状河道		
			42								
			41								
			40	5.4							
			39								
			38	6.75							
			37	8.9							
			36	6	2300						
			35	8.3							
			34	6.8							
			33	12.33							
			32	10.7							
			31	8.4	2350						
			30	6.75							
			29								
			28	8.85							
			27								
			26	8.4							
			25	4.8							
			24	9.6	2400						
			23	7.25							
			22	8							
			21	8.72							
			20	10.22					漫流沉积	扇缘	
			19	5.55							
			18	6.4	2450						
			17	5.55							
			16	12.29					辫状水道		
			15	6.14							
			14	6.42							
			13	11.7							
			12	17.53	2500				漫流沉积		
			11	8.79							
			10	6.05							
			9	17.23							
			8	15.4	2550						
			7	25.33							
			6	10.09							
			5	6.8	2600						
			4	6.5							
			3	20.9							
			2								
			1	4.6							

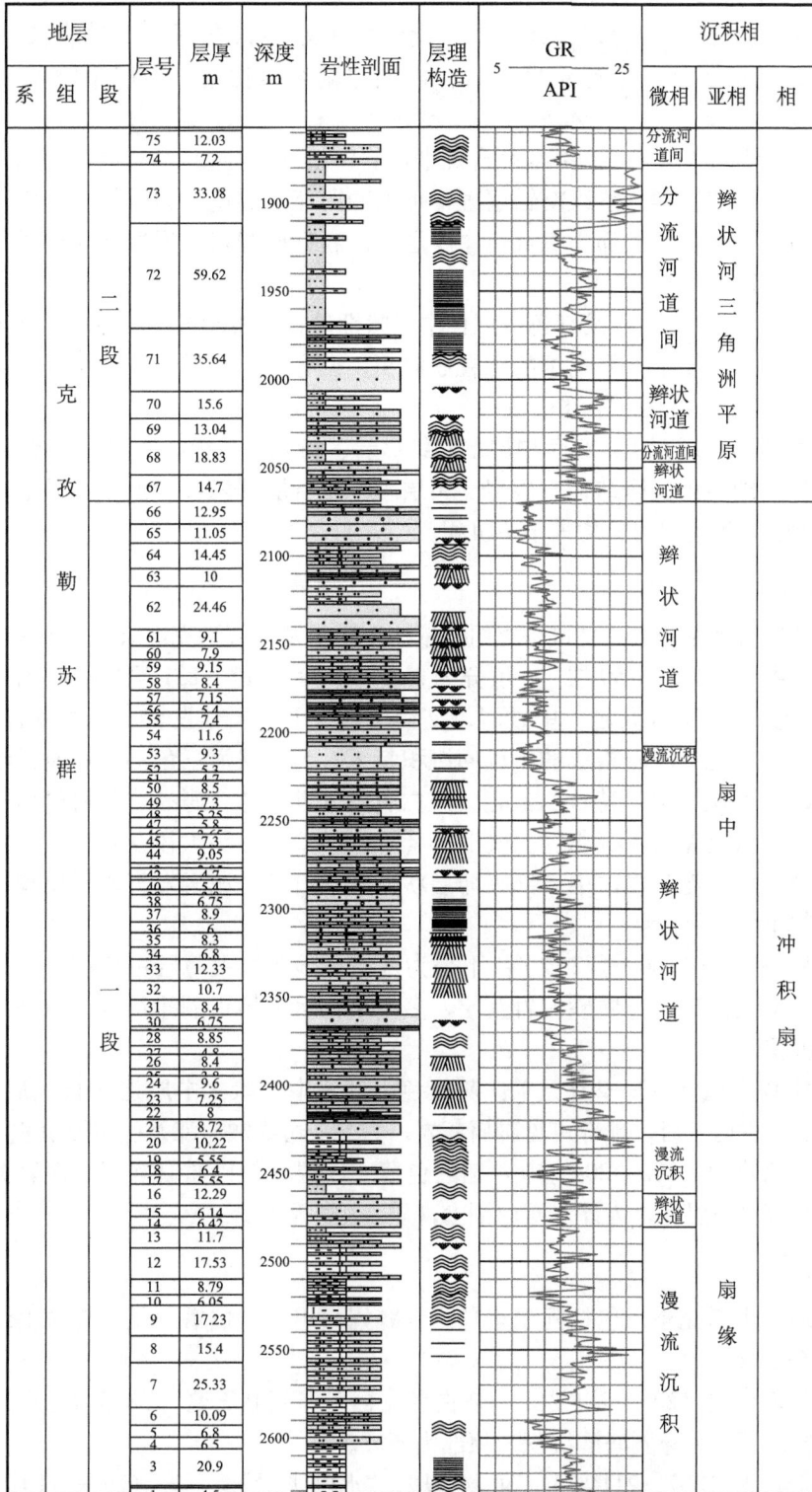

图 4-3-4 同由路克剖面下白垩统沉积相特征

（1）1 段：下部（1—20 层）粒度总体较细，以中厚层状灰质泥岩、粉砂岩夹细砂岩为主，发育波状层理、水平层理，可见平行层理及冲刷充填构造，为冲积扇扇缘漫流夹辫状河道沉积。上部（21—66层）：浅红色中厚层状含砾中细砂岩夹中薄层状粉砂岩、泥岩，交错层理、平行层理发育，常见冲刷充填构造，为扇中辫状河道夹漫流沉积。

（2）2段（67—73层）：下部红色含砾细砂岩、粉砂岩与粉砂质泥岩、泥岩互层沉积，发育交错层理、波状层理、沙纹交错层理，可见冲刷充填构造，为辫状河三角洲平原辫状分流河道夹河道间沉积。上部为棕红色中厚层状的粉砂质泥岩、泥岩夹薄层粉细砂岩，水平层理发育，为分流河道间沉积。

（3）3段（74—91层）：浅红色、红色中层状细砂岩、粉砂岩夹中厚层状泥岩、粉砂质泥岩互层沉积，构成多个下粗上细的正粒序沉积，发育平行层理、波状层理，可见冲刷充填构造，为辫状河三角洲前缘沉积。

（4）4段（92—116层）：红色中厚层状细砂岩、粉砂岩与粉砂质泥岩、泥岩互层沉积，构成多个下粗上细的正旋回结构，砂岩交错层理、平行层理发育，泥岩水平层理发育，可见冲刷充填构造，为辫状河三角洲平原沉积。

2）上白垩统英吉沙群

英吉沙群包括库克拜组、乌依塔克组、依格孜牙组及吐依洛克组（图4-3-5）。

（1）库克拜组（117—150层）：可分为2段，下段（117—131层）浅红色中厚层状细砂岩、粉砂岩夹中薄层状泥岩、中砂岩，交错层理、平行层理发育，泥岩发育水平层理，多见细砂岩—粉砂岩—泥岩构成的正旋回沉积特征，为辫状河三角洲平原及前缘沉积。上段下部（132—135层）典型特征为红色、灰白色的细砂岩、含砾砂岩夹薄层白云岩，为浑水潮坪潮间潮汐水道夹云坪沉积。上段上部（136—150层）为大段灰色、灰绿色泥岩、膏泥岩及含生屑泥岩、泥灰岩，中下部夹薄层状、脉状石膏，泥岩发育水平层理，为浑水潮坪潮间膏质灰泥坪沉积。

（2）乌依塔克组（160—172层）：下部为灰绿色砂泥岩夹薄层白色石膏，中上部为红色粉砂岩、粉砂质泥岩、膏质砂泥岩互层，多呈下粗上细的正韵律结构，为浑水潮坪潮间膏质沙泥坪沉积。

（3）依格孜牙组（173—201层）：灰红色、红色中层状、中厚层状含生屑泥晶灰岩、亮晶砂屑灰岩、生屑灰岩，顶部可见砾屑灰岩，为台地边缘颗粒滩及生屑滩沉积。

（4）吐依洛克组（202—204层）：暗红色薄—纹层状粉砂质膏泥岩、泥岩夹薄层细砂岩透镜体，发育水平层理，为浑水潮坪潮上膏质沙泥坪环境。

3）古近系

古近系地层出露完整，包括阿尔塔什组、齐姆根组、卡拉塔尔组、乌拉根组及巴什布拉克组（图4-3-6）。

（1）阿尔塔什组（205—206层）：灰白色、白色厚层状石膏，顶部为一中层状砂屑灰岩、鲕粒灰岩。下部为膏质海湾沉积，顶部为灰坪。

（2）齐姆根组（207—211层）：可分两段，"上红下绿"。下段（207—210层）灰绿色纹层状粉砂质泥岩、含粉砂泥岩，水平层理发育，上部夹黄绿色含粉砂泥岩，顶部为一中厚层状的含生物碎屑灰岩，为浑水潮坪潮间沙泥坪。上段（211层）为大段浅红色粉砂质泥岩，为潮间沙泥坪沉积。

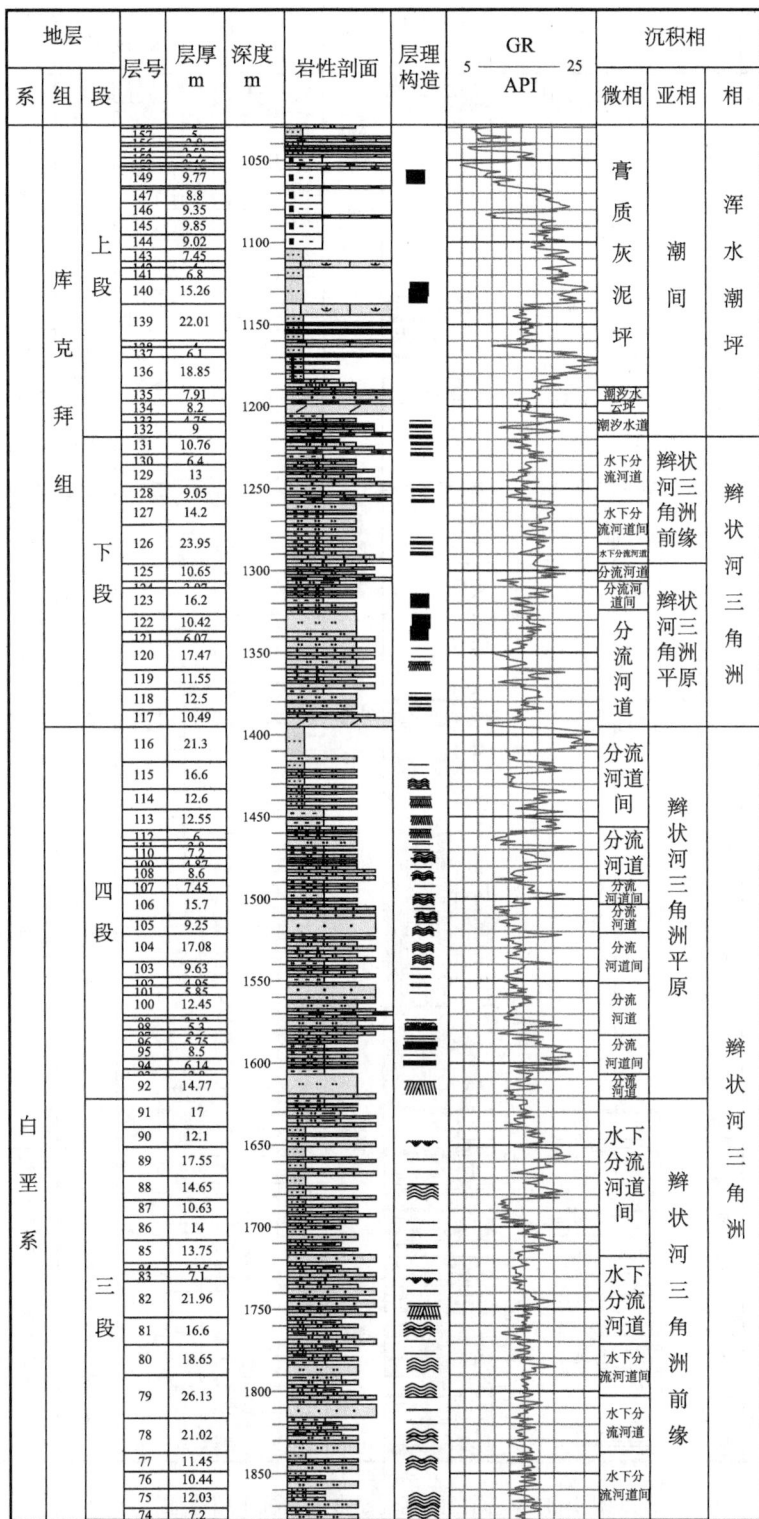

图 4-3-5 同由路克剖面克孜勒苏群—库克拜组沉积相特征

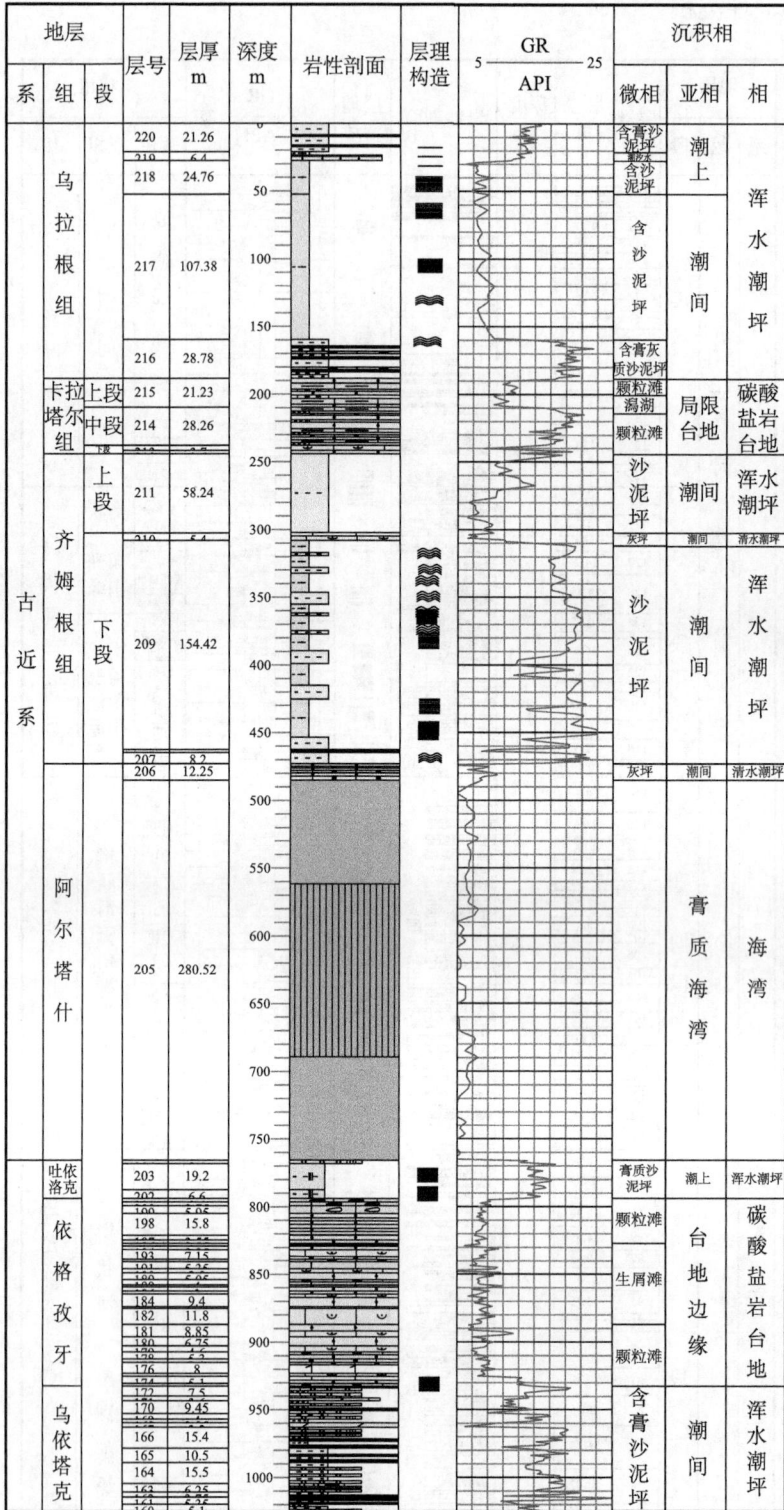

图 4-3-6　同由路克剖面古近系沉积相特征

（3）卡拉塔尔组（212—215 层）：以灰黄色、灰色中厚层状亮晶砂屑灰岩、粉晶灰岩夹灰质泥岩为主，为局限台地颗粒滩夹潟湖沉积。

（4）乌拉根组（216—220层）：灰绿色薄层状—纹层状粉砂质泥岩夹粉砂岩、细砂岩，上部及下部夹白色薄层状石膏层。为浑水潮坪潮间—潮上含膏沙泥坪沉积。

3. 和什拉甫剖面沉积相分析

该剖面位于在达木斯乡和什拉甫南部长胜煤矿附近。层系完整、露头较好，是和田地区北部 K—E 典型剖面之一，也是距 KS 1 井相对较近的 K—E 剖面之一。

1）下白垩统克孜勒苏群

和什拉甫剖面克孜勒苏群发育不全（1—16层），仅有三四段可见（图4-3-7）。岩性主要为暗红色、红色中厚层状含砾细砂岩、中细砂岩夹中层状砂砾岩、粉砂岩、泥质粉砂岩，平行层理发育，为冲积扇扇中夹扇缘沉积。

2）上白垩统英吉沙群

本剖面英吉沙群地层出露完整（图4-3-7）。

（1）库克拜组（17—27层）：可分为2段，下段（17—24层）红色、浅红色中厚层状砂砾岩、含砾中粗砂岩、细砂岩，向上粒度变细，为细砂岩、粉砂岩互层沉积夹中薄层泥质砂岩，交错层理、平行层理发育。为辫状河三角洲平原及前缘沉积。上段（25—27层）为大段灰色、灰绿色泥岩、粉砂质泥岩夹生屑泥灰岩。此组为浑水潮坪潮间沙泥坪。

（2）乌依塔克组（28—33层）：红色、灰白色中层状含膏质粉砂岩、粉砂质泥岩，夹灰绿色砂质泥岩，发育水平层理。为浑水潮坪潮上蒸发膏质砂泥坪沉积。

（3）依格孜牙组（34—55层）：灰红色、灰白色中厚层状生屑灰岩、亮晶砂屑灰岩、鲕粒灰岩，颗粒主要为生屑、鲕粒、核形石等。此组为局限台地颗粒滩、生屑滩及潟湖沉积。

（4）吐依洛克组（56层）：底部约1.2m厚暗红色薄—厚层状白云质粉砂岩与泥岩组成正粒序结构，下部约1.0m厚灰绿色厚层状白云质泥岩；中、上部为浅灰白色厚—中层状砾屑白云岩与粉晶白云岩组成正韵律。此组为浑水潮坪潮上泥云坪沉积。

3）古近系

古近系地层出露完整，包括阿尔塔什组、齐姆根组、卡拉塔尔组、乌拉根组及巴什布拉克组（图4-3-8）。

（1）阿尔塔什组（57—59层）：总体为一套巨厚的灰白色、白色厚层状石膏，顶部为一中层状粉晶灰岩、泥晶灰岩。下部为膏质海湾沉积，顶部为云灰坪沉积。

（2）齐姆根组（60—70层）：本区只发育上部红色沉积段，为大段的红色含膏质粉砂质泥岩、泥质粉砂岩夹白色薄层状、脉状石膏，局部夹薄层细砾岩，为浑水潮坪潮上蒸发膏质沙泥坪沉积。

（3）卡拉塔尔组（71—77层）：下部以浅灰色、灰绿色中厚层状亮晶生屑灰岩、砂屑灰岩夹含生屑粉砂岩，总体上生物化石含量较高，为局限台地生屑滩沉积。上部黄灰色、灰绿色中厚层状中粗砂岩、细砂岩夹粉砂岩，局部可见丰富的牡蛎化石，为浑水潮坪潮间沉积。

（4）乌拉根组（78—87层）：浅绿灰色、黄绿色中厚层状粉砂岩、泥质粉砂岩夹粉砂质泥岩，上部粒度变细，泥质粉砂岩夹粉砂质泥岩为主，中部可见化石富集成层，为浑水潮坪潮间沙泥坪沉积。

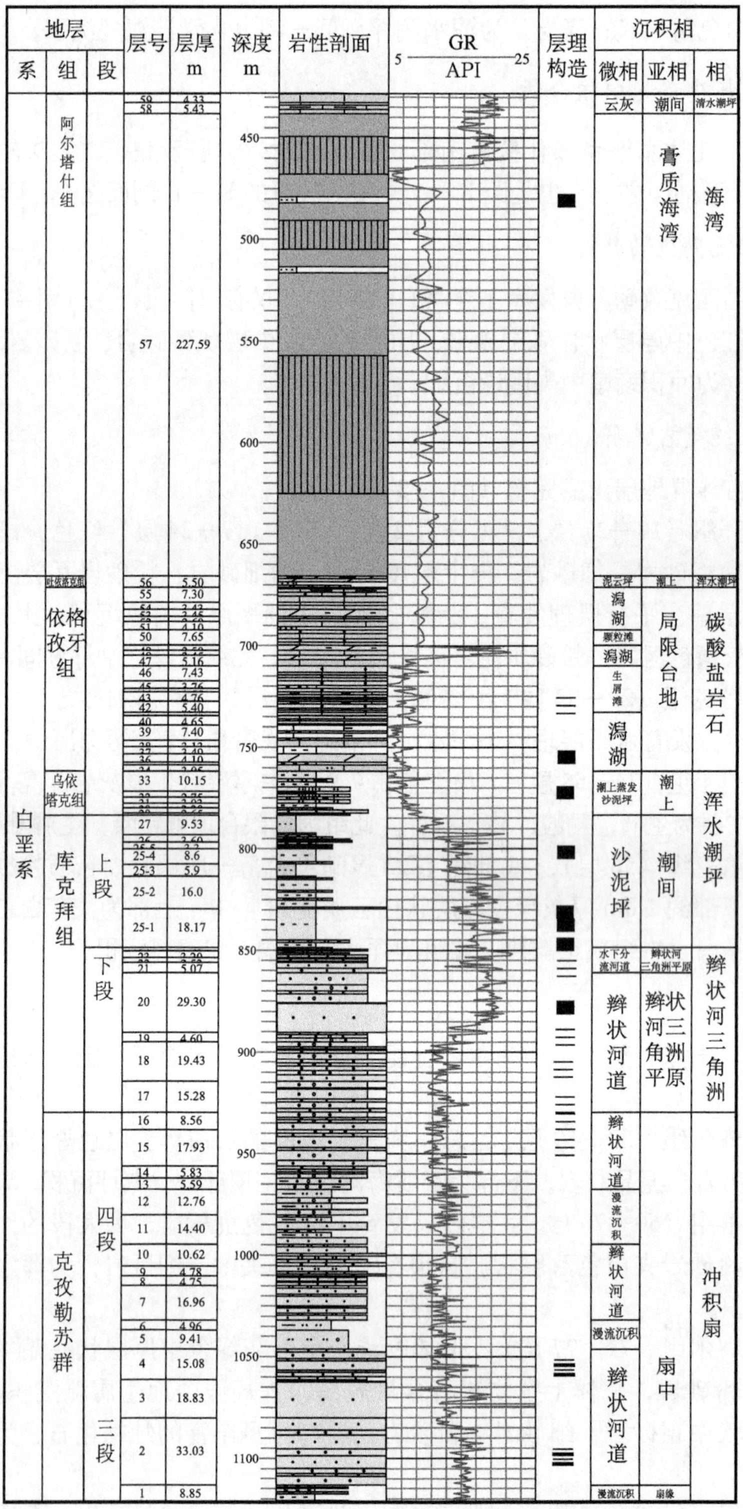

图 4-3-7　和什拉甫剖面白垩系—古近系沉积相特征

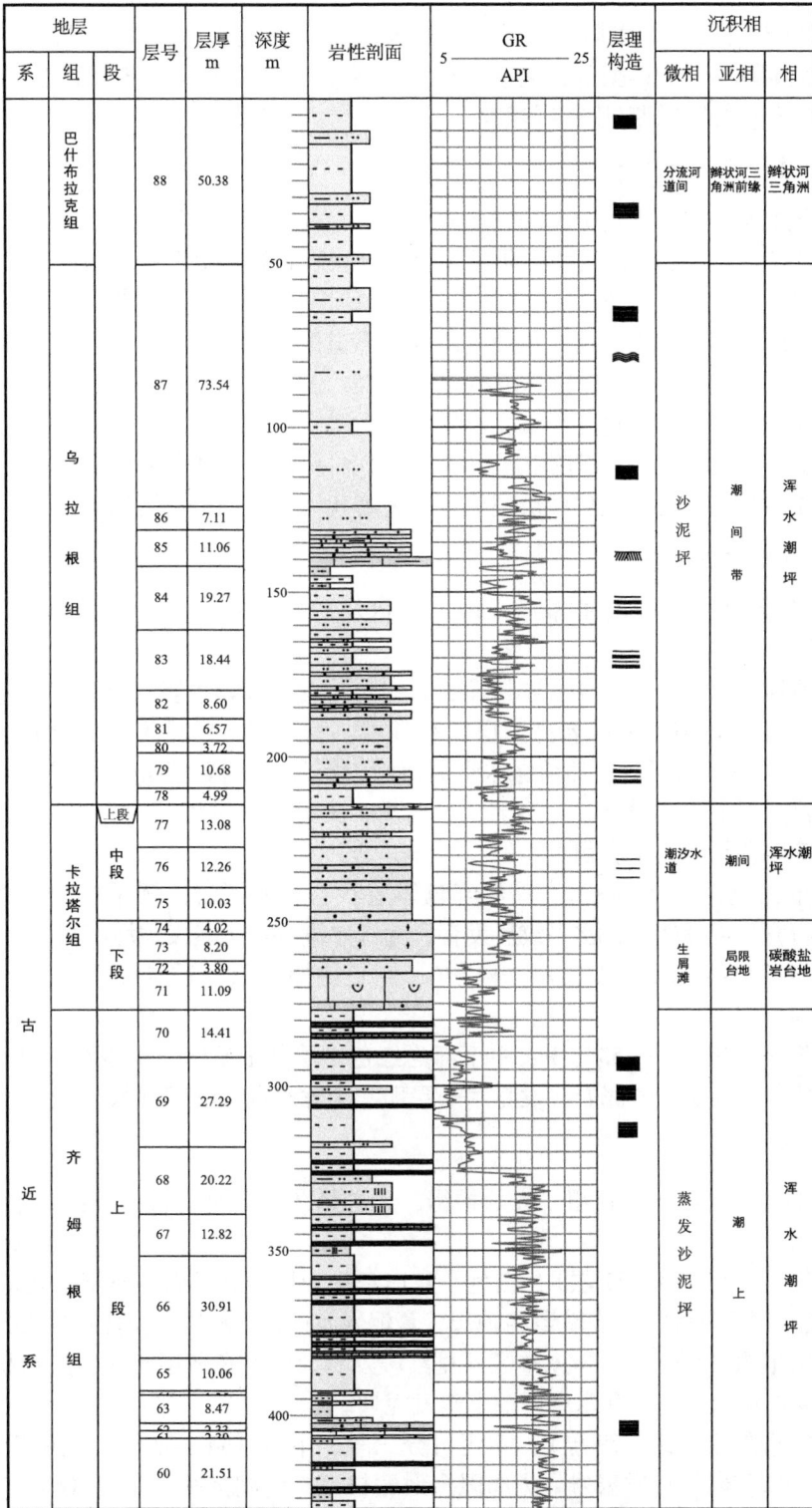

图 4-3-8　和什拉甫剖面古近系沉积相特征

4. 克里阳剖面沉积相分析

该剖面位于皮山县克里阳镇西北一小山头上。层系完整、露头良好，是东昆仑区山前带（和田地区）K—E典型剖面之一，也是距KD1井最近的K—E剖面之一。为加强与KD1井、KD101井的精细对比打好基础。

1）下白垩统克孜勒苏群

克里阳剖面克孜勒苏群可分三段（图4-3-9）。

（1）1段（1—3层）：浅红色中薄层、中厚层状砂砾岩夹中细砂岩、粉砂岩，砾岩颗粒分选差，磨圆中等—较差，砾呈次棱角状—次圆状，颗粒或杂基支撑，可见大中型交错层理、正韵律层理发育，为辫状河三角洲平原辫状河道沉积。

（2）2段（4—18层）：红色中厚层状、中层状粉砂岩、泥质粉砂岩夹粉砂质泥岩，见水平层理、波状层理发育，可见滑塌变形构造，为辫状河三角洲前缘沉积。

（3）3段（19—32层）：红色中厚层状含砾中细砂岩、砂砾岩夹粉砂岩，可见砂砾岩透镜体，交错层理、平行层理及波状层理发育，为辫状河三角洲平原沉积。

2）上白垩统英吉沙群

克里阳剖面英吉沙群出露库克拜组、乌依塔克组、依格孜牙组及吐依洛克组地层（图4-3-9）。

（1）库克拜组（33—44层）：本区库克拜组可分为2段，下段（33—37层）为暗红色、红色中厚层状中细砾岩、砂砾岩夹中层状细砂岩、粉砂岩，常见下粗上细的正韵律沉积，交错层理发育，为辫状河三角洲前缘水下分流河道沉积。上段（38—44层）为灰白色、蓝灰色中层状细粒长石岩屑砂岩、粉砂岩，含云质，常见细砂质团块或条带，波状层理发育，为辫状河三角洲前缘河口坝沉积。

（2）乌依塔克组（45—49层）：深红色厚层状含粉砂泥岩、膏泥岩夹中薄层细砂岩，中部夹白色石膏层或透镜体，水平纹层发育，为浑水潮坪潮上蒸发泥坪沉积。

（3）依格孜牙组（50—51层）：灰红色、灰色中厚层状砂砾屑灰岩、白云质灰岩，为局限台地潟湖沉积。

（4）吐依洛克组（52—53层）：中下部为红色中层状细砾岩，磨圆差—中等，分选差，上部暗红色薄层—纹层状膏泥岩，发育水平层理，为浑水潮坪潮间沉积。

3）古近系

克里阳剖面出露阿尔塔什组、齐姆根组、卡拉塔尔组、乌拉根组及巴什布拉克组地层（图4-3-10）。

（1）阿尔塔什组（54—57层）：白色、灰白色中、厚层状石膏，对下伏吐依洛克（K_2t）有较强的侵蚀、充填现象，顶部为红色薄层状膏泥岩及白云质灰岩，为膏质海湾沉积。

（2）齐姆根组（58—63层）：本区只见红段发育，为红色薄层状—纹层状粉砂质泥岩、膏泥岩夹薄层白色石膏，为浑水潮坪潮上蒸发泥坪。

（3）卡拉塔尔组（64—79层）：本组可分三段，下段（64—67层）以灰黄色、灰色中厚层状亮晶砂屑灰岩、灰质云岩，为局限台地颗粒滩夹潟湖沉积；中段（68—75层）为浅灰色、灰绿色中薄层状细砂岩、粉砂岩夹泥质粉砂岩，为浑水潮坪潮间沙泥坪沉积；上段（76—79层）为灰绿色薄层状生物灰岩、含生屑泥质灰岩，下部为白色薄层状石膏，为局限台地生屑滩及潟湖沉积。

（4）乌拉根组（80—89层）：灰绿色、红色中厚层状、薄层状细砂岩、灰质粉砂岩、灰质泥岩夹薄层状介壳灰岩，为浑水潮坪潮间沙泥坪、泥灰坪沉积。

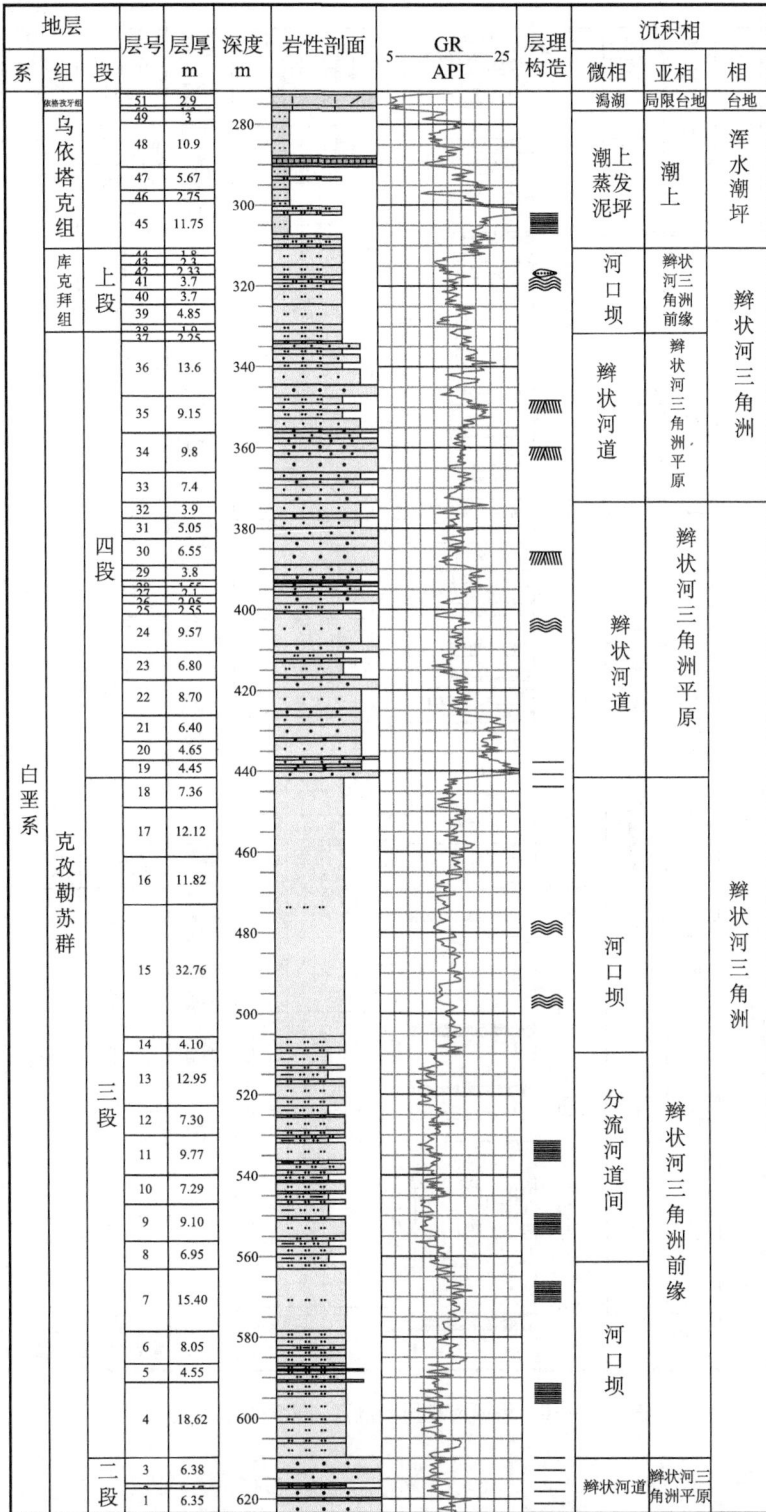

地层			层号	层厚 m	深度 m	岩性剖面	GR API 5—25	层理构造	沉积相 微相	亚相	相
系	组	段									
白垩系	乌依塔克组		51	2.9	280				潟湖	局限台地	浑水潮坪
			49	3							
			48	10.9					潮上蒸发泥坪	潮上	
			47	5.67							
			46	2.75	300						
			45	11.75							
	库克拜组	上段	44	1.8					河口坝	辫状河三角洲前缘	辫状河三角洲
			43	2.33							
			42								
			41	3.7	320						
			40	3.7							
			39	4.85							
			38	1.9							
			37	2.25							
		四段	36	13.6	340				辫状河道	辫状河三角洲平原	辫状河三角洲
			35	9.15							
			34	9.8	360						
			33	7.4							
			32	3.9							
			31	5.05	380				辫状河道	辫状河三角洲平原	
			30	6.55							
			29	3.8							
			28	2.66							
			27	2.1							
			26	2.05	400						
			25	2.55							
			24	9.57							
			23	6.80							
			22	8.70	420						
			21	6.40							
			20	4.65							
	克孜勒苏群		19	4.45	440						
			18	7.36							辫状河三角洲
			17	12.12							
			16	11.82	460						
			15	32.76	480				河口坝		
					500						
		三段	14	4.10							
			13	12.95					分流河道间	辫状河三角洲前缘	
			12	7.30	520						
			11	9.77							
			10	7.29	540						
			9	9.10							
			8	6.95							
			7	15.40	560				河口坝		
			6	8.05	580						
			5	4.55							
			4	18.62	600						
		二段	3	6.38					辫状河道	辫状河三角洲平原	
			1	6.35	620						

图 4-3-9 塔西南克里阳剖面白垩系沉积相分析

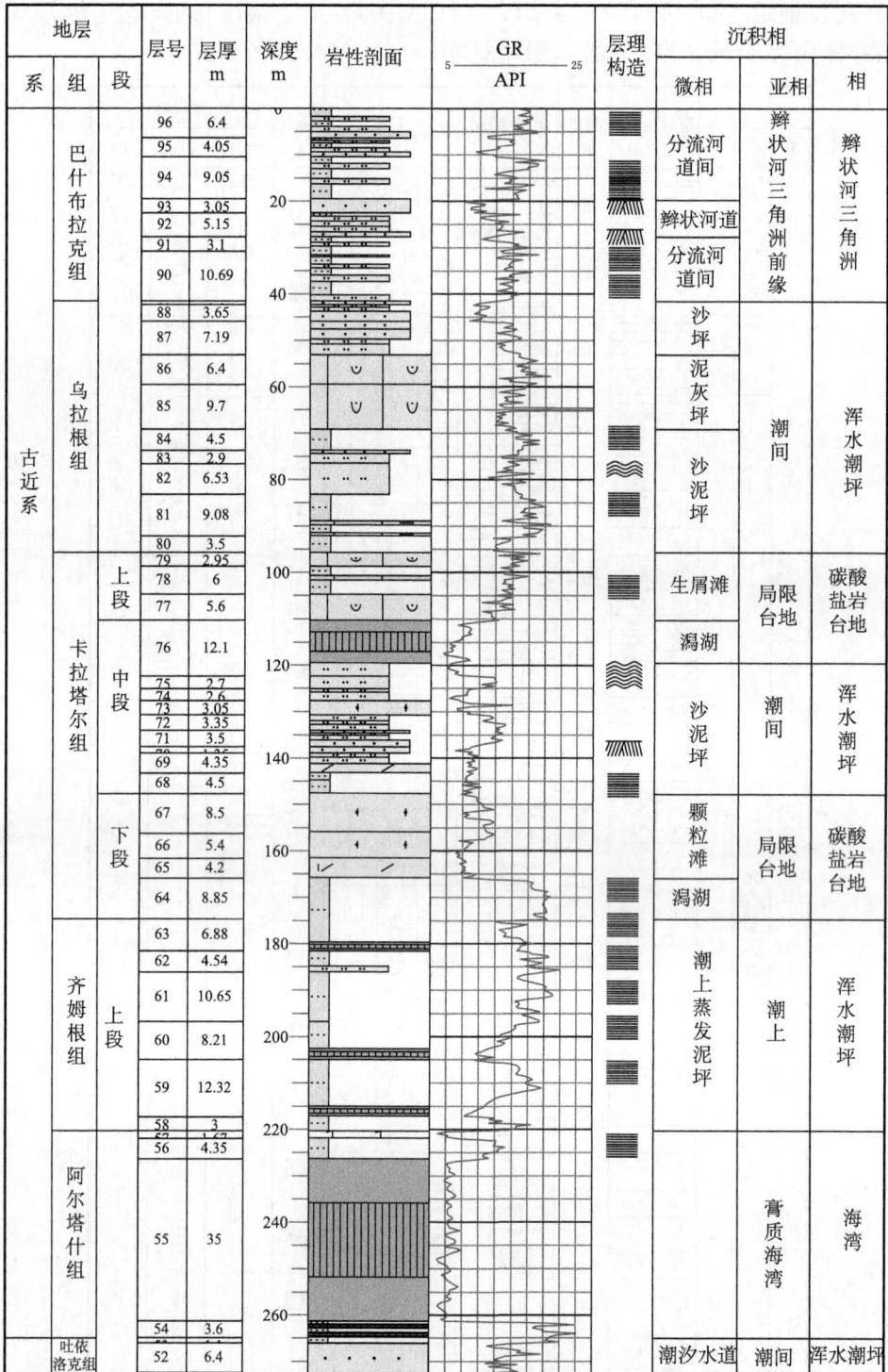

图 4-3-10 塔西南克里阳剖面古近系沉积相分析

地层			层号	层厚 m	深度 m	岩性剖面	GR API (5-25)	层理构造	沉积相		
系	组	段							微相	亚相	相
古近系	巴什布拉克组		96	6.4					分流河道间	辫状河三角洲前缘	辫状河三角洲
			95	4.05							
			94	9.05							
			93	3.05					辫状河道		
			92	5.15							
			91	3.1					分流河道间		
			90	10.69							
	乌拉根组		88	3.65					沙坪		
			87	7.19							
			86	6.4					泥灰坪		
			85	9.7						潮间	浑水潮坪
			84	4.5					沙泥坪		
			83	2.9							
			82	6.53							
			81	9.08							
			80	3.5							
	卡拉塔尔组	上段	79	2.95					生屑滩	局限台地	碳酸盐岩台地
			78	6							
			77	5.6							
		中段	76	12.1					潟湖		
			75	2.7					沙泥坪	潮间	浑水潮坪
			74	2.6							
			73	3.05							
			72	3.35							
			71	3.5							
			69	4.35							
			68	4.5							
		下段	67	8.5					颗粒滩	局限台地	碳酸盐岩台地
			66	5.4							
			65	4.2							
			64	8.85					潟湖		
	齐姆根组	上段	63	6.88					潮上蒸发泥坪	潮上	浑水潮坪
			62	4.54							
			61	10.65							
			60	8.21							
			59	12.32							
			58	3							
			57	1.67							
	阿尔塔什组		56	4.35					膏质海湾		海湾
			55	35							
			54	3.6							
	吐依洛克组		53	1.1					潮汐水道	潮间	浑水潮坪
			52	6.4							

5. PS2 井沉积相分析

为了解塔里木盆地西南坳陷叶城凹陷甫沙构造带的含油气情况,在 PS2 号背斜部署了一口预探井—PS2 井。设计井深 5350m，后加深设计井深 5800m，设计主要钻探地层为第四系、新近系、古近系、白垩系、侏罗系、二叠系。2001 年 10 月 21 日开钻，于 2002 年 9 月 10 日钻达井深 5792m，达到了地质目的，井底层位为上古生界二叠系上—下统普司格组下段（$P_{1-3}p$）。本书重点分析白垩系—古近系沉积相特征。

PS2 井所钻遇地层为陆相、海陆过渡相、海相沉积，该井共取心 6 次（其中第四筒收获率为零），沉积相的研究以岩心分析为基础，在系统地观察描述岩心、沉积构造的基础上，划分出取心井段的沉积相。古近系未取心，其沉积相研究以区域岩相研究结果并充分利用岩屑录井资料及岩屑古生物分析资料划分出沉积相。白垩系下统取心一次，其沉积相分析以区域岩相研究结果并结合岩心（岩屑）研究资料划分。

叶城凹陷自二叠纪到晚古近纪，经历了由海洋→大陆→海洋→大陆的盆地演化发展过程，从而发育了一大套陆相、海陆过渡相及海相的碎屑岩、碳酸盐岩沉积。PS2 井白垩系—古近系全井沉积相划分为冲积扇、曲流河、辫状河三角洲、碳酸盐岩台地、浑水潮坪、海湾等 6 种沉积相类型，下面按地层分述其典型沉积相特征如下（图 4-3-11）。

1）下白垩统克孜勒苏群

PS2 井克孜勒苏群可分为四段。

一段：红色中厚层状砾岩、砂砾岩互层沉积，为冲积扇扇中辫状河道沉积。

二段—四段：辫状河三角洲平原沉积。辫状河相是在气候干旱、地形坡度较陡、水流较急、砾砂泥含量较高的条件下，发育在山区。辫状河道不稳定、宽、浅，河漫滩不发育。岩性为红色含砾细砂岩，砾状砂岩。对 4172～4180m 岩心（暗红色细砂岩）粒度分析，其 Mz 均值为 3.242～5.12，偏度为 0.567～0.228，峰度为 1.771～0.619，岩性粒度定名为极细细砂岩和含粉砂不等粒砂岩，属较典型辫状河河道沉积（图 4-3-11）。

2）上白垩统英吉沙群

英吉沙群地层发育不全，可见库克拜组、乌依塔克组、依格孜牙组。

顶部为一套局限台地潟湖沉积。岩性主要为灰白色泥晶灰岩及少量泥岩，反映为灰坪沉积。下部为浑水潮坪潮间沙坪及辫状河三角洲平原沉积，岩性主要为暗红色粉砂质泥岩、泥岩、砾状砂岩，正粒序，反映干旱—半干旱气候条件下的近源沉积（图 4-3-11）。

3）古近系

本区古近系地层发育完整，但乌拉根组地层较薄。

海陆过渡相组：发育于齐姆根组中部，属滨海冲积扇相的扇缘—扇中亚相。发育于濒临滨海的山前地带，为暗红色粒状砂岩，绿灰、灰白色细砾岩及砂砾岩。

海相组：乌拉根组、卡拉塔尔组、齐姆根组顶底部、阿尔塔什组及上白垩统顶部，为海湾及潮坪相。海湾相多为灰泥质海湾亚相（灰白色泥质灰岩为主），仅在齐姆根组顶、阿尔塔什组有部分膏质海湾亚相（暗红色膏质泥岩、灰白色含泥膏岩及石膏）。其次在齐姆根组底、阿尔塔什组中部可见清水潮坪相的灰白色石灰岩及白云岩（图 4-3-12）。

6. KD1 井沉积相分析

KD1 井位于新疆和田地区皮山县西南 57km、YC1 井北东 4.9km 处，是部署在塔里木盆地西南坳陷昆仑山山前甫沙构造带 KD1 号构造上的一口风险预探井。复测地面海拔

2344.37m，补心高 9.00m，补心海拔 2353.37m。设计井深 4900m，提前于井深 4579m 处完钻。目的层为白垩系克孜勒苏群，兼探库克拜组、依格孜牙组（图 4-3-13，图 4-3-14）。

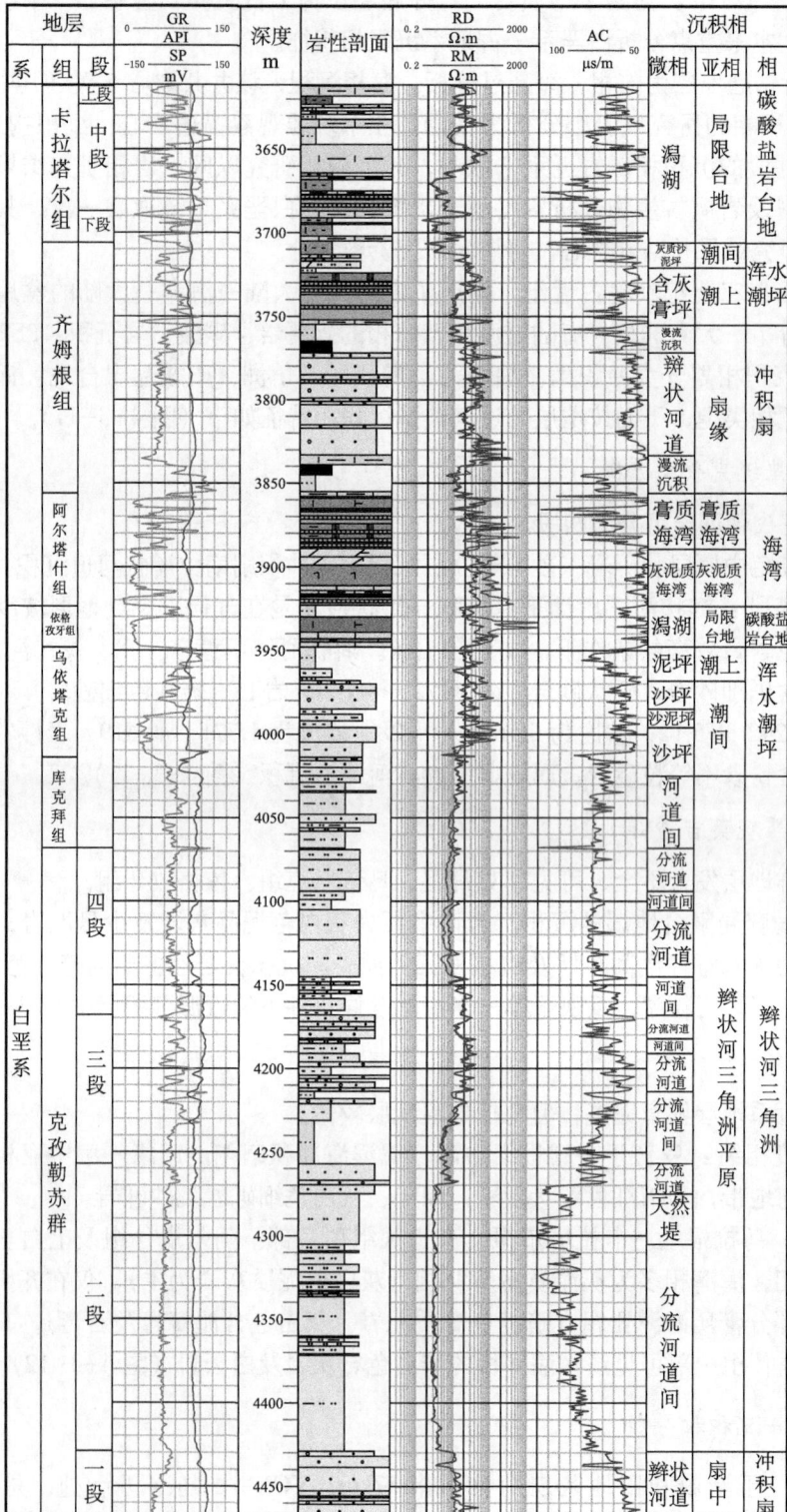

图 4-3-11　塔西南 PS2 井白垩系—古近系沉积相分析

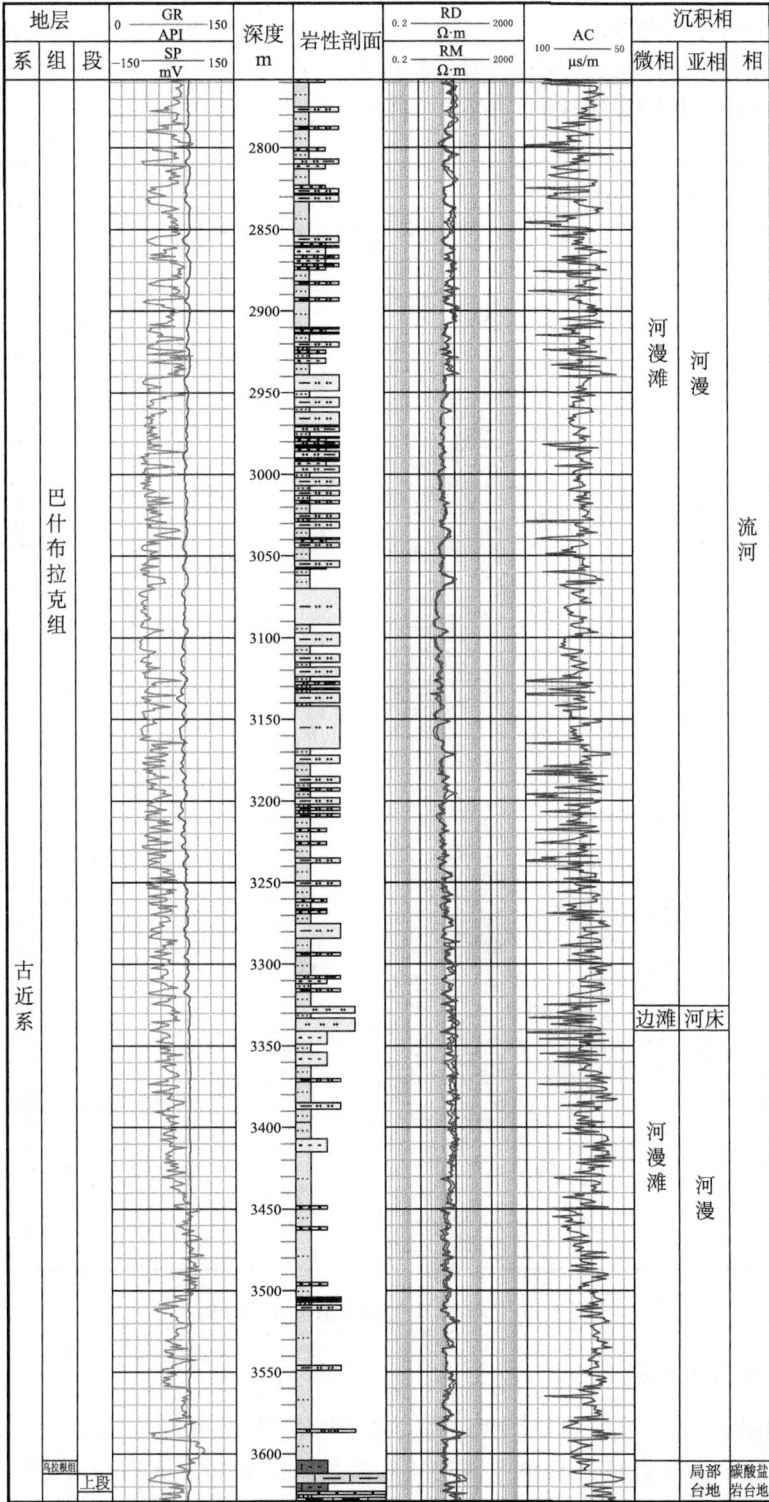

图 4-3-12　塔西南 PS2 井古近系沉积相分析

1）下白垩统克孜勒苏群

克孜勒苏群可分为两段：

三段—四段：灰色、红灰色细砂岩、粉砂岩、泥质粉砂岩夹含砾中砂岩，总体向上粒度变粗，为辫状河三角洲前缘沉积（图4-3-13）。

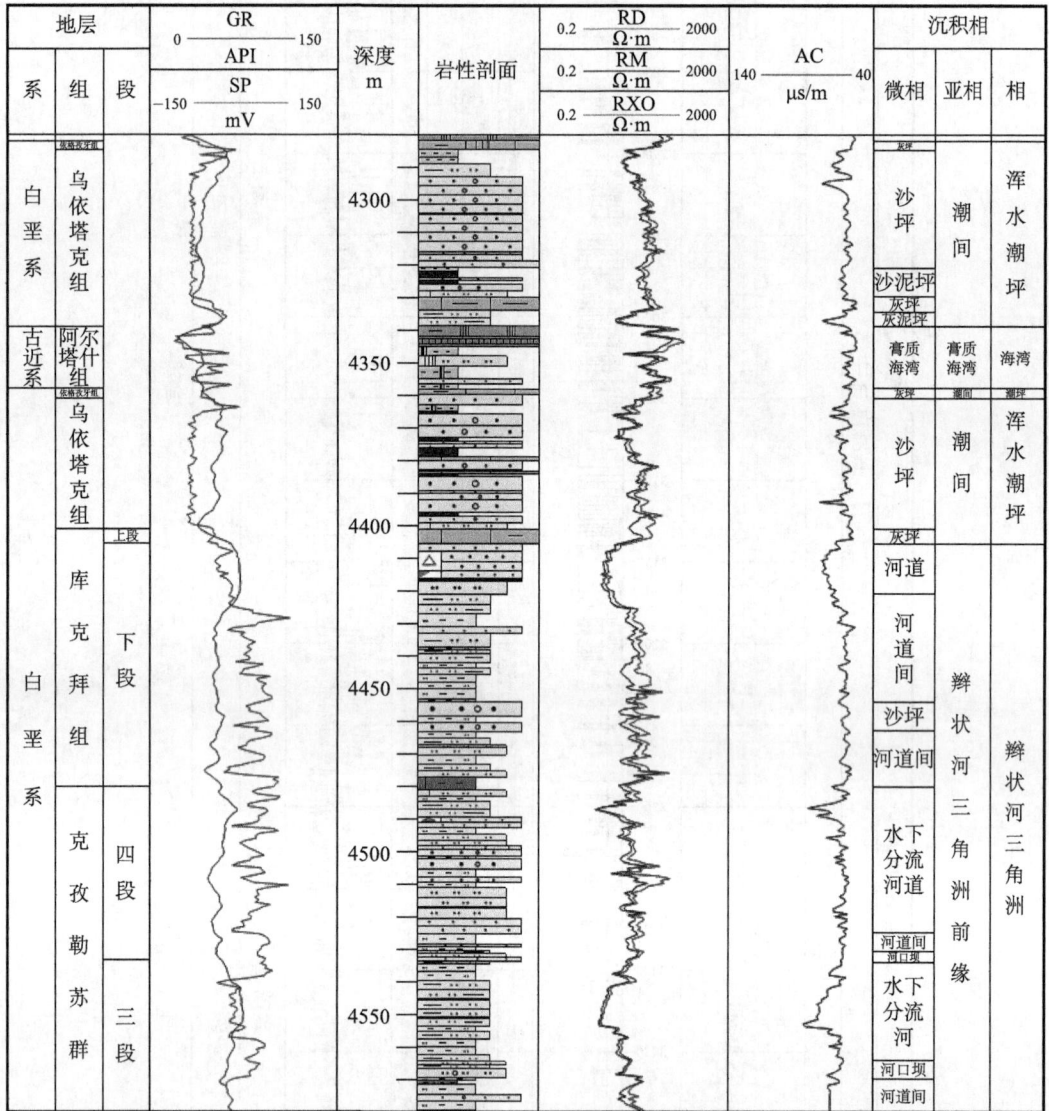

图4-3-13　KD1井白垩系沉积相分析

2）上白垩统英吉沙群

英吉沙群地层发育不全，可见库克拜组、乌依塔克组、依格孜牙组。

下部库克拜组为灰红色、灰色中薄层状粉砂岩、细砂岩、泥质粉砂岩夹粉砂质泥岩，为辫状河三角洲前缘沉积。中部乌依塔克组浅褐色含砾细砂岩夹泥岩，为浑水潮坪潮间沙坪沉积。顶部依格孜牙组为一套局限台地潮间灰坪沉积，岩性主要为灰色泥晶灰岩，深电阻率曲线呈齿状，值较大，自然伽马相对低值（图4-3-13）。

3）古近系

本区古近系地层发育完整，但乌拉根组地层较薄，以海相沉积为主。

阿尔塔什组：白色厚层状石膏夹褐红色膏泥岩，为膏质海湾及膏泥质海湾沉积。

齐姆根组：红色薄层状粉砂质泥岩、膏泥岩夹薄层状石膏层，为潮上膏泥坪沉积。

卡拉塔尔组：灰色、绿灰色中薄层状泥灰岩、泥云岩夹膏质灰岩及红色泥岩，为局限台地潟湖沉积。

乌拉根组：本组岩性单一，沉积了一套灰绿色粉砂质泥岩，为浑水潮坪潮间沙泥坪沉积（图4-3-14）。

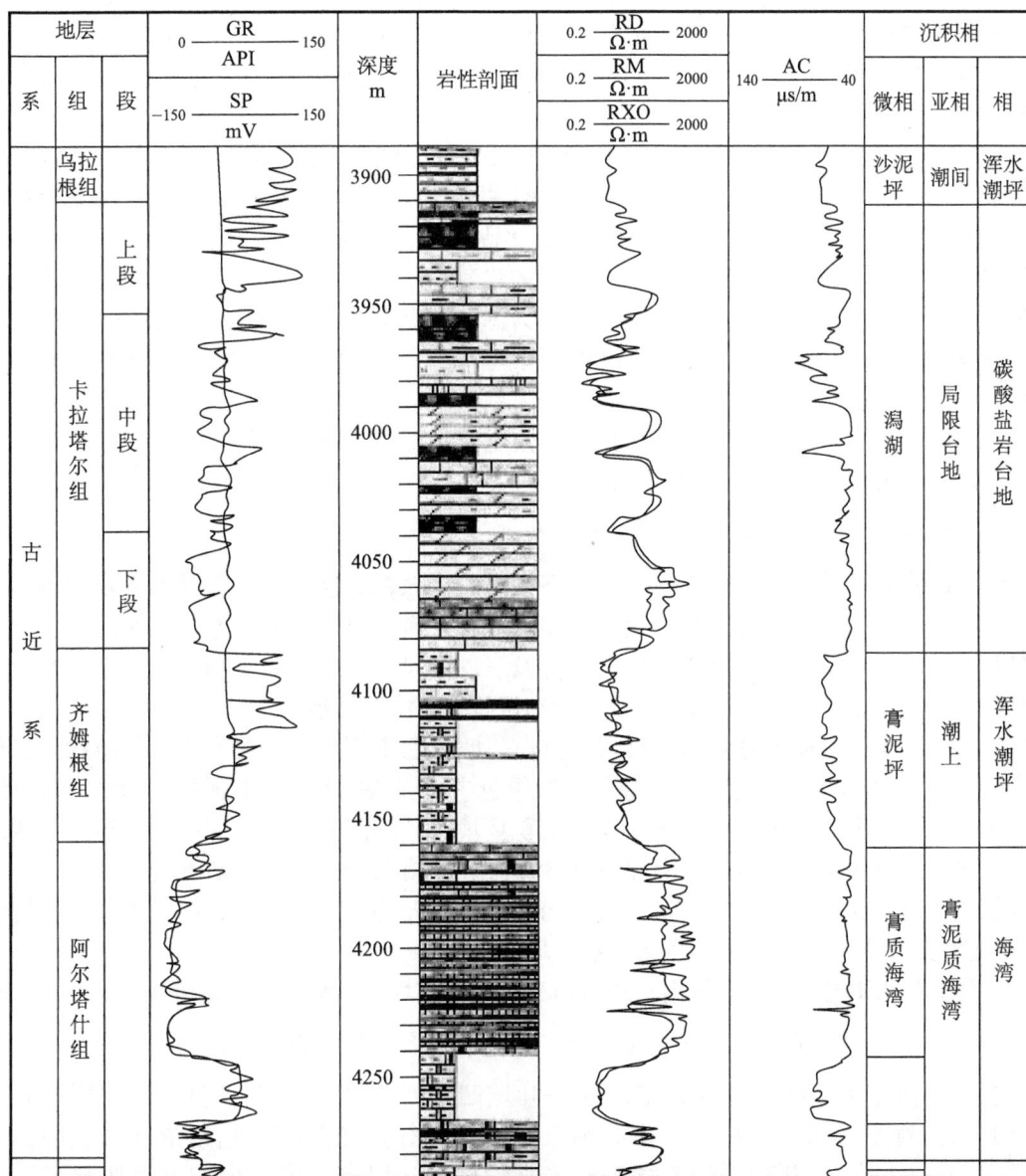

图 4-3-14　KD1 井古近系沉积相分析

二、连剖面（井）沉积相分析

连剖面（井）沉积相分析是确定沉积体系横向展布与对比的一项重要工作。通过剖面对比，阐明沉积体系的横向展布及纵向演化特征。

1. 白垩系沉积相对比分析

1）阿尔塔什—干加特—和什拉甫—赛格尔塔什—P1 井白垩系剖面

连剖面横穿齐姆根凸起东部及叶城凹陷（图 4-3-15）。下白垩统克孜勒苏群一、二段以发育粗碎屑的冲积扇为特征，且以扇中亚相最为发育，向东至和什拉甫出现扇缘沉积，粒度变细。二段上部及三、四段以辫状河三角洲平原为主，主要为红色中厚层状的中细砂岩、含砾砂岩夹泥质砂岩、泥岩。P1 井地区出现曲流河沉积，总体粒度较细，以粉砂岩、细砂岩、泥岩为主。

上白垩统英吉沙群库克拜组典型特征为"下红上绿"，下红段为红色中细砂岩、粉砂岩、泥岩为主的辫状河三角洲平原，至 P1 井变为潮上带沉积；上绿段总体上为灰绿色中薄层状泥岩、膏泥岩、粉细砂岩等夹泥晶灰岩、颗粒灰岩沉积，反映了浑水潮坪潮间带沙泥坪沉积环境。乌依塔克组及吐依洛克组在整个剖面均有相似沉积岩性，以红色中薄层状的膏质砂泥岩互层为特征，为浑水潮坪潮上蒸发膏质沙泥坪。依格孜牙组以碳酸盐岩台地为特征，以和什拉甫为中心向东西局限台地、开阔台地及台地边缘沉积。

纵向相演化在各个剖面均有相似特征，白垩系地层向上沉积环境总体呈现冲积扇—辫状河三角洲—潮坪—碳酸盐岩台地—潮坪。

2）PS2 井—玉力群—KD1 井—克里阳

连剖面横穿叶城凹陷（图 4-3-16）。下白垩统克孜勒苏群一、二段以发育粗碎屑的冲积扇为特征，向东依次发育冲积扇扇中、扇缘亚相，辫状河三角洲平原、辫状河三角洲前缘沉积，总体呈现粒度变细趋势。二段上部及三、四段以辫状河三角洲为主，主要为红色中细砂岩、含砾砂岩夹泥质砂岩、泥岩，向东也呈现粒度变细趋势。

上白垩统英吉沙群库克拜组下红段为红色、暗红色中细砂岩、泥岩为主的辫状河三角洲平原，P1 井区为潮上带沉积；上绿段为灰绿色中薄层状的泥岩、膏泥岩、粉细砂岩等细粒碎屑岩，反映了浑水潮坪潮间带沙泥坪沉积环境。叶城凹陷乌依塔克组以灰绿色中薄层状的沙泥岩互层为特征，为浑水潮坪潮间沙泥坪。依格孜牙组以碳酸盐岩台地为特征，除赛格尔塔什地区为颗粒滩外，向东主要为局限台地潟湖环境。吐依洛克组以中薄层状的红色膏质沙泥岩为特征，为潮上蒸发膏质沙泥坪沉积。

由白垩系总体向上呈现冲积扇—辫状河三角洲—潮坪—碳酸盐岩台地—潮坪。

3）膘尔托阔依—奥依塔格—同由路克—齐美干—干加特白垩系剖面

连剖面横穿喀什凹陷—齐姆根凸起—叶城凹陷西部（图 4-3-17）。下白垩统克孜勒苏群以发育粗碎屑的冲积扇—辫状河三角洲为特征，尤其膘尔托阔依地区以冲积扇为主，以红色中厚层状砂砾岩、含砾砂岩夹粉砂岩、泥岩为主；向东发育辫状河三角洲沉积，总体呈现粒度变细趋势，主要为红色含砾砂岩、砂砾岩、粉细砂岩夹泥质砂岩、泥岩。

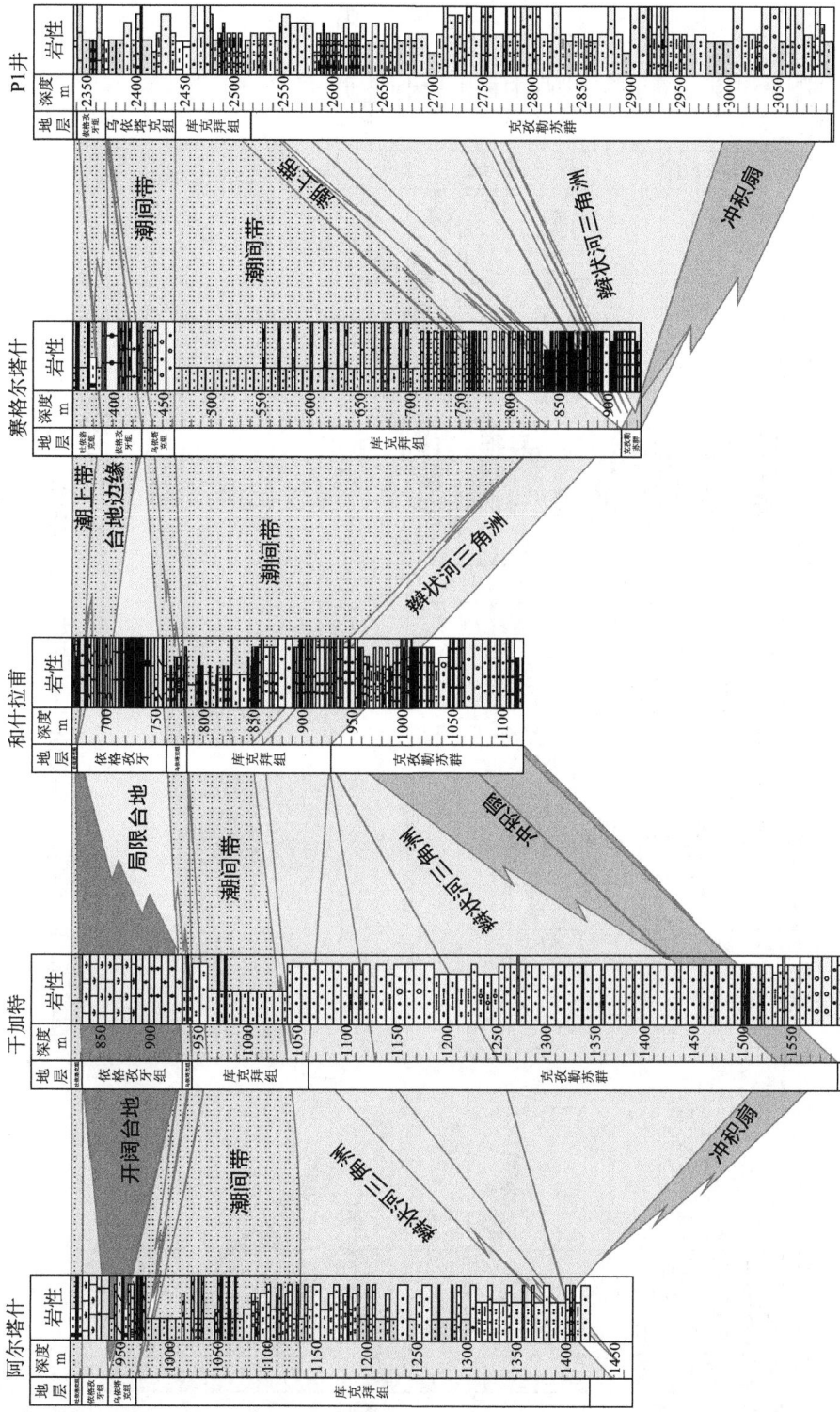

图4-3-15 阿尔塔什—于加特—和什拉甫—赛格尔塔什—P1井白垩系沉积相对比剖面

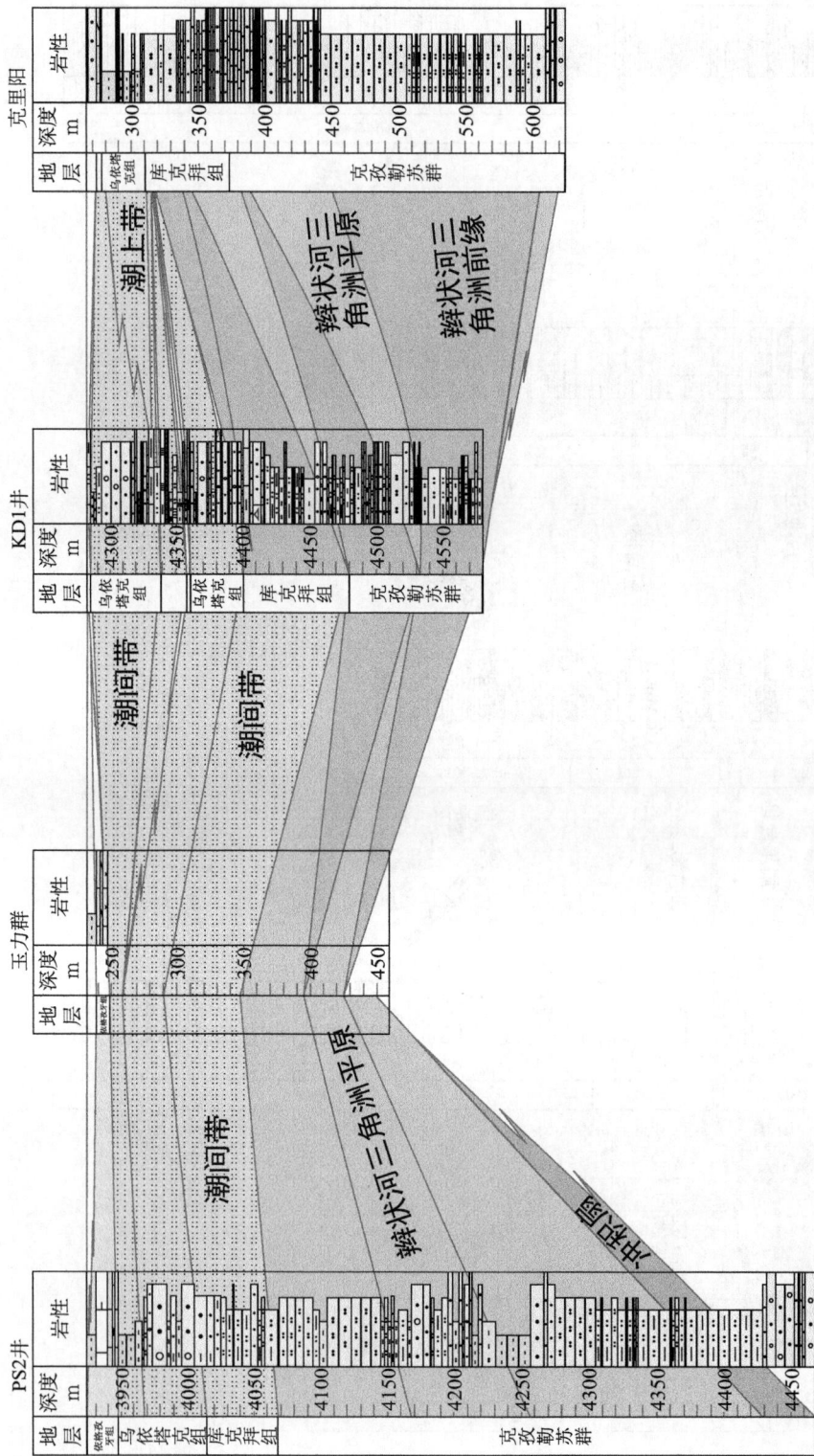

图4-3-16　PS2井—玉力群—KD1井—克里阳白垩系沉积相对比剖面

上白垩统英吉沙群库克拜组下红段为红色中细砂岩、粉砂岩、泥岩为主的辫状河三角洲平原、辫状河三角洲前缘；上绿段总体上为灰绿色、绿灰色、灰色中薄层状的泥岩、膏泥岩、粉细砂岩等细粒碎屑岩夹中薄层状泥质云岩、含生屑灰岩，反映了浑水潮坪潮间带沙泥坪、潮上蒸发膏泥坪沉积环境。乌依塔克组因沉积时古地理背景不同，发育了浑水潮坪潮上、潮间两种亚相，臊尔托阔依、齐姆根凸起地区以潮上蒸发膏泥坪、沙泥坪为主，其他地区以灰绿色中薄层状的砂泥岩互层的潮间沙泥坪为主。依格孜牙组以碳酸盐岩台地为特征，以开阔台地、台地边缘、局限台地为主。吐依洛克组以潮上蒸发膏质沙泥坪沉积为特征，岩性主要为中薄层状的红色膏泥岩、膏质沙泥岩。

白垩系地层由老至新总体呈现冲积扇—辫状河三角洲—潮坪潮间沙泥坪－潮上膏泥坪—碳酸盐岩台地—潮坪潮上膏泥坪、膏质沙泥坪。

4）乌鲁克恰提—库克拜—WX1井白垩系剖面

连剖面横穿喀什凹陷北缘（图4-3-18）。下白垩统克孜勒苏群以发育粗碎屑的冲积扇—辫状河三角洲为特征，WX1井区以冲积扇为主，扇中、扇缘亚相发育，以棕红色、红褐色中厚层状砂砾岩、含砾砂岩夹粉砂岩、泥岩为主；向西发育辫状河三角洲平原沉积，总体呈现粒度变细趋势；向东为河流相、辫状河三角洲平原。

上白垩统英吉沙群库克拜组西段沉积灰绿色、绿灰色、灰色中薄层状的泥岩、膏泥岩、粉细砂岩夹中薄层状含生屑灰岩，为浑水潮坪潮间带沙泥坪环境；东段逐渐变为红色中薄层状砂泥岩潮上坪环境，塔什皮萨克地区地层缺失。乌依塔克组以潮上蒸发膏泥坪、沙泥坪为主，仅在WX1井发育潮间沉积。与昆仑山山前地区不同的是，依格孜牙组以潮上膏质沙泥坪沉积为特征，台地相不发育，以中薄层状的红色膏泥岩、膏质砂泥岩为主。吐依洛克组地层发育不全，仅在乌鲁克恰提可见，为一套中薄层状的红色膏泥岩、膏质砂泥岩夹白色石膏层，反映了潮上蒸发膏质沙泥坪沉积环境。白垩系地层由老至新总体呈现冲积扇—辫状河三角洲—潮坪潮间沙泥坪—潮上膏泥坪、膏质沙泥坪。

2.古近系沉积相对比分析

1）乌鲁克恰提—库克拜—WX1井

连剖面横穿喀什凹陷北缘（图4-3-19）。

阿尔塔什组沉积稳定，以白色厚层状石膏为特征，夹薄层状白云岩、灰质云岩及砂屑灰岩，为膏质海湾沉积。

齐姆根组可分"上红下绿"两段：下绿段以灰绿色、绿灰色泥岩、含膏泥岩夹中薄层灰质泥岩、泥质灰岩，为潮间灰泥坪；上红段沉积了红色中薄层状泥岩、膏泥岩夹薄层石膏，为潮上蒸发膏泥坪。

卡拉塔尔组沉积横向上稳定，在本区以局限台地为特征，岩性主要为灰白色、浅灰色中层状泥晶灰岩、含生物碎屑灰岩夹泥岩、白云岩及薄层状石膏。

乌拉根组以发育潮间含膏泥坪为特征，岩性主要为薄层状泥岩、含膏泥岩。

古近系地层由老至新总体呈现为膏质海湾—潮间灰泥坪－潮上蒸发膏泥坪—局限台地—潮间泥坪。

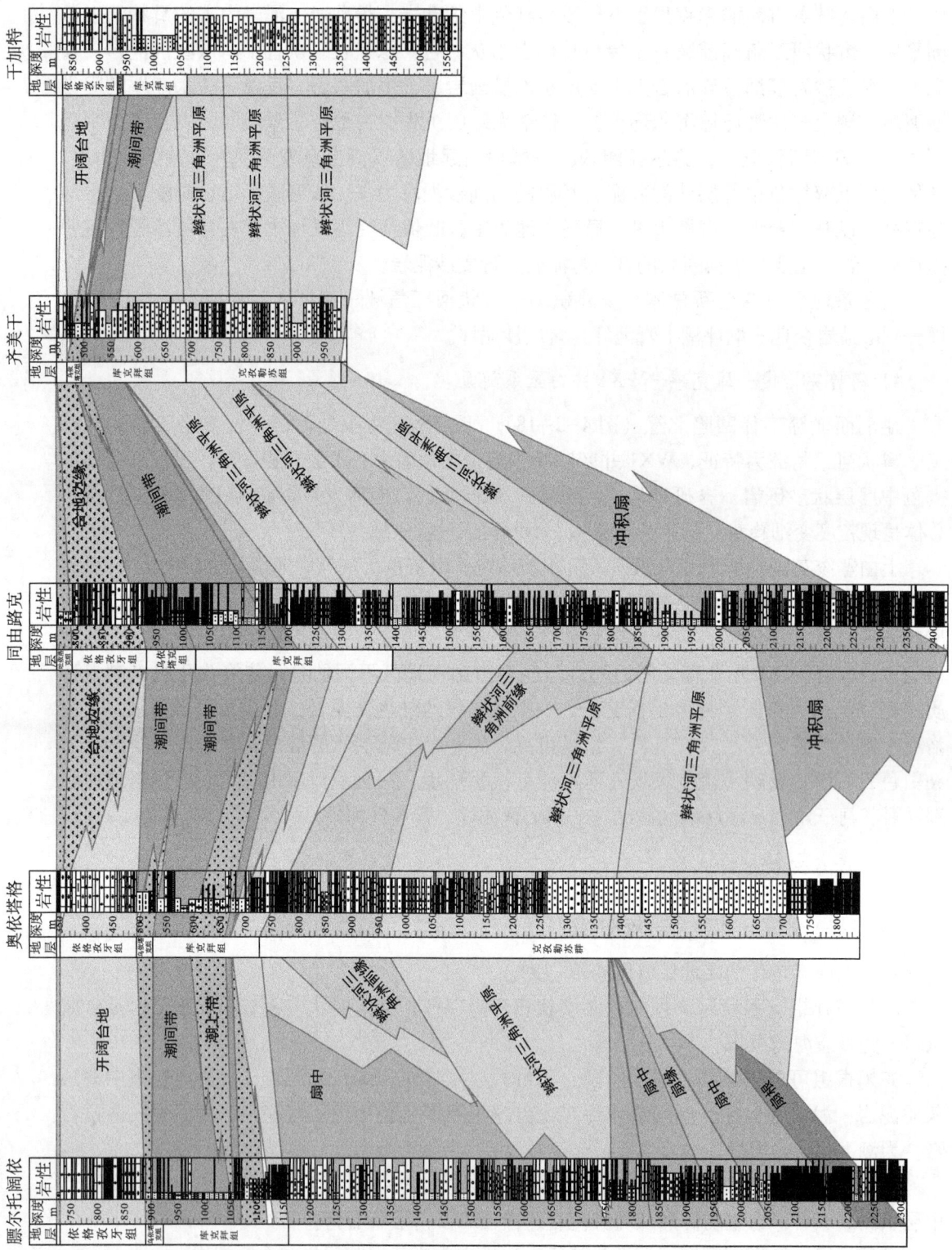

图4-3-17　膘尔托阔依—奥依塔格—同由路克—齐美干—干加特白垩系沉积相对比剖面

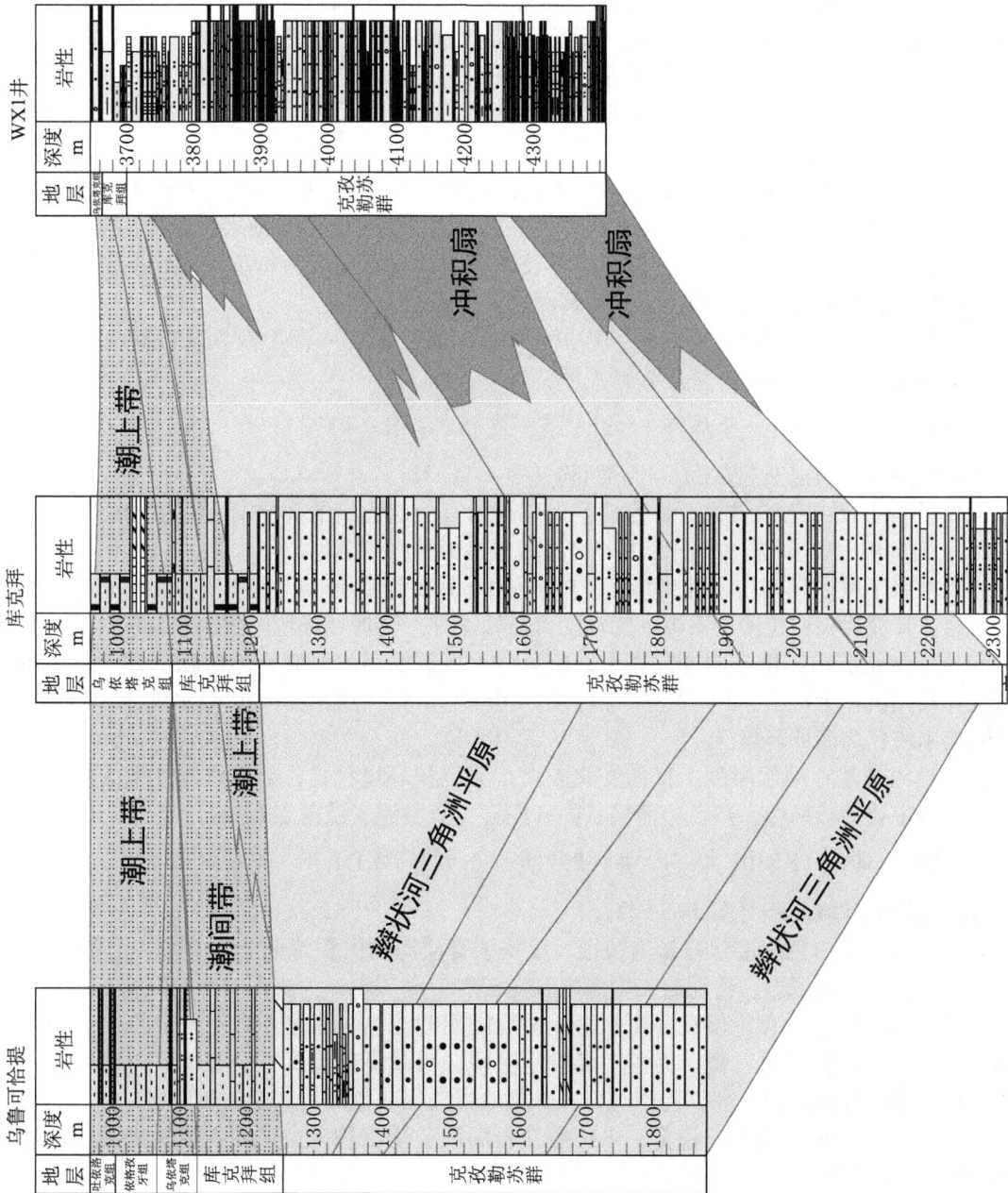

图4-3-18 乌鲁克恰提—库克拜—WX1白垩系沉积相对比剖面

2）乌拉根—膘尔托阔依—奥依塔格—同由路克—齐美干—T1井

连剖面横穿喀什凹陷、齐姆根凸起西部（图4-3-20）。

阿尔塔什组以白色厚层状石膏为特征，顶部常有一层稳定的石灰岩沉积，但阿尔塔什组地层厚度变化大，同由路克最厚，乌拉根—膘尔托阔依最薄，同由路克向东，地层也有减薄趋势。沉积环境以膏质海湾沉积为主，顶部常发育潮间灰泥坪。

齐姆根组可分"上红下绿"两段：下绿段在同由路克以西发育以灰绿色、绿灰色泥岩、含膏泥岩夹中薄层泥灰岩的潮间灰泥坪、沙泥坪；而西部地层不发育。上红段西部为冲积扇—辫状河三角洲体系，沉积了一套暗红色中厚层状含砾砂岩、细砂岩夹粉砂岩、泥岩，东部为潮间沙泥坪及潮上含砂泥坪。

卡拉塔尔组沉积横向上稳定，在本区以局限台地、开阔台地为特征，岩性主要为灰白色、浅灰色中层状泥质灰岩、生物碎屑灰岩、亮晶砂屑灰岩夹泥岩及薄层状石膏。

乌拉根组以发育潮间沙泥坪、潮间泥坪及潮上含砂含膏泥坪为特征，岩性主要为灰绿色、棕红色薄层状泥岩、粉砂质泥岩、含膏泥岩，偶夹石膏薄层。

古近系地层由老至新总体呈现为膏质海湾—潮间灰泥坪—潮上蒸发膏泥坪—局限台地—开阔台地—潮间沙泥坪—潮上含膏泥坪。

3）T1井—阿尔塔什—干加特—和什拉甫—赛格尔塔什—P1井

连剖面横穿齐姆根凸起东部、叶城凹陷（图4-3-21）。

阿尔塔什组以白色厚层状石膏为特征，顶部常有一层稳定的泥质灰岩、生物碎屑灰岩沉积，除东部P1井以灰泥质海湾为主外，向西均为膏质海湾沉积。

齐姆根组下段以潮间沙泥坪为特征，向东至P1井变为潮上带；上段沉积了一套红色膏质砂泥岩、膏泥岩夹白色薄层石膏，为潮上膏质沙泥坪、膏泥坪环境沉积。

卡拉塔尔组沉积环境横向变化较大，但总体上以碳酸盐岩局限台地沉积—浑水潮坪潮间沙泥坪相间沉积为特征。T1井、干加特及P1井区为局限台地沉积，而阿尔塔什、和什拉甫及赛格尔塔什为潮坪环境。

乌拉根组虽然在地层厚度上横向变化较大，但沉积环境稳定，以浑水潮坪潮间沙泥坪为主，岩性主要为灰绿色、灰色中薄层状的砂泥岩、灰质泥岩及薄层石灰岩。

4）赛格尔塔什—KS101井—P1井—PS2井—玉力群—KD1井—克里阳

连剖面横穿叶城凹陷（图4-3-22）。

阿尔塔什组以白色厚层状石膏为特征，反映了膏质海湾沉积特征；但PS2井、P1井区为灰色、灰白色灰质泥岩、膏泥岩夹中薄层状泥云岩、泥灰岩，为灰泥质海湾沉积。

齐姆根组下段不发育，仅在赛格尔塔什出现潮间沙泥坪；上段沉积了一套红色膏质砂泥岩、膏泥岩夹白色薄层石膏，为潮上膏质沙泥坪、膏泥坪环境沉积；在PS2井出现了冲积扇扇中—扇缘沉积，为一套红色砂砾岩、砾状砂岩夹褐灰色泥岩、粉砂质泥岩。

卡拉塔尔组沉积环境横向稳定，以碳酸盐岩局限台地沉积为主，仅在克里阳上部出现浑水潮坪潮间沙泥坪沉积。

乌拉根组虽然在地层厚度上横向变化较大，但沉积环境稳定，以浑水潮坪潮间沙泥坪为主，岩性主要为灰绿色、绿灰色中薄层状的砂泥岩、薄层泥质灰岩。

三、古生物生态特征及沉积环境

塔西南底栖生物双壳类在晚白垩世—古近纪异常繁盛，它们的生存、发展、演化与周围环境变化，如海水的进退、温度、深度、盐度、海底底质、地貌及食物来源等有极密切的关系。颗石藻类是金褐色单细胞浮游鞭毛海藻，在晚白垩世至古近纪有4个繁盛时期，分别是库克拜中期、晚期，齐姆根早期，乌拉根期，巴什布拉克中期、晚期，这些繁盛期也是本区发生大规模的海侵时期。

1. 双壳类的发展演化

1）库克拜早期（赛诺曼早期）

以西昆仑山山前的阿克彻依—且末干剖面库克拜组下段顶部骨屑隐晶灰岩中所产的三棱鱼肌蛤（*Ichthyosarcolites tricarinatus Parona*）生物群为代表，均为单体不规则三棱柱体，或平躺或斜交于层面上，顶端稍收缩，附着面很小。这种固着蛤曾产于非洲北部的黎波里、南欧的意大利和中亚的塔吉克盆地。

2）库克拜晚期（土仑早期）

Inoceramus–Liopistha 群落是以西昆仑山山前带乌依塔克剖面库克拜组上段代表，尤以 *Inoceramus* 最引人注意，其是以足丝附着外物生活，由于附着物少，此类生物难以繁殖，因而数量少，个体也小，但它们在欧洲的土仑早期却异常发育，并成为带化石。*Mactra*，*Pinna*，*Liopistha* 都是半埋的滤食者，*Pinna* 是半插在泥沙中，或以足丝附着在小的砾石上生活的种类。其他种类，如 *Lima*，*Plicatula* 虽然也有，也因附着物少而数量不多。同时由于沉积层中含有一定数量的砂，使得沉积物中水的渗流作用较强，故化石多呈印模或内核状态保存，壳层均被溶解，其他共生者为腹足类 *Ascensovoluta* 及海胆 *Nucleopyguso*。

3）依格孜牙中期（康尼亚—马斯特里特期）

这个群落以西昆仑山山前带的且莫干、乌依塔克、依格孜牙各剖面的依格孜牙组中段的固着蛤灰岩为代表，表生固着蛤 *Lapeirusella*，*Sauvagesia*，*Osculigera*，*Biradiolites* 大量繁盛，常成斑礁状，或是带状，它们往往成群体，有时成单体固着在坚硬的底质上，要求清洁而温暖的水流，并都是滤食性生物。它们是生活在热带浅海碳酸盐台地上的生物群落，与双壳类共生的有腹足类 *Canthanus*、有孔虫 *Accordiella* 等，都是热带地中海生物地理区的标志生物。但成礁状产出的固着蛤灰岩层在塔里木盆地仅见于西昆仑山山前带的西北部，其他地区（天山地带主要为潮上带；西昆仑山山前带的东南部及东昆仑山山前带沙泥较多）因达不到坚硬的底质及清洁而温暖的水流的条件而不存在。而且该区固着蛤灰岩层厚度仅 2～3m 左右，表明当时热带海水占据时间不长。

4）阿尔塔什期（古新世早期）

这个群落以组的 *Brachidontes*，*Corbula*（*Cuneocorbula*）生物群为代表，因水浅而盐分高，又有硫酸钙的沉积及白云岩化，故全区为较单一而稳定的薄层白云岩夹少数泥灰岩，它代表着高盐化的海水环境。这种环境中产生的双壳类极为单调，典型种类 *Brachidontes* 是以足丝附着外物或营浅潜穴生活在海洋与潟湖过渡带的分子，它往往可以忍受高盐环境。*Corbula*（*Cuneocorbula*）是生活在高盐环境中的代表，也是浅潜穴者，潜穴与层面微斜交，在岩层中极少堆叠，而以单体分散埋藏为主，说明当时水动力条件不强，系原地埋藏。

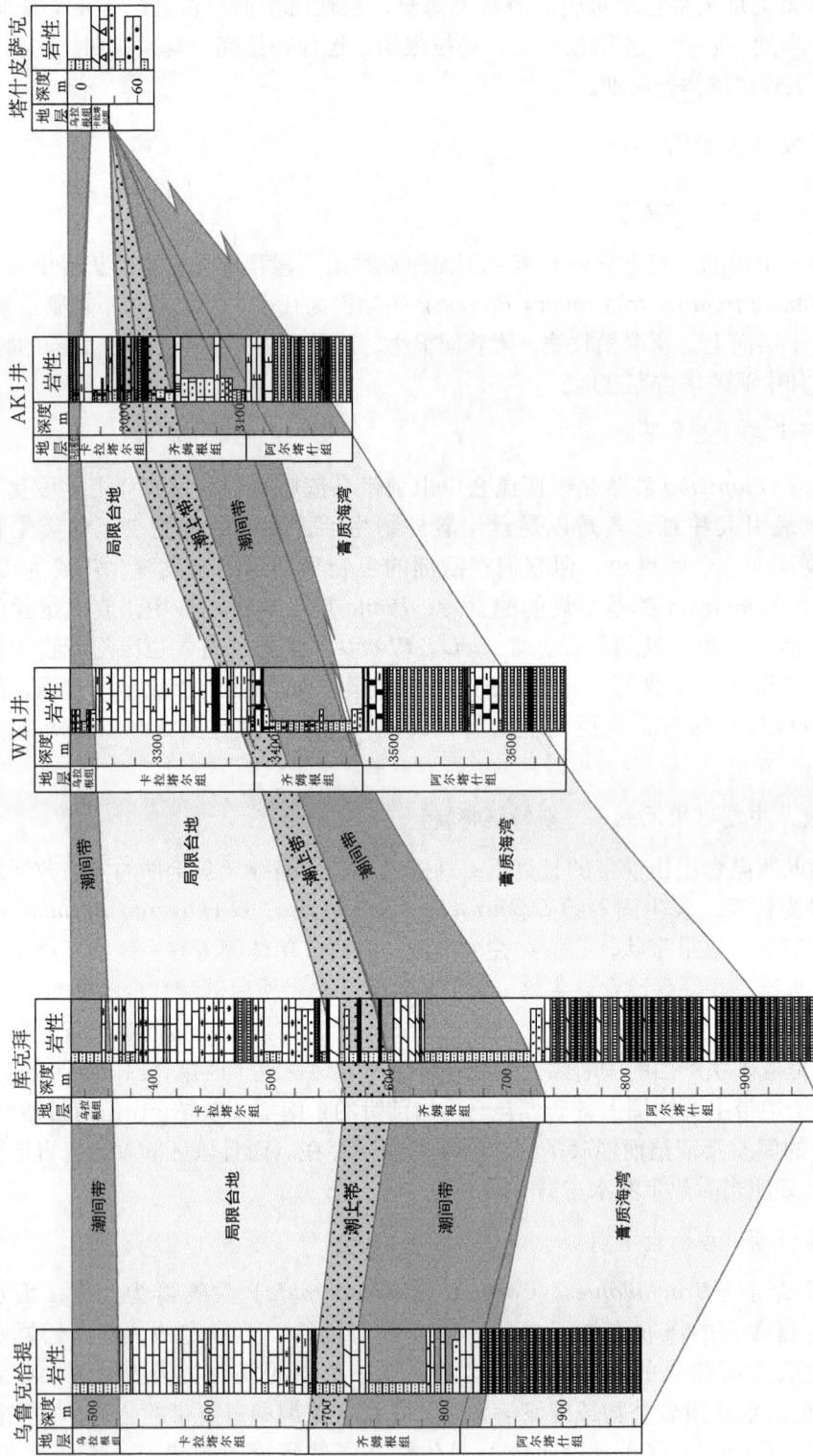

图4-3-19　乌鲁克恰提—库�拜—WX1井—AK1井—塔什皮萨克古近系沉积相对比剖面

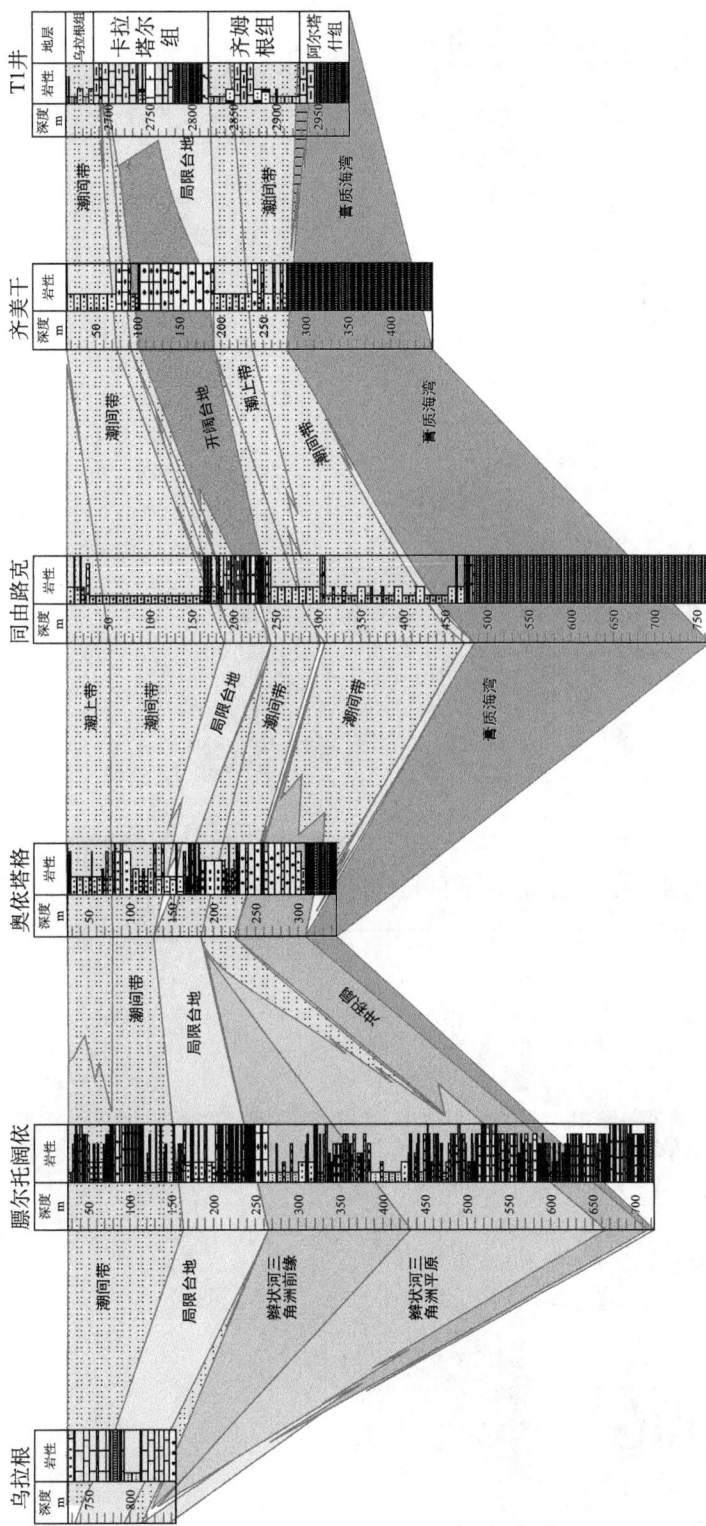

图4-3-20 乌拉根—瞟尔托阔依—奥依塔格格—同由路克—齐美干—T1井古近系沉积相对比剖面

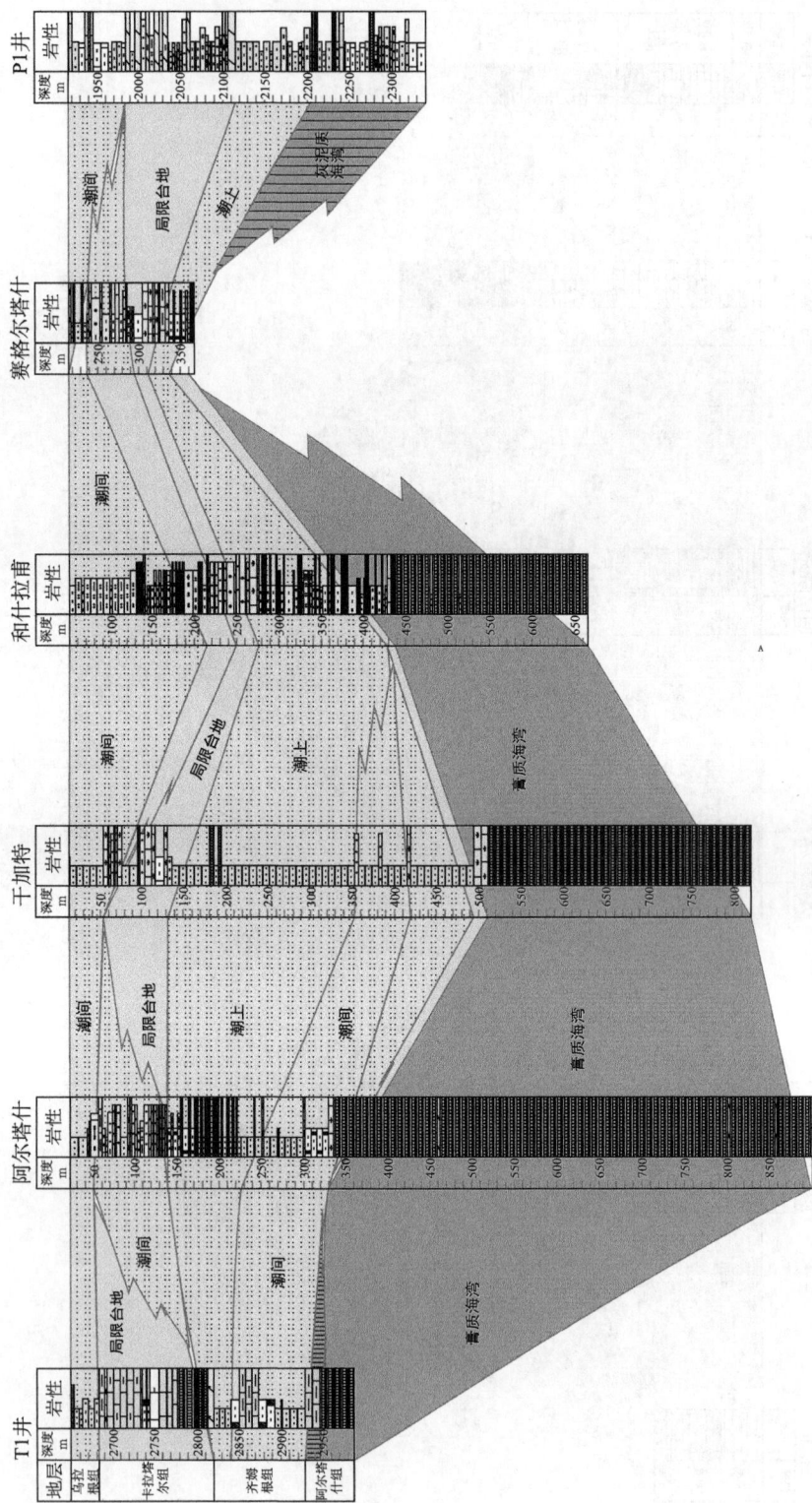

图4-3-21 T1—阿尔塔什—干加特—和什拉甫—赛格尔塔什—P1井古近系沉积相对比剖面

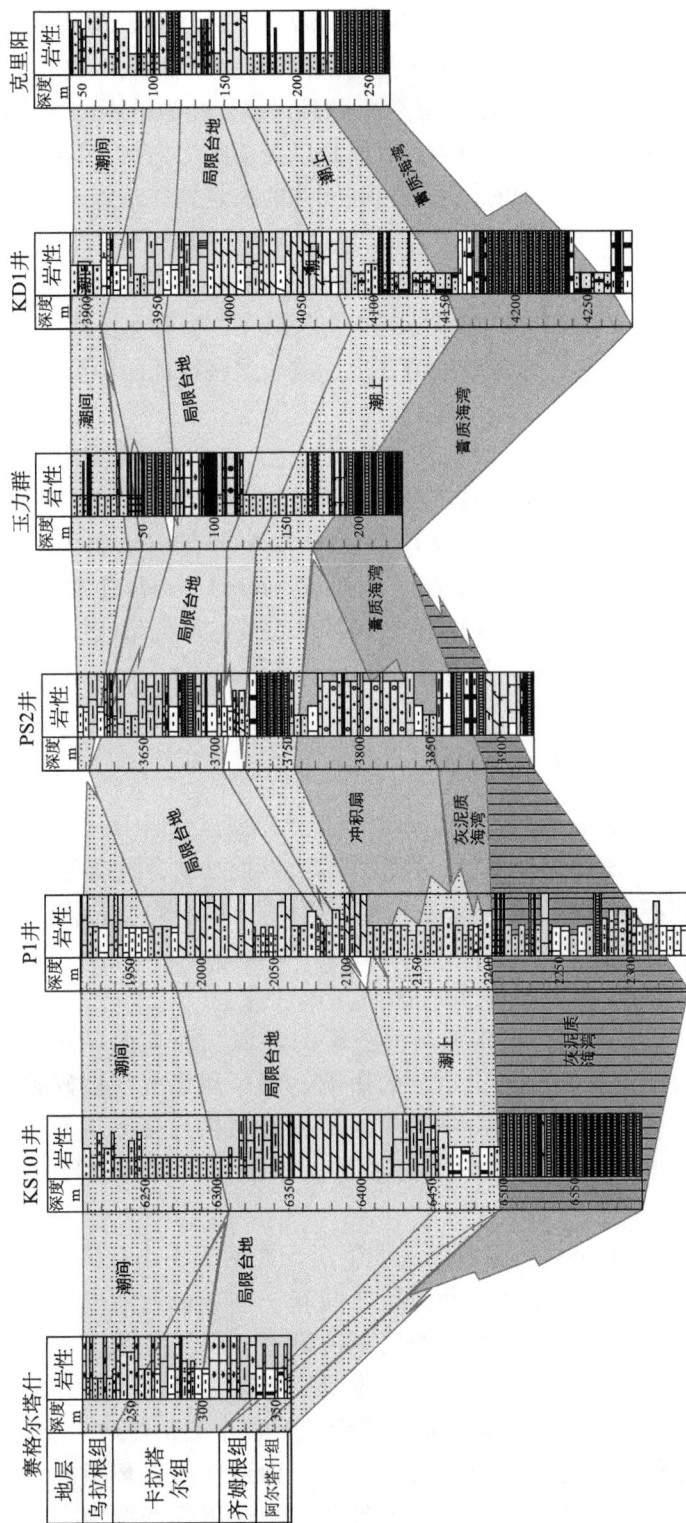

图4-3-22　赛格尔塔什—KS101井—P1井—PS2井—玉力群—KD1井—克里阳古近系沉积相对比剖面

5）齐姆根早期（古新世晚期）

这个群落以齐姆根组下段中部 *Ostrea（Ostrea）bellovacina* Lamarck 动物群为代表，它是生活在较典型的低盐度的潮间带至浅水亚滨海港湾区，泥砂质基底上的种类，本群落的特点是生物低多样性，而数量富集。别洛瓦茨牡蛎数量最多，并为单体，壳顶部没有附着痕，壳体扁平而大，仅在壳顶部有一些放射褶，可能是以壳顶部为支点，斜躺在软泥底上营自由仰卧的生活方式。壳顶部放射褶的作用是增强壳体的稳定性并不剪陷入软泥中。由于它的壳质是方解石质，因此壳体尚能保存下来。而与它同一群落中浅潜穴的 *Corbula*，*Solana（Eosolen）*，*Pholadomya* 等均因岩层中地下水含有硫酸介质，而壳体被溶解后又由围岩物质充填，形成印模。潜穴生活的双壳类都呈两壳抱合状保存，为原地埋藏。*Pholadomya* 生活在正常盐度的暖海静水海湾区，软泥质的海底上。故从这些特征的种类可以判断它们是热带港湾潮汐软底泥坪的群落。

在托母洛安—乌帕尔地区，阿尔塔什组岩性以白色、灰白色厚层块状石膏为主夹灰色、灰白色"渣孔状"粉泥晶灰岩、内碎屑灰岩、白云质灰岩、砂屑灰岩、生屑灰岩及灰绿色粉砂质泥岩、膏泥岩。见到低盐度的 *Ostrea（Ostrea）bellovacina* Lamarck（及典型的海洋绿藻分子 *Pterospermella* 等）生物群与高盐度的 *Brachidontes-Corbula* 生物群交替出现，表明该地带虽以高盐化的海水环境为主，但间有较多的低盐度的潮间带或浅水亚滨海港泥砂质沉积，同时也说明在托母洛安—乌帕尔地区，*Ostrea（Ostrea）bellovacina* 可从齐姆根组下延到阿尔塔什组。

6）卡拉塔尔期（始新世中期）

Ostrea（Turkostrea）-Sokolowia-Kokanostrea 群落以西昆仑山山前带在卡巴卡特沙雷—阿依盖尔山一带的卡拉塔尔组顶部与乌拉根组底部交界处见到突厥蛎 *Turkostrea* 和索氏蛎 *Solkolowia* 混生的动物群为代表。在齐姆根、阿尔塔什等剖面中均可观察到这个混生现象自卡拉塔尔组底部就不同程度地出现。但昆仑山山前 *Turkostrea* 动物群不及南天山山前带发育，数量少，个体小，并与 *Sokolowia* 和 *Kolkanostrea* 混生。

（1）*Turkostrea* 要求稳定、水质清洁而温暖的环境，而在西昆仑山山前带，则因喜马拉雅期早期（始于始新世）造山运动的影响，海岸周缘机械破碎和夷平作用较频繁，并且沿岸河流水系较发育，经常将大量的陆源碎屑携运至海域，造成水体浑浊和砂泥质的沉积，水底也因河流的注入而造成盐度不稳定，对喜欢硬底而清澈水体的 *Turkostrea* 不利。

（2）*Sokolowia* 仰卧于松软的泥质海底上生活，在南天山山前带的一些地方可以观察到这样的生态现象——在突厥蛎的介壳层之间有一些灰绿色泥岩夹层，它反映沉积物中泥质成分增加，使得原为硬底质的海底不再稳定，因而导致 *Turkostrea* 动物群为适应环境的变化而产生了形态上的变化，首先是壳体前后两侧下部开始增宽，呈翼状发展趋势；其次是膨凸的右壳中下部开始变平变凹。整个壳形轮廓已出现向 *Sokolowia* 过渡的特征，这些变化显然是由于海底底质变软，为适应外界环境的变化而产生的形态上的变化。狭窄而高的壳体易陷入泥沙窒息死亡，而下壳两侧增宽，上壳变平或凹则增强壳体的抗水体压力和增加浮力，也减少水流的冲击，增加稳定性。古生态学者盖格尔（1962）等研究了中亚费尔干纳盆地海相古近系 *Turkostrea* 和 *Sokolowia* 的古生态之后，认为后者是由前者演化而来。塔里木盆地丰富的实际资料也证实这一结论是符合实际的。

（3）*Kokanostrea* 也是在较硬的底质上生活的类型，由于昆仑山山前带环境复杂，并有较丰富的陆源碎屑，所以常有这种壳体较光滑、在软硬底质上均能生存的可汗蛎 *Kokanostrea* 出现，也有上述三者混生的现象。

7）乌拉根期（始新世中期）

这个群落是以天山山前巴什布拉克乌拉根组产 *Sokolowia-Kokanostrea* 组合为代表。在这个群落中表生滤食的 *Sokolowia* 有大而膨宽的壳体，下壳仰躺或斜卧在海底上，靠它肥大的鳃区吸进足够的海水，使它们能在平静的海水中得到充足的食物。壳体表面常附有苔藓、蠕虫或海绵等，它们互相赖以生存。*Kokanostrea* 也具膨凸的壳体，在有硬底或贝壳碎屑时，也会互相附着而发育成礁滩状的介壳层，在底质变软的情况下也会发育成两壳不同程度膨凸的单体集群，这都是为适应不同生境而发生的形态变化。还有少数表生的 *Chlamys*，它们多半是以足丝附着在上述两类牡蛎的碎屑或砂砾等碎屑上生活，个体不很多，也多为中型大小。共生的其他双壳类为浅潜穴，靠短的水管生活摄食者，如 *Meretrix*，*Cardita*，*Pelecyora*（*Cardiopsis*），还有表生的腹足类 *Turritella* 和潜穴的海目旦等。 在始新世中期，塔里木盆地至中亚地区，*Sokolowia* 的形态变化较大，但都因环境变化而产生形体变异，并有一定的分布规律。如在南天山山前乌恰和西昆仑山山前的齐姆根等地区，水动力条件较弱，环境稳定，故 *Sokolowia* 的壳形较膨圆而对称；在西昆仑山山前的哥尔都逊河、杜瓦、桑株及皮阿曼西围斜，在南天山山前乌鲁克恰提西沟等地有古河流发育的三角洲沉积地带，多为壳形呈高型或长三角形的 *Solkoldwia buhsii gamma*，*S. buhsii alpha* 等亚种。

2. 颗石藻类的发展演化

1）库克拜期（赛诺曼—土仑早期）

库克拜组下段昆仑山整个海区较浅，加上气候干热，蒸发量较大，水质偏咸，有利于红色岩系和蒸发岩形成，但不适宜颗石藻类生存。

库克拜组中、上段，尤其上段，颗石藻类化石比较丰富，库克拜中、晚期塔里木盆地西部大部分地区仍然处于陆缘—滨海地带，气候温暖，雨量较前期有所增加，温度上升，海水盐度比较正常，因而颗石藻类得以生存、繁殖和发展。但由于陆上植被茂盛，大量枯枝败叶被带进海盆，加上海中生物发育，生物遗体丰富，这些有机物质使海水的 pH 值降低，造成弱酸性环境，从而导致大部分颗石藻类的格架溶解而消失，只有耐溶性强或较强的种类得以保存。这个时期的颗石藻类以南天山山前区乌鲁克恰提和巴什布拉克一线，以及西昆仑山山前区阿克彻依等地发育较好，说明这些地方曾一度处在正常滨海环境，但这时的乌依塔克几乎是 *B. bigelowii* 的天下，除此以外，还有稀少的 *L. floralis* 和 *W. barnesaeo* 有关 *B. bigelowii* 的生态特征，是浅海近岸环境的指示种。Bukry（1974）运用现实类比法，根据现生种 *B. bigelowii* 的地理分布，认为化石 *B. bigelowii* 最适宜低盐度近岸条件。但是，Rade（1970）曾经指出，个体小的 *B. bigelowii* 占优势的地方应是咸化的三角洲环境。在乌依塔克所见的 *B. bigelowii* 个体较大，数量丰富，保存十分完整。因此，笔者推测当时乌依塔克地处古河流入海处，淡水注入，养分丰富，盐度较低，是淡化的三角洲环境。库克拜中、后期和早期一样，西昆仑山山前区的东南部海水或海侵未能波及，这些地区自然成为颗石藻类的荒芜之地。

2）齐姆根期（晚古新世—早始新世）

笔者将原阿尔塔什组顶部石灰岩作为齐姆根海侵期的开始。这次海侵来势凶猛，规模壮观，万顷波涛顿时将阿尔塔什石膏层几乎全部淹没。海侵首先带来了齐姆根组底部潮间—潮上带的碳酸盐岩沉积。继后，海盆一度处于正常陆架海环境，整个海域碧波荡漾，各类生物竞相发展。颗石藻类也应时繁盛起来（南部的和什拉甫剖面也见颗石藻）。但是，自然界总是前进中有后退，平静中有动荡；颗石藻类化石组合的变化指示了这时海盆发展中的波动。

齐姆根组下段砂砾岩之下灰色泥岩中颗石藻类化石组合属于 *Coccolithophoridae–Braarudosphaeridae* 相，代表海水由深变浅的趋势；砂砾岩之上则由 *Coccolithophoridae–Braarudosphaeridae* 相过渡到以盘星石类占优势，典型的 *Discoasteridae–Braarudosphaeridae* 相，代表海水由浅变深的海进趋势（Rade，1970），接近本段地层的顶部，颗石藻类大量减少，盘星石类几乎全部消亡，*B. bigelowii* 的地位突出，预示着海水再度变浅。

齐姆根组下段颗石藻类化石组合含有许多暖水型成分，例如 *Braarudosphaera*，*Discoaster*，*Sphenolithus*，*Thoracosphaera* 等。*B. bigelowii* 在组合中总的不算普遍。这些事实说明，齐姆根海侵期前阶段，塔里木盆地西部是一个正常的浅海陆架区，气候温暖，海生浮游动植物繁盛，陆围植被也颇为繁茂。但后来自然条件发生了较大变化，气候干热，蒸发量增大，海平面下降。其结果，颗石藻类以及其他生物大幅度衰减，以至消失。这种自然状况到齐姆根海侵期后一阶段进一步加剧，海水蒸发量大增，大量蒸发岩形成；海洋生物除一些广盐分子，例如，有孔虫、介形类、双壳类等的某些种类得以生存外，浮游藻类基本上绝迹。

从以上分析，大致可以得出这样的认识：齐姆根海侵期的第一阶段，海盆为开放型，海水大量东进，环境比较正常；第二阶段，海盆处于半封闭、封闭型，海水补给量小于蒸发量，出现半咸化、咸化海湾环境。

3）乌拉根期（中始新世晚期）

乌拉根期是颗石藻类鼎盛时期，无论丰度还是分异度，都达到了最高峰；颗石藻类化石组合分布遍及南天山山前区、西昆仑山山前区，向南直达和田区的克里阳等地。但是，根据颗石藻类化石组合分析，海盆南北的地理环境并不一致。南天山山前区的 *Retiulofenestra umbilica–Chiasmolithus solitus* 组合含有：（1）浅海近岸类型有 *Zygrhalithus bijugatus*，*Rhabdosphaeraceae*，*Pontosphaeraceae* 含量相当丰富，*Braarudosphaeraceae* 也很常见。（2）低纬度温暖正常浅海陆架类型有 *Discoaster*，*Sphenolithus*，*Chiasmolithus*，在组合中经常出现。（3）高纬度冷水浅海陆棚类型有 *Reticulofenestra*，含量相当丰富。

西昆仑山山前区（包括克里阳）的这一颗石藻类组合不含 *Discoastcr*，*Sphenolithus* 和 *Chiasmolithus* 种类，其他种类和含量与南天山山前区基本相同。分析产生南北差异的主要原因是：（1）南天山山前区与外海直接沟通，海水首先到达这里，水深较大，水质正常，所以一些开阔海的颗石藻类属种可以生存；（2）受卡巴加特隆起，或乌拉根连岛沙洲的阻隔，海水不能畅通地向东南漫进，造成西昆仑山山前海区海水较浅，水质偏咸的半咸化海或潟湖环境，不适宜广海类型的颗石藻类繁殖。关于后一点还可以从岩层含高盐分得到证实，采自阿尔塔什、克里阳等地的岩石样品放置室内很快水解，释出许多盐晶颗粒，显然这是海水咸化后沉积的结果。

此外，同齐姆根海侵期相仿，乌拉根海侵后期海水通道可能受阻，同时气候急剧干燥，因而沉积了乌拉根组顶部石膏岩。接着海水普遍退出，建造了巴什布拉克组第一段巨厚的陆源碎屑沉积。

4）巴什布拉克期（晚始新世—渐新世）

巴什布拉克组广泛地发育了一套富含脉状和网状石膏的红色碎屑岩系，前人仅在南天山山前乌鲁克恰提—巴什布拉克—乌恰县城东山岭一带的巴什布拉克组第二、第三、第四段紫红色砂质泥岩中夹有灰绿色钙质泥岩条带中找到颗石藻类化石，并建立了 *Isthmolithus recurvus—Chiasmolithus oamanuensis* 组合。本组合继承了乌拉根期 *Reticulofenestra umbilica—Chiasmolithus solitus* 组合正常浅海近岸的一些特征，例如，*Zygrhablithus bijugatus*，*Transversopontis*，*Pontisphaera*，*Reticulofenestra*，*Coccolitkus*，*Rhabdosphaera* 等属种仍然占居首要地位；但又出现了本身的新面貌，表现在 *Discoaster* 明显衰落，冷水型 *Reticulofenestra* 的种类在组合中含量较高；高纬度的种类 *Isthmolithus recurvus* 和 *Chiasmolithus oamauensis* 少量出现。此外，灰绿色泥岩中还产双壳类（叠牡蛎、费尔干纳牡蛎等）、有孔虫、介形类、苔藓虫、沟鞭藻类和孢粉等化石。据此推测巴什布拉克中、晚期外海海水曾数次涌入南天山山前，使海平面上升，造就短暂的正常浅海环境。各类海生生物同时得到发育。然而，从总体上说，巴什布拉克期塔里木海处于干燥气候带，昼夜温差大，海水咸化，氧化作用强烈，周围山地剥蚀严重，大量陆源碎屑通过河流溪水注入海盆，这就是大套碎屑岩的形成和生物化石稀少的主要原因。

另外，到目前为止，仅在南天山山前及西昆仑山最西北部（临近南天山）见到少量颗石藻，从一个侧面显示巴什布拉克期正常浅海环境仅到南天山山前带附近，工区多数地带以陆相地层为主。通过双壳类和颗石藻的发展演化讨论来看，不对称的古地理格局是塔里木海域发展的一个突出特点。晚白垩世前期，海盆北侧沉降速度快，沉积厚度大，海生生物发育，呈现出正常浅海近岸环境；海盆南侧大体与之相反，基本上处于滨海浅滩地带。但晚白垩世后期，地理格局发生倒转，即南深北浅，主要表现在依格孜牙期，南侧碳酸盐岩相当发育，其内盛产暖水瓣鳃类——固着蛤，是正常海的反映；这时海盆北侧以陆源碎屑沉积为主，厚度相对较薄，生物异常贫乏。这一地理格局至晚白垩世末期结束。古近纪古新世早期，海盆出现相对平衡状态，稳定分布在塔里木盆地的齐姆根组底部石灰岩足以说明这一点。不过相对平衡是暂时的，到古新世晚期海盆再次出现北深南浅的局面，并且一直延续到始新世晚期海盆消亡为止。

通过单剖面（井）沉积相分析、连剖面（井）沉积相分析以及古生态特征的分析，认为昆仑山山前白垩系—古近系纵向上经历了五次较大的海侵、海退。发育了冲积扇—辫状河三角洲体系、碳酸盐岩台地体系及潮坪体系等（图4-3-23）。

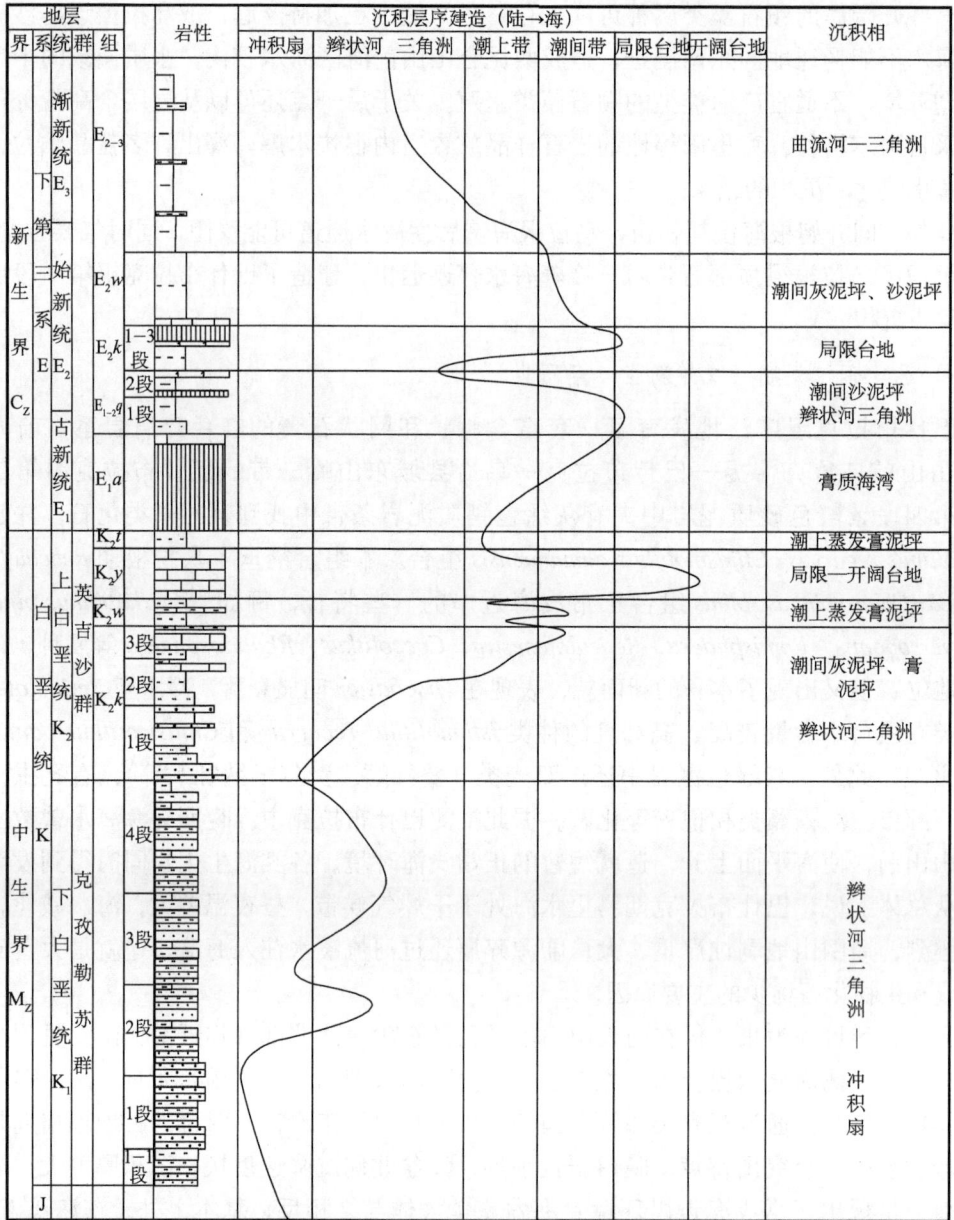

界	系	统	群	组	岩性	沉积层序建造（陆→海）	沉积相
新生界 C_z	第三系（下第三系）	渐新统（下渐新统）E_3		E_{2-3}		冲积扇／辫状河／三角洲／潮上带／潮间带／局限台地／开阔台地	曲流河—三角洲
		始新统 E_2		E_2w			潮间灰泥坪、沙泥坪
				E_2k 1-3段			局限台地
		古新统 E_1		$E_{1-2}q$ 2段／1段			潮间沙泥坪 辫状河三角洲
				E_1a			膏质海湾
中生界 M_z	白垩系 K	上白垩统 K_2	英吉沙群	K_2t			潮上蒸发膏泥坪
				K_2y			局限—开阔台地
				K_2w			潮上蒸发膏泥坪
				K_2k 3段／2段／1段			潮间灰泥坪、膏泥坪；辫状河三角洲
		下白垩统 K_1	克孜勒苏群	4段／3段／2段／1段／1-1段			辫状河三角洲—冲积扇
		J					

图 4-3-23　塔西南地区白垩系—古近系沉积演化

第四节　岩相古地理特征

一、物源分析

物源体系分析是含油气盆地分析中的一项重要工作，在确定物源区位置、性质、沉积物搬运路径以及整个盆地的沉积作用、构造演化等方面都有重要意义，在原盆地恢复、古地理再造、限定造山带的侧向位移量、确定地壳的特征、验证断块或造山带演化模型、绘制沉积体系图进行井下地层对比以及评价储层品质方面都起到重要作用。

碎屑岩中的碎屑组分和结构特征能直接反映物源区和沉积盆地的构造环境，其中岩屑的成分特征更能直观地反映源岩的性质。沉积砂岩成岩作用弱，重矿物变化程度轻；当火山岩和变质岩作为母岩时，重矿物经历的搬运、沉积次数较少，受后期的影响一般较少，大多保留较好，能够很好地反映源区的性质；沉积母岩沉积时代越新，利用重矿物判断物源时的准确性越高。

1. 砂岩碎屑组分标志

具体操作中，依砂岩碎屑组来判断物源的主要依据是石英类型、包裹体形状及消光特征。

火成岩及变质岩中的石英颗粒的粒径一般为 0.5 ~ 1mm，而陆源沉积物中，大量的石英颗粒的粒径小于 0.06mm；一般认为很圆的石英颗粒可能来自老的沉积岩层，火成岩及变质岩的石英颗粒一般多具波状消光，并且内部多含包裹体，边缘具溶蚀的港湾状结构。

碎屑岩中的长石作为母岩的指示物，主要依据长石的含量、结晶形态、类型等特征；如酸性火成岩中的长石主要是透长石，酸性侵入岩中为正长石和微斜长石、条纹长石，说明缓慢冷凝过程是侵入岩的特征。火山碎屑成因的，往往具有破碎了的自形轮廓，有时有很薄一层玻璃环带，而侵入岩的长石则是它形的，环带状斜长石在深成侵入岩和变质岩中罕见。

岩屑作为母岩类型的直接标志，一般主要集中在砾岩中。我国中生代、新生代由于陆湖相盆地发育，盆地较小，碎屑物质搬运距离短、沉积快，岩屑也可达较高含量，应用岩屑类型及含量变化，恢复母岩性质及物源方向更有成效。

根据上述判断依据，研究区白垩系克孜勒苏群碎屑岩中石英多为单晶石英，波状消光，石英颗粒边缘有溶蚀港湾形状，圆度较差，长石多为正—微斜长石，岩屑含量较高，多为千枚岩岩屑及火山岩屑，综合上述组分的标志特征，研究区白垩系克孜勒苏群的母岩主要为火成岩及变质岩。

普司格剖面克孜勒苏群砂岩黏土矿物组成以含蒙脱石（或蒙脱石/伊利石）为特征，而其他剖面则以陆源伊利石贴附在颗粒表面为特征，说明了普司格剖面克孜勒苏群的沉积物源可能富含火山物质，其他地区的物源可能以沉积岩、火成岩、变质岩为主。

2. 重矿物分析

重矿物在砂岩中的质量分数很少超过 1%，一般都小于 0.1%，其粒度多属于细砂至粉砂级，主要赋存于粉细砂岩内。重矿物一般耐磨蚀、稳定性强，能较多地保留其母岩的特征，因此在盆地分析中，用于物源分析、地层对比和岩相古地理恢复等。通常用稳定重矿物与不稳定重矿物的相对含量变化来研究物源的方向和沉积物搬运距离的长短，利用重矿物组合恢复母岩。

砂岩 180 个样品中鉴定出的重矿物有 20 多种，其中主要的重矿物包括磁铁矿、赤（褐）铁矿、白钛石、锆石、电气石、绿帘石、钛铁矿、尖晶石、石榴子石、榍石、金红石等。实际上，塔西南昆仑山山前出露的岩石能提供的重矿物可能远不止这些，其中的许多不稳定种类可能已经在风化、搬运和成岩过程中消失了。在诸多重矿物中，只有 8 种矿物含量较丰，它们是锆石、石榴子石、白钛石、绿帘石、电气石和非透明矿物钛铁矿、赤（褐）铁矿以及磁铁矿。其中，锆石可能来源于火山岩或者再旋回沉积岩，石榴子石、磁铁矿、绿帘石和部分钛铁矿是变质岩的产物，磷灰石和钛铁矿来源于中酸性火山岩，重晶石和赤（褐）铁矿是沉积物沉积和成岩过程中生成的，它们的大量出现代表了干旱氧化的沉积和成岩环境。

根据重矿物的稳定性，将塔西南地区重矿物稳定组合分为五类，见表4-4-1。

表4-4-1 塔西南地区重矿物分类表

类型	矿物组合名称
超稳定	锆石、电气石、金红石
稳定	磁铁矿、赤褐铁矿、钛铁矿、白钛石、石榴子石、磷灰石、十字石、云母
中等稳定	绿帘石、尖晶石、榍石、黝帘石
不稳定	角闪石、辉石

主要碎屑岩重矿物镜下典型特征如下：

赤（褐）铁矿，呈不规则粒状、圆粒状，反射光下呈红褐色，颗粒大小不均匀。

磁铁矿，呈圆粒状或不规则粒状，铁黑色或无色，反射光下呈钢灰色，颗粒大小不均匀，可见褐铁矿化现象。

白钛石，呈不规则粒状，反射光下白色，部分表面被氧化，颗粒大小较均匀。

锆石，呈柱状、圆柱状、双锥柱状及半滚圆粒状，无色，内部含有包裹体。

电气石，呈柱状、圆粒状、圆柱状，黄褐色、浅褐色，多色性较强，个别为绿色。

石榴子石，呈圆粒状、不规则粒状，无色或淡粉红色。

重晶石，呈板状，无色，颗粒表面较脏。

榍石，黄色，粒状，颗粒黑边宽。

云母，片状，黄褐色。

塔西南地区白垩系—古近系重矿物组合及相对含量见图4-4-1。

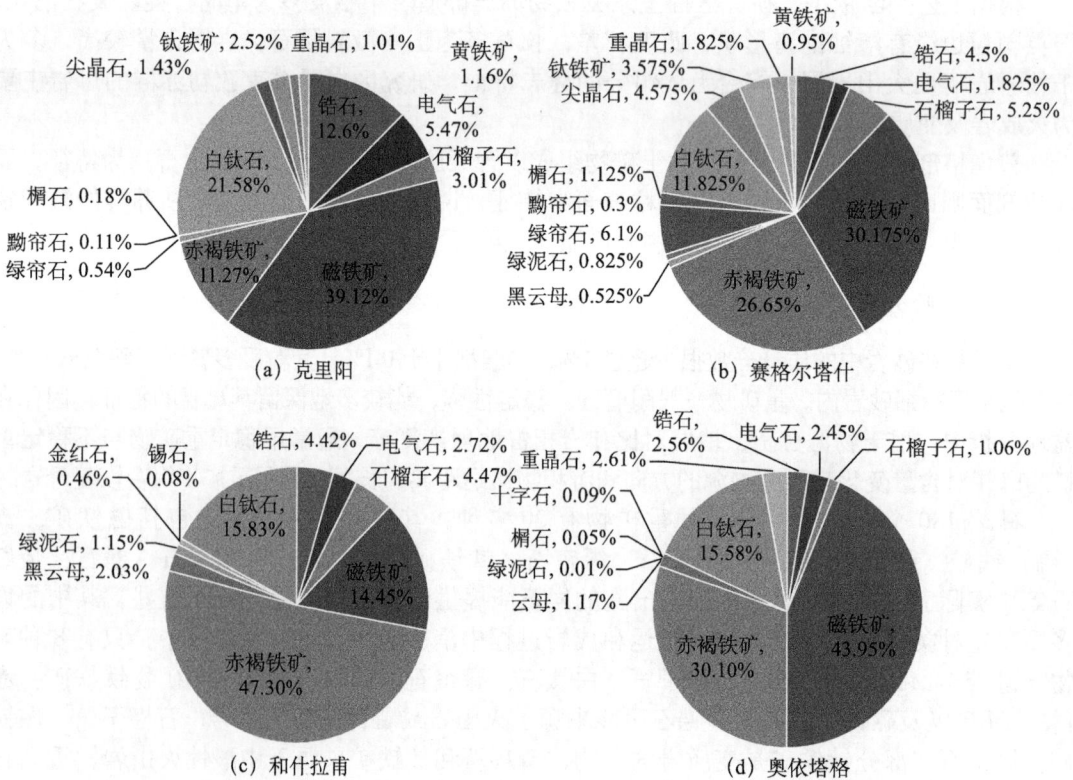

图4-4-1 塔西南地区白垩系—古近系重物矿组合及相对含量图

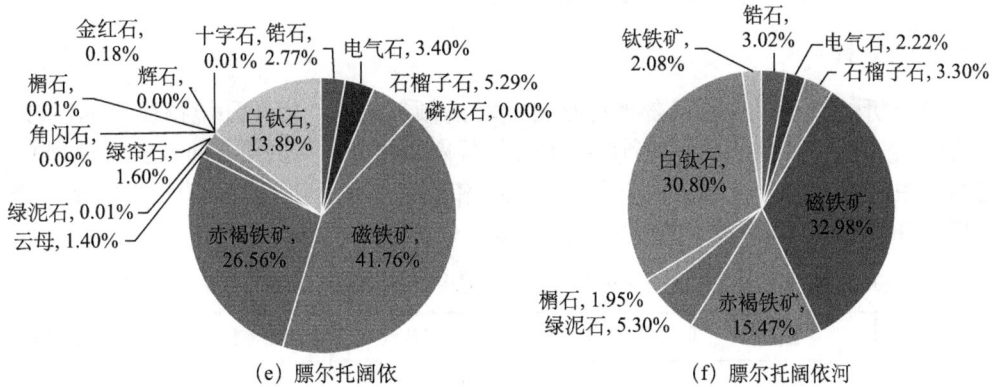

图 4-4-1　塔西南地区白垩系—古近系重矿物组合及相对含量图（续）

对比昆仑山山前出露岩石类型，笔者将其所提供的重矿物组合归纳为表 4-1-2。

表 4-4-2　碎屑重矿物组合物源区岩石类型

重矿物组合	物源区岩石类型
石榴子石、绿帘石、磁铁矿	高级变质岩（前石炭系，主要是早古生界）
电气石、白钛石	低级变质岩（前石炭系，主要是晚古生界）
金红石、钛铁矿、锐钛矿	基性火成岩（前二叠纪）
锆石、磷灰石	中酸性火成岩（前三叠纪）
赤褐铁矿、重晶石	沉积岩（三叠纪以来，主要是沉积成因）

由各层位重矿物含量可以看出：赤（褐）铁矿所占比例一般为 11.27% ～ 47.30%，其次是磁铁矿，约 14.45% ～ 43.95%，石榴子石所占比例通常在 1% 至 5% 之间，磷灰石含量均小于 5%，白钛石所占比例约为 10% ～ 30%，稳定性较差的绿帘石多出现在赛格尔塔什，含量在 1% 至 20% 之间。重矿物的这些含量特征也佐证了塔西南昆仑山山前坳陷白垩纪—古近纪沉积处于一个干旱氧化的气候环境，物源区主要由变质岩和再旋回沉积岩组成，受中新世晚期以来昆仑山强烈隆升的影响，物源区与沉积区距离大大缩短，沉积物中不稳定矿物组分增加。

上述重矿物分析结论表明：赤（褐）铁矿、重晶石总量较高，母岩成分为沉积岩；其次为磁铁矿、石榴石、绿帘石（都是变质岩的产物）；再次为钛铁矿、锆石及电气石含量较高，母岩以基性火成岩和酸性火成岩为主。岩屑成分主要来自千枚岩等变质岩，说明母岩区有复杂的地层。

重矿物分析结论表明，高赤（褐）铁矿、磁铁矿及白钛石含量说明下白垩统克孜勒苏群，库克拜组下段母岩成分以沉积岩、变质岩为主、其次为基性火山岩。稳定、中等稳定重矿物类型为主说明母岩经过相对较长距离的搬运，这些因素都是有利于白垩系好的碎屑岩储层发育。

3. 砂砾岩结构、粒度分析

白垩系地层从砂砾岩结构、粒度来看，越靠近昆仑山山前的剖面，陆源碎屑沉积粒度越粗、分选变差，如膘尔托阔依、奥依塔格、库山河阿尔塔什等剖面；而远离的东北方向的砂砾岩厚度减薄、粒度变细，如 YK1 井、托姆洛安剖面、KD1 井等。从而也反映了物源来自研究区西北昆仑山山前，方向为向东、向北推进。

4.古水流分析

古水流分析结论可以反映局部或区域古斜坡的倾斜方向，沉积环境特征，沉积物供给方向及岩体走向和几何形态。本次利用古水流分析来推测沉积物供给方向（表4-4-3）。

塔西南主要可收集的古水流标志资料有波痕和交错层理，砾石排列方向，底面冲蚀痕，定向动物、骨骼、介壳及斜坡地带的滑塌构造。

表4-4-3　塔西南古水流标志资料统计（据中国石油杭州地质研究院，2001）

剖面名称	层位	层号	地层产状	古流标志	古流方向
同由路克	K_1kz^1	68 层	45°∠55°	砾石定向	80°
	K_1kz^4	100 层	60°∠60°	古水流	80°
塔木河	K_1kz^2	45 层	45°∠31°	古水流	105°
	K_1kz^3	71 层	352°∠31°	对称波痕	110°
和什拉甫	K_2k	18 层	30°∠50°	板状层理	48°
	K_2y	31 层	24°∠54°	波纹	20°
	E_2k	54 层	22°∠66°	波状层理	355°
	$E_{2-3}b$	2 层	70°∠70°	波纹	315°
普司格	$E_{2-3}b$	60 层	185°∠60°	潮道流水波痕	270°
	$E_{2-3}b$	64 层	185°∠62°	波痕	20°～30°
	$E_{2-3}b$	69 层	190°∠54°	波痕	80°
	$E_{2-3}b$	70－73 层	190°∠52°	波痕	80°

从表4-4-3中的古流资料分析可知，同由路克地区古水流方向主要自西向东，和什拉甫地区古水流方向主要自西向东和自西南向东北两组古水流，普司格的古流特征与和什拉甫地区基本相似。由此推断克孜勒苏群及古近系的物源方向主要是西南及西。

二、岩相古地理

塔西南地区白垩系—古近系受构造运动，沉积古地理格局的影响，海水产生了五次大规模的海侵海退，这五次海侵海退制约着塔西南白垩系—古近系每个时代的沉积环境横向上的演变及平面上的分布规律。编图时考虑到资料的实际掌握程度以及编图的严谨性，在缺少资料的地区没有推测其沉积环境。

1.克孜勒苏群岩相古地理特征

克孜勒苏群呈狭长条带分布在昆仑山山前，厚度约300～1650m，自下而上包括4个岩性段。郭宪璞（1991）从已发现的海相古生物证据和地球化学等方面的特征分析，塔里木盆地西部巴列姆期到赛诺曼早期的海侵规模不大，限于喀什西部天山前缘的狭小地带，海相性程度较弱。在康苏地区克孜勒苏群产有海相遗迹化石的层位中同时发现了恐龙化石。

经李凤麟初步鉴定认为是鸭嘴龙，这种海陆相生物化石共存的现象，也是滨海沉积的特色之一。推测在海侵过程中，海水是沿旧有淡水湖泊或河道上溯，形成海湖、海河交融状态，海侵规模稍大时，海水可能漫过原有湖泊或河流边界，将栖息于湖岸、河岸附近的恐龙死后的骨骼带入海中，从而造成海陆相化石共存现象。张惠良等（2005）、郭群英等（2014）认为在白垩系塔西南昆仑山山前沉积了一套冲积扇—三角洲沉积体系。

依据克孜勒苏群沉积特点，结合单剖面沉积相分析及连剖面对比分析，将本群分为上下两部分（图4-4-2，图4-4-3）。

第一段：冲积扇粗碎屑岩沉积为主。岩性主要为砂砾岩、砾岩、中细砂岩夹粉砂质泥岩，砾石颗粒分选差、磨圆较差—中等，发育大型交错层理，可见冲刷充填构造，平面上主要分布于靠近昆仑山山前地区的同由路克以西、干加特以东。东南边缘及远离昆仑山山前地区发育辫状河三角洲沉积，粒度变细，但分选磨圆变好。

第二至第四段：冲积扇—辫状河三角洲沉积，且以辫状河三角洲平原为主，东南部发育三角洲前缘，岩性以红色中厚层状含砾砂岩、粉细砂岩、泥岩为主，各种交错层理、平行层理发育，常见冲刷充填构造。在WX1井、膘尔托阔依且木干、库山河及和什拉甫仍然有规模相对较小的冲积扇沉积，岩性为红色含砾砂岩、细砂岩、粉砂岩。

克孜勒苏群在纵向上呈现冲积扇—辫状河三角洲沉积体系，以红色大段粗碎屑岩沉积为特征。

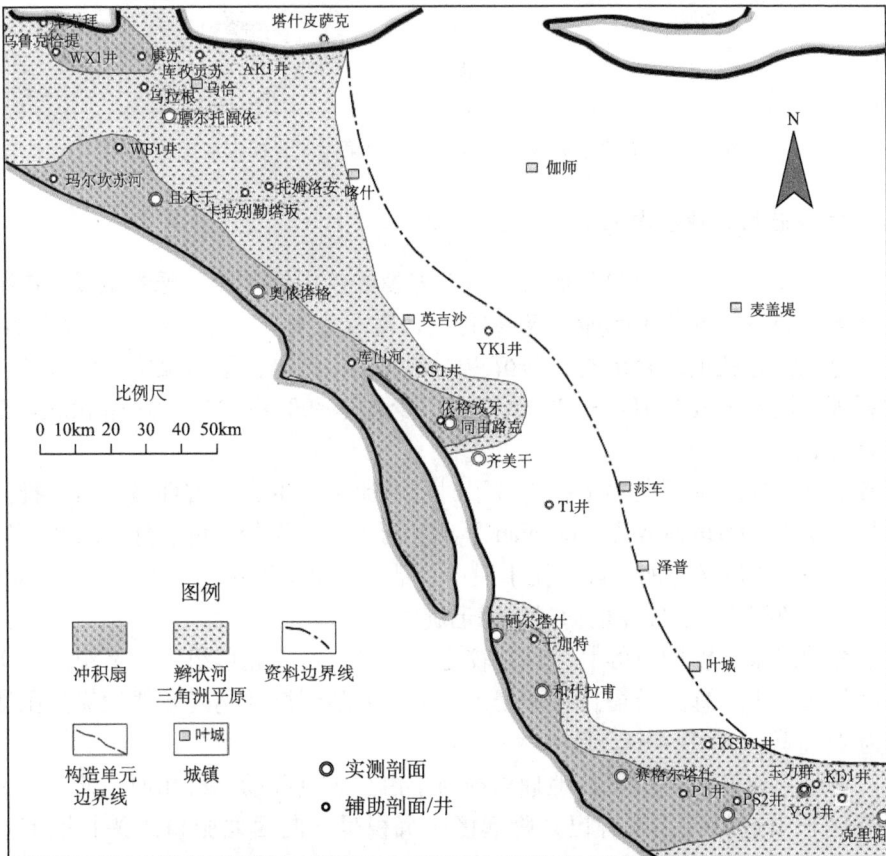

图 4-4-2　塔西南克孜勒苏群第一段岩相古地理特征

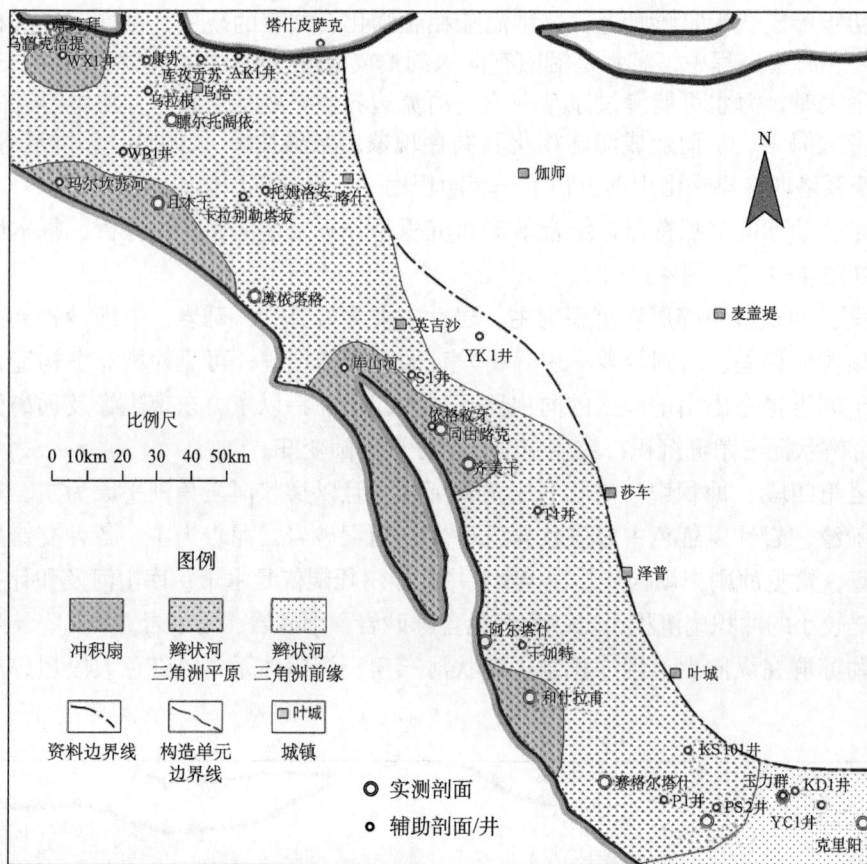

图 4-4-3　塔西南克孜勒苏群第二段至第四段岩相古地理特征

2. 库克拜组岩相古地理特征

库克拜组主要由深灰、灰绿色泥岩、膏泥岩及红色中细砂岩、砾岩组成，夹薄层状石膏岩和泥灰岩。富含多种海相动物、藻类化石，有双壳类（牡蛎、海扇、固着蛤）、腹足类、菊石、海胆、有孔虫、介形类、苔藓虫、龙介虫、钙藻、颗石藻类、沟鞭藻、疑源类及孢粉化石等。地层一般厚 100 ~ 200m 左右，少量厚 400 ~ 500m，呈带状展布于昆仑山山前和南天山山前。

李源辉等（2016）对双壳类化石进行了时代对比及古生态、古环境分析，推测出斯木哈纳地区早白垩世 Albian 晚期至 Turonian 早期经历了一次海侵过程，库克拜组下段海水由浅变深，中段海水深度又有所下降，至上段中上部，海水深度达到最大，从上段顶部开始，海水开始下降，经历了一次完整的海进—海退旋回。

本次研究的成果与郭群英等（2014）较为一致，认为库克拜组为白垩纪第一次最大海侵期，海水从费尔干纳海湾及塔吉克海侵入，一直漫延到塔西南坳陷西边克里阳地区。库克拜组分为 2—3 段（图 4-4-4，图 4-4-5）：

下段：为红色岩性段。沉积古地理格局与下白垩统克孜勒苏群相似，北有天山隆起褶皱带，西有昆仑山造山带，东有巴楚隆起区，沉积呈一向西北张口的狭长地带，沉积环境以辫状河三角洲平原、辫状河三角洲前缘为主，岩性为棕红色、红褐色中厚层状含砾砂岩、中细砂岩、粉砂岩夹泥岩，常见正旋回沉积结构；在喀什凹陷北缘发育潮上带棕红色粉砂岩。

中上段：为绿色岩性段，灰绿色泥岩、膏泥岩夹生物碎屑云质灰岩，厚度从西到东变薄，往东至克里阳与普格司之间尖灭。潮间砂泥坪、潮上含膏灰泥坪沉积为主，在T1井、YC1井、KS101井区发育辫状河三角洲沉积。

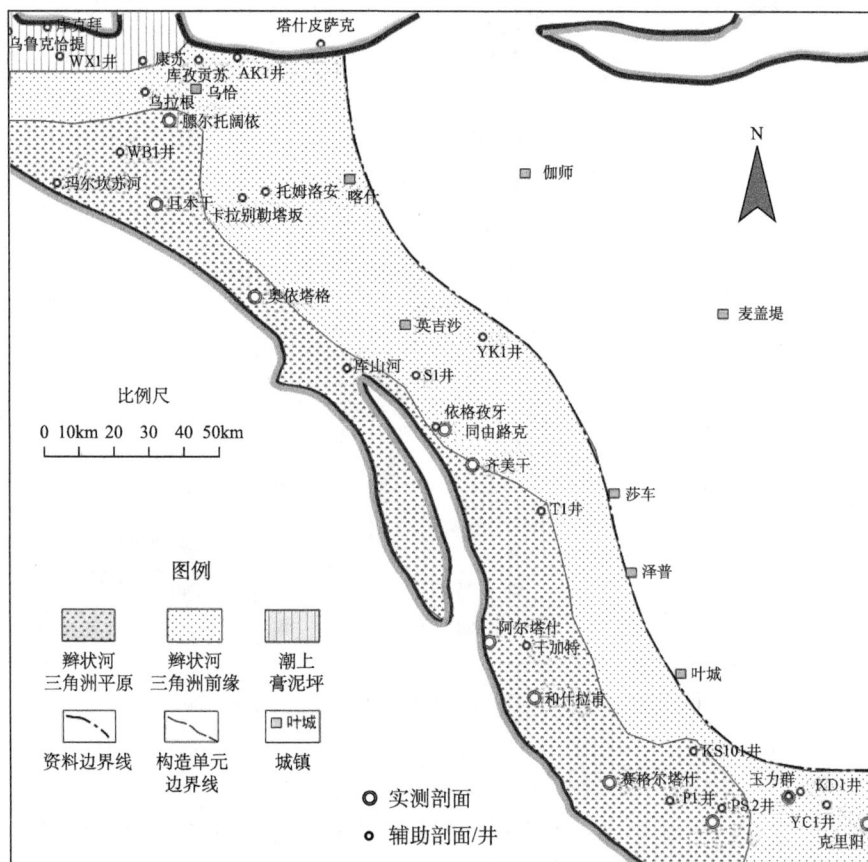

图4-4-4 塔西南库克拜组下段岩相古地理特征

3.乌依塔克组岩相古地理特征

乌依塔克组是库克拜组海侵后的最大海退，沉积厚度相对较薄，一般为10～30m，其中以同由路克最厚，厚92.45m，厚度也有从西到东变薄的趋势，往东至普司格尖灭，沉积范围与库克拜组相似。

红色调的砂泥岩为本期岩性典型特征。沉积环境以潮上蒸发膏泥坪、膏质沙泥坪为主，岩性主要为棕红色、浅红色薄层状泥质粉砂岩、粉砂岩，水平层理、波状层理发育，局部夹细砂岩、砂砾岩薄层或透镜体，含有颗石藻、孢粉化石等。喀什凹陷西缘及KS101井—P1井区为潮间沙泥坪，岩性主要为中薄层状灰绿色砂泥岩、含砂泥岩。仅在T1井区发育三角洲沉积，岩性以红褐色、浅褐红色细砂岩、泥质粉砂岩、泥岩为主，主要为三角洲平原（图4-4-6）。

本期典型特征为潮上—潮间蒸发膏泥坪、沙泥坪发育。

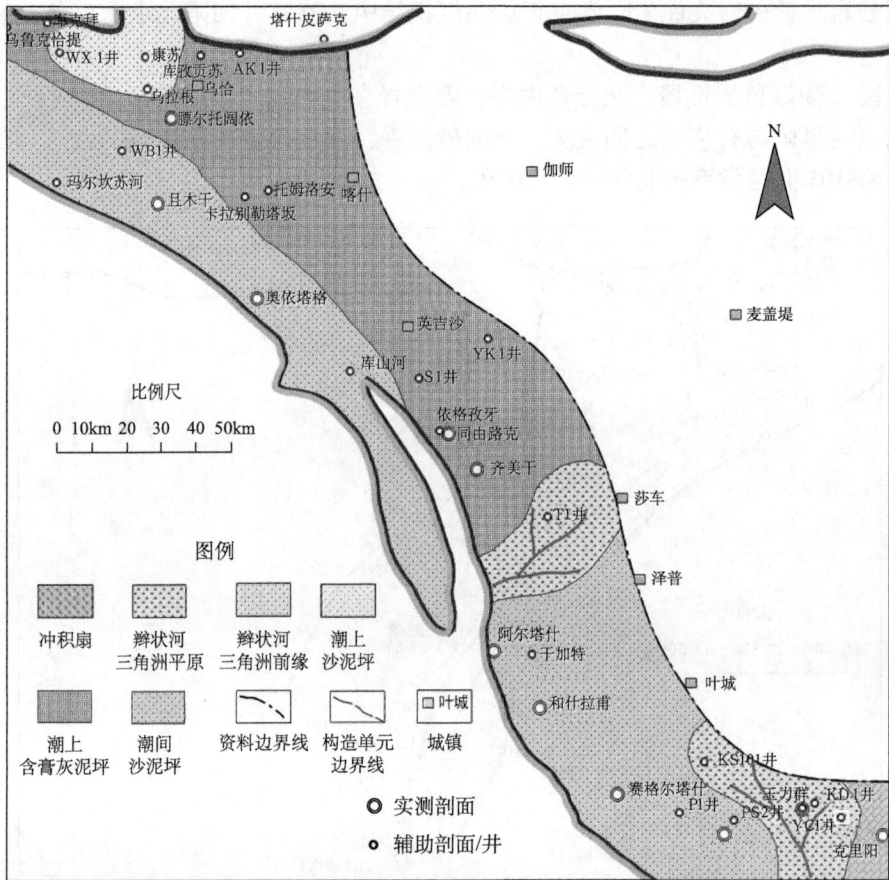

图 4-4-5 塔西南库克拜组中上段岩相古地理特征

4. 依格孜牙组岩相古地理特征

依格孜牙组是上白垩统第二次大规模的海侵，海侵范围与库克拜组期相似，最大海泛面漫延到克里阳与普司格之间。沉积厚度除七美干地区有异常外，总体往东变薄，至克里阳与普司格之间尖灭，沉积范围与库克拜组期相似。富含多种海相动物及钙藻类化石，以含大量固着蛤生物灰岩最为特征。以碳酸盐岩类为主及高陡地貌为界线，与下伏乌依塔克组紫色砂泥岩整合接触，厚 5.6 ～ 140m。

除喀什凹陷西部发育潮上膏泥坪外，向东以碳酸盐岩局限台地潟湖、开阔台地及台地边缘颗粒滩、生屑滩。潮坪以红褐色膏泥岩、膏质砂泥岩为特征，波状层理、水平层理发育。局限台地主要发育在叶城凹陷，主要为泥晶生屑灰岩、砂屑灰岩及灰质泥岩、泥质云岩；齐姆根凸起及喀什凹陷以开阔台地生屑滩—颗粒滩夹滩间海为主；同由路克—YK1井区为台地边缘沉积（图 4-4-7）。

5. 吐依洛克组岩相古地理特征

吐依洛克组是继依格孜牙组海侵后的海退，海退规模比乌依塔克组期要大，以致于在克里阳以东露出水面未接受吐依洛克组沉积，而缺失该地层，克里阳以西沉积厚度也较小。从南天山山前带到西昆仑山山前带，本组虽横向有一定的变化，但各地的岩性、岩相基本相同，但厚度有较大的变化：南天山山前带厚度一般为 37 ～ 89m，西昆仑山山前带一般厚数米至 30m 左右。

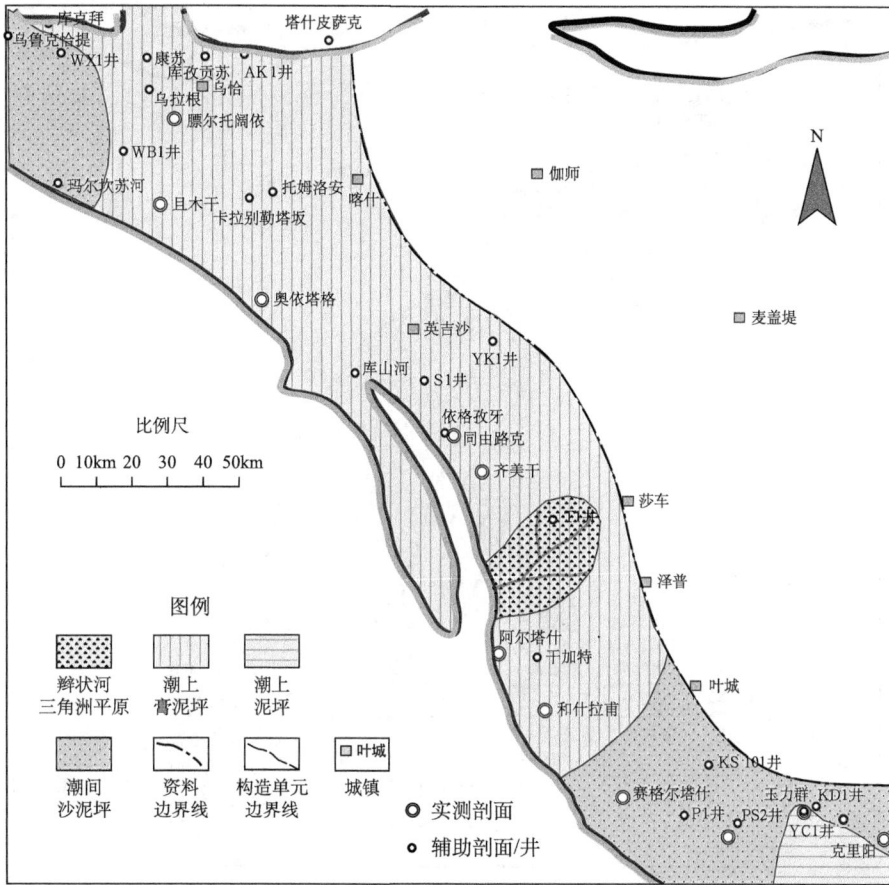

图 4-4-6　塔西南乌依塔克组岩相古地理特征

吐依洛克组典型特征为潮上蒸发膏泥坪、沙泥坪沉积，和什拉甫地区发育泥云坪。潮上膏泥坪主要分布于喀什凹陷、叶城凹陷，沉积一套红色、浅红色潮上膏泥岩及薄层膏岩，发育水平层理、微波状层理，这些砂岩和泥岩中，富含固着蛤、苔藓虫、棘皮动物、腕足类、有孔虫及介形类等生物的砾屑及砂屑。喀什凹陷东部及齐姆根凸起为潮上沙泥坪沉积（图 4-4-8）。

6. 阿尔塔什组岩相古地理特征

古近系阿尔塔什组—齐姆根组经历了第四次海侵海退；沉积范围比上白垩统增大，往东至和田以东及越过巴楚隆起，沉积厚度横向变化较大，以阿尔塔什剖面最大，达 563.4m。

从沉积类型上来看，本组可分为三个类型：

（1）典型类型（以石膏岩发育为特征），在塔西南大部分地区都较为发育，岩性主要为白色、灰白色厚层状石膏，夹薄层泥云岩、泥晶灰岩，产高盐度生物群，属于膏质海湾潟湖环境。

（2）高盐化与低盐度交叉沉积（且厚度巨大）类型，在托母洛安—乌帕尔地区，岩性以白色、灰白色厚层块状石膏为主夹石灰岩及灰绿色泥岩、暗红色膏泥岩，低盐度的动物群与高盐度的动物群交替出现，属于局限台地潟湖沉积。

（3）没有膏质岩类型，且木干以西—玛尔坎苏河地区的西昆仑山山前地带为冲积扇相沉积的暗红色厚层状细粒岩屑砂岩、块状砾岩，不见石膏及膏质岩（图4-4-9）。

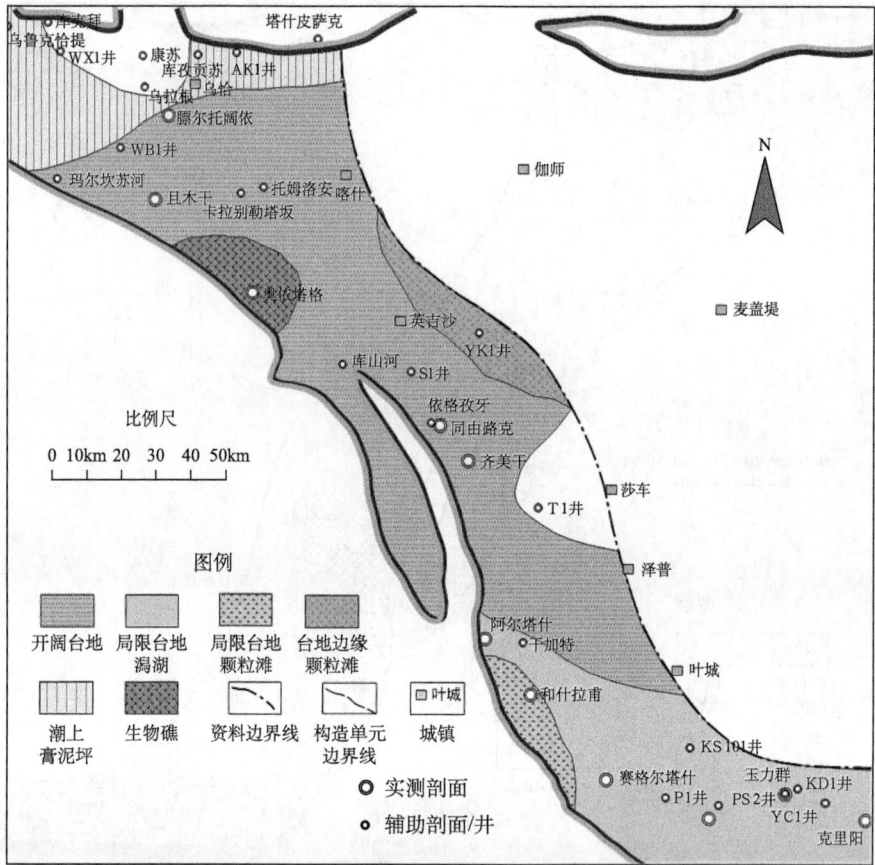

图4-4-7　塔西南依格孜牙组岩相古地理特征

7. 齐姆根组岩相古地理特征

齐姆根分布范围基本上与阿尔塔什组相同，其主要岩性为绿、灰绿、红色泥岩夹膏泥岩和石膏层，总的特点是"上红下绿"的风化外貌特征。一般底与下伏的阿尔塔什组白云质灰岩整合接触，厚度为16～450m。据此，岩相古地理编图时分上下两部分。

1）齐姆根组下段岩相古地理

齐姆根组下段地层发育不全，主要分布于喀什凹陷西部、北部，齐姆根凸起及叶城凹陷西部，横向沉积厚度变化较大。沉积环境以潮坪潮间灰泥坪为主，岩性主要为灰绿色泥岩、砂泥岩夹牡蛎生物化石层，发育交错层理、波状层理及水平层理。KD1井—YC1井区发育潮间沙泥坪，以灰绿色中薄层状泥岩、泥质粉砂岩为主（图4-4-10）。

2）齐姆根组上段岩相古地理

上段仍以潮坪沉积为主，喀什凹陷西南部发育冲积扇—辫状河三角洲体系。

喀什凹陷东北部、齐姆根凸起东部、叶城凹陷以潮上膏泥坪为主，岩性主要为红色薄层状泥岩、膏泥岩夹砂岩为主，发育水平层理。齐姆根凸起以潮间沙泥坪为主，YK1井1区为灰泥坪环境。和什拉甫以东地区为潮上沙泥坪沉积，岩性主要为红褐色、棕红色中薄层状含膏砂泥岩夹细砂岩。

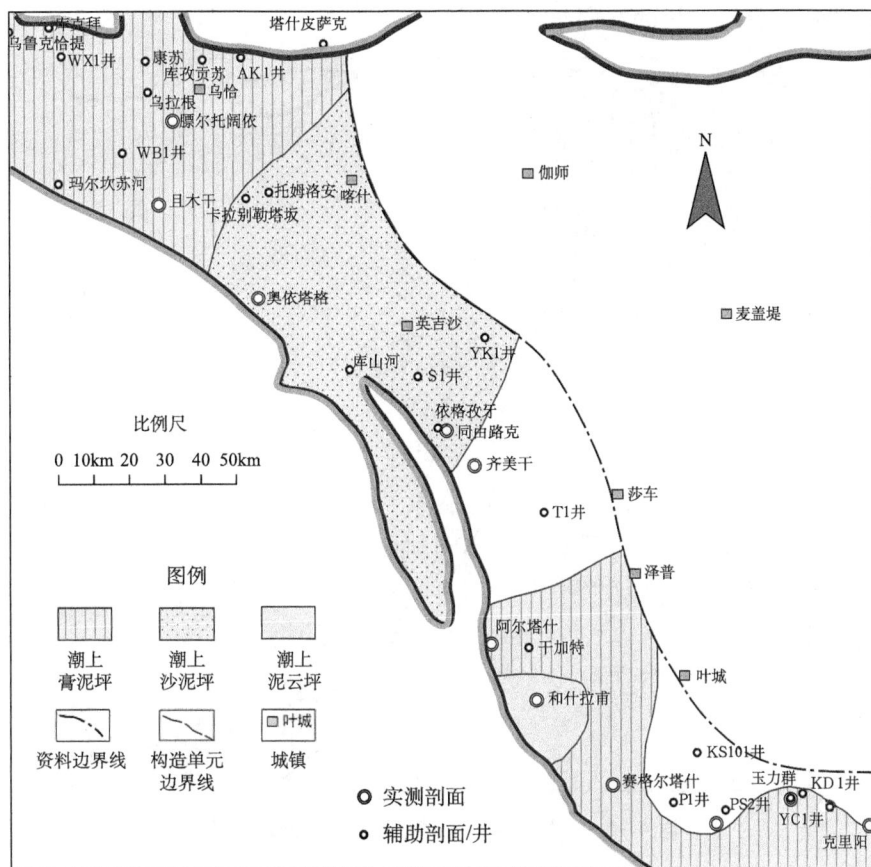

图 4-4-8 塔西南吐依洛克组岩相古地理特征

齐姆根组总体上呈现潮坪为主的沉积环境，且下段以潮间灰泥坪为主，上段以潮上蒸发膏泥坪、沙泥坪为主，仅在喀什凹陷西南部地区发育粗碎屑的冲积扇—辫状河三角洲沉积体系（图4-4-11）。

8. 卡拉塔尔组岩相古地理特征

古近系卡拉塔尔组—新近系巴什布拉克组经历了第五次海侵海退；沉积范围和阿尔塔什组-齐姆根组期相似，沉积厚度自西向东变薄。

卡拉塔尔组主要为局限台地潟湖、颗粒滩、生物碎屑滩沉积，岩性主要为中薄层状含生物碎屑灰岩、泥晶灰岩、灰质泥岩、粉细砂岩及泥岩（图4-4-12）。

9. 乌拉根组岩相古地理特征

乌拉根组以潮间沙泥坪、灰泥坪为主，YK1井区为局限台地潟湖环境。潮间沙泥坪主要分布于喀什凹陷东部、齐姆根凸起及叶城凹陷西部，灰泥坪主要发育在喀什凹陷西部及叶城凹陷东部（图4-4-13）。

10. 巴什布拉克组相古地理特征

巴什布拉克组主要为一套红色中层状中细砂岩、粉砂岩、泥质粉砂岩、泥岩互层沉积，沉积特征类似下白垩统克孜勒苏群，但粒度要细得多，砾岩少见。推测为一套冲积扇—曲流河—三角洲沉积体系，局部发育浑水潮坪沉积。

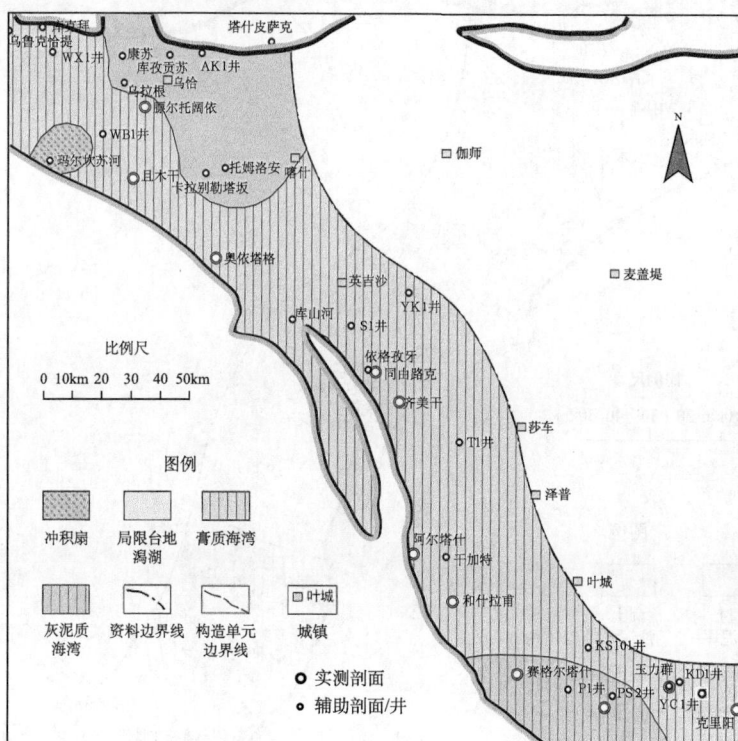

图 4-4-9 塔西南阿尔塔什组岩相古地理特征

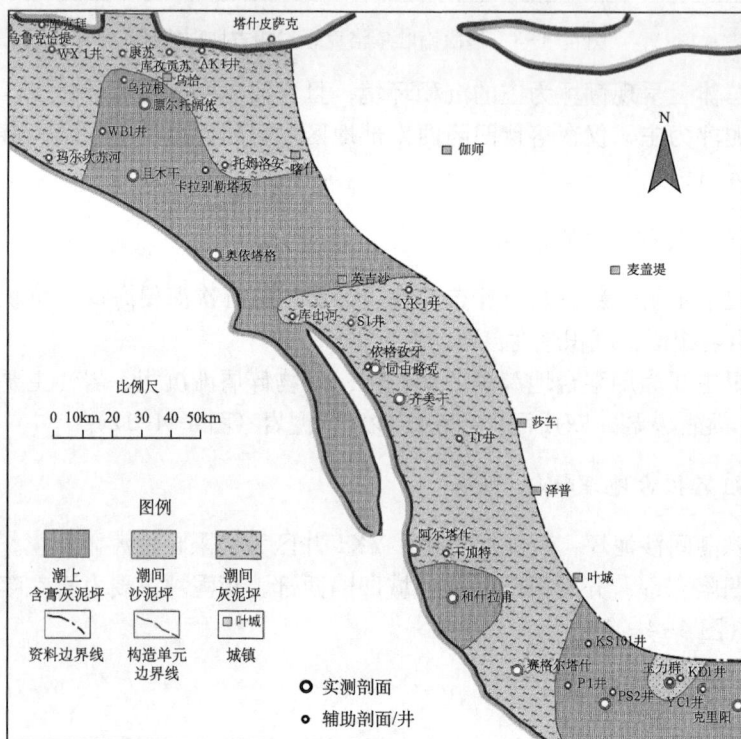

图 4-4-10 塔西南齐姆根组下段岩相古地理特征

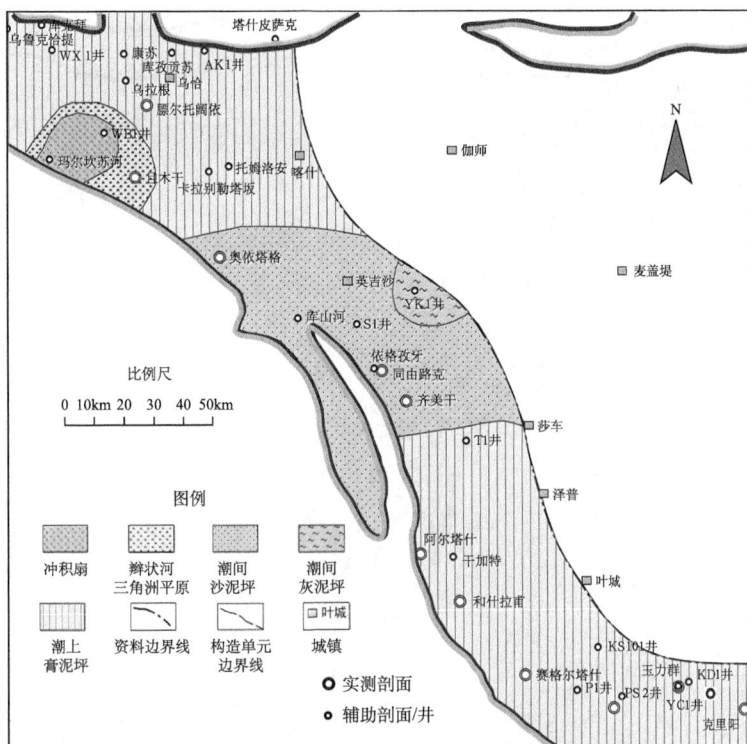

图 4-4-11 塔西南齐姆根组上段岩相古地理特征

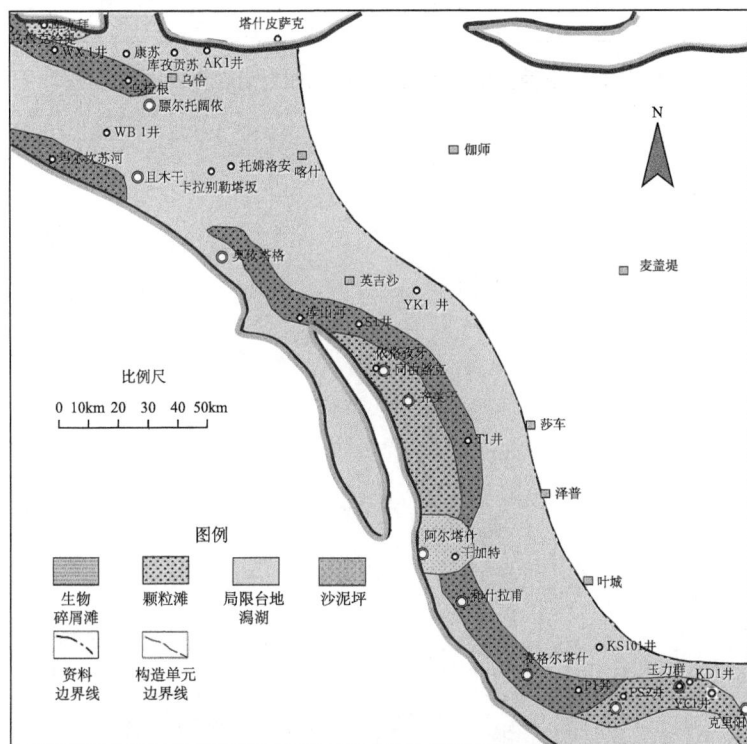

图 4-4-12 塔西南昆仑山山前地区卡拉塔尔组下段岩相古地理特征

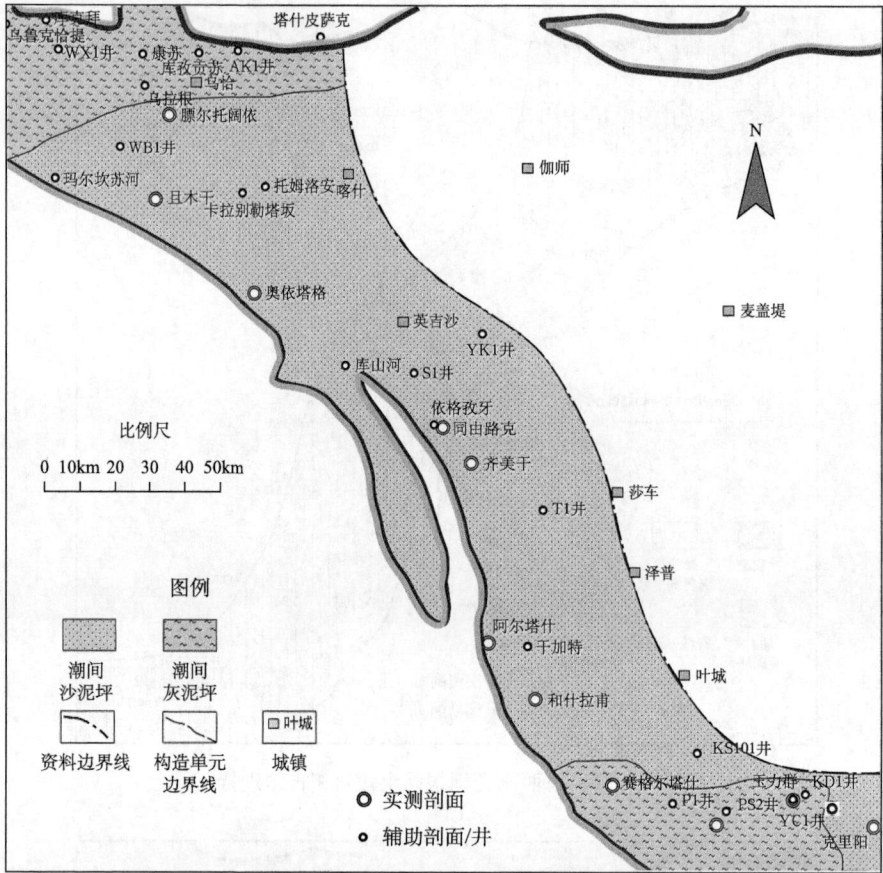

图 4-4-13　塔西南昆仑山山前地区乌拉根组岩相古地理特征

第五章 塔西南白垩系—古近系储层特征

第一节 储层岩石学特征

一、储层岩石类型

塔西南昆仑山山前地区白垩系—古近系发育碎屑岩和碳酸盐岩两大类储层岩石。

1. 碎屑岩

以石英、长石、岩屑三者相对比例为分类依据，通过岩石薄片碎屑成分统计分析认为，昆仑山山前地区下白垩统克孜勒苏群以长石岩屑砂岩、岩屑砂岩为主，其次为岩屑长石砂岩、长石岩屑石英砂岩（图5-1-1）；上白垩统库克拜组以岩屑长石砂岩、长石砂岩为主，其次为长石岩屑石英砂岩（图5-1-2）；岩石类型以细砂岩为主，其次为粉砂岩、中粗砂岩和砂砾岩（图5-1-3，图5-1-4）。

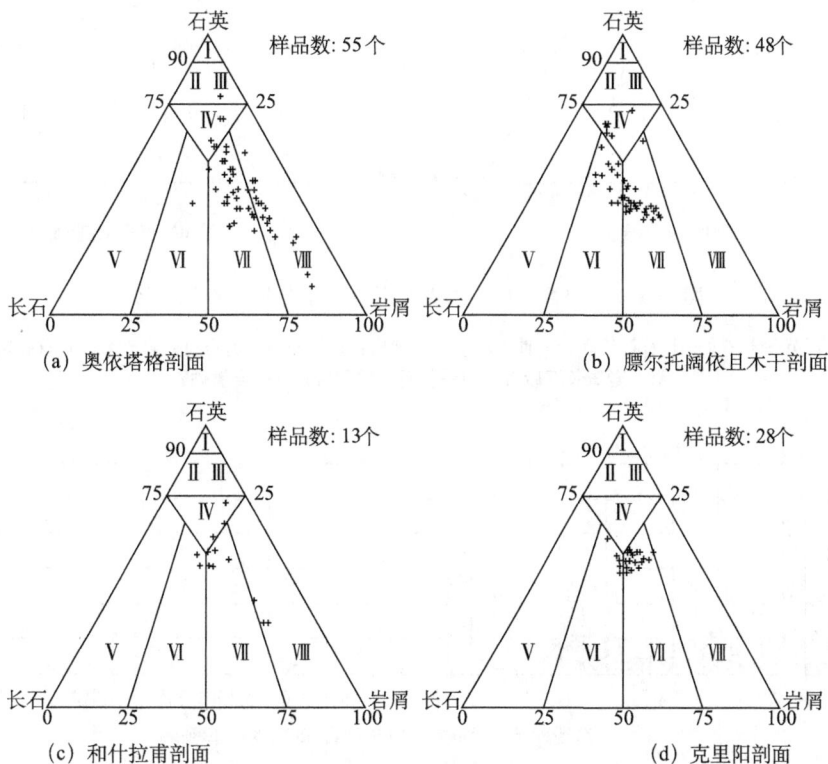

(a) 奥依塔格剖面

(b) 膘尔托阔依且木干剖面

(c) 和什拉甫剖面

(d) 克里阳剖面

图5-1-1 塔西南地区克孜勒苏群砂岩分类图（单位：%）

Ⅰ—石英砂岩；Ⅱ—长石石英砂岩；Ⅲ—岩屑石英砂岩；Ⅳ—长石岩屑石英砂岩；Ⅴ—长石砂岩；Ⅵ—岩屑长石砂岩；Ⅶ—长石岩屑砂岩；Ⅷ—岩屑砂岩

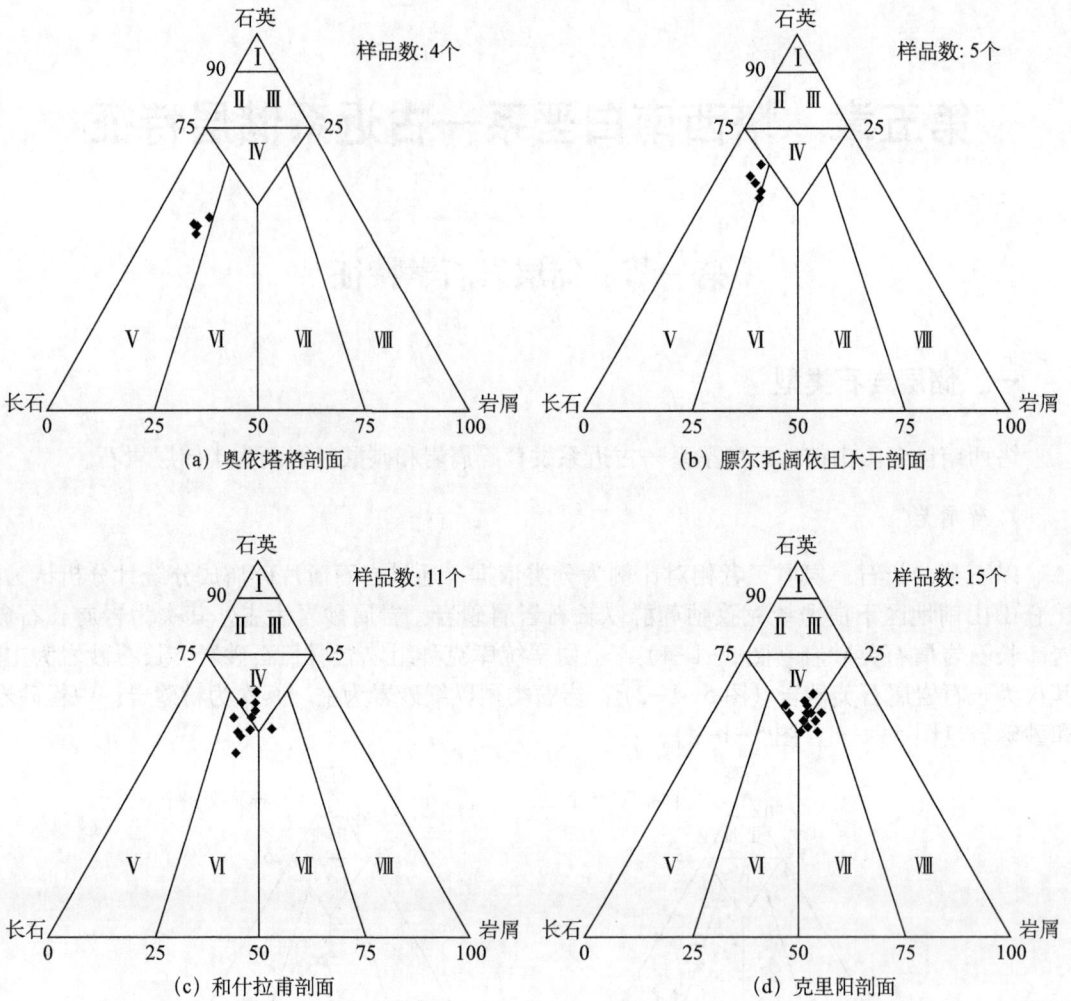

图 5-1-2 塔西南地区库克拜组砂岩分类图（单位：%）

I—石英砂岩；II—长石石英砂岩；III—岩屑石英砂岩；IV—长石岩屑石英砂岩；V—长石砂岩；，
VI—岩屑长石砂岩；VII—长石岩屑砂岩；VIII—岩屑砂岩

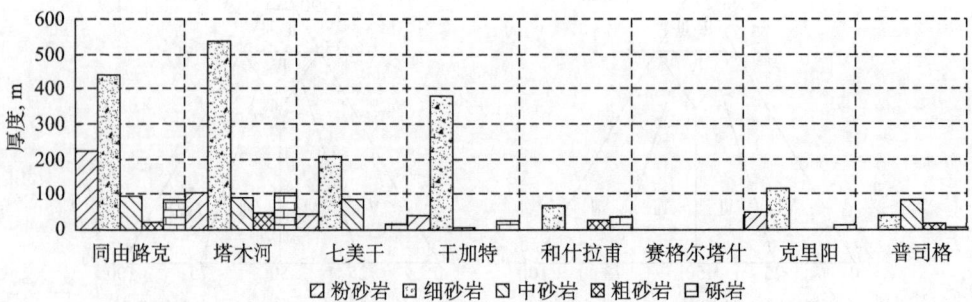

图 5-1-3 塔西南地区克孜勒苏群储层厚度直方图

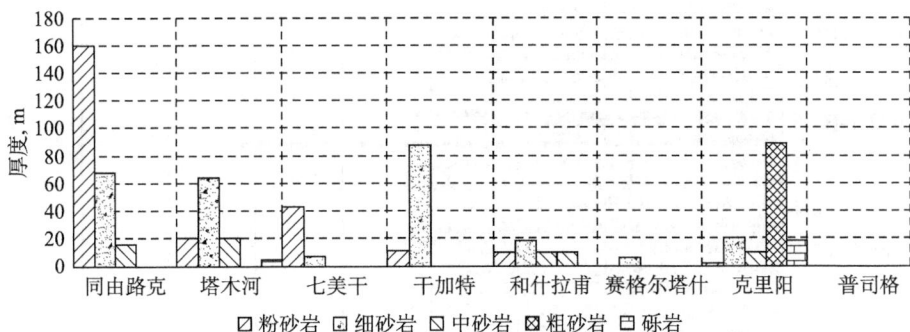

图 5-1-4 塔西南地区库克拜组储层厚度直方图

克孜勒苏群：奥依塔格剖面克孜勒苏群第一段至第四段石英含量逐渐减少，岩屑成分逐渐增加，长石含量无明显变化趋势（图 5-1-5）。膘尔托阔依且木干第二段石英含量较高，其他部分仍以长石岩屑砂岩为主（图 5-1-6）。和什拉甫剖面一二段均以长石岩屑砂岩为主，其次为岩屑长石砂岩（图 5-1-7）。克里阳剖面以长石岩屑石英砂岩、长石岩屑砂岩为主，纵向变化不大（图 5-1-8）。

库克拜组：除克里阳地区库克拜岩屑含量较高，以长石岩屑石英砂岩、长石岩屑砂岩为主外，其他剖面主要以岩屑长石砂岩为主，主要为细砂岩及粉砂岩，其次为中粗砂岩及砂砾岩（图 5-1-9 至图 5-1-12）。

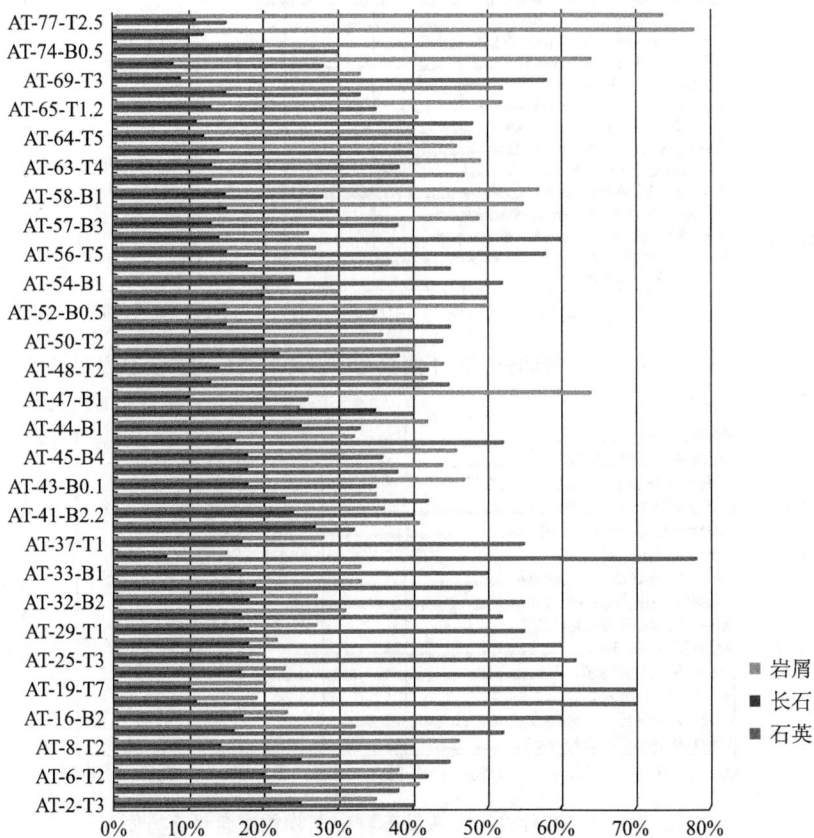

图 5-1-5 奥依塔格克孜勒苏群碎屑物相对含量直方图

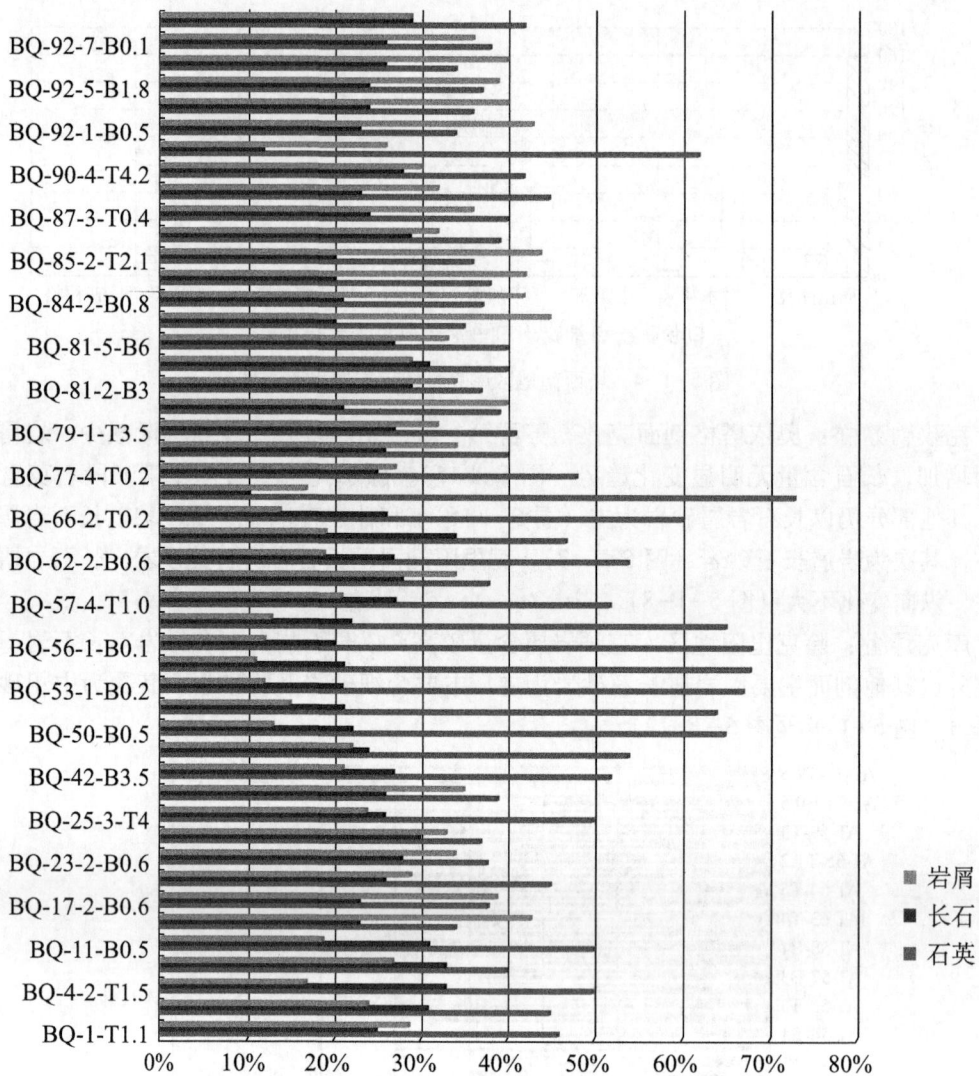

图 5-1-6　朦尔托阔依且木干克孜勒苏群碎屑物相对含量直方图

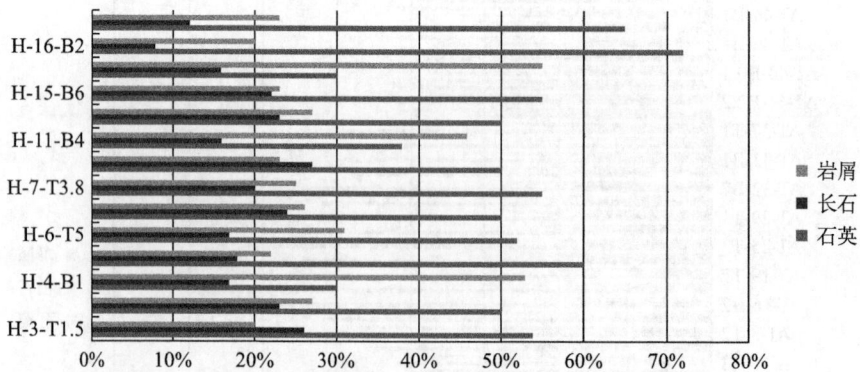

图 5-1-7　和什拉甫克孜勒苏群碎屑物相对含量直方图

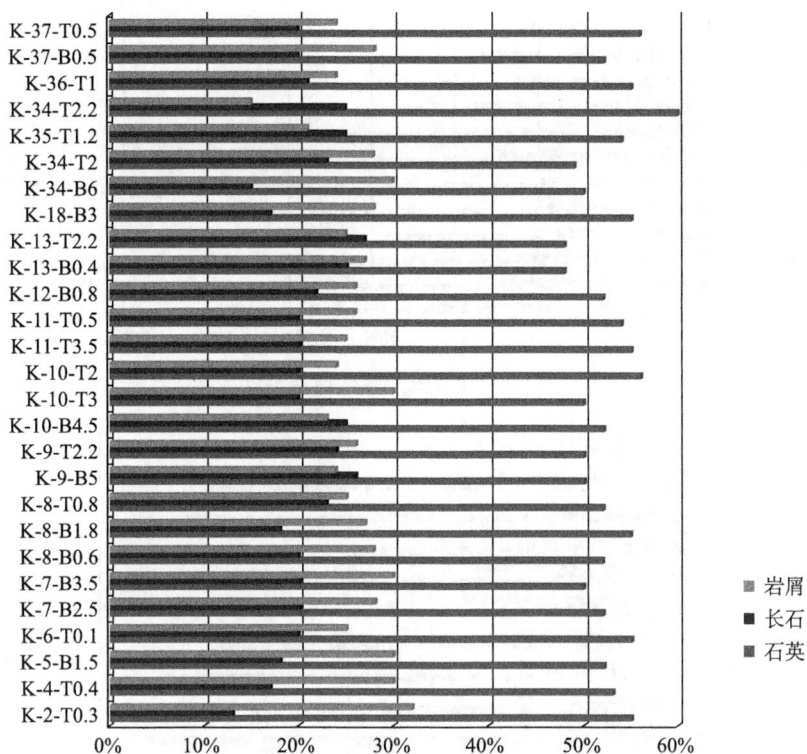

图 5-1-8　克里阳孜勒苏群碎屑物相对含量直方图

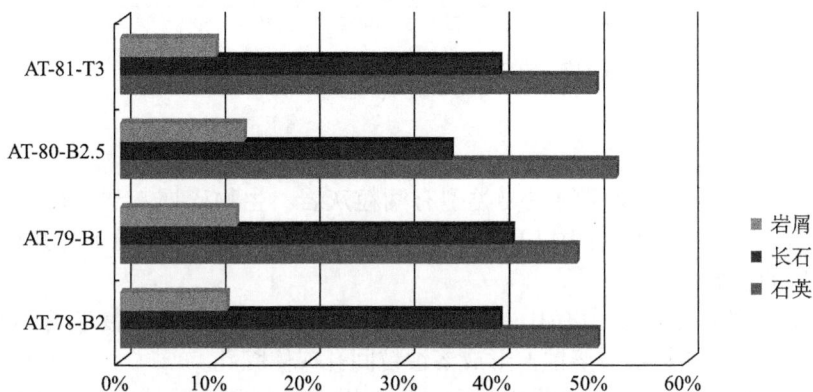

图 5-1-9　奥依塔格库克拜组碎屑物相对含量直方图

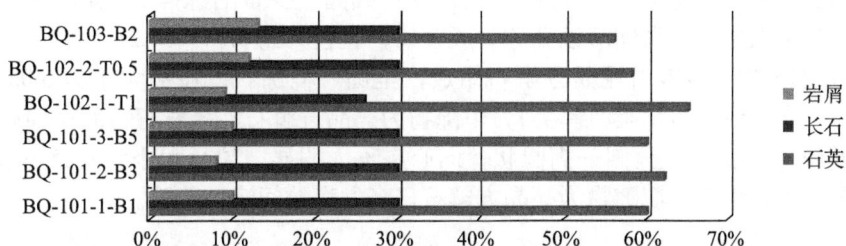

图 5-1-10　膘尔托阔依且木干库克拜组碎屑物相对含量直方图

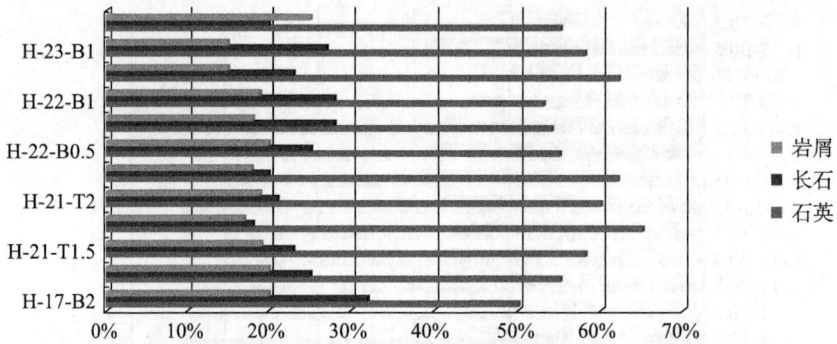

图 5-1-11　和什拉甫库克拜组碎屑物相对含量直方图

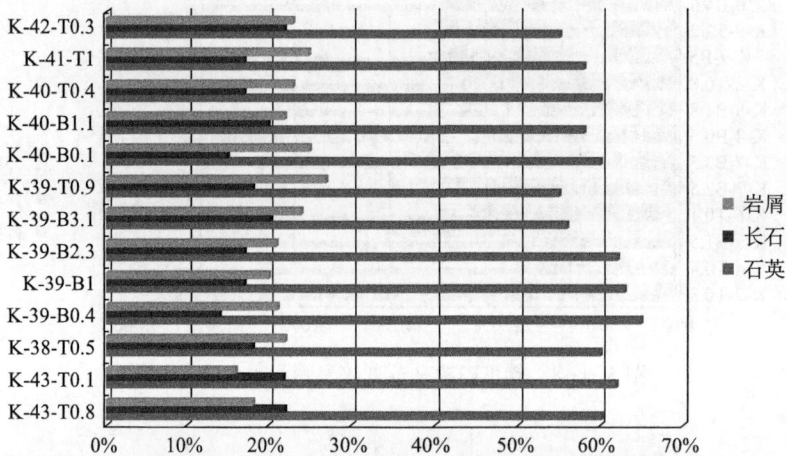

图 5-1-12　克里阳库克拜组碎屑物相对含量直方图

2. 碳酸盐岩

塔西南地区碳酸盐岩储层的主要类型有鲕粒灰岩、生物碎屑灰岩、砂屑灰（云）岩、结晶白云岩等，镜下观察胶结物以亮晶和粉晶为主，含少量泥晶。以下为几种塔西南地区常见碳酸盐岩的特征。

亮晶生屑灰岩：生屑多为有孔虫、苔藓虫、棘皮类、腕足类、腹足类、藻类等组成，亮晶方解石胶结，胶结物常被溶蚀，形成溶蚀粒间孔或体腔孔。

陆源碎屑颗粒泥晶灰岩：陆源碎屑含量高，以石英等刚性颗粒为主，与内碎屑等塑性颗粒在压实作用下呈凹凸接触，此类岩性多发育裂缝性孔隙。

结晶云岩：白云石以泥晶、粉晶为主，少量细晶、少量陆源碎屑散布其中。白云石晶间孔细小，分布均匀，但晶间溶蚀孔隙一般较大，孔径大约 0.05 ~ 1.2mm。

亮晶砂屑灰岩：砂屑由泥晶方解石组成，呈圆—椭圆状，粒径大小为 0.05 ~ 1.5mm。见少量生屑（有孔虫、腹足类、藻类），填隙物为亮晶方解石，多发育粒间溶蚀孔隙。

亮晶鲕粒灰岩：鲕粒呈圆—椭圆状，同心层不太明显，粒径大小为 0.05 ~ 1.0mm。由泥晶方解石、生屑组成，填隙物为亮晶方解石，多发育粒间溶蚀孔隙。

二、储层岩石结构特征

碎屑结构包括碎屑颗粒的粒度大小、分布状况、分选性和磨圆度。这些特征不仅反映沉积作用的流体力学性质，可作为重要的环境标志之一；而且碎屑粒度的大小和分选性与储层物性密切相关。据砂岩粒度分析、薄片观察统计结果显示，白垩系砂岩粒径多以细砂和粉砂为主，其次为中粗砂岩、砂砾岩。主要粒径范围为 0.063～0.5mm，分选中等—较好，磨圆中等，以次棱角状、次棱角状—次圆状为主。砾岩以中细砾岩为主，粒径主要在0.2～30mm，分选差—中等，磨圆较差—中等（图 5-1-13 至图 5-1-15）。

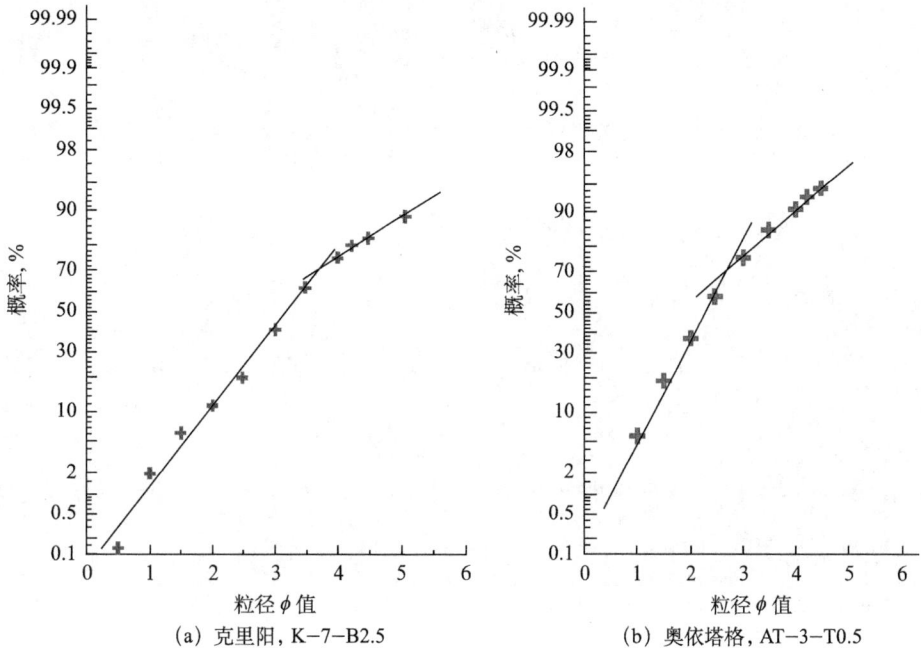

（a）克里阳，K-7-B2.5   （b）奥依塔格，AT-3-T0.5

图 5-1-13　塔西南地区克孜勒苏群粒度概率曲线特征

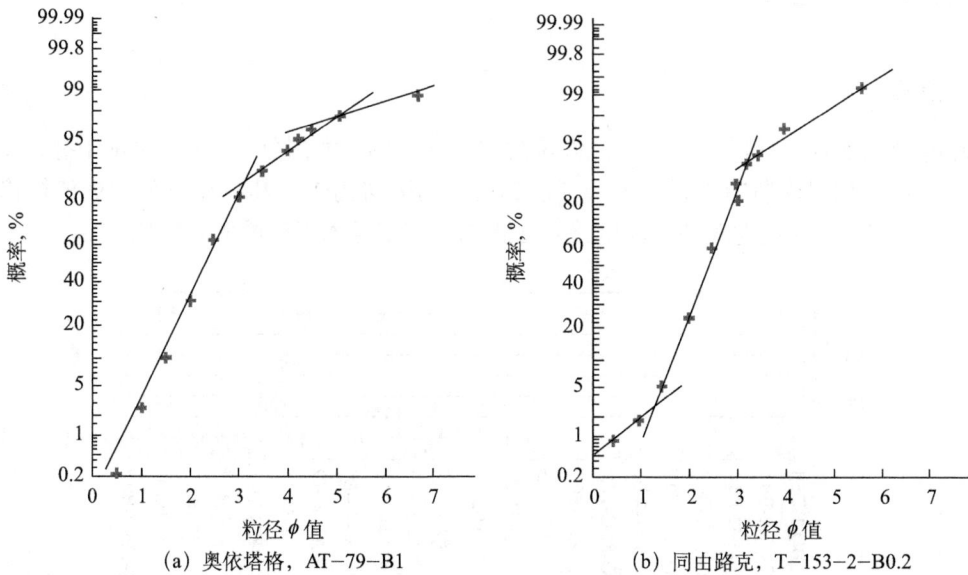

（a）奥依塔格，AT-79-B1   （b）同由路克，T-153-2-B0.2

图 5-1-14　塔西南地区库克拜组粒度概率曲线特征

(a) 中细粒长石砂岩，腺尔托阔依且木干，K₂k

(b) 含云细粒岩屑长石砂岩，和什拉甫，K₂k

(c) 细中粒长石岩屑砂岩，克里阳，K₁kz

(d) 中细粒岩屑长石砂岩，阿尔塔什，K₂k

图 5-1-15　塔西南地区白垩系砂岩结构特征

三、填隙物组分特征

1. 杂基

碎屑岩中砂岩杂基以泥质为主，含量为 1%～10%，大部分为 1%～4%（图 5-1-16，图 5-1-17），在粗碎屑的砂砾岩中杂基以泥质、粉砂岩为主。其中克里阳和奥依塔格白垩系砂岩储层泥质含量相对较高，同由路克和腺尔托阔依且木干泥质含量较低。

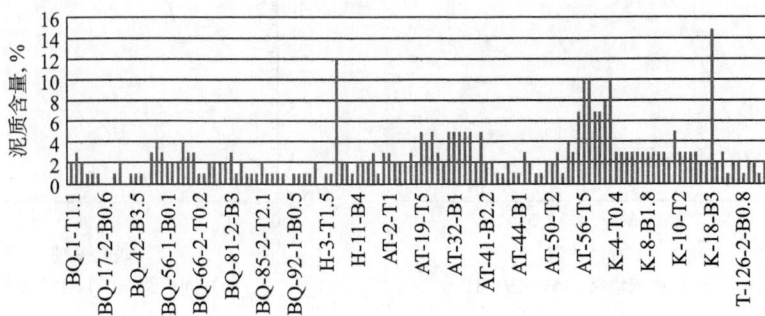

图 5-1-16　塔西南地区白垩系克孜勒苏群砂岩杂基泥质含量

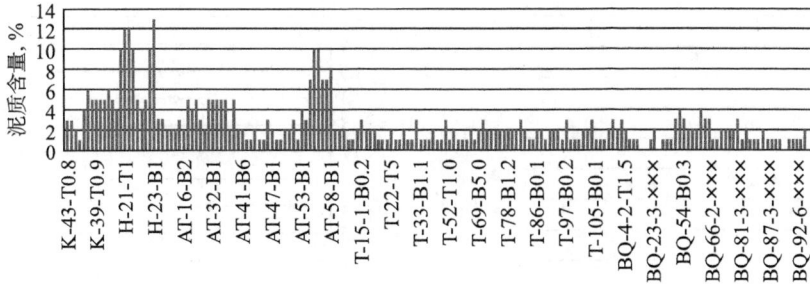

图 5-1-17 塔西南地区库克拜组砂岩储层杂基泥质含量

2. 胶结物

砂岩中分布较广的胶结物主要为方解石、白云石、铁质、黏土矿物、石膏等，其中对碎屑颗粒起胶结作用的物质主要为方解石、白云石、铁质（图 5-1-18，图 5-1-19）。

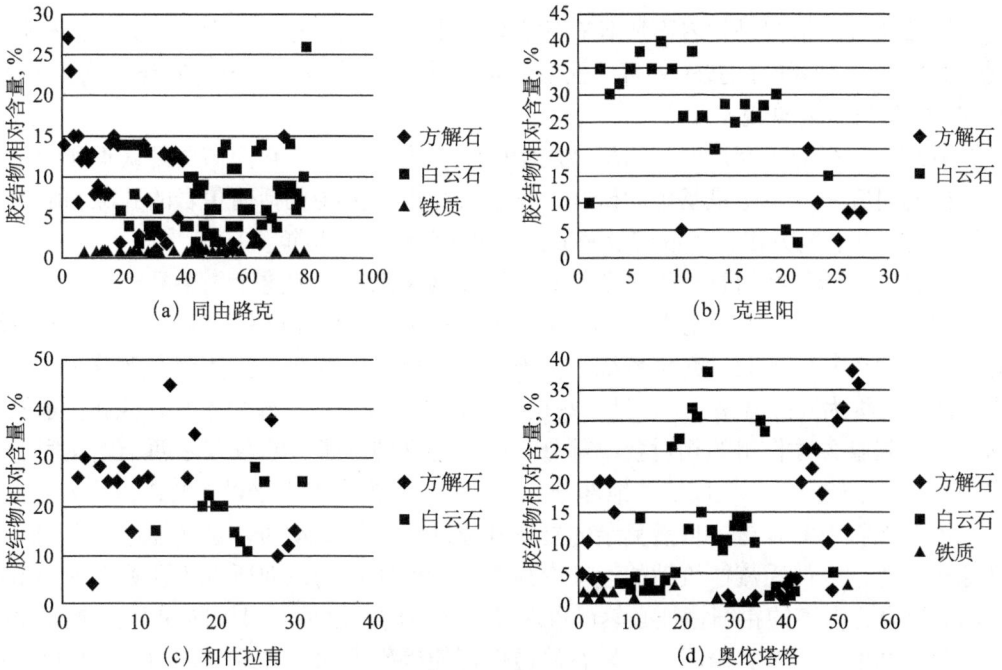

图 5-1-18 塔西南地区白垩系砂岩储层胶结物含量

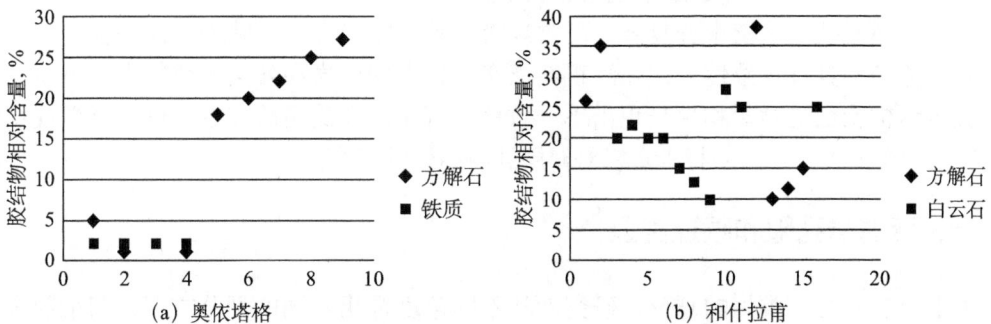

图 5-1-19 塔西南地区库克拜组砂岩储层胶结物含量

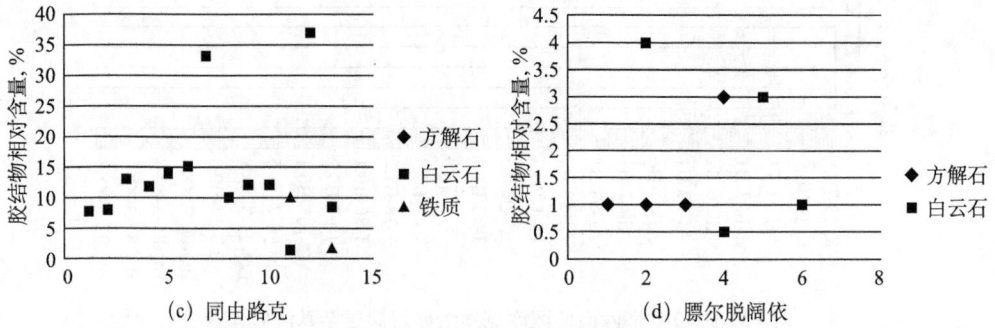

图 5-1-19　塔西南地区库克拜组砂岩储层胶结物含量（续）

第二节　储层微观孔隙结构及物性特征

储层微观孔隙结构是指岩石所具有的孔隙和喉道的几何形状、大小、分布、相互连通情况，孔隙与喉道间的配置关系等。它反映储层中各类孔隙与孔隙之间连通喉道的组合，是孔隙与喉道发育的总貌。

孔隙结构特征的研究是油气储层地质学的主要内容之一，它同储层的认识和评价、油气层产能的研究一样，是最基础的研究工作。研究内容主要包括储集岩的孔隙和喉道的类型，孔隙结构的研究方法、参数定量表征、分类与评价、应用等。

储集岩中的储集空间是一个复杂的立体孔隙网络系统，但这个复杂孔隙网络系统中的所有孔隙（广义）可按其在流体储存和流动过程中所起的作用分为孔隙（狭义孔隙或储孔）和孔隙喉道两个基本单元。在该系统中，被骨架颗粒包围着并对流体储存起较大作用的相对膨大部分，称为孔隙（狭义）；另一些在扩大孔隙容积中所起作用不大，但在沟通孔隙形成通道中却起着关键作用的相对狭窄部分，则称为孔隙喉道，它仅仅是两个颗粒间连通的狭窄部分或两个较大孔隙之间的收缩部分。有时将长度为宽度十倍以上的通道称为渠道。

流体在岩石中沿着这一自然复杂的立体孔隙网络系统流动时，必须经过一系列交替着的孔隙和喉道，且都受流体流动的通道中最小的断面所控制，即所有的孔隙都受喉道所控制。由此可见，喉道的粗细特征必然严重地影响岩石的渗透性。对于同样大小的孔隙空间，由于孔隙空间的多少及宽窄不同，岩石渗透性可能差别很大。孔隙喉道的几何形状是控制油气生产潜能的关键，也就是说，液体流动条件取决于孔隙喉道的结构（包括孔喉半径的大小、截面的形状）、油气与岩石的接触面大小等。

由于储集岩孔隙系统十分复杂，而常规物性不一定能完全反映岩石的特征。除了常规物性与孔隙结构具有一致性外，在沉积特征变化较大的砂岩和各类碳酸盐岩中可以经常遇到其孔隙结构特征与常规物性呈现出不一致性。可见，在储层研究中，仅开展常规物性研究往往是不全面的，还必须特别重视对储层孔隙结构的研究。

一、碎屑岩孔隙和喉道类型

关于碎屑岩孔隙类型的划分，研究者从不同角度提出不同的划分方案，归纳起来，大致有以下几类。这里重点介绍 V.Schmidt 等和邸世祥等的分类。

1. 孔隙成因分类

按储集空间的成因将孔隙分为原生、次生和混合成因三大类，这是目前国内外比较流行的一种分类，如 V.Schmidt 等的分类。

（1）原生孔隙：指砂岩中现今保存下来的、由沉积作用造成的支撑孔隙，主要是由颗粒支撑的原生粒间孔隙，也包括粒间基质充填不满所遗留下来的孔隙，基质内部有杂基支撑的孔隙及原始岩屑粒内孔隙。此外，在成岩后生阶段因胶结作用而缩小了的孔隙，如因石英次生加大而缩小了的孔隙，也应属于原生孔隙。

（2）次生孔隙：指在成岩后生阶段，受物理、化学等作用使岩石某些组分溶解淋滤、收缩或使裂隙和孔洞重新开启而产生的孔隙（图 5-2-1），包括溶蚀孔隙（包括颗粒、基质、胶结物、交代物的溶孔）、破裂孔隙（由各种应力作用使岩石破裂而产生的裂隙）、收缩孔隙（砂岩中某些矿物如海绿石、赤铁矿、黏土等发生脱水或重结晶收缩而产生的裂缝）、晶间孔隙（重结晶作用和胶结作用产生的晶体之间的孔隙）。

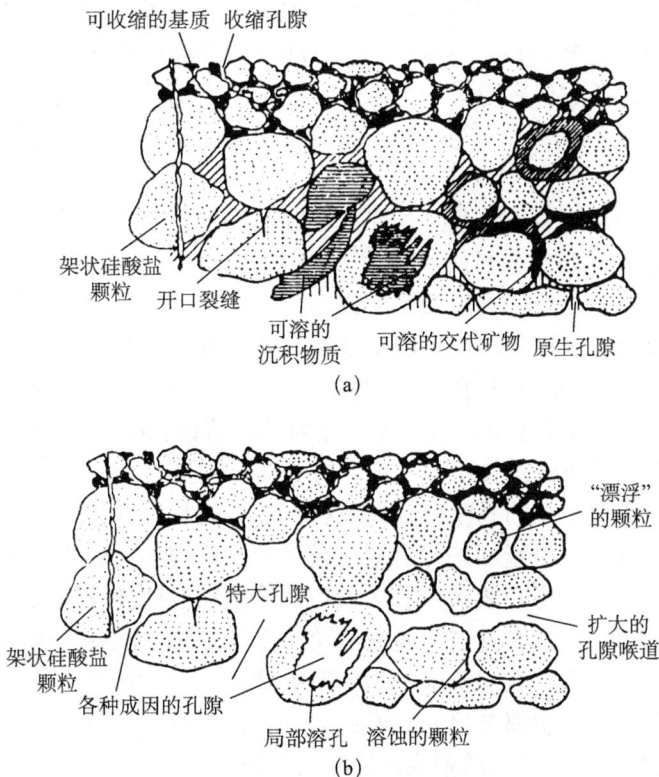

图 5-2-1　次生孔隙类型及形成模式图（据罗明高，1998）

（a）砂岩中溶蚀作用前的主要孔隙特征，包括粒间孔、收缩孔隙和裂缝；（b）砂岩中溶蚀作用后的主要孔隙特征，包括扩大的粒间孔、特大孔隙、粒内溶孔、收缩孔和裂缝

（3）混合孔隙：指不是单一成因，而是由几种成因混合构成的孔隙。例如原生粒间孔隙由于颗粒边缘被溶蚀而扩大，这种扩大了的粒间孔隙既包含了原生粒间孔隙，又包含了溶蚀的孔隙空间，因此属于混合孔隙。

应当指出，沉积物经过长期复杂的成岩后生变化阶段，相当一部分孔隙很可能经受了反复的胶结、溶蚀、再胶结、再溶蚀，或者不完全胶结、不完全溶解。有时很难将孔隙划为完整的原生孔隙或完整的次生孔隙，因此孔隙成因类型的划分只能是相对的。

2. 按孔隙产状及溶蚀作用分类

邸世祥（1991）按产状把孔隙分为四种基本类型，又按溶蚀作用分出四种溶蚀类型。

（1）粒间孔隙：指储集岩碎屑颗粒之间的孔隙，以其中充填杂基及胶结物的多少，又分为完整粒间孔隙、剩余粒间孔隙、缝状粒间孔隙三小类 [图 5-2-2 (a)、图 5-2-2 (b)、图 5-2-2 (c)]。完整粒间孔隙是指粒间孔隙中基本无填隙物；剩余粒间孔隙是指粒间孔隙中有部分填隙物；缝状粒间孔隙是指粒间孔隙基本被填隙物充填，只剩余一些缝隙。粒间孔隙的共同特点是不论颗粒、填隙物或孔隙均看不到溶蚀迹象。

（2）粒内孔隙：指碎屑颗粒内部不具溶蚀痕迹的孔隙，如喷发岩岩屑所具有的气孔。这类孔隙在碎屑岩中比较少见，大都是孤立或基本不连通的 [图 5-2-2 (d)]，因而对油气的聚集往往作用不大。

（3）填隙物内孔隙：指杂基和胶结物内存在的孔隙。这类孔隙特别是自生黏土矿物填隙物内的晶间孔隙分布比较普遍 [图 5-2-2 (e)]。一般都是小孔隙，但因杂基及自生矿物的成分、晶粒大小，孔隙仍有相对大小之分，如高岭石填隙物内晶间孔隙一般比伊利石和绿泥石填隙物内晶间孔隙要大一些，粗晶高岭石比细晶高岭石的填隙物内晶间孔隙也要大些。

（4）裂缝孔隙：指切穿岩石，甚至切穿其中碎屑颗粒本身的缝隙。一般缝壁平直，无任何溶蚀迹象存在 [图 5-2-2 (f)]。

（5）溶蚀粒间孔隙：是粒间孔隙遭受溶蚀后所形成的孔隙。这类孔隙除处在碎屑颗粒之间外，从孔隙周边形态、相邻颗粒表面特征、孔隙中残留填隙物的产状和（或）孔隙分布状况等方面，程度不同地保留溶蚀痕迹 [图 5-2-2 (g)、图 5-2-2 (h)、图 5-2-2 (i)]。这类孔隙根据溶蚀部位及程度不同，进一步可分为部分溶蚀粒间孔隙、印模溶蚀粒间孔隙、港湾状溶蚀粒间孔隙、长条状溶蚀粒间孔隙、特大溶蚀粒间孔隙五种。部分溶蚀粒间孔隙是指粒间孔隙周围的颗粒或粒间孔隙内的填隙物，部分被溶蚀并保留有溶蚀痕迹或残留其团块者；印模溶蚀粒间孔隙是指一些碎屑颗粒或（和）填隙物晶粒被溶去而残留的印模孔隙；港湾状溶蚀粒间孔隙是指碎屑颗粒或（和）填隙物被溶蚀成港湾状的粒间孔隙；长条状溶蚀粒间孔隙是指相邻粒间孔隙之间的喉道同时受到溶蚀，致使两个甚至多个粒间孔隙连成长条状孔隙者；特大溶蚀粒间孔隙是指岩石受到了强烈的溶蚀作用，致使一个甚至几个碎屑颗粒与其周围的填隙物都被溶掉而形成的超粒特大孔隙。显然，从部分溶蚀粒间孔隙至特大溶蚀粒间孔隙，溶蚀作用的强度是逐渐增大的。

（6）溶蚀粒内孔隙：指碎屑颗粒内部所含可溶矿物被溶解，或沿颗粒解理等易溶部位发生溶解而成的孔隙。其特点是孔隙不仅处在颗粒内部，而且数量比较多，往往成蜂窝或串珠状 [图 5-2-2 (j)]。常见的是长石溶蚀粒内孔隙与岩屑溶蚀粒内孔隙。

（7）溶蚀填隙物内孔隙：指填隙物受溶蚀作用所形成的孔隙。因杂基及自生胶结物晶粒之间的孔隙很小，使流体在其中较难通过，溶蚀作用相对弱，从而比在填隙物内孔隙中发育差，一般只在可溶填隙物中才比较发育，如沿盐类、沸石等自生矿物晶粒间溶蚀所成的孔隙等 [图 5-2-2 (k)]。当溶蚀作用强烈发育，使填隙物大量溶解时，此类孔隙即可转变为溶蚀粒间孔隙。

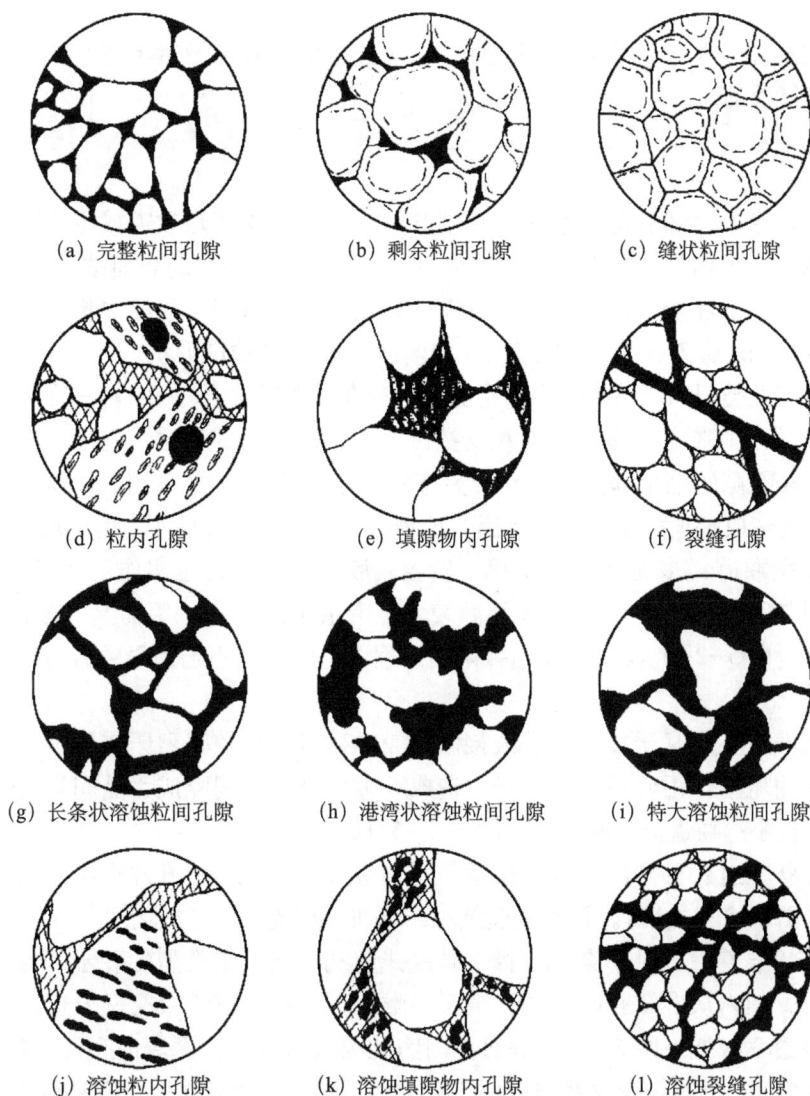

(a) 完整粒间孔隙　　　　　(b) 剩余粒间孔隙　　　　　(c) 缝状粒间孔隙

(d) 粒内孔隙　　　　　(e) 填隙物内孔隙　　　　　(f) 裂缝孔隙

(g) 长条状溶蚀粒间孔隙　　　(h) 港湾状溶蚀粒间孔隙　　　(i) 特大溶蚀粒间孔隙

(j) 溶蚀粒内孔隙　　　　(k) 溶蚀填隙物内孔隙　　　　(l) 溶蚀裂缝孔隙

图 5-2-2　碎屑岩孔隙类型示意图（据邸世祥，1991）

　　（8）溶蚀裂缝孔隙：是流体沿岩石裂缝渗流，使缝面两侧岩石发生溶蚀所致的孔隙。由于裂缝一般都有流体渗流，而大都使孔壁发生溶蚀 [图 5-2-2 (l)]，因此，此类孔隙比单纯的裂缝孔隙更为常见。

　　前四种类型孔隙并不都是原生孔隙，其中的自生黏土矿物填隙物内晶间孔隙和裂缝孔隙等主要还是次生的。后四种类型孔隙严格地说并不是完整的次生孔隙，只是原生与次生孔隙的组合，属混合孔隙。

　　从对渗流作用的物理意义出发，可将上述八类孔隙划分为三大类，即粒间孔隙及溶蚀粒间孔隙大类；溶蚀粒内孔隙、填隙物内孔隙、溶蚀填隙物内孔隙及粒内孔隙大类；溶蚀裂缝孔隙及裂缝孔隙大类。

3.按孔隙对流体的渗流情况分类

　　（1）有效孔隙：指储层中那些相互连通的超毛细管孔隙和毛细管孔隙，其中流体在地层压差下可流动。

（2）无效孔隙：指储层中那些孤立的、互不连通的死孔隙及微毛管孔隙，其中流体在地层压差下不能流动。

4. 喉道类型

在储集岩复杂的立体孔隙系统中，控制其渗流能力的主要是喉道或主流喉道，以及主流喉道的形状、大小和与孔隙连通的喉道数目。碎屑岩骨架颗粒的表面结构和形状（圆度、球度）影响喉道壁的粗糙度。分选和磨圆差的颗粒常使喉道变得粗糙曲折，直接影响其内部流体的渗流状态。骨架颗粒的接触关系和胶结类型也影响喉道形状。

在不同的接触类型和胶结类型中，常见有五种孔隙喉道类型（图5-2-3）。

（1）孔隙缩小型喉道：多见于颗粒支撑、无或少胶结物的砂岩，孔隙、喉道难分，孔大喉粗，喉道是孔隙的缩小部分，几乎全为有效孔隙［图5-2-3（a）］。以这类喉道为主的储层，一般不易造成喉道堵塞，反而常因胶结物少，较疏松，而易发生地层坍塌和出砂。

（2）缩颈型喉道：多见于颗粒支撑、接触式胶结的砂岩，压实作用使颗粒紧密排列，仍留下较大孔隙，但喉道变窄，具有孔隙较大、喉道细的特点，因而具有较高的孔隙度、很低的渗透率［图5-2-3（b）］。在钻井采油过程中易因措施不当而导致微粒堵塞喉道而伤害地层。

（3）片状喉道：多见于接触式、线接触式胶结砂岩，由较强烈压实作用使颗粒呈紧密线接触，甚至由压溶作用使晶体再生长，造成孔隙变小，晶间隙成为晶间孔的喉道。片状喉道具有孔隙很小、喉道极细的特点［图5-2-3（c）］。

（4）弯片状喉道：强烈压实作用使颗粒呈镶嵌式接触，不但孔隙很小、喉道极细，而且呈弯片状［图5-2-3（d）］。该类喉道细小、弯曲、粗糙，易形成堵塞。

（5）管束状喉道：多见于杂基支撑、基底式及孔隙式胶结类型的砂岩。当杂基及胶结物含量较高时，其内众多微孔隙既是孔隙又是喉道，呈微毛细管束交叉分布，使孔隙度中等至较低、渗透率极低［图5-2-3（e）］。因为此类喉道细小，而弯曲交叉导致流体素流，微粒迁移速度多变，在喉道交叉拐弯处常有微粒因迁移速度降低而沉积下来堵塞喉道。

此外，若张裂缝发育，则形成板状通道。从整体看，也可以把它们视为一种大的汇总的喉道，这种大喉道控制着它连通的各种微裂缝和孔隙。

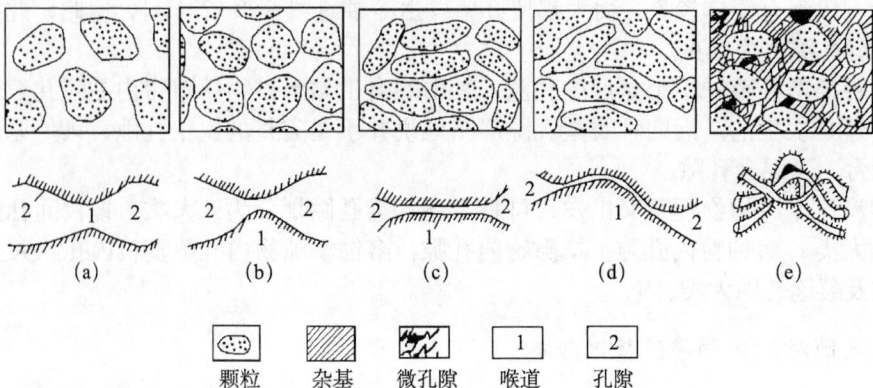

图5-2-3 碎屑岩孔隙喉道的类型示意图（据罗蛰潭和王允诚，1986）

5. 塔西南白垩系—古近系碎屑岩储层孔隙类型

塔西南地区碎屑岩储层空隙类型主要是粒间孔和构造溶蚀缝。粒内孔隙及填隙物内孔隙均不发育。

1）粒间孔

此类孔隙中基本没有或有少量填充物，孔隙大小和分布都比较均匀。粒间孔隙为本区碎屑岩储集层的主要孔隙类型，具有微量或少量粒间溶蚀孔隙（图 5-2-4）。

(a) K_2k，阿尔塔什剖面

(b) K_2k，膘尔托阔依且木干剖面

(c) K_1kz，同由路克剖面

(d) K_1kz，膘尔托阔依且木干剖面

(e) E_2w，膘尔托阔依河

(f) K_2k，克里阳剖面

图 5-2-4　塔西南白垩系—古近系砂岩储层粒间孔隙特征

2）构造溶蚀缝

构造溶蚀缝为本区碎屑岩的次要孔隙类型（图5-2-5）。

构造应力是裂隙、缝隙产生的主要原因，断裂或褶皱运动产生的应力会使沉积物或沉积岩变形，以致产生裂缝型孔隙。裂缝切穿碎屑颗粒杂基、胶结物等而形成缝状孔隙，并在后期发生溶蚀作用形成构造溶蚀缝。部分构造溶蚀缝常被方解石、石膏或泥质等充填或半充填。构造溶蚀缝虽然对孔隙度影响不显著，但可改善低孔隙度、低渗透率的砂岩储集层的渗透性。

(a) 含云质中细砂岩，奥依塔格，K_1kz　　　　(b) 中细粒砂岩，膘尔托阔依且木干，K_1kz

(c) 细粒岩屑砂岩，和什拉甫，K_2k　　　　(d) 细粒长石岩屑砂岩，克里阳，K_1kz

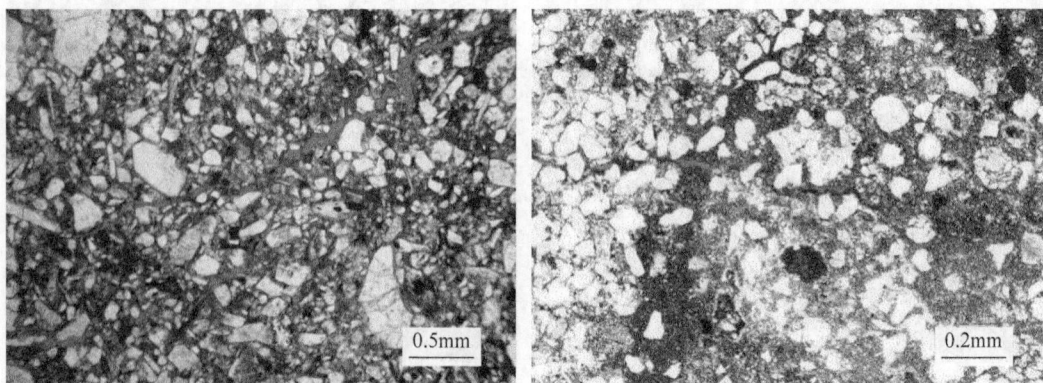

(e) 含泥不等粒长石岩屑砂岩，克里阳，K_1kz　　(f) 云质极细粒长石砂岩，同由路克，K_2w

图5-2-5　塔西南白垩系—古近系砂岩储层裂缝发育特征

二、碳酸盐岩孔隙和喉道类型

由于碳酸盐岩储层岩性变化大、储集空间类型多、物性参数无规则、孔隙空间系统的多次改造等特点，使其储集空间类型成为碳酸盐岩储层研究中的重要问题，从而也形成了多种分类方案。这里重点介绍常用的按孔隙的形态、成因或形成时间的分类。

对于喉道类型，由于碳酸盐岩的渗透能力不仅取决于孔隙空间的多少及大小，而且与孔隙结构类型、孔隙中管壁的光滑程度等多种因素有关，碳酸盐岩储层的孔隙吼道也十分复杂。

1. 孔隙形态分类

碳酸盐岩储集空间按形态分为孔、洞、缝三大类。

（1）孔（粒间—晶间孔隙）：主要为原生孔隙，包括粒间孔、晶间孔、粒内生物骨架孔等孔隙，其空间的分布较规则。

（2）洞（溶洞—溶解孔隙）：主要为次生孔隙，包括溶洞或晶洞，无充填者为溶洞，有结晶质充填者叫晶洞，碳酸盐岩易于溶解的性质是形成这类储集空间的原因，它们大多是以缝、孔为基础，经水溶蚀而成，并多发育在古溶蚀地区及不整合面以下。

（3）缝（裂缝—基质孔隙）：是岩石受应力作用而产生的裂缝。应力主要是构造力，也包括静压力、岩石成岩过程中的收缩力等。缝不但可作为储集空间，在油、气运移过程中还起着重要的通道作用。

孔、洞、缝三大类中，又各自包括多种亚类（图 5-2-6，表 5-2-1）。

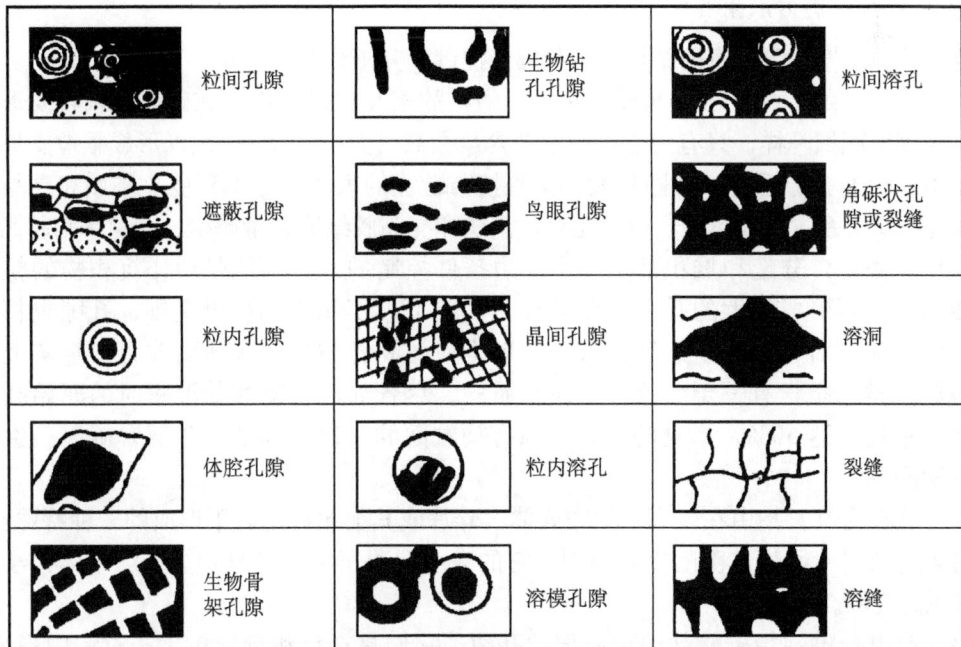

	粒间孔隙		生物钻孔孔隙		粒间溶孔
	遮蔽孔隙		鸟眼孔隙		角砾状孔隙或裂缝
	粒内孔隙		晶间孔隙		溶洞
	体腔孔隙		粒内溶孔		裂缝
	生物骨架孔隙		溶模孔隙		溶缝

图 5-2-6　孔隙类型示意图（黑影部分代表孔隙）（据张厚福等，1999）

表 5-2-1　碳酸盐岩主要储集空间类型表 (据熊琦华, 1987)

储集空间类型			成因及分布形态
孔 (粒间—晶间孔隙)	原生孔隙	粒间孔隙	碎屑颗粒、鲕粒、球粒、豆粒、晶粒、生物碎屑等之间的孔隙，分布较均匀，似砂岩
		粒内孔隙	生物体腔内孔隙，孤立分布
		生物骨架孔隙	原地生长的造礁生物群软体部分分解后，其坚固骨架之间的孔隙。分布有一定范围，多呈块状
	次生孔隙	晶间孔隙	晶体之间的孔隙，主要为白云岩化、重结晶作用形成的孔隙。分布不均匀，常与裂缝带共生，少数原生晶间小孔隙分布较均匀
		角砾孔隙	构造角砾或沉积角砾之间的孔隙，前者分布有一定范围，后者较均匀，似碎屑岩
洞 (溶解—溶蚀孔隙)		岩溶溶洞	与不整合面及古岩溶有关的溶蚀孔洞或缝
		溶蚀孔隙	在孔、缝基础上溶蚀形成的孔洞往往与裂缝分布有一致性
缝 (裂缝—基质孔隙)		构造缝	受构造应力作用形成的裂缝，有短而小的层间缝，也有大而长的穿层缝
		层间缝	在构造应力作用下，薄层相对运动形成的缝。呈层状分布，多发育在构造轴部位
		成岩缝	成岩过程中岩石收缩形成的网状缝
		压溶缝	缝合线，为压溶作用的产物，呈锯齿状顺层分布

2. 孔隙按主控因素分类

碳酸盐岩储集空间按其主控因素可分为以下三类。

1) 受组构控制的原生孔隙

这类孔隙的发育受岩石的结构和沉积构造控制，分下列几种类型。

（1）粒间孔隙：指在沉积和成岩阶段由颗粒的相互支撑作用而在碳酸盐颗粒间形成的孔隙。与碎屑沉积一样，只有当岩石中颗粒含量很高（大于 50%），足以形成颗粒支撑格架时才能出现粒间孔隙系统。孔隙的大小又直接与粒径的大小、分选程度、基质和亮晶胶结物含量有密切关系。颗粒越大，分选越好，基质和亮晶胶结物含量越少，孔隙率则越高。

颗粒的搬运、分选和堆积都是受水动力条件控制的。在高能带中，沉积物的粒度一般比较粗大，可形成较大的孔隙；随着能量的降低，沉积物的粒度变细，孔隙也相应变小。波浪、潮汐对颗粒不断簸选、磨圆，也将使粒间孔隙进一步得到改善。事实上，碳酸盐粒屑通常总是含有一定数量的灰泥基质的。尽管如此，碳酸盐沉积时的原始孔隙度都很高，平均可达 50%。常见的粒间孔隙有鲕粒间的、藻屑间的，砂屑、砾屑、生物碎屑及生物间的。

（2）遮蔽孔隙：指由在较大的生物壳体、碎片或其他颗粒遮蔽下形成的一种特殊孔隙，是生物碎屑灰岩中原生孔隙的重要类型。它的大小取决于壳屑的堆积方式、个体大小以及有无灰泥的充填。

（3）粒内孔隙：指碳酸盐颗粒内部的孔隙，它们是在沉积前颗粒生长过程中形成的。如生物体腔内的孔隙，它是生物死亡后软组织腐烂留下的、沉积时尚未被充填而保留下来的孔隙。这种孔隙的绝对孔隙度可以很高，但孔隙的连通性不一定很好。粒内孔隙多见于生物灰岩中，故又称为生物体腔孔隙，个别鲕粒内部也有这类孔隙。

（4）生物骨架孔隙：指由原地生长的造礁生物，如群体珊瑚、海绵、层孔虫等在生长时形成坚固的碳酸钙骨架，在骨架间所保留的孔隙，孔隙形状随生物生长方式而异。生物骨架孔隙具有很高的孔隙度和渗透率，常构成重要的储层。

（5）生物钻孔孔隙及生物潜穴孔隙：这些都是由生物的钻孔活动形成的孔隙，其特点是边缘圆滑，形态弯曲，如蠕虫常破坏原生层理。这类孔隙在沉积期和成岩期均可形成，但分布不普遍，彼此连通性差，且多被充填，对储集性能的意义不大。

（粒内孔隙、生物骨架孔隙、生物钻孔、生物潜穴孔隙，又可合称为生物孔隙。）

（6）鸟眼孔隙：指沉积物包含的有机体经腐烂、降解并放出气体后所形成的孔隙。这种孔隙的个体比粒间孔大，形如鸟眼，常成群出现，平行层面分布，孔隙间彼此缺乏连通，且常被沉积物充填，故它们只有成因意义，对构成有效的储层意义不大。多发育在潮上或潮间带，在成岩后期，由于气泡、干缩或藻席溶解而成，是网络状或窗孔状孔隙的一种类型。

（7）收缩孔隙：灰泥沉积由于间歇性的暴露于空气中，脱水收缩而形成不规则裂隙。它是潮间带上部沉积中常见的原生孔隙类型，与鸟眼孔隙一样，常被沉积物填充。

（8）晶间孔隙：它是碳酸盐矿物晶体之间的孔隙，常呈棱角状，边缘平直。晶间孔的大小除了与晶体大小、均匀性有关，还受晶体排列方式的影响。晶粗而均匀、排列不规则者孔隙度高，如砂糖粒状白云岩；反之则低，如微晶灰岩。晶间孔可以在沉积期形成，但更多、更主要的是在成岩后由于重结晶或白云岩化作用形成的。

由于碳酸盐沉积迅速固结，加之它们在水中的溶解性以及对其他成岩作用（白云岩化）的敏感性，以致很难保存原生孔隙的本来面貌。即使得以保存，原生孔隙的实际展布也将在很大程度上受有无胶结物填充的控制。

2）溶解作用形成的次生孔隙

溶解孔隙，又称溶孔，是碳酸盐矿物或伴生的其他易溶矿物被地下水、地表水溶解后形成的孔隙。其特点是形状不规则，有的承袭了被溶蚀颗粒的原来形状，边缘圆滑，有的在边壁上见有不溶物残余。溶解孔隙既可发生于后生阶段，如不整合面下的岩溶带，也可发生于成岩晚期和早期（准同生阶段），后者一般多见于近岸浅水地带沉积物暴露水面的时候。

（1）粒内溶孔和溶模孔隙：粒内溶孔是指各种颗粒（或晶粒）内部，由于选择性溶解作用而部分被溶解掉所形成的孔隙，是初期的溶解作用造成的。当溶解作用继续进行，粒内溶孔进一步扩大，直到颗粒或晶粒外圈全部溶蚀掉而形成与原颗粒形状大小完全相似的孔隙时，便称为溶模孔隙或印模孔隙。常见的有生物溶模孔隙、鲕粒溶模孔隙、晶体溶模孔隙。颗粒或晶粒内易溶解或易腐烂的文石、石膏晶体或植物根叶等是粒内溶解的原因。生物壳体外面有一层极薄而坚硬难溶的有机包裹体，当体内物质溶解时它未被溶解，形成的孔隙被称为溶模孔隙。

（2）粒间溶孔：指各种颗粒之间的溶孔，它是在胶结物或基质被溶解后而形成的。溶解范围尚未或部分涉及周围颗粒。若周围颗粒进一步被溶蚀，便形成一般的溶孔、溶洞。淋滤灰泥孔隙是粒间溶孔的一种类型。在灰泥含量较低的颗粒石灰岩中，因颗粒支撑使其间灰泥基质未受到压实，成岩时失水收缩，形成一些粒间孔隙并成为地下水通道，产生溶解作用，进一步将灰泥带走而扩大粒间孔隙，因而使其具有较高的孔隙度。另外，在沉积阶段，由于灰泥基质占据了粒间空间，阻止了粒间水的进入，防止了亮晶胶结物形成。

（3）其他溶孔和溶洞：不受原岩石结构、构造控制，由溶解作用形成的孔隙，一般统称为溶孔，它们由粒间溶孔或溶模孔隙进一步被溶解而成。形状呈不规则的等轴状，通常大于粉砂级，大型的溶孔称为溶洞。溶孔和溶洞之间无明确的界限，有人主张直径大于5mm或1cm者称为溶洞，有些溶洞可达数米或更大。另外，重结晶作用、白云岩化作用等，都可以形成一些次生的晶间孔隙和溶解孔隙。各种溶蚀孔隙都是碳酸盐岩储层中重要的储集空间。

（4）角砾孔隙：强烈的溶解引起原岩发生崩塌，形成局部角砾堆积而构成许多角砾孔。

3）碳酸盐岩的裂缝

碳酸盐岩的裂缝的分类方法很多，从成因上分为下列五类。

（1）构造缝：指岩石受构造应力的作用，超过其弹性限度后破裂而成的裂缝。它是裂缝中最主要的类型，其特点是边缘平直，延伸较远，具有一定的方向和组系。按构造力学性质可以进一步分为压性裂缝、张性裂缝、扭性裂缝、压扭性裂缝和张扭性裂缝。

（2）成岩缝：在成岩阶段，由于上覆岩层的压力和本身的失水收缩、干裂或重结晶等作用所形成的裂缝，皆为成岩缝，也可称为原生的非构造缝。它的特点是分布受层面限制，不穿层，多平行层面，缝面弯曲，形状不规则，有时有分枝现象。

（3）沉积—构造缝：在层理和成岩缝的基础上，再经构造力形成的裂缝，如层间缝、层间脱空、顺层平面缝等。

（4）压溶缝：由成分不太均匀的石灰岩，在上覆地层静压力下，富含CO_2的地下水沿裂缝或层理流动，发生选择性溶解而成的裂缝，如缝合线。

（5）溶蚀缝：由于地下水的溶蚀作用，已扩大并改变了原有裂缝的面貌，难以判断原有裂缝的成因类型者，统归入溶蚀缝，又可简称为溶缝、溶道或溶沟。溶缝可辨认原来裂缝的形状和分布；溶道为溶缝的进一步发展，已辨认不出原来裂缝。溶蚀缝在古风化壳上最为发育，由于长期的淋滤和溶蚀作用，可形成多种形式的溶蚀缝，其特点是形状奇特，可呈漏斗状、蛇曲状、肠状、树枝状等，其中往往有陆源砂泥或围岩岩块等充填物。大的溶缝、溶道往往是和大的溶洞相连的，二者结合，形成很大的储集空间。

3. 孔隙按成因或形成时间分类

按形成时间可将碳酸盐岩储集空间分为原生孔隙和次生孔隙。

（1）原生孔隙：指在沉积和成岩过程中所形成的孔隙，包括各种粒间孔隙。在结晶灰岩或白云岩中的晶间孔隙及沿晶粒节理面的空隙（此种结晶颗粒不属次生重结晶或白云岩化形成）、粒内孔隙（部分鲕内）、生物孔隙以及成岩缝等。

（2）次生孔隙：指碳酸盐岩形成之后，经历各种次生变化，如溶解作用、重结晶、白云岩化及构造应力作用等所产生的孔隙或裂缝。包括溶蚀（解）孔缝、晶间孔隙（多数的）、构造缝、层间缝、压溶缝以及角砾孔隙等。

4. 喉道类型

这里重点介绍吴元燕（1996）按喉道成因进行的分类，将喉道分为如下五种类型。

（1）构造裂缝型：喉道宏观呈片状，相对较长、较宽、较平直，根据裂缝宽度分为大裂缝型喉道（宽度大于 0.1mm）、小裂缝型喉道（宽度 0.01 ~ 0.1mm）和微裂缝型喉道（宽度小于 10μm）[图 5-2-7（a）]。

（2）晶间隙型：该类喉道为白云石或方解石晶体间的缝隙，与裂缝型喉道相比具有窄、短、平的特点，按其形态可分为规则型、短喉型、弯曲型、曲折型、不平直型和宽度不等型六种类型 [图 5-2-7（b）至图 5-2-7（g）]。

（3）解理缝型：喉道为沿粗大白云石或方解石晶体解理面裂开或经溶蚀扩大而形成 [（图 5-2-7（h）]。

（4）孔隙缩小型：孔隙与喉道无明显界限，扩大部分为孔隙，缩小的狭窄部分即为喉道。孔隙缩小部分是由于孔隙内晶体生长或其他充填物等各种原因形成的 [图 5-2-7（i）]。

（5）管状喉道：孔隙与孔隙之间由细长的管子相连，其断面接近圆形 [图 5-2-7（j）]，例如负鲕灰岩鲕粒内空间的相互连通通道即为此种类型。

此外，具有粒间孔的碳酸盐岩，其储集特征与碎屑岩相似，其孔隙和喉道也相似，这里不再赘述。

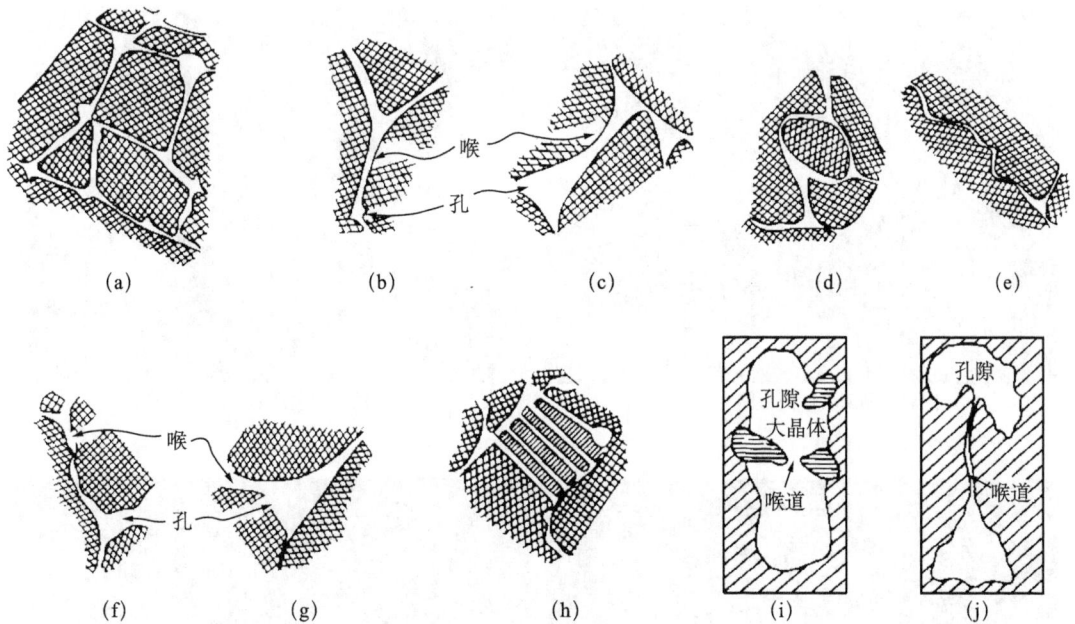

图 5-2-7　碳酸盐岩的孔隙喉道类型（据吴元燕，1996）

a—微裂缝型；b—规则型；c—短喉型；d—弯曲型；e—曲折型；f—不平直型；g—宽度不等型；h—解理缝型；
i—孔隙缩小型；j—管状喉道

5. 塔西南地区白垩系—古近系碳酸盐岩孔隙类型

通过对库克拜组、依格孜牙组和古近系卡拉塔尔组碳酸盐岩铸体薄片的观察，可将本区碳酸盐岩储集空间划分为粒间溶孔、粒内孔隙、晶间孔隙及遮蔽孔隙。

1）粒间溶孔

粒间溶孔是本区碳酸盐岩的主要储集空间，主要见于亮晶生屑灰岩、亮晶砂屑灰岩、亮晶鲕粒灰岩中，溶孔的大小一般在 0.02 ~ 0.4mm，形态多呈港湾状、长条状（图 5-2-8）。

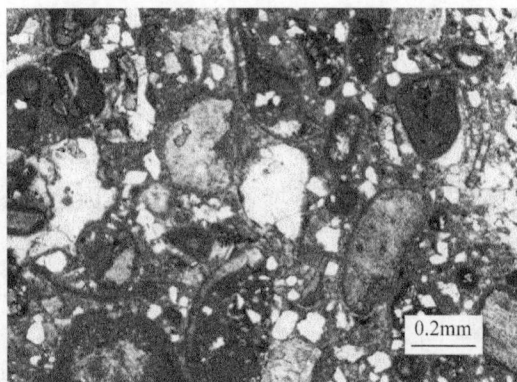

(a) 亮晶粒屑灰岩，同由路克，K₂y

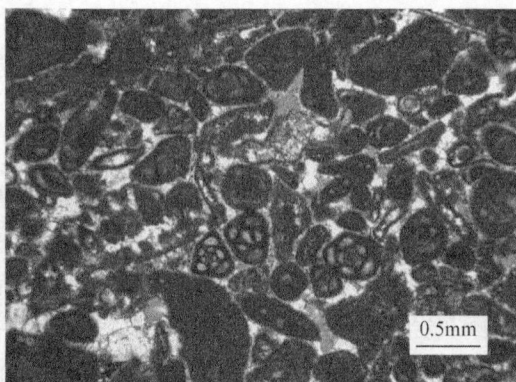

(b) 生屑亮晶团块灰岩，和什拉甫，K₂y

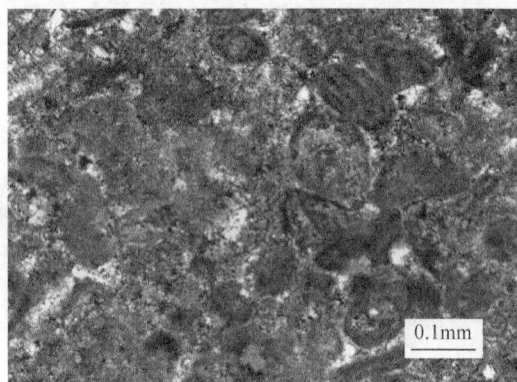

(c) 生屑泥晶灰岩，同由路克，K₂y

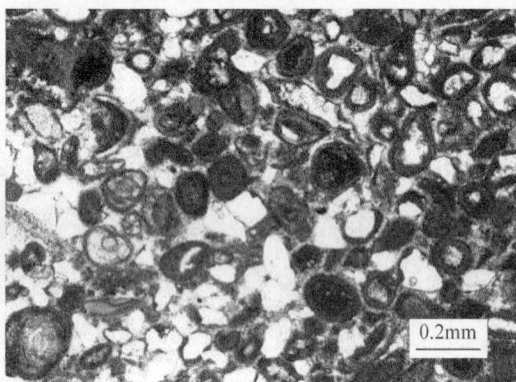

(d) 亮泥晶粒屑灰岩，同由路克，K₂y

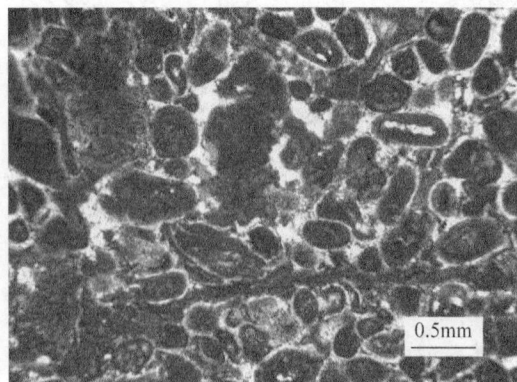

(e) 亮晶生屑鲕粒灰岩，和什拉甫，K₂y

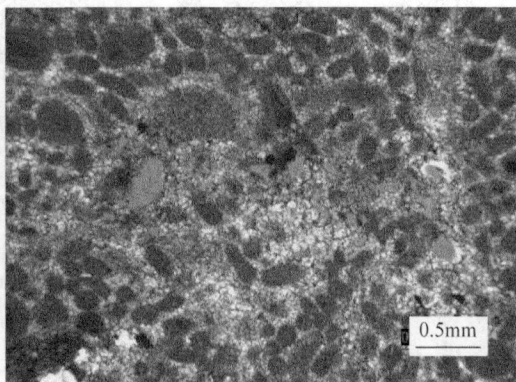

(f) 云化亮晶砂屑灰岩，和什拉甫，K₂y

图 5-2-8　塔西南白垩系碳酸盐岩储层粒间溶孔发育特征

2）粒内溶孔

粒内溶孔主要发育于亮晶鲕粒白云岩、亮晶砂屑白云岩、泥晶颗粒云岩中，大多数孔径≤ 0.01 ~ 0.15mm，面孔率为 0.2% ~ 5%，最多可达 14%，但连通性相对较差。颗粒完全或几乎完全被溶蚀，并保留原来颗粒形态的孔隙时称为铸模孔（图 5-2-9）。

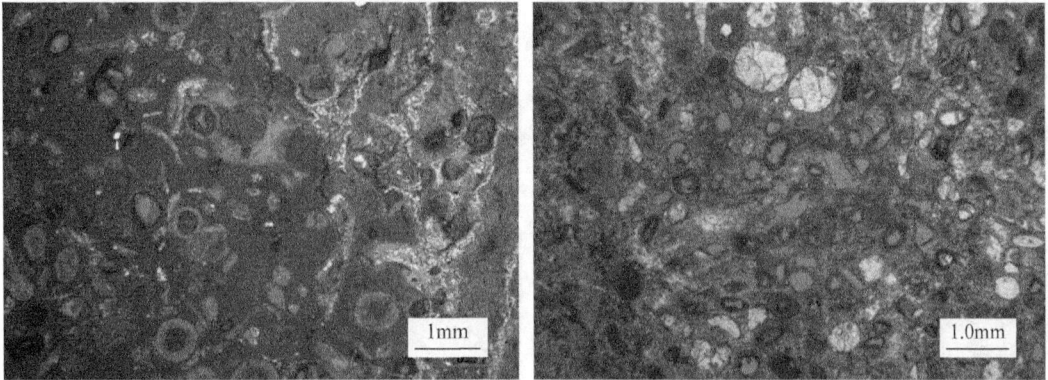

(a) 泥晶颗粒云岩，玉力群，E₂k   (b) 亮晶鲕粒云岩，铸模孔为主，克里阳，E₂k

图 5-2-9　塔西南古近系碳酸盐岩储层粒内孔发育特征

3）生物体腔孔、遮蔽孔

生物体腔孔是生物的体腔固结成岩后，被溶蚀形成的次生孔隙；遮蔽孔是在碳酸盐沉积物沉积时，由于生物壳体等的遮挡，在其下部形成的孔隙。这两种孔隙主要见于生物灰岩或生物碎屑灰岩（图 5-2-10）中。

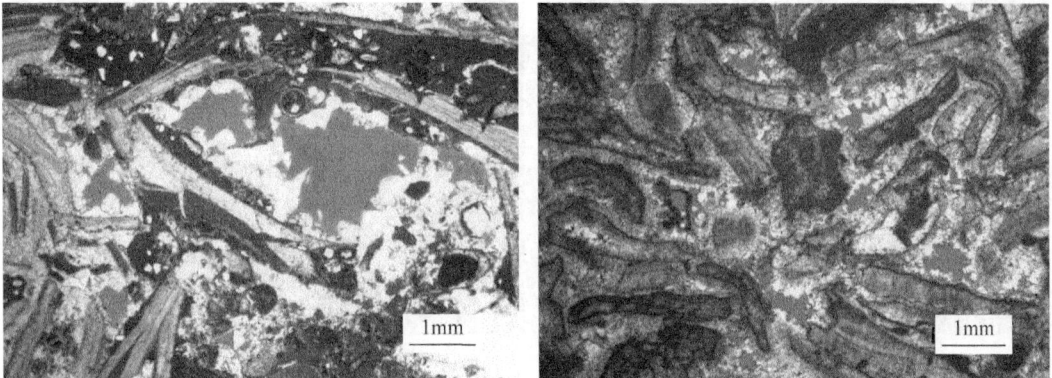

(a) 亮晶生屑灰岩，遮蔽孔，E₂k   (b) 亮晶生屑灰岩，遮蔽孔、粒间孔，E₂k

图 5-2-10　塔西南古近系碳酸盐岩储层遮蔽孔发育特征

4）晶间孔和晶间溶孔

晶间孔主要发育于粉晶白云岩、亮晶砂屑白云岩中，出现在白云石晶体之间。白云石化，特别是埋藏白云石化过程中，流体沿白云石胶结物晶体孔隙往往具有溶蚀扩大现象，形成晶间溶孔，一般孔径 < 0.1 ~ 0.3mm，面孔率为 0.2% ~ 0.3%（图 5-2-11）。

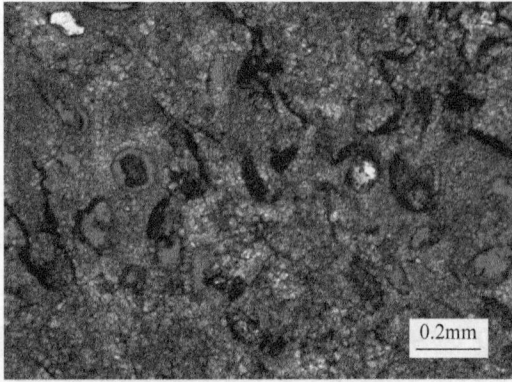

（a）泥粉晶云岩，克里阳，E₂k

（b）粉晶云岩，玉力群，E₂k

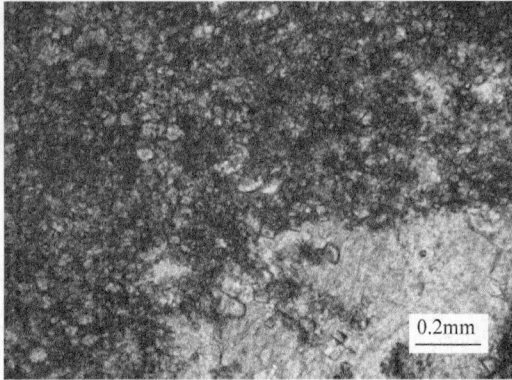

（c）泥粉晶灰质云岩，克里阳，E₂k

（d）泥晶云岩，和什拉甫，K₂y

（e）粉晶云岩，和什拉甫，K₂k

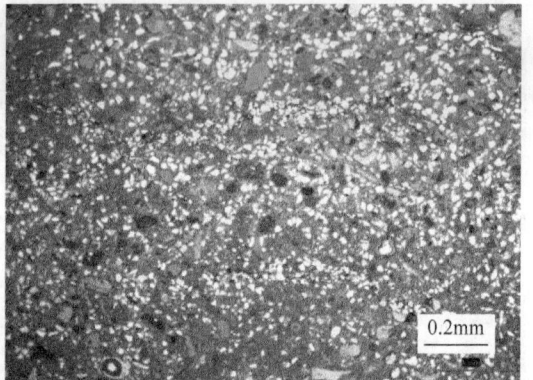

（f）含生屑、陆源碎屑粉泥晶云岩，玉力群，E₂k

图 5-2-11　塔西南白垩系—古近系碳酸盐岩储层晶间孔、晶间溶孔发育特征

5）裂缝

裂缝是碳酸盐岩储层的主要渗流通道，也是重要的储集空间。铸体薄片中，裂缝率 < 0.1% ～ 1%。主要有构造溶蚀缝和缝合线两种类型的裂缝（图 5-2-12）。

构造溶蚀缝：一般缝壁平直，缝宽 < 0.01 ～ 0.25mm。卡拉塔尔组储集层段有三个期次的构造缝：早期构造缝多被硬石膏或方解石全充填，中期构造缝延伸长、有分支，多呈平行状分布，切割早期的构造缝、鲕粒和砂屑。中期为斜交缝，晚期裂缝充填

率低，并常伴有溶蚀扩大，形成构造溶蚀缝。一般离裂缝越近，溶蚀现象越明显，粒内溶孔越发育，常见未充填的网状构造缝。构造溶蚀缝占微裂缝总数的绝大部分（图5—2—12）。

缝合线：缝合线又称压溶缝，这类裂缝不常见，且常被沥青、泥质等充填或半充填。常见沿缝合线发生溶蚀现象，缝宽窄不等，缝宽一般为0.01～0.03mm。

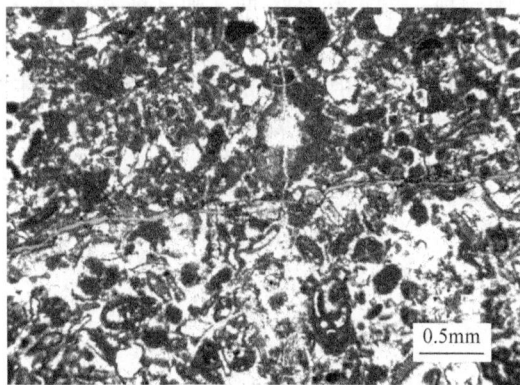

(a) 亮晶生屑灰岩，阿尔塔什，K_2k

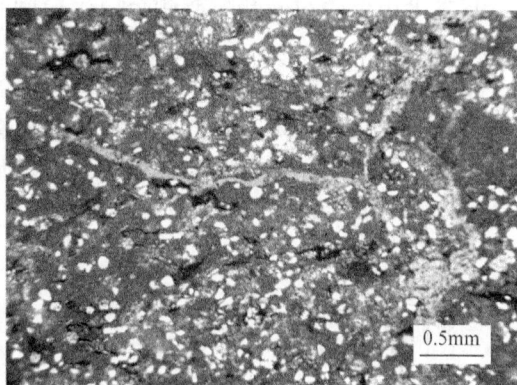

(b) 含生屑、陆源碎屑泥晶灰岩，阿尔塔什，E_2k

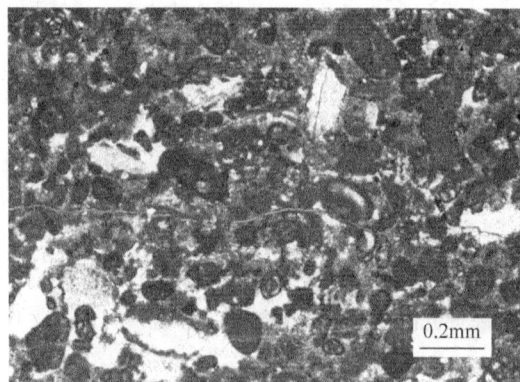

(c) 泥晶生屑砂屑灰岩，膘尔托阔依，K_2y

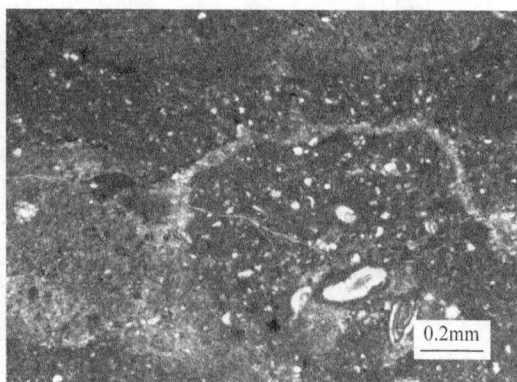

(d) 泥晶灰岩，膘尔托阔依，K_2y

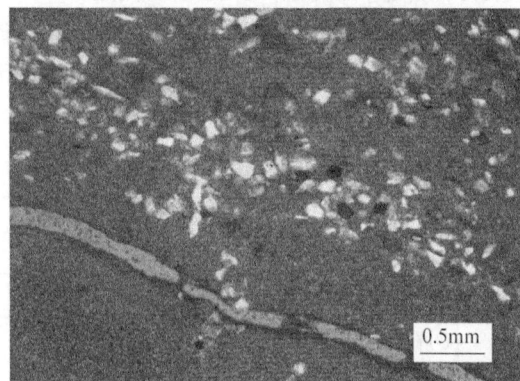

(e) 含生屑、陆源碎屑泥晶云岩，克里阳，E_2k

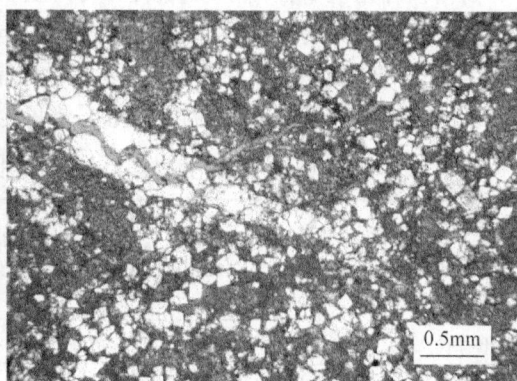

(f) 泥粉晶云质灰岩，玉力群，K_2y

图5—2—12 塔西南白垩系—古近系碳酸盐岩储层裂缝发育特征

三、孔隙组合类型

1. 碎屑岩孔隙组合类型

原生粒间孔隙型：为最优的孔隙组合类型，也是本区白垩系砂岩储层最主要的组合类型，基本上由原生粒间孔隙或剩余原生粒间孔隙组成，颗粒溶孔少见，微孔所占比例较小（图 5-2-13）。

裂缝性孔隙组合：本区发育的裂缝多为构造溶蚀缝，即初期形成的裂缝多在后期发生溶蚀作用。值得注意的是，多数原生粒间孔发育的砂岩储层，砂岩颗粒一般分选较好，杂基含量较低，裂缝一般不发育；而裂缝发育的储集层，其他孔隙类型少见，仅发育少量的粒间孔，砂岩分选一般一较差，杂基含量较高。

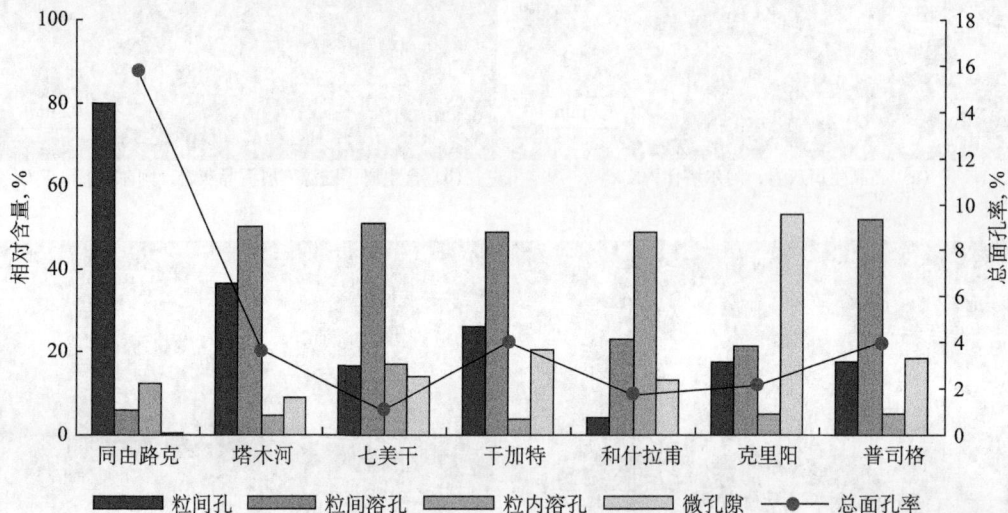

图 5-2-13　塔西南碎屑岩各剖面储层不同孔隙类型相对含量（K_1kz）

2. 碳酸盐岩孔隙组合类型

依格孜牙组及卡拉塔尔组储集空间类型主要是次生孔隙和裂缝，少见原生孔隙。

次生孔隙又以粒间溶孔、晶间孔、粒内溶孔和裂缝为其主要类型（表 5-2-2）。常见的孔隙组合为粒间溶孔—粒内溶孔、晶间孔—晶间溶孔、生物体腔孔—粒间溶孔以及构造溶蚀裂缝，其中以粒间溶孔—粒内溶孔、晶间孔—晶间溶孔组合为主（图 5-2-14）。

表 5-2-2　塔西南白垩系—古近系碳酸盐岩储层主要成因类型

成因类型 特征	颗粒滩、生屑滩型	白云石化型	溶蚀孔、白云石型	裂缝型
地质环境	沉积环境、热演化		沉积间断、表生成岩作用	局部构造破裂埋藏成岩
主要岩性	生物碎屑灰岩、颗粒灰岩	生物碎屑白云岩	砂屑灰岩、白云岩	石灰岩、白云岩
沉积相	局限台地、开阔台地、台地边缘	局限台地、开阔台地	潮坪、局限台地	潮坪、局限台地
储集类型	粒间溶孔、粒内溶孔	粒内溶孔，晶间孔，晶内溶孔	晶间溶孔、裂缝	构造裂缝、压溶裂缝

特征 ＼ 成因类型	颗粒滩、生屑滩型	白云石化型	溶蚀孔、白云石型	裂缝型
储集空间组合	粒间溶孔－粒内溶孔组合	晶间孔－晶内溶孔组合	晶间孔－晶间溶孔－裂缝组合	构造溶蚀裂缝－微孔组合
裂缝意义	不起控制作用		压溶裂缝连通孔洞	渗滤通道，储集空间
分布时代	K_2k，K_2y，E_2k	K_2k，K_2y，E_2k	K_2y，E_2k	K_2k，K_2y，E_2k
分布地区	膘尔托阔依且木干、同由路克、阿尔塔什、奥依塔格、克里阳、膘尔托阔依河、玉力群、七美干、和什拉甫、赛格尔塔什	同由路克、阿尔塔什、奥依塔格、克里阳、膘尔托阔依且木干、玉力群、七美干、和什拉甫、赛格尔塔什	同由路克、阿尔塔什、奥依塔格、克里阳、膘尔托阔依且木干、玉力群、七美干、和什拉甫、赛格尔塔什	阿尔塔什、奥依塔格、克里阳、膘尔托阔依且木干、膘尔托阔依河、玉力群、七美干、和什拉甫、赛格尔塔什

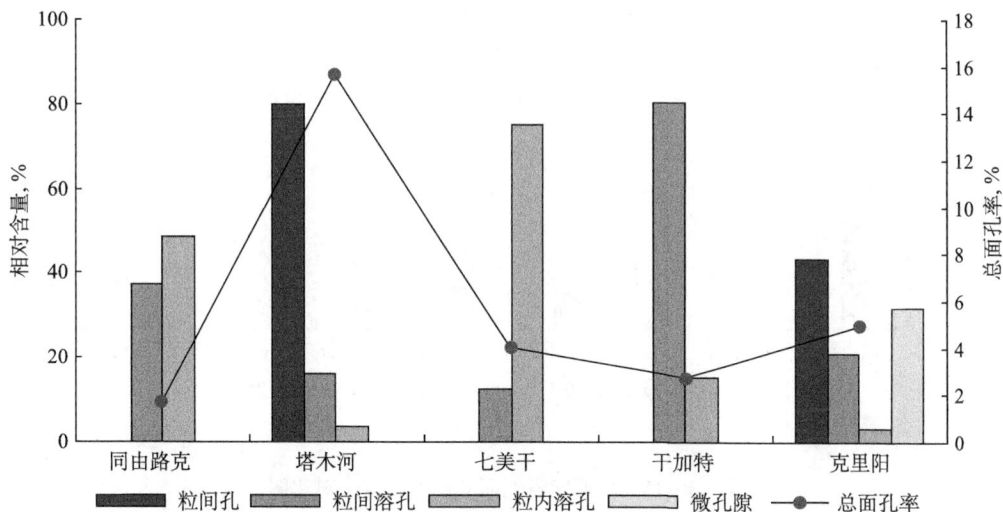

图 5-2-14　塔西南各剖面碳酸盐岩储层不同孔隙类型相对含量（K_2y）

四、孔隙结构

1. 孔隙分布特征

研究区喉道可以分为四类。第一类为较粗孔喉，喉道半径为 3 ～ 25μm；第二类为中等孔喉，喉道半径为 0.5 ～ 3μm；第三类为细孔喉，喉道半径为 0.3 ～ 0.5μm；第四类为极细孔喉，喉道半径小于 0.3μm。

统计研究区同由路克、塔木河、七美干、干加特、和什拉甫、赛格尔塔什、克里阳和普司格等地区的喉道半径，同由路克以 0.5 ～ 3μm 和 3 ～ 25μm 为主，属较粗和中等孔喉；塔木河和干加特以 0.5 ～ 3μm 为主，为中等孔喉（图 5-2-15）；克里阳、普司格地区孔喉半径以 0.3 ～ 0.5 及 0.5 ～ 3μm 为主，为中等—细孔喉；七美干地区孔喉半径小于 0.3μm，为极细孔喉。

依格孜牙组碳酸盐岩喉道半径多为 0.5 ～ 3μm，局部地区如和什拉甫及赛格尔塔什地区可达 3 ~ 25μm（图 5-2-15）。

(a) K₁kz

(b) K₂y

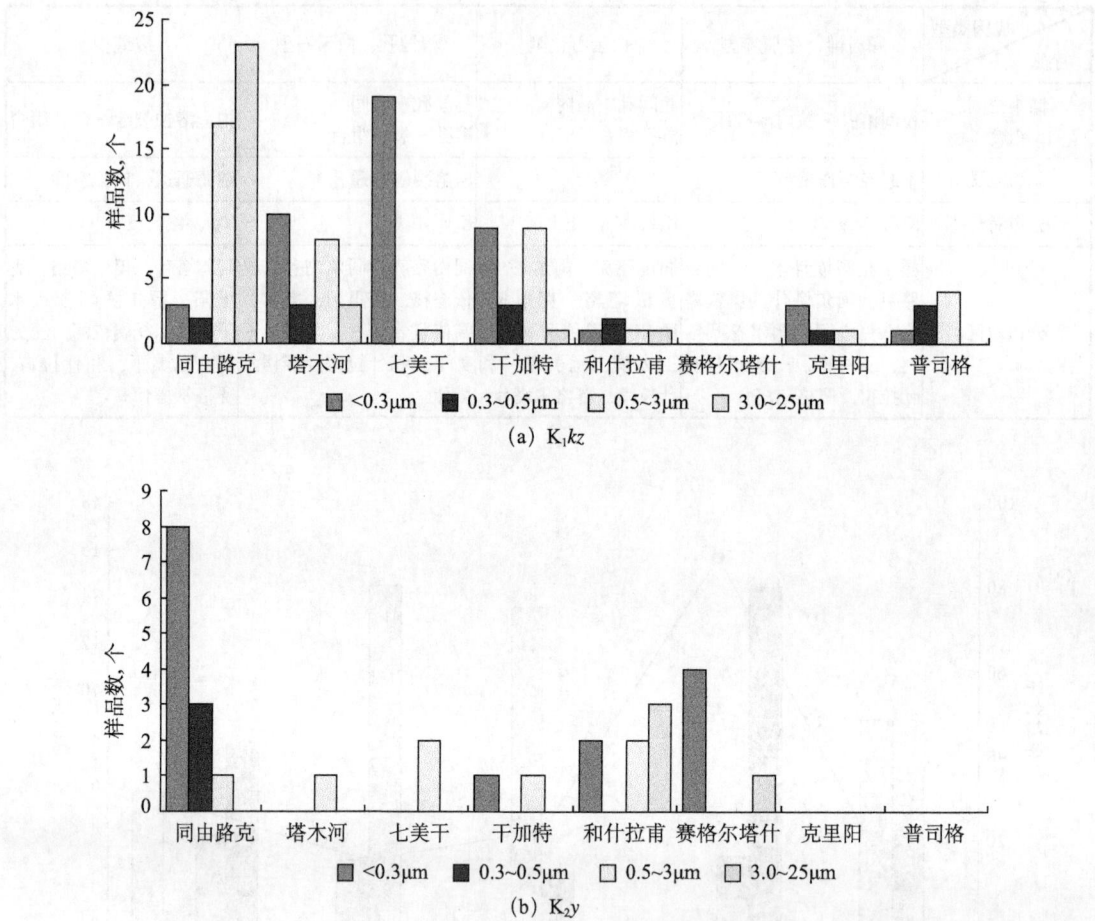

图 5-2-15　塔西南各剖面储层喉道大小对比图

克孜勒苏群面孔率平均值为 0.7% ~ 4.886%，略逊于库克拜组的 1.8% ~ 6.33%（表 5-2-3）。

表 5-2-3　塔西南各剖面储层孔隙分布特征

剖面	层位	样品数	面孔率/平均值 %	孔隙直径，mm	
				最大值/平均值	最小值/平均值
阿尔塔什	K₂k	4	（1 ~ 7）/3.65	（0.1 ~ 0.2）/0.1375	（0.025 ~ 0.05）/0.0375
奥依塔格	K₁kz	15	（0.2 ~ 6.5）/1.613	（0.04 ~ 0.15）/0.092	（0.01 ~ 0.03）/0.0207
	K₂k	2	（0.1 ~ 3.5）/1.8	（0.08 ~ 0.09）/0.085	（0.02 ~ 0.02）/0.02
膘尔托阔依	K₂k	3	（5 ~ 7）/6.33	（0.1 ~ 0.2）/0.15	（0.02 ~ 0.05）/0.04
	K₁kz	7	（0.7 ~ 7）/4.886	（0.05 ~ 0.1）/0.083	（0.01 ~ 0.05）/0.026
和什拉甫	K₂k	3	（0.3 ~ 3）/2.1	（0.08 ~ 0.16）/0.12	（0.02 ~ 0.02）/0.02
	K₁kz	1	6	0.52	0.1
克里阳	K₁kz	14	（0.1 ~ 3.4）/0.807	（0.02 ~ 0.4）/0.979	（0.01 ~ 0.1）/0.027
	K₂k	16	（0.0 ~ 6）/1.827	（0.05 ~ 0.15）/0.0827	（0.01 ~ 0.03）/0.021
同由路克	K₁kz	3	（0.1 ~ 1）/0.7	（0.15 ~ 0.18）/0.16	（0.05 ~ 0.05）/0.05
	K₂k	4	（0.5 ~ 6）/2.875	（0.02 ~ 0.12）/0.08	（0.01 ~ 0.02）/0.0175

2. 孔隙的连通性

最大汞饱和度在一定程度上反映了储集体的孔喉连通性，因为只有连通的可流动孔隙汞才能进入。这个值实际上是反映岩石颗粒大小、均一程度、胶结类型、孔隙度、渗透率等一系列性质的综合指标。

从统计结果看，白垩系克孜勒苏群平均汞饱和度为 75.37% ~ 91.89%，明显可分出三个区带。第一区带为同由路克地区，平均汞饱和度为 91.89%；第二区带为和什拉甫—干加特地区及叶城凹陷，平均汞饱和度为 81% ~ 85.55%；第三区带为膘尔托阔依且木干—七美干地区，平均汞饱和度为 75.37%（图 5-2-16）。

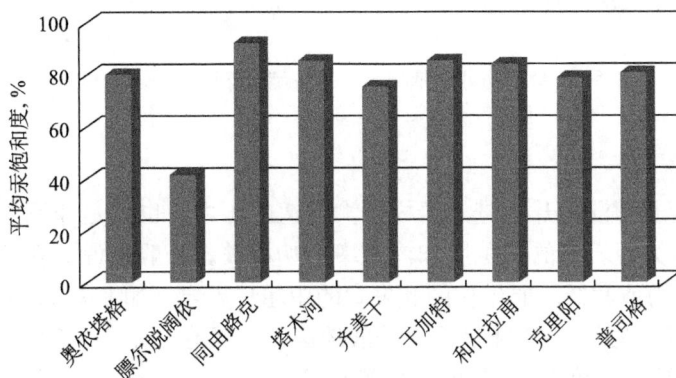

图 5-2-16　塔西南克孜勒苏群各剖面储层平均汞饱和度

库克拜组也可分为三个区带：第一区带为克里阳地区，平均汞饱和度为 61.07% ~ 87.21%；第二区带为和什拉甫、奥依塔格地区，平均汞饱和度为 76.02% ~ 79.11%；第三区带为同由路克、膘尔托阔依且木干地区，平均汞饱和度为 25.45% ~ 83.94%（图 5-2-17）。

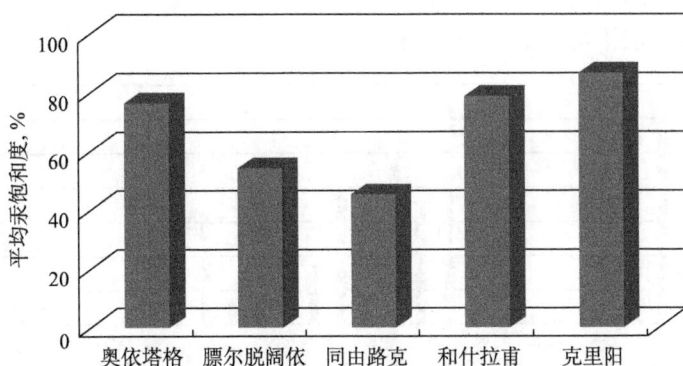

图 5-2-17　塔西南库克拜组各剖面储层平均汞饱和度

依格孜牙组分三个区带：第一区带为塔木河—齐美干、克里阳地区，平均汞饱和度为 77.37% ~ 93.98%；第二区带为干加特—和什拉甫—玉力群区带，平均汞饱和度为 53.39% ~ 65.17%；第三区带为膘尔托阔依且木干—奥依塔格地区，平均汞饱和度为 19.98% ~ 61.75%（图 5-2-18）。

从克孜勒苏群、库克拜组和依格孜牙组孔隙的连通性可以看出，基本上都可以分为三个区带，但各有差异，塔木河及克里阳地区三个时期储层的孔隙连通性均较好。

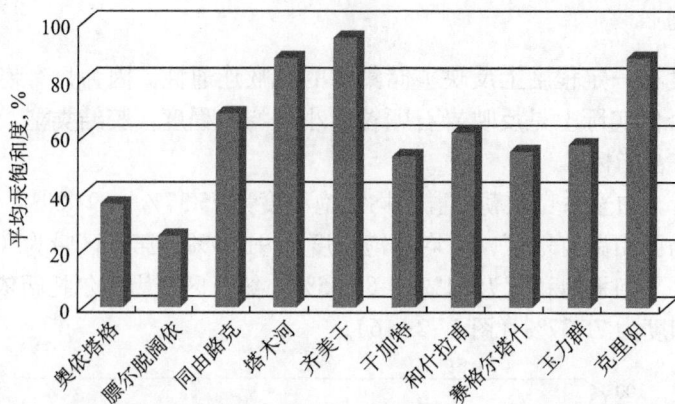

图 5-2-18　塔西南依格孜牙组各剖面储层平均汞饱和度

3. 排驱压力

排驱压力是指非润湿相开始进入岩样最大喉道的压力，也就是非润湿相刚开始进入岩样的压力。排驱压力与岩石的孔隙度和渗透率密切相关。一般来说，孔隙度高、渗透率好的岩样，其排驱压力值就低。原生粒间孔发育的中粗粒砂岩（如 K_1kz），其排驱压力可低于 0.1MPa；渗透率低的岩样，其排驱压力一般较高，一般在 0.1～1MPa 范围内（如 K_2k）；超低孔渗岩样的排驱压力可大于 5MPa（如 K_2y，E_2k）。

昆仑山山前地区白垩系克孜勒苏群排驱压力分带可分出三个带（表 5-2-4），第一区带为同由路克地区，排驱压力只有 0.15～0.67MPa（均值 0.37MPa）；第二区带为和什拉甫—干加特地区及叶城凹陷，排驱压力为 0.12～3.92MPa（均值 1.393MPa）；第三区带为七美干地区，排驱压力为 0.61～4.87MPa（均值 3.604MPa）。

依格孜牙组碳酸盐岩排驱压力除干加特及赛格尔塔什较高（7.01～9.55MPa）外，其他地区都比较小，排驱压力为 0.15～1.23MPa。

塔西南各剖面储层平均排驱压力见图 5-2-19。

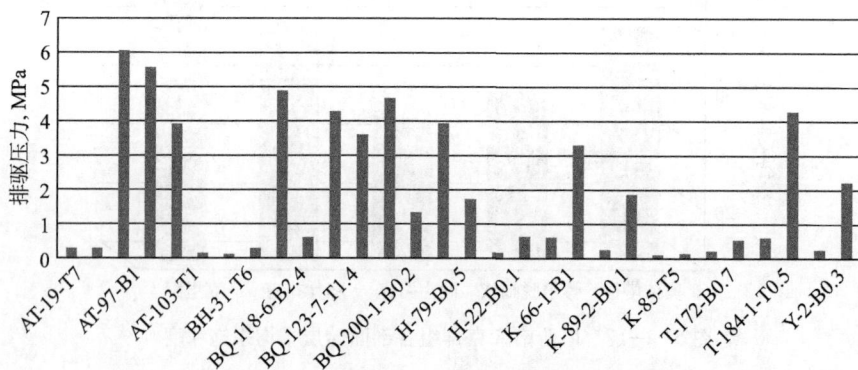

图 5-2-19　塔西南各剖面储层平均排驱压力

AT—奥依塔格；BQ—膘尔托阔依且木干；H—和什拉甫；K—克里阳；T—同由路克；Y—玉力群

4. 饱和度中值压力、饱和度中值半径

饱和度中值毛细管压力（p_{c50}）是指在非润湿相为 50% 时相应的注入曲线的毛细管压

力。排驱压力越高的样品，其饱和度中值毛细管压力也越高，因此，p_{c50} 值可以反映岩样的孔隙度、渗透率和与之相应的油水流动能力。p_{c50} 越大，则表明岩石越致密（偏向于细歪度）；p_{c50} 越小，则表明岩石对油的渗滤能力越好。

从图 5-2-20、图 5-2-21 可以看出各剖面饱和度中值压力、饱和度中值半径的区带分布特征与排驱压力具相似性（表 5-2-4），即排驱压力越高的样品，其饱和度中值压力也越高。

表 5-2-4　塔西南储层毛细管压力曲线特征参数分布特征

剖面名称	样品编号	分选系数	均质系数	排驱压力，MPa	饱和度中值压力，MPa	饱和度中值半径，μm
奥依塔格（6）	AT-19-T7	5.03	0.92	0.28	0.78	0.78
	AT-14-T2	3.76	0.49	0.29	1.46	0.342
	AT-97-B1	0.06	0.57	6.04	21.71	0.027
	AT-98-B2	0.05	0.44	5.54		
	AT-103-T1	0.07	0.45	3.92		
	AT-81-T3	13.76	0.5	0.14	0.47	1.271
膘尔托阔依河（2）	BH-31-T6	24.36	0.51	0.09	0.36	1.258
	BH-32-B0.7	4.64	0.99	0.28	0.94	0.781
膘尔托阔依且木干（5）	BQ-118-6-B2.4	0.06	0.49	4.87		
	BQ-141-4-T0.5	2.41	0.67	0.61	1.63	0.342
	BQ-123-7-T1.4	0.04	0.44	4.28		
	BQ-189-2-B1	0.09	0.44	3.6		
	BQ-200-1-B0.2	0.03	0.46	4.66		
和什拉甫（5）	H-64-T0.1	0.73	0.38	1.33	6.82	0.108
	H-79-B0.5	0.18	0.47	3.92	11.34	0.048
	H-82-T2	0.72	0.38	1.73	7	0.108
	H-22-B0.1	7.41	0.35	0.18	0.73	0.783
	H-48-T1.5	1.82	0.41	0.64	4.61	
克里阳（5）	K-66-1-B1	2.24	0.59	0.59	3.08	0.173
	K-70-3-B0.5	0.31	0.45	3.3	9.42	0.07
	K-89-2-B0.1	6.47	0.38	0.24	0.48	1.264
	K-82-4-B1.5	0.58	1.43	1.88	8.39	0.07
	K-85-T5	9.15	0.28	0.12	0.62	1.261
同由路克（5）	T-224-1-B0.3	12.52	1.29	0.15	0.36	1.268
	T-172-B0.7	7.57	0.35	0.2	0.71	0.78
	T-176-1-T2	2.86	1.73	0.52	0.78	0.78
	T-184-1-T0.5	2.38	0.69	0.61	2.31	0.34
	T-190-T2	0.07	0.39	4.28		
玉力群（2）	Y-2-B0.3	4.32	0.77	0.26	3.82	0.133
	Y-17-T0.1	0.36	0.54	2.24	8.49	

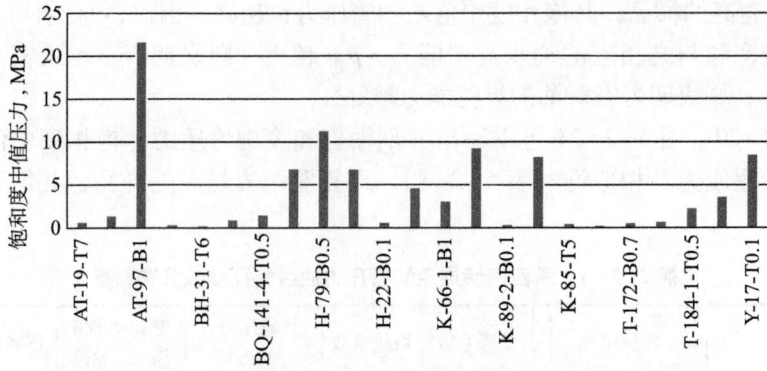

图 5-2-20　塔西南各剖面储层饱和度中值压力

AT—奥依塔格；BQ—膘尔托阔依且木干；H—和什拉甫；K—克里阳；T—同由路克；Y—玉力群

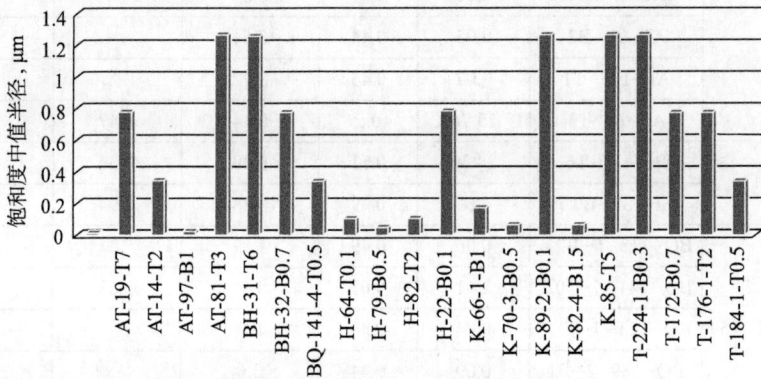

图 5-2-21　塔西南各剖面储层饱和度中值半径

5. 毛细管压力曲线基本特征

1）克孜勒苏群

克孜勒苏群在各剖面具有相似的毛细管压力曲线特征，孔隙分选性中等－较好，相似的最小非汞饱和度（10% ~ 20%）、饱和度中值压力和饱和度中值半径。奥依塔格剖面 K_1kz^1 和克里阳 K_1kz^4 物性相对较好，具有相对较低的排驱压力和饱和度中值压力（图 5-2-22）。

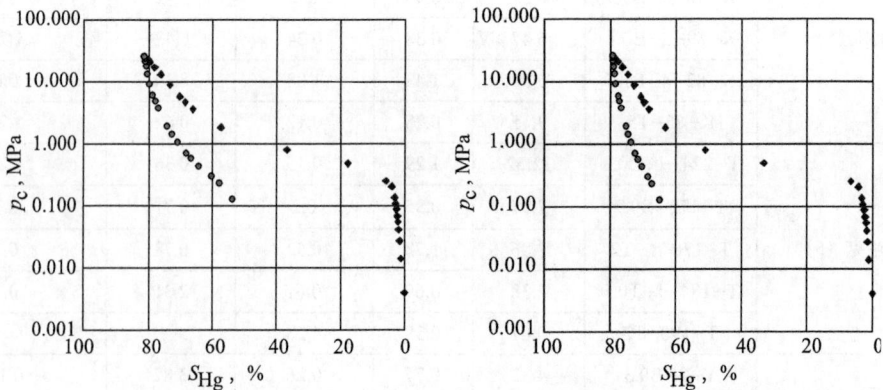

(a) 奥依塔格，AT-14-T2

(b) 奥依塔格，AT-19-T7

图 5-2-22　塔西南各剖面下白垩统储层毛细管压力曲线特征

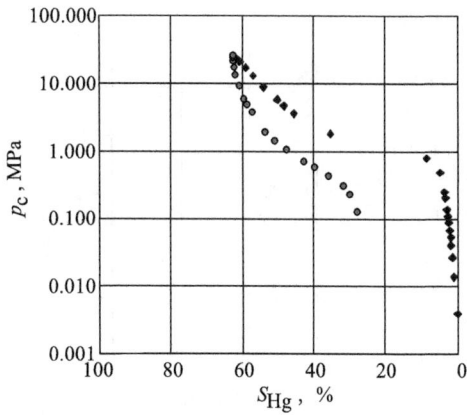

（c）膘尔托阔依且木干，BQ-92-6-B1.9

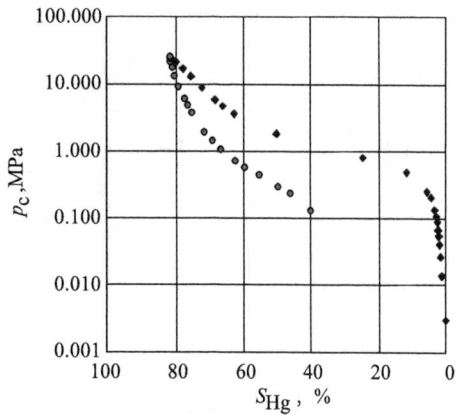

（d）膘尔托阔依且木干，BQ-90-4-T4.2

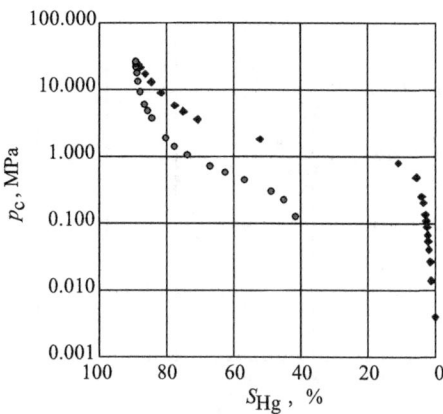

（e）克里阳，K-13-2-B0.1

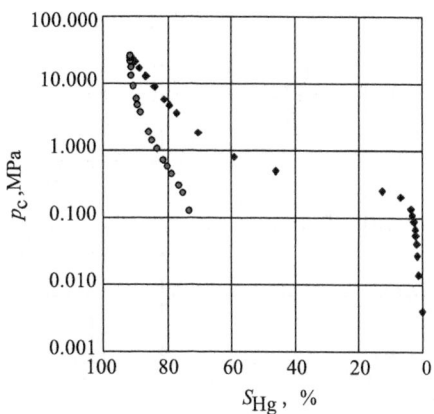

（f）克里阳剖面：K-22-3-B1

图 5-2-22　塔西南各剖面下白垩统储层毛细管压力曲线特征（续）

2）库克拜组

从毛细管压力曲线来看，相比下白垩统克孜勒苏群，库克拜组具有相对较好的孔隙度、渗透率特征，但非均质性强于克孜勒苏群，个别样品非常致密（图 5-2-23）。总体上喀什凹陷、齐姆根凸起西部物性好于东部叶城凹陷。

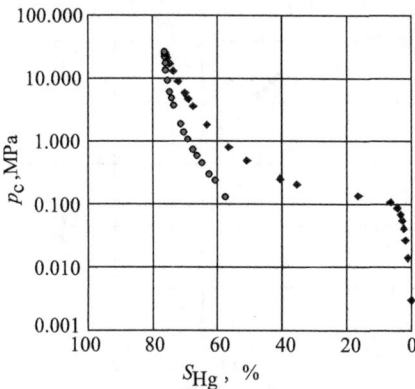

（a）奥依塔格，AT-81-T3

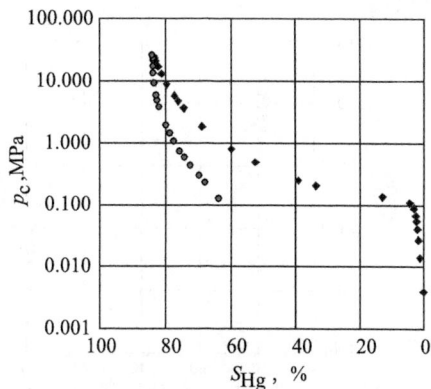

（b）膘尔托阔依且木干，BQ-101-4-B6

图 5-2-23　塔西南各剖面库克拜组储层毛细管压力曲线特征

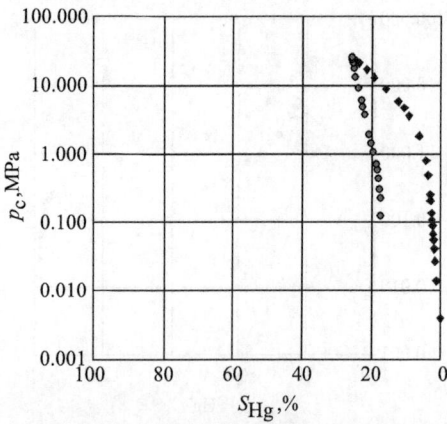

(c) 朦尔托阔依且木干，BQ-112-3-B0.9

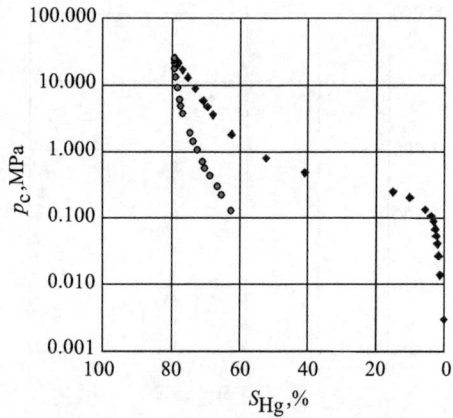

(d) 和什拉甫剖面，H-22-B0.1

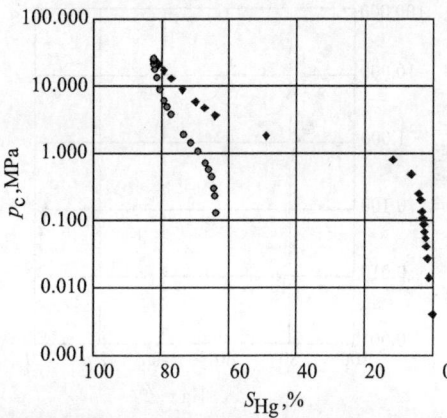

(e) 克里阳，K-43-1-B0.3

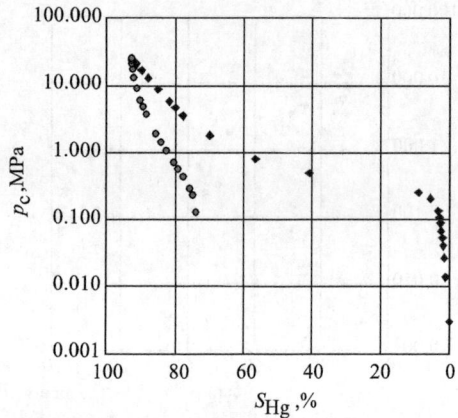

(f) 克里阳，K-43-T0.8

图 5-2-23　塔西南各剖面库克拜组储层毛细管压力曲线特征（续）

3）依格孜牙组

依格孜牙组碳酸盐岩储层典型特征是低孔、低渗，具有较高的排驱压力和非湿相饱和度，孔隙的分选大部分也较差（图 5-2-24）。同由路克、和什拉甫、克里阳—玉力群地区物性相对较好。

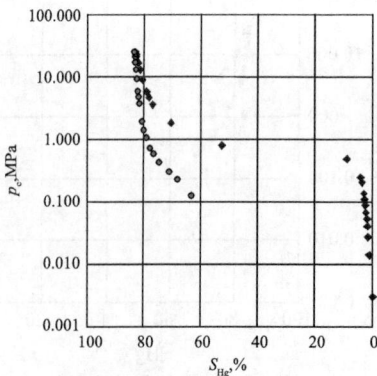

(a) 同由路克，T-176-1-T2.0

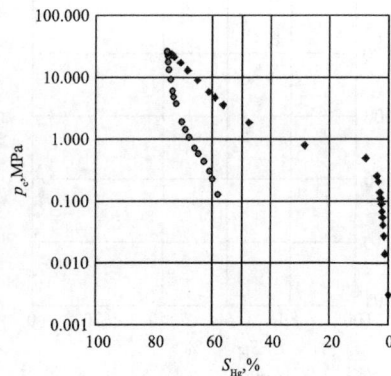

(b) 同由路克，T-184-1-T0.5

图 5-2-24　塔西南各剖面依格孜牙组储层毛细管压力曲线特征

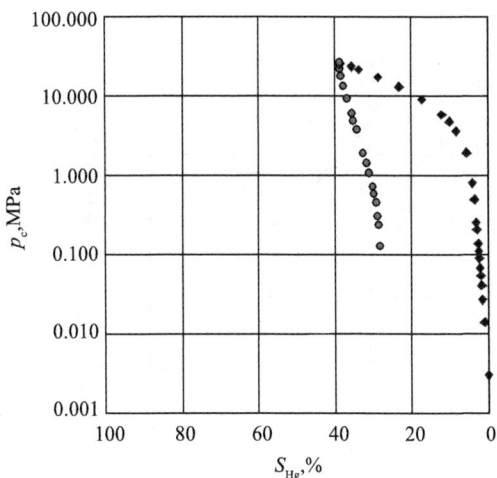

（c）同由路克，T-190-T2.0

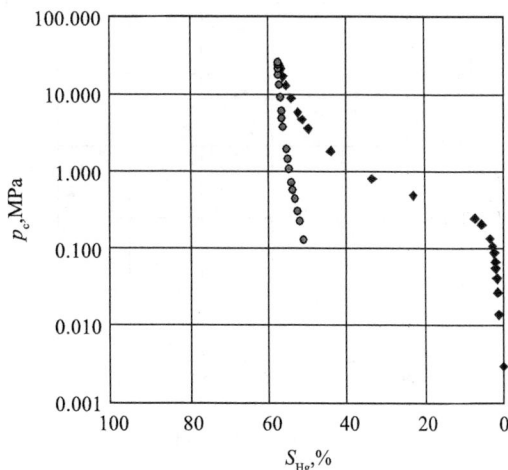

（d）玉力群，Y-2-B0.3

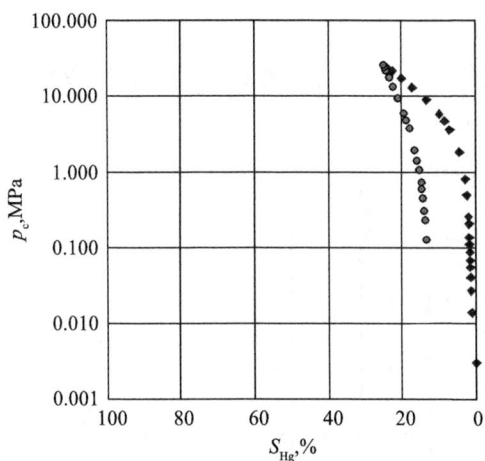

（e）奥依塔格，AT-103-T1

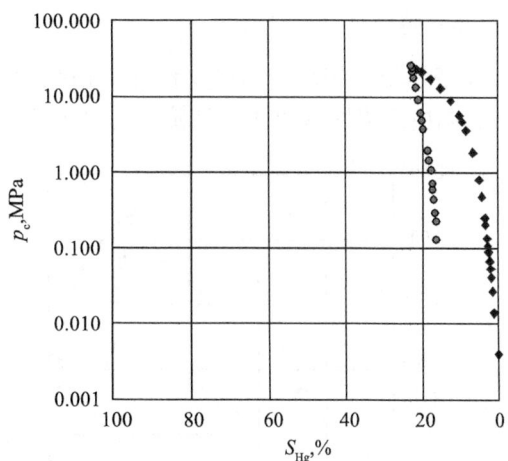

（f）奥依塔格，AT-98-B2

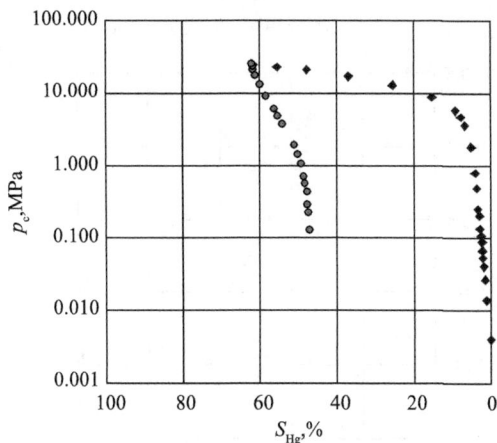

（g）奥依塔格，AT-97-B1

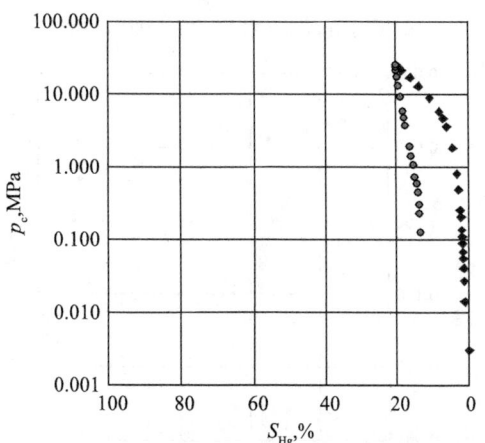

（h）膘尔托阔依且木干，BQ-118-6-B2.4

图 5-2-24 塔西南各剖面依格孜牙组储层毛细管压力曲线特征（续）

(i) 和什拉甫，H-48-T1.5

(j) 克里阳，K-50-2-B0.5

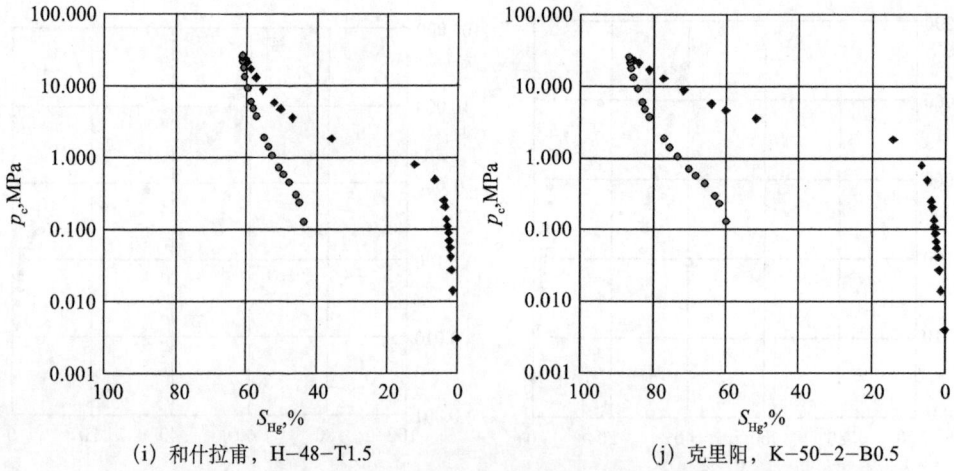

图 5-2-24　塔西南各剖面依格孜牙组储层毛细管压力曲线特征（续）

4）卡拉塔尔组

卡拉塔尔组碳酸盐岩储层物性与依格孜牙组类似，具有较低的孔渗特征，在克里阳—玉力群、同由路克地区物性相对较好（图 5-2-25）。

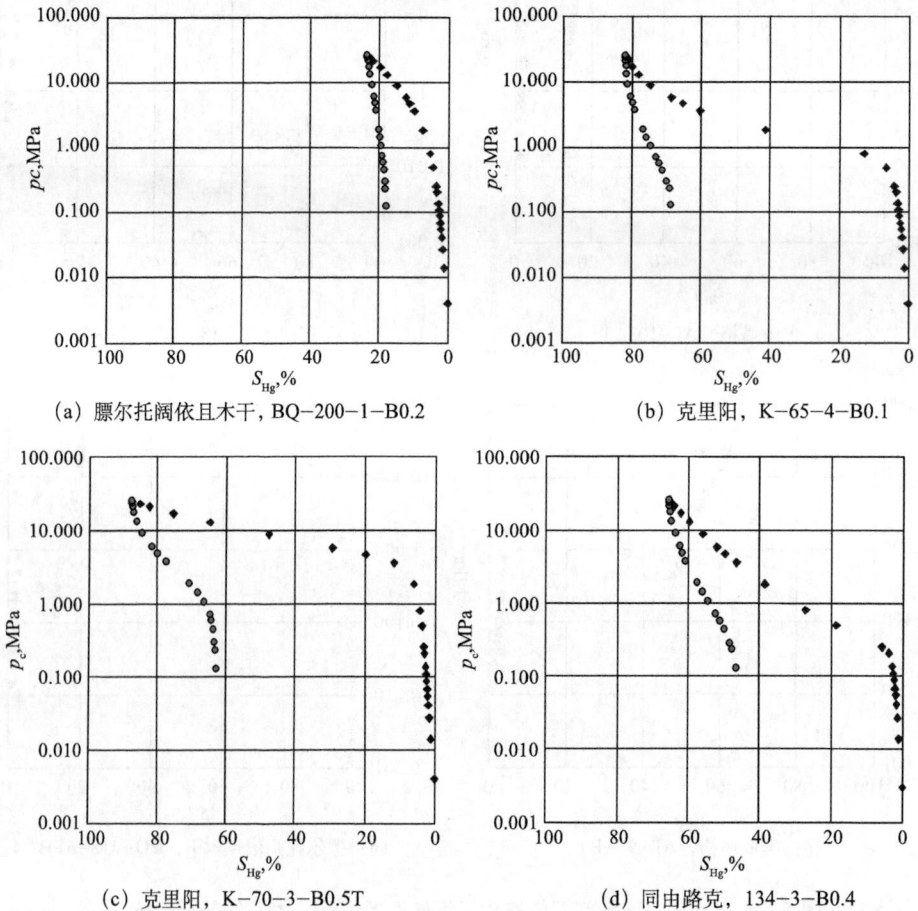

(a) 膘尔托阔依且木干，BQ-200-1-B0.2

(b) 克里阳，K-65-4-B0.1

(c) 克里阳，K-70-3-B0.5T

(d) 同由路克，134-3-B0.4

图 5-2-25　塔西南各剖面卡拉塔尔组储层毛细管压力曲线特征

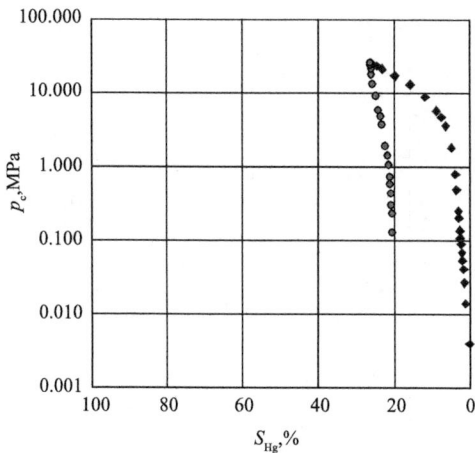

(e) 同由路克, T-150-1-T1.0

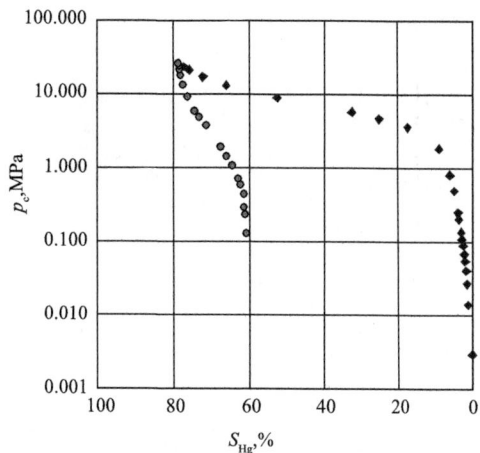

(f) 玉力群, Y-17-T0.1

图 5-2-25　塔西南各剖面卡拉塔尔组储层毛细管压力曲线特征（续）

五、储层物性特征

1. 孔隙度、渗透率分布特征及相关关系

一般情况下，孔隙度与渗透率基本上呈指数关系，但由于砂岩中填隙物性质和孔隙结构不同，孔渗关系的变化趋势有一定的差异。从昆仑山山前各剖面白垩系砂岩目的层系孔隙度与渗透率的关系中可以得知（图 5-2-26），同由路克、奥依塔格、克里阳地区储层孔隙度、渗透率值相对较高，物性较好，膘尔托阔依且木干、和什拉甫地区相对略差。

上白垩统依格孜牙组及古近系卡拉塔尔组碳酸盐岩储层孔隙度与渗透率的关系点均靠左下方（图 5-2-26），尤其渗透率极低，多小于 $(1 \sim 10) \times 10^{-3} \mu m^2$，为低孔低渗、特低孔特低渗储层。总体上碎屑岩孔渗呈正相关关系；碳酸盐岩部分正相关，部分相关性不大。碳酸盐岩的孔隙度较高而渗透率较低，且连通性较差，一般为粒内溶孔、晶间溶孔为主，裂缝不发育；而孔隙度不高，渗透率较大，其储层以裂缝性为主。

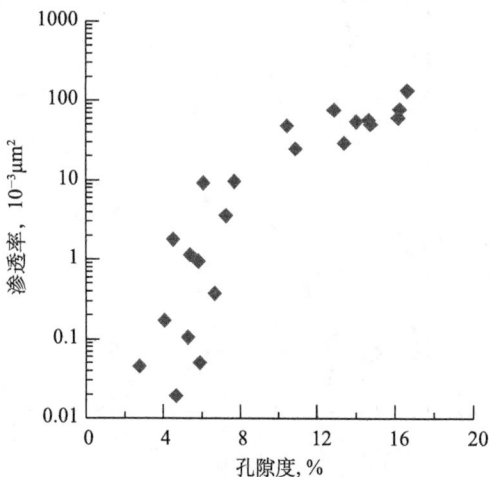

(a) 白垩系砂岩，同由路克

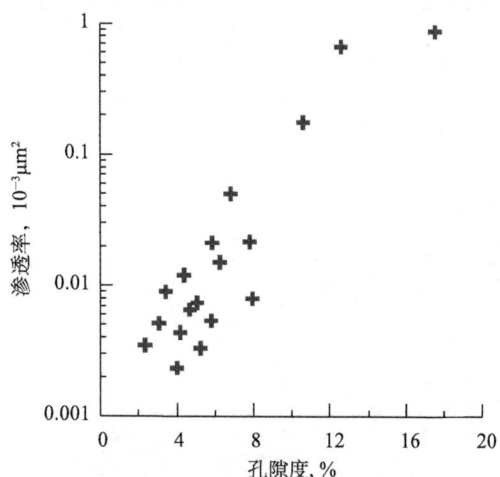

(b) 白垩系—古近系石灰岩，同由路克

图 5-2-26　塔西南白垩系—古近系储层孔隙度、渗透率关系图

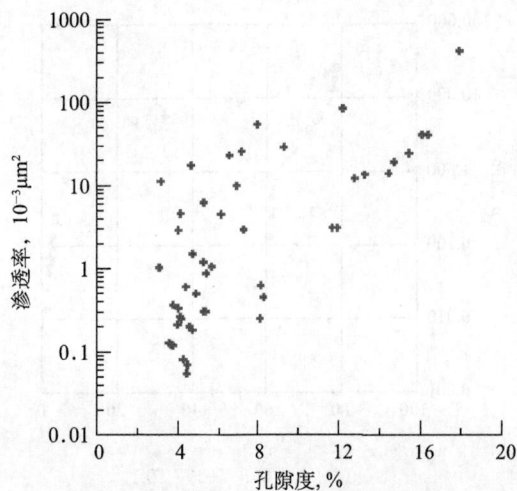

（c）白垩系砂岩，奥依塔格

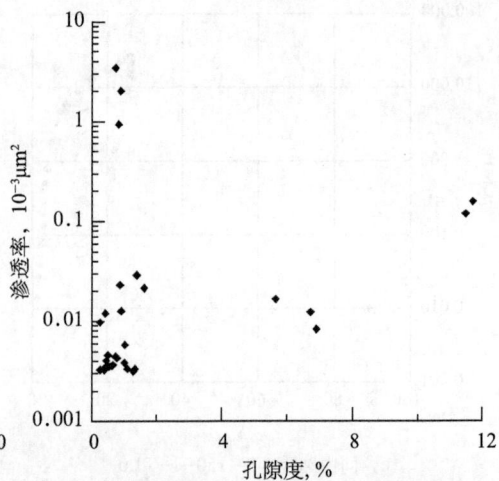

（d）白垩系—古近系石灰岩，奥依塔格

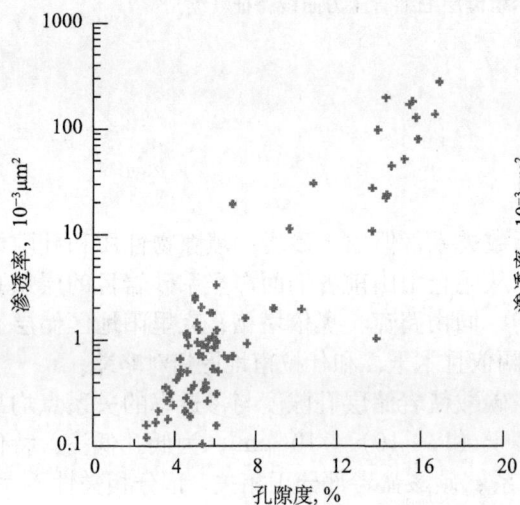

（e）白垩系砂岩，膘尔托阔依且木干

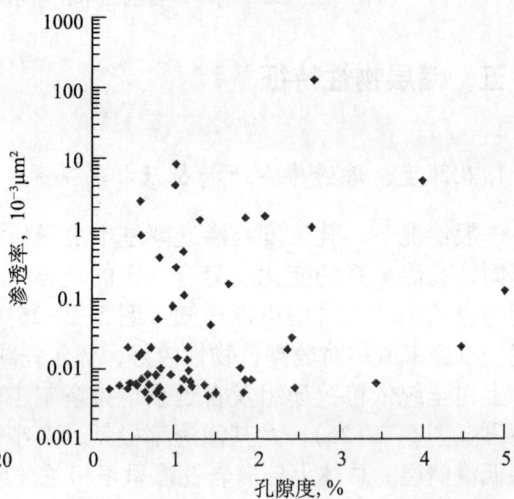

（f）白垩系—古近系石灰岩，膘尔托阔依且木干

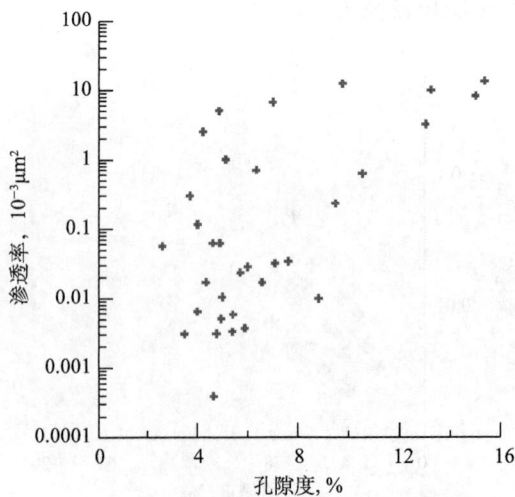

（g）白垩系—古近系砂岩，和什拉甫

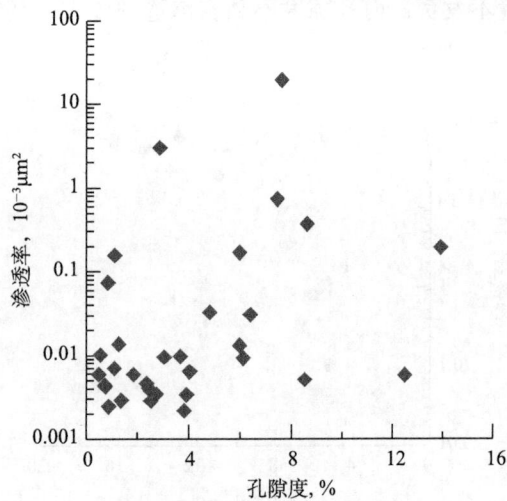

（h）白垩系—古近系石灰岩，和什拉甫

图 5-2-26　塔西南白垩系—古近系储层孔隙度、渗透率关系图（续）

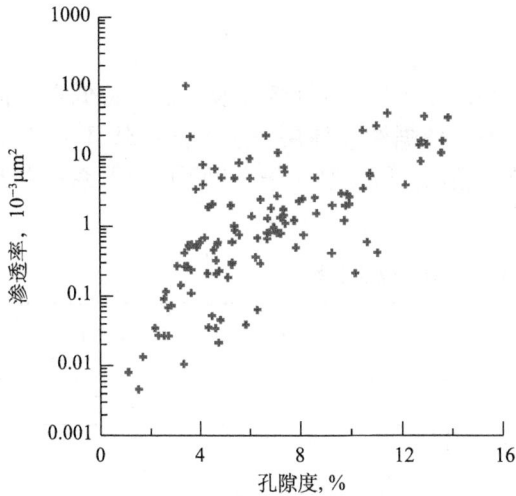

(i) 白垩系—古近系砂岩，克里阳   (j) 白垩系—古近系石灰岩，克里阳

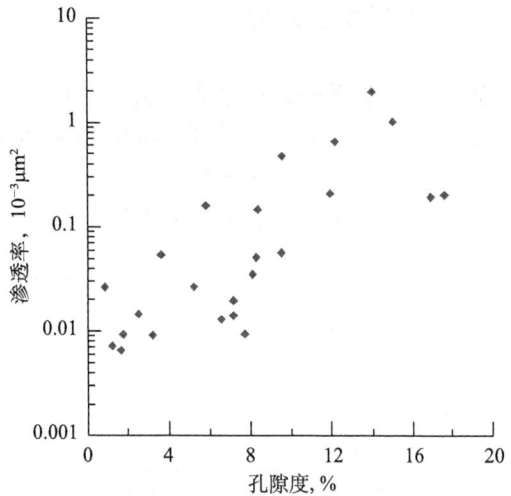

图 5-2-26 塔西南白垩系—古近系储层孔隙度、渗透率关系图（续）

2. 储层物性与面孔率的关系

一般情况下砂岩储集层性质与面孔率呈正相关性，即面孔率越大，砂岩的孔隙度与渗透率越高（图 5-2-27）。面孔率基本上由粒间孔隙决定，储层粒间孔隙越高，即储层面孔率越大，物性越好。

从面孔率与物性关系分析可知同由路克面孔率最高，粒间孔隙占面孔率的 80% 以上，所以同由路克储层物性最好，而七美干地区面孔率最小，且粒间孔隙只剩下少量的残余粒间孔隙，粒间溶孔及粒内溶孔占面孔率的 80% 以上，故储层物性最差，其他地区的面孔率介于同由路克和七美干之间，储层物性也介于两者之间。

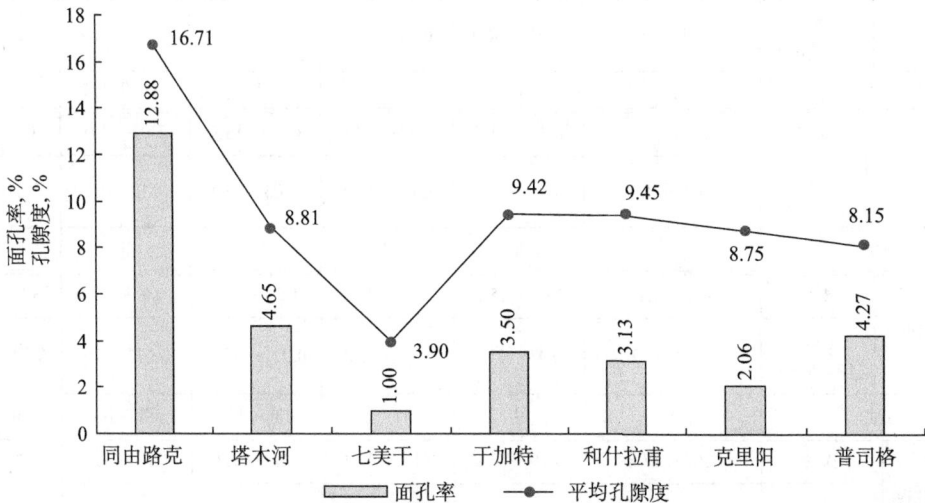

图 5-2-27 塔西南各剖面储层样品面孔率与平均孔隙度关系

六、储层类别划分

研究区白垩系—古近系大多数储层层系具有中孔中渗、低孔低渗及特低孔特低渗的特点，结合孔隙结构特征、物性参数间的相互关系，依据油气储层评价方法（SY/T 6285—2011）对塔西南储层进行分类（表5-2-5）。统计膘尔托阔依且木干至克里阳白垩系—古近系储层物性，具体储层类别划分见表5-2-6。

表5-2-5　塔西南白垩系—古近系储层分类

物性 \ 分类		I	II	III	IV
碎屑岩	ϕ，%	25～15	15～10	15～10	<10
	K，$10^{-3}\mu m^2$	500～50	50～10	10～1	10～1
	储层级别	中孔中渗	低孔低渗	低孔特低渗	特低孔特低渗
	类别	好	较好	中等	差

物性 \ 分类		I	II	III
碳酸盐岩	ϕ，%	>3	1～3	<1
	K，$10^{-3}\mu m^2$	>5	0.03～5	<0.03
	类别	较好	中等	较差

表5-2-6　塔西南主要目的层系储层类别划分

层位 \ 地区 剖面		喀什凹陷南缘		齐姆根凸起	叶城凹陷西部		叶城凹陷东部
		膘尔托阔依且木干	奥依塔格	同由路克	和什拉甫	赛格尔塔什	克里阳
卡拉塔尔组	ϕ%	0.85～5.0	3.5～9.1	3.1～4.4	0.7～8.6	1.0～4.0	5.8～18.3
	K $10^{-3}\mu m^2$	0.04～4.6	0.01～4.0	0.04～2.4	0.01～19.4	0.01～10	0.2～10
	分类	II	II	II	III	II	I
依格孜牙组	ϕ%	0.2～2.8	0.3～11.7	2.3～17.5	0.5～13.9	1.0～3.0	0.9～4.4
	K $10^{-3}\mu m^2$	0.01～8.1	0.01～3.4	0.01～10	0.03～10	0.01～10	0.01～0.1
	分类	II	II	II	I	II	III
库克拜组	ϕ%	4.1～18	1.6～15.8	2.4～22.3	3.5～15.3	10.0～12.0	3.8～13.6
	K $10^{-3}\mu m^2$	10～129	0.4～118	0.01～328	0.01～13.5	0.01～10	0.23～20.2
	分类	I	I	II－III	III－IV	III－IV	II－III
克孜勒苏群	ϕ%	2.6～17.8	0.9～17.9	2.8～22.1	4.2～9.7	10.0～12.0	2.2～13.9
	K $10^{-3}\mu m^2$	0.1～277	0.01～410	0.02～328	0.0～12.3	0.01～10	0.03～104
	分类	II－III	II－III	I－II	III－IV	III－IV	II－III

七、储层物性时空分布特征

1. 储层物性横向变化特征

阐明物性横向变化时，重点说明喀什凹陷膘尔托阔依且木干—奥依塔格地区、齐姆根凸起和什拉甫—同由路克地区、叶城凹陷和什拉甫—赛格尔塔什地区及克里阳—玉力群地区四个小区。

1）克孜勒苏群

齐姆根凸起同由路克地区为Ⅰ—Ⅱ类储层，叶城凹陷东部克里阳—玉力群地区为Ⅱ—Ⅲ类储层，其余地区大都为Ⅲ—Ⅳ类。

齐姆根凸起同由路克地区在全区储集性质最优，孔隙度一般为2.8%～22.1%，有的可达30%，渗透率一般为（10～1000）×$10^{-3}\mu m^2$，Ⅰ—Ⅱ类储层为主，中孔中渗—低孔低渗。齐姆根凸起其他地区孔隙度一般为2%～5%，渗透率一般为（0.1～1）×$10^{-3}\mu m^2$，为Ⅳ类储层，属低孔超低渗—致密储层。克里阳—玉力群地区孔隙度5%～14%，渗透率（0.01～1.0）×$10^{-3}\mu m^2$，为Ⅱ—Ⅲ类储层。

2）库克拜组

喀什凹陷膘尔托阔依—奥依塔格地区物性最好，孔隙度一般为1.6%～18%，渗透率一般为（1～129）×$10^{-3}\mu m^2$，属于Ⅰ—Ⅱ类低孔低渗—低孔中渗有利储层；齐姆根凸起同由路克地区Ⅱ—Ⅲ类储层为主，叶城凹陷物性变差，以Ⅲ—Ⅳ类低孔特低渗储层为主，孔隙度一般为3.5%～15.3%，渗透率较低，一般为（0.01～10）×$10^{-3}\mu m^2$。总体而言，自西向东库克拜组物性有逐渐变差趋势，但叶城凹陷东部物性略好于西部，主要为相控所致。

3）依格孜牙组

喀什凹陷膘尔托阔依—奥依塔格地区物性相对较差，但在奥依塔格剖面以西发育碳酸盐岩储层厚度较大，且砂屑灰岩及固着蛤生物礁比较发育。齐姆根凸起同由路克—和什拉甫以东至克里阳玉力群地区储层厚度小，且生物礁不发育，储层物性较差。研究区碳酸盐岩储层除和什拉甫属于Ⅰ类储层外，其他地区物性均较差，孔隙度一般小于0.2%～17.5%，渗透率一般为（0.01～10）×$10^{-3}\mu m^2$，属于Ⅱ—Ⅲ类低孔特低渗储层（图5-2-28）。

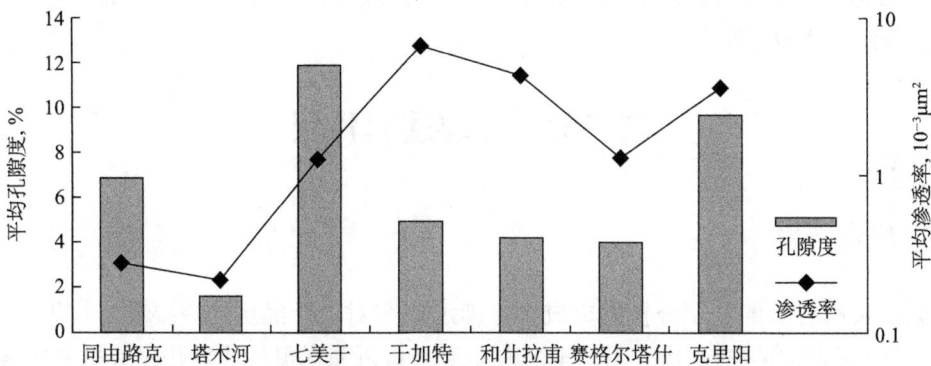

图5-2-28 塔西南依格孜牙组储层孔—渗对比图

4）卡拉塔尔组

卡拉塔尔组储层受沉积环境影响，在喀什凹陷膘尔托阔依且木干—奥依塔格地区为台地颗粒滩、潟湖碳酸盐岩沉积，齐姆根凸起至叶城凹陷主要为局限台地—沙泥坪沉积。故储层的岩性在喀什凹陷膘尔托阔依—奥依塔格地区以碳酸盐岩为主，而在齐姆根凸起至叶城凹陷则以碎屑岩和碳酸盐岩混合沉积为主。膘尔托阔依—奥依塔格地区碳酸盐岩储层为较有利储层，孔隙度一般为 0.7% ～ 9.1%，渗透率一般为 （0.01 ～ 4.6）×10⁻³μm²。齐姆根凸起至叶城凹陷碳酸盐岩储层除七美干、克里阳—玉力群为 I 类储层地区外，其他地区大都为 II —III 类低孔特低渗储层（图 5-2-29）。

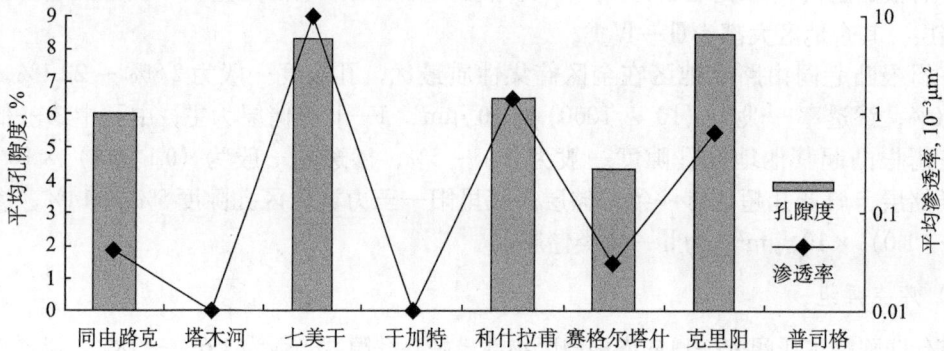

图 5-2-29　塔西南卡拉塔尔组储层孔—渗对比图

2. 储层物性纵向变化特征

白垩系至古近系纵向上有四套储层分布，克孜勒苏群、库克拜组碎屑岩，依格孜牙组碳酸盐岩，古近系卡拉塔尔组碎屑岩与碳酸盐岩混合沉积。总体上碎屑岩储层无论储层厚度还是储集性能都优于碳酸盐岩（表 5-2-6）。

喀什凹陷膘尔托阔依—奥依塔格地区：四套储层最好的是下白垩统克孜勒苏群、库克拜组，其次是古近系卡拉塔尔组，最差为上白垩统依格孜牙组。

齐姆根凸起和什拉甫—同由路克地区下白垩统克孜勒苏群、库克拜组较好，两套碳酸盐岩储层较差；七美干地区白垩系储层均较差，卡拉塔尔组物性良好。

叶城凹陷这三套储集体从好到差的排位是：克孜勒苏群—库克拜组、古近系卡拉塔尔组及上白垩统依格孜牙组。

第三节　储层成岩作用

一、成岩作用

依据露头和岩心的各项分析鉴定成果，确定研究对象所经历的主要成岩作用，并描述各成岩事件对孔隙结构的改造作用。本区白垩系—古近系常见的成岩作用有机械压实作用、化学压溶作用、胶结作用、溶蚀作用、重结晶作用等。

1. 碎屑岩成岩作用特征

1) 机械压实作用

机械压实作用主要发生在早成岩阶段。在上覆沉积物和水体静压力或构造变形压力的作用下，使沉积物（岩）减少其孔隙空间和总体积而变致密。薄片观察结果显示，大多数岩石经压实作用，造成岩石中孔隙减少，但剩余原生粒间孔仍较发育（图 5-3-1），为本区主要孔隙类型。按照常用的压实强度分级，区内砂岩为中弱压实，表现为强压实作用的压溶作用在薄片中很少见到。

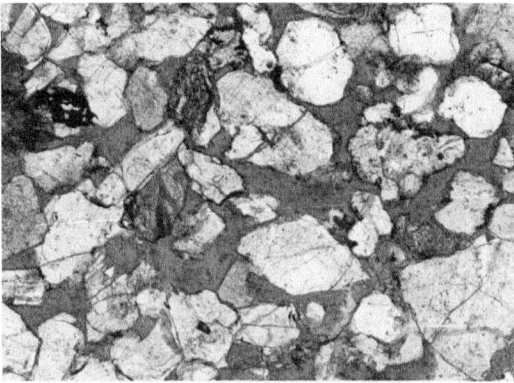

(a) 点接触（BQ-105-B1，朦尔托阔依且木干）	(b) 点线接触（T-14-2-B0.8，同由路克）
(c) 点—线接触（K-2-T0.3，克里阳）	(d) 线—凹凸接触（AT-10-T4，奥依塔格）

图 5-3-1　塔西南白垩系—古近系中弱压实作用特征

白垩系碎屑岩压实作用分三个区，第一个区为喀什凹陷西部及齐姆根凸起西部的同由路克地区，第二个区为叶城凹陷干加特—克里阳地区，第三个区为齐姆根凸起东部及喀什凹陷东部奥依塔格地区。

第一区白垩系碎屑岩颗粒以点接触为主，部分线接触，石英颗粒没有裂痕，长石普遍加大，颗粒多呈基底或悬浮式支撑，基底式或孔隙式胶结。自上而下压实作用呈变强的趋势，压实作用较弱。

第二区为叶城凹陷干加特—克里阳地区，颗粒为点线接触，部分为凹凸接触，石英颗粒边缘有溶蚀港湾，石英长石有加大现象，颗粒多呈颗粒支撑，孔隙式或接触式胶结；自上而下压实呈变强趋势。属中等压实作用。

第三区为喀什凹陷东部及齐姆根凸起东部，颗粒以线—凹凸接触为主，只有少部分为点接触。部分石英颗粒表面可见压裂纹，石英Ⅱ—Ⅲ级加大，岩屑具变形现象；颗粒多呈颗粒式支撑，接触式胶结为主。压实作用相对较强。

造成压实程度不同的原因可能有三点：（1）与其所处的特殊成岩地质背景有关，长期浅埋和短期深埋的埋藏史决定了压实作用进行不彻底；（2）沉积基底不同，喀什凹陷及齐姆根凹陷西部为上侏罗统塑性基底，而齐姆根东部地区为较老地层二叠和石炭系的浅变质灰岩刚性基底；（3）山前长期构造运动压力的不均分布。

2）胶结作用

该区的胶结物主要有白云石、方解石及少量铁质、硅质胶结物（图5-3-2，图5-3-3）。其中起胶结作用的主要是方解石、白云石及铁质。奥依塔格、克里阳地区铁质胶结相对较高。碳酸盐岩胶结物含量高与其物源含较多的碳酸盐岩颗粒有关，碳酸盐岩颗粒在强压实压溶下形成方解石、白云石胶结。

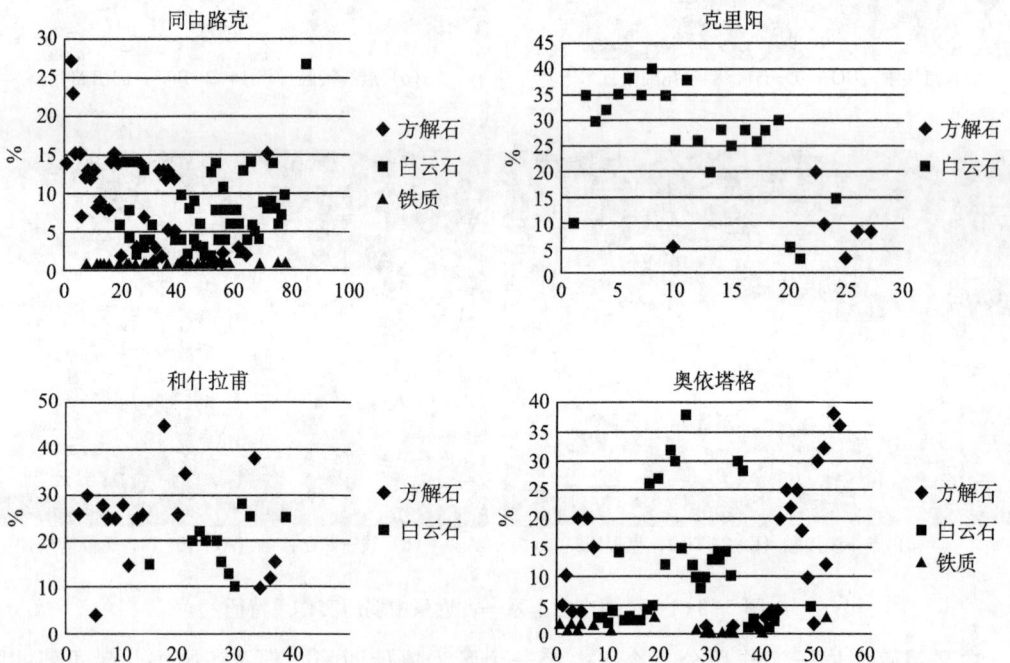

图 5-3-2 塔西南砂岩储层主要胶结物含量

硅质也是白垩系砂岩中普遍存在的自生胶结物。自生硅质主要呈加大边式产出，其次是自生石英小晶体附着在颗粒表面或充填孔隙。一方面其减小粒间孔径及堵塞孔喉，另一方面对本地区成分成熟度低的砂岩来说有利于粒间孔的保存，因加大和增生增加了颗粒的抗压强度和支撑能力（图5-3-4）。在干加特、和什拉甫、七美干、塔木河等地区自生石英、长石含量相对较高。

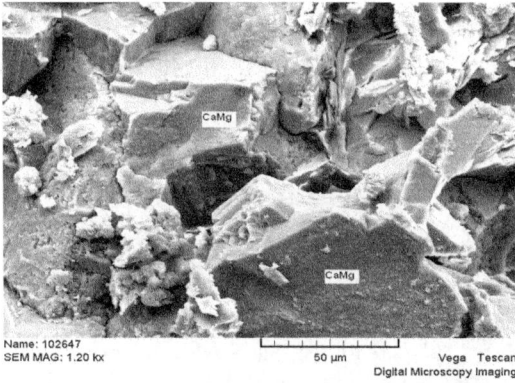

（a）粒间白云石（克里阳）

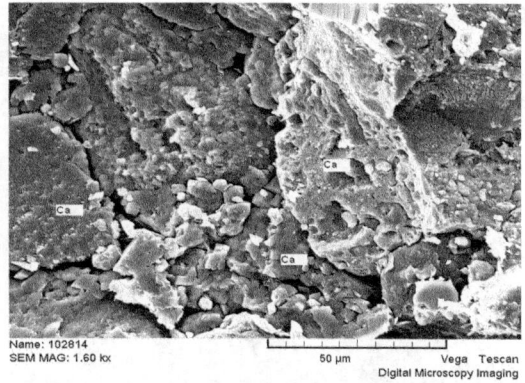

（b）粒间方解石（且木干）

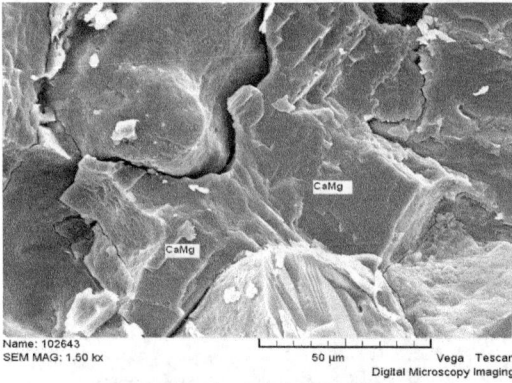

（c）粒间白云石（克里阳）

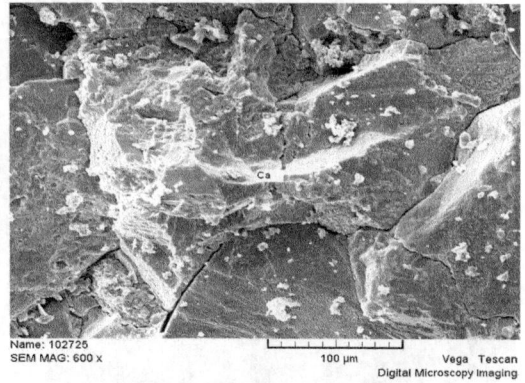

（d）粒间方解石（和什拉甫）

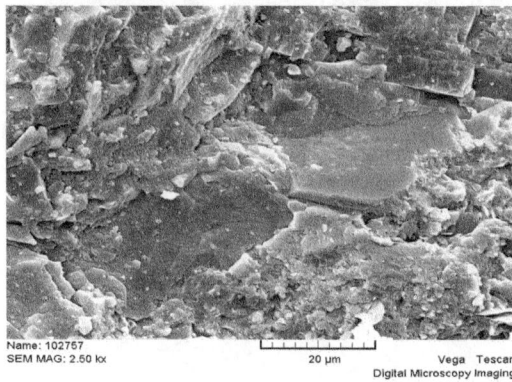

（e）粒间方解石（赛格尔塔什）

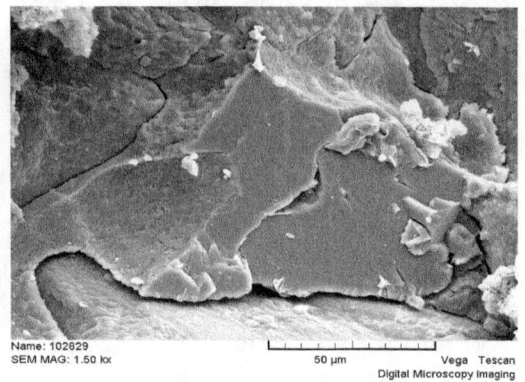

（f）粒间方解石（奥依塔格）

图5-3-3 塔西南碳酸盐岩胶结物特征

3）溶蚀作用

溶蚀主要表现为对长石和岩屑的溶蚀。在普通薄片和铸体薄片中，普遍可以见到对长石的溶解现象，通常长石被溶蚀成蜂窝状，有的长石颗粒甚至被完全溶解，只剩下颗粒的痕迹，而成为铸模孔。而岩屑的溶蚀表现为岩屑内部和边缘出现不规则港湾状。在扫描电镜中，能够看到长石和岩屑的溶蚀孔隙。在塔木河、七美干、干加特、和什拉甫、克里阳、普司格溶蚀作用比较普遍，但总体上溶蚀作用较弱。

砂岩的溶蚀作用可能有两期，一期为准同生—早成岩期的溶蚀作用降低了砂岩颗粒的抗压强度，而且不易保存。晚期的溶蚀作用形成的溶孔保存完好。

(a) 石英加大、长石加大（同由路克）　　(b) 石英加大（且木干）

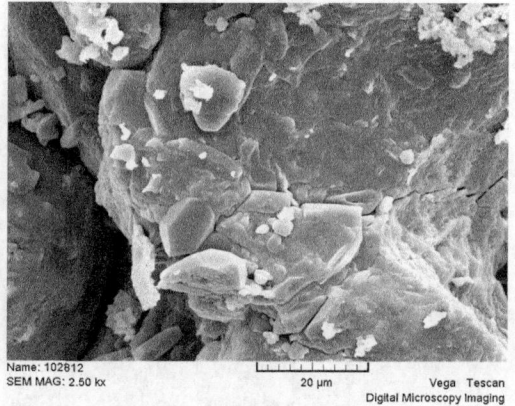

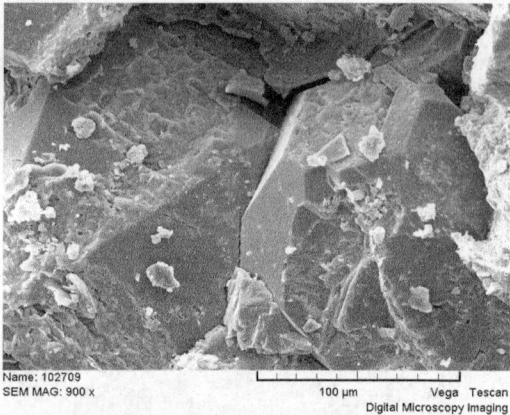

(c) 石英加大（克里阳）　　(d) 石英加大（且木干）

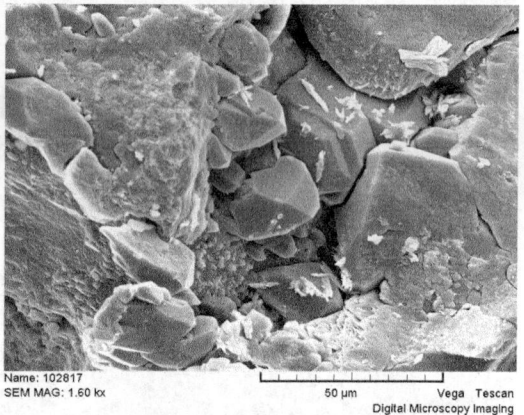

图 5-3-4　塔西南砂岩胶结物特征

4）黏土矿物成岩变化

（1）X 射线衍射分析。

X 射线衍射分析共分析样品 51 块，参考旧样品 61 块，共计 112 块样品，分析层位主要包括卡拉塔尔组（E_2k）、依格孜牙组（K_2k）、库克拜组（K_2k）、克孜勒苏群（K_1kz）4 个层位。黏土矿物的相对含量详见图 5-3-5，黏土矿物的主要特点是以伊利石和伊—蒙混层为主，其次为绿泥石。

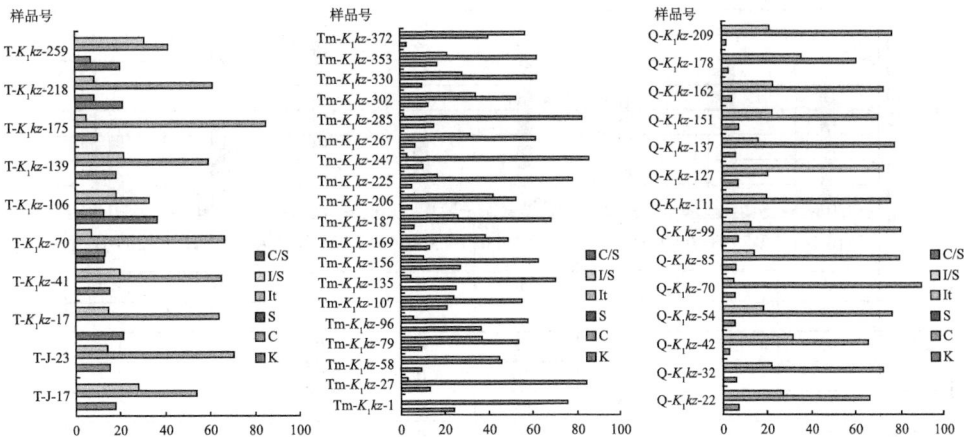

(a) 同由路克剖面 K_1kz 黏土相对含量，% (b) 塔木河剖面 K_1kz 黏土相对含量，% (c) 七美干剖面 K_1kz 黏土相对含量，%

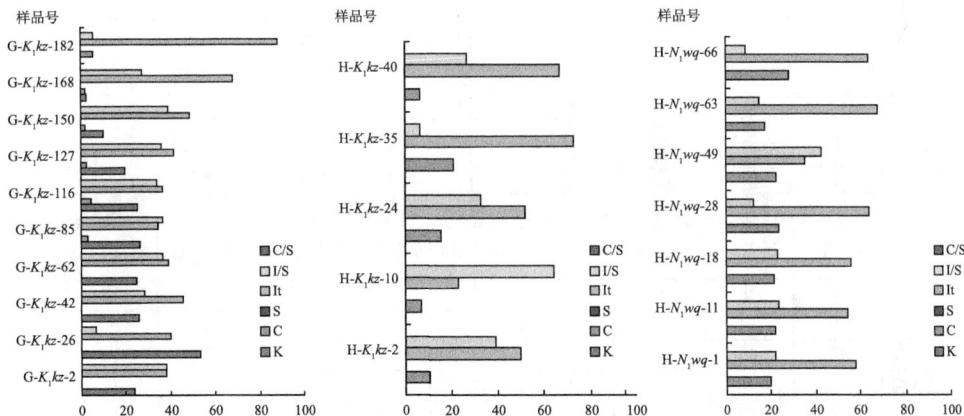

(d) 干加特剖面 K_1kz 黏土相对含量，% (e) 和什拉甫剖面 K_1kz 黏土相对含量，% (f) 和什拉甫剖面 N_1wq 黏土相对含量，%

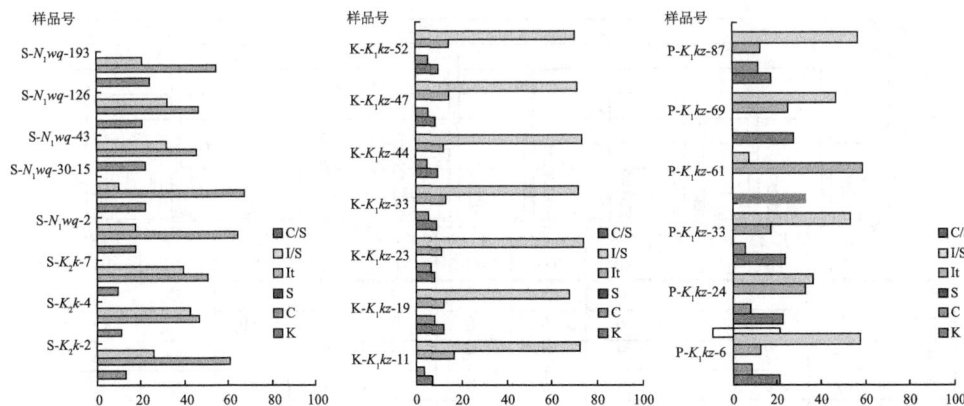

(g) 赛格尔塔什剖面 N_1wq 黏土相对含量，% (h) 克里阳剖面 K_1kz 黏土相对含量，% (i) 普司格剖面 K_1kz 黏土相对含量，%

图 5-3-5 塔西南各剖面黏土矿物相对含量图

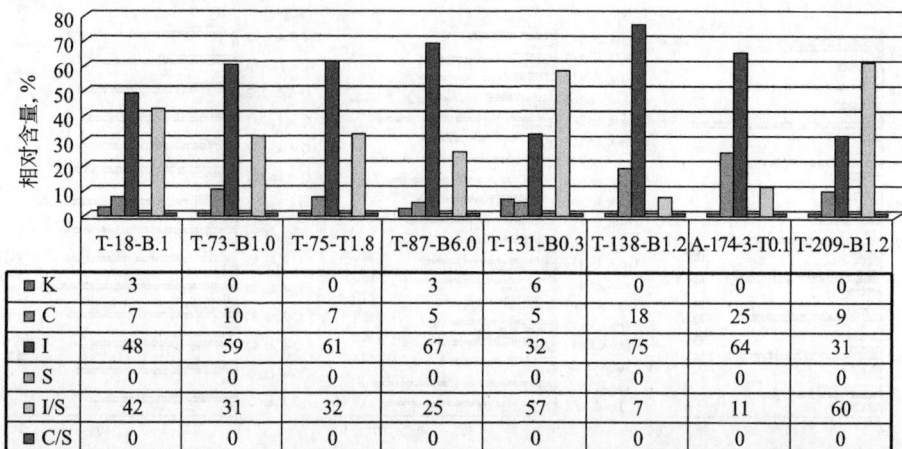

■K	3	0	0	3	6	0	0	0
▨C	7	10	7	5	5	18	25	9
■I	48	59	61	67	32	75	64	31
▨S	0	0	0	0	0	0	0	0
□I/S	42	31	32	25	57	7	11	60
■C/S	0	0	0	0	0	0	0	0

(列: T-18-B.1, T-73-B1.0, T-75-T1.8, T-87-B6.0, T-131-B0.3, T-138-B1.2, A-174-3-T0.1, T-209-B1.2)

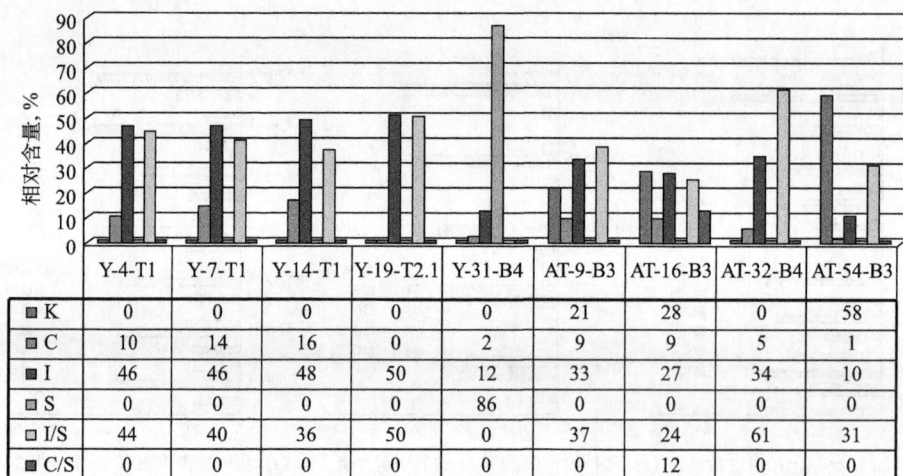

■K	0	0	0	0	0	21	28	0	58
▨C	10	14	16	0	2	9	9	5	1
■I	46	46	48	50	12	33	27	34	10
▨S	0	0	0	0	86	0	0	0	0
□I/S	44	40	36	50	0	37	24	61	31
■C/S	0	0	0	0	0	0	12	0	0

(列: Y-4-T1, Y-7-T1, Y-14-T1, Y-19-T2.1, Y-31-B4, AT-9-B3, AT-16-B3, AT-32-B4, AT-54-B3)

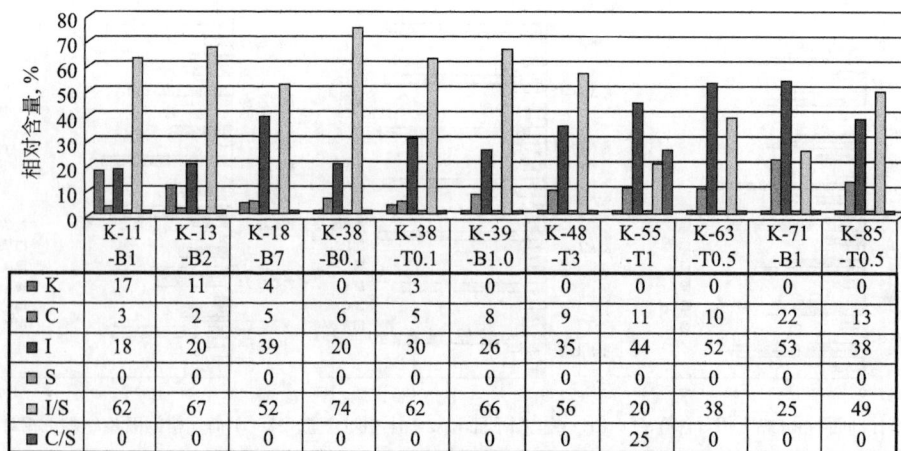

■K	17	11	4	0	3	0	0	0	0	0	0
▨C	3	2	5	6	5	8	9	11	10	22	13
■I	18	20	39	20	30	26	35	44	52	53	38
▨S	0	0	0	0	0	0	0	0	0	0	0
□I/S	62	67	52	74	62	66	56	20	38	25	49
■C/S	0	0	0	0	0	0	0	25	0	0	0

(列: K-11-B1, K-13-B2, K-18-B7, K-38-B0.1, K-38-T0.1, K-39-B1.0, K-48-T3, K-55-T1, K-63-T0.5, K-71-B1, K-85-T0.5)

图 5-3-5 塔西南各剖面黏土矿物相对含量图（续）

（2）扫描电镜分析（图 5-3-6）。

塔西南白垩系黏土矿物以陆源伊利石、蜂窝状伊利石／蒙皂石为主，贴附在颗粒表面，可见自生高岭石呈孔隙充填，这种自生高岭石的成因可能是受酸性地表水的影响。陆源伊利石也具明显的自生生长现象。属早成岩阶段，砂岩中黏土和黏土矿物的含量也较少。

克孜勒苏群在普司格剖面砂岩黏土矿物组成以富含蒙皂石（或蒙皂石／伊利石）为特征，与其他地区黏土矿物组成有明显不同，反映了普司格剖面克孜勒苏群的沉积物源可能富含火山物质。而其他地区的物源可能以沉积岩和火成岩（变质岩）为主。

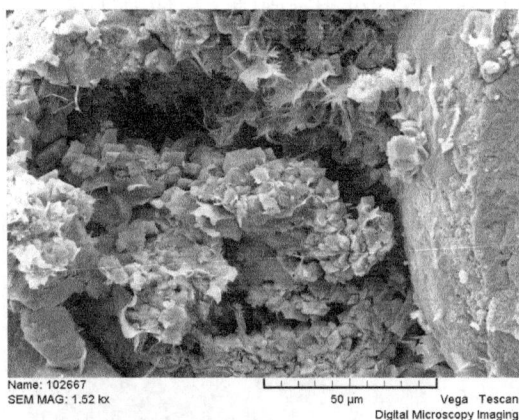

（a）伊利石、伊蒙混层（克里阳）　　　　　（b）伊利石、伊蒙混层（膘尔托阔依且木干）

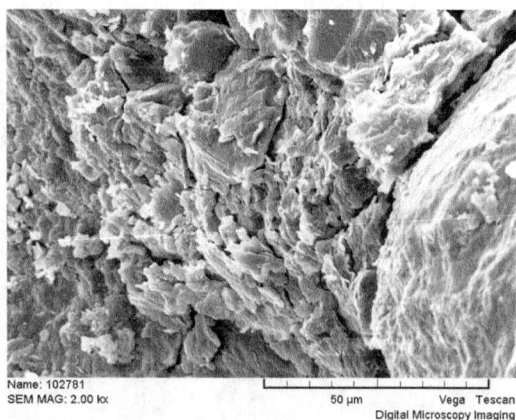

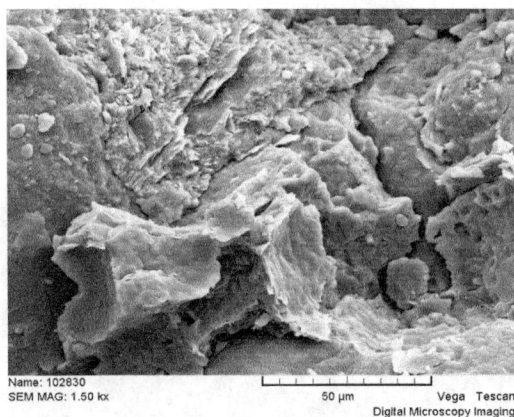

（c）伊蒙混层、伊利石（奥依塔格）　　　　（d）伊蒙混层、伊利石（奥依塔格）

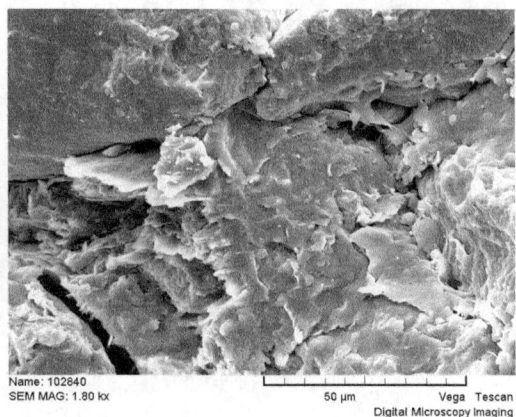

图 5-3-6　塔西南地区黏土矿物扫描物镜下特征

2. 碳酸盐岩成岩作用

塔西南地区有下白垩系统依格孜牙组和古近系卡拉塔尔组两套碳酸盐岩储层。其主要储集岩为生物碎屑颗粒灰岩、鲕粒灰岩、云灰岩、白云岩、砂屑灰岩。它们经过一系列的成岩作用（如同生期溶蚀、风化、埋藏溶蚀再结晶、去白云化作用和构造破裂作用）形成了油气的良好储集体。

依格孜牙组和卡拉塔尔组的沉积环境为碳酸盐台地—台地边缘，砂屑灰岩、生物碎屑灰岩等浅水沉积体，在海平面相对下降时露出水面或在多雨的气候下受到富含 CO_2 的大气淡水的淋滤作用，发生选择性或非选择性的淋滤、溶蚀作用，形成形态各异的各种孔隙，如粒间孔、粒内孔、晶间孔等。

1）压实作用

本区碳酸盐岩压实作用表现为中等—弱压实。基质与颗粒间紧密堆积，颗粒间多为点线接触，局部为镶嵌接触。早期的物理压实作用使松散的沉积物固结，后期局部发生化学压实作用。据野外露头和薄片的观察显示，缝合线多呈水平状或缓倾斜状，大致与层面或不同岩性响应单元的界面平行，也见与层理垂直、斜交并切割水平缝合线的，局部还见缝合线互相交织成网状。说明该地区压溶作用具有多期次和多方向应力特点。

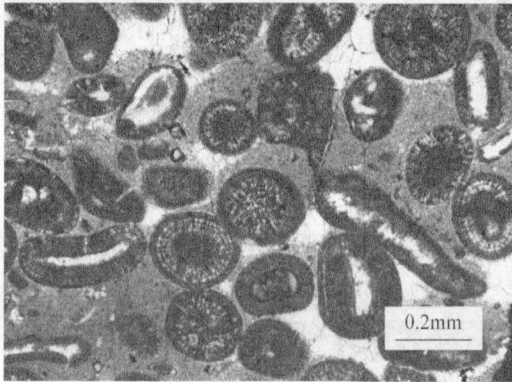

(a) 泥晶鲕粒灰岩（膘尔托阔依，K₂k）　(b) 亮晶砂屑生屑灰岩（膘尔托阔依，E₂y）

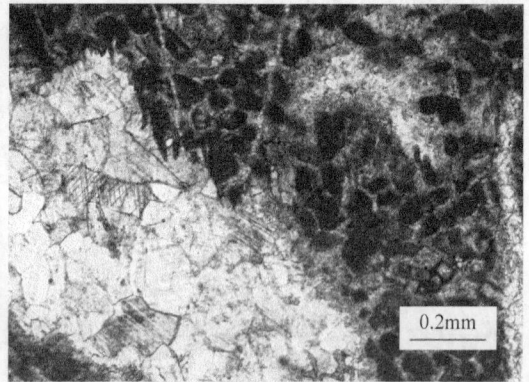

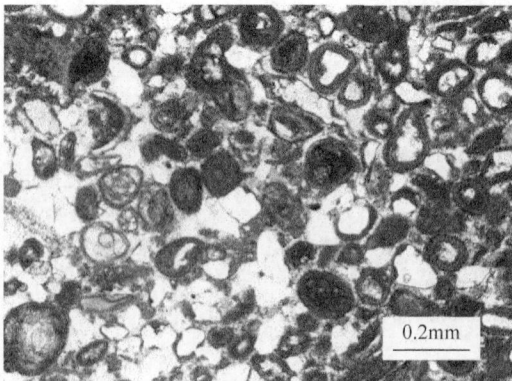

(c) 亮泥晶粒屑灰岩（同由路克，K₂y）　(d) 亮晶生屑鲕粒灰岩（和什拉甫，E₂k）

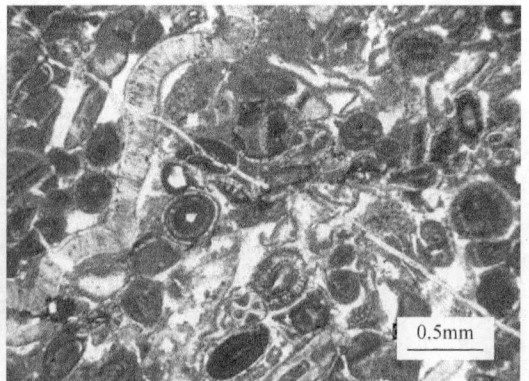

图 5-3-7　塔西南碳酸盐岩压实作用特征

a—鲕粒点接触，个别颗粒变形；b—压溶缝；c—颗粒点接触；d—颗粒点—线接触

2) 胶结作用

胶结作用主要发生于碳酸盐岩台地亮晶砂屑灰岩、生物碎屑灰岩中。本区主要胶结形式有两种，一种为早期胶结呈纤维状垂直颗粒向孔隙中心生长的高镁方解石，后因新生变形作用而呈短细柱状低镁方解石保留至今，有的孔隙中心未填满，由后期淡水作用而呈晶粒状方解石充满孔隙，成为两个世代胶结。第二种胶结作用是具两个世代胶结的碳酸盐岩，多颗粒沉积后，早期方解石为马牙状菱面体，晶体细小，沿颗粒边缘向孔隙中心生长，第二期方解石则为粗大干净的方解石晶体，有的则充填于生物壳体中，但大都被溶蚀成粒间孔隙或粒内溶蚀孔隙。

3) 溶蚀作用

溶蚀作用对储层空间的孔隙度、渗透率具有建设性作用。本区被溶组分主要为方解石胶结物，少部分为灰泥。溶孔分布不均匀，以港湾状溶孔、透镜状溶孔常见，部分为细分散状溶孔。此外，在部分破裂缝边缘也有弱溶蚀。形成这种溶蚀现象的原因，一是成岩早期钙质分布不均匀而呈斑块状、透镜状、结核状，方解石溶解后形成斑港湾状溶孔，二是岩石露地表氧化淡水溶蚀。

4) 重结晶作用

本区重结晶作用比较发育，一般呈斑块状，形成粉细晶结构，在此背景下常见残留的砂屑状残影。本区重结晶形成时间一般较早，也可见到形成于早期成岩裂缝充填后。重结晶的结果是矿物结构变粗、晶间孔增大，有助于增大岩石的孔隙度。

二、成岩阶段划分

1. 碎屑岩成岩阶段划分

根据中华人民共和国石油天然气行业标准《碎屑岩成岩阶段划分》（SY/T 5477—2003），依据储层中各种自生矿物特征、黏土矿物组合以及伊利石／蒙皂石混层黏土矿物的转化、岩石结构、有机质成熟度、古温度等指标，判别所处成岩阶段。

研究区成岩序列标志见表 5-3-1。白垩系的黏土矿物组合为伊／蒙混层—伊利石—绿泥石—高岭石。黏土矿物组合特点是以伊利石和伊／蒙混层为主，高岭石和绿泥石含量较低（图 5-3-8）。伊利石／蒙皂石混层中蒙皂石含量为 5% ～ 55%，大部分为 20% ～ 45%，属于早成岩 B 期到中成岩 A 期的范围内。蒙皂石除在玉力群剖面一块样品含量较高外，其余地区全部消失；高岭石含量 0% ～ 63%，在七美干、玉力群地区高岭石消失；伊利石最高含量可达 75%；绿泥石含量为 0% ～ 25%。

昆仑山山前地区石英加大多为 1 ～ 2 级，七美干地区可达 2 ～ 3 级。颗粒以点接触、点—线接触为主，原生粒间孔隙占绝对优势，少量次生孔隙。其中喀什凹陷西部、齐姆根凸起西部、叶城凹陷压实作用较弱，早成岩 B 阶段为主；齐姆根凸起东部及喀什凹陷东部奥依塔格地区中等压实，多属于中成岩 A 阶段。

表 5-3-1　塔西南碎屑岩成岩序列及阶段划分标志

成岩阶段		最高古地温 ℃	Ro %	泥岩 I/S中 S%	I/S混层分带	蒙皂石 S	S/I S/C 混层	高岭石 K	伊利石 I	绿泥石 C	石英加大级别	方解石	铁白云石	长石钠长石化加大	浊沸石	硬石膏	石膏	长石岩屑	碳酸盐岩	颗粒接触类型	孔隙类型
早成岩	A	常温～65	<0.35	>70	蒙皂石带	○		○													
	B	65～85	0.35～0.5	50～70	无序混层	○	○	○										○	○	点状	原生孔隙为主，少量次生孔隙
中成岩	A	85～140	0.5～1.3	15～50	有序混层		○		○	○	○	○	○							点—线状	次生孔隙发育，部分原生孔隙
	B	140～175	1.3～2.0	<15	超点阵有序混层				○		○		○							线状 缝合状	次生孔隙减少并出现少量裂隙
晚成岩		175～200 ～4.0	>2.0 ～4.0	消失	伊利石带																

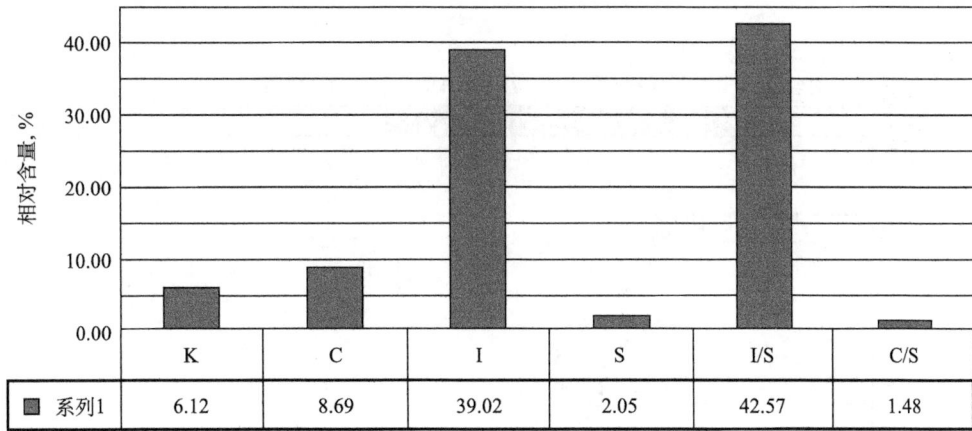

图 5-3-8 塔西南黏土矿物平均相对含量

K—高岭石；C—绿泥石；I—伊利石；S—蒙皂石；I/S—伊/蒙混层；C/S—绿/蒙混层

2. 碳酸盐岩成岩阶段划分

参照中华人民共和国石油天然气行业标准《碳酸盐岩成岩阶段划分》(SY/T 5478—2003)，碳酸盐岩成岩作用阶段划分为同生成岩阶段、早成岩阶段、中成岩阶段、晚成岩阶段和表生成岩阶段五个阶段。研究区碳酸盐经历了五个成岩阶段（图5-3-9），其特征分述如下：

1）同生成岩阶段

该阶段主要发育海底胶结、蒸发白云石化、渗透回流白云石化、石膏化、大气淡水溶蚀、胶结等作用。白云石化、石膏化和随后的大气淡水溶蚀是控制孔隙发育的主要作用。本阶段形成成岩阶段中最主要的次生孔隙，分布受沉积相控制，其产状特征为具有成层性、层位稳定，主要是碳酸盐岩台地滩相颗粒、礁灰岩及藻云岩被溶蚀所成。次生孔隙表现为组构选择性溶蚀孔隙，如铸模孔隙、粒内溶孔、粒间溶孔、晶间溶孔等；非组构选择性溶蚀孔隙，如溶孔、溶缝。

2）早—中成岩阶段

该阶段为浅埋藏阶段。其主要成岩作用为胶结作用、压实作用、压溶作用、硅质充填、交代作用及重结晶作用。孔隙、溶裂缝中被方解石部分或全部充填。重结晶作用使矿物晶粒变大，粉细晶为主。

3）晚成岩阶段

该阶段为中—深埋藏阶段。主要成岩作用类型有方解石、白云石、硬石膏等矿物的充填、交代作用、压溶作用，埋藏的白云石化作用，构造破裂作用，烃类的充填作用等。发育斜交和垂直层面的缝合线，形成中—细晶粒。

4）表生成岩阶段

在本成岩环境中，碳酸盐岩遭受大气淡水的淋滤、溶蚀、侵蚀，形成地表及地下的溶孔、溶缝。其中未被全充填的溶蚀孔隙是油气的重要储集空间。

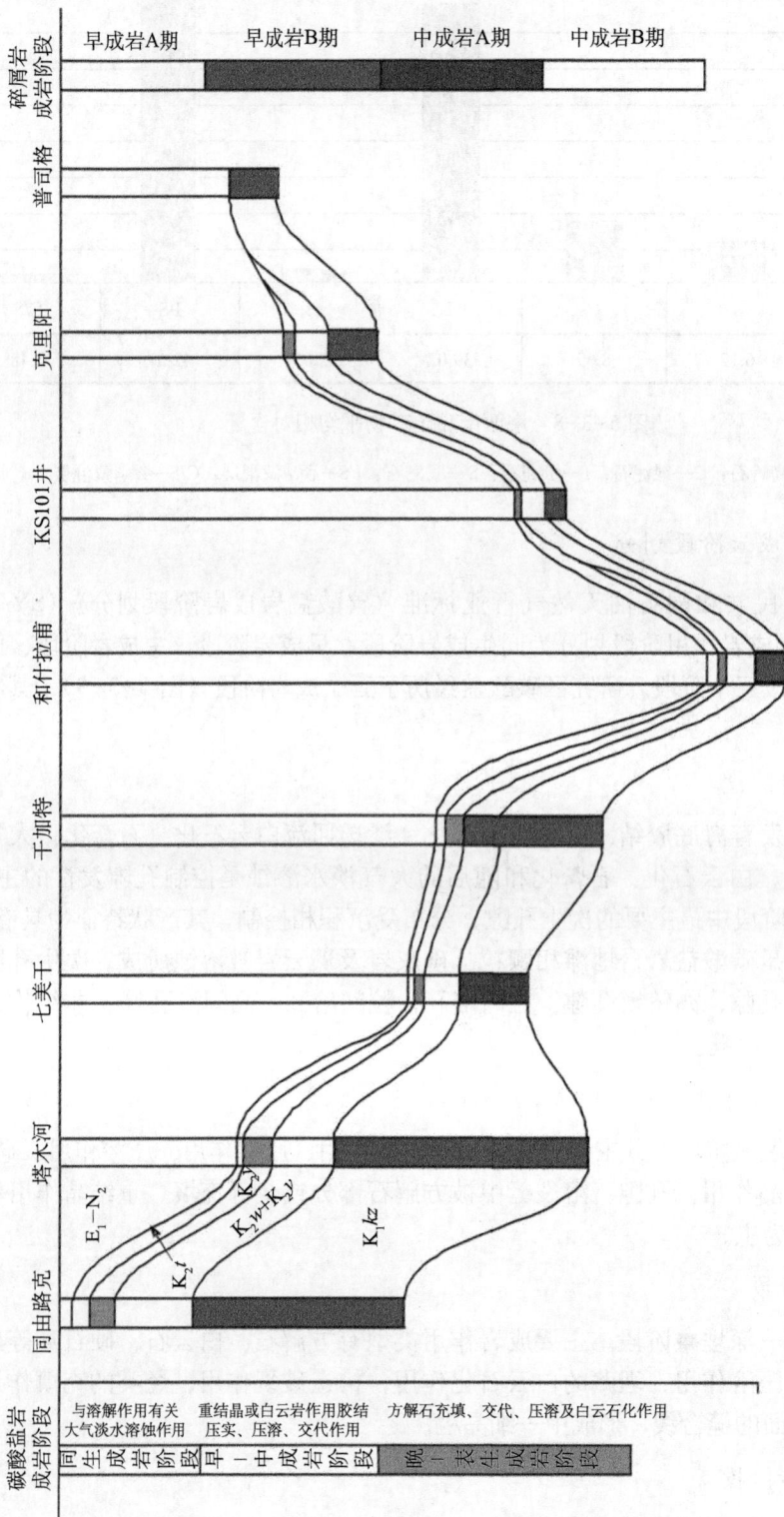

图5-3-9 塔西南白垩系—古近系成岩剖面

第四节　储层主要控制因素

影响碎屑岩储层质量的因素虽然很多，但沉积作用和成岩作用是两个决定性因素。沉积水动力条件决定沉积物的结构成熟度，直接决定了原始孔隙度的大小。后期各种有利、不利的成岩作用对储层的改造则最终决定储层质量的好坏。

一、沉积岩石学特征

分选性较好的辫状河三角洲平原、前缘为主的砂岩有利于形成优质储层。水动力条件较强的亮晶砂屑灰岩、生物碎屑灰岩及固着蛤生物礁等有利于形成较好的碳酸盐岩储层。

塔西南昆仑山山前地区碎屑沉积物的沉积环境主要以冲积扇、辫状河三角洲、浑水潮坪为主。其中辫状河角洲为主体，沉积物以砂砾岩、细砂岩、粉砂岩为主，其中细砂岩占60%以上，说明沉积物分选性中等－较好。从分析不同粒级砂岩与储层物性关系（图5-4-1）得知，中粗粒级砂岩储层最好，细粒级砂岩储层较好。

依格孜牙组和卡拉塔尔组均发育碳酸盐岩台地沉积，局限台地障壁滩坝、开阔台地台内颗粒滩、生屑滩、台地边缘滩、生物礁等石灰岩发育区一般为相对较好的碳酸盐岩储层。此外，卡拉塔尔组浑水潮坪沉积多为碎屑岩—碳酸盐岩混积，物性相对较差。

填隙物对储层的孔隙度和渗透率具负相关关系。填隙物含量相对较低，有利于储层孔隙度及渗透率保存，自同由路克地区至普司格地区，填隙物含量为9%～19%（图5-4-2）。一般来说，填隙物含量越高粒间孔隙发育越差。因而研究区填隙物对储层物性有一定影响，但并非主导因素。

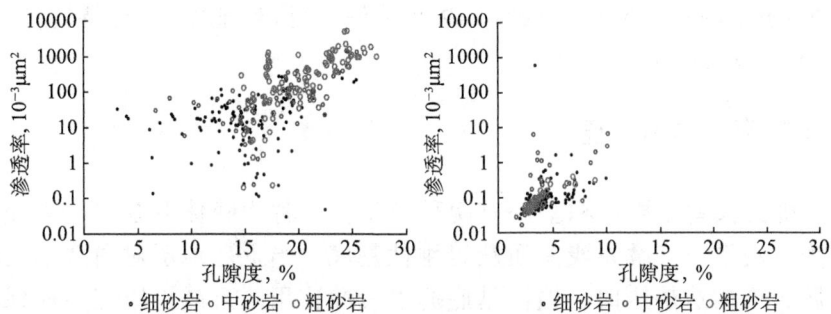

(a) 塔西南同由路克剖面不同粒级岩性与孔渗关系统计图　(b) 七美干七美干剖面克孜勒苏群不同粒级岩性与孔渗关系统计图

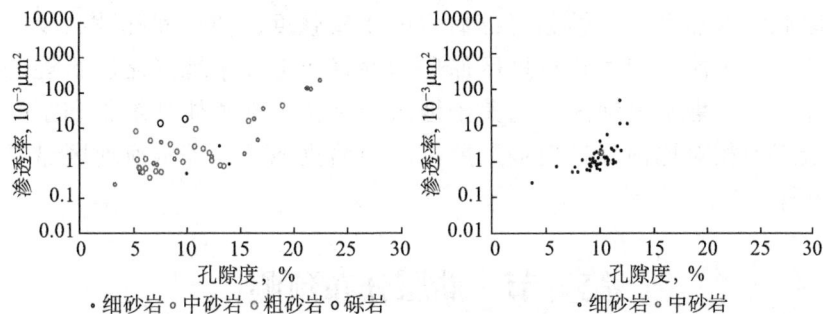

(c) 塔西南和什拉甫剖面克孜勒苏群不同粒级岩性与孔渗关系统计图　(d) 塔西南克里阳剖面克孜勒苏群不同粒级岩性与孔渗关系统计图

图 5-4-1　塔西南不同粒级砂岩与储层物性关系

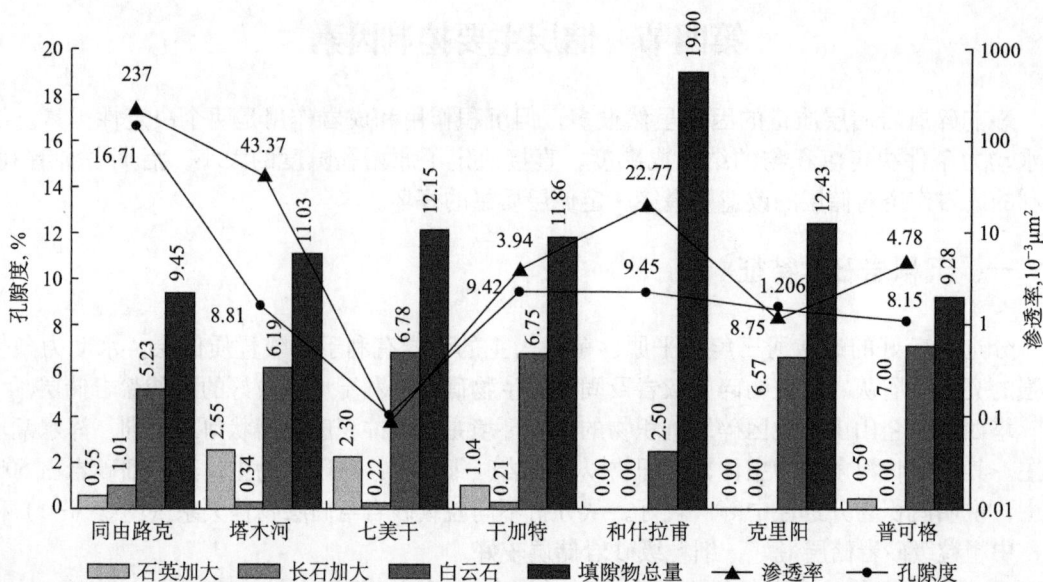

图 5-4-2　塔西南各剖面主要填隙物含量与孔渗关系

二、成岩压实

弱成岩压实是有利储层保存的重要因素。分析研究区成岩作用得知，塔西南昆仑山山前地区白垩系砂岩储层多为中等—弱压实作用，颗粒多为点接触、点接触—线接触，以粒间孔为主，粒间孔占面孔率60%～80%，说明中等—弱压实强度下仍保持较有利储层，以粒间孔为主，含少量溶蚀孔。

三、沉积基底、构造挤压

白垩系上统克孜勒苏群沉积基底有两种类型，一种为晚侏罗系砂岩夹泥岩塑性基底，另一种为石炭系—二叠系浅变质灰岩刚性基底。当上覆地层对白垩系上统克孜勒苏群碎屑岩压实或构造挤压时，塑性基底起着缓冲作用，可减少压应力而保存更多的粒间孔隙，有利于优质储层的保存。而刚性基底对白垩系上统克孜勒苏群碎屑岩有个反作用力，因此，增加了克孜勒苏群碎屑岩的压实强度，使粒间孔隙减少，不利于优质储层的保存。这可能是同由路克地区储层物性好而七美干地区储层物性差的原因之一。同由路克地区、塔木河地区、七美干地区分别位于推覆体外缘带和前峰带，推覆体外缘带构造应力相对比前峰带要弱，所以同由路克地区、塔木河地区储层孔隙比七美干地区要发育。

第五节　储层分布预测

通过对塔西南地区白垩系—古近系的地层划分，明确了下白垩统克孜勒苏群、上白垩统库克拜组两套碎屑岩储层，上白垩统依格孜牙组、古近系卡拉塔尔组两套碳酸盐岩储层地层的特征，分析了四套储层的沉积环境、物源特征、岩矿特征和时空展布规律，划分了成岩阶段和序列，分析了储层类型及组合、储层成因控制因素。

鉴于研究区单剖面（井）控制面积大、物性资料相对缺少，储层评价和预测时基于以下几个方面：目的层系岩性特征、沉积相带展布；储层厚度特征及变化趋势；储层孔隙类型组合，如原生粒间孔隙、剩余粒间孔隙和粒间溶孔、粒间溶孔和残余粒间孔隙、粒间孔隙和晶间孔隙等；储集体物性参数变化特征、变化趋势；成岩压实、填隙物含量、构造变形等因素影响。根据上述因素分析的综合影响程度，结合物性分析数据对研究区不同目的层系进行评价和预测。

一、下白垩统克孜勒苏群碎屑岩储层

1. 喀什凹陷（膘尔托阔依—奥依塔格地区）

1）沉积岩石学特征

本区主要发育冲积扇—辫状河三角洲沉积体系。克孜勒苏群 1 段，昆仑山山前膘尔托阔依—奥依塔格地区以扇中亚相为主，向东、北渐变为辫状河三角洲平原沉积。第 2—4 段，冲积扇沉积范围缩小，主要在膘尔托阔依地区。沉积岩性以棕红色、红褐色中厚层状中细粒岩屑砂岩、长石岩屑砂岩为主，次为粗粒岩屑砂岩、中细砾岩。

2）储层厚度分布特征

喀什凹陷膘尔托阔依—奥依塔格地区克孜勒苏群储层厚度较大，一般在 800 ~ 1000m，向东厚度有所减薄（图 5-5-1）。

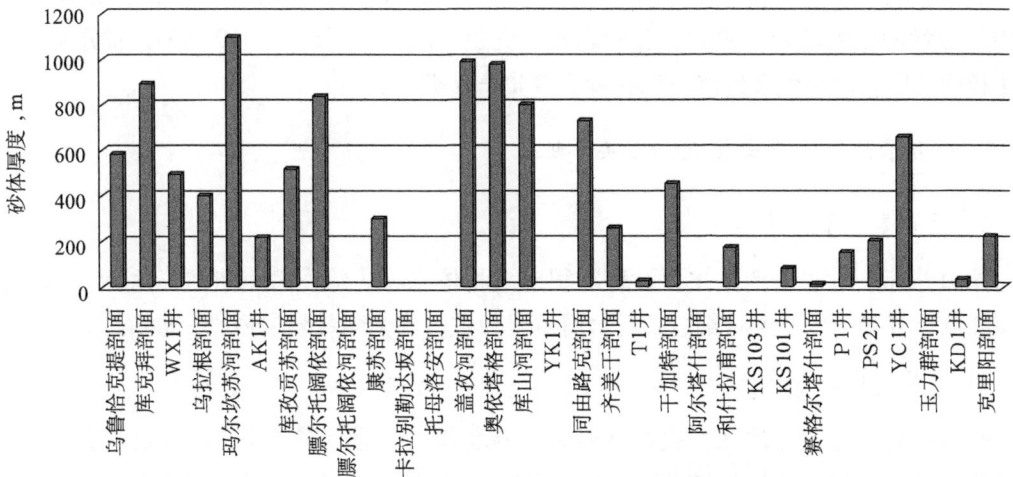

图 5-5-1 塔西南克孜勒苏群碎屑岩储层厚度统计

3）储层微观孔隙结构特征

砂岩胶结物主要为方解石，次为白云石、铁质，胶结类型以孔隙式为主，局部层段为接触型。黏土杂基含量一般为 5.5% ~ 7.5%。颗粒多为点接触，次为点－线接触。碎屑岩储层以原生粒间孔型为主，部分为粒间溶孔，属较好的孔隙组合类型。

4）储层物性参数特征

本区碎屑岩储层孔隙度一般为 2.6% ~ 17.9%，渗透率为 $(0.01 ~ 410) \times 10^{-3} \mu m^2$，奥依塔格地区物性略好于膘尔托阔依，但大都为低孔低渗、低孔特低渗的Ⅲ—Ⅳ类储层（图 5-5-2）。

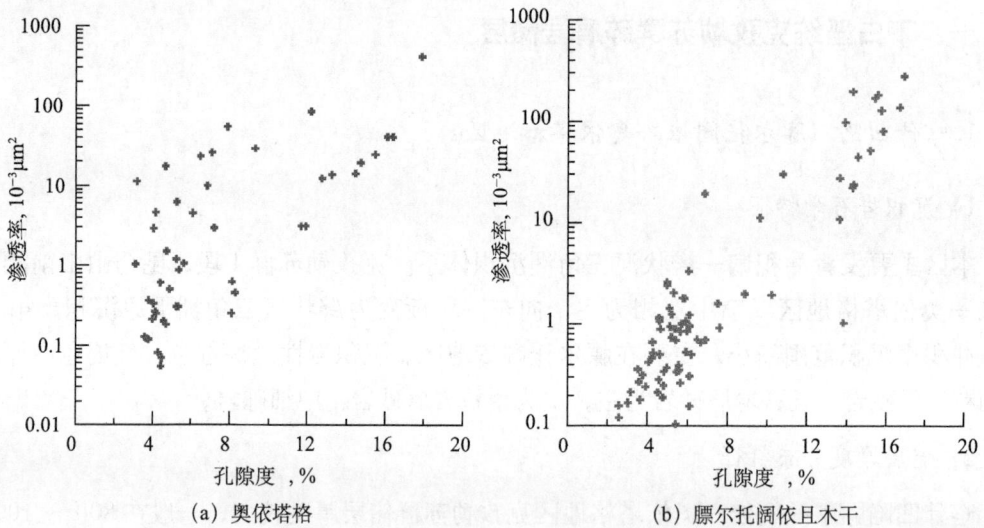

（a）奥依塔格　　　　　　　　　（b）膘尔托阔依且木干

图 5-5-2　喀什凹陷膘尔托阔依且木干—奥依塔格孔渗特征

综上所述，本区以辫状河三角洲平原沉积为主，其次为山前的冲积扇沉积，岩性主要为中厚层状的中细砂岩、粉砂岩及砂砾岩，沉积厚度较大（800 ~ 1000m）。储层孔隙多为原生粒间孔隙，属于低孔低渗—低孔特低渗Ⅱ—Ⅲ类储层。

2. 齐姆根凸起（同由路克—七美干地区）

1）沉积岩石学特征

同由路克—七美干地区主要发育冲积扇沉积体系，边缘发育辫状河三角洲。沉积岩性以棕红色、红褐色中厚层状细粒长石岩屑砂岩为主，次为粗粒岩屑砂岩、砂砾岩。

2）储层厚度分布特征

同由路克—七美干地区克孜勒苏群储层厚度较大，但范围较小，厚度比喀什凹陷膘尔托阔依—奥依塔格地区有所减薄，一般为 200 ~ 800m（图 5-5-1），向东、北厚度减薄速度较快，S1 井、YK1 井未见本群地层。

3）储层微观孔隙结构特征

该区砂岩胶结物主要为方解石、白云石和铁质。砂岩颗粒在同由路克地区主要为点接触，次为线接触。碎屑岩储层在同由路克地区以原生粒间孔型为主，部分为颗粒溶孔，且孔隙的连通性较好，属较好的孔隙组合类型。七美干地区砂岩颗粒多为线接触—凹凸接触甚至缝合接触，压实作用较强，主要为剩余粒间孔—颗粒溶孔，属较差储层。

4）储层物性参数特征

同由路克—七美干地区物性在不同区块差别较大。同由路克地区孔隙度为 2.8% ~ 22.1%，渗透率为（10 ~ 328）$\times 10^{-3} \mu m^2$，属中孔中渗、低孔中渗储层，为本区优质储层；塔木河地区孔隙度一般为 5% ~ 11%，渗透率一般为（0.1 ~ 1.0）$\times 10^{-3} \mu m^2$，为低孔低渗到低孔特低渗储层。七美干地区孔隙度为 2% ~ 5%，渗透率为（0.01 ~ 1.0）$\times 10^{-3} \mu m^2$，为特低孔特低渗到致密储层。评价结果表明，同由路克储层性质最好，塔木河次之，七美干最差。

综上所述，本区以冲积扇—辫状河三角洲平原沉积为主，储集岩性主要为中厚层状的细砂岩、粉砂岩，沉积厚度较大（200 ~ 800m）。储层孔隙可分两种主要类型：同由路克地区多为原生粒间孔型，属于低孔低渗—中孔低渗储层，七美干地区物性较差。

3. 叶城凹陷西部（和什拉甫—赛格尔塔什地区）

1）沉积岩石学特征

和什拉甫—赛格尔塔什地区主要发育冲积扇沉积体系，仅在边缘发育辫状河三角洲，从相控而言，储层发育要略逊于喀什凹陷和齐姆根凸起。沉积岩性以棕红色、红褐色中厚层状细粒长石岩屑砂岩为主，次为粉砂岩夹少量砂砾岩。

2）储层厚度分布特征

和什拉甫—赛格尔塔什地区克孜勒苏群储层厚度较小，且层段发育不全，一般为 20 ~ 200m（见图 5-5-1）。

3）储层微观孔隙结构特征

该区砂岩胶结物主要为方解石、白云石。砂岩颗粒在同由路克地区主要为点—线接触，储集空间主要以原生粒间孔型为主，部分为颗粒溶孔，属较好的孔隙组合类型。

4）储层物性参数特征

和什拉甫—赛格尔塔什地区孔隙度一般为 5% ~ 14%，渗透率为（0.1 ~ 10）$\times 10^{-3} \mu m^2$，为低孔低渗—特低孔特低渗储层。

综上所述，和什拉甫—赛格尔塔什地区储层以冲积扇砂岩、砂砾岩为主，次为辫状河三角洲，厚度相比西部喀什凹陷、齐姆根地区要小很多，基本小于 200m。储集岩石以原生粒间孔为主，为低孔低渗—特低孔特低渗Ⅱ—Ⅲ类储层。

4. 叶城凹陷东部（克里阳—玉力群地区）

1）沉积岩石学特征

克里阳—玉力群地区主要发育辫状河三角洲沉积体系，包括辫状河三角洲平原、辫状河三角洲前缘。从相控而言，储层发育要好于喀什凹陷西部和什拉甫—赛格尔塔什地区。沉积岩性以棕红色、红色中厚层状细粒长石岩屑砂岩、粉砂岩为主，次含砾砂岩。

2）储层厚度分布特征

克里阳—玉力群地区克孜勒苏群层段发育不全，储层厚度较小，横向变化较大，其中YC1 井达 600m，其次为 PS2 井、和什拉甫地区、克里阳地区，约为 200m，其他地区一般在 20 ～ 200m（图 5-5-1）。

3）储层微观孔隙结构特征

砂岩胶结物主要为方解石、白云石。砂岩颗粒主要为点—线接触，储集空间主要以原生粒间孔型为主，部分为颗粒溶孔，属较好的孔隙组合类型。

4）储层物性参数特征

克里阳地区孔隙度一般为 2.2% ～ 13.9%，渗透率为 $(0.03 ～ 104) ×10^{-3}μm^2$，属于低孔低渗—特低孔特低渗储层；普司格地区孔隙度一般 5% ～ 11%，渗透率为 $(0.1 ～ 10) ×10^{-3}μm^2$，为低孔低渗—特低孔特低渗储层。

综上所述，克里阳—玉力群地区克孜勒苏群储层以辫状河三角洲为主，厚度比西部喀什凹陷、齐姆根地区要小很多，且横向变化较大。储集岩石以原生粒间孔为主，为低孔低渗—低孔特低渗Ⅱ—Ⅲ类储层。

5. 小结

通过对四个小区岩性、沉积相、储层厚度、储层物性等特征的分析，认为：

齐姆根凸起同由路克地区为有利储层发育区，属于Ⅰ类低孔低渗储层；喀什凹陷膘尔托阔依—奥依塔格地区储层厚度巨大，与叶城凹陷克里阳—玉力群地区、和什拉甫—赛格尔塔什地区的储层类似，为低孔低渗—特低孔特低渗Ⅱ—Ⅲ类储层；齐姆根凸起七美干地区物性较差，为Ⅲ—Ⅳ类储层发育区（图 5-5-3，图 5-5-4，图 5-5-5）。

二、上白垩统库克拜组碎屑岩储层

1. 喀什凹陷（膘尔托阔依—奥依塔格地区）

1）沉积岩石学特征

本区库克拜组下段主要发育辫状河三角洲沉积体系。塔西南膘尔托阔依—奥依塔格地区以辫状河三角洲平原为主，向东、北渐变为辫状河三角洲前缘沉积。沉积岩性以棕红色、红色中厚层状中细粒岩屑长石砂岩、长石砂岩为主，其次为长石岩屑石英砂岩，含少量粗粒岩屑砂岩、中细砾岩。

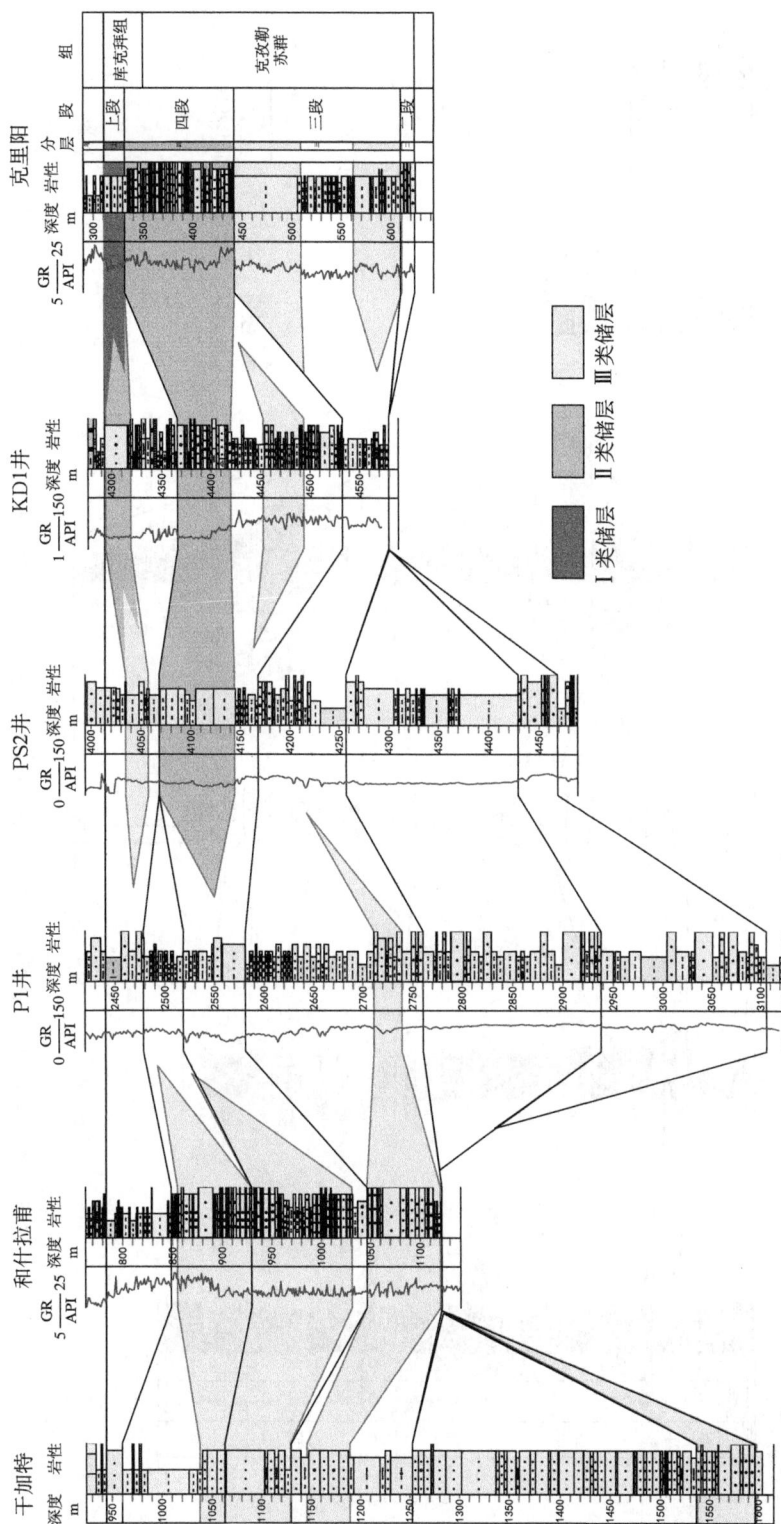

图5-5-3 叶城凹陷于加特—和什拉甫—KD1井—克里阳白垩系砂岩储层剖面图

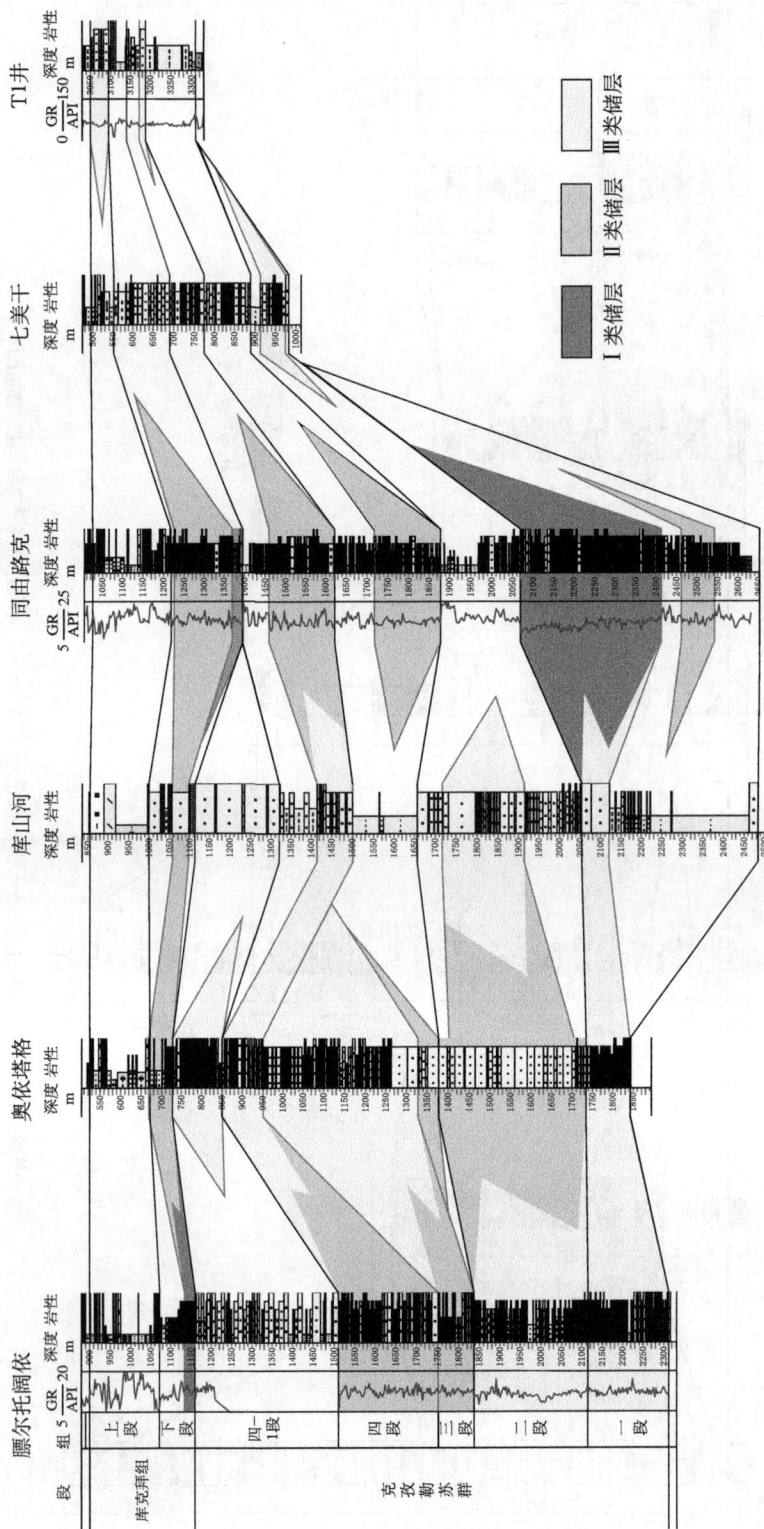

图5-5-4 喀什凹陷—齐姆根凸起膘尔托阔依—同由路克—T1井白垩系砂岩储层剖面图

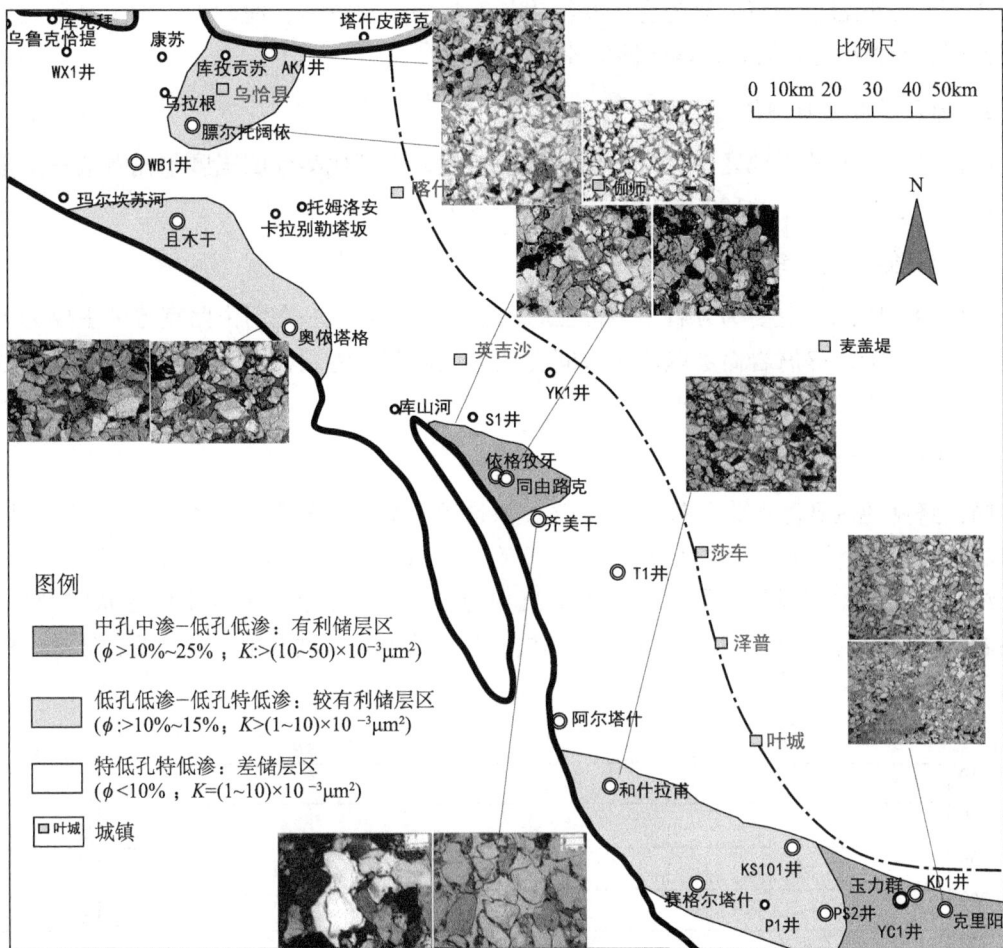

图 5-5-5　塔西南地区克孜勒苏群储层评价预测图

2）储层厚度分布特征

喀什凹陷朦尔托阔依—奥依塔格地区库克拜组下段碎屑岩储层厚度一般在 50 ~ 70m，横向变化不大（图 5-5-6）。

3）储层微观孔隙结构特征

本区砂岩胶结物主要为方解石，次为白云石，砂岩颗粒多为点接触，次为点—线接触。碎屑岩储层以原生粒间孔型为主，部分为颗粒溶孔，属较好的孔隙组合类型。

4）储层物性参数特征

本区碎屑岩储层孔隙度一般为 1.6% ~ 18%，渗透率为（0.4 ~ 129）×$10^{-3}\mu m^2$，朦尔托阔依地区物性略好于奥依塔格，但大都为低孔低渗、低孔中渗的Ⅰ—Ⅱ类储层。

2. 齐姆根凸起（同由路克—七美干地区）

1）沉积岩石学特征

同由路克—七美干地区主要发育辫状河三角洲前缘沉积。沉积岩性以棕红色、红褐色细粒岩屑长石砂岩、长石砂岩为主，其次为长石岩屑石英砂岩、粉砂岩，含少量粗粒岩屑长石砂岩。经相控分析可知，本区储集砂体较好。

2）储层厚度分布特征

同由路克—七美干地区库克拜组储层厚度较大，厚度比喀什凹陷膘尔托阔依—奥依塔格地区有所增加，一般在 100～200m（图 5-5-6）。

3）储层微观孔隙结构特征

本区砂岩胶结物主要为方解石、白云石和铁质。砂岩颗粒在同由路克地区主要为点接触，次为线接触。碎屑岩储层以原生粒间孔型为主，部分为颗粒溶孔，且孔隙的连通性较好，属较好的孔隙组合类型。

4）储层物性参数特征

同由路克地区孔隙度为 2.4%～22.3%，渗透率一般为（0.01～328）×$10^{-3}\mu m^2$，属中孔中渗至低孔低渗储层，为本区有利储层。

综上所述，本区以辫状河三角洲前缘沉积为主，储集岩性主要为中厚层状的细砂岩、粉砂岩，沉积厚度较大（100～200m）。储层孔隙多为原生粒间孔型，属于低孔低渗—中孔中渗Ⅰ—Ⅱ类储层。

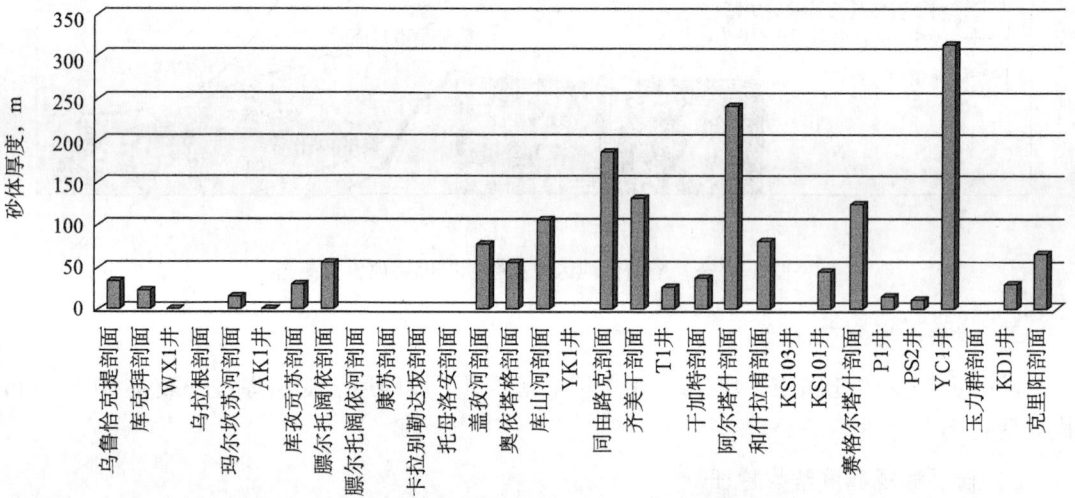

图 5-5-6　塔西南地区库克拜组下段碎屑岩储层厚度统计

3. 叶城凹陷西部（和什拉甫—赛格尔塔什地区）

1）沉积岩石学特征

和什拉甫—赛格尔塔什地区主要发育辫状河三角洲平原沉积。沉积岩性以棕红色、红褐色中厚层状、中层状细粒岩屑长石砂岩为主，次为粉砂岩夹少量砂砾岩。

2）储层厚度分布特征

和什拉甫—赛格尔塔什地区库克拜组储层厚度较小，一般在 30～100m（图 5-5-6）。

3）储层微观孔隙结构特征

本区砂岩胶结物主要为方解石、白云石。砂岩颗粒主要为点—线接触，储集空间主要为原生粒间孔型为主，部分地区裂缝发育，且多为半充填或不充填，属较好的孔隙组合类型。

4）储层物性参数特征

和什拉甫—赛格尔塔什地区库克拜组砂岩孔隙度一般为 3.5% ~ 15.3%，渗透率一般为 $(0.01 ~ 13.5) \times 10^{-3} \mu m^2$，为低孔低渗—低孔特低渗Ⅱ—Ⅲ类储层。

综上所述，和什拉甫—赛格尔塔什地区储层以辫状河三角洲平原细粒岩屑长石砂岩、长石砂岩、粉砂岩为主，厚度一般为 30 ~ 100m。储集岩石以原生粒间孔为主，部分地区裂缝发育，为低孔低渗—低孔特低渗Ⅱ—Ⅲ类储层。

4.叶城凹陷东部（克里阳—玉力群地区）

1）沉积岩石学特征

克里阳—玉力群地区主要发育辫状河三角洲前缘沉积，西部发育辫状河三角洲平原，从相控而言，储层发育要好于喀什凹陷西部和什拉甫—赛格尔塔什地区。沉积岩性以棕红色、灰绿色中层状细粒岩屑长石砂岩、粉砂岩为主，次为含砾砂岩。

2）储层厚度分布特征

克里阳—玉力群地区储层厚度较小，一般为 20 ~ 50m（见图 5-5-6）。

3）储层微观孔隙结构特征

本区砂岩胶结物主要为方解石、白云石。砂岩颗粒在同由路克地区主要为点—线接触，储集空间主要为原生粒间孔型为主，部分为颗粒溶孔，属较好的孔隙组合类型。

4）储层物性参数特征

克里阳地区孔隙度一般为 3.8% ~ 13.6%，渗透率为 $(0.23 ~ 20.2) \times 10^{-3} \mu m^2$，为低孔低渗—特低孔特低渗储层。

综上所述，克里阳—玉力群地区库克拜组储层以辫状河三角洲前缘为主，厚度一般为 20 ~ 50m，储集岩石以原生粒间孔为主，为低孔低渗—特低孔特低渗Ⅱ—Ⅲ类储层。

5.小结

通过对四个小区岩性、沉积相、储层厚度、储层物性等特征的分析，认为：

膘尔托阔依—奥依塔格地区、同由路克为有利储层发育区，属于Ⅰ—Ⅱ类低孔低渗储层；叶城凹陷克里阳—玉力群地区、和什拉甫—赛格尔塔什地区储集物性相对较好，为低孔低渗—特低孔特低渗Ⅱ—Ⅲ类储层储层（图 5-5-7）。

三、上白垩统依格孜牙组碳酸盐岩储层

依格孜牙组是上白垩统第二次大规模的海侵的结果，海侵范围与库克拜组期相似，最大海泛面漫延到克里阳与普司格之间。沉积厚度除七美干地区有异常外，总体往东变薄，至克里阳与普司格之间尖灭，沉积范围与库克拜组期相似。除喀什凹陷西部发育潮上膏泥

坪外，向东以碳酸盐岩局限台地潟湖、开阔台地及台地边缘颗粒滩、生屑滩为主。

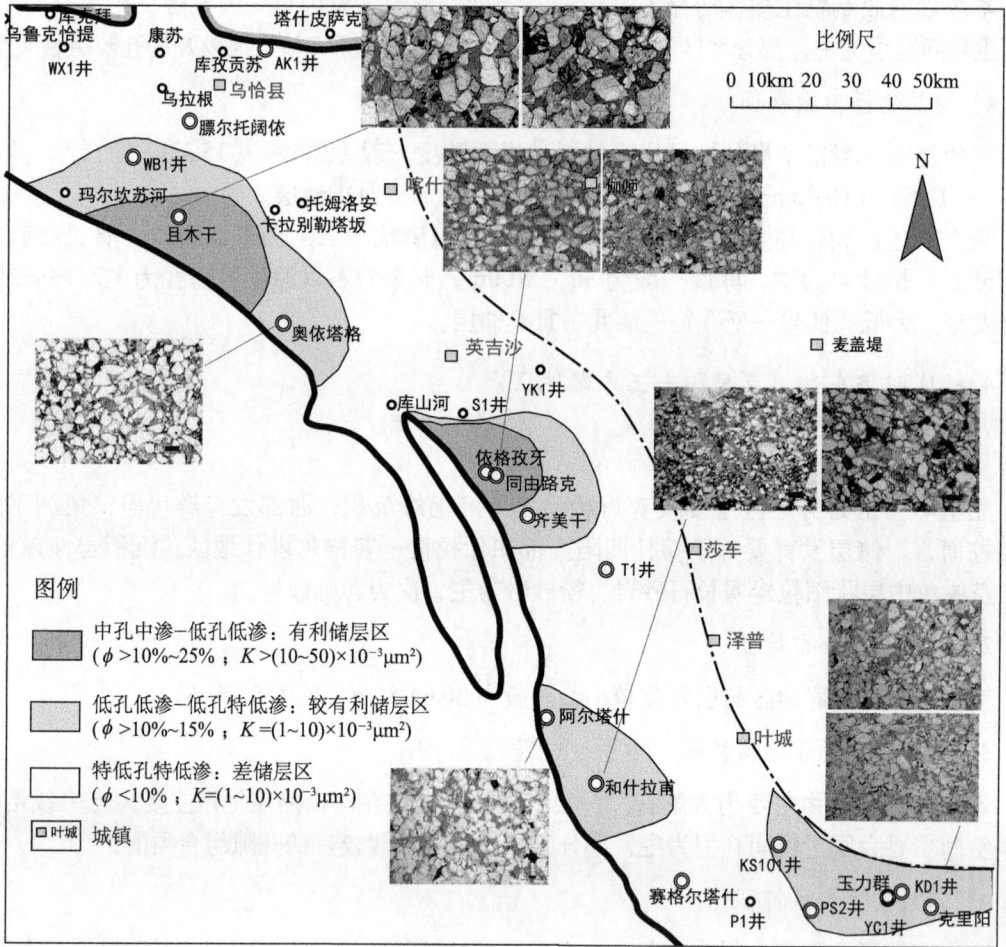

图 5-5-7　塔西南地区库克拜组储层评价预测图

1. 喀什凹陷（朦尔托阔依—奥依塔格地区）

朦尔托阔依—奥依塔格地区主要为开阔台地颗粒滩、生屑滩沉积、固着蛤生物礁沉积，岩性主要为泥晶生屑灰岩、砂屑灰岩及生物礁灰岩。碳酸盐岩储层厚度一般为 140 ～ 150m（图 5-5-8）。

本区储层孔隙度和渗透率都很小，储层孔隙个体也很小。孔隙直径最大为 1.62μm，一般在 0.42 ～ 0.36μm 之间，储集空间类型主要为粒间孔隙，粒内孔隙和晶间孔隙不发育。从铸体薄片中和阴极发光中可看出晚期裂缝多被方解石全充填或半充填。压汞分析排驱压力较大，达 3.41 ～ 4.67MPa，孔隙度一般为 0.2% ～ 11.7%，渗透率为 (0.01 ～ 8.1) $\times 10^{-3} \mu m^2$，为低孔低渗、低孔特低渗 I—II 类储层。

2. 齐姆根凸起（同由路克—七美干地区）

同由路克—七美干地区为开阔台地、台地边缘颗粒滩、生屑滩沉积，储集岩性主要为生屑灰岩、砂屑灰岩及泥灰岩。碳酸盐岩储层厚度一般为 20 ～ 140m，储层厚度横向变化较大，同由路克地区较厚，七美干地区迅速减薄（图 5-5-8）。

同由路克、塔木河、七美干地区依格孜牙组碳酸盐岩储层一般孔隙度为 3% ~ 10%，渗透率为（0.01 ~ 1.0）×10^{-3}μm^2 为低孔特低渗孔隙—裂隙型储层，属Ⅱ—Ⅲ类碳酸盐岩储层。

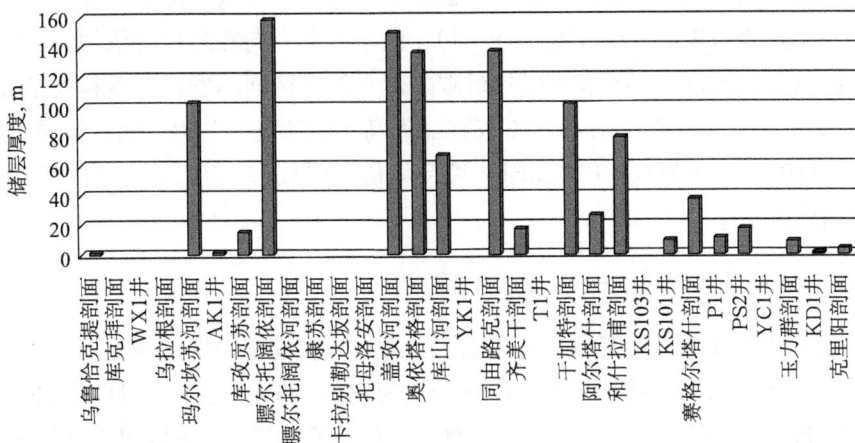

图 5-5-8　塔西南地区依格孜牙组储层厚度统计

3. 叶城凹陷西部（和什拉甫—赛格尔塔什地区）

和什拉甫—赛格尔塔什地区为局限台地潟湖、颗粒滩沉积，岩性主要为中厚层状、中层状生物碎屑灰岩、砂屑灰岩及泥质灰岩、灰质云岩。储层厚度一般为 40 ~ 80m，向东厚度有所减薄。和什拉甫地区储集空间类型以粒间溶孔为主，其次为粒内溶孔和遮蔽孔；赛格尔塔什地区以粒间溶孔、晶间溶孔为主；阿尔塔什地区储层孔隙不发育，可见构造溶蚀缝。其孔隙度一般为 0.5% ~ 13.9%，渗透率为（0.01 ~ 1）×10^{-3}μm^2，为低孔低渗，属Ⅰ—Ⅱ类储层。

4. 叶城凹陷东部（克里阳—玉力群地区）

克里阳—玉力群地区主要为局限台地潟湖沉积，岩性为灰质白云岩、含生物碎屑灰岩。厚度较薄，一般在 10m 以下。储集空间类型以晶间孔为主，部分地区发育裂缝，孔隙度一般为 0.9% ~ 4.4%，渗透率为（0.01 ~ 0.1）×10^{-3}μm^2，为特低孔低渗Ⅱ—Ⅲ类储层。

5. 小结

综合评价表明，和什拉甫—赛格尔塔什地区，储层厚度一般为 40 ~ 80m，属Ⅰ—Ⅱ类碳酸盐岩储层。西部喀什凹陷朦尔托阔依—奥依塔格地区有生物礁发育，但物性一般较差，为中等—较差的Ⅱ—Ⅲ类储层；东部克里阳—玉力群地区储层物性较差，厚度较薄，属较差的致密碳酸盐岩储层（图 5-5-9，图 5-5-10）。

四、古近系卡拉塔尔组碳酸盐岩储层

研究区海相古近系分布范围广，整个喀什凹陷均接受了沉积，卡拉塔尔组的储层发育较好（图 5-5-11，图 5-5-12），并且有邻近的 YK1 井见到油气显示，塔西南坳陷的柯克亚凝析油田 E_2k 也已形成油气藏。

1. 喀什凹陷（朦尔托阔依—奥依塔格地区）

朦尔托阔依—奥依塔格地区为局限台地潟湖、颗粒滩沉积，岩性主要为泥灰岩、生物碎屑灰岩。厚度一般 20～50m（图 5-5-11），向东、北方向朦尔托阔依河、托姆洛安地区变厚，可达 200～230m。本区卡拉塔尔组碳酸盐岩储层空间不发育，以粒间溶孔、小裂缝为主，孔隙度为 0.85%～9.1%，渗透率仅在靠近乌帕尔断裂的乌帕尔地区储层中见有裂缝，渗透率略高 [(0.019—9.99)×10^{-3}μm²]。综合评价，卡拉塔尔组碳酸盐岩储层属于低孔特低渗较有利中等储层。

2. 齐姆根凸起（同由路克—七美干地区）

同由路克—七美干地区为开阔台地生屑滩、颗粒滩及局限台地潟湖沉积，岩性主要为泥质灰岩、鲕粒砂屑灰岩、云质灰岩等。厚度一般为 20～50m（图 5-5-11，图 5-5-12）。碳酸盐岩储层空间以粒间溶孔、晶间孔为主，含少量构造溶蚀缝，孔隙度很小（3.1%～4.4%），渗透率为 (0.04～2.4)×10^{-3}μm²，属于低孔低渗 Ⅰ—Ⅱ 类中等—较好储层。

3. 叶城凹陷西部（和什拉甫—赛格尔塔什地区）

和什拉甫—赛格尔塔什地区为局限台地颗粒滩、浑水潮坪潮间沙泥坪沉积。岩性主要为中层状生物碎屑灰岩、砂屑灰岩及泥质灰岩、灰质云岩及砂泥岩互层。西部阿尔塔什地区为浑水潮坪潮间沙泥坪，东部和什拉甫－赛格尔塔什地区为局限台地。储层厚度一般为 30～50m（图 5-5-11，图 5-5-13）。和什拉甫地区储集空间类型以粒间溶孔、晶间溶孔为主，其次为粒内溶孔和构造溶蚀缝；赛格尔塔什地区以粒间溶孔为主。孔隙度一般为 0.7%～8.6%，渗透率为 (0.01～10)×10^{-3}μm²，为低孔低渗、低孔特低渗 Ⅱ—Ⅲ 类储层。

4. 叶城凹陷西部（克里阳—玉力群地区）

克里阳—玉力群地区主要为局限台地潟湖、颗粒滩沉积。储集岩性为灰质白云岩、生物碎屑灰岩、砂屑灰岩。厚度较薄，一般为 40～50m（图 5-5-11，图 5-5-13）。储集空间类型以粒间溶孔、粒内溶孔及晶间孔为主，部分地区发育裂缝，孔隙度一般 5.8%～18.3%，渗透率 (0.2～10)×10^{-3}μm²，为低孔低渗、中孔低渗 Ⅰ—Ⅱ 类较好储层。

5. 小结

综合评价表明，叶城凹陷东部克里阳—玉力群地区物性较好，为低孔低渗、中孔低渗 Ⅰ—Ⅱ 类较好储层；其次为喀什凹陷朦尔托阔依—奥依塔格地区属于低孔特低渗较有利中等 Ⅱ 类储层；齐姆根凸起及叶城凹陷西部地区物性较差，属于 Ⅱ—Ⅲ 类中等—较差储层（图 5-5-12 至图 5-5-14）。

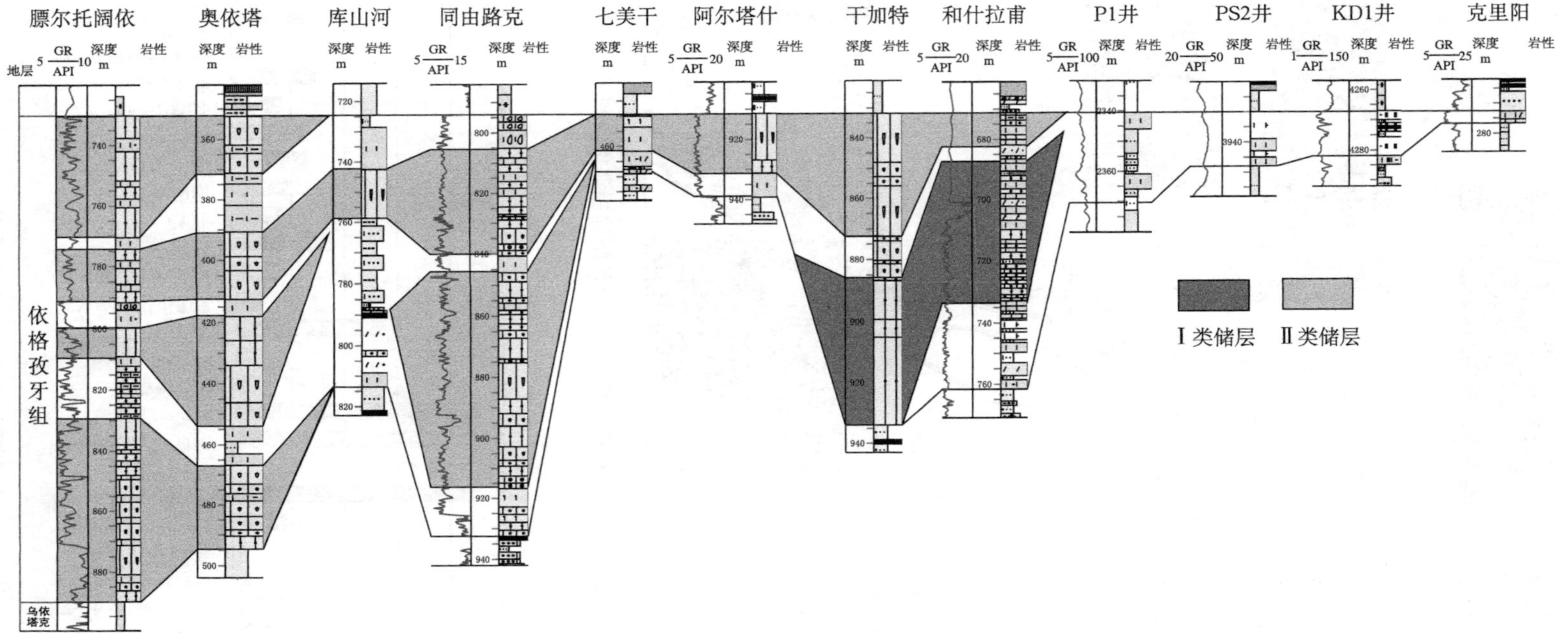

膘尔托阔依
奥依塔
库山河
同由路克
七美干
阿尔塔什
干加特
和什拉甫
P1井
PS2井
KD1井
克里阳
地层
GR
API
深度
m
岩性
依格孜牙组
乌依塔克
I 类储层
Ⅱ类储层

图5-5-9 喀什凹陷—齐姆根凸起—叶城凹陷膘尔托阔依—同由路克—和什拉甫—KD1井—克里阳依格孜牙组储层剖面图

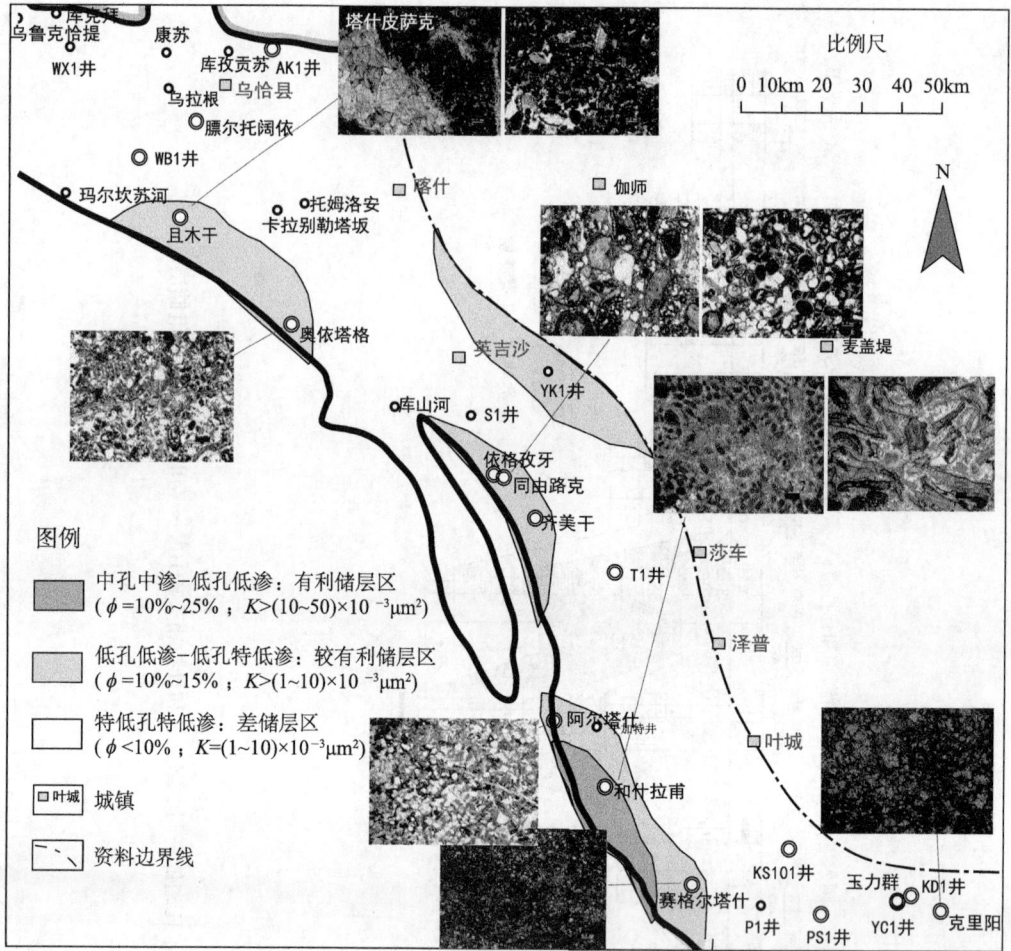

图 5-5-10 塔西南地区依格孜牙组储层评价预测图

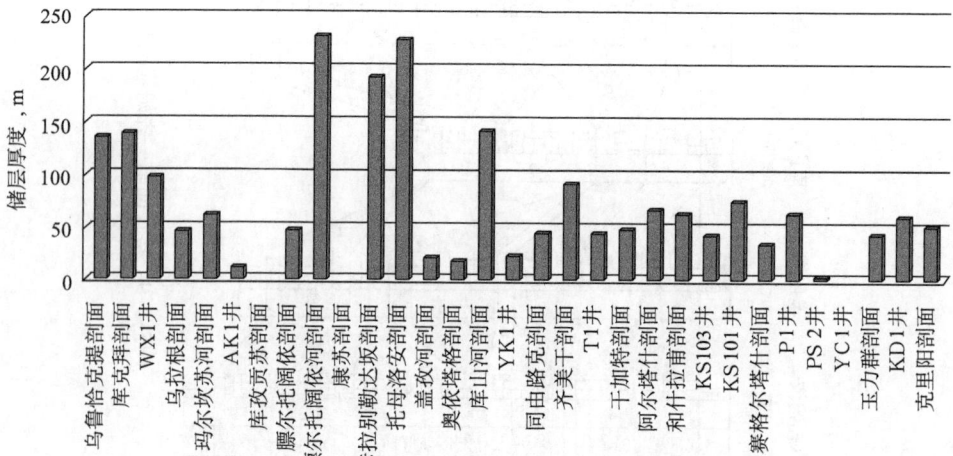

图 5-5-11 塔西南地区卡拉塔尔组储层厚度统计

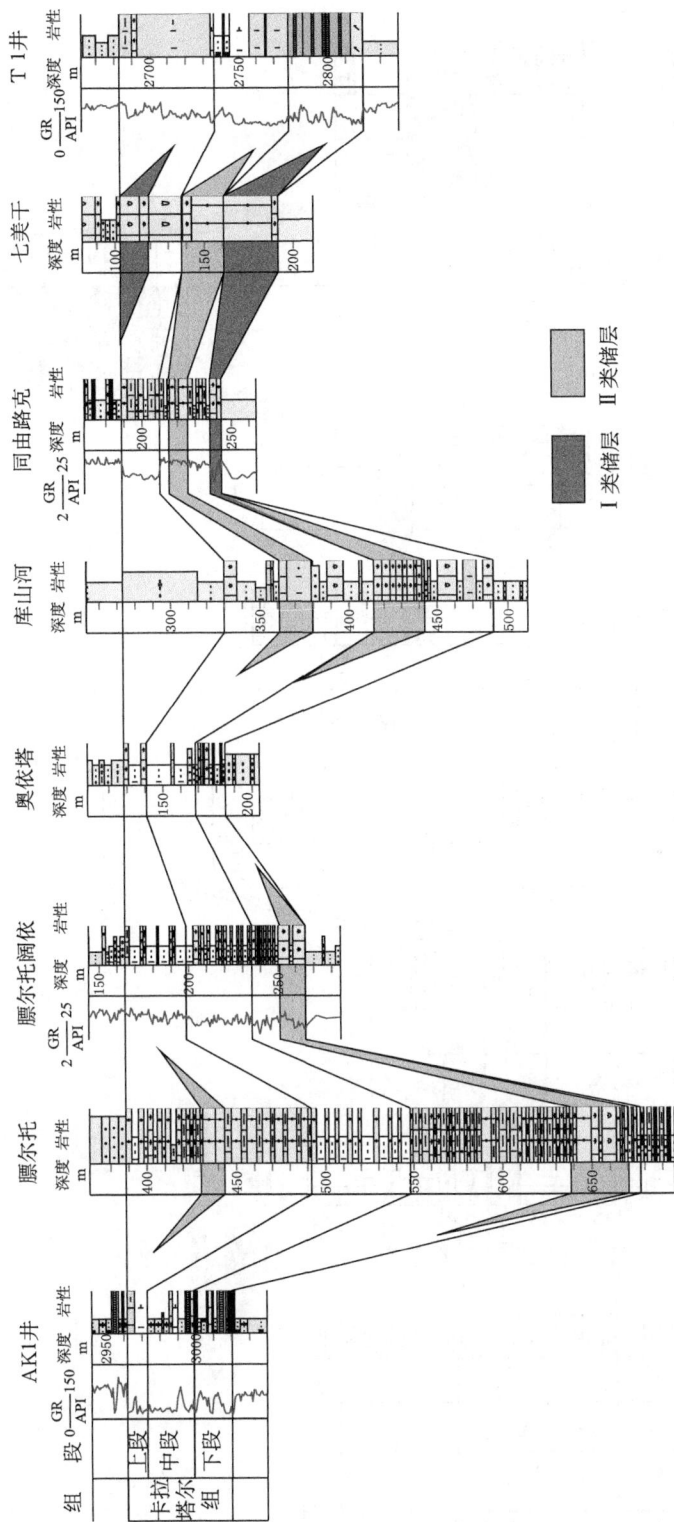

图5-5-12 喀什凹陷—齐姆根凸起：膘尔托阔依—同由路克—T1井卡拉塔尔组储层剖面图

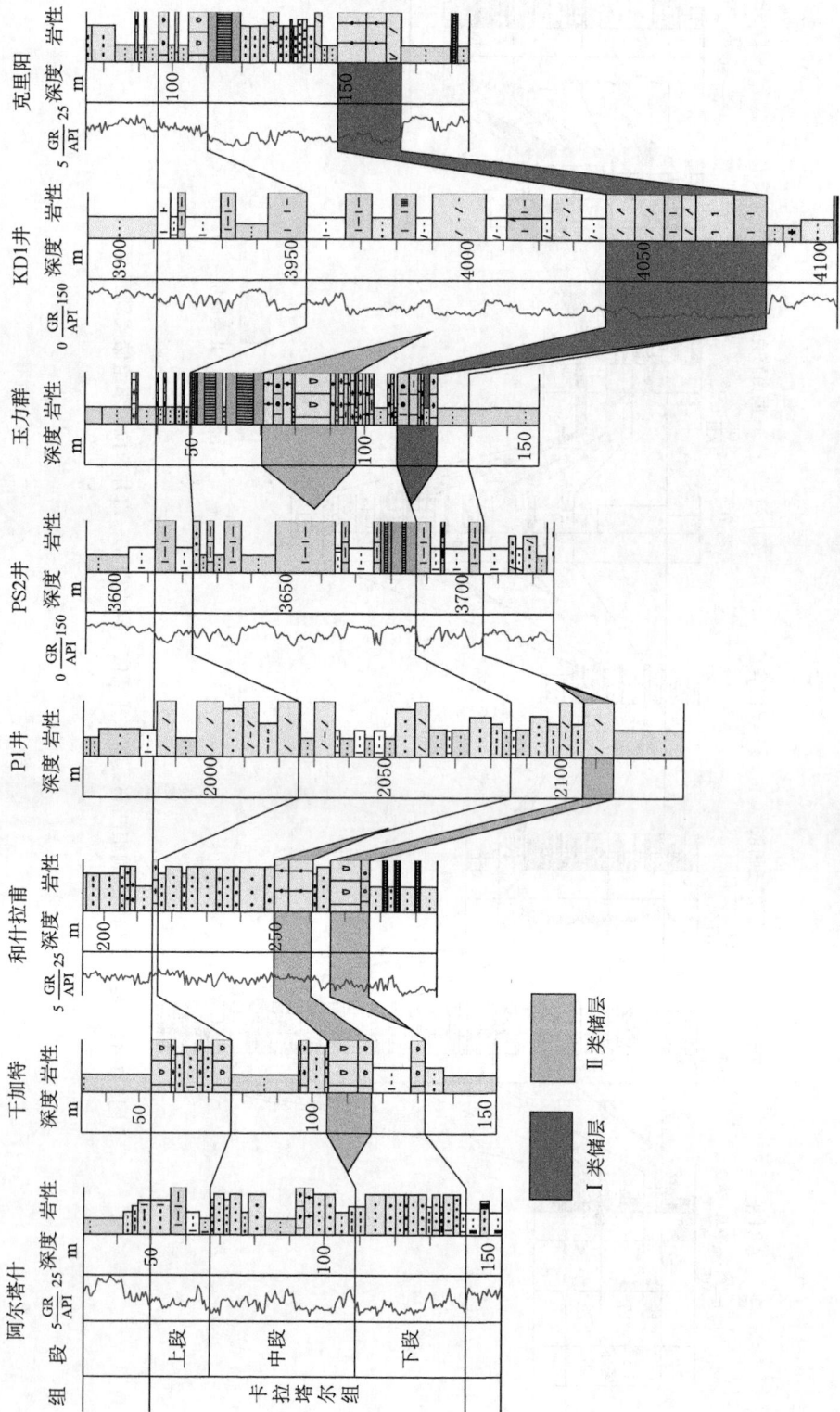

图5—5—13 叶城凹陷：和什拉甫—KD1井—克里阳卡拉塔尔组储层剖面图

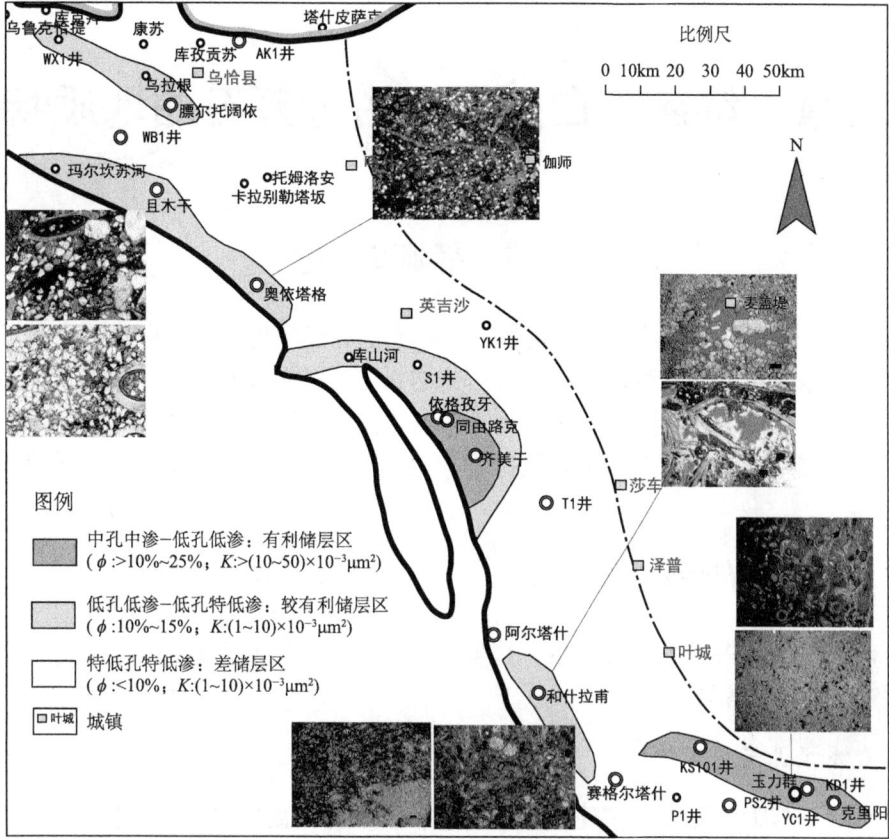

图 5-5-14 塔西南地区古近系卡拉塔尔组储层评价图

第六章　塔西南白垩系—古近系石油地质特征

第一节　烃源岩特征

本次研究分析化验没有涉及烃源岩样品，绝大部分烃源岩资料来自先期科研项目成果，主要参考塔里木油田分公司科研项目，部分来自公开发表的文献。如：宋岩、赵孟军等承担的《塔里木盆地西南坳陷烃源岩评价及成藏地球化学研究》，孙保生、施明承担的《塔里木盆地西南坳陷喀什凹陷南部石油地质综合研究》等，因引用主要来自以上资料，文中不再注明。

一、烃源岩分布特征

塔西南坳陷发育古近系—白垩系、侏罗系和二叠系、石炭系烃源岩，其中古近系—白垩系只存在较差的烃源岩。

1. 石炭系烃源岩分布特征

下石炭统下部暗色泥岩分布局限，主要分布在中部麦盖提斜坡泥坪相带上，其厚度中心位于曲苦恰克 K2 井，以 K2 井 97.5m 为最厚。

暗色碳酸盐岩的分布呈向西南加厚的趋势，主要分布在南缘昆仑山山前，阿克塔拉剖面出露厚度已达 564m。

该套地层中的暗色泥岩主要分布在和田河沉降区与和什拉甫沉降区。

和田河沉降区属滨海沼泽陆地边缘相，因此暗色泥岩较厚，有机质丰度较高。其中 MC1 井最厚，达 303.5m，向 H4 井减薄至 43.5m，是一套有潜力的烃源岩。和什拉甫沉积区达木斯剖面暗色泥岩出露厚度 287.17m，最大层厚 52.2m，许许沟剖面（棋盘）厚 290.1m。暗色碳酸盐岩的厚度中心在麦盖提斜坡的上倾部位，巴什托普油田一带，由于原划为巴楚组有利于生油的生屑灰岩已归入卡拉沙依组，因此造成本套地层暗色碳酸盐岩厚度加厚。其最大厚度在 Q003 井，为 265m，南部和什拉甫剖面厚 181.8m。

下石炭统泥质烃源岩主要分布在和什拉甫组和卡拉沙依组，泥质烃源岩的分布中心有两个，其中之一是在西昆仑山山前，如和什拉甫剖面烃源岩厚度为 285m、库山河剖面厚度为 247m、恰特厄格勒剖面厚度为 82m；下石炭统碳酸盐岩烃源岩总体厚度较薄，烃源岩分布中心在英吉沙一带。

上石炭统包括北部地区的小海子组、西南缘的塔合奇组、阿孜干组和卡拉乌依组。

总体上来看上石炭统泥质烃源岩和碳酸盐岩烃源岩总体厚度较薄，如和什拉甫剖面泥质烃源岩厚度为 31m，碳酸盐岩烃源岩厚 54m；恰特厄格勒剖面主要为碳酸盐岩烃源岩，厚度为 34m；达木斯剖面泥质烃源岩厚度可达 260m，碳酸盐岩烃源岩厚度可达 374.6m；棋盘剖面泥质烃源岩厚度为 68.2m，碳酸盐岩烃源岩厚 320m；莫莫克剖面泥质烃源岩厚度为

53m，碳酸盐岩烃源岩厚 203.6m。

石炭系烃源岩厚度分布特征见图 6-1-1。

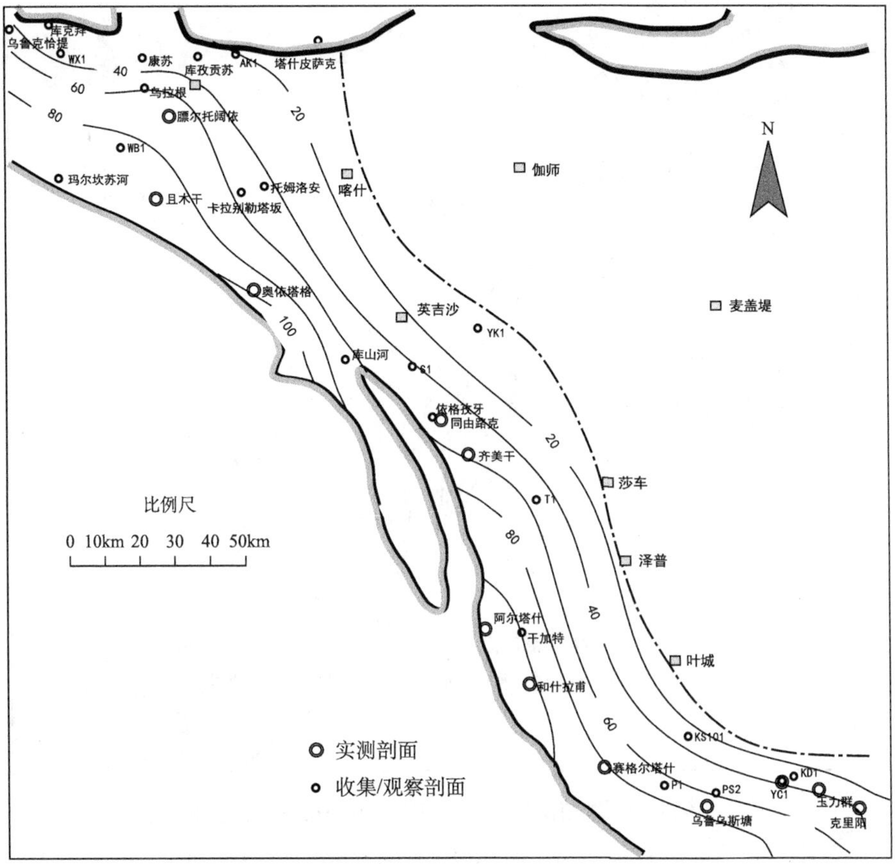

图 6-1-1　塔西南石炭系烃源岩厚度分布（单位：m）

2. 二叠系烃源岩分布特征

二叠系暗色泥岩分布较广，在西南缘较厚、东北部较薄。如 T1 井最厚达 546m；Y1 井厚达 1072m，可能由断裂重复所致；在克孜里奇曼剖面只有 120m。按上述方法推测，在麦盖提斜坡至和田河一带仍有 100 ~ 200m 厚的可能烃源岩分布。但生油凹陷主要分布在南缘西部一线。

由于早二叠世时期，塔西南地区已经开始大规模海退，下二叠统暗色碳酸盐岩在其盆地中分布有限。但在西南缘，沉积克孜里奇曼组时，在考库亚断裂与和田河断裂上盘为海相沉积，因而暗色碳酸盐岩广泛分布，其中克孜里奇曼剖面最厚为 646m，S1 井 348.5m。

下二叠统泥质烃源岩较厚，其分布中心在昆仑山山前的叶城—皮山一带，最厚超过 400m，一般为 150 ~ 300m。碳酸盐岩烃源岩则总体较薄，但分布中心也分布在昆仑山山前的叶城-皮山一带，最大厚度只有 50 余米。

总体而言，二叠系烃源岩主要为下二叠统，上二叠统烃源岩基本不发育（图 6-1-2）。

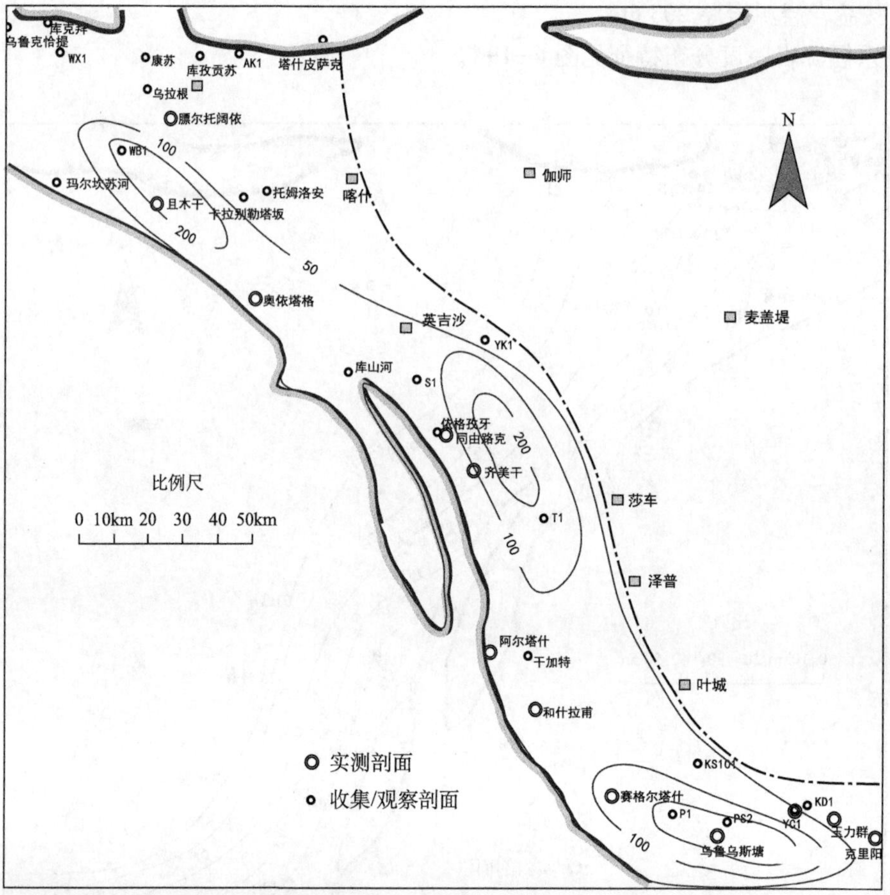

图6-1-2　塔西南二叠系烃源岩厚度分布（单位：m）

3. 侏罗系烃源岩分布特征

侏罗系烃源岩的分布特征为：（1）分布范围向东变小。（2）在西昆仑山山前的分布局限，主要分布在喀什、叶城与和田地区，其分布面积的变化趋势为和田地区小于叶城地区，且叶城地区小于喀什地区。（3）一般靠近山前的沉积相带较差，因此，向北塔西南坳陷内侏罗系的沉积相带是否出现湖相沉积值得注意。（4）西昆仑褶皱带内山间断陷分布于西部，包括昔力必里、齐姆根，厚度大而稳定，上、中、下统沉积齐全，下部砂岩、泥岩夹煤线，上部砂泥岩互层，厚2050～3000m，沉积了康苏组（J_1k）和杨叶组（J_2y）的浅湖—半深湖相烃源岩沉积，在紧邻造山带发育断裂，沉积加厚（图6-1-3）。

西昆仑山山前侏罗系的中、下统分布较局限。暗色泥岩主要集中在中侏罗统的杨叶组和下侏罗统的康苏组。暗色泥岩在露头区乌依塔克剖面厚69.5m，YC1井厚290m，PC1井厚度大于133m。喀什地区主要剖面的侏罗系厚度分别为：库兹贡苏剖面677m、杨叶剖面520.5m、依格孜牙剖面445m、铁热奇克剖面240.3m、和什拉甫剖面68m、杜瓦剖面87m。

中下侏罗统烃源岩分布是沿乌恰—英吉沙的NW－SE向最厚，两侧逐渐减薄。

此外，康苏组（J_1k）中夹有有开采价值的煤层，但凹陷中煤层的分布范围有限，煤层厚度也很薄，一般为 5 ～ 10m；在乌依塔克剖面，煤层厚度仅有 0.1m。与库车坳陷侏罗系 50 多米厚的煤层和吐哈盆地侏罗系 100 多米厚的煤层相比，限制其作为烃源岩的重要性；同时由于康苏组（J_1k）煤层和库车坳陷侏罗系阳霞组的煤层沉积相不同，即前者主要为越岸河流沼泽相沉积，后者主要为湖泊沼泽相沉积，因此二者的生烃潜力也不尽相同。

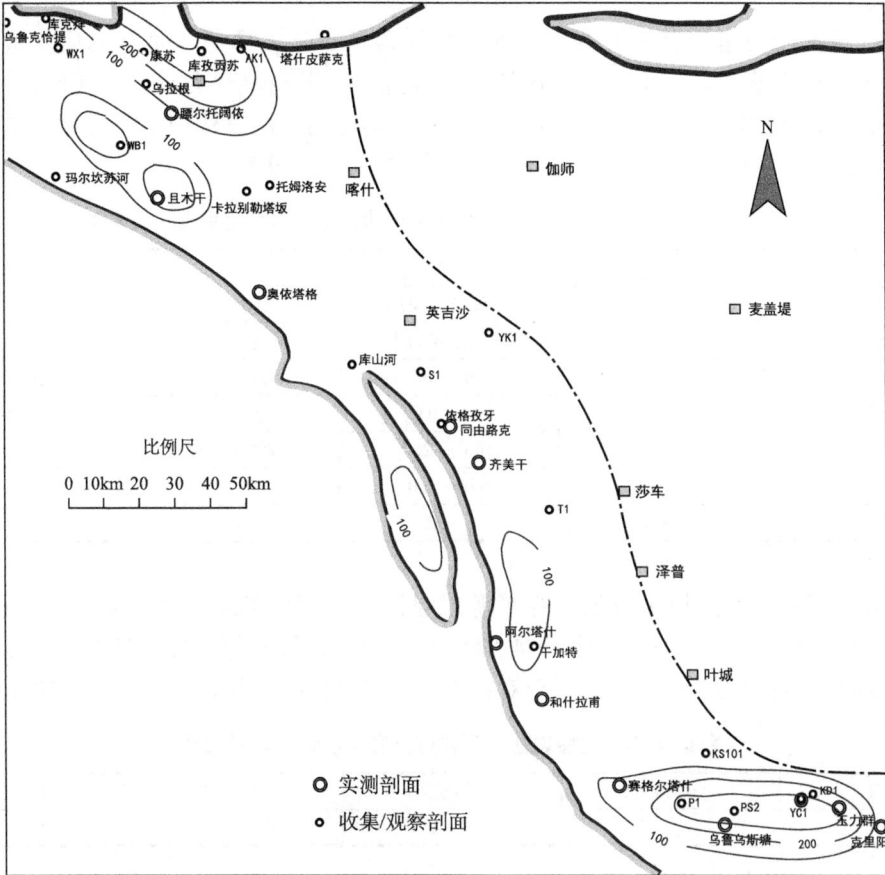

图 6-1-3　塔西南侏罗系烃源岩厚度分布（单位：m）

二、烃源岩有机质丰度

岩石中有机质的数量直接决定着烃类的生成量，因此，精确测定岩石中的有机质数量是评价烃源岩的关键。国内外一直流行的并且目前仍沿用的测定有机质的数量的方法就是直接测定烃源岩的总有机碳含量、可溶有机质含量和总烃含量。研究者还结合烃源岩的其他特征建立了一系列适用于各种不同类型烃源岩的有机质数量指标评价体系。对于一套已生成和释放出足够形成工业性油气聚集的烃源岩来说，所测定出来的有机质含量实际上只是其残余有机质含量，但考虑到转化成烃类的有机质与岩石中的原始有机质相比只是很少的一部分（±3%），所以一般使用岩石中的残余有机质数量近似地代表烃源岩的有机质数量。

作为烃源岩，其有机碳含量的下限值是颇为重要的。中国石油天然气总公司勘探开发研究院将中国陆相泥质生油岩的有机碳含量的下限值定为 0.4%（表 6-1-1）。许多石油地球化学家认为，有机碳最小值为 0.4% 的细粒页岩能够产生足以形成工业性聚集的石油，而对于碳酸盐岩，该有机碳最小值可低至 0.2% 甚至 0.1%（表 6-1-2）。此外，对咸化环境形成的泥质生油岩和泥灰岩，其有机碳含量标准也应适当降低至 0.25% 左右，为此，部分学者还提出了分别适用于泥质岩、煤系地层和碳酸盐岩生油岩的有机碳评价体系（表 6-1-3，表 6-1-4）。

但是，目前所使用的有关烃源岩中的有机质含量实际上都是残余有机质含量。因此，对于那些烃转化率比较高、排烃效率比较高的烃源岩，用残余有机质含量代替其原始有机质含量，必然会造成烃源岩评价中的失误，所以在实际的地质工作中，还应针对具体情况，对有关的指标作一些必要的调整，以使评价工作更接近地质实际。

表 6-1-1   我国陆相烃源岩有机质丰度评价标准表（据黄第藩，1982）

烃源岩级别	好	较好	较差	非烃源岩
岩相	深湖—半深湖	半深湖—浅湖	浅湖—滨湖	河流相
岩性	深灰、灰黑色泥岩	灰色泥岩为主	灰绿色泥岩为主	红色泥岩为主
C，%	> 1.0	1.0 ~ 0.6	0.6 ~ 0.4	< 0.4
氯仿沥青 "A"，%	> 0.1	0.1 ~ 0.05	0.05 ~ 0.01	< 0.01
HC，10^{-6}	> 500	500 ~ 200	200 ~ 100	< 100
S_1+S_2，mg/g	> 6.0	6.0 ~ 2.0	2.0 ~ 0.5	< 0.5
HC/C，%	20 ~ 8	8 ~ 3	3 ~ 1	< 1

肖中尧（1997）总结塔中碳酸岩盐烃源岩时注意到了当 TOC 为 0.2% 时，碳酸岩盐烃源岩的抽提的可溶有机质 "A" 值大约是 100ppm，因此碳酸岩盐烃源岩 TOC 的下限值定位 0.2% 是合理的。在本书中该标准适用于对石炭系、二叠系碳酸盐岩烃源岩的丰度评价。

表 6-1-2   碳酸岩盐烃源岩有机质丰度评价分级标准

分级	非烃源岩	差烃源岩	中等烃源岩	好烃源岩
有机质，%	小于 0.2	0.2 ~ 0.5	0.5 ~ 1.0	大于 1.0

陈建平（1995）和黄第藩等（1996）分别对煤系烃源岩的评价标准进行了深入的讨论，本书采用黄第藩等（1996）的评价标准（表 6-1-3）对塔里木盆地侏罗系烃源岩的生烃潜力进行评价。值得注意的是，虽然评价有机质丰度的常用指标是有机碳、氯仿沥青 A、总烃和热解生烃潜力四项，但后三者与有机碳一般具有很好的正相关关系，因此有机碳和生烃潜力是最常用的源岩评价指标。

煤在侏罗系地层中是很重要的组成部分，而且也是有机质高度富集的主要层段，煤的评价标准应明显高于泥岩的评价标准（表 6-1-4）。在本文煤系烃源岩的丰度评价标准适用于对侏罗系沼泽相烃源岩丰度的评价。

表 6-1-3   含煤地层烃源岩有机质丰度评价标准（据黄第藩等，1996）

烃源岩分级	非烃源岩	差	中等	好	很好
生油潜量 S_1+S_2，kg/t	< 0.5	0.5 ~ 2.0	2.0 ~ 6.0	6.0 ~ 2.0	20.0 ~ 2000.0
TOC，%	< 0.6	0.6 ~ 1.5	1.5 ~ 3.0	3.0 ~ 9.0	9.0 ~ 40
抽提的可溶有机质 "A"，%	< 0.015	0.015 ~ 0.04	0.04 ~ 0.08	0.08 ~ 0.28	0.28 ~ 2.0
烃含量，mg/L	< 60	60 ~ 160	160 ~ 350	350 ~ 800	800 ~ 5000

表 6-1-4 生油煤（TOC=40% ~ 90%）有机质丰度评价标准（据黄第藩等，1996）

烃源岩分级	非烃源岩	差	中等	好	很好
生油潜量，S_1+S_2，kg/t	< 2.0	2.0 ~ 6.0	6.0 ~ 20.0	20.0 ~ 60.0	60.0 ~ 300.0
抽提的可溶有机质"A"，%	< 0.05	0.05 ~ 0.10	0.10 ~ 0.30	0.30 ~ 0.60	0.60 ~ 3.00
烃含量，mg/L	< 160	160 ~ 350	350 ~ 800	800 ~ 1500	1500 ~ 8000

1. 侏罗系烃源岩

中下侏罗统煤系地层是一套较好的生油气源岩，有机质丰度各项指标均达到了中等－好的烃源岩标准，为喀什凹陷的主力生油层（表6-1-5）。与其他西北侏罗系煤系烃源岩相比，同样，喀什凹陷该套煤系烃源岩也具有厚度大、有机质丰度高的特点，从而显示出该煤系地层具有巨大的生油气潜力。

表 6-1-5 喀什凹陷及邻区中下侏罗统烃源岩的有机质丰度统计表（据屈秋平等，2000）

地区	TOC，%	抽提的可溶有机质"A"，%	HC，10^{-6}	$S_1 + S_2$，mg/g	资料来源
喀什凹陷	$\frac{0.04 ~ 6.90}{(1.91/90)}$	$\frac{0.02 ~ 0.31}{(0.147/62)}$	—	—	新疆石油局地调处，1967，1972
	(1.48)	(0.0669)	(321)	—	贵阳地化所，1977
	(1.31/17)	(0.168/11)	(1212/6)	—	地矿部石油综合大队，1979
	$\frac{0.4 ~ 5.0}{(1.48)}$	$\frac{0.01 ~ 0.30}{(0.0669)}$	(321)	(3.0)	石油勘探院地质所 1979，1980
	$\frac{0.41 ~ 5.19}{(1.83/49)}$	$\frac{0.0098 ~ 0.2080}{(0.0753/31)}$	$\frac{70 ~ 1220}{(422/24)}$	$\frac{0.35 ~ 13.68}{(3.56/22)}$	新疆石油局研究院 1988，1991，1994
西南坳陷	$\frac{0.10 ~ 5.19}{(1.64/67)}$	$\frac{0.0013 ~ 0.2624}{(0.06/49)}$	$\frac{32 ~ 1220}{(372/28)}$	$\frac{0.04 ~ 13.68}{(3.71/24)}$	新疆石油局研究院 1988，1991，1994
	(1.77)	(0.0525)	(465)	(2.58)	石油勘探院、塔里木石油勘探开发指挥部，1995
喀什凹陷	$\frac{0.06 ~ 9.55}{(1.64/129)}$	$\frac{0.002 ~ 0.2757}{(0.0512/54)}$	$\frac{12 ~ 875}{(221/53)}$	$\frac{0.02 ~ 10.99}{(1.07/82)}$	西南石油学院，1996
	$\frac{0.04 ~ 4.43}{(1.55/48)}$	$\frac{0.0047 ~ 0.2045}{(0.0592/34)}$	$\frac{33 ~ 1450}{(402/25)}$	$\frac{0.024 ~ 10.65}{(1.80/32)}$	屈秋平等，2000

根据山前中生界露头剖面分析（图6-1-4，图6-1-5），无论是煤系烃源岩（沼泽相）还是湖相烃源岩，各剖面侏罗系烃源岩丰度都较高。除依格孜牙剖面外，主要分布在杨叶组的湖相烃源岩 TOC 均值都大于 1.0%，为高丰度烃源岩；而沼泽相烃源岩主要分布在中下侏罗统，一般为中等—高丰度烃源岩。

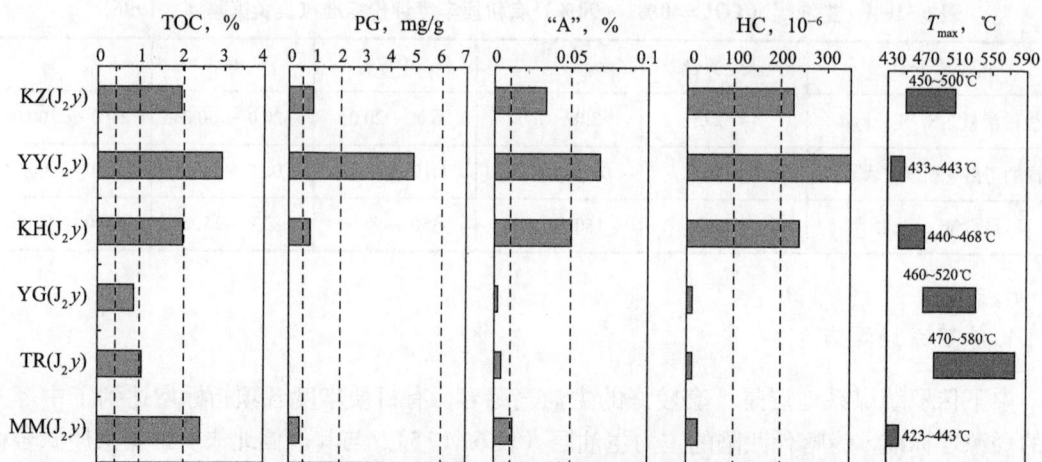

图 6-1-4 塔西南侏罗系湖相烃源岩各剖面平均有机质丰度分布

KZ—库孜贡苏；YY—杨叶；KH—库山河；YG—依格孜牙；TR—铁热克奇克；MM—莫莫克（赛格尔塔什）

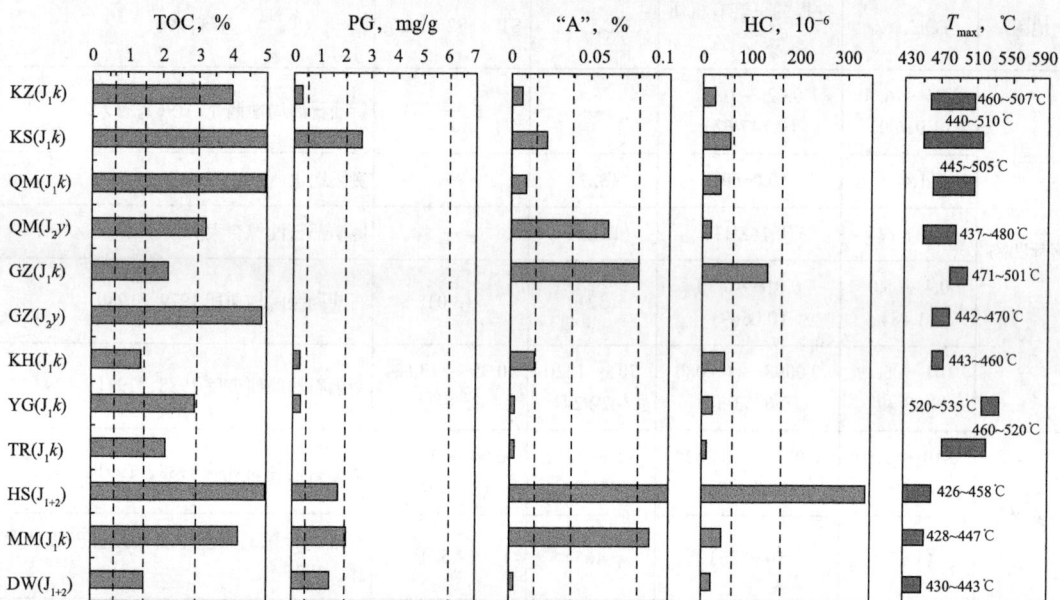

图 6-1-5 塔西南侏罗系沼泽相烃源岩各剖面平均有机质丰度分布

KS—库孜贡苏；KS—康苏；QM—且末干；GZ—盖孜河；KH—库山河；YG—依格孜牙；TR—铁热克奇克；
HS—和什拉甫；MM—莫莫克；DW—杜瓦

为了使对塔西南坳陷侏罗系烃源岩的评价建立在统一的评价标准基础上，采用 TOC 讨论烃源岩的丰度。

烃源岩分布受当时形成的 NNW 向走滑断陷的控制，因此有机质的分布与烃源岩的分布具有相似的特征。侏罗系有机质同样有三个高丰度分布地区，即喀什、叶城与和田。侏罗系烃源岩厚 677m，其中 J_1k 厚 25m；J_2y 厚 652m。

在喀什凹陷南、北缘的山前各有一个有机质丰度的高值区。北缘以库孜贡苏—杨叶一带为中心，向东、西两侧逐渐降低；南缘则以依格孜牙—英吉沙一带为中心，也是向东西两侧逐渐降低。这表明中下侏罗统烃源岩的有机质丰度是随着沉积相带而变化，以半深湖—深水湖相的有机质丰度为最高。从半深水湖相到浅湖、滨浅湖相，有机质丰度逐渐减小，生烃条件逐渐变差。值得注意的是，康苏组烃源岩主要是越岸河流沼泽相沉积形成的炭质泥岩和煤，所以尽管其厚度很薄，但丰度较高。

2. 石炭系和二叠系烃源岩

石炭系、二叠系烃源岩都具有较高的有机质丰度（图 6-1-6），其中二叠系烃源岩一般为中等—高丰度烃源岩；石炭系则一般为高丰度烃源岩，有机质丰度一般大于 1.0%。

但热解生烃潜量（PG）、抽提的可溶有机质（"A"）和总烃（HC）对烃源岩评价的级别要明显低于 TOC 评价的级别，主要原因是成熟度的影响。同侏罗系一样，对石炭系、二叠系烃源岩的评价也采用 TOC 讨论烃源岩的丰度。

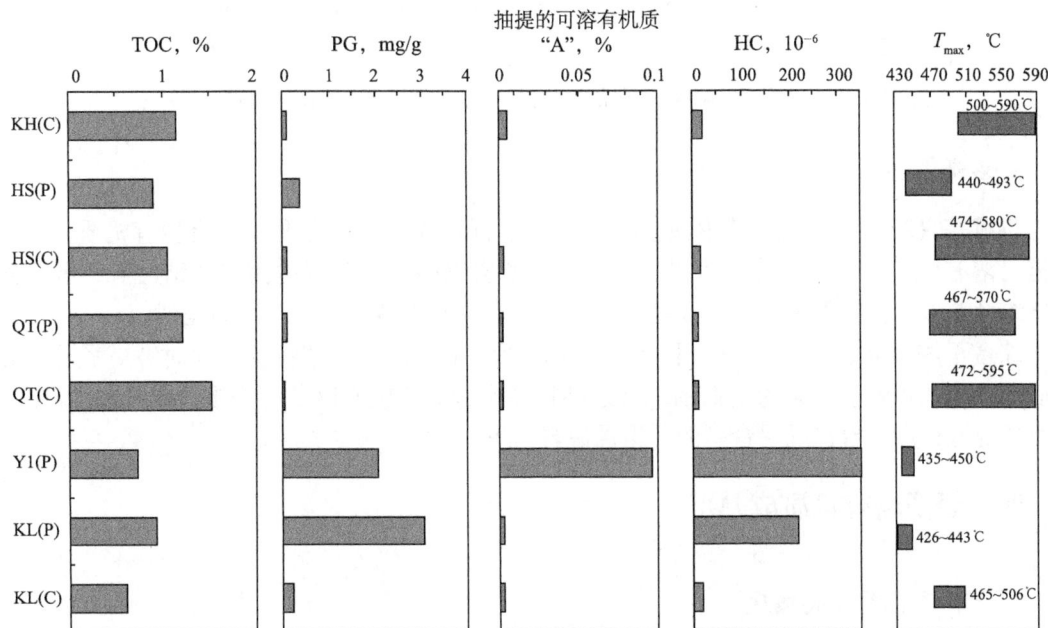

图 6-1-6　塔西南石炭系、二叠系烃源岩各剖面平均有机质丰度分布

KH—库山河；HS—和什拉甫；QT—恰特厄格勒；Y1—阳 1 井；KL—克孜里奇曼

三、烃源岩有机质类型

1. 侏罗系

干酪根元素分析、碳同位素分析及源岩热解特征均表明：塔西南侏罗系杨叶组湖相烃源岩的有机质以 Ⅱ 型为主、Ⅲ 型次之；而中下侏罗统沼泽相烃源岩则主要为 Ⅲ 型有机质（图 6-1-7）。

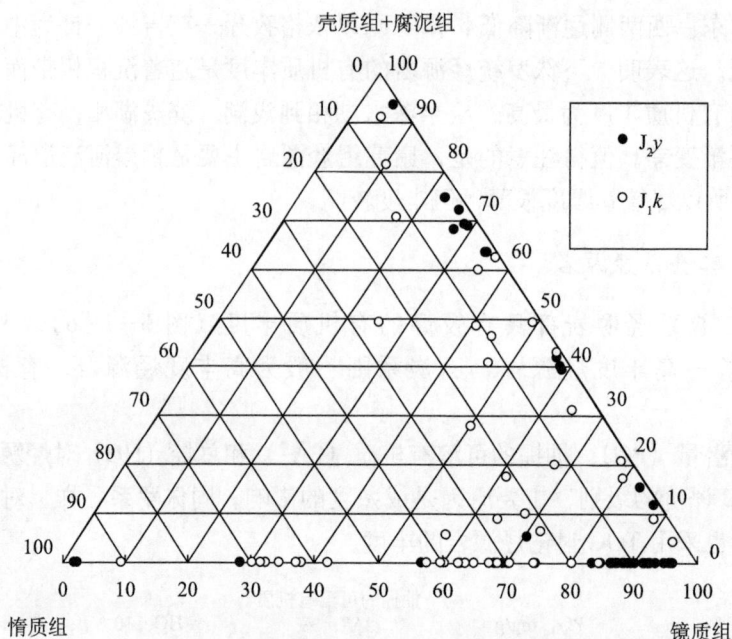

图 6-1-7　喀什凹陷侏罗系烃源岩有机显微组分组成三角图（单位：%）

2. 石炭系和二叠系

杨斌等（2000）根据干酪根镜检结果认为下石炭统烃源岩主要为混合型有机质，同时根据可溶有机质碳同位素值也可得出石炭系烃源岩以腐殖—腐泥型为主的结论；二叠系普司格组烃源岩有机质类型主要为Ⅱ型，但各层段有机质类型分布有一定的差别。

综合干酪根元素分析结果、干酪根碳同位素特征、源岩热解特征，同时考虑烃源岩有机质成熟度的影响后，认为塔西南二叠系湖相烃源岩的有机质以Ⅱ型为主、Ⅰ和Ⅲ型次之；下石炭统海相烃源岩也以混合型的Ⅱ型烃源岩为主。

四、烃源岩有机质成熟度

1. 侏罗系烃源岩成熟度

塔西南各剖面侏罗系烃源岩成熟度从低熟－高熟－过成熟均有，成熟类型多样，正处于生烃较多时期，坳陷中心已处于过成熟阶段。

1）喀什凹陷北缘

总体上喀什凹陷北缘侏罗系烃源岩成熟度从西往东变大，实测 R_o 值见表 6-1-6，由于杨叶剖面处于小型隆起部位，源岩成熟度比康苏河与库孜贡苏剖面偏低。

表 6-1-6　喀什凹陷北缘 R_o 值

	R_o，%	平均值，%
康苏河剖面	0.52 ～ 0.75	0.64
杨叶剖面	0.55 ～ 0.64	0.58
库孜贡苏剖面	0.59 ～ 1.08	0.94

2) 喀什凹陷南缘

喀什凹陷南缘侏罗系烃源岩成熟度主要处于低成熟、成熟、高成熟阶段。各剖面实测 R_o 值见表 6—1—7，由于坳陷深部没有可测定的烃源岩样品，预测烃源岩成熟度会更高，可达过成熟阶段。

3) 叶城凹陷西缘

叶城凹陷东缘只在和什拉甫剖面取到了侏罗系烃源岩，其 R_o 为 0.58% ~ 0.73%，平均值为 0.65%，成熟度处于成熟的初期阶段。

4) 叶城凹陷南缘

叶城凹陷南缘在莫莫克剖面（即赛格尔塔什剖面）和杜瓦剖面都发育有侏罗系烃源岩。有机成熟度都不高，处于成熟的初期阶段。其中莫莫克剖面的康苏组 R_o 为 0.53% ~ 0.75%，平均值为 0.60%；杨叶组 R_o 为 0.47% ~ 0.67%，平均值为 0.57%。杜瓦剖面侏罗系 R_o 为 0.49% ~ 0.75%，平均值为 0.59%。

表 6—1—7　喀什凹陷南缘 R_o 实测值

层位 剖面	康苏组		杨叶组	
	R_o，%	平均值，%	R_o，%	平均值，%
且莫干	0.55 ~ 0.65	0.61	0.65	
盖子河	0.56 ~ 0.75	0.62		
库山河	0.68 ~ 0.73	0.71	0.63 ~ 0.67	0.65
铁热克奇克	1.64 ~ 2.04	1.88	1.59 ~ 1.70	1.65
依格孜牙	1.62		1.25 ~ 1.63	1.50

2. 石炭—二叠系烃源岩成熟度

石炭—二叠系烃源岩在叶城凹陷西缘和南缘出现，其中叶城凹陷西缘成熟度较高，为海相沉积；南缘成熟度较低，属湖相沉积。各剖面 R_o 实测值见表 6—1—8。恰特厄格勒剖面卡拉乌依组 R_o 为 1.84%；和什拉甫剖面二叠系烃源岩和石炭系烃源岩成熟度差别较大，前者处于低成熟阶段，后者处于高熟阶段。而克孜里其曼剖面的石炭系烃源岩有机碳含量太低，为非烃源岩，T_{max} 分析平均值为 454℃。克孜里其曼组 T_{max} 平均值为 437℃，烃源岩处于成熟阶段。

表 6—1—8　叶城凹陷石炭—二叠系 R_o 值

		恰特厄格勒	和什拉甫剖	阳 1 井	克孜里其曼
棋盘组	R_o，%	1.56	0.64 ~ 0.81	0.62	
	平均值，%		0.74		
克孜里奇 曼组	R_o，%		0.71 ~ 0.74		0.59 ~ 0.64
	平均值，%		0.73		0.62
塔哈奇组	R_o，%	1.59 ~ 1.64	1.68		
	平均值，%	1.61			
卡拉乌依组	R_o，%	1.84			
	平均值，%				
和什拉甫组	R_o，%	1.71 ~ 1.74	1.66 ~ 1.85		
	平均值	1.73	1.73		

五、主要烃源岩生烃史分析

1. 喀什凹陷

喀什凹陷北缘（库孜贡苏剖面）中侏罗统底部烃源岩在白垩系中期进入成熟阶段，即 $R_o=0.7\%$；在古近纪末 R_o 值为 0.80%，新近纪 R_o 值可达 1.0% 左右，处于生油高峰期。根据实测值中侏罗统杨叶组 R_o 值在 1.0% 左右；更新世以来，地层强烈抬升剥蚀，侏罗系烃源岩始终处于上新世末期的成熟程度。从实测的镜质组反射率看出，库兹贡苏剖面侏罗系烃源岩镜质组反射率值是凹陷北缘几个实测剖面中最高的，康苏剖面和杨叶剖面侏罗系实测 R_o 值只有 0.6% 左右。

喀什凹陷中心的人工井点烃源岩热演化模拟结果表明，中侏罗统底在古近纪末一般处于未成熟—低成熟阶段，由于上新统阿图什组和西域组的巨厚沉积（厚度分别可达 2000m 以上和 6000m 以上），使西域组沉积中心的 R_o 值达到 2.5% 以上，从而使中侏罗统很快进入高—过成熟阶段，以生气为主。

喀什凹陷西南缘以库山河、且木干和盖孜河剖面为代表，侏罗系的镜质组反射率均很低，多为 0.6% 左右。从沉积埋藏史和生烃史图上可以看出，且木干剖面的中下侏罗统在古近纪末未进入生油窗，而到了新近纪才进入生油窗，因此现今的成熟度基本反映的是中新世末的成熟度。盖孜河剖面侏罗系生烃史与盖孜河相似，现今镜质组反射率值反映其处于低成熟阶段。

库山河剖面发育有石炭系、侏罗系、白垩系和新生界的沉积，实测剖面石炭系未见底（库山河组）。石炭系烃源岩主要发育于下石炭统的中上部，烃源岩在白垩纪早期进入生油窗，古近纪达生油高峰期，新近纪末进入高成熟阶段，以生气为主。现今下石炭统中上部实测镜质组反射率主要分布于 1.4% ~ 1.6%。而库山河剖面中下侏罗统烃源岩主要在古近纪末进入生油窗，新近纪末达低成熟阶段，现今实测镜质组反射率为 0.64% ~ 0.73%，反映的是新近纪末的成熟度。

2. 齐姆根凸起

以依格孜牙和铁热克奇克两条典型剖面为代表。依格孜牙剖面中侏罗统底部（杨叶组底部）烃源岩在白垩纪中期进入成熟阶段，此时 $R_o=0.7\%$；由于白垩系地层沉积后又遭受严重剥蚀，剥蚀厚度可达 1000 余米，所以直到渐新世末期，中侏罗统底部 R_o 值也只有 0.8% 左右；由于中新统和更新统的巨厚沉积，使中侏罗统底 R_o 值达到 2.0% 以上。值得注意的是齐姆根凸起和喀什凹陷周缘露头区中侏罗统底在渐新世末 R_o 值差别不大，但齐姆根地区新近系沉积厚度大于喀什凹陷周缘露头区，因此现今依格孜牙剖面侏罗系烃源岩主要处于高—过成熟阶段，而北部库孜贡苏剖面侏罗系烃源岩主要处于成熟—高成熟阶段。

铁热克奇克侏罗系生烃史与依格孜牙相似，只是中白垩世以后受到持续的埋藏作用，成熟度一直处于增加的过程，中新世晚期抬升剥蚀，现今侏罗系测得的镜质组反射率（J_2 为 0.6% ~ 0.7%，J_1 主要为 1.9% ~ 2.0%）基本反映中新世的成熟度。

3. 叶城凹陷西缘

叶城凹陷西缘以和什拉甫、炮江沟和恰特厄格勒三条剖面为代表，三条剖面的烃源岩生烃史具有一定的相似性。下石炭统烃源岩主要在二叠纪进入生油窗，但进入生油高峰期是在中新世。到了中新世晚期，下石炭统烃源岩进入了高成熟演化阶段，以生凝析油为主，如和什拉甫、恰特厄格勒剖面实测镜质组反射率均值分别为 1.72%（1.66% ~ 1.85%，10 个样品）和 1.83%（1.71% ~ 2.04%）。

上石炭统烃源岩中生代时主要处于低成熟阶段，古近纪末 R_o 主要为 0.6% ~ 0.7%，晚中新世可能进入成熟和高成熟阶段，以生成凝析油和湿气为主。

二叠系烃源岩古近纪末处于未成熟演化阶段，中新世末期很快进入到成熟和高成熟演化阶段，现今成熟度 R_o 多大于 1.2%，部分可达 1.5% ~ 1.6%。

侏罗系烃源岩在受到中新世巨厚沉积埋藏以后，进入生油窗，中新世末期烃源岩达最高成熟阶段，现今实测镜质组反射率主要分布于 0.6% ~ 0.7%，反映当时烃源岩处于低成熟阶段。

4. 叶城凹陷南缘

以莫莫克、阳 1 井、克孜里奇曼和杜瓦剖面为代表，烃源岩成熟度的普遍特征是现今的成熟度较低。克孜里奇曼剖面侏罗系现今处于未成熟阶段，镜质组反射率低于 0.5%。杜瓦剖面和莫莫克剖面侏罗系烃源岩现今实测镜质组反射率值主要分布于 0.55% ~ 0.66%，处于低成熟演化阶段。

克孜里奇曼和阳 1 井二叠系烃源岩现今成熟度较低，R_o 主要分布于 0.5% ~ 0.8%，主要反映新近纪最大埋深的成熟度。由于新近纪在塔西南坳陷的南缘沉积厚度较薄，现今二叠系烃源岩成熟度与古近纪有效差别不大。

相对而言，杜瓦剖面下二叠统底现今成熟度较高。古近纪末二叠系烃源岩主要处于未成熟阶段，底部可达低成熟阶段。杜瓦剖面新近系的沉积较阳 1 井厚，成熟度增大较快，下二叠统底 R_o 最高可达 1% 左右，但上二叠统主要处于低成熟的演化阶段。

5. 叶城凹陷内部

以 KS1 井为例，侏罗系烃源岩古近纪末还处于未成熟阶段，侏罗系底在新近纪早期进入生油窗，新近纪中新统和阿图什组近 6000m 的沉积使侏罗系烃源岩快速进入成熟阶段，现今烃源岩主要处于成熟阶段的晚期，侏罗系底成熟度 R_o 可达 1.3% 左右，由于侏罗系烃源岩类型较差、生油窗提前，主要以生凝析油和湿气为主。

二叠系烃源岩上下统的演化史差别较大。上二叠统在古近纪末才进入到生油窗，现今 R_o 只有 1.3% ~ 1.5%。下二叠统烃源岩在二叠纪晚期就进入到生油窗，古近纪末进入成熟阶段，R_o 可达 0.8% 以上，新近纪末下二叠统烃源岩 R_o 可达 1.6% ~ 2.3%，处于高成熟到过成熟演化阶段，以生气为主。

上石炭统烃源岩主要在二叠纪末期进入生油窗，古近纪进入生油高峰期，新近纪末 R_o 快速增大到 2.3% ~ 2.6%。下石炭统烃源岩在晚石炭世至早二叠世进入生油窗，二叠纪末进入生油高峰期，古近纪末下石炭统上部处于成熟的生油阶段，下部为凝析油和湿气的生成阶段。新近纪末 R_o 达 2.3% ~ 3.3%。

六、油气资源量

对塔西南地区资源量贡献较大的三个生油层系是下石炭统、二叠系和侏罗系，均为泥质烃源岩，所有层系碳酸盐岩的生烃量均较小。其中上石炭统无论是泥岩还是碳酸盐岩生烃量均较低。塔西南地区所有层系和类型烃源岩的生烃量为 $2437.33 \times 10^8 t$（图 6-1-8）。

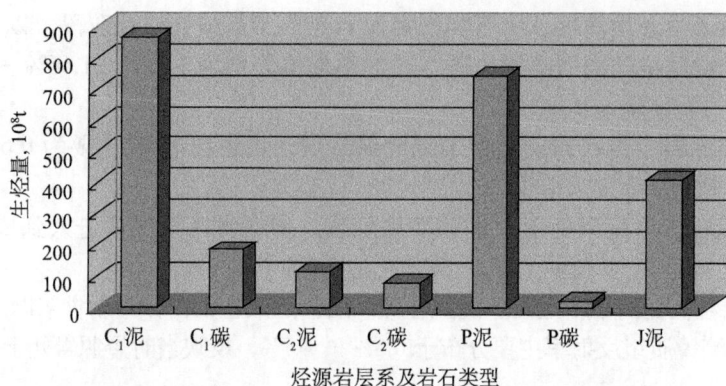

图 6-1-8 西南地区不同层系及岩石类型烃源岩生烃量对比

从计算的资源量看，塔西南地区侏罗系资源量远低于库车坳陷中生界烃源岩的资源量，前者侏罗系油气资源量分别为 $1.88 \times 10^8 t$ 和 $2.32 \times 10^8 t$，后者油气资源量分别为 $4 \times 10^8 t$ 和 $22.3 \times 10^8 t$，中生界资源量的差别主要原因在于塔西南地区侏罗系烃源岩分布范围较库车坳陷小，且烃源岩厚度较库车坳陷薄，库车坳陷中生界三叠系和侏罗系烃源岩累计厚度最大可达 1000m 以上，而塔西南地区只有在喀什凹陷的库兹贡苏以南烃源岩最大厚度达 600m。

七、烃源岩综合评价

塔西南昆仑山山前坳陷分布有下石炭统、上石炭统、下二叠统和中下侏罗统等多套烃源岩，但从烃源岩分布的范围、厚度、丰度和生烃量、资源量来看，塔西南昆仑山山前坳陷以下石炭统、下二叠统和中下侏罗统烃源岩为主，其主要特征如下。

1. 下石炭统烃源岩

（1）分布范围广，厚度大：塔西南昆仑山山前坳陷下石炭统烃源岩分布范围广、厚度较大，如下石炭统泥质烃源岩一般厚度为 100 ～ 200m，碳酸盐岩烃源岩则一般只有 100m 左右。

（2）丰度高：下石炭统烃源岩 TOC 值为 0.33% ～ 7.52%，各剖面均值为 1.05% ～ 1.53%，属高丰度烃源岩。

（3）类型较好：烃源岩地球化学特征和有机岩石学研究表明，下石炭统主要表现为混合型母质的输入特征，为Ⅱ型烃源岩。

（4）成熟度高：塔西南山前坳陷内各剖面一般处于高—过成熟阶段，但模拟计算的坳陷内的烃源岩则处于过成熟阶段。

（5）资源总量大：塔西南昆仑山山前坳陷下石炭统烃源岩具有最大的生烃量和资源量，分别为 $1053.4 \times 10^8 t$ 和 $9.48 \times 10^8 t$，分别占总生烃量和总资源量的 43.2% 和 42.34%；下石炭统烃源岩具有最大的生气量和气资源量，分别是 $742.48 \times 10^8 t$（当量）和 $5.74 \times 10^8 t$（当量），分别占总生气量和总气资源量的 43.8% 和 42.33%。

2. 下二叠统烃源岩

（1）分布范围广，厚度大：下二叠统烃源岩在塔西南山前坳陷地区广泛分布，且厚度较大，如下二叠统泥质烃源岩一般厚度为 150 ～ 300m，叶城地区一般大于 300m，最厚可达 400 余米；碳酸盐岩烃源岩则一般小于 50m。

（2）丰度较高：下二叠统烃源岩 TOC 值为 0.33% ~ 4.19%，各剖面和井均值为 0.73% ~ 1.22%，属中等—高丰度烃源岩。对于阳 1 井二叠系烃源岩来说，由于其处于较低的成熟阶段，按照热解生烃潜能（PG）和可溶有机质丰度评价标准可以得出相似的评价结论。

（3）类型较好：多种烃源岩地球化学手段和有机岩石学研究都表明下二叠统主要表现为混合型母质的输入特征，为 Ⅱ 型烃源岩。

（4）成熟度较高：除阳 1 井和克孜里奇曼剖面下二叠统烃源岩处于较低的成熟阶段外，塔西南昆仑山山前各剖面二叠系烃源岩一般处于高成熟阶段，模拟计算表明在叶城一带二叠系烃源岩则处于过成熟阶段。

（5）资源总量较大：塔西南昆仑山山前坳陷下二叠统烃源岩具有较大的生烃量和资源量，分别为 $768.64 \times 10^8 t$ 和 $7.93 \times 10^8 t$，分别占总生烃量和总资源量的 31.55% 和 35.33%；下二叠统烃源岩具有较大的生气量和气资源量，分别是 $515.07 \times 10^8 t$（当量）和 $4.33 \times 10^8 t$（当量），分别占总生气量和总气资源量的 30.39% 和 34.17%。

3. 中下侏罗统烃源岩

（1）分布范围较为局限，厚度大：中下侏罗统烃源岩主要分布在塔西南昆仑山山前坳陷的喀什凹陷，其次为叶城地区与和田地区；烃源岩厚度大，在喀什凹陷一般为 200 ~ 400m，最厚可达 600 多米，在叶城地区一般为 100 ~ 200m。烃源岩岩性主要为发育在杨叶组的湖相泥岩和发育在康苏组的炭质泥岩，并且以杨叶组湖相烃源岩为主。

（2）丰度高：以沼泽相为主的烃源岩 TOC 值为 0.23% ~ 23.68%，各剖面均值为 2.09% ~ 8.36%，按照沼泽相烃源岩的评价标准，其属较高—高丰度烃源岩；以湖相为主的烃源岩 TOC 值为 0.3% ~ 11.89%，各剖面均值为 0.86% ~ 2.96%，基本上属于高丰度烃源岩。值得注意的是，杨叶剖面处于低成熟烃源岩，其热解生烃潜能（PG）和可溶有机质丰度分别是 4.89mg/g 和 0.0688%，即有机质丰度达到了好—很好的水平。

（3）类型较差：多种烃源岩地球化学手段和有机岩石学研究表明，杨叶组湖相主要表现为混合型母质的输入特征，为 Ⅱ 型烃源岩，其次为 Ⅲ 型烃源岩；沼泽相烃源岩则主要表现为以高等植物输入为特征的 Ⅲ 型烃源岩。

（4）成熟度较高：在喀什凹陷除杨叶剖面侏罗系烃源岩处于低成熟阶段外，喀什凹陷南缘各剖面处于成熟—高成熟阶段，北缘各剖面则主要处于高—过成熟阶段，而模拟计算表明在古近系、新近系沉积中心的侏罗系烃源岩现今主要处于过成熟阶段。

（5）资源总量较大：塔西南山前坳陷中下侏罗统烃源岩具有较大的生烃量和资源量，分别为 $413.26 \times 10^8 t$ 和 $4.2 \times 10^8 t$，其分别占总生烃量和总资源量的 16.96% 和 17.94%；同时中下侏罗统烃源岩具有较大的生气量和气资源量，分别是 $287.59 \times 10^8 t$（当量）和 $2.32 \times 10^8 t$（当量），其占总生气量和总气资源量的 16.97% 和 17.11%。

综上所述，对于塔西南山前坳陷油气源条件有以下几点认识：

首先，塔西南山前坳陷分布有下石炭统、上石炭统、下二叠统和中下侏罗统等多套源岩，但从烃源岩分布的范围、厚度、丰度和生烃量、资源量来看，塔西南山前坳陷以下石炭统、下二叠统和中下侏罗统烃源岩为主，这三套烃源岩的资源量和气资源量分别占总资源量和总气资源量的 95.61% 和 93.61%。

其次，塔西南坳陷以下石炭统、下二叠统和中下侏罗统烃源岩为主，且总体上来看下石炭统的贡献最大，其次为下二叠和中下侏罗统；并且各个地区这三套烃源岩的贡献有别，如在喀什地区，由于侏罗系烃源岩厚度大，而使该地区的贡献以中下侏罗统和下石炭统为主。

最后，塔西南坳陷资源丰富、以气为主。塔西南坳陷总资源量为 $23.41 \times 10^8 t$，其中天然气资源量和原油资源量分别是 $13.56 \times 10^8 t$（当量）和 $9.85 \times 10^8 t$。值得注意的是，这三套烃源岩都以混合型烃源岩为主，煤系烃源岩在侏罗系中并不发育，由于其处于高—过成熟阶段，在晚近期仍主要生成气相产物。同时应该重视早期聚集的未被破坏的油藏勘探。

第二节　盖层特征及生储盖组合

根据塔西南地区岩性特征和典型油气藏盖层分析，将塔西南坳陷的盖层按其岩性和质量的优劣分为四类；根据喀什凹陷地区岩石类型及其组合特征，按岩石类型定性分类的方法对其评价和分类，将本研究区内的盖层分为四类：

Ⅰ类盖层：石膏岩，封闭能力最好，分布范围广，全区基本上都有分布，以同由路克、阿尔塔什地区最厚，达 $500 \sim 600m$。孔渗性最差，排驱压力大，具有很好的可塑性，一般不易破裂产生裂缝。同时能够充填相邻的其他岩类的裂缝系统，提高相邻的其他岩石类型盖层的封盖能力。石膏岩（Ⅰ类）主要分布于古近系阿尔塔什组，是研究区内最好的区域性盖层。

Ⅱ类盖层：泥岩和膏泥岩，封闭能力良好，孔渗性较差、排驱压力较大。泥岩、膏泥岩（Ⅱ类）盖层主要分布于上白垩统库克拜组、乌依塔克组和古近系齐姆根组及卡拉塔尔组。

Ⅲ类盖层：粉砂质泥岩，泥质粉砂岩，封闭能力较好，全区均有分布，排驱压力较低。Ⅲ类盖层主要分布在上白垩统吐依洛克组、古近系乌拉根组、巴什布拉克组、新近系克孜洛依组、安居安组及帕卡布拉克组。

Ⅳ类盖层：致密碳酸盐岩。封闭能力较差。相对其他岩类盖层渗透性较好，岩石可塑性差，排驱压力低。Ⅳ类盖层主要分布在上白垩统依格孜牙组、古近系卡拉塔尔组。

另外根据盖层的分布情况和所起的作用，又分为区域性盖层、直接盖层和隔层三大类。区域性盖层指厚度较大（蒸发岩 > 30m，泥、页岩 > 50m）、分布连续、大范围内存在的盖层。直接盖层为较稳定的地区性分布的盖层。隔层一般横向稳定性差，不能使油气水分隔成一独立的油气藏，只能起局部分隔作用。

一、膏岩类盖层

这类盖层包括石膏、膏质云岩和膏质泥岩。膏岩类地层比泥质岩具有更高的排驱压力，具有更好的封隔性。塔西南地区白垩系－新近系发育上白垩统－古近系和新近系三套地层不同程度发育膏岩盖层，特别是上白垩统－古近系海相地层可作为区域性盖层。

上白垩统－古近系：阿尔塔什组（E_1a）是坳陷中一套较纯的膏岩地层，分布于和田河以西和色力布亚以南地广大地区，在西南缘昆仑山山前最厚达 600m。乌拉根组（E_2w）和卡拉塔尔组（E_2k）也夹有石膏，但厚度和横向稳定性都不及阿尔塔什组。上白垩统和古近系除了纯石膏岩盖层发育外，膏质泥岩盖层在吐依洛克组（K_2t）、乌依塔克组（E_2k）、齐姆根组（$E_{1-2}q$）、巴什布拉克组（$E_{2-3}b$）中有不同程度的发育。柯克亚背斜深部卡拉塔尔组油气藏即为该套盖层遮挡。这套区域性盖层的分布特征为西南厚、东北薄。

二、泥质岩盖层

泥质岩类盖层是最常见的盖层类型，该类盖层无论在纵向上还是在横向上都最为发育，分布也最广，各系地层内均有发育。

1. 古近系泥质岩盖层

下部泥质岩主要分布在齐姆根组和乌拉根组，为灰绿色和紫红色泥岩、粉砂质泥岩，累计厚度和单层厚度都较大，是古近系下部储层的直接盖层。而上部的巴什布拉克组盖层为红色泥岩、粉砂质泥岩，常与泥质粉砂岩和细砂岩互层产出，盖层累计厚度一般大于200m，最大单层厚度可达数十米，是塔西南地区的区域性盖层，区内古近系 R_o 在 $0.5\% \sim 1.0\%$，处于封隔性好的时期。

2. 新近系盖层

新近系泥质岩盖层主要发育于中新统。但在山前地带，由于受不同的扇体控制，同一层位的地层在横向上岩相变化极大。盖层主要发育于中新统的克孜洛依组的上部，安居安组和帕卡布拉克组的不同层位也有发育。一般是泥岩和砂岩互层产出。泥质岩累计厚度很大，可以作为新近系克孜洛依组储层的直接盖层和古近系及以下地层内储层的地上覆盖层。新近系盖层区域上稳定且厚度大，是较好的区域性盖层。有机质成熟度在山前及凹陷区小于1%，处于封盖性好的阶段。

三、致密岩类盖层

该类盖层包括致密碳酸盐岩类和致密砂岩类。研究区内上白垩统及古近系均有厚度不等的碳酸盐岩发育，大部分岩石的物性较差，但区内碳酸盐岩地层受构造作用力较强，一般均有裂缝产生，因此碳酸盐岩仅能起局部性盖层或直接盖层的功能。在山前坳陷地带受构造作用的强烈挤压的地层内的砂岩、粉砂岩被高度压实后，其孔隙又被碎屑颗粒的次生加大所充填，致使部分砂岩和粉砂岩变得十分致密，在一定条件下起到盖层作用。

四、生储盖组合

根据生储盖三者之间的空间配置关系和在沉积时间上的连续性，可认为塔西南昆仑山山前地区白垩系—古近系生储盖组合为间断型组合。

间断型组合是指生储盖在时间上不连续、空间上相邻或不相邻，生油层与储集层靠不整合面、断层接触或沟通的，或依靠间断面之上的盖层阻挡烃类散失，这种组合主要分布在中、新生界的生储盖组合中（图6-2-1）。

烃源岩、储集岩与盖层之间常有断层相隔，烃源岩生成的油气可以断层为主要通道运移到断层的上盘或储集岩依靠断层上盘地层封盖，均为断层型生储盖组合。

区内断裂发育，断距大，延伸长，特别是逆掩推覆断层覆盖面积大，极易构成这一组合，断层作为运移通道可以沟通不同地层生油层、储集层及盖层间的联系，油气能借断层作长距离运移，使沉积层序相差很远的地层相互结合。如新近系地层储集性很好，但缺乏油源；侏罗系烃源岩较好但缺乏储层，石炭—二叠系烃源岩埋藏太深等，断层型组合能很好地解决这些问题使新近系储层捕获不同时代烃源岩产生的油气，聚集在储层物性好而埋深浅的部位，因此这一形式的组合是油气勘探十分重要的组合形式。目前勘探实践证明在塔西南昆仑山山前地区生储盖组合主要为这种间断生储盖组合。

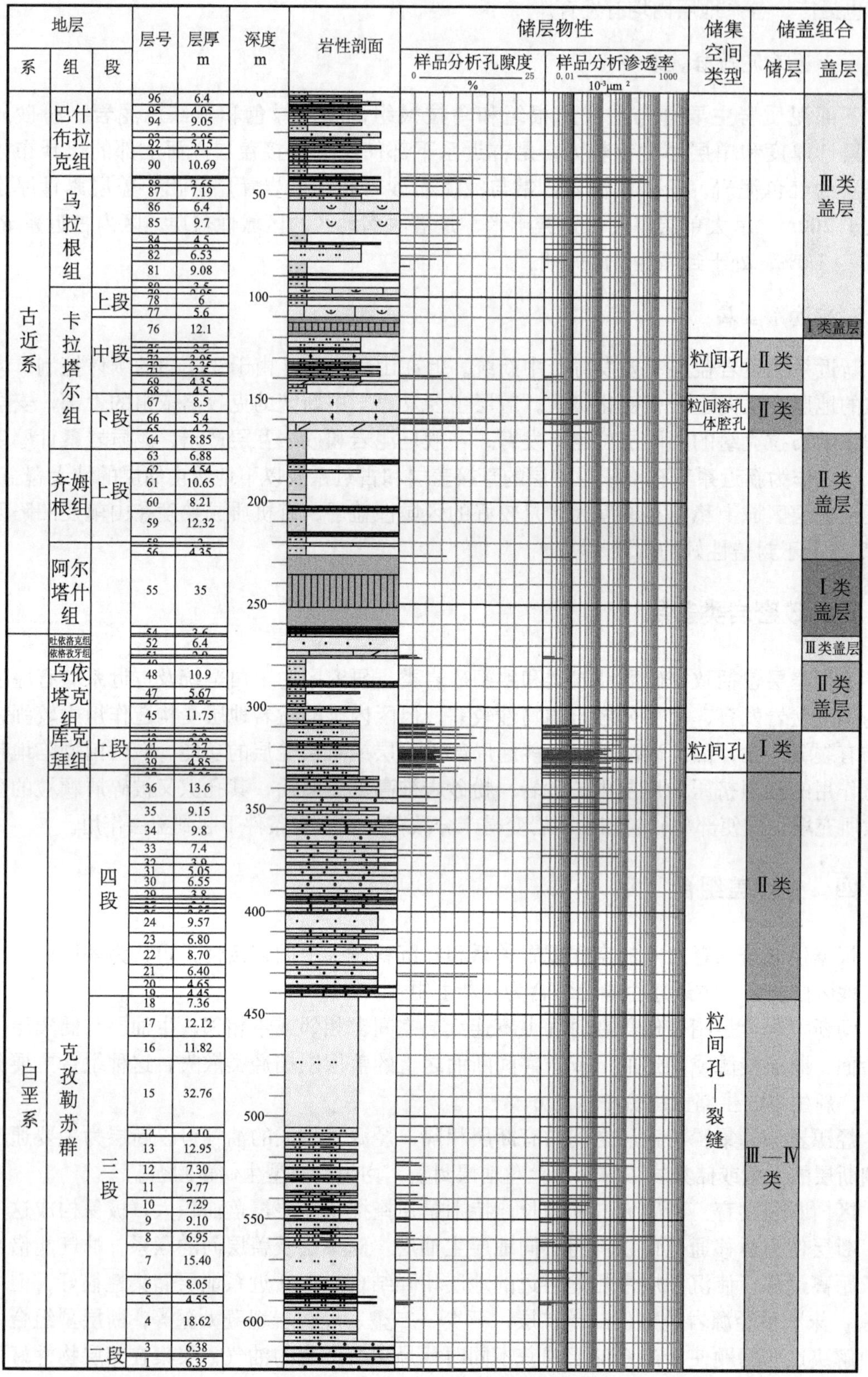

地层			层号	层厚 m	深度 m	岩性剖面	储层物性		储集空间类型	储盖组合	
系	组	段					样品分析孔隙度 0—%—25	样品分析渗透率 0.01—10⁻³μm²—1000		储层	盖层
古近系	巴什布拉克组		96	6.4							
			95	4.05							
			94	9.05							Ⅲ类盖层
			93	3.06							
			92	5.15							
			90	10.69							
	乌拉根组		88	2.65	50						
			87	7.19							
			86	6.4							
			85	9.7							
			84	4.5							
			82	6.53							
			81	9.08							
	卡拉塔尔组	上段	80	3.5	100						
			79	3.06							
			78	6							
			77	5.6							Ⅰ类盖层
		中段	76	12.1						粒间孔	Ⅱ类
			75	2.2							
			73	3.06							
			72	2.2							
			69	4.35							
			68	4.5							
		下段	67	8.5	150					粒间溶孔—体腔孔	Ⅱ类
			66	5.4							
			65	4.2							
			64	8.85							
	齐姆根组	上段	63	6.88							
			62	4.54							
			61	10.65							Ⅱ类盖层
			60	8.21	200						
			59	12.32							
			56	4.35							
	阿尔塔什组		55	35	250						Ⅰ类盖层
			54	2.6							
	吐依洛克组 依格孜牙组		52	6.4							Ⅲ类盖层
	乌依塔克组		48	10.9							Ⅱ类盖层
			47	5.67							
			45	11.75	300						
	库克拜组	上段	41	3.3						粒间孔	Ⅰ类
			40	2.7							
			39	4.85							
白垩系	克孜勒苏群	四段	36	13.6							
			35	9.15	350						
			34	9.8							
			33	7.4							
			31	5.05							Ⅱ类
			30	6.55							
			29	2.9							
			24	9.57	400						
			23	6.80							
			22	8.70							
			21	6.40							
			20	4.65							
			18	7.36						粒间孔—裂缝	
			17	12.12	450						
			16	11.82							
		三段	15	32.76							Ⅲ—Ⅳ类
			14	4.10	500						
			13	12.95							
			12	7.30							
			11	9.77							
			10	7.29							
			9	9.10	550						
			8	6.95							
			7	15.40							
			6	8.05							
			5	4.55							
			4	18.62	600						
		二段	3	6.38							
			1	6.35							

图 6-2-1　塔西南昆仑山山前地区储盖组合示意图（克里阳地区为例）

第三节 区带评价与目标优选

一、油气藏及油气显示

塔西南山前坳陷油气显示活跃，在多个层系发现了油气藏和油气显示（图6-3-1，表6-3-1）。

表6-3-1 塔西南坳陷油气藏和油气显示点有关资料

	编号	名称	储层层位	备注
油气藏	1	柯克亚油田	西河甫组（N_1x）	原油 1623×10^4t，凝析油 1545×10^4t，天然气 324×10^8m³
			卡拉塔尔组（E_2k）	凝析油 111.8×10^4t，天然气 59.9×10^8m³
	2	AK1井	K	中途测试日产气 14×10^4m³
油气显示点	3	巴什布拉克	K，N_1	油苗
	4	库兹贡苏	J	油苗
	5	克孜洛依	N_1	油苗
	6	乌恰	E	油苗
	7	杨叶	J，K_1，N_1	油苗
	8	盐场	E，N_1	油苗
	9	克拉托	中新统	气苗；油苗：相当油产量为100L/d
	10	明遥路	N_1	气苗
	11	莫莫克	N_1	油苗
	12	玉力群	E	油苗，气苗
	13	克里阳	K，E	油砂
	14	桑株	E	油苗，气苗，地蜡
	15	沙里塔什	J	油苗
	16	和什拉普	C_2	油显示
	17	炮江沟	C_2，P_1	沥青
	18	达木斯	C_1	油苗，沥青
	19	克孜里奇曼	P	油苗，沥青
	20	阿其克	D_3q	油苗

叶城凹陷目前已发现的油气田和油气显示主要分布于柯克亚背斜构造和靠近铁克里克深大断裂以北的第一排构造带上，油气除柯克亚油田外，尚有油、气、沥青等直接显示，也有降解油和沥青共生及地蜡的间接显示。叶城凹陷油气苗显示分布的层位较广，如桑株构造在古近系泥岩及白色凝灰岩中发现地蜡沿裂缝呈脉状分布，并与硫磺伴生，克里阳背斜白垩系下部有油浸砂岩分布，在玉力群背斜第四系下部及古近系岩石裂缝中发现有液体

原油和沥青。

在塔西南山前地带的古生界地层中，在和什拉甫剖面下石炭统顶部的石灰岩中发现有黄色油迹和油膜，并有浓的油味，这些油气显示具有自生自储的特征。石炭系这种油气显示表明石炭系地层具有一定的生烃能力，为在塔西南石炭系油源提供了直接的证据。除此以外，在达木斯、玉力群、阿其克的石炭系和克孜里奇曼的二叠系地层中也有油苗和沥青显示。

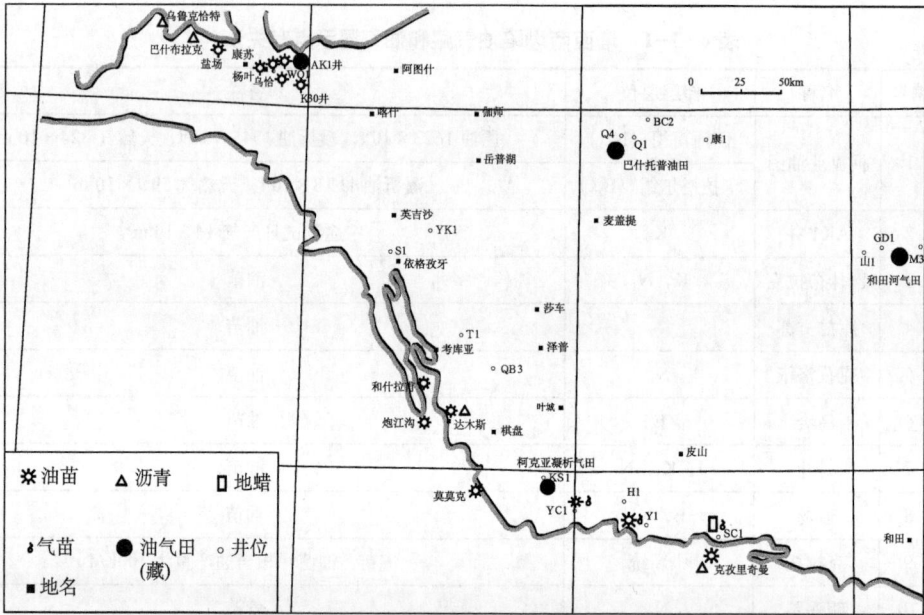

图 6-3-1　塔西南地区油气分布图

二、柯克亚油田成藏史分析

以叶城凹陷柯克亚油气田为代表，对塔西南地区油气成藏期次、成藏史进行分析。

塔西南地区（包括柯克亚油田和露头区）能观察到和能测定包裹体均一温度的样品有三个（表 6-3-2），但其中 K30 井样品测得的温度可能反映的是继承性包裹体的均一温度。

KS1 井 6341m 处油气包裹体测温结果表明，均一温度为 $38.8 \sim 44.4℃$（六个测温点），均一温度的均值为 $41.15℃$，这一温度较现今温度录井的温度（127℃）低，根据目前的地温梯度（1.61℃/100m）计算油气包裹体形成的深度，可以得到当时的深度为 1003m，据沉积埋藏史及古地温史恢复求得的油气初次充注的时间是在中新世早期（图 6-3-2），当时的深度为 1340m。而当时的侏罗系生油岩尚未进入生油窗，二叠统和上石炭统正处于生油高峰时期，包裹体均一温度的测定结果显示在中新世早期可能形成过以石炭－二叠系为烃源岩的古油藏。KS1 井 6341.1m 样品均一温度的测定最佳结果为 93.4℃，根据沉积埋藏史及古地温史恢复求得的油气持续充注的时间为中新世中期，此时以二叠系生油为主，石炭系烃源岩进入了高成熟和过成熟的演化阶段（图 6-3-3）。

表 6-3-2 塔西南柯克亚油田流体包裹体均一温度测定结果

	样号	ks1-6341	ks1-6341.4	k30-3797
样品描述	井号	KS1	KS1	K30
	井深，m	6341	6341.4	3797.59
	层位	E	E	N_1
	岩性	石灰岩	石灰岩	砂岩
包裹体观察和测温	类型	原生	原生	次生
	形态	长方形或方形	长方形	它形
	矿物	亮晶方解石	亮晶方解石	石英缝
	大小，μm	6～24	5～10	4
	气液比，%	5～10	8	10
	分布特征	群体	群体成块分布	群体
	气相颜色	无	无	无
	液相颜色	无	水溶液包裹体为无色，烃包裹体为黄色	无
	均一温度，℃	75.6～93.4，平均86.9，最佳93.4	38.8～44.4，平均41.15	137.1
备注				可能为继承性包裹体

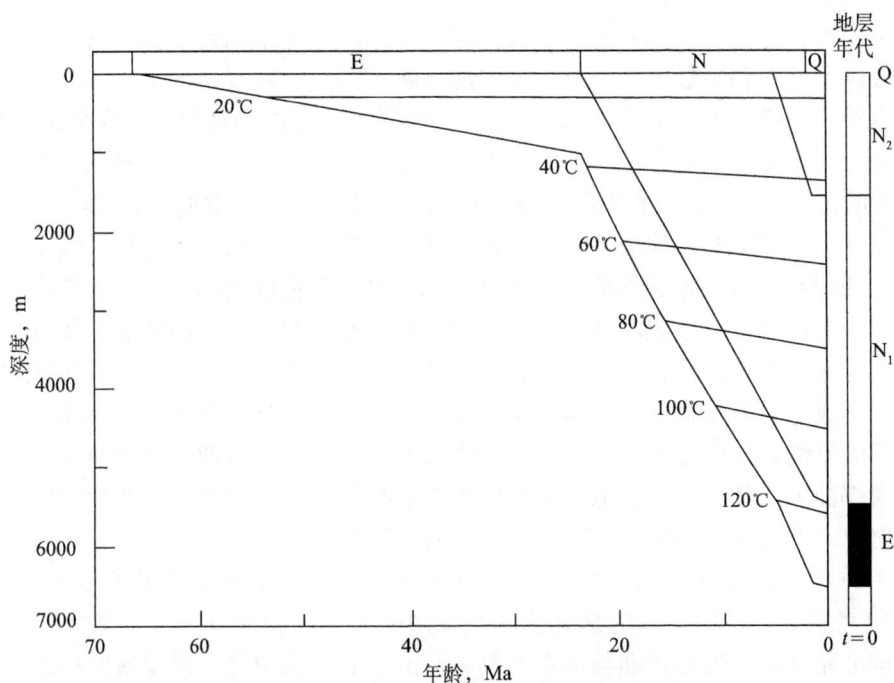

图 6-3-2 塔西南 KS1 井古近纪至今沉积埋藏史及地温演化史剖面图

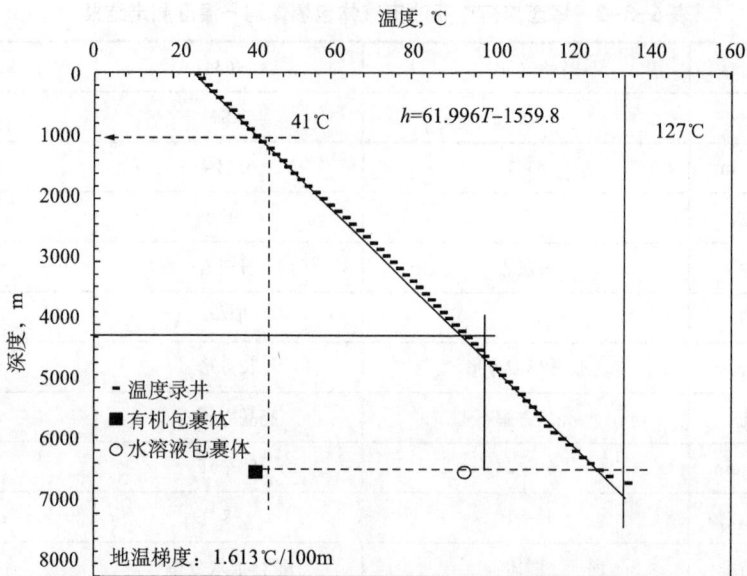

图 6-3-3　塔西南 KS1 井现今地温及流体包裹体温度所确定的成藏期

三、柯克亚油田成藏模式分析

中新世以前，柯克亚构造表现为由若干不整合或整合地层接触关系所组成的区域单斜。柯克亚背斜形成的雏形期为中新世早期，为一向西倾没的微小雏形鼻隆显示，此时石炭系－二叠系烃源岩进入到成熟和高成熟的演化阶段，部分原油充注于古近系地层中，由古近系的油气包裹体的均一温度可以得到证明。

中新世早期，二叠系烃源岩进入生油高峰，液态烃充注于构造中。目前柯克亚油田原油和凝析油的甲基萘和轻烃成熟度指数表明油成熟度相当于 R_o 为 $0.88\% \sim 1.17\%$，即相当于二叠系生油高峰期形成的原油，而且油源对比结果也支持原油来源于二叠系源岩的观点，由此判断现今柯克亚凝析气藏中的原油主要是中新世早期形成并在二叠系油后期调整而成的。在油气的持续充注中，二叠系的油形成了古近系地层中第二期的流体包裹体。

中新世末至上新世初，侏罗系烃源岩进入到生油窗，侏罗系油气运移至圈闭中。此后上新世至第四纪是背斜的显著形成期，也是叶城凹陷乃至临近的凹陷中各局部构造或圈闭的主要形成和发展期，并形成和急剧发育了柯克亚构造深部、中部的断裂。此时，侏罗系烃源岩进入到湿气生成阶段，石炭系－二叠系烃源岩进入干气生成阶段，天然气对油藏进行气侵，并形成大量的凝析气，在向上运移过程中发生运移分馏作用，使浅部原油和凝析油、较深部的原油和凝析油具较低的密度、含蜡量和凝固点。后期干气不断侵入，也使深部油组较浅部油组天然气密度偏低、成分的干燥系数偏高。天然气气源的判识结果与成藏期分析相吻合，即天然气来自侏罗系及二叠系混合来源。

通过芳香烃色谱质谱分析，由甲基萘确定的克里阳白垩系油砂成熟度相当于 R_o 为 1.1%，与柯克亚凝析气田原油的成熟度相当，油的来源与柯克亚一致，即来源于二叠系烃源岩，推测克里阳油砂形成期与柯克亚凝析气田中的原油相当，即中新世早期。由现今 Y1 井二叠系烃源岩成熟度看，源岩处于低成熟阶段，低于油砂的成熟度，所以油砂油可能是中新世早期由凹陷向隆起运移所致。中新世晚期至第四纪，克里阳油藏由于抬升剥蚀而遭到破坏。

四、区带评价与优选

以沉积相展布、储层分布特征、盖层特征、烃源岩特征分析为基础，参考已有油气藏成藏条件特征分析，结合区域内构造带展布特点，对塔西南昆仑山山前喀什凹陷（膘尔托阔依且木干—奥依塔格地区）、齐姆根凸起（同由路克—七美干地区）和叶城凹陷分别进行评价分析。

1. 喀什凹陷（膘尔托阔依且木干－奥依塔格地区）

1）油气源条件

喀什凹陷是侏罗系烃源岩最为发育的地区，在该区侏罗系烃源岩厚度大（100～300m）、丰度高（TOC多在1%以上），有机质丰度各项指标均达到了中等－好的烃源岩标准，为喀什凹陷的主力生油层。由于新近系巨厚沉积，使凹陷中心的侏罗系烃源岩处于高－过成熟阶段，早期以生成原油为主，晚期以生成天然气为主。值得注意的是在喀什凹陷已证实发育一套高丰度、过成熟的下石炭统烃源岩，尽管该套烃源岩的分布和厚度有待深入研究，但是该地区具有十分丰富的原油、天然气源岩条件。

2）储盖条件

（1）储层条件分析。

该地区主要储集层为下白垩统克孜勒苏群、上白垩统库克拜组、依格孜牙组，其次为古近系卡拉塔尔组，一般为低孔低渗—低孔特低渗Ⅰ—Ⅱ类储层，厚度大、横向分布较稳定（图5-5-3，图5-5-4，图5-5-9，图5-5-12，图5-5-13）。

喀什凹陷膘尔托阔依且木干—奥依塔格地区克孜勒苏群以辫状河三角洲平原沉积为主，其次为山前的冲积扇沉积，岩性主要为中厚层状的中细砂岩、粉砂岩及砂砾岩，沉积厚度较大（800～1000m）。储层孔隙多为原生粒间孔型，属于低孔低渗—低孔特低渗Ⅱ—Ⅲ类中等储层。

库克拜组下段储集体以辫状河三角洲沉积体系中厚层状的中、细粒岩屑长石砂岩和长石砂岩为主，储层厚度一般在50～70m，横向变化不大。砂岩颗粒多为点接触，次为点—线接触。其碎屑岩储层以原生粒间孔型为主，部分为颗粒溶孔，属较好的孔隙组合类型。储层孔隙度一般为1.6%～18%，渗透率为（0.4～129）×10^{-3}μm²，为低孔低渗、低孔中渗的Ⅰ—Ⅱ类好储层。

依格孜牙组储层为开阔台地颗粒滩、生屑滩沉积、固着蛤生物礁沉积的泥晶生屑灰岩、砂屑灰岩及生物礁灰岩。碳酸盐岩储层厚度一般为140～150m。其储集空间类型主要为粒间孔隙，粒内孔隙和晶间孔隙不发育。孔隙度为0.2%～11.7%，渗透率为（0.01～8.1）×10^{-3}μm²，为低孔低渗—低孔特低渗Ⅱ—Ⅲ类储层。

卡拉塔尔组储集体为局限台地潟湖、颗粒滩泥灰岩、生物碎屑灰岩。厚度一般为20～50m，向东、北方向的膘尔托阔依河、托姆洛安地区变厚，可达200～230m。其储层空间以粒间溶孔、小裂缝为主，孔隙度为0.85%～9.1%，渗透率为（0.02～9.99）×10^{-3}μm²，属于低孔特低渗较有利Ⅱ—Ⅲ类储层。

（2）盖层条件分析。

本区盖层条件良好，区域盖层为齐姆根组、乌拉根组、巴什布拉克组砂泥岩盖层，新近系砂泥岩盖层，古近系阿尔塔什组膏岩、膏泥岩盖层（图6-3-4）。

3）有利区块之一：膘尔托阔依且木干—奥依塔格地区

本区具有良好的储层条件，白垩系克孜勒苏群、库克拜组砂岩储层厚度巨大，依格孜牙组、卡拉塔尔组碳酸盐岩储层也较发育，尤其依格孜牙组三段固着蛤生物礁储层前景良好（图5-5-3，图5-5-4，图5-5-9，图5-5-12，图5-5-13）。本区同时是侏罗系烃源岩最为发育的地区，在该区侏罗系烃源岩厚度大、丰度高，为喀什凹陷的主力生油层。此外盖层条件良好，区域盖层为齐姆根组、乌拉根组、巴什布拉克组砂泥岩盖层，新近系砂泥岩盖层，古近系阿尔塔什组膏岩、膏泥岩盖层。

2. 齐姆根凸起（同由路克—七美干地区）

齐姆根凸起是中新世以后形成的，夹持在喀什凹陷和叶城凹陷之间。伴随齐姆根凸起的形成，烃源岩相继进入成熟期和高成熟期，同时局部构造相继形成，相互形成良好的匹配，同时，该地区是山前带油气运移的有利指向区，局部构造较为发育。

1）油气源条件

齐姆根凸起与喀什凹陷相邻地区的烃源岩和喀什凹陷南部的烃源岩相近，以中下侏罗统烃源岩为主，下石炭统罕铁热克组亦有一定发育，与喀什凹陷的区别是此处烃源岩的热演化程度较高，喀什凹陷烃源岩的 R_o 为 0.56% ~ 0.73%，而与其相邻的齐姆根凸起烃源岩的 R_o 为 1.5% ~ 2.04%，达高 - 过成熟阶段，与喀什凹陷下石炭统烃源岩的 R_o（1.4% ~ 1.66%）相近。自七美干起，齐姆根东南部缺失侏罗系地层，该地主要发育石炭 - 二叠系的较差烃源岩。

2）储盖条件

（1）储层条件。

齐姆根凸起碎屑岩类储层主要发育于白垩系的克孜勒苏群、库克拜组下段；而碳酸盐岩储层出现在依格孜牙组和古近系卡拉塔尔组（图5-5-9）。

区内克孜勒苏群储层以冲积扇—辫状河三角洲平原中厚层状的细砂岩、粉砂岩为主，沉积厚度较大（200 ~ 800m）。同由路克地区多为原生粒间孔型，属于低孔低渗—中孔低渗 I—II 类储层；七美干地区物性较差，属于 III 类储层或非储层；库克拜组以辫状河三角洲前缘沉积为主，储集岩性主要为中厚层状的细砂岩、粉砂岩，沉积厚度较大（100 ~ 200m），储层孔隙多为原生粒间孔型，属于低孔低渗—中孔中渗 I—II 类储层。

依格孜牙组碳酸盐岩储层孔隙度一般为 3% ~ 10%，渗透率一般为 (0.01 ~ 1.0) $\times 10^{-3}\mu m^2$，为低孔特低渗孔隙—裂隙型储层，属 II—III 类储层。

柯克亚油田的勘探实践表明，卡拉塔尔组是塔西南坳陷的重要储集层和勘探目的层，其有效空隙主要是裂缝而非孔隙。实验数据表明，齐姆根凸起同由路克地区、克里阳—玉力群地区卡拉塔尔组碳酸盐岩为低孔低渗、特低孔低渗 I—II 类储层分布区。

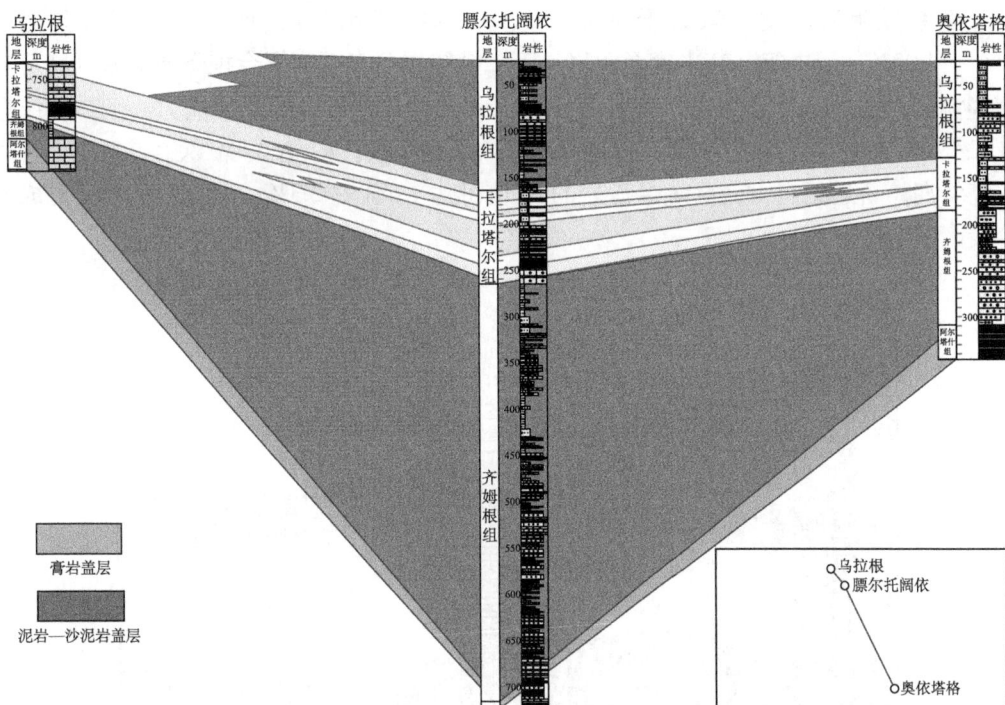

图 6-3-4 喀什凹陷朦尔托阔依且木干—奥依塔格地区砂泥岩、膏泥岩盖层分布

（2）盖层条件。

齐姆根凸起盖层条件较好，古近系阿尔塔什组石膏，巴什布拉克组砂泥岩为区域性盖层，库克拜组上部的泥岩、膏泥岩和乌拉根组的泥岩为直接盖层（图 6-3-5），中新统上部的泥质岩亦是较好的盖层。

3）有利区块之二：同由路克地区

本区储层物性较好，白垩系砂岩储层物性为整个塔西南昆仑山山前地区最好。克孜勒苏群储层沉积厚度较大（200 ~ 800m），同由路克地区砂岩储层多为原生粒间孔型，属于低孔低渗—中孔低渗 Ⅰ—Ⅱ 类储层。库克拜组储层为辫状河三角洲前缘细砂岩、粉砂岩，沉积厚度较大（100 ~ 200m），为低孔低渗—中孔中渗 Ⅰ—Ⅱ 类储层。依格孜牙组、卡拉塔尔组碳酸盐岩储层属 Ⅱ—Ⅲ 类碳酸盐岩储层。烃源岩以下侏罗统为主，烃源岩的热演化程度较高，达高—过成熟阶段。

3. 叶城凹陷（和什拉甫—克里阳—玉力群地区）

1）油气源条件

主要发育下石炭统、下二叠统和中下侏罗统三套烃源岩。中下侏罗统分布局限，但其厚度大、丰度高，且以沼泽相为主，是晚期天然气聚集的重要气源。

下石炭统烃源岩主要在二叠纪进入生油窗，生油高峰期是在中新世。中新世晚期进入高成熟演化阶段，以生凝析油为主，实测镜质组反射率的分布范围为 1.66% ~ 2.04%。上石炭统烃源岩中生代时主要处于低成熟阶段；古近纪末的 R_o 值主要为 0.6% ~ 0.7%；晚中新世可能进入成熟和高成熟阶段，以生成凝析油和湿气为主。

二叠系烃源岩厚度一般大于 300m，最厚可达 400m，各剖面和井的有机碳含量为 0.73% ~ 1.22%，属中等—高丰度烃源岩，下二叠统主要表现为混合型母质的输入特征，为 II 型烃源岩，因此这套烃源岩不仅生烃潜力巨大，也具有很高的生油能力。下二叠统烃源岩在二叠纪晚期就进入到生油窗，古近纪末进入成熟阶段，R_o 达 0.8% 以上，基本上进入了生油高峰期。新近纪末下二叠统烃源岩的 R_o 值可达 1.6% ~ 2.3%，处于高成熟到过成熟演化阶段，以生气为主。

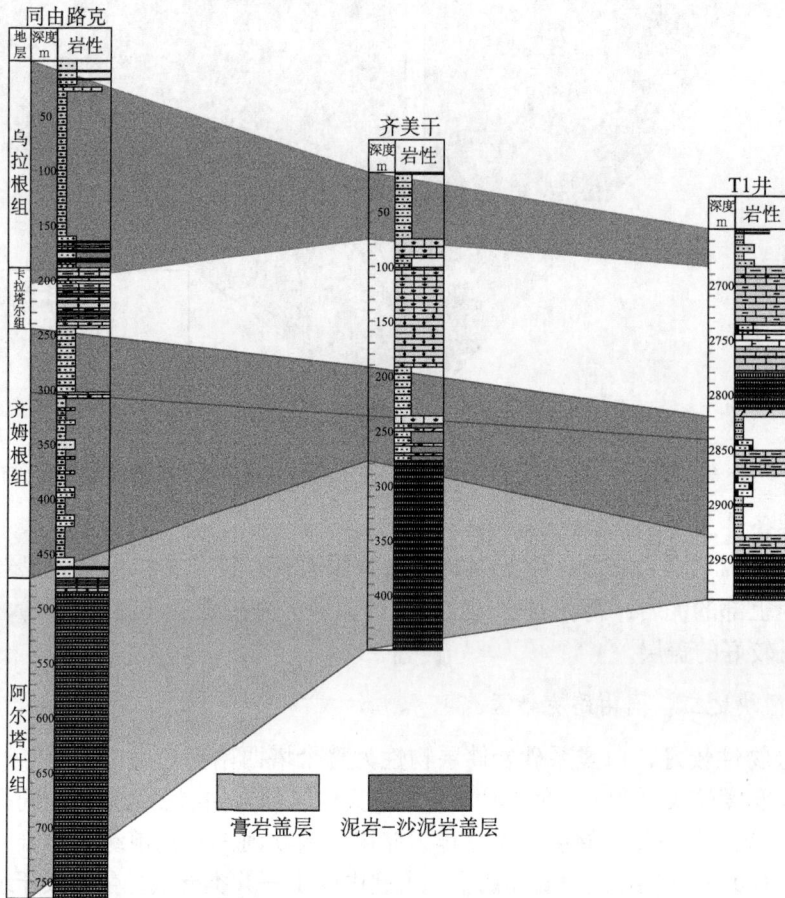

图 6-3-5　齐姆根凸起同由路克—七美干地区盖层分布特征

侏罗系烃源岩古近纪末还处于未成熟阶段，侏罗系底在新近纪早期进入生油窗，新近纪中新统和阿图什组近 6000m 的沉积使侏罗系烃源岩快速进入成熟阶段，现今烃源岩主要处于成熟阶段的晚期。

烃源岩的特征大致决定了昆仑山山前的勘探原则是，以气为主、油气兼探。一方面勘探源自处于高-过成熟阶段的下石炭统、下二叠统和中下侏罗统三套主力烃源岩的天然气；另一方面勘探早期生成并保存下来的原油，在叶城凹陷这些原油可能主要源自二叠系（在喀什凹陷这些原油可能主要源自侏罗系）。

柯克亚凝析油气田以及克里阳、固满等地油苗的发现，表明该地区具有丰富的油气生成能力，同时也反映了晚期构造运动对早期形成的油藏的破坏作用。

2）储盖条件

（1）储层条件。

叶城凹陷碎屑岩类储层主要发育于白垩系的克孜勒苏群（图5-5-3，图5-5-4）、上白垩统库克拜组下段；碳酸盐岩储层为依格孜牙组和古近系卡拉塔尔组（图5-5-9，图5-5-12，图5-5-13）。

①叶城凹陷西部（和什拉甫—赛格尔塔什地区）。

克孜勒苏群储层以冲积扇砂岩、砂砾岩为主，次为辫状河三角洲，厚度为100～200m。其储集空间以原生粒间孔为主，孔隙度为5%～14%，渗透率为（0.1～10）×10^{-3}μm^2，为低孔低渗Ⅰ—Ⅱ类储层。

库克拜组储层以辫状河三角洲平原细粒岩屑长石砂岩、长石砂岩、粉砂岩为主，厚度一般为30～100m。储集岩石以原生粒间孔为主，部分地区裂缝发育，为低孔低渗—低孔特低渗Ⅱ—Ⅲ类储层。

依格孜牙组储层为局限台地潟湖、颗粒滩生物碎屑灰岩、砂屑灰岩及泥质灰岩、灰质云岩。其储层厚度为40～80m，向东减薄。储集空间类型以粒间溶孔为主，其次为粒内溶孔和遮蔽孔。其孔隙度为0.5%～13.9%，渗透率为（0.01～1）×10^{-3}μm^2，为低孔特低渗Ⅰ—Ⅱ类储层。

卡拉塔尔组储层为局限台地颗粒滩生物碎屑灰岩、砂屑灰岩及泥质灰岩、灰质云岩。储层厚度一般为30～50m。储集空间类型以粒间溶孔、晶间溶孔为主，其次为粒内溶孔和构造溶蚀缝。其孔隙度一般为0.7%～8.6%，渗透率为（0.01～10）×10^{-3}μm^2，为低孔低渗、低孔特低渗Ⅱ—Ⅲ类储层。

②叶城凹陷东部（克里阳—玉力群地区）。

克孜勒苏群储层以辫状河三角洲为主，厚度一般为50～200m。储集岩石以原生粒间孔为主，为低孔低渗—特低孔特低渗Ⅱ—Ⅲ类储层。

库克拜组储层也以辫状河三角洲前缘为主，厚度一般为20～50m，储集岩石以原生粒间孔为主，为低孔低渗—特低孔特低渗Ⅱ—Ⅲ类储层。

依格孜牙组主要为局限台地潟湖沉积，岩性为灰质白云岩、含生物碎屑灰岩。厚度较薄，一般在10m以下。储集空间类型以晶间孔为主，部分地区发育裂缝，孔隙度一般为0.9%～4.4%，渗透率为（0.01～0.1）×10^{-3}μm^2，为特低孔特低渗Ⅲ类差储层。

卡拉塔尔组为局限台地潟湖、颗粒滩沉积，储集岩性为灰质白云岩、生物碎屑灰岩、砂屑灰岩。厚度为40～50m。储集空间类型以粒间溶孔、粒内溶孔及晶间孔为主，部分地区发育裂缝，孔隙度为5.8%～18.3%，渗透率为（0.2～10）×10^{-3}μm^2，为低孔低渗—中孔低渗Ⅰ—Ⅱ类较好储层。

叶城凹陷东部（克里阳—玉力群地区）碳酸盐岩储层的评价结果多为Ⅲ—Ⅳ储层，部分Ⅱ—Ⅲ，但这并不表明此类储层不是有效储层。柯克亚油气田深部卡拉塔尔组的勘探实践表明，对碳酸盐岩储层而言，裂缝对储层性质的改变可能更具决定意义。

（2）盖层条件。

叶城凹陷盖层比较发育，古近系阿尔塔什组石膏、膏泥岩，巴什布拉克组砂泥岩为区域性盖层，库克拜组上部的泥岩、砂泥岩和乌拉根组的泥岩为直接盖层，新近系砂泥岩互层，局部盖层发育（图6-3-6，图6-3-7）。

3）构造条件

受昆仑山向北的不断推挤作用，山前发育四排背斜构造带（陈新安等，1998），一般为断层相关褶皱，是由于深部冲断作用而在浅层形成的一系列挤压背斜，如柯克亚、固满、乌鲁克、合什塔格等构造。其深部多为三角带或双重构造。这些成排、成带的构造带对油气的聚集非常有利。同时该地区构造形成期多为喜马拉雅晚期，与天然气晚期生成、聚集的充注成藏期匹配较好，因此具有良好的天然气勘探前景。

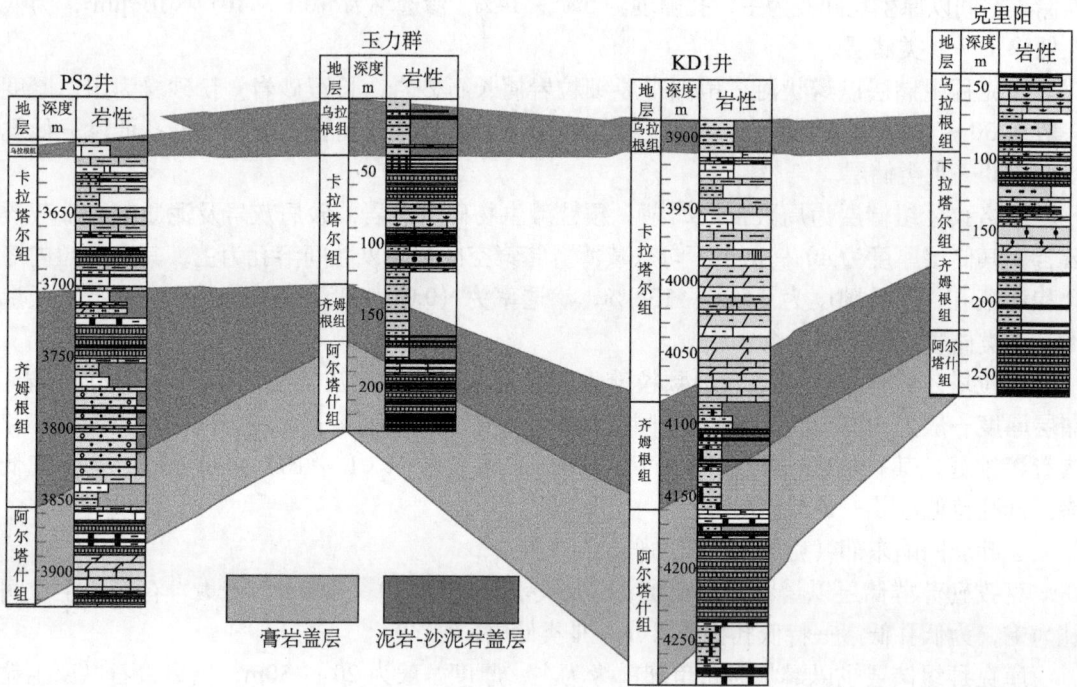

图6-3-6 叶城凹陷东部部克里阳—玉力群地区盖层分布

4）有利区块之三：和什拉甫—阿尔塔什地区

本区发育下石炭统、下二叠统和中下侏罗统三套烃源岩。其中中下侏罗统分布局限，但其厚度大、丰度高。

塔西南昆仑山山前白垩系—古近系四套储层在本区均较发育（图5-5-4，图5-5-9，图5-5-13）。克孜勒苏群—库克拜组砂岩储层以冲积扇—辫状河三角洲砂岩、砂砾岩为主，累计厚度100～300m。其储集空间以原生粒间孔为主，孔隙度为5%～14%，渗透率为（0.1～10）×$10^{-3}\mu m^2$，为低孔低渗Ⅱ—Ⅲ类储层。

依格孜牙组及卡拉塔尔组储层为局限台地潟湖、颗粒滩生物碎屑灰岩、砂屑灰岩及灰质云岩。累计储层厚度70～120m，向东减薄。储集空间类型以粒间溶孔为主，其次为粒内溶孔和遮蔽孔。其孔隙度为0.5%～13.9%，渗透率为（0.01～1）×$10^{-3}\mu m^2$，为低孔特低渗Ⅱ—Ⅲ类储层。

5）有利区块之四：克里阳—玉力群地区

本区石炭系、二叠系、侏罗系烃源岩均较发育，且厚度大、丰度高，下石炭统烃源岩主要在二叠纪进入生油窗，生油高峰期是在中新世。二叠系烃源岩厚度一般大于 300m，最厚可达 400m，有机碳含量为 0.73% ~ 1.22%，属中等—高丰度烃源岩，下二叠统烃源岩在二叠纪晚期就进入到生油窗，古近纪末进入成熟阶段。新近纪中新统和阿图什组巨厚的沉积使侏罗系烃源岩快速进入成熟阶段。

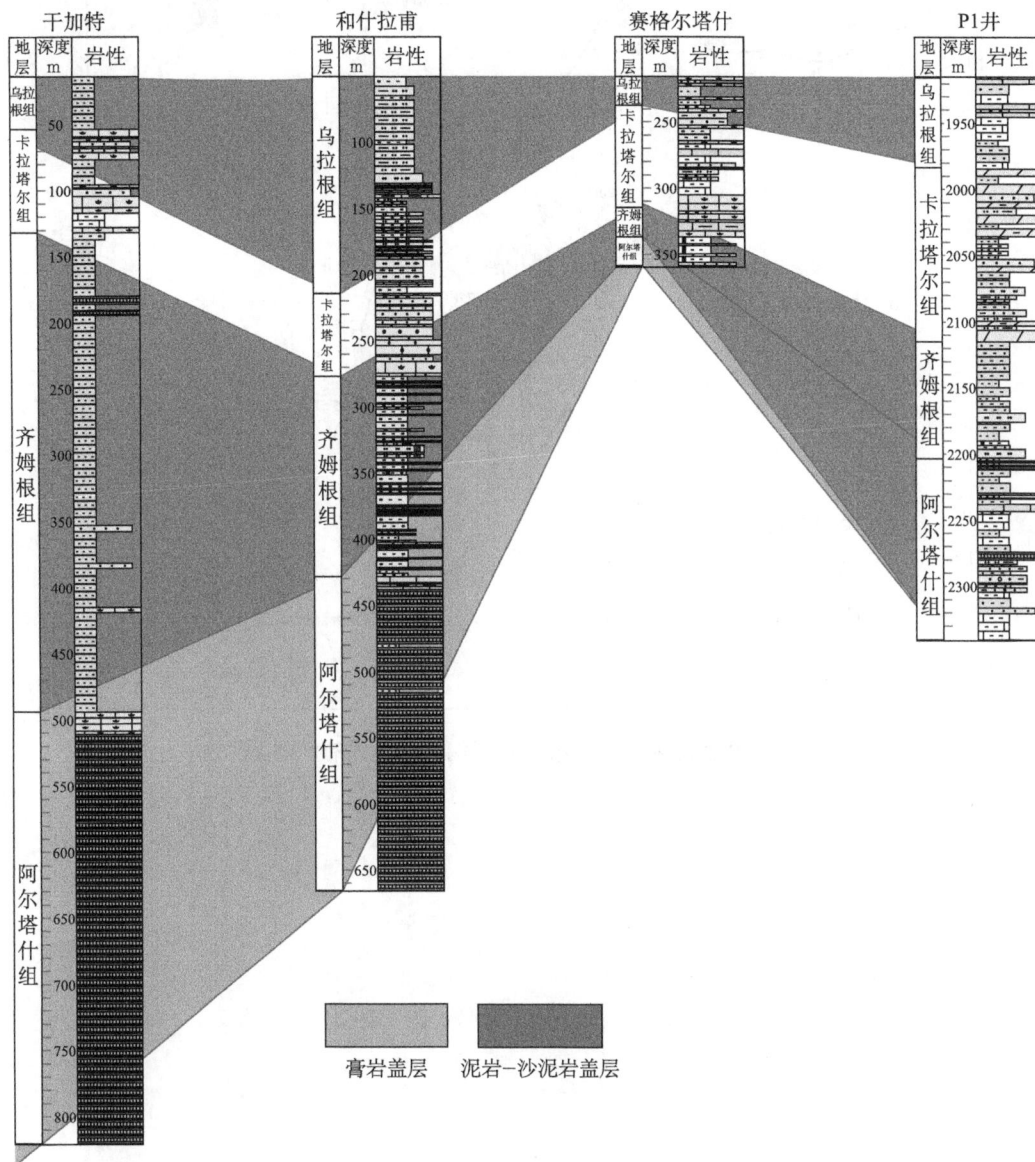

图 6-3-7 叶城凹陷西部和什拉甫—赛格尔塔什地区盖层分布

克孜勒苏群—库克拜组储层均以辫状河三角洲为主，累计厚度为 50 ~ 250m。储集岩石以原生粒间孔为主，为低孔低渗—特低孔特低渗 II—III 类储层。卡拉塔尔组储层为局限台地潟湖、颗粒滩灰质白云岩、生物碎屑灰岩、砂屑灰岩，厚度 40 ~ 50m。其储集空间类型以粒间溶孔、粒内溶孔及晶间孔为主，部分地区发育裂缝，孔隙度为 5.8% ~ 18.3%，渗透率为（0.2 ~ 10）×10^{-3}μm^2，为低孔低渗—中孔低渗较好储层。

四个有利区块预测图见图 6-3-8。

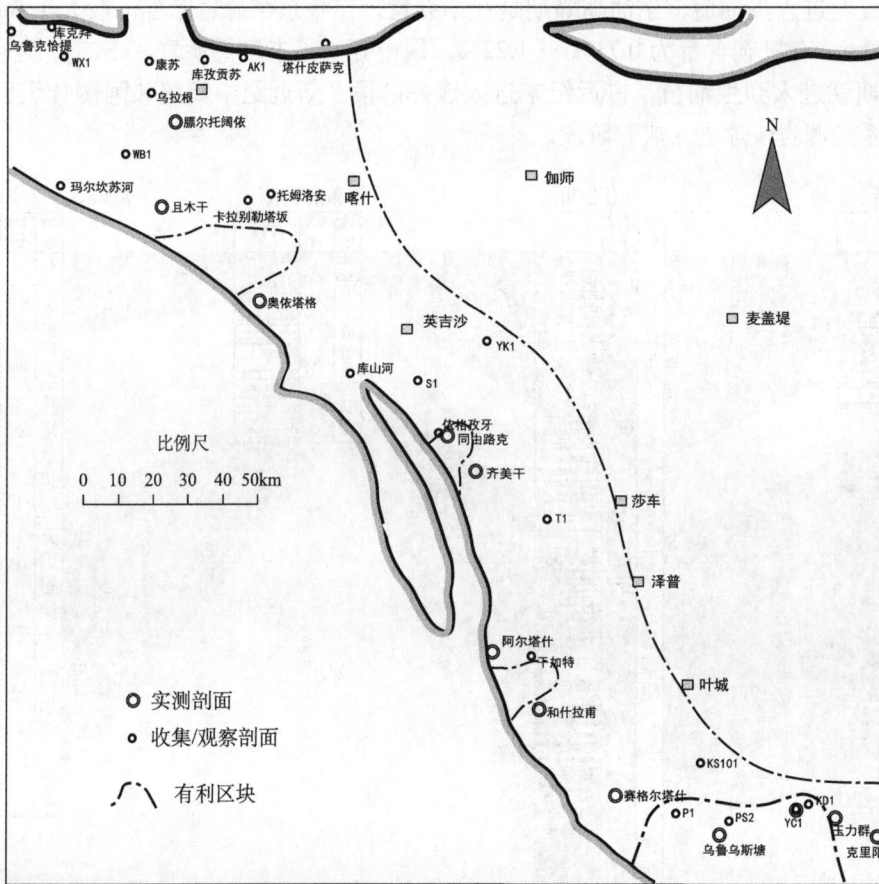

图 6-3-8　塔西南昆仑山山前地区白垩系—古近系有利勘探区块

参 考 文 献

程晓敢, 陈汉林, 师骏, 等, 2012. 西昆仑山前侏罗—白垩系分布特征及其控制因素. 地球科学（中国地质大学学报）, 37 (4) 635–644.

崔军文, 郭宪璞, 丁孝忠, 等, 2006. 西昆仑–塔里木盆地盆–山结合带的中新生代变形构造及其动力学. 地学前缘, 13 (4)：103–118.

丁道桂, 汤良杰, 等, 1996. 塔里木盆地形成与演化. 南京：河海大学出版社.

丁道桂, 王道轩, 刘伟新, 等, 1996. 西昆仑造山带与盆地. 北京：地质出版社.

丁孝忠, 林畅松, 刘景彦, 等, 2011. 塔里木盆地白垩纪—新近纪盆山耦合过程的层序地层响应. 地学前缘, 18 (4)：144–157.

董大中, 肖安成, 等, 1997. 塔里木盆地西南坳陷石油地质特征及油气资源. 北京：石油工业出版社.

方爱民, 马建英, 王世刚, 等, 2009. 西昆仑—塔西南坳陷晚古生代以来的沉积构造演化. 岩石学报, 25 (12)：3396–3406.

顾家裕, 1996. 塔里木盆地沉积层序特征及其演化. 北京：石油工业出版社.

郭峰, 庄红红, 刘文成, 2013. 塔里木盆地昆仑山前古近系沉积特征. 新疆地质, 31 (2)：141–146.

郭群英, 李越, 张亮, 等, 2014. 塔里木盆地西南地区白垩系沉积相特征. 古地理学报, 16 (2)：169–178.

郭宪璞, 1991. 新疆克孜勒苏群的沉积环境探讨–兼论塔里木盆地西部的白垩系最低海相层位, 地质学报, 65 (2)：188–198.

郭宪璞, 1990. 塔里木盆地西部海相白垩系、第三系界线划分的研究. 地球科学（中国地质大学学报）, 15 (3)：325–335.

郝诒纯, 曾学鲁, 郭宪璞, 1987. 新疆塔里木盆地西部海相白垩系及其沉积环境探讨. 地质学报, 6 (3)：205–217

郝诒纯, 曾学鲁, 1980. 新疆喀什盆地古近纪有孔虫. 古生物学报, 19 (2)：152–167.

郝诒纯, 曾学鲁, 1984. 从有孔虫的特征探讨中新生代西塔里木古海湾的演变. 微体古生物学报, 1 (1)：1–16.

郝诒纯, 苏德英, 余静贤, 等, 1986. 中国地层 (12) ——中国的白垩系. 北京：地质出版社.

何承全, 1991. 新疆塔里木盆地西部晚白垩世至古近纪沟鞭藻及其他藻类. 北京：科学出版社.

何登发, 李德生, 1996. 塔里木盆地构造演化与油气聚集. 北京：地质出版社.

何登发, 李洪辉, 1998. 塔西南凹陷油气勘探历程与对策. 勘探家, 3 (1)：37–42.

胡剑风, 郑多明, 胡轩, 等, 2002. 塔西南前陆盆地战略接替区天然气勘探的突破. 中国石油勘探, 7 (1)：74–78.

胡兰英, 1982. 塔里木盆地晚古近纪有孔虫古生态及地质意义. 科学通报, 27 (15)：938–941.

贾承造, 魏国齐, 李本亮, 等, 2003. 中国中西部两期前陆盆地的形成及其控气作用. 石油学报, 24 (2)：13–17.

贾承造，等，1997. 中国塔里木盆地构造特征与油气 . 北京：石油工业出版社 .

江德昕，何卓生，董凯林，1998. 新疆塔里木盆地早白垩世孢粉组合 . 植物学报，30（4）：430-440.

蒋显庭，周维芬，林树磐，等，1995. 新疆地层及介形类化石 . 北京：地质出版社 .

金之钧，吕修祥，2000. 塔西南前陆盆地油气资源与勘探对策 . 石油与天然气地质，21（2）：110-117.

金之钧，周雁，云金表，2010. 我国海相地层膏盐岩盖层分布与近期油气勘探方向 . 石油与天然气地质，31（06）：715-724.

蓝秀，魏景明，1995. 新疆塔里木盆地西部晚白垩世至古近纪双壳类动物群 . 北京：科学出版社 .

李云通，等，1984. 中国地层（13）——中国的第三系 . 北京：地质出版社 .

刘辰生，郭建华，郭世钊，2012. 塔里木盆地古近系层序地层学研究 . 西北大学学报（自然科学版），42（5）：813-818.

刘得光，王绪龙，1997. 塔里木盆地西南坳陷油气源研究 . 沉积学报，15（2）：35-39.

刘胜，邱斌，陈新安，等，2006. 塔里木盆地西端中生界沉积环境与油气地质特征 . 新疆石油地质，27（1）：10-14.

吕修祥，胡素云，1998. 塔里木盆地油气藏形成与分布 . 北京：石油工业出版社 .

马永生，梅冥相，陈小兵，等，1999. 碳酸盐岩储层沉积学 . 北京：地质出版社 .

茅绍智，诺利斯，1984. 新疆塔里木盆地西部晚白垩世－古近纪的沟鞭藻及疑源类 . 地球科学（武汉地质学院学报），（2）：7-20

潘华璋，杨胜秋，孙东立，1991. 新疆塔里木盆地西部晚白垩世至古近纪腹足类、海胆和腕足类 . 北京：科学出版社 .

任宇泽，林畅松，高志勇，等，2017. 塔里木盆地西南坳陷白垩系层序地层与沉积充填演化 . 天然气地球科学，28（9）：1298-1311.

孙龙德，2004a. 塔里木含油气盆地沉积学研究进展 . 沉积学报，22（3）：408-416.

孙龙德，2004b. 塔里木盆地库车坳陷与塔西南坳陷早白垩世沉积相与油气勘探 . 古地理学报，6（2）：252-260.

汤良杰，1996. 塔里木盆地演化和构造样式 . 北京：地质出版社 .

唐天福，薛耀松，俞从流，1992. 新疆塔里木盆地西部晚白垩世至古近纪海相沉积特征及沉积环境 . 北京：科学出版社 .

王琪，陈国俊，薛莲花，等，2002. 塔里木西部白垩系—古近系沉积成岩演化特征 . 新疆地质，20（增刊）：26-30.

谢会文，朱亚东，曾昌明，等，2014. 西昆仑山前地区白垩系分布研究 [J] . 沉积与特提斯地质，34（3）：57-63.

新疆维吾尔自治区地质局，1993. 新疆维吾尔自治区区域地质志 . 北京：地质出版社 .

杨藩、唐文松、魏景明，等，1994. 中国油气区第三系（Ⅱ）——西北油气区分册 . 北京：石油工业出版社 .

杨海军，沈建伟，张丽娟，等，2012. 塔里木盆地西南地区古近系卡拉塔尔组龙介类化石及其古生态 . 中国科学（地球科学），42（11）：1634-1646.

杨海军，王建坡，李猛，等，2011. 塔西南古近系卡拉塔尔组岩相特征与沉积环境 . 地层学杂志，35（2）：129-138.

杨恒仁，蒋显庭，林树磐，1995. 新疆塔里木盆地西部晚白垩世至古近纪介形类动物群. 北京：科学出版社.

岳勇，徐勤琪，傅恒，等，2017. 塔里木盆地西南部白垩系—古近系沉积特征与储盖组合. 石油实验地质，39（3）：318-326.

张光亚，薛良清，2002. 中国中西部前陆盆地油气分布与勘探方向. 石油勘探与开发，29（1）：1-5.

张桂权，吕勇，丁维敏，2003. 喀什凹陷北部下白垩统克孜勒苏群储层评价. 南方油气，16（2）：25-30.

张惠良，沈扬，张荣虎，等，2005. 塔里木盆地西南部昆仑山前下白垩统沉积相特征及石油地质意义. 古地理学报，7（2）：157-168.

张一勇，詹家桢，1991. 新疆塔里木盆地西部晚白垩世至古近纪孢粉. 北京：科学出版社.

赵治信，雍天寿，贾承造，等，1997. 塔里木盆地地层. 北京：石油工业出版社.

周 ，罗金海，2004. 喀什凹陷地层不整合的构造意义及对油气成藏的影响. 石油勘探与开发，31（2）：21-24.

周志毅，陈丕基，等，1990. 塔里木生物地层和地质演化，塔里木油气地质（4）. 北京：科学出版社.

周志毅，等，2001. 塔里木盆地各纪地层. 北京：科学出版社.

Allen J R L., 1983. Studies in fluviatile sedimentation：bars, bar-complexes and sandstone sheets (low-sinuosity braided streams) in the brownstones (L. Devonian), Welsh Borders. Sediment Geol., 4：237-293

Best J L , Ashworth P J, Bristow C, Roden J., 2003. Three-dimensional sedimentary architecture of a large, mid-channel sand braid bar, Jamuna River, Bangladesh. J. Sediment Res., 73：516-530.

Bosboom R E, Dupont-Nivet G, Houben A J P, et al., 2011. Late Eocene sea retreat from the Tarim Basin (west China) and concomitant Asian paleoenvironmental change. Palaeogeog. Palaeoclim. Palaeoecol., 299：385-398.

Bridge J S, 1993. The interaction between channel geometry, water flow, sediment transport and deposition in braided rivers//Best J B, Bristow C S. Braided Rivers. The Geological Society of London, Special Publications, 75：13-71.

Bridge J S, Gabel S L, 1992. Flow and sediment dynamics in a low sinuosity, braided river：Calamus River, Nebraska Sandhills. Sedimentology, 39：125-142.

Bridge J S, Tye, R S, 2000. Interpreting the dimensions of ancient fluvial channel bars, channels, and channel belts from wireline-logs and cores. Bull. Am. Assoc. Petrol. Geol., 84：1205-1228.

Burtman, 2012. Geodynamics of Tibet, Tarim, and the Tien Shan in the Late Cenozoic. Geotectonics, 3：185-211.

Curtis C D, 1983. Geochemistry of porosity enhancement and reduction in clastic sediments. //Brooks J, Petroleum Geochemistry and Exploration of Europe. Oxford：Blackwell, 113-125.

Flemming B W, 2011. Geology, Morphology, and Sedimentology of Estuaries and Coasts. Treatise Est. Coast. Sci., 3：7-38.

Delores M R, Guillaume DN, George E G., Zhang Y Q, 2003. The Tula uplift, northwestern China: evidence for regional tectonism of the northern Tibetan Plateau during late Mesozoic–early Cenozoic time. Bull. Geol. Soc., 115: 35–47.

DeRaaf J F M, Boersma J R, van Gelder A, 1977. Wave–generated structures and sequences from a shallow marine succession, Lower Carboniferous, County Cork, Ireland. Sedimentology. 24: 451–483.

Douglas J C, Roger G W, 1978. Fluvial processes and facies sequences in the sandy braided South Saskatchewan River, Canada. Sedimentology, 25: 625–648

Dunham R J, 1962. Classification of carbonate rocks according to depositional texture. // Hamm W E. Classification of carbonate rocks, a symposium. American Association of Petroleum Geology, 1: 108–121.

Edward R S, 1999. Basin analysis of the Jurassic–Lower Cretaceous southwest Tarim Basin, northwest China. Bull. Geol. Soc., 111: 709–724.

Giles M R, Marshall J D, 1986, Constraints on the development of secondary porosity in the subsurface: reevaluation of processes.Mar. Petrol. Geol., 3: 243–255.

Giles, M. R.. 1987, Mass transfer and problems of secondary porosity creation in deeply buried hydrocarbon reservoirs.Mar. Petrol. Geol. 4: 188–204.

Haq B U, Hardenbol J, Vail P R, 1988.Mesozoic and Cenozoic chronostratigraphy and cycles of sea–level change. Society of Economic Paleontologists and Mineralogists (Special Publication), 42: 71–108.

James N P, Mountjoy E W, 1983, Shelf–slope break in fossil carbonate platforms – an overview.// Stanley D J, Moore G T.The Shelf break – Critical Interface on Continental Margins. Society of Economic Paleontologists and Mineralogists (Special Publication), 33: 189–206.

John S B, 1993.The interaction between channel geometry, water flow, sediment transport and deposition in braided rivers. The Geological Society of London (Special Publications), 75: 13–71.

Levy Y, 1974. Sedimentary reflection of depositional environment in the Bardawil lagoon, northern Sinai. J. Sediment. Petrol, 44: 219–227.

Matte P, Tapponier P, Arnaud N, Bourjot L, et al., 1996. Tectonics of western Tibet, between the Tarim and the Indus. Earth Planet, Sci. Lett., 142: 311–330.

Maynard J P, Eriksson K A, Law R D, 2006. The upper Mississippian Bluefield Formation in the Central Appalachian basin: a hierarchical sequence–stratigraphic record of a greenhouse to icehouse transition. Sediment. Geol., 192: 99–122.

Miall A D, 1996. The Geology of Fluvial Deposits. Springer–Verlag, New York.

Miall A D, 1977. A review of the braided–river depositional environment. Earth Sci. Rev., 13: 1–62.

Miall A D, Jones B G, 2003. Fluvial architecture of the Hawkesbury Sandstone (Triassic), near Sydney, Australia. J. Sed. Res., 73: 531–545.

Mohamed A K, Ibrahim M H, Alaa M, 2014. Petrography, diagenesis and reservoir characteristics of the Pre–Cenomanian sandstone, Sheikh Attia area, East Central Sinai, Egypt.

J. Afr. Earth Sci., 96: 122–138.

Paik I S, Kim, H J, 2006. Playa lake and sheetflood deposits of the Upper Cretaceous Jindong Formation, Korea: occurrences and palaeoenvironments. Sediment. Geol., 187: 83–103.

Paola C, Mohrig D, 1996. Palaeohydraulics revisited: palaeoslope estimation in coarse–grained braided rivers. Basin Res., 3: 243–254.

Pettijohn F J, Potter P E, Siever R, 1987. Sand and Sandstone.New York: Springer, 553.

Robertson A.H.F, Parlak O, Ustaomer T, 2012. Overview of the Palaeozoic–Neogene evolution of Neotethys in the Eastern Mediterranean region (Southern Turkey, Cyprus, Syria). Petrol. Geosci., 18: 381–404.

Scharer K M, Burbank D W, Chen J, et al., 2004. Detachment folding in the southwestern Tian Shan–Tarim foreland, China: shortening estimates and rates. J. Str. Geol., 26: 2119–2137.

Schlager W, 1992. Sedimentology and sequence stratigraphy of reefs and carbonate platforms// Continuing Education Course Note Series 34. American Association of Petroleum Geologists, Tulsa, 71.

Schmidt V, McDonald D A, 1979. The role of secondary porosity in the course of sandstone diagenesis. Society of Economic Paleontologists and Mineralogists (Special Publication), 26: 175–207.

Thorson G, 1957. Bottom communities (sublittoral or shallow shelf). Geological Society of America, 67: 461–534.

Tucker M E, 1985, Calcitized aragonite ooids and cements from the Late Precambrian Biri Formation of southern Norway. Sediment. Geol., 43: 67–84.

Tucker M E, Wilson J L, Crevello P D, et al, 1990. Carbonate Platforms – Facies, Sequences and Evolution, Oxford: Blackwell, 328.

Wilkinson B H, 1982. Cyclic cratonic carbonates and Phanerozoic calcite seas. J. Geol. Ed., 30: 189–203.

Willett S D, Beaumont C, 1994. Subduction of the Asian lithospheric Mantle beneath Tibet inferred frommodels of continental collision. Nature, 369: 642–645.

Williams P F, Rust B R, 1969, The sedimentology of a braided river. J. Sediment. Petro-l., 39: 649–679.

Wilson J L, 1975. Carbonate Facies in Geologic History. New York: Springer, 471.

Wittlinger G, Vergne J, Paul T, et al., 2004. Teleseismic imaging of subducting lithosphere and Moho offsets beneath western Tibet. Earth Planet. Sci. Lett., 221: 117–130.

Wright V P, 1984. Peritidal carbonate faciesmodels: a review. Geol. J., 19: 309–325.

Wright V P, Burgess P, 2005. The carbonate factory continuum, facies Mosaics and Microfacies: an appraisal of some of the key concepts underpinning carbonate sedimentology. Facies, 51: 17–23.

Yong T S, Shan J B, 1986. The development and formation of Tarim bay in the Cretaceous–Paleogene ages. Acta Sediment. Sinica., 4: 67–75.

Zhong S L, 1984. Calcareous nannofossils from the Cretaceous Kukebai Formation in the Western Tarim Basin, South Xinjiang, China. Actamicropalaeont. Sinica., 2: 201–205.

附录 本书图例

碎屑岩岩性描述	碎屑岩	碳酸盐岩岩性描述	碳酸盐岩	其他岩性描述	其他岩性	沉积构造描述	沉积构造
泥岩							
石膏质泥岩							
粉砂质泥岩							
泥质粉砂岩		泥质白云岩					
石膏质粉砂岩		灰质白云岩					
粉砂岩		白云岩					
细砂岩		白云质灰岩				水平层理	
中砂岩		泥晶灰岩				波状层理	
粗砂岩		鲕粒灰岩				交错层理	
含砾粗砂岩		生物碎屑灰岩				平行层理	
砾状砂岩		泥质灰岩		泥质岩		冲刷充填构造	
砂砾岩		砂屑灰岩		硅质岩	Si		
砾岩		砾屑灰岩		石膏岩			